民國建築工程期刊匯編

MINGUO JIANZHU GONGCHENG QIKAN HUIBIAN

52

《民國建築工程期刊匯編》編寫組 編

广西师范大学出版社
GUANGXI NORMAL UNIVERSITY PRESS
·桂林·

第五十二册目録

市政工程年刊

26115

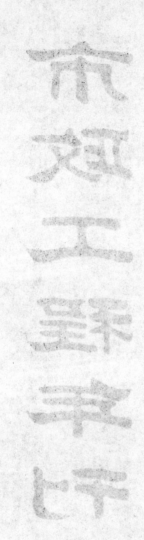

民國三十五年（第二期）

市政工程年刊

吳敬恆題

中國市政工程學會編印

民國三十五年出版

工程師信條（中國工程師學會第十屆年會通過）

一、遵從國家之國防經濟建設政策，實現國父之實業計劃。

二、認識國家民族之利益高於一切，願犧牲自由貢獻能力。

三、促進國家工業化，力謀主要物資之自給。

四、推行工業標準化，配合國防民生之需要。

五、不慕虛名，不為物誘，維持職業尊嚴，遵守服務道德。

六、實事求是，精益求精，努力獨立創造，注重集體成就。

七、勇於任事，忠於職守；更須有互相互磋親愛精誠之合作精神。

八、嚴以律己，恕以待人，併養成整潔樸素迅速確實之生活習慣。

中國市政工程學會

第二屆職員名單（三十四年選舉）

理事長 沈怡

常務理事 凌鴻勛 鄭肇經

理事 譚炳訓 蕭慶雲 余籍傳 薛次莘 吳華甫 朱泰信 李榮夢 過守正 周宗蓮 梁思成 俞浩鳴 袁夢鴻

候補理事 盧毓駿 陶葆楷 哈雄文 方福森 段毓靈

常務監事 茅以昇

監事 李書田 趙祖康 周象賢 關頌聲

候補監事 袁相堯 朱有騫

總幹事 鄭肇經

副總幹事 俞浩鳴

編審委員會主任委員 盧毓駿

市政工程年刊第二期目錄

26119

弁言

沈怡

戰勝建國，經緯萬端，歷刼名城，多待規復，建市爲當務之急，亦新市政建設勃興之良機。市政工程師今後所負之任務，較抗戰期間益爲重大，必更能殫精竭智，研究與實踐並進，以肩起建市建國之偉大工作！本會誕生於抗戰之時，同人即以斯旨互相策勵，且嘗集研究所得，實踐所成，而有市政工程年刊之刊行，以資攻錯。第一期於民國三十三年出版後，復着手於第二期之編輯。資料方在蒐集，河山即慶重光，政府復員還都，本會同人亦忙於復員，編輯之事，暫難進行。及北平分會成立，乃慨然以此事自任。主編者徵文集稿，遐邇弗遺，擷翰墨之菁華，作綜合之整理，體例編纂，大都遵循前規，惟於原有各欄外，增多調查報告一欄，亦本刊所應有。戰後物力未充，編印諸感困難，歷時半載，始得覩成，北平分會之辛勞可想，爰書數言，以弁簡端。

論著

我國市計畫法修訂芻議

周宗蓮

我國過去各市發展，一任自然，按近代科學方法計劃以策全市之改進者，尚未前聞！而市計劃法亦付缺如，至民國廿八年六月始行公布「都市計劃法」，全文共卅二條。自此次大戰發生後，各國政治・社會・經濟・機構或受徹底破壞，或受劇烈騷動，戰後均有從新建設之趨勢，不僅大市為然，且須普及四鄉，包括整個國土。我國抗戰最久，市區之毀最烈，況當舉世潮流更新，全國積極工業化之際，市區之重建，要屬迫切，則現行之計劃法，似有修訂之必要。茲為便於普及於各級市區並與「鄉計劃」有別起見，不如改「都市計劃法」而稱為「市計劃法」。美國孟卻斯特大學教授喬治歐文(George Unwin)有言「法律與憲法均非文化之根，實乃文化之花耳」。此言確有至理。對近代市計劃法尤然。在近代市區之發展，因全社會生產及交通工具之突飛猛晉，社會政治經濟各方面，個個因子，相激相成，殊難言之，則萬象森羅，有不勝枚舉之概，合而察之，則為有感應而富機動之有機體，以言區域，小而四郊，大而至於近代交通工具所及之國內外各地，以言背境，則一市過去數十以至百年之歷史過程，均息息相關。故今日之市計劃，為「形成及指導市區與近郊物理生存，使與社會及經濟需要相諧和之藝術」，不僅在街地或區域之規劃而已。而指導全國大小各市計劃之市計劃法，當須對各因子統籌兼顧，在原理原則上，作富於彈性之指導，不可局於數點而流於強制。此近代市計劃法之基本精神，不可不首先闡明而貫注於全部者。

世人一言及計劃，即以為浩繁之條文與圖表，而能施近代計劃之市，必須人口衆多，財力雄厚之大市，故日本全國能實行計劃法者僅六市。其實則不然，近代市鄉計劃不僅能解決二三大市之特殊問題，要在促成各種人羣集合場所之合理發展。至於市計劃法，更應以全國普通各級市為對象，至於大市如我國之上海天津等，人口久已集中，其改進發展，均有其特殊問題，有時尚須選出計劃法之普遍規定以外，而為個別之研究。又按我國目前趨勢：大後方若干已有之大小市區，經戰後工業建設生產進步及財富增加之後，均須改造；而淪陷區之各市，經敵方蹂躪及收復時之破壞後，均須重建。此外因國家建設之需要，尚有若干市須新建。故市計劃法應以全國各級市區之新建重建及改造為主要對象。

至於計劃內容本身，則每一市之目前迫切需要與將來發展可能，均須顧及，以免將來東綴西補之弊。故每一市均須有短期及長期二種計劃。長期計劃宜眼光遠大，富於彈性，而以我國國家三十年物質建設完成後，按自然及人為環境中之可能發展為目標，短期計劃則宜條理週密，確實可行，而以我國三十年建設期內之各期需要為目標，為與國家建設計劃配合計，可按五年期計劃，以促其逐步實現。

為力求戰後各市區之近代化，下列數點，須在計劃法內明確規定：

(甲)計劃原則　在經濟上促成工商業之發展在交通上力求內外運輸往返之利便，在社會構造上，改進環境，提高市民身心之健康，在藝術上，力謀市容之整潔壯麗，而在國防上安謀全市戰時與平時之安全。

(乙)計劃目標　首宜避免近代市內人口過度集中及無組織之畸形發展。劃市內為若干細胞。力求市區田園化，保有鄉村中雅靜風味，

尤須與實業計劃及國防計劃配合與國土及地方計劃相銜接。

(丙)市地市有　妨害市區之發展。引起一切難題（如房荒，環境衛生惡劣，以及大規模經濟恐慌）者為市內土地投機，而浪費市民財力者，亦為土地投機。其實例不勝枚舉，而受害最烈者實為美與英。故美國最近新建之諾爾利斯 Norris 市即採市地市有辦法，而瑞典之首府斯托哈爾姆市，不惜三十年之長期努力，以實行此辦法。現在美英各市政專家所焦慮討論者，亦為此市內土地問題。我國尚有青島德人之遺規可循。在今後土地仍為私有，不惟吾人須再蹈美英慘痛之覆轍，且將置一切優良計劃於無用，而市計劃法亦根本無法實行。關於此點，吾人不僅須於市計劃法中明白標出，須在計劃中力求確切施行。

(丁)市之結構　一市之動脈，為各種交通路線及其終點。故宜由市當局會同有關機構，力求市內外之暢通及各種工具之聯系。至於市內分劃，過去按種類而定之硬性分區制 Rigid Zoning 弱點甚多，不宜盲從。除重工業須有特定區域外，其餘應按市民之合理及安全與利便之需要，劃分為若干間以田野或公園綠帶之細胞區，或衛星區。

(戊)市計劃之討論通過批准與實施　一市之合理發展，固有待於優良計劃尤須此計劃之徹底實行。計劃之執行，不僅在市政機關，乃

在全體市民。為力求計劃之完善計，由有關各種專家草擬後，應先由各種有關學術團體（如市政工程學會。衛生工程學會，市政建設協會，美術會等）及各級民意機關（如工會，商會，保民大會，市參議會等）各就利害，充分討論。蓋市計劃關連全體市民之切身利害，非居住短時間之專家所能洞澈過知，故宜博採傍諮，以免遺漏，然後始可提請最高民意機關核准。迨計劃通過已成為法律後，主要問題為由各報及民意機關向全體市民普遍宣傳，始可博得全市之擁護與實行。否則執行機關之強制有限，市民之阻力無窮，積久必使全計劃成為具文矣。

綜上乃近代市區建設之要求而為重訂市計劃法時所應列之要點，至於市區建築各項技術問題，當應於「市計劃法技術規程」及「建築法規」詳列之。此外對於市區之空防與國防辦法，事關軍事，則宜由各主管機關規定之。

一國之市區，乃全國經濟文化之集中點，對外則表顯國之文野强弱，對內則領導全國之發展。建國須先建市，此言或不為過，我國經此八年之艱苦抗戰，前後方大小市區，均直接間接受亙古未有之戰火洗禮。而後除舊佈新乃千載一時之良機；則市計劃之重要遠在各種建設計劃之上，亦不待贅辭，而以我國戰後建設中百端待舉，萬緒千頭，以及我國各種人才之缺乏，則此指導全國各市建設之市計劃法．對全國各市建設之重要，不言可知，倘海內賢哲從而各抒偉論，政府精心擷採。斯則本文拋磚之初衷也。

附市計畫法研討大綱

我國都市計劃法應修正補充之要項

一、計劃原則：

（甲）不使人口過度集中。

（乙）儘量使市區田園化，農村市區化。

（丙）與實業計劃及國防計劃配合，並與國土計劃及地方計劃相連系。

二、計劃目標：(1)促進工業化，(2)暢達市內外交通，(3)實施社會政策，(4)改良環境衛生，(5)增進市民健康，提高審美觀念，加强國防據點。

三、（甲）市區結構：按地勢及主要交通綫，採長帶形或聯星形或衛星形，據此以佈置市內道路系統。

（乙）市內可分為住宅帶，商業帶，文化行政各建築，不分帶而分

26125

帶於市內之工業則另爲限制交通便利之鄉村或擴充各帶或星座之間

（丁）均保持森林或農業之綠帶區。

四·市區人口以三十萬爲經濟限度，過此則向外發展，多闢衞星市。

五·工業區宜設於市郊河流之下游及主要風向之下風，而圍以綠帶。公用事業如水廠·電廠·煤汽廠等，必要時得於工業區以外另擇適當地點建設之。

六·主要幹道應與風向配合以增强街道之自然通風，并按當地所處之緯度，力求道旁建築，獲得充分日光。

七·防空設備及市區要塞建設，應另行規定辦法由國防部指導統籌辦理之。

八·市區沿河沿海之地，除碼頭貨棧及交通綫外，一律劃爲公園草地或遊息帶地（公用地區）（以最高水位綫以上若干公尺爲度）。

九·市計劃應顧到將來之發展，其期限以廿年至五十年爲度。

十·全市土地應以市有爲原則，改進舊市區時，亦應本此原則，逐步促其實現。

十一·改進舊市區如困難太大，耗財費時，則另擇鄰地，闢建新市區。

十二·水陸空交通之終點佈置，應由計劃之主持機構會商有關機關統籌計劃，俾各種交通工具之聯運及與市區內之聯絡，獲得充分之便利，一面並應與市內各區帶之建築物相配合，與各業市民之活動相諧和。

26126

市區計畫與國土計畫

周宗蓮

第一 從市區計畫到國土計畫

一、引言

[illegible]

近代城市[illegible]產業革命[illegible]發達[illegible][illegible]

[illegible]之對象。以國土計劃為輪廓，從而配以各市各鄉之局部計劃，據此以從事建設[illegible]始可[illegible]重要原則[illegible]

其[illegible]則以[illegible]主要因素。其[illegible]

四、[illegible]市區計劃的[illegible]

易於傳達，四種民權的運用，易於養成。故在建國過程中，分散的農村，得市區的輔導與提攜，進步更速。可以說建國的起點。在於建立完善市區，亦非過論。在此次大戰之後，已毀市區的改造新與市區的規劃，均為市區計劃上之要務。現在一究計劃上各種問題。

三、市區計劃的起源與重要原則

在過去農業經濟時代，只有由交易產生而利於水陸自然交通的商業市[illegible]，與戰時攻守及平時施政的政治市。前者隨腹地生產與交通自由發展，根本無計劃；而後者因壯觀瞻而有相當的計劃，如古代的希臘及羅馬與我國的帝都與府州縣等，其目的在利於戰時軍事與平時壯觀瞻，[illegible]不到近代計劃。自工業革命之後，市區除了商業與政治兩種功用外又加上生產的重責。於是人口大量增加，形成了各種高度的畸形發展，所謂[illegible]的病態，是住宅[illegible]與街道曲狹，由此「住」「行」上的[illegible]而[illegible]污穢[illegible]，[illegible]，更[illegible]工業發達[illegible]環境[illegible]柏林之調查，在只佔一室之一萬五千家市民中，死亡率為佔四室之住宅者之三十五倍。而此佔全體人口百分之六之貧民窟，其死亡率為全市之半。此外工商業大市如倫敦、曼徹斯特、紐約、支加哥之日趨增長，沖昏[illegible]之怪狀[illegible]市區要求。如是社會上賢達之士及專門學者首先鼓吹理論運動，宣傳呼籲而達成市區改良之呼聲；再進而促政府之注意立法。其要求目標，隨城市需要而異，第一步當為衛生與住宅問題。繼而為市區交通，公用物及市容與遊憩問題。再進而為力謀市區之田園化及有秩序之發展，如是而構成近代之全部都市計劃。在二十世紀初葉。城市計劃運動中，各國亦有其特點，如法國注重美觀，德國注重經濟，英國注重社會組織，而美為新興國家，故兼三國之長，美觀經濟組織三者並重。

[illegible]近代市區計劃之演變：首為市區本身內交通衛生經濟美觀之完善發展，故多為市內交通網之佈置與聯系，工商業住宅遊憩各區之分劃與限制，公共衛生之設置等，此僅為目前救濟，為便將來之發展計，乃進而涉及市區之四野而達各有關行政區，然因近代市區經濟與交通之[illegible]漸增，乃須顧及面積更大之區域。故近代計劃分為數種，第一步為市區經濟交通所及之較廣範圍，以規定市內外土地之分用，第[illegible]步則為市區發展計劃包括河[illegible]發展之地域而不拘於現市區之內，此為[illegible]式之計劃，第三步為規定市區內之計劃，而第四步則為市區內[illegible]計劃[illegible]而[illegible]之平衡與循序發展。在交通上，求市區內往來之暢達，在居住上求各區之利便與合宜，在經濟上，求各工商業之繁榮[illegible]環境上，則

整潔而美觀，自然與人事調和適中，各區則衛星相環拱；有充分之園林，以資養息。此種市區，對市民經濟上之謀生，社會上之活動及各種享受，均能滿足近代之要求；對國家，則平時為民生上之細胞，戰時為國防上之堡壘。

四　各國城市計劃之立法

近代城市人口集中乃工業化之結果，故計劃立法之起源，首為工業化先導之英國，德國工業化雖較遲，但因德意志國開國首相俾斯麥之英明，能預見其弊而立法為之防；美國在新大陸立國，城市新建時即趕上此計劃潮流，意法循承古代文化繼文藝復興之餘風，立法亦有可觀，而立法之先，為民衆之各種運動，如英國之新村運動田園市運動，美國之城市美觀運動，更加而有各種試驗建設如蘇爾特 Soetase 洛耳非耳 Bournvilk 日光港 Portsunlight 愛爾斯威 Earswiep 等新村及勒期烏斯 Letcuwas 威爾溫 Welwyn 等新市，從事提倡，而一八九三年支加哥博覽會之新穎佈置，亦有示範及刺激作用。法規的產生，亦隨需要而漸進。初期為衛生住宅及街道三者，故英之國會立法首為一八七五年之公共衛生案，一八九四年之倫敦建築案及一八九〇年之工人階級住宅案；在美國為一八六七及一八七九年之公共衛生法，一九〇一年公寓法。真正之城市計劃法產生於英國一九〇九年之法案。自後因交通進展，城市有擴充之必要，乃有德國首創之分區制 Zoning，其來源為一八四五年之工業法，至一九〇一年而推行於城市。繼則有一八七五年之普魯士城市推廣法。第一次歐戰後市區立法更有數次修改與進步，而包括市政之各部，至一九三二年，英國乃有市鄉計劃法之擬議與通過。此期以前各國均由中央制定計劃法，而因各地方按需要自行設計與實施。自是之後，有中央政府直接作積極推進之趨勢。如美國公共事業部有負責改造都市及大衆住宅之準備，而英國於一九四〇——四二年成立市鄉設計部，其任務為「擬定並執行關於土地使用及發展的國家計劃」。誠如翁文教授 George Orwin 所云「法律與憲法，非文明之根，乃文明之巷」。吾人由需要而生運動，由運動而生立法。社會是不斷的進步，立法也要不斷的改進，但法規的改進，要以實施經驗與研究為基礎。

五　我國都市計劃法修正意見

我政府於二十八年六月六日公布之都市計劃法，全文共有三十二條。以目前我國情形及戰後需要論，尚有充實與修訂之必要。我國舊有城市，除少數外，皆缺近代設備。而此少數通商口岸又多受殖民地與逃難洋場的畸形發展，經過此次戰爭大破壞後，全部要重建改造。各國補偏救弊的零碎老法，實不足奏迎頭趕上之效。其應改正者

(一)計劃目標應以城市之經濟交通衛生美觀及防空為主而力求田園化及人口疏散。(二)計劃原則應本實業計劃及國防計劃而與國土計劃及地方計劃相配合。(三)市區結構計劃應為聯星或衛星狀，按需要分為商業區住宅區，餘如文化及行政各種建築應散於市內。而工業則應鄉村廣播各區或帶之間應有充分連絡帶。(四)交通終點計劃如碼頭車站飛機場應予統籌計劃。(五)建築物應分段散開，而每段應以一百公尺為限，至於高度則二層至五層為限。(六)市內空地如道路花園公園公共運動場與遊戲場，都應有充分的保留，此外各市區間，應儘量保存原有之農業地帶以構成廣闊之綠帶。(七)組織問題，原法列有計劃委員會，以負計劃責任，實際上有落空的危險。我國目前各種委員會，只好開會，而不能擔任實際工作，城市計劃委員會，恐難於例外。即過去英美的委員會，成績也不如市民之所期，現在都有成立永久機構，來擔負計劃的草擬與實施。職責攸歸，當可期其實效。

六、從市區計劃發展到國土計劃

因近代交通工具之進步，人類活動的範圍愈廣，世界的距離更小，一市之完善計劃，勢須涉及四郊之廣大區域。近二十餘年來，已通行區域內土地使用工商業配合之整個計劃，較著者如一九二四年，德之魯爾區，英之孟却斯特區，美之紐約區，其範圍均包括數個行政區域，面積由數百方公里，以至數千方公里。這因工業進步，而促進區計劃之擴大，而為全國整體計劃者，有下列數種原因。(一)交通網之綜合協調。水陸空三種交通工具之高度發展，產生各種矛盾與競爭，如鐵道之與河流及公路，因而發生經濟上之浪費，效率上之減低，故近來有統籌聯運，按全國地形物產而力求公路河流鐵道海港及空運之有效發展。且因汽車製造進步與利便，而增加其數目與行車意外，公路之負擔更大。(二)電力網之發展，電力之供銷各國均有劃全國為棋盤形統籌供應之趨勢，故須按全國水電火電資源，而分布各種用途。(三)工業之綜合與經濟效率之提高。近代工業為求生產效率計而有大量生產合理佈置之要求。現在本此原理之擴充，而求各工業產品與原料之供給銷售的是各種工業須有全盤之計劃。(四)人口疏散與分區集中之提倡。近代工業化結果，各國人口隨生活要求而向市區集中，造成市區內人口過多之各種災害。然而補救之道，又非盲目之疏散政策所能奏效。故較善之道，為有經濟及社會計劃之再行集中(Re-centralization)或分區集中。換言之，即求國內各小市區之適當計劃，使得近代大都市內經濟活動，社會活動，及享受之便利。以上四點乃近代工業化後之自然趨勢。如是一九二六年美國有剋爾(Cyrcis Kein)之國土計劃提議，而一九三一——三二年英國有市鄉計劃法之運動與頒布，一九二五年麥克林(W.H. McLean)向埃及政府亦提出國土計劃。蘇之所謂『五年實業計劃』亦按區佈置交通與工業，各市之分佈與住宅亦包括在內，遂使全國社會組織煥然改觀，予世人以新式文明之感。此次大戰，更增加對國土計劃之要求，其要點如次：（一）工業疏散以免轟炸，近因長距離飛機發展之結果，無論國土如何廣闊，均有被敵人轟炸之虞。昔日過度集中之工業區如魯爾、加萊、孟却斯特等皆不適於近代需要，亦須向全國各地分播。故工業發達者須按國土重建而工業未着手者則須按國土建設。（二）計劃經濟之風行。今後生產須與消費配合，以過去自由經濟中之盲目生產，已成過去。因之工業地址與產額之設計，尚須顧及消耗其產品之人口與區域。以上二點其共同目的在按全國人口資源以構成經濟網或經濟細胞。（三）戰後工業復員與重整。以現在所動員如此偉大之戰時生產機構，欲使其順利轉入平時生產情形而不致脫節，非舉國通盤策劃重行分配不為功，且如何可使適合將來需要，斯乃國土計劃之一部。（四）戰後之充分就業與經濟繁榮。為避免戰後大批失業及嚴重之經濟蕭條（此乃第一次大戰後各國之慘痛教訓）不並救濟淪陷區之損失計劃各國均擬按人口與生產需要重建大小市區，並舉辦大規模之住宅改造及公共工程如給水排水道路等。其施工對象為全部國土。（五）為避免國際衝突進出口適中及本國安全計，一國內之農工業須有合理的平衡發展。何者為鄉，何者為市，全國有統籌之必要。（六）戰時攻守需要，在市鄉之密切聯系並顧平時佈置有施行全國土計劃之必要。總展望戰後各國之改進，將以全國幅員為對象，按工商業及交通工具而佈置若干大小都市以為經濟及社會之中心據點，而在各據點之間，則為有近代設備之鄉村，市與鄉均為有計劃之發展。

七　國土計劃為建國設計之出發點

我國為農業社會，數千年來人民隨農業經濟自由進展，毫無計劃。清而少數商業及政治市區，其發展亦多為自然之趨勢。海通以還，沿海各埠亦多臨外商之需要，而為畸形之發展；且因不平等條約之限制，地土分劃交通佈置更形紊亂，早有重行佈置之必要。我國經此次大戰破壞後，昔之大市，淪為廢墟，而鄉村亦多頹垣，全國市鄉之整個計劃乃為當務之急。蓋五項建設以提及全體國民之徹底改造，而建設重點之工業，尤須為促進國家計劃之主力。在歐美數十以至百年進步的結果工業大為進展。本計畫實採用國土計劃，並以國土計劃為藍本，藉之以佈置全國工業市區，而交通網之海港市國際商埠等，其步驟首為全國分區。次則按區佈置工商業網，然後就各網而計劃市區與鄉村。又工商

我國當前建國之設計，區域首為分區，因地域遼闊各種自然情形與經濟社會現狀，均無詳細之調查與統計。關於分區建設，持論各有不同。有人以地理與國防需要，主張分為東北、西北、西南、中原、東

26131

商五區者，此爲國土計劃之根本所在，爲建國之主點，決非一時之任意或論所能確定。吾人可指定其原則如次：（一）無論就何種立場，分區必須包括全部領土。西藏蒙古，人口稀少，地力甚薄，然在計劃時，必須按其情形，力求開發利用，不能以其荒僻而棄置之。（二）各區分劃，應以經濟交通國防爲主要條件，而不可偏廢，尤不可爲現在行政區域所限制。（反之將來合理之行政區域，應按國土計劃而決定之）。現有人口，固爲分區時不可少之因子，但在建國大業進行時，全國人口有重行分配之趨勢與必要。（三）經濟與社會之重點，宜於全國分散而不可集中，此爲近代合理發展所必需，亦爲戰時所應有之準備。此外尚有須顧及而詳加研討之點：（一）我國數十年之趨勢，國際路線集於沿海而形成東南與沿海之畸形發展，爲補救此弊計，似應於北西南三方另闢國際路線以收四通八達全國並進之效，而一變過去偏重之勢。說者謂國力未充，多闢門戶，適足以招致外侮。其利害得失如何，有權衡妥籌之必要。（二）近日飛機製造進步，戰後空中交通對世界經濟地理有劇烈影響，此外世界經濟與交通情勢如何，吾人於分區計劃時不可不預爲之謀。（三）南洋資源甚豐，戰後此區之政治問題必有合理之解決。吾國僑民最多，對國力建設之可能供獻尚大，應如何吸收挹注，此亦爲有關分區之要點。本以上各點而通盤籌劃，則各區之分劃必得合理之基礎。

一區內經濟網之佈置，當按資源與近代工商業效率原理以定之。固無問題。但在劃分市鄉時，吾人須顧及下列要點：（一）工業與農業之配合發展。工業化固爲建國之重點，但我爲農業國家，而近代各國均力求農業之自給，以挽回過去注重工業之弊。（二）人口與工商疏散。力免大都市而求多量之小都市，此爲近代各國之共同認識。（三）市鄉平衡發展。吾人以市區之富有綠帶與空地之田園化。而鄉村中之公共衛生與小規模公用事業之創立，以及交通工具如電話及公路之聯絡務使鄉村生活近代化及農民組織化。

八　結語

我們建設，在戰後即當開始。舉國之經濟社會政治國防各部門，均應資源人口地理等自然原則而作整體的計劃，然後配以市鄉各區之計劃。以市鄉爲細胞，構成全國之有機體。目的使市鄉並駕齊驅，俾全國成爲「地盡其利，物盡其用，人盡其才」之康樂境界。

第二　再論市鄉與國土計劃

一　引言

古之立國，以農業爲主要生產，賴水土而奠居所；商業只通有無。其規模有限，大者爲城邑，小者爲鄉村；每區之人口不多，且政簡吏少，國都之範圍亦不大，人民之往來，惟徒步及車馬是賴，其運輸少，而所及之距離亦小。在戰爭時期，只前方表現緊張，而參加戰爭者爲少數戰士。其餘老幼，仍在後方從事普通工作。在此情況下，國家鄉村，市邑，及交通孔道之發展，一任自然，固無所謂計劃也。今則不然。自科學昌明技術進步後，以工業爲主要生產，交通乃國家血脈，全國已形成一有機生存體。平時之經濟進展，與戰時之攻守進退，均有待於全國經濟中心及交通網之合理佈置。倘無計劃，則已成之鐵道，倘需拆毀，已設之商埠，任其凋零，北美合衆國之實事，已昭示於世。故今日而言立國，以種類言，經濟中心與交通網，以區域言，由市鄉，而區域，而全國國土，均非按科學方法，施以計劃不可。

逮至目前，全國計劃，稍具規模者爲英倫，蘇格蘭及威爾士一區，因其各工商中心已充分擴充，四郊之計劃爲不可避免之要求。蘇聯立國甚淺，在其三個五年建設計劃中，曾按地域佈置工業中心，而對全國之整個計劃，則尚有待。北美合衆國以三萬萬方英哩之沃壤，一萬萬二千萬之人民，工商業位世界之首，經此項大戰之磨煉，果覺全國有實行整個計劃之必要，願舊有設施已漫佈全國，改弦更張，頗非易易，今方發軔，前途固未可限量。無論國土大小，今後必力求有計劃之發展，乃舉世之趨勢也。

二　計劃要點

計劃二字，已爲今日中外之流行語。因在學術上無計劃專科，於是任何人均侈言計劃，舉一市之地圖，而指稱某區爲工業區，某地爲商業區，即自詡爲一市計劃。又如舉數地名，而指稱其某地爲防禦中心，某地爲軍需工業中心，某地爲策源中心，即自詡國防計劃。以爲若此，則計劃之能事已盡。而計劃本身，亦有其難於猝定優劣之困難者在。輝煌之圖表，流利之文字，亦可使無用之計劃，躋入於優良計劃之林。然計劃之優劣，有一最後之試金石，即合於實用之優良計劃，可供數十年發展之參考與指導。而空洞之計劃，則沒入字簍而不能產生實際動作矣。欲計劃之不入字簍，其道有三：一．其對象（無論其爲市，或區域或全國國土）應視爲繼續生長之有機體，計劃本身非約束或統制其生存之規章，乃按其本身性能事實需要，促其正常發展之適應原則。二．以近代工商業，經濟社會政治等各方面內情之複雜，及各種學術之專門化，一計劃之各部，必須有各種深造專門家之通力合作，方可探其根本，得其癥結。三．計劃亦有機體也。雖有各部之分別工作，但須有綜合貫通之聯系性方可運用。此計劃之三要素也。

再進一步言之，計劃乃近代科學方法——觀測或試驗，紀載，分

26133

藉以推斷演繹土地之終極應用，約而言之，則以調查統計為經，而以國家需要為緯。倘無實際資料，而徒作臆說與演繹，則具文耳。

三　我國計劃之需要與理想

我國在停滯與閉塞之文化中，淹遏一長久時期，而東西文化溝通後，政治經濟文化從未納入正軌，復受外力之干涉侵擾，各部分之發展，極不合理而多畸形。且自九一八之後，國家與民族，均發生亘古未有之傷痕。經此大戰之後，市鄉就半燬滅，經濟政治機構與社會習俗，均已動搖，村鎮墟劍，甚至阡陌隴畝，亦已泯滅。而人口之喪亡流離轉徙外，尚有大混合的趨勢。遭此戰火洗禮之後，應有徹底更生之機，則犧牲始有代價也。尤有進者，我國雖與外人接觸垂數百年，但近代工業尚未胚胎，於開始時應借鏡美英，免蹈覆轍，對全國樹一嶄新計劃，因而建立一嶄新之國家，此我國對計劃之迫切需要也。

則我國之理想計劃，在地域上以各種產業及附聚之人口為細胞，大者為市，小者為鄉，由此而構成全國之組織。其佈置有市計劃，鄉計劃及全國計劃，並聯以水陸空交通網，而構成全國之血脈。因物產資源之分佈，建經濟中心，而構成全國之神經樞紐，使全國土地與資源，各得合理使用與充分發展，而人口亦得合理分佈，以達「人盡其才，地盡其利，物盡其用」之至善境地。

四　我國計劃時之幾種要點

我國市鄉及國土計劃所牽涉之問題甚多，而最要者有以下數點：

(一)市鄉之分配　世界各國市區之人民，大半業工業商，其目的在求市場。至於挾資以求舒適與安全以入市者則甚少，尤以大都市為然。而居於鄉者，則多為農人。我國則異於是。大半城市中，除少數經營日用品之商人外，最多不過有少數手工業者之家，餘者均政府公務員，此外則為富商地主，均因國內社會秩序不佳，農村中古代之風味不存，而萑苻滿地，不得安居，且無現代設備，均相率避入城市或租界。因此之故，全國農業生產雖佔總生產百分之八十五，而大小城鎮竟在數千以上，上海人口竟達四百餘萬，為遠東大陸上第一大市。須知生活費來自農村，而享受則在市內者，固大有人在。今後大都市已為過時之廢物，宜趨於衛星式之多體市。以鄉而論，今後亦必大異。三家之村，人口甚少，財富不多，則其建設近代生活所必需之公共設備亦甚難。戰後政治入軌，社會安定，前此被迫而入市者，均返農村。則鄉村人口比率將增高。發展民生建設。而棄此百分之八五之農民於不顧，當非篤論。對七零八落之三家村，逐一電化現代化，為事實上所不可能。故吾人在市力求其疏散，而鄉村則應求其集中。至於適應國家工業化而新建之區，應設法使之構成農村風味，有園林池拔設備之鄉村市。最後吾人能治市鄉於一爐，無市鄉之別，或各爲區域，其大小相差無多，其距離按需要而各異。

(二)市鄉土地問題　土地應爲國有，我國古代已有先例，其理由已見於總理遺教中。但實際上土地私有所發生之問題，在資本主義之英美，均甚嚴重。茲先論非農業使用之土地問題。(即現在市區及將來大都集中之鄉村)此項地權過去全爲私有，就英美已有之弊端，約分列如次：(子)因無市計劃之實行，因市場之變動，地主常隨暫時之波動而分割其地址，或變動其用途，(丑)土地投機以充操。市內地價常作無理之變動。例如以芝加哥市內之百一十平方英哩論，在一八三三年全價爲一六八，〇〇〇美元。三年後，因伊利諾州[illegible]與此將開運河之議，全價增至一〇，五〇〇，〇〇〇美元。再六年後，因運河停工，而全價降至一，四〇〇，〇〇〇美元。至一八五六年以鐵道建築，而全價又增至一二五，〇〇〇，〇〇〇美元。以後因經濟恐慌及過度信用膨脹，全市又形蕭條，至一八六四年全價降至半數。經過內戰期中之繁榮與蕭條各種變遷後，至一八九七年，全價又擴至四萬萬美元。以後繼漲增高，至一九二六年達五十萬萬美元。但是公私信用大事膨脹，但至一九三三年，則有百分之六十歸於泡影。公私信用破產，隨之而關門之銀行竟達一六三家。此種土地投機在美國亦曾有。一九三五年經濟大蕭條中，其因之一。我國津滬亦不乏實例。(寅)市區內不平勻之發展。因地主之投機心熱，而枉作過分之預測，如美之特脫路(Detroit)城遇則大塊荒地，其容量可超過現存全市人口之十倍，大半荒蕪；既永無擴充爲市區之可能，而又不能恢復其農業性質。其用於開闢幹道與溝渠之投資，等於虛擲。國家財富之暗中損失，何可勝計。反之紐約銀行街每方英呎價至六百四十美元。同時貧民窟污穢區鴿籠宅，亦爲私有土地所造成之罪惡。

非農業性而尤以居住性之土地，其影響人生甚巨，其流動性亦大，不宜據爲私有，已爲各國所公認。美國在田納西河流域所建之諾利斯(Norris)城，全部市地皆爲公有，而以租賃式交於使用人。德[illegible]皆以市地市有爲例。近年[illegible]，而以三十餘年之長期奮鬥，將全市私地變爲公有。由此可知近代市區建設上之主要趨勢。我國今後復員與建設期中，全國已有各大小市鎮，經此次戰爭與轟炸之後，均須重起爐灶，而因新工業新交通之需要，將有若干新市出現，因產業與交通逐漸發達，鄉村人口亦有重行分聚之可能，宜乘此時機，堅決實行市地公有制之政策。

(三)市之位置與將來發展　市之發展，以政法工商業及交通爲要素，而尤以後二者之影響爲最著。惟在建設開始時，計劃者常有希望過修之慮。欲求預測之相當準確，必須考慮地理，社會，經濟三方面之可能性。試以美國論，其九十六大市中，佔全部人口半數之三十三市，位於東西兩海岸，居於密利遜河及大湖區者十三市，則居於密斯斯比河及其支流者亦十三市。此四十九市之人口，佔全國都市人口四分之三，佔全國總人口三分之一。均隨地形氣候及資源而定，在交通上均以水運為主。另有比茲堡等十八市，完全因礦產而建立，如煤、鐵、油、銅、金、銀、與黏土等出產。其餘之十一市中，大西洋城為海濱游憩地，另三市在南部，七市在密斯斯比河西之四州內。此外有若干原來計劃龐大之市，均已變為地圖上之名詞矣。由此可知，交通位置之重要。今後交通雖為新因素，然不足以影響笨重貨運。美國先例，足堪借鑑此者。美國人口從一九〇〇至一九三〇年中，增加百分之六十六．五。此後之增加率，將繼續減低，至一九六〇年，將無增減。其後或將減少。美國都市人口，全國總數六萬，[illegible]由農業經濟轉入工業後，人口日漸激增。吾國目前始能建設之，二十五年中，由農業經濟轉入工業經濟時，人口必有一度之激增。但再過二三十年，亦將陷於停止。此其一。美國都市人口，增減亦可參考者，一九〇〇年，都市人口約三千萬，至一九三〇年中，市人口約六千九百萬，增加百分之百三十．五；而鄉村一九〇〇年至一九三〇年，增加百分之八，一九二〇年，鄉村總人口與都市人口相近，市人口純增二百萬。自一九二二年起，鄉村人口總減二十萬，自一九二一年至一九三〇年，純減五十萬矣。又在增加時，由一九二〇至一九三〇年，有衛星區之市，增百分之三十六，而無衛星區之市，僅增一九．四。在無衛星區之市內，凡人口在二萬五千以下者，增加率與原人口成正比例。過此則成反比例。在一百萬人口以上之大市區內，郊外人口之增加，大於市中區，其比例在特區諸為二倍，在支加哥、比茲堡及紐約為三倍，在費城為六倍，在聖路易則十倍以上，在克利夫蘭十一倍。如此則市區必有一最大經濟人口限度。過此即分為小衛星區，此其三。美國工業重心與人口重心，均係由東岸向西推進。在一八四九至一九一九年之七十年間，工業重心沿北緯四十度線西進，約達三二〇英哩，而人口重心同時西進五九〇英哩。但[illegible]，西二〇二英哩，[illegible]一九一九年，其差距亦逐漸及九〇英哩，此二重心有逐漸接近之勢。不因美人口百分之六十一在工業也。吾國人口多半沿海集中，將來工業化後，亦應有向內地推進之勢。但極西部無交通孔道，且土產不富，地勢阻礙甚大，或與美不無異趣。又美國在市區人口集中時，其來源為生育及由國外移入。我國在農業經濟轉入工業經濟過程中，大半由農人變為工人，故以地域論，凡接近人口稠密之市，其增加率必大。如沿海各地是，反之則西北各市之人口增加率，亦不能和此。

(四)農村人口密集區之救濟：吾國向無人口與國土之調濟政策，數千年來，任憑農民在安土重遷等習慣上流離遷徙，形成山東半島中原大平原沿江沿河各小區成都盆地，洞庭湖區之農村人口過度集中。在繁殖之壓迫下，耕河床，墾山脊；在貧窘與災害下，度非人生活。此實爲國家急待解決之難題。天災水旱，均發生於此區，而國家大批賑款，亦耗於此區，若干社會政治糾紛，亦醞釀於此區。此種過剩人口，允宜及早遷徙。其重要出路，首爲東北及海外移殖，次爲工人之招募，均應以過剩區域爲開始點。

（五）土地利用之新估與分佈　吾國數千年因囿於農業生產，對土地僅作農產之估計與利用。實則因地制宜，則應有牧場，林區，游息風景區。即對農場論，亦應有全年種植區，季節種植區之別，農產區與居住區更須分開。我國地勢，西北高而向東南傾斜，沿海各平原，均爲江河之冲積地。此項沃壤，乃江河轉運之產物。此種削高塡低工作，乃江河亘古常存之天職，我國人因冲積地之肥沃，而從事開發，亦利用自然之至理。徒以我國開化甚早，先民遠在三四千年以前，即知以堤束水之妙計，子孫繁衍，逐漸擴充，以至於今。近則大部集中於此區，務求過度之利用，儼然欲阻止江河之天職。而求全部征服，未免太過。江河之工作不停，而提埝之高度有限，不明自然之趨勢，而專以人慾爲原則，故近數百年來，潰決爲患。損失之巨，遠非利得所能償補。即以全國提埝論，全長約爲八千五百至一萬公里。姑以每年每公里至少維持費五千元計，則每年公私之耗於修提者約爲四千二百五十萬至五千萬元，約等於二百五十萬畝農地之純收益。尙有每年一小災，三五年一大災之損失不計，其中尤以耕河床，墾湖心，其害更烈。爲合理發展計。有若干土地，爲江湖水量與泥沙宣洩地，其利用宜待將來，應爲子孫謀發展餘地。另有若干冲積地，其地面已超出每年平均水位，但仍爲洪水宣洩所必needs，宜劃爲季節農地，不設堤防而與水分利。此外高出最高水位，或重要產業如工商業城市等特別區域，方許設堤防水。至於東北與西北未墾荒地之開發，亦宜按其性態，作各種合理之利用，不可如過去之專產於耕種也。

（六）工商業中心與交通網　就過去各國經驗推之，我國新興工商業中心，仍以海岸及河湖江岸佔大多數。專恃陸運之商埠，爲數當有限。惟在水道大加改良後，各河上游不通航之地，亦有逐漸發展之勢，至於離水道太遠者，其發展亦將受相當限制，至於交通開發，水道仍居最有利位置。以鐵道論。在東南平原內，應力求與航運聯繫，而互相調濟。以河道之多東西向，則南北行之鐵道較爲有利。西入山區後，則反是。爲利於西部開發計，則東西行之鐵道較爲重要。吾國西北南三面國境，均屬荒凉而限制其境內之發展。倘得二三長綫，與西部國際綫相銜接，在全國整個開發，將有意外之影響。故此二三綫，雖在普通經濟原則下不合算，亦有及早完成之必要。倘南北二方更有直達蘇聯與印緬之國際綫數條，可一掃過去閉塞之惡習，而得全國平均進展之佳境。

（七）進步之資源調查　一談及資源，世人均以可耕地及礦產為主，實則水與土乃民生中最主要之資源。地質調查上，除礦物外，各地土質及地下水源，關係甚大、尤以西北為然。以動力論，我國油與煤等燃料之蘊藏有限，已盡人皆知；但我幅員廣大，各山區之雨量尚為豐富，倘努力於白煤（水力）之利用，或為將來動力之主源，其可能開發之蘊藏，應有詳細調查，以為建設之着眼點，至於人力，乃我國主要寶藏之一，其總數分佈，及可能利用者果何若，此亦應從詳細調查者。

五　尾語

計劃乃推動建設之發動機，以政府國策為出發點，以本國實際情形為背景，再根據近代技術，擬具計劃，方可供將來實際發展之參考與指導。計劃之習尚已及全球各隅，預算戰後建設，更將瀰漫。其學說，其方法，亦將如雨後春筍，吾國適於此時從事全面建設自宜採最佳方法，施行國土及各部全套計劃，免蹈各先進國之覆轍，但我國環境特殊，而所遇之難題又多，故其解決之方法亦不能相同。本文略提要點以概一般，或有助於着手國家建設計劃時之參考。

26138

工程師之市政革新觀

譚炳訓

壹　引言

工程師來談市政革新是不得已，是迫於勢。擺在當前的情勢：市行政機構的不健全，使市政失去了效率與生機；市財政的無辦法，使市政建設失去了原動力。所以欲謀市政建設之推進，必先作全盤市政之刷新與改革。

自十六年北伐成功，我們才有第一個具有現代規模的市政府，出現於上海，至今已將二十年。這二十年中，不是準備禦侮，就是實行抗戰，因此不但在實際的市政上很少改革，就是紙上談兵的市政，文獻也不多見。建國工作，經緯萬端，究竟應該從何下手，國策告訴我們，工業化建設是建國之中心，要建設工業就先要建市；市爲工商業之發源地，所以建市是建國之始，也是工業化的開路先鋒。

看目前市政的現狀，瞻望市政將來的使命，市政革新不可一日緩，先就原則及方針上，提出革新的意見來拋磚引玉，請全國熱心市政改革的人士，都發抒偉論，展開一個廣大的市政革新運動，使市政的革新工作早日能夠開始，短期間完成。

貳　基本三原則

「統一」與「劃一」，相似而不同。統一是精神的，如統一意志；劃一是形式的，如劃一規格。統一可有和諧的美，劃一則不免於單調的醜。

我國現時院轄市與省轄市雖僅約四十個，內政部在復員計劃中，擬設二百個市。各省共約有二千個縣城，每一個縣城，就是一個城市，再加「鎮」「集」「墟」「場」等的小市，我國目前至少有四千以上事實上的市。對於這四千個以上的市，不要拿單純的硬性法令，使其制度與行政爲牽強的劃一，而應以有彈性的立法作原則上的規定，指導全國的市政，使其逐漸向統一的路上發展。

「集權」與「分權」之爭，實在沒有必要。建國大綱第十七條規定：「中央與省之權限，採均權制度。凡事務有全國一致之性質者，劃歸中央。有因地制宜之性質者，劃歸地方。不偏於中央集權或地方分權。」此條已將均權的意義解釋得很清楚，應中央集權者則集權，該地方分權者則分權。「均權」絕不是將一種事務的一部分劃入中央，另一部份歸之於地方。舉例言之，現行之土地稅，營業稅，中央地方之分成，公路國營與省營之幷存，是「裂權」而不是「分權」更不符於均權之與精神。均權之精義在按各種不同的事務之性質，整個的分別劃歸中央或地方管理。所以與其爲「集權」「分權」或「均權」之爭，不如作中央地方行政事務當如何合理劃分之辯。總括言之，國防外交重工業，應由中央統籌，教育衛生及公共工程，應歸地方全權辦理。分析言之，交通部門之鐵路，應由中央主管，而公路則應全歸地方辦理。稅收部門之關、鹽、統三稅屬於中央，土地營業等稅，則應全歸地方。

中央對地方行政應爲積極之指導與協助，不應僅作消極的管理與制裁，在抗戰八年中，或者因爲時勢之需要，在行政上推行了各種硬性的管制政策，并且根深蒂固的埋藏在「科員政治」的每件公文每種法令裏，幾幾乎認爲「管制」就是「行政」的本體。舉例言之，中央在勝利後通令各省市，凡興辦工程在五千萬元以上者，須事先送中央核定，以我國幅員之大，地方情形差別之鉅，五千萬元實值等於戰前的五千元，試問此等小工程要候中央核定，不是物價變動預算不適用了，就是時過境遷，根本不需要這種工程了。與其核定地方政府的計劃，何如替地方政府解除一些困難，多籌幾筆五千萬元的工程費呢。中央對地方的硬性管制，是行政的自殺政策，中央對地方爲原則的指導，作實際的協助，才是現代化行政的正規。

市政在歐美幾乎代表地方政治的全部，在我國也將逐漸抬頭，在地方政治中佔領導地位。地方政治所需要的三原則，也就是革新市政所必守的三個基本方針：

以「統一」代「劃一」

以「均權」代「集權」

以「指導」代「管制」

叁　革新舉例

運用以上三原則，來革新市政，是從根本上來重建市政，應興應革的，千頭萬緒，不是本文所能一一列舉，現試舉幾個例，來說三原則的運用。

一

「市組織法」不僅要修正，實在應重擬。我們需要一部具有彈性的「均權」的市組織法，中央應給予市民最大限度自由的立法權，在憲法上確定「市」爲一個基本的自治單位。院轄省轄兩種市之外，應增縣轄市，以目前論，至少應有四千以上的各級市。市行政機構固然要因地制宜，不必全國劃一形式，市長制委員制與市經理制無妨并存。就是基層的區保甲組織的形式，也應讓市民有自由選擇的餘地。凡不與憲法抵觸的市與市憲，應受中央與省政府的尊重。

二

「市計劃法」不應以大市爲對象，大市可以自聘專家，擬定其本市專用之都市計劃。市計劃法應以中小市爲對象，將法條式的計劃法，改爲具體的一個標準都市計劃的縣例，以便各市之仿行。并且要有補充用的各種施實法，如都市規程，如技術標準規程等，以利實施。

三

市政常識的教育要普及，惟有普及市政常識於一般市民，市政才能進步。另一方面應注意市政專門教育，在歐美爲市政可專設一個學院，而我們的大學政治系都很少市政的課程。市政工程在戰前僅有一個工學院有此一系，土木工程系大多沒有都市計劃的課程，都市計劃的專系在美術或建築學校裡皆沒有。我們要求各大學的法學院設「市政」專系，工學院設市政工程專系，另指定學校設「都市計劃」的專系。

必需市政常識普及了，才能展開廣大的市政革新運動，必須市政教育發展了，才能產生新市政的專門人材。

四

財爲庶政之母，市財政無辦法，市政就無從談起，修正過的「中地方財政收支統系」是不能解決市財政問題的，我們不苟同「裂權」式的分割，我們主張合理的「均權」式的區劃。

在戰前上海市府及兩租界的收支並不適合，其虧短的數字雖不大，也仍然是賴舉債以彌補。歐美的市政府賴發行市公債來興辦公共建設，更是最普遍的現象。因市民未能享受建設之利益以前，向之加稅增捐是很難獲得同情的。在目前的情形，凡市民迫切需要之建設性的公共工程，市庫一時籌不出款來，皆應舉債辦理。至於可以付息還本之公用事業，如水電市內交通等，不但可以舉內債，還可以放手大舉外債。借外債的方式，完全外資或中外合資，皆無不可，特許外人專利經營若干年之「特許制」，可以同時解決技術問題，如果條件訂的妥當，也不致有什麼流弊。至於由中央政府担保，向外國廠商長期賒貨的辦法，也是很穩妥的一個利用外資的方式。同時外人投資的選擇標準，也以市政建設爲優越，因爲市政建設比較安全，還本付息也最有保障的。

五

現在市銀行不准新設了，我們則認爲每市必設一市銀行：不過要指導它，使之成爲一個輔助市政建設的金融機構，而不應僅作爲市府的特種開支的方便之門，或藉[illegible]等，新興國家，不僅每市有市政銀行，並且在中央設一市政總銀行，使市政銀行自成一個完整的金融系統，以便其推動全國的市政建設。我們希望政府對市銀行從「禁止」改爲「指導」。并指定國家四行之一，爲各市銀行之母銀行，或另行創設一個市政或公共工程的總銀行。

六

、市行政事務與業務，應從根本之分類，以便權衡輕重，而分別為適妥之發展。現行制度，將市行政硬性的分為七八個等量的局，一方面是浪費人力，一方面是阻礙了應該發展的事業。簡括言之，市政應分為行政事務與業務兩類。前者如社會財政等，多半是辦理「手續」一類的事務的，用人越少，辦法越簡，則效率越高。後者如公務衛生等，是辦理增進市民福利之事業的，辦法越多，事業越大，才是市政的真正成績。主辦行政事務的局應儘量設法合併，在市府內可完全合署辦公，并應酌量裁併（如社會與財政兩局即可合併為一局），而主辦業務的局，視其業務之繁簡，應得獨立設局。省府統轄一省之大，合署辦公尚為全國一致的主張，市政範圍小，自可見其合署辦公更是無可爭論的實際需要。不過應注意者就是合署辦公應該徹底，從合署辦公後的局，不應再有總務會計人事等單位的組織。

以上對市政革新事項的舉例，真是掛一漏萬，我們只有希望政府能採納本會在成立大會時的建議，在行政院之下，設立公共工程部或署，以為主管市政及其他公共工程的專責部門。有了專管部，才能將全盤的市政工作作整個的改革和推進。現時市政分由內政部（尚復分由民政與營建二司主管）、財政部社會部地政署等有關部門，分別各管其管，結果是整個的市政業務被弄得支離破碎了；[illegible]動不得，而完全僵化在那裏了。

肆 尾語

我們對革新市政的看法是如此。工程師來談市政革新，是不得已，是迫於事實，這種看法，未可定完全是對的，不過我們以工程師的眼光，認為應作如是觀。

26142

住宅供應與近代住宅之條件

——市政設計的一個要素——

林徽因

人民工作永遠在「住」與「行」之間展動。住與行兩方面同時得到解決就是全國工作效率的增加。沒有一個現代國家對這個問題可以忽略。

我們知道人民的住與行的合理解決，已經是歐美諸强大國家今日所重視的責任。爲政治計，爲經濟計，爲國家進步計，爲民族生存計，他們許多都市改善計劃都是以「住宅供應」爲其要素之一，與道路交通，區域劃分，及公共設備，一樣的爲改善的主要項目。許多辦法已日夜由他們政府領導籌劃，在推進中了。他們的決心是由教訓中得來的。我國現在正倡言建設，對這基本的人民「安居」問題，豈能永遠茫無頭緒毫不努力準備？太多數市民經常陷於痛苦，一方面，不能取得現代生活之便利並享受健康，另一方面，他們也不能供給國家現代的工作效率：正所謂兩敗俱傷而一切仍爲國家的消耗及損失。

日本這次未經我們大規模反攻便迅速投降，我們淪陷區大城市幸而所受敵人有計劃的破壞尚輕，但是抗戰以來各省已被劇烈的炸燬或全體破壞的城市鄉鎮已不算少。戰前未經合理計劃而發展的擁擠城市，一切落伍，衛無充分設備者更不在少數，復員以來，處處發生極度的房荒已是不可免的事實，而住宅供應却仍渺無徵兆。

尋常住宅供應如沒有事先劃出區域決定數量成爲城市全盤設計的一部，則在極度房荒的時候，常會引起應時而生的不正常建築活動。它的目的近於瘋狂投機的營業投資。其活動趨勢可極端零亂，甚不利於進步的城市的統籌設計，且時常擾亂區域地價等等，產生許多弊病。商營住宅過於密集且不遵循全市的分區計劃途徑，分配與數量，則影響所及常致貽害於道路交通區域秩序，及人民生活健康。歐美十九世紀以來，在工業驟然發展的市鎮中，已不乏深刻的教訓。因爲急於建造過於擁擠而且簡陋的市屋。就是爲日後製造貧民窟的根源，間接的成爲社會，經濟，教育，衛生等嚴重問題。

這次我們復員後極度的房荒，在各處均因受到物價高漲的影響，不曾產生激動的零亂的建造狂，爲將來城市秩序留下問題，也可以說是不幸中之幸。但是救濟房荒的任何合理的努力，則也爲了同樣的理由而未產生。

故今中國將來的問題中，最大一部即在生產上。生產的效率靠人民的集中精力安心服務。人民之所以能集中精力安心服務，則靠他們時間之可以節省，生活之可以維持安定與健康。節省時間關鍵在交通的便利，維持安定與健康則有許多說法，主要的一個說法，即是每個家庭需要良好的經濟情形。這情形最低條件亦就是以他們正常收入，可以換得合理的，足以維持衞生的「衣」「食」與「住」的供應。為人民計，為生產計，政府都該無疑的在這上面努力。

自從戰事初起之時，後方之城市，如陪都，昆明，成都及貴陽等城一時都陷於房荒，且因有轟炸的威脅，問題尤為複雜，但這些城市在不相同的情形下，都有環境，資源及材料的良好條件，如果當時政府及地方當局曾認清人民的安定即為抗戰的力量，臨時建造的整體即為日後建設的基礎，則對房屋的修造必加以重視。當時如果政府或地方以戰時的政令很早協助，並便利商業團體在近郊，分散的，取得適當的地點，作有秩序的建造，甚至於以建築出賃住屋為市府本身的經營，按着住民的需要，分期建造低租的住所，兩年內本可以完成足以解決臨時的住所的數量。簡樸的建築其工材本極簡易，在西南幾省是絕無問題的。故住房的衞生與合理，租金的低廉與安定，日後城市的秩序與基礎，在抗戰最初兩年中本可以指日而待，而無困難的。不幸因種種之失計，雖經延誤，一切任憑個體事業及單獨人力的轉動，結果八年之中，各大城市均未曾及時解決過人民居住的痛苦。零亂的建造，既不敷用又不經濟，又因轟炸而愈加紊亂。時間愈過，物價和工價，房價愈激增不已。直至惡性通貨膨脹之時，大部善良有用的人民已如失業遊民，或喪家之狗。或有職業而無住所，或得住處而無法接近工作地點，又形成宿舍，交通，食店，及旅社的擁擠。全市在這點上，所耗損的精力，時間，與金錢，如有統計必可令人痛哭。

如果這情形再延及復員後每個城市，則恐怕我們的市鎮建設在一世紀中都無法走上軌道。現在因工料價之高漲營造事業更是無形停頓，但我們正可利用這時間着手調查作縝密的計劃，以備逐步實施。省得將來頭痛醫頭，腳痛醫腳，又陷於紛亂。

住宅設計，以小單位論，是人民個別福利的要求，以集體論，是地方解決人民生活條件的答案。它牽涉着道路交通都市中公共設備，市中心的分配，戶口密度的限制，普通的衞生機構，及土地的使用等。所以它是市政，乃至於國策的一部。住屋不但是專家技術上問題，如材料的使用結構及佈置，形體的藝術支配，或對地形，土壤，天氣等的瞭解。它也是每一個人解決其日常生活中最切身的問題。人人可以根據每日生活的必需活動，來理解各種住宅所要求的最低或最理想的條件，以促進團體作改善的努力。對於市中房屋的不便及不衞生，交通之不合需要；房荒之日見嚴重；租金的威脅，人人為其自身或團給福利計劃都可以供給經驗上的資料，任何關心市政的團體都可以收集實例，時常發表以促社會起來研討。

一個試想今日有若干居民每日向着他的知識，發出以下這樣的問話：「請問你們可知道那裏有一所或一兩間與我們合適的房子或房間出租？」

這種問話若干年來我們已是多麼耳熟，所以這裏每次所希候的回答使多數的我們都發生極大興趣。但是這裡這般問的朋友必祇會顯出受窘的表情無話可答。

如果地方上建築已有若干活動乃至於有了計劃，這受託覓屋的朋友則可能反而對覓屋者作以下一些問話：

「你所需「合適」是怎樣解釋？是幾間房間？你一家幾口人？你能出多少租金？」如果覓屋者是個中產階級公務員，問話可以繼續着「你要什麼程度的衛生設備？你希望甚麼樣子的爐灶與取暖的便利？你有無男女工役？你對週圍環境有何條件？還有你在城區那一帶供職？你的孩子學校在那一帶？是否有小學走讀年齡的兒女？」即使想租房者是個低薪資的工人，對於這些問題除却關於衛生，取暖及環境，他從來沒有希望過什麼之外，其他問題如够住幾人，及廚灶做飯的便利如何，租價是否與他合適，地點是否與他方便等則仍是相同的。

所以這種問話在兩分鐘內，不但把一家人與一個單位的住宅問題帶到，並且把復員後我國全國的一個迫切的市鎮建設問題，一個需要極大的決心，慎密的籌劃的問題，——暴露出它實際方面的幾個輪廓來。這裏所指示的是人民非常緊接生活與工作所產生的不可免的需要，所以它也就是關心人民福利的團體及政府當局必須予以解決的事情之一。

近日有幾位建築專家，談到這個問題，都感覺到我國現時一個可悲的現象。他們說：「我們先不說「住」的種種複雜方面有否合理的解決，祇說最基本的一點：我們雖然知道每個人每晚都要睡眠，就很少人問到大多數的中國人每晚在什麼樣的地方，和什麼樣情況下安睡。隨便舉例：我們可以說，今日有一個龐大數目的中國人民每晚睡在臨時的舖板上，門板上或拼起來的茶館茶桌上，樓板上；在一家父子或母女，姊妹，兄弟或三人或四人可以同擠的一張床上；在穿堂裏；在任何有遮蔽的廊上；在灶火的旁邊；在辦公室裏；在一間萬能的房間裏；在五六人或十數人或數十人共用的，本來祇可住兩三人的容間，而現在皆稱做宿舍的裏面。

這情形不但在戰時如此，恐怕好幾世紀以來，中國都不斷曾經如此！不過在這次抗戰期中，許多本來站在少數特殊階級一邊的士大夫們及其眷屬也都在後方，輪到嘗過這種活動性，有礙健康的睡眠方式而已。」

「睡眠是人的基本休息，也就是工作之另一面，日出而作，日入而息，即是最原始最簡樸的人也不能避免或放棄的，工作愈勤的人尤不管是勞力或是勞心者，睡眠於他亦更為重要。睡是最主要的衛生條件。一個國家即使不解決其人民之高度標準，複雜條件之「住」的問題，最低限度也該解決人民睡的問題。

解決睡的問題，——即是解決住的問題的一個縮影——簡單說來，它的主要點在於一個人能取得固定的，有遮蔽的一個單位的空間，使他可以躺着伸開他的六尺身軀在一張正式用以睡眠的床上。如果這樣一個單位不但接近他的工作地點，而且與他的家庭在一處，並可能以合理價取得，則睡的問題自然是合理的解決了。

由此漸推，比這較為稍複雜的住的問題，也同樣是一家人能在他們工作場所附近，獲得固定的有牆壁，有遮蔽的一個單位的空間，用來施展他們家庭生活上所必需的操作，飲食，及休息，住的每個單位，並不是如同解決睡的單位那樣簡單的一個的三尺寬六尺餘長的睡床標準面積可以計算，但住的最低限度的面積也要根據生活動作上所平均每一事，每一人或每數人所應佔的空間來計算的。如一個座位；一張數人共食的飯桌；一張床；一個灶；一個面盆；一個恭桶；或一個可以解決沐浴的水盆；伸手可及的架子；掛得開一件長衣的衣櫥衣架；可以工作寫字的桌几；足以備餐的條案，一切無不都是以人的樣短及動作所需要的面積作基本標準的。近代計算住屋方法，則更以每人所需的空氣，每室所需的光線等包括在內。近代市政上一個極基本目的便是，由於政府輔助力量，多數市民家庭能用他們可能負擔的代價，得到這樣一個合用的單位，在優良衛生環境裏。各國努力於此已有許多可靠的統計。

據英國最近計算，以面積論，低價住宅的廚房最小面積亦需一百方呎左右。一所四人可住的兩臥室房子，加上儲藏燃料的廊屋，約需七百五十方呎，以伯明罕市中租金作參攷，則市政府所管的住屋中，最小的兩臥室的樓房，租金每週七先令餘。（他們有業貧民則能負擔的租金在每週七八先令至十八先令之間，可以他們全面的便利與衛生，沐浴衛設之分配，就是以這種水準生活與經濟來計算進行的。

美國在一九四六年，在某中級工業城市中試辦建造五十所貧民住宅，這種房子包含一間可以做飯的大起居室，一間有衛生設備的小浴室及兩臥室，內部總面積約為五百方呎，其租金每週為兩元五角美金。（那裏有業貧民經濟最低能力平均每月房租可以負擔至十二元左右）

住的問題的解決，簡單說，是人民按其經濟力量取得健康的身食宿之所。它不但關係於材料結構且亦着重於空間面積大小適當之分配。所謂健康亦基於精神方面的，包含便利與美術的兩個因素。便利包括面積的經濟與設備之衛生。分述如下：所謂面積經濟是以最小空間取得最大發展功能的效果的意思，以經濟的空間控制造價的低廉。間接便達到低廉租金的效果。所謂衛生包括避免風雨，吸納陽光，防範燥濕，消除污穢，解決廁浴問題等等處置。這種設備可以隨樣，並可以緊重的可以隨着房子的種類而有所增減的，並非奢侈之詞的隨着人類聚居而發生的污穢情形，是不可免的。但如果垃圾能由各單位房子去解決而得消除，其住區的衛生環境便可得到。美術比較難下定義，但約略說來，有了物質上適當處置之後，人的精神方面必會有所要求。最使感官愉快的是顏色。最能滿足審美感覺的是大小高低的關係。顏色可以由陽光，由花木，或由建築材料的質素上得來。也可以由器皿，傢具及陳設得來，它屬於住房者生活個性或經濟能力方面的範圍。大小高低則屬於房子基本的一部，不是人人之所能處置。因要符合衛生結構及功用的自然，它們需要建築專家的佈置。

但每一小單位，或小集體的住宅，縱使解決得盡善盡美，如果在同一城市或鄉鎮之內，大多數的單位與其他建築物相互之間沒有適當分離與集合的標準，則在環境的愉快及交通的便利上便都有了問題。所以住宅的全盤計劃能完滿時，尚要市鎮設計專家，佈置其他建築上重要的設施。例如市區工商業中心的分佈，市鎮的交通，衛生工程的設備，區劃區的保留，各住區與商業之距離，各住區附近學校，公園，圖書分館，商場，小劇院等的數目與位置等皆是。謀人民共同生活中，個別的關係及相互間的秩序與組織，都是住宅設計的大目標。所以住原則上因解決便所是社會問題，其在時代理想設施上，它屬於市政的領域，其有計劃與建造合理，它是許多部門的技術的合作。

普樂安居然衛樂業，有合理的住屋使各人民的精力與健康方至於道德與個進步的國家，得和不能使其大部份的人民遊移不定，淪爲無家之狗，或擠擁聚居，任疾病流行。聯合大國今日無論是資本主義或社會主義，均以建築住宅爲都市鎮爲其要務之一，蘇聯爲社會主義國家，一切自然由政府統籌辦理，英美兩國爲工商業發達，資本私有的國家，這次則在戰事方酣之際，政府地方或商業團體已有組織，派專家分別調查住戶實況，並草擬計劃以備戰後實行，不致損失時間。

工。今日諸大強國中，有許多是資本私有的國家，一切社會改進事業均用科學眼光作實際應付。我們已經知道的有幾點：

同：(二)他們不以建造低租住宅爲謀普偏廉的負擔，或無限制的由政府捐助經費。政府與房屋承造者，建立或議立某些法案，使私人民居住上的犧牲，建造計劃，在市區及郊野應給予協助，取得適宜的地基，由於社會團體主持，採用商業投資的方式來完成此種投資乃爲社會服務，故取息合法，可能很低，加以當局所給予的種種便利，(如廉價的地段，調用失業救濟會的工人等)，房子造價可以極端減省，這種低價而完善的住屋數量愈多，則愈可以限制營業的房主，爲着競爭上努力改善他們所營造的住屋，而不敢任意勒索高租。

(二)歐美許多城市，近數十年來得到擁擠的教訓，他們覺悟，在建造新區住宅之前，必須先有全市的通盤籌劃，不是單單增加住宅的數目而已。他們深痛從前發展的錯誤。增造市屋塡滿市心的空地，又侵佔四郊的綠野，祇使市鎮的性質愈加惡劣及枯燥，交通發生過度的擁擠。最近的改善原則是：先分散全市的工商業中心成為合理的各組單位(Decentralization)，配合着其附帶住區及公共設備，保留適當的綠隙地以調劑空氣，周圍最主要的交通線網以直線與邊緣的幹路配合。如此則城市在發展中，可以在其外圍增闢若干單位自有其中心與附帶的住區，與原有若干單位互相聯絡，而不增加原有住戶密度。住戶的密度增加，即增加疾病的來源，市圍過大，即增加交通的擁擠。一切均不利於市政。

(三)近來英美區別各種各級的住宅，不但在材料之優劣或房間之多寡上計算，並且還以在每一英畝中建造幾所為標準，英國已有一英畝廿四所或十二所或六所等試驗。美國新村亦約略如此。英國設計住屋時，常附帶為單身人，無親屬之老年夫婦，或有幼童的家庭作特殊的計劃及設備。在地區擁擠，而戶口較多的地帶，則酌量建造集合住宅，或多層公寓的住樓。

(四)他們的一切設施均經過一個實地調查的程序。根據着多數人民生活相類的情形及所發生的問題，而予以最有效的解決。在他們調查之中，以一個工人的午餐時間來決定最理想的從工場至住宅的距離；以一個女人為丈夫及孩子備餐的次數，與方式，來決定廚房與餐室及洗滌儲藏等處分配的辦法；以老年的生活及情趣來決定他們住所的地點等等皆是。

我們現在正在復員的開始，對於行的問題，缺乏解決困難的籌備；對於這個居住的問題，就是有人顧慮到，距離實行辦法，自然尚遠。我們必須及早擬合理公正的處置或限制方法。在任何市鎮中，我們不能使住宅成為投機牟利者的目標，再來壓迫許多痛苦的人民。我們不能放任許多有資產者各自為政的活動，以影響地價的紛亂，產生工程材料操縱與爭奪。我們也不願政府，或地方，無限制的統制及專營，而生出許多弊病。政府應鼓勵許多合法的服務機關，商業團體，及慷慨公共事業者，協助這龐大的工作。

第一次大戰之後，英國大城如倫敦等均受過痛苦的教訓。所以英國這次不待戰事結束，三年前已着手調查測量。他們儘量利用，所產生的破壞與疏散的變動，做了一個極縝密的整理倫敦大計劃。大工業城如伯明罕，亦自動的作種種測量調查及統計的報告，計劃出建設草案。這種計劃有了實際情形及科學理想雙重的根據，遂求實現，自然是同時可能而又合理的。

我國城市無一個可以比擬英國這樣廣大擁擠的城市。我們工商業基礎如此簡單，各市的城郊皆甚空曠，開展極爲容易。祇要地方主持公正，廣闊的地區與道路，除却地主封建與自私之外並無複雜的阻礙。籌劃合於現代生活而且美好的住區，與調查舊有的美好住宅，由市府統籌指導租賃事宜兩事是可以同時進行的。地勢，技術，美術及經濟方面都無大困難，所難者當全在人事方面。防害人民福利及國家進步者總是在社會服務的公正精神薄弱，及私人利害觀念濃厚這兩點毛病上。

美國近幾年曾不斷的在實驗低廉租金的住宅建造，用減債基金，貸金抵押的商業方法來完成新村。並不加重政府及地方的經濟負擔，亦不倚賴慈善的捐助。許多方法我們都可以採用。

我們迫切的希望政府當局決心領導提倡，不厭這住居問題的繁瑣，明瞭它在人民全體健康生活上的重要。我們希望由政府或地方協助社會商業團體，技術專家，及全國總有資產人民來共同進行整頓市鎮及救濟房荒的計劃。和平世紀在我們前面，我們必須追並注重教育，衞生及生產的建設時代。建造住宅已不是少數有資產者的特殊權利，我們必須實行使人民各得其所的市政潮流。

論著　戰後我國建築風格之趨勢

戰後我國建築風格之趨勢

段鉞靈

一　導言

建築一名，中國原稱之曰「營造」，包括結構與藝術二者，西方各國乃以結構爲之土木工程，以堅固爲主，而以藝術爲之建築，以美觀爲尚，其實一座建築物之構成，非二者兼備不可，本文所討論的建築風格，自然以藝術方面的意味較多，同時在結構方面也加以注意。

人類是由野蠻而進於文明，建築亦是由簡陋而進於藝術。在上古洪荒時代，人類因受洪水猛獸的災害，和風霜雨雪的侵凌，不能不想出一種防禦的辦法，以求生活上的安全，於是由穴居而構巢，由構巢而築室[illegible]。迨至人類文明進步，人生的需要日益增多，建築的用途[illegible]宮殿廟堂，而崇德報功，又爲中外所重視，故紀念英傑之碑塔，隨處可資瞻仰。惟民族習俗，各有所尚，其表現於建築者，亦各有不同，故一國建築的風格，一代建築，有一代建築的特點，民族精神之所寄，國家文化之所徵，風俗習尚之所寓，意義至爲重大，故在帝王時代，已不惜舉全國心思財力，圖創偉構，而皇宮壯麗，惟造其極，雕刻藻飾，惟窮其妙，令千百年後之瞻仰者，不禁肅然起敬，心焉嚮往。

晚近科學昌明，機器進展，各國制度文物，均隨時代進步，建築外貌，頓又改觀。我國效顰西邦，畫虎類犬，往昔之法度制式，既日久將絕，現代之宏規良範，又尚待創定，值此青黃不接之際，非驢非[illegible]貽笑外邦，辱玷中國文化[illegible]

[illegible]文化的[illegible]

[illegible]的風格，均有相當進[illegible]

26150

要演變的過程，盡力縮短，創造的風格，要極端提高，此又爲建築家當仁不讓之責。因每次演變的結果，均是建築家腦力的結晶，在演變之過程中，如能有登峯造極之建築家出其研究心得，作前驅的指導，途徑不迷，方針不誤，自然可以縮短演變的過程，獲得最後良果。

現在勝利在望，戰後國家各種建設，無一不是需要建築，中國建築的風格，究應如何建立，問題已迫在眉前，凡是學建築的人們，均應共同負起責來，用冷靜的頭腦，詳密研究，準備着作將來前驅的指導，及新風格的創造者。

世界建築風格演進的原因

世界最古的建築，要算是埃及的金字塔，約建於紀元前三四千年間，全部用石塊壘砌而成，偉大莊嚴，爲世界奇蹟之一。類似這種結構的建築，還有印度的大塔，最著名的如 Sanchi [illegible]，約建於紀元前四百五十年，這些建築，至今還是令人稱賞不置，但是他們所用的建築方法，已逐漸不爲後人採用，主要原因，就是過於浪費工料不經濟，不適用，後來技巧有了改進，知道用樑柱式的建築，節省不少的材料和人工。我們都知道埃及的 Khons 神廟，約建於紀元前一千二百年，及 [illegible] 廟，約建於紀元前一千五百五十年至三百二十三年間，這兩廟的技巧，是多麼進步，全部結構，是用石柱承托楣樑，偉大的列柱，至今令人景仰。排成列柱的原因，是由於用石料作成的楣樑，跨度不能過大，爲求堅固起見，不得不多用柱子，緊密排列，此種自然產生的風格，在技巧方面，我們不能不欽佩較前進步，然而排列許多柱子，佔住空間太大，需要改進，以求更合適用，此是當然的趨勢。

到了製磚的技巧進步後，人們知道使用法圈（Arch），門窗上部的橫楣，都用磚圈來代替，因此牆上可多開門窗，於時從前密列的柱子，一變而爲疏朗的門面。在意大利許多的著名建築中，還脫離不了古代建築的趣味，但是已極力將柱子減少，儘量發展法圈的使用，五種柱範（Order）是他們建築家積年累月所遺下來的結晶，在建築藝術方面，可算是一個很大的貢獻，儼然自成一代風格，並且風行世界各國最久。

在這個時代，建築的裝飾，極其複雜，同時法圈建築，有尖圈，圓圈，平圈之別，而且各有各的趣味。至紀元前五三二年至五三七年所建築 Ssaphia（[illegible]）的，簡直廢去了柱子，全部用牆壁和法圈結構起來，建築的外貌，漸漸由複雜而趨於簡單，於是建築的風格，又起了一極大的改變。

近代鋼筋混凝土發明，更使建築的結構和藝術，發生加急的改變，就是將一所建築的牆壁，樓板，屋頂築成一整個建築物，可任意開闢門窗，形成了最近風行的現代建築。及至鋼料進步以後，又促成骨略式建築的發達，如美國Empire State大廈，高達一千二百五十英呎，一部份建築家，為了抵償過於昂貴，都在鼓吹着將來的都市建築，要從立體方面發展，這種骨骼式的建築，更顯然與鋼筋混凝土建築有不同的風格。

不能作個論，西方建築，一貫是沒有庭院的緣由來，所以風格的改變，沒有受到平面的影響，這是從大體上說，當然不能沒有例外，如亞述人的建築，最著名的如Parthenon，天窗，及羅馬，以及南歐的住宅的全部建築，雖是用磚，但是還沒有習用法國平面包有庭院，好像中國的四合院式，自與一般西方建築的風格不同了。

西方建築風格改變的情形，已如上述，研究其改變的原因，不能不認為是受文化的影響，一國的精神文明有了進步，人們的需要增多，同時聰明智慧也高，技巧也有了進步，為滿足人們的需要，自然不得不使用他們的聰明，和智慧和技巧，對於建築的各種需要，來求改進，所以其次風格，一國的物質文明有了進步，建築上所使用的工具和材料也大有進步，自然不會墨守舊規，保存原有的風格。

三、我國建築風格之成因及演變

（一）中國建築是由構架演變出來的，所以能始終使用樑柱式的建築，這與西方初期的建築，不謀而合的，但是所用的材料，則完全不同，中國，一直到現在，都是以木料為建築的主要材料，而西方卻是一直以磚石為主要材料。這兩種材料，都各有缺點，如磚石建築的門窗，受有很大的限制，門窗不能過多，都會影響到堅固問題，木建築的缺點，則是易受潮濕腐爛，生蟲，及發生火災，西方建築，由於逐漸的改變，所有的缺點，都已消滅了，中國補救木料的缺點，是把建築物的下部，築起高高的台基，使地勢高於上面的柱子坎坊等，不易受潮濕的侵襲，把建築物的上部，施上深遠的出簷，減少風雨的侵襲，樑柱枋椽門窗等木料，施上油漆彩畫，以增強本身防潮防腐的能力，如此便形成了中國建築的三部，台基，屋頂，和門窗，同時又形成了中國建築富麗的色彩。為增強樑柱間的聯絡，和使屋頂荷重平均傳布到柱子上，產生了斗拱，這便是中國建築的風格。

（二）中國建築從藝術的觀點上來說，有莊嚴華麗的形制，富麗堂皇的屋頂，和優美的飛簷，獨具匠心的門窗，纖細精緻的石雕，以及磚皇古雅的藻飾的彩畫，但是在藝術上的成就，但就堅固上來講，因為木料的本質，總不如磚石，因此在西方建築門，自然較遜一籌，而中國人並不是不會使用磚石，如在千餘年前隋代的大匠李春，以石造成了趙州大橋，橋拱的跨度，超出三十七公尺，可以說是世界上有數的大法圈，使用材料的技巧，也不能不算進步到很高的程度，各地大法圈的石橋，磚砌的城牆，比比皆是，但是為什麼不用磚石作為房屋建築的主要材料，殊不可解。

中國數千年來，雖精神文明，進步遲速，然物質文明的進步，較甚遲緩，影響於建築的力量，極其微薄，而中國人民泥古守舊的成見，又向來甚深，祖先用慣木料，後人率由舊章，不作用其他材料的打算，祖先創出一個風格，後人墨守成法；不再作另創新格的研究，偶有改變，亦不過在裝飾花紋上注意，在整個形制上，絕無很大的改變，這是與西方建築不同之點。

就平面上說，中國數千年來，已習用四合院式的建築，習俗使然，與建築物的本身，合為一體，保持着這個傳統的風格，此亦是與西方建築不同的特點。

四　我國建築風格衰落的原因

前面曾說過文化為促成建築風格演變的因素，我國到了前清末年，國勢衰落，而海禁大開，西邦的精神文明，和物質文明，逐漸輸入，存識之士，倡言憲政維新，於是國內的文化發生數千年所未有的劇烈波動，建築方面，受了這個新潮的影響，自亦不免發生根本上的動搖，北平的圓明園，首先建造了不少的西式建築，民國初年建築的大理院，也完全先採西式，他如天津・上海・漢口租界的房屋，大都完全採用西式，這些建築都算摸仿得不壞。但是從此後，一般人競尚西式，工匠們不究法度制式，加上幾條西式柱子，作些莫明其妙的柱範和裝飾，便認為是了不得的建築物，一般人亦缺乏常識和藝術的鑑賞力，一任這種光怪陸離的建築，風行一時。近十餘年來，西方的現代化建築傳到中國，一般人競相抄襲。用板條抹灰的外殼，摸仿鋼筋水泥建築，外表上毫無意義的加上些橫直線條，就認為是西方的現代化建築。

另一方面，西人來到中國後，同樣在不了解的情形之下，摸仿中國建築，在高樓大廈上，加上一個中國式的屋頂，雕刻些中國式的樑頭，油漆些紅綠彩色，便認為是中國式的建築，北平的協和醫院，燕京大學，成都的華西大學等，就是這樣建築成的。最奇怪的我國人不但不以這些建築物為可笑，反而競相摸仿，美其名曰現代化的中國建築。

由上兩方而互相摸仿的結果，可說將中國固有的風格摧毀無遺，在西風東漸以後，中國的文化既已發生劇烈波動，固有建築的風格，自難保持，改變是必然的趨勢。但是我們的改變是要向上，逐漸求其進步，切不可向下而逐漸退化。換句話說，我們的改變，是未應用科學方法，是沒有理性的亂變。建築既以適用・經濟・美觀・衛生等條件為原則，自然應循着這些原則用科學方法向前推進，絕不是一味摸仿盲從可以成功的。

五　將來我國建築風格應有的趨勢

建築風格的演變，一半是人的意志，一半是受經濟，生活與文化的影響，前而曾經提及，人的意志是屬於技巧方面，是建築家的權力所能達到的，而經濟與生活與文化之改進，是一個民族共同努力的結果，而以社會科學家及自然科學家的貢獻爲最大，但是建築爲文化的表徵，不能說毫無力量，文化能促使建築進步，建築亦能使文化進步有相得益彰之效，同時文化的產生，是由精神文明和物質文明的進步所獲之結果，精神文明側重思想，思想愈發達，對於建築的要求愈多，物質文明，注意器材，器材愈改進，促使建築的進步愈速。從另一方面說，一個民族文化的進步，是由於風俗習慣的改進，故新文化的內涵，仍有多少脫離不了舊文化的基礎。由此推論，戰後建築風格之趨勢，可獲得下列七條結素，作爲討論問題之出發點。

1. 民族之思想，爲建築之領導，思想發達到什麼地步，建築亦改進到什麼地步。

2. 器材之發明，製造及運用，爲建築之背景，器材進展到什麼地方，建築亦改進到什麼地步。

3. 新風格既是由演變而成，當然不能完全抹掉已往藝術基礎，而另成一種嶄新的形式。

4. 新風格的形成，不似從前僅憑工匠師承演變的結果，而是一切以科學基礎而合理創造。

5. 戰後鋼鐵及化學材料之生產與使用，將愈趨發展建築物之結構與外貌，應愈趨於簡潔。

6. 新風格的創立，仍是適合於中國人民生活習慣的產物，而不是離開自已的生活習慣，完全遷就歐美建築。

7. 建築之風格，既爲民族精神之表徵，故戰後我國建築之新風格，在結構上無論其是採用西式或將來新創的國際，但在精神上，仍當表現本國的特殊作風，使人一望而知其爲中國式的建築。

中國數千年來一貫的思想，都抱着父作子述的守舊主義，自受了此次抗戰的教訓，舉國咸知非革故鼎新，不能迎頭趕上西方先進國家，完成建國大業。故戰後的民族思想，必無疑的隨着現代潮流日趨於新，而建築隨着思想而前進，亦必日趨於現代化。但是建築的背境是器材，完成建築的力量是經濟，假使器材的改進和經濟的發展，追不上思想的進步，仍不免虛飾外表，不求實際，繼續製造一些非驢非馬的建築，如板條或竹笆抹灰的外殼，模擬鋼筋水泥建築之類，眞是建築工程前途之隱患。在新風格未產生以前，我們應確定一種過渡辦法，以便有所適從。目前我國建築可謂入於混亂狀態，並且不斷向下退化，建築家應負起責來，挽回這個既倒的狂瀾，應付度我們的器材和經濟，究竟發展到什麼地步，在可能範圍內，實事求是，寧可外樸實而內雄厚，切不可外浮華而內空虛。某種建築宜用中式者，不宜厭故喜新，中式建築某部份不合於適用，經濟，美觀，衛生，防衛等原則者，不妨澈底變更，取法各國所長，以補我之所短，如此悉心研究，精密計劃，行之日久，我之所短既已全去，而人之所長，又盡爲我有，代表民族精神之新風格將於此產生。

其次應討論研究的，什麼是西方所長？什麼是中國所短？何部份建築宜採西式？何部份建築宜採用中式？各部份建築應否一律？應作何規定？以上各項均屬過渡時期的重要問題。茲爲管見所及，略舉如次：

工業區之廠房建築，應具有規模宏遠，牢不可拔之氣魄，其建築物宜採用西式，並以鋼筋混凝土或鋼鐵骨骼造成，次要房屋，亦應以磚石爲主要建築材料。

商業區之臨街建築，應嚴肅整齊，不宜委縮淩亂，其建築物完全採用西式，以鋼筋水泥，鋼鐵骨骼，或磚石爲之。

居室建築，應幽雅整潔，位於鄉村的散住式居室，宜採用中式，位於繁華市區之集體式的家庭住宅，及宿舍式的單人住宅，均宜採用西式，其建築物以磚石爲之。

機關建築，如中央政府，應式樣莊嚴，燦爛富麗，如地方政府，則宜莊重和藹，如軍警機關，則又宜壁壘森嚴，其建築物均宜採用中式，而以鋼筋水泥或磚石爲之。

文化建築，如爲學校，宜氣象幽靜，而又應富有生機，如爲圖書館，博覽館，音樂廳，講演廳等，則宜規制宏麗，富有藝術意味，其建築物宜採用中式，而以鋼筋水泥或磚石爲之。

樂育建築，如會堂，劇院，電影院，體育館等，宜規制偉麗，採用中式建築，其在重要市區者，以鋼筋水泥爲之，餘以磚石爲主要建築材料。

採用中式建築，必須嚴遵法式規定，不宜任意創作，或以西式樓房，加造中式屋頂，而所用建築材料，則不宜以木料爲主，惟清式建築斗栱過密，令人有繁瑣之感，似宜採用宋式，因宋式較清式莊嚴，而疎朗的斗栱，不但令人覺得雄壯，而且易於用鋼筋水泥製造，施工亦較爲簡易。其他部份可以在不變更尺度損及外觀原則之下，可儘量設法利用，如高大的台基，不妨作成地下室，而利用台基的束腰部份，開闢亮窗，內部天花以上的空間甚大，可用作樓房，而以拱眼部份，作爲窗子，如此外觀既可保存固有風格，內部也可極利用之能事。

其次談到材料和結構，中式建築一貫使用木料，其缺點爲易於腐壞，易生蟲害，易受火災，將來的都市建築，不宜再以木料爲主要構材，並且我國的森林，日見減少，已有供不應求之勢，也不宜將大批木材，都用在建築上。爲求堅固及防止災害計，當然以採用鋼筋混凝土及鋼架骨骼式的建築爲宜。惟在鋼鐵水泥不能自給自足的時候，既難於普遍採用，最低的限度，我們應當達到以硬石爲主要建築材料。

從建築的平面上說，中國建築採用四合院式，每一所建築，都有庭院，種植花木，在鄉村則用爲整理農作物的場所，窮鄉僻壤，更可利用四週的房屋和墻垣，作爲防禦工事。惟佔用地皮過多，太不經濟，只宜用於鄉村，在人口密集之都市，則以採用西式平面較爲適宜，並在建築物四週，多留空地，以設花園。至於室內平面，中國建築，富於機動性，善用落地罩而以屏風帷幔，把房屋分隔爲若干間隔，將內部變爲一大間。現在西式建築也逐漸注意到這點，起居室餐室，書房．常常採用隔開的辦法。這種辦法，可使室內常常變換形式，不致過於呆板，遇有人數較多的集會時候，可隨時將起居室，餐室擴大，成爲一間，這是我們應當保存的，同時西式現代化的經濟平面，於適用方面，遠較中式爲優，實有採用的價值。

關於通風，採光．取煖．防潮．防火．衛生等問題，應力求現代化，盡量採用西式。

關於結構方面．中式建築，於力學之應用，向未加以深刻研究，至今仍沿用不合理的舊式樑架，致大架傾斜之建築物，比比皆是，自以採用西式結構爲宜。

建築物的本身，在將來國家整個陸防空防方面，極關重要，尤其在國防佔重要地位之市區，關係更大，此亦爲建築家所應當注意的。

六　結論

己往建築風格的演變情形，及將來建築風格應有的趨勢，既如上述。茲再將產生新風格的具體辦法，及新風格未產生以前的過度辦法，簡單扼要提出，以供國內建築專家研究，並作爲本文結束。

我認爲新風格的產生，應由中央政府，設立研究機關，招致建築專門人才，作有系統的研究，並與執行建築之工程機關，取得聯繫，俾便以研究的結果，逐步付之實施，縱一時不能達到創立新風格之目的，亦可由試作而獲得逐漸的改進，同時國內各建築專家，亦應組織學會，作集體的研究，並出其心得，發行刊物，用作工程機關之參考，更與國立研究機關，互相印證，藉收羣策羣力之效。朱啓鈐先生前曾在北平創設中國營造學社，對於我國舊建築之研究，成就甚大，惜其目的限於作歷史性的研究，而於未來風格之創造，尙未計及。希望我國建築專家，作同樣的組織，移其目的，研究我國戰後建築風格。一面由學術團體研究，一面由執行機關試作，研究有了進步，作的自然也有進步，研究有了至善至美的結果。作的也就有了至善至美的結果。我想創造風格之具體辦法，應該如此。

其次在新風格未產生以前，爲保持國家的體面起見，頂好仍暫時沿用固有的風格，作爲過渡。但是最緊要的採用中式建築，必須嚴遵法式規定．不宜任意杜撰，更不宜摻雜西式，做出不中不西的建築物，如果採用西式，我們也要嚴遵西式的體制，絕對的西式，不宜在西式的樓房上，加上中式的屋頂，遺笑大方。在一個都市裏，見慣了西式樓房，偶然遇見了一座莊嚴宏麗的中式建築，反覺得萬綠叢中一點紅，引起無限的美感，若在一個建築物上，中西摻雜，不倫不類，就面目可憎了。

最後還有一點，我們對於確有價值的舊建築物，應竭力維護，倣照二十四年北平故都文物整理委員會的辦法，在儘量保存原有形制的原則之下，將年久失修的古建築，改用鋼筋混凝土及其他現代化材料，增強結構，照原樣修復。以免日久舊有的風格損失殆盡，取法無從，何況保存古代藝術，是我們建築家應盡的責任呢。

計畫

全國公共工程第一次五年計畫大綱

中國市政工程學會公共工程研究小組

壹 目標

完成 國父實業計劃中之居室工業，建設現代生活所需要之公共工程，藉以提高國民之物質與文化的生活水準，並增强國民生活中之集體習慣，使家庭本位的個人變為社會本位的公民。

貳 政策

一．為促使國家工業化之實施，凡重要工業區應優先建設最現代化之公共工程。

二．人口密集之大市區，因公共工程之需要較切，財力較裕，亦應優先建設最現代化的公共工程。

三．公共工程，應以居室建設為中心，已另擬居室工業計劃，應作為計劃附件之一。

四．鄉村公共工程因限於財力，除特別急需及示範工程外，以提倡人民以自治方式興辦，政府僅能予以指導督促，以期改善鄉村人民之生活。所有鄉村公共工程，另有建設計劃，應作為本計劃附件之一。

五．公共工程，多屬地方範圍內之工作，施工方面，應採均權原則，儘量委地方自辦，惟技術方面之設計與督導，應由中央統籌，予以實際協助。

六．凡公署建築及與工業民生影響較淺之公共工程，以修理原有建築物或改建為原則。

七．為使公共工程器材標準化起見，應一面由國家建設大規模之工廠，大量生產，一面獎勵人民設廠，並予以技術指導，及資金補助。

八．公共工程建設，以採用國產器材為原則。但有關國防及民生需要之重要公共工程，務爭取時間維持久遠計，得按實際需要情形，採用鋼鐵水泥及國外器材。

參、範圍

公共工程之範圍如下：

一、市鄉計劃工程——市鄉計劃之測量、調查、設計、繪圖等。

二、交通工程——街道、橋梁、車站、港埠、飛機場等。

三、衛生工程——給水、下水道、浴室、廁所、屠宰場、菜市場等。

四、建築工程——居室、廠房、公共建築、學校、醫院、圖書館、劇院。

五、公用事業工程——電車、汽車、輪渡、電力廠、煤氣廠、電工廠、冷藏廠等。

六、特種工程——其他特種工程不屬於上列各項而由公共工程機關辦理之工程，其範圍依照規則。

肆、實施對象及完成數量

公共工程之實施對象，將以全國各城之需要為標準，在市縣及鄉村鎮，第一次五年計劃應完成之數量如次：

第一五年計劃公共工程之實施對象及完成數量

類別　項別	院轄市（十個）（人口百萬以上）	省轄市（一五〇個）（人口十萬至百萬）	縣轄市（四千個）（人口一萬至十萬）	總計
市鄉計劃調查	十市全部做完	一百五十市全部做完	四千市全部做完	
測量	仝	仝	完成四百市	
設計		仝	完成二百市	

交通工程	高級路面	每市做百分之一，[illegible]即八、○○○、○○○平方公尺	每市做百分之○·五，做一百市共一千公里，即一○、○○○、○○○平方公尺	每市做百分之○·五，做一百市共二五○○公里，即二、五○○、○○○平方公尺	二○、五○○、○○○平方公尺
	碎石路面	每市做百分之二，[illegible]公里，即一六、○○○、○○○平方公尺	每市做百分之二，一百五十市共六、○○○公里，即六○、○○○、○○○平方公尺	每市做百分之二，做一千市共一萬公里，即一○○、○○○、○○○平方公尺	一七六、○○○、○○○平方公尺
	橋梁	十市共[illegible]平方公尺；各級市共[illegible]座，每座假定平均為[illegible]；各市一[illegible]			四○○座
	汽車站	平均每市[illegible]處，十市共三十處，每處五千平方公尺，[illegible]共一○○、○○○平方公尺	平均每市[illegible]處，先完成一百市，共三百處，每處二千平方公尺，[illegible]共[illegible]平方公尺	每市[illegible]處，完成一千市，共[illegible]處，每處一千平方公尺，[illegible]平方公尺	一、五○○、○○○平方公尺
	飛機場	各級市共建二百處，假定每處一公里見方，約一、○○○、○○○平方公尺		全做	二○○、○○○、○○○平方公尺
	碼頭	十市共十[illegible]平方公尺；各級市共建八十處；各市一[illegible]			八○處
	排水溝渠	各級市共需二千[illegible]假定四○、○○○、○○○平方公尺			四○、○○○、○○○平方公尺
衛生工程	醫療設施	十市全部完成	完成一百市	完成二百市	
	垃圾設施	十市全部完成	完成五十市	完成一百市	
	公園、體育場及運動場	每市設三十處，十市[illegible]百處，每處五百平方公尺，共一五○、○○○平方公尺	每市設十五處，共二千二百五十處，每處三百平方公尺，共六七五、○○○平方公尺	每市五處，做三十市，共一五○處，每處二百平方公尺，共三○、○○○平方公尺	八五五、○○○平方公尺
	工人[illegible]	每市一處，十市共十處，每處[illegible]平方公尺，共一二○、○○○平方公尺	每市一處，一百五十市，共一百五十處，每處六千平方公尺，共九○○、○○○平方公尺	每市一處，做三十市，共三十處，每處三千平方公尺，共九○、○○○平方公尺	一、一[illegible]○、○○○平方公尺
工	菜市場	每市十處，十市共一百處，每處[illegible]平方公尺，共一○○、○○○平方公尺	每市四處，一百五十市，共六百處，每處一千平方公尺，共六○○、○○○平方公尺	每市二處，做三十市，共六十處，每處一千平方公尺，共六○、○○○平方公尺	七六○、○○○平方公尺

建築工程	工礦廠房	各級市共蓋二八、四四五、六一四平方公尺			二八、四四五、六一四平方公尺
	工礦居室	各級市共蓋二六、九六九、五三四平方公尺			二六、九六九、五三四平方公尺
	公教人員及農民居室	各級市共蓋三三、〇三〇、四六六平方公尺			三三、〇三〇、四六六平方公尺
	教育建築	各級市共蓋一六、五〇〇、〇〇〇平方公尺			一六、五〇〇、〇〇〇平方公尺
	醫療建築	各級市共建一、六〇〇、〇〇〇平方公尺			一、六〇〇、〇〇〇平方公尺
	娛樂建築	各級市共蓋三、九四〇、〇〇〇平方公尺			三、九四〇、〇〇〇平方公尺
	圖書館	每市一座 每座一萬平方公尺 十市共十萬平方公尺	每市一座 每座四千平方公尺 做一百市 共四十萬平方公尺	每市一座每座一千平方公尺 做二百市 共二十萬平方公尺	七〇〇、〇〇〇平方公尺
	博物館	全前	全前	全前	七〇〇、〇〇〇平方公尺
	會堂	每市一座 每座四千平方公尺 十市共四萬平方公尺	每市一座每座一千平方公尺 做一百市 共十萬平方公尺	每市一座每座五百平方公尺 做二百市 共十萬平方公尺	二四〇、〇〇〇平方公尺
	劇院	每市一座 每座六千平方公尺 十市共六萬平方公尺	每市一座每座二千平方公尺 做一百市 共二十萬平方公尺	每市一座每座一千平方公尺 做二百市 共二十萬平方公尺	四六〇、〇〇〇平方公尺
	監獄	各級市共蓋七〇〇、〇〇〇平方公尺			七〇〇、〇〇〇平方公尺
	行政公署	各級市共蓋一、〇〇〇、〇〇〇平方公尺			一、〇〇〇、〇〇〇平方公尺

公用工程	機器洗衣房	每區一千平方公尺 共計五千平方公尺			五〇,〇〇〇平方公尺
	[illegible]	每市一區 [illegible] 共計一萬平方公尺			一〇,〇〇〇平方公尺
	[illegible]	十市 共建一千公里			一,〇〇〇公里
	[illegible]	十市 廠房每市四萬平方公尺			[illegible]平方公尺
	[illegible]	[illegible] 十市共[illegible]二千輛	每市森四十輛 五十市共二千輛		[illegible]輛
	[illegible]	碼頭及其設備 [illegible]	碼頭及其設備 [illegible]	碼頭及其設備 十市	[illegible]
	[illegible]	輪渡共四十艘	輪渡共三百艘	輪渡共二千艘	二,三四〇艘
	[illegible]	建二市	建十市		
	[illegible]水利工程	每市[illegible] 五市[illegible]〇〇〇,〇〇〇[illegible] 五年共	建二十市		[illegible]〇,〇〇〇,〇〇〇[illegible]
特種工程	[illegible]	每市一二,〇〇〇平方公尺 五年共 共一二〇,〇〇〇平方公尺	每市一〇,〇〇〇平方公尺 做一百市 共一,〇〇〇,〇〇〇平方公尺	每市八千平方公尺 做二百市 共一,六〇〇,〇〇〇平方公尺	共[illegible],〇〇〇,〇〇〇平方公尺
	游泳池	[illegible] 一,五〇〇平方公尺 [illegible]公尺	每市五個 每個[illegible]〇〇平方公尺 [illegible]	每市十個 [illegible] 千市 共[illegible]萬平方公尺	[illegible]平方公尺

26163

附表二 全國公共工程第一次五年計劃草案綱要（續）

	特種工程	
公園、公墓	[illegible]動物[illegible]保存[illegible]	農田水利工程
[illegible]三○○、○○○平方公尺 [illegible]百[illegible]方公里	共一二○、○○○平方公尺 [illegible]一二、○○○、○○○元五年共	[illegible]五市、○○○、○○○元五年共
[illegible]市[illegible]五[illegible]平方公里	共[illegible]	
[illegible]市[illegible]十[illegible]方公里 [illegible]平方公尺	共一六○、○○○平方公尺 [illegible]二百市 [illegible]八千平方公尺	
三八○平方公里[illegible]方公尺	五六○、○○○、○○○平方公尺	五○、○○○、○○○元

附註：

(1)・表中所列市鎮之數目，係根據現有資料，及估計第一次五年計劃實施後至第五年時，可能發展之情形而定。至於名稱之界說以人口在一百萬以上者稱爲院轄市，人口在十萬以上者及省府所在地稱爲省轄市，縣府所在地及人口在一萬以上者稱爲縣轄市，人口在一萬以下二千以上者稱爲鎮，其餘人口不滿二千者，皆稱村。

(2)・院轄市每个平均面積四百平方公里，道路佔百分之二十，爲八十平方公里，合平均十公尺寬之路八千公里。省轄市每个平均面積一百平方公里道路佔百分之二十，爲二十平方公里，合平均十公尺寬之路二千公里，縣轄市每個平均面積二千五平方公里，道路佔百分之二十，爲五平方公里，合平均十公尺寬之路五百公里。

(3)・「工礦廠房及職工居室」數字，係根據工礦業專家供給資料，其中民生工業中之「木粕紙及纖維化學」部份需用建築面積爲一、○○○、○○○、○○○平方公尺，數字過於龐大，似有斟酌餘地，茲暫改爲一○、○○○、○○○平方公尺。

(4)・工礦職工居室及公教人員與民居室，按居室工業計劃由國家建築六千萬平方公尺，內中除去本局工礦二組供給資料中之職工居室等二六、九六九、五三四平方公尺（約佔總數百分之四十五）外其餘三三、○三○、四六六平方公尺約佔總數百分之五十五作爲公教人員及農民居室，其分配辦法詳居室工業計劃中。

(5)・教育建築根據教育部數字，共爲三三○、○○○、○○○平方公尺按教育組計劃，擬由各地方自建，國家居於補助地位。茲假定由國家補助百分之五，即一六、五○○、○○○平方公尺。

(6)・醫療建築係根據衛生署估計數字。

(7)・樂育建築係根據社會部估計數字，其中包括兒童福利站安老所殘疾救養所及俱樂部等四項。

伍 主管機關

一・古嗣中央政府之六部，工居其一，至近世而廢此制，今日亟應恢復以司工政。

二・在中央設公共工程部或署，掌理全國公共工程之行政事宜。

三・在各省設公共工程廳或局，主管各該省公共工程事宜。

四・在各縣設公共工程科，主管各該縣公共工程事宜。

五・在各鄉設公共工程股，主管各該鄉公共工程事宜。

六・在各保設公共工程幹事，主管各該保公共工程事宜，但市區內之各保得不設公共工程幹事。

七・在各院轄市省轄市及縣轄市，應分別設立市工務局或工務課，辦理各該市區內之公共工程事宜。

陸 人力物力財力之估計

一・人力之估計

1. 公共工程部門五年建設計劃工程人員估計表

類別	市別	總工程司 土木	總工程司 建築	工程司 土木	工程司 建築	助理工程司 土木	助理工程司 建築	工程員繪圖員及監工
市鄉計劃	院轄市	10	10	10	10	40	20	40
	省轄市	200	200	200	200	400	400	800
共計	縣轄市	600	[illegible]	400	400	400	460	650
衛生及衛生工程	院轄市	10		20	[illegible]	160	[illegible]	100
	省轄市	100		400		800		2000

26165

	縣轄市	院轄市	共計
	100	10	120
			210
	1,000		2,030
		2,000	2,610
	1000		2,600
		2,000	2,820
	2000	8,000	13,740

茲將技工及普通工人估計如下表：

第一五年計劃公共工程部門需用技工及普通工人估計表

類別 項別 職別	數量	土工	泥水工	木工	石工	金屬工	漆工	電工	路工	管線工	總計
交通工程 高級路面	二〇、[illegible]	[illegible]	工	[illegible]	[illegible]	[illegible]			一〇,〇〇〇	三,〇〇〇	一三,〇〇〇
碎石路面	一五,〇〇〇,〇〇〇								四,〇〇〇	一二,〇〇〇	一六,〇〇〇
橋樑	四〇〇	二,二〇〇	三,六〇〇	六〇〇	六〇〇	三〇〇	一五〇		五五〇	六,〇〇〇	一三,〇〇〇
二、人力之估計	[illegible]	二,四〇〇	三,六〇〇	六〇〇	三〇〇	一五〇	五〇		一,二〇〇	五,〇〇〇	一二,一〇〇
碼頭	八〇處	八〇〇	二,四〇〇	四〇〇	[illegible]				五〇〇	二,八〇〇	四,〇〇〇
三、在各省	[illegible]								八〇〇	二,〇〇〇	八,八〇〇
[illegible]			二〇,〇〇〇	二,五〇〇	二,五〇〇	一,〇〇〇	二〇,〇〇〇			三〇,〇〇〇	六六,〇〇〇
[illegible]	一百個省市		二〇,〇〇〇	五,〇〇〇	五,〇〇〇	二,〇〇〇	四〇,〇〇〇			六〇,〇〇〇	一三二,〇〇〇
[illegible]	二百個縣市		一〇,〇〇〇	二,五〇〇	二,五〇〇	[illegible]	[illegible]			[illegible]	六六,〇〇〇
一、[illegible]	三百個縣市		一五,〇〇〇	二,五〇〇	二,五〇〇	[illegible]	[illegible]			[illegible]	六六,〇〇〇
廿、主管機關	五十個省市		一五,〇〇〇	二,五〇〇	二,五〇〇	[illegible]	一五,〇〇〇			[illegible]	六六,〇〇〇

		一百個縣市	[illegible]市	七,五〇〇	一,二五〇	一,二五〇	五〇〇	七,五〇〇	—	一五,〇〇〇	三三,〇〇〇
衛生工程	浴室及廁所	八五五,[illegible]	一,〇〇〇	一,五〇〇	二五〇	一二〇	五〇	二〇		二,〇〇〇	四,九四〇
	[illegible]醫院	四[illegible]	[illegible]二四〇	一,八〇〇	三〇〇	一五〇	八〇	三〇	四	[illegible],〇〇〇	六,五[illegible]〇
	菜市場	七六[illegible]	八〇〇	一,二〇〇	二〇〇	一〇〇	八〇,五〇〇	二〇		[illegible],〇〇〇	四,三七〇
建築工程	工廠廠房	[illegible]	[illegible]	六五,〇〇〇	八〇〇	一六,二五〇	八〇〇	四〇〇		一〇〇,〇〇〇	二一五,七五〇
	職工宿舍	[illegible]	[illegible]	四五,〇〇〇	七,五〇〇	三[illegible]七五〇	[illegible]八〇〇	六〇〇		[illegible]	一六八,一一〇
	公教人員及市民住宅	[illegible]	[illegible]	五二,五〇〇	八,七五〇	四,三七五	二[illegible]〇〇	七〇〇		一〇〇,〇〇〇	二〇三,五二五
	教育建築	[illegible]	[illegible]	五四〇,〇〇〇	九〇,〇〇〇	四五,〇〇〇	二[illegible]〇	七,〇〇〇		[illegible]	一,九六四,五〇〇
交通工程	[illegible]建築	[illegible]	一,[illegible]〇	二,[illegible]〇〇	四四〇	二二〇	一一〇	四〇		[illegible]五,〇〇〇	[illegible]七〇
市政	圖書館	七〇〇,〇〇〇	七[illegible]〇	一,〇八〇	一八〇	九〇	四〇	一〇		二,〇〇〇	四,二[illegible]〇
	博物館	七〇〇,〇〇〇	七二〇	一,〇八〇	一八〇	九〇	四〇	一〇		二,〇〇〇	四,一二〇
	會堂	[illegible]	[illegible]	[illegible]	[illegible]	[illegible]	[illegible]	一〇		七〇	一,四〇〇
	劇院	[illegible]	[illegible]	七五〇	一二〇	二〇	三〇	一〇	四〇	一,〇〇〇	二,四七〇
	監獄	七〇〇,〇〇〇	七二〇	一,〇八〇	一八〇	四〇	四〇	一〇		二,〇〇〇	四,一二〇
	行政公署	[illegible]	一,一〇〇	一,六五〇	二八〇	一四〇	七〇	二〇		三,〇〇〇	六,二六〇
公用工程	機器洗衣房	五〇,〇〇〇	四八[illegible]	八三[illegible]	一[illegible]	[illegible]四十[illegible]	四八,[illegible]五	[illegible]		一,五[illegible]	[illegible]八十〇,[illegible]
	機器[illegible]	一〇,〇〇〇	一,〇[illegible]	[illegible]三〇	五	三	[illegible]	一		[illegible]五〇	[illegible]一〇
	[illegible]紅綠燈	一,〇〇〇公里	[illegible]	四,五〇〇	五[illegible]	五[illegible]〇	[illegible]		五〇〇	一,〇〇〇	[illegible]
	輪渡碼頭	平方公尺[illegible]	五,三四〇	六,〇〇〇	一,〇〇〇	一,〇〇〇	一,五〇〇	一,二五〇	一,五〇〇	一〇,〇〇〇	二三,五九〇
	[illegible]	二[illegible]	四,[illegible]〇〇	二,六〇〇	一,〇五〇	五〇〇	六〇〇	一,二〇〇	[illegible]	二六,〇〇〇	四[illegible]
特種工程	[illegible]	含[illegible]	一,三〇〇	[illegible]	八〇〇	八〇〇	一〇〇	二〇〇		一,〇〇〇	二[illegible]
	煤氣廠	[illegible]五[illegible]	五〇〇	一,五〇〇	一〇〇	五〇〇	二五〇	五〇〇		三,〇〇〇	六,三五〇

26167

特種工程	[illegible]	[illegible]計市	五〇〇	一、五〇〇	一〇〇	五〇〇	二〇〇	五〇〇		[illegible]、〇〇〇	六、三五〇
	游泳池	各院轄市[illegible]	一、六〇〇	六、四〇〇	八〇〇	八〇〇	一〇〇	一〇〇		三、[illegible]〇〇	二三、九六〇
	[illegible]	二六七二[illegible]	四、〇〇〇	二、〇〇〇	一、〇〇〇	五〇〇	五〇〇	一、〇〇〇	二〇、〇〇〇	一五、〇〇〇	四四、〇〇〇
	公共[illegible]	三八〇平方公里	四、〇〇〇	二、〇〇〇	一、〇〇〇	一、〇〇〇	一、〇〇〇	一、〇〇〇	一、〇〇〇	二〇、〇〇〇	三二、〇〇〇
	文物保存	一〇[illegible]公[illegible]	二、〇〇〇	四、〇〇〇	五〇〇	五〇〇	五〇〇		[illegible]	[illegible]、〇〇〇	一〇、五〇〇
	小型冰廠	二〇、〇〇〇	一、〇〇〇	六、〇〇〇			一〇〇			五、〇〇〇	一二、[illegible]〇〇
總計	[illegible]	[illegible]	四八七、七〇〇	八三三、九〇〇	一三三、七三五	九三、四七八	四八、三六六	一三〇、四一六	二九、〇五〇	一、一〇六、九〇〇	二、八七〇、九七五

二、物力的估計

1. 普通材料估計如下表

第十五年計劃公共工程部門擬建各項目所需之普通材料

類別	項目類別	數量	磚（萬塊）	瓦（萬塊）	木料（M³）	石灰（公噸）	石料（M³）	瓦器（公擔）
交通工程	高級路面	二〇、五〇〇、〇〇〇（M²）					二、〇五〇、〇〇〇	[illegible]
	碎石路面	二七、六〇〇、〇〇〇（M²）					一七、六〇〇、〇〇〇	[illegible]
	[illegible]	六十輛×十二M 四十噸			二八、[illegible]〇〇		[illegible]	[illegible]
	專[illegible]	一二六、五〇〇、〇〇〇（M²）	三二〇、〇〇〇	三[illegible]〇、〇〇〇	三〇〇、〇〇〇	二三〇、〇〇〇	一、二〇〇、〇〇〇	[illegible]
建築工程	飛機場	二〇〇、〇〇〇、〇〇〇（M²）					二〇、〇〇〇、〇〇〇	[illegible]
	菜市場	二六八十處			八〇、〇〇〇	八、〇〇〇	八〇、〇〇〇	[illegible]
	[illegible]場	四〇、〇〇〇、〇〇〇（M²）					四、〇〇〇、〇〇〇	[illegible]
衛生工程	給水工程	八百五十個院轄市	一、五〇〇	二[illegible]〇				[illegible]
		一百個省轄市		一、二[illegible]〇		九、[illegible]〇		[illegible]

附表　全國公共工程第二次五年計劃大綱

類別	項目	計劃標準						附註
衛生工程	給水工程	二百個縣轄市	[illegible]	[illegible]				
	排溝工程	四〇[illegible]個院轄市〇〇						二、八〇〇
	道路	五十個省轄市〇	[illegible]	一,二八〇,〇〇〇		一八〇		三,五〇〇
	[illegible]	二〇〇萬個縣轄市〇〇						一,〇〇〇
	浴室及廁所	八五[illegible](M²)	六八,四〇〇	[illegible]	[illegible]七一,〇〇〇	六八,四〇〇	一,[illegible]	[illegible]
	屠宰場	六[illegible](M²)	一八八,八〇〇	四六[illegible]	[illegible]	八八,〇〇〇	八八八,〇〇〇	
	菜市場	一[illegible]〇〇〇(M²)	六〇,八〇〇	一五,二〇〇	一五二,〇〇〇	六〇,八〇〇	六〇八,〇〇〇	
建築工程	公教人員及[illegible]住宅	三[illegible](M²)	一五四〇,〇〇〇	三八五,〇〇〇	三,八五〇,〇〇〇	一,五四〇,〇〇〇	一五,四〇〇,〇〇〇	
	工廠房及其職工住宅	[illegible]四一五,〇〇〇(M²)	[illegible]	[illegible]	[illegible]	[illegible]五九〇	[illegible]	[illegible]
	監獄	七〇〇,〇〇〇(M²)	五[illegible],〇〇〇	一四,〇〇〇	一四〇,〇〇〇	五六,〇〇〇	五六〇,〇〇〇	
	教育建築	[illegible](M²)	[illegible]	[illegible]	[illegible]	[illegible]二〇,〇〇〇	一三,二〇〇,〇〇〇	
	醫療建築	[illegible](M²)	八〇,〇〇〇	三二,〇〇〇	二四〇,〇〇〇	八〇,〇〇〇	一,二八〇,〇〇〇	
	體育建築	三九四[illegible](M²)	一五,二〇〇	七八,八〇〇	七八八,〇〇〇	三一五,二〇〇	三,一五二,〇〇〇	
社會	圖書館	七〇〇,〇〇〇(M²)	六八[illegible]	二二[illegible]	一八[illegible]	[illegible]	二[illegible]七,〇〇〇	十三〇〇
	博物館	七〇[illegible](M²)	[illegible]	一[illegible]	[illegible]	[illegible]	[illegible]	
社會工程	體育場	二、[illegible](M²)	五四,四〇〇	五四,四〇〇	二[illegible]	五四,四〇〇	[illegible]	
	會堂	二四[illegible](M²)	四八,〇〇〇	四,八〇〇〇	二四〇,〇〇〇	四八,〇〇〇	[illegible]	
	醫院	四六[illegible](M²)	九,[illegible]	九,[illegible]	四六[illegible]	九,[illegible]	[illegible]	
公用工程	行政公署	一,〇〇〇,〇〇〇(M²)	八〇,〇〇〇	二〇,〇〇〇	二〇〇,〇〇〇	八〇,〇〇〇	八〇〇,〇〇〇	
	鐵路及站場	[illegible](M²)	四,[illegible]	一,[illegible]	一〇,〇〇〇	四,〇〇〇	四[illegible],〇〇〇	
	鐵路及油房	一〇,[illegible](M²)	八〇〇	二〇〇	五[illegible],〇〇〇	一〇,八〇〇	一〇八,〇〇〇	
	電車汽車工程	一,〇〇〇公里	三二,〇〇〇	八,〇〇〇	八〇,〇〇〇	三二,〇〇〇	三二〇,〇〇〇	

附註

	公共汽車	[illegible]	[illegible]			[illegible]	[illegible]
	輪渡碼頭	二〇〇七〇噸	[illegible]		五〇,〇〇〇	一〇,〇〇〇	一〇〇,〇〇〇
公用工程	電燈發電廠	兩個院市	二〇〇	二〇〇	一,〇〇〇	二〇〇	二八,〇〇〇
	[illegible]	十個省市	一〇〇	一〇〇	五〇〇	一〇〇	四,〇〇〇
	煤氣廠	五個院市	五〇〇	五〇〇	二,五〇〇	五〇〇	二〇,〇〇〇
	[illegible]	二十個省市	八〇〇	八〇〇	四,五〇〇	八〇〇	三五,〇〇〇
特種工程	游泳池	七八〇,〇〇〇(M²)			七八,〇〇〇	一五,六〇〇	七八,〇〇〇
	公園	三八〇平方公里	三〇四,〇〇〇	七六,〇〇〇	七六〇,〇〇〇	三〇四,〇〇〇	三,〇四〇,〇〇〇
總計			六,八九四,五九〇	二,二三五,八一二	一八,九〇〇,六六八	六,九一〇,一九〇	二一二,四七一,八八〇

七,三〇〇

2. 特種材料估計如下表

第二五年計劃公共工程部門擬建各項目所需之特種材料

類別	工程項別	(1)數量	單位	(2)水泥(公噸)	(3)鋼料(公噸)	(4)油毛氈(M²)	(5)油漆(公噸)	(6)玻璃(M²)	(7)電線(M)	(8)燈泡(盞)	(9)水管(M)
交通工程	[illegible]路面	二〇,五〇〇,〇〇〇	(M²)								
	碎石路面	一七,六〇〇,〇〇〇	(M²)								
	橋梁	六〇M×二〇M,一四五〇	座	一八五,二〇〇	四六〇,八〇〇		五七				
	[illegible]站	一八,五〇〇,〇〇〇	(M²)	[illegible]	三〇〇,〇〇〇	三,〇〇〇,〇〇〇	一八八	二,二五〇,〇〇〇	一,三五〇,〇〇〇	一,一一〇,〇〇〇	三〇〇,〇〇〇
	[illegible]場	二〇〇,〇〇〇,〇〇〇	(M²)								[illegible]
	碼頭	五十個省市碼頭〇	座	三二〇,〇〇〇	一,二八〇,〇〇〇		一六〇				[illegible]
	[illegible]工程	四〇〇,〇〇〇,〇〇〇	(M²)								[illegible]
衛生工程	給水工程	二十個院轄市		三〇〇,〇〇〇	一〇八,〇〇〇						

		百個省轄市	一二五〇,〇〇〇	九〇,〇〇〇	—					
		二百個縣轄市	四〇〇,〇〇〇	一三,二〇〇	—					
	[illegible]	十個院轄市	二四〇,〇〇〇	一三,〇〇〇	—					
		五十個省轄市	三〇〇,〇〇〇	一六,二五〇	—					
		百個縣轄市	一六,〇〇〇	五〇〇	—					
	浴室及廁所	一,六五五,〇〇〇(M²)	〇四二,七[illegible]〇	一,七[illegible]	[illegible],七一〇,〇〇〇	一〇七	一二八,二五〇	七六九,五〇〇	四二,七五〇	二五六,五〇〇
	屠宰場	一,一一〇,〇〇〇(M²)	一二,〇〇〇	五五,〇〇〇	一一二,〇〇〇	一三八	一六六,五〇〇	九九九,〇〇〇	五五,五〇〇	三三三,〇〇〇
	[illegible]市場設備	七六〇,〇〇〇(M²)	三八,〇〇〇	一九,〇〇〇	〇,五二〇,〇〇〇	九五	七六,〇〇〇	六八四,〇〇〇	三八,〇〇〇	二八八,〇〇〇
房屋工程	公務人員及眷屬住宅	三三〇,三〇,四六六(M²)	一,一五五,〇〇〇	—	[illegible],〇〇〇,〇〇〇	四,一二五	四,九五〇,〇〇〇	二九,七〇〇,〇〇〇	二六,〇〇〇,〇〇〇	三,八五〇,〇〇〇
[illegible]	工礦廠房及其他職工住宅	(10)[illegible](M²)	[illegible]	[illegible]	[illegible]	(15)[illegible]	(16)[illegible]	[illegible]	[illegible]	[illegible]
	監獄	七〇〇,〇〇〇(M²)	二四,五〇〇		一,四〇〇,〇〇〇	八六	七,〇〇〇	三五〇,〇〇〇	三五,〇〇〇	七〇,〇〇〇
	教育建築	六五〇,〇〇〇(M²)	[illegible]七七,[illegible]		[illegible],〇〇〇,〇〇〇	二,〇六三	[illegible],〇〇〇	[illegible],〇〇〇	三二,〇〇〇	[illegible],〇〇〇
[illegible]	圖書館	七〇〇,〇〇〇(M²)	[illegible]	[illegible],〇〇〇	[illegible],〇〇〇	[illegible]四〇	一〇五,〇〇〇	[illegible],〇〇〇	[illegible],〇〇〇	七〇,〇〇〇
	博物館	七〇〇,〇〇〇(M²)	一[illegible],〇〇〇	[illegible],〇〇〇	[illegible],〇〇〇	[illegible]四〇	[illegible],〇〇〇	[illegible],〇〇〇	五六[illegible],〇〇〇	七〇,〇〇〇
[illegible]工程	[illegible]建築	一,六〇〇,〇〇〇(M²)	三四八,〇〇〇	[illegible],〇〇〇	[illegible],〇〇〇	二六〇	二四〇,〇〇〇	[illegible],〇〇〇	四[illegible]八,〇〇〇	二四〇,〇〇〇
	[illegible]育建築	三,九[illegible],〇〇〇(M²)	一三八,〇〇〇	四[illegible]	六八[illegible],〇〇〇	四九[illegible]	五九[illegible],〇〇〇	[illegible],〇〇〇	三[illegible],二〇〇	四[illegible],〇〇〇
	[illegible]清[illegible]	二,[illegible],〇〇〇(M²)	[illegible],〇〇〇	[illegible],〇〇〇	[illegible],〇〇〇	五四[illegible]	四〇八,[illegible]	[illegible]四四八,〇〇〇	二二[illegible]六〇〇	二七[illegible],〇〇〇
	會堂	[illegible],〇〇〇(M²)	九六,〇〇〇	三八四,〇〇〇	四八〇,〇〇〇	四〇	三六,〇〇〇	二[illegible]六,〇〇〇	一[illegible]二〇〇	二四,〇〇〇
	[illegible]院	[illegible],〇〇〇(M²)	三[illegible]八四,〇〇〇	七三六,〇〇〇	九二〇,〇〇〇	九二	六九,〇〇〇	四[illegible]四,〇〇〇	三八,八〇〇	一一六,〇〇〇
	[illegible]政公署	一,〇〇〇,〇〇〇(M²)	[illegible],〇〇〇	二[illegible],〇〇〇	二,〇〇〇,〇〇〇	一[illegible]	一,五〇〇,〇〇〇	九〇〇,〇〇〇	八〇,〇〇〇	二〇四,〇〇〇
公用工程	機器洗衣房	四[illegible],〇〇〇(M²)	一,七五〇		一〇〇,〇〇〇	六	七,五〇〇	四五,〇〇〇	四,〇〇〇	一〇,〇〇〇
	機器麵包房	二〇〇,〇〇〇(M²)	一一,〇〇〇	六六,五〇〇	一六〇,〇〇〇	[illegible]	六[illegible],五〇〇	[illegible]九[illegible],〇〇〇	二[illegible],八〇〇	二二,〇〇〇

計畫　全國公共工程第一次五年計畫大綱

26171

電車工程	一,〇〇〇公里	一〇〇,〇〇〇	九六,〇〇〇	八〇〇,〇〇〇	五〇〇	六〇,〇〇〇	五,〇〇〇,〇〇〇	二〇,〇〇〇	[illegible]
公共汽車	四〇〇,〇〇〇(M²)	[illegible]		[illegible]	[illegible]		[illegible]	[illegible]	一〇,〇〇〇
輪渡碼頭	一,[illegible]盞	四〇〇,〇〇〇	二〇〇,〇〇〇	[illegible]	五〇	一		[illegible]	[illegible]
熱電暖氣廠	兩個院市	三〇,〇〇〇	一〇,八〇〇	二,〇〇〇	[illegible]二	一一,五〇〇	九,〇〇〇	[illegible]八〇〇	二一,〇〇〇
[illegible]	十個省市	一五,〇〇〇	五,四〇〇	[illegible],〇〇〇	[illegible]一	七五〇	四,五〇〇	四〇〇	五〇〇
煤氣廠	五個院市	七五,〇〇〇	二七,〇〇〇	五,〇〇〇	[illegible]	三,七五〇	二二,五〇〇	二,〇〇〇	二五,〇〇〇
[illegible]	五十個省市	一二五,〇〇〇	四五,〇〇〇	八,〇〇〇	[illegible]八	六,二五〇	三七,五〇〇	三,五〇〇	四[illegible]〇〇
特種工程　游泳池	一七八〇,〇〇〇(M²)	三[illegible],〇〇〇	一五六,〇〇〇	一六五,〇〇〇	七八	[illegible]	七〇二,〇〇〇	四四,八〇〇	七六〇〇
公園	一三八〇平方公里	一九,〇〇〇	九五,〇〇〇	七,六〇〇,〇〇〇	四七五	五七,〇〇〇	[illegible],〇〇〇	[illegible],〇〇〇	[illegible]
總計	[illegible]	一九,[illegible],八〇〇	[illegible]	三[illegible]	一九,〇[illegible]九	八,一[illegible]	[illegible]	[illegible]	[illegible]

2. 特種材料估計表（續前表）

類別	工程別	(10)面盆(個)	(11)浴盆(個)	(12)恭桶(個)	(13)五金(公噸)	(14)[illegible](輛)	(15)公共汽車(輛)	(16)渡輪(隻)	(17)鋼鐵(公噸)	(18)鉛(公噸)	(19)瀝青(公噸)
交通工程	高級路面			[illegible]					[illegible]	[illegible]	[illegible]
	碎石路面			[illegible]	[illegible]						[illegible]
	橋樑			[illegible]	[illegible]				四,〇〇〇		
	汽車車站	一,五〇〇	[illegible]五〇〇	[illegible]二,五〇〇	一,五〇〇				一三,五〇〇		
	飛機場			[illegible]	[illegible]						
	碼頭			[illegible]	[illegible]				八,〇〇〇		
	滑翔機場			[illegible]	[illegible]						
衛生工程	給水工程			四〇,〇〇〇	[illegible]				一,[illegible]	一〇五,〇〇〇	四五,〇〇〇
				[illegible]	六〇,〇〇〇				一,〇〇〇,〇〇〇	八七,五〇〇	三七,五〇〇

[illegible]	[illegible]							五〇、〇〇〇	二、〇〇〇	二、〇〇〇
	溝渠工程								二〇〇		
	[illegible]								二五〇		
	[illegible]										
	浴所及廁所	二八、〇〇〇	二八、〇〇〇	二八、〇〇〇	八五五						
	屠宰場		[illegible]		一、一一〇						
	菜市場		[illegible]	[illegible]	七六〇						
建築工程	公教人員及國民住宅	三三〇、〇〇〇	三三〇、〇〇〇	三三〇、〇〇〇	三三、〇〇〇						
	工廠勞工及其他職工住宅	二六、九七〇	二六、九七〇	二六、九七〇	二、七〇〇						
	監[illegible]獄	七〇〇	七〇〇	七〇〇	七〇〇				三、五〇〇		
	教育建築	三三、〇〇〇	三三、〇〇〇	三三、〇〇〇	一六、五〇〇				一六、五〇〇		
	圖書館	[illegible]	[illegible]	[illegible]	[illegible]						
	博物館	七〇〇	七〇〇	七〇〇	七〇〇						
	醫療建築	一六、〇〇〇	一六、〇〇〇	一六、〇〇〇	一六、六〇〇				一六、〇〇〇		
	體育建築	三九、四〇〇	三九、四〇〇	三九、四〇〇	三六、九四〇						
	[illegible]場	四六、七五〇	四六、七五〇	二六、七三〇	二、七二〇						
	會堂	二四〇	二四〇	二四〇	二四〇						
	[illegible]場	四六〇	四六〇	四六〇	四六〇						
	行政公署	二、〇〇〇	二、〇〇〇	二、〇〇〇	一、〇〇〇						
公用工程	[illegible]倉庫	五〇	五〇	五〇	五〇						
	[illegible]電廠				一〇			[illegible]	[illegible]		
	電車路線	四〇〇	四〇〇	四〇〇	一、〇〇〇	二、〇〇〇	[illegible]		一〇〇、〇〇〇		

26173

	常共汽車		四[illegible]	[illegible]	[illegible]			四,〇〇〇			
	[illegible]頭								二,三四〇	一一七,〇〇〇	
公用工程	[illegible]電[illegible]機		一〇	一〇	一〇	一〇				一二七,[illegible]	一〇,五〇〇	四,五〇〇
	[illegible]水分器		一〇	一〇	一〇	五				六三,六五〇	五,二五〇	二,二五〇
	[illegible]氣機		[illegible]二五	二五	二五	二五				二八,二〇〇	二六,二五〇	一一,二五〇
	[illegible]		四〇	四〇	四〇	四〇				五六三,八〇〇	四三,七〇〇	一八,七〇〇
特種工程	游[illegible]		四,四八〇	四,四八〇	四,四八〇	[illegible]七八〇						
	[illegible]		[illegible]五六〇	[illegible]五六〇	[illegible]五六〇	三,八〇〇						
總計	[illegible]		[illegible]四七,九〇五	[illegible]四七,九〇五	四七,九〇五	七四,二〇五	二,〇〇〇	四,〇〇〇	二,三四〇	[illegible]	[illegible]	[illegible]

表3、第一次五年計劃公共工程部門所需儀器機械表

項別說明	院轄市	省轄市	縣轄市	總計	價值	備考
經緯儀	二〇〇	四五〇	四,〇〇〇	四,五五〇	九,一〇〇,〇〇〇	
水準儀	一〇〇	四五〇	四,〇〇〇	四,五五〇	四,五五〇,〇〇〇	
羅盤儀	一〇	五〇		六〇	六〇,〇〇〇	
平板儀	二〇	一五〇		一七〇	一七〇,〇〇〇	
平板	二〇〇	九〇〇	八,〇〇〇	九,一〇〇	九,一〇〇,〇〇〇	
六分儀	一〇	五〇		六〇	一二〇,〇〇〇	

手水準	一二〇	一,二五〇	四,〇〇〇	四,一七〇	六二五,五〇〇
測尺	一二〇	六五〇		二七〇	八,五〇〇
皮尺	三〇〇	九〇〇	二〇,〇〇〇	二一,二〇〇	四二二,〇〇〇
水平尺	三〇〇	一,九〇〇	八,〇〇〇	九,一〇〇	九一,〇〇〇
測距尺	三〇〇	一,九〇〇	八,〇〇〇	九,一〇〇	一八二,〇〇〇
繪圖儀器	一〇〇	四五〇	四,〇〇〇	四,五五〇	四五五,〇〇〇
放大器	一〇	二五〇		六〇	三,〇〇〇
水準標器	一〇	五〇		六〇	三,〇〇〇
計算尺	五〇	三〇〇		三五〇	一七,五〇〇
三角板	一〇〇	四五〇	四,〇〇〇	四,五五〇	四,五五〇
丁字尺	一〇〇	四五〇	四,〇〇〇	四,五五〇	九,一〇〇
三稜尺	一〇〇	四五〇	四,〇〇〇	四,五五〇	四,五五〇
繪畫顏料	一〇〇	九〇〇	四,〇〇〇	五,〇〇〇	
汽燈	一〇〇	九〇〇	四,〇〇〇	五,〇〇〇	
顯微鏡	二二〇	一五〇		一七〇	

26175

軋石機	二〇	一五〇		一七〇		
碎石機	七〇	四五〇	四,〇〇〇	四,五二〇		
熬油鍋	八〇	六〇〇		六八〇		
灑油機	八〇	六〇〇		六八〇		
運料車	四〇〇	二,一〇〇	八,〇〇〇	一〇,五〇〇		
灑水車	一〇〇	九〇〇	三,[illegible]	四,〇〇〇		
抽油機	五〇	三〇〇		三五〇		
50呎抽水機	二〇〇	五〇〇		七〇〇		
10呎抽水機	一〇〇	二五〇		三五〇		
5吋抽水機	一五〇	四〇〇	三,〇〇〇	三,四五〇		
壓機	二六〇	一,〇五〇		一,三一〇		
混凝土攪拌機	二五〇	一,一〇〇		一,三五〇		
鋸木機	二〇〇	九〇〇		一,〇〇〇		
刨木機	一〇〇	九〇〇		一,〇〇〇		
起重機	一五〇	一,三〇〇	四,〇〇〇	五,三五〇		

26176

電[illegible]器械	一三〇	一,二〇〇		一,三三〇		
[illegible]線	一三〇	一,二〇〇		一,三三〇		
水管鍋爐	五〇			五〇		每座受熱面積四〇〇平方公尺
發電機	三〇			三〇		每座一〇〇〇瓩
420瓩變壓器	三〇〇	三,二〇〇		三,五〇〇		
680瓩[illegible]壓器	四〇			四〇		
1000瓩調整變壓器	二〇			二〇		
400瓩變[illegible]機	三〇			三〇		
[illegible]床	二〇			二〇		三呎車輪
大[illegible]床	二〇			二〇		十呎長
[illegible]床	二〇	二〇〇		二二〇		十八吋
[illegible]	一〇	一〇〇		一一〇		
銑床	一〇	一〇〇		一一〇		
大小刀車床	四〇	二〇〇		二四〇		
大小[illegible]床	四〇	二〇〇		二四〇		

26177

電熱輸[illegible]器	一〇			一〇
[illegible]小刀機	一〇	一〇〇		一一〇
水表	一〇〇、〇〇〇	二〇〇、〇〇〇		三〇〇、〇〇〇
壓[illegible]機	一〇	一五〇	四、〇〇〇	四、一六〇
冷[illegible]機	一〇〇	一五〇	四、〇〇〇	四、二五〇
[illegible]民[illegible]	二〇	一五〇		一七〇
[illegible]面機	二〇	一五〇		一七〇
[illegible]風機	二〇〇	七五〇		九五〇
[illegible]水[illegible]機	五〇			五〇

附註：

一・上表所列各種機械價值[redacted]估計。

二・煤氣廠氣等所用各種機械未列[redacted]。

三・電力廠所用各種機械未列[redacted]。

三　財力之估計

1. 公共工程組擬辦之各項工程估計如下表

類別	項別	擬做數量	單位	單價(元)	總價	維持費	設備費	總計
交通工程	高級路面	二〇、五〇〇、〇〇〇	M^2	一三・〇〇	二六六、五〇〇、〇〇〇			二六六、五〇〇、〇〇〇

類[illegible]	碎石路面	一六〇,〇〇〇,〇〇〇	M²	三·二五	五七二,〇〇〇,〇〇〇	一年 切一縣		五七二,〇〇〇,〇〇〇
	橋樑	四〇〇	座	三〇〇,〇〇〇·〇〇	一二〇,〇〇〇,〇〇〇			一二〇,〇〇〇,〇〇〇
	車站	[illegible]			四五,〇〇〇,〇〇〇		二二,五〇〇,〇〇〇	六七,五〇〇,〇〇〇
	飛機場	二〇〇,〇〇〇,〇〇〇	M²	一〇·〇〇	二,〇〇〇,〇〇〇,〇〇〇		一,〇〇〇,〇〇〇,〇〇〇	三,〇〇〇,〇〇〇,〇〇〇
計	碼頭	合	處	一,〇〇〇,〇〇〇·〇〇	五,六八〇,〇〇〇,〇〇〇		二,〇八〇,〇〇〇,〇〇〇	七,七六〇,〇〇〇,〇〇〇
	污水處理場	五〇,〇〇〇,〇〇〇	M³ 每年	[illegible]	一三〇,〇〇〇,〇〇〇		六五,〇〇〇,〇〇〇	一九五,〇〇〇,〇〇〇
衛生工程	給水工程	十個院轄市	每市	五,〇〇〇,〇〇〇	五〇,〇〇〇,〇〇〇			五〇,〇〇〇,〇〇〇
	公廁	一百個省〇市	每市	二,五〇〇,〇〇〇	二五〇,〇〇〇,〇〇〇			二五〇,〇〇〇,〇〇〇
[illegible]工程	游泳池	二百個縣〇市	每市	二〇〇,〇〇〇	四〇,〇〇〇,〇〇〇			四〇,〇〇〇,〇〇〇
	清潔工程	十個院〇市	每市	二二,六〇〇,〇〇〇	二二六,〇〇〇,〇〇〇			二二六,〇〇〇,〇〇〇
	[illegible]場	五十個省〇市	每市	五,八〇〇,〇〇〇	二九〇,〇〇〇,〇〇〇			二九〇,〇〇〇,〇〇〇
		一百個縣〇市	每市	一,六〇〇,〇〇〇	一六〇,〇〇〇,〇〇〇			一六〇,〇〇〇,〇〇〇
	[illegible]屠所	八五,五〇〇	M² 每市	三,〇〇〇·〇〇	二五六,五〇〇,〇〇〇	一,二八二,五〇〇	一二八,二五〇,〇〇〇	三八六,〇三二,五〇〇
	屠宰場	[illegible]	M²	五〇·〇〇	一三三,二〇〇,〇〇〇	一,六六五,〇〇〇	三三,三〇〇,〇〇〇	一六八,一六五,〇〇〇
	菜市場	[illegible]	M²	五〇·〇〇	一一四,〇〇〇,〇〇〇	一,一四〇,〇〇〇	[illegible]	[illegible]
建築工程	公教人員住宅	[illegible]	M²	一〇·〇〇	九九〇,九一三,九八〇	四九,五四五,七〇〇	四九五,四五六,九九〇	一,五三五,九一六,六七〇
	圖書館	[illegible]	M²	三〇·〇〇	二一〇,〇〇〇,〇〇〇	一,〇五〇,〇〇〇	二一,〇〇〇,〇〇〇	二三二,〇五〇,〇〇〇
	博物館	[illegible]	M²	五〇·〇〇	二一〇,〇〇〇,〇〇〇	一,〇五〇,〇〇〇	二一,〇〇〇,〇〇〇	二三二,〇五〇,〇〇〇
	體育館	[illegible]	M²	六〇·〇〇	八一六,〇〇〇,〇〇〇	四,〇八〇,〇〇〇	八一,六〇〇,〇〇〇	[illegible]
	食堂	[illegible]	M²	三〇·〇〇	七二,〇〇〇,〇〇〇	三六〇,〇〇〇	七,二〇〇,〇〇〇	[illegible]
	[illegible]院	[illegible]	M²	三〇·〇〇	[illegible]		一三,六〇〇,〇〇〇	[illegible]
	[illegible]	[illegible]	M²	三〇·〇〇	二一〇,〇〇〇,〇〇〇	一,〇五〇,〇〇〇	[illegible]	[illegible]

計劃 全國公共工程第一次五年計劃大綱

公用工程	行政公署	一、〇〇〇、〇〇〇	M²	三〇	三〇、〇〇〇、〇〇〇	一、五〇〇、〇〇〇	一五、〇〇〇、〇〇〇	四二、五〇〇、〇〇〇
	[illegible]	[illegible]	M²	三〇	[illegible]		一二、五〇〇、〇〇〇	二五、六〇〇、〇〇〇
	[illegible]	[illegible]	M²	三〇	[illegible]		[illegible]	一四、六〇〇、〇〇〇
	[illegible]工程	[illegible]	公里	六〇、〇〇〇	六〇、〇〇〇、〇〇〇			一六〇、〇〇〇、〇〇〇
	[illegible]工程(甲)	[illegible]	輛	五、〇〇〇	一〇、〇〇〇、〇〇〇			[illegible]
	[illegible]工程(乙)	[illegible]	M²	三〇	二一、〇〇〇、〇〇〇			[illegible]
[illegible]	公共汽車	[illegible]	輛	一〇、〇〇〇	四〇、〇〇〇、〇〇〇			[illegible]
	[illegible]碼頭	[illegible]	座	五〇、〇〇〇	五八、五〇〇、〇〇〇		[illegible]	一四七、[illegible]
	[illegible]頭	[illegible]	座	五〇、〇〇〇	一二七、〇〇〇、〇〇〇			一二七、[illegible]
	[illegible]廠	[illegible]	院市	二、〇〇〇、〇〇〇	二四、〇〇〇、〇〇〇		二二〇、〇〇〇、〇〇〇	[illegible]
		一百[illegible]	省市	一、〇〇〇、〇〇〇	一〇、〇〇〇、〇〇〇		五、〇〇〇、〇〇〇	一五、〇〇〇、〇〇〇
	[illegible]	[illegible]	院市	二五〇、〇〇〇	二二、五〇〇、〇〇〇		六、二五〇、〇〇〇	[illegible]
	[illegible]	[illegible]	省市	二二五、〇〇〇	二二五、〇〇〇、〇〇〇		一二、五〇〇、〇〇〇	二三七、五〇〇、〇〇〇
特種工程	游泳池	[illegible]	M²	三〇	三三、四〇〇、〇〇〇	一、一七〇、〇〇〇	一一、七〇〇、〇〇〇	[illegible]
	公園	[illegible]	平方公里	五〇、〇〇〇	二九、〇〇〇、〇〇〇	九五〇、〇〇〇	一九、〇〇〇、〇〇〇	[illegible]
[illegible]工程	[illegible]保存	五年	每年	一〇、〇〇〇、〇〇〇	五〇、〇〇〇、〇〇〇			[illegible]
	[illegible]水利	五年	每年	一〇、〇〇〇、〇〇〇	一五〇、〇〇〇、〇〇〇			[illegible]
總計					五、六九三、九六三、九八〇	六四、八四三、二〇〇	二、〇五〇、七六〇、九九〇	七、[illegible]

註：全國公共工程第一次五年計劃大綱

2. 工礦業建築工程估計如下表

類	[illegible]	積	[illegible]、〇〇〇、〇〇	數	[illegible]
單	價	總	[illegible]		

第[illegible]編　全國公共工程第[illegible]次五年計劃大綱

廠房	民生工業	一八、九〇三、五六八	平方公尺	六〇元	一、一三四、二一四、〇八〇
	電力工業	二、七八四	,,	,,	一六七、〇四〇
	運輸工具	二、四九〇、九七五	,,	,,	一四九、四五八、五〇〇
	鋼鐵工業	一、一一五、〇〇〇	,,	,,	六六、九〇〇、〇〇〇
倉庫	化學工業	三九五、九〇〇	,,	,,	二三、七五四、〇〇〇
旅舍	紡織工業	二、九七五、六二五	,,	,,	一七八、五三七、五〇〇
宿舍	電工器材	二、五六一、七六二	,,	,,	一五三、七〇五、七二〇
辦公處所	[illegible]工業	一四、三六九、七〇四	,,	三〇元	四三一、〇九一、一二〇
附屬	電力工業	九、〇五八	,,	,,	二七一、七四〇
	運輸工具	一、八八七、七七五	,,	,,	五六、六三三、二五〇
	機器工業	八二七、六〇〇	,,	,,	二四、八二八、〇〇〇
[illegible]	化學工業	二、五三八、〇一〇	,,	,,	七六、一四〇、三〇〇
	[illegible]工業	二、九七五、六二五	,,	,,	八九、二六八、七五〇
	電工器材	二、五六一、七六二	,,	,,	七六、八五二、八六〇
	人員訓練	[illegible]〇〇〇、〇〇〇	平方公尺	,,	[illegible]五四〇、〇〇〇、〇〇〇

26181

組別	項目	數量	單位	單價	總價
合計	人員開辦	五六,四〇〇,四〇四	平方公尺	〃	二,五一五,八〇〇,〇〇〇
	維持費(百分之五)	[illegible]	〃	〃	一二五,七九〇,〇〇〇
	設備費百分之二十	[illegible]	〃	〃	一,二〇五,九六八,四〇〇
總計	化學工業	[illegible]	〃	〃	三,八九九,五一四,三〇〇
	器工業	八二七,六〇〇	〃	〃	二四,八二八,〇〇〇
	運輸工具	一,八八七,七七五	〃	〃	五六六,三三二,五〇〇
組別	電力工業	數量 九,〇五八	單位	單價	總價 二,七一七,四〇〇
教育文化組	教育文化學校建築	三三四,〇〇〇,九〇四	平方公尺	三〇〇元	九,九〇〇,〇〇〇,〇〇〇
衛生組	衛生醫療建築	二,六〇四,九〇〇	〃	〃	四八,〇〇〇,〇〇〇
社會組	社會育樂建築	三,九四九,〇六〇	〃	〃	一一八,二〇〇,〇〇〇
合計	化學工業	三三五,三五四,〇〇〇	平方公尺	〃	一〇,〇六六,二〇〇,〇〇〇
	維持費百分之五	一,一一五,〇〇〇	〃	〃	五〇三,三一〇,〇〇〇
	設備費百分之五十	二,四九〇,九七五	〃	〃	五,〇三三,一〇〇,〇〇〇
總計	電力工業	二,七八四	〃	〃	一五,六〇二,六一〇,〇〇〇
			公尺	六〇元	一,一三四,二二四,〇八〇

3. 衛生醫療建築・教育文化學校建築・及樂育建築・估計如下表

4. 公共工程部門技術人員薪給估計如下表

26182

項別	類別	人數	每人每年薪給	每人五年薪給	總計
技術人員	總工程司	九二〇	六、〇〇〇元	三〇、〇〇〇元	二七、六〇〇、〇〇〇元
	[illegible]	[illegible]二四〇	四、二〇〇	二一、〇〇〇	一七三、〇四〇、〇〇〇
	助理工程司	五、六二〇	二、四〇〇	一二、〇〇〇	六七、四四〇、〇〇〇
	技工及監工	一三、七四〇	一、二〇〇	六、〇〇〇	七二、六〇〇、〇〇〇
總計					三四〇、六八〇、〇〇〇元

附註：上表技工及普通工人之工資已併入建築物單價內不另估計。

(2)各表對於人力物力財力之估計，容有漏列或省列之處，如給水工程之水表，道路工程之號誌，及各項工程中之精密機器，但因其僅佔估計總數之一小部份，對於假定之總數中縱有出入，尚無大碍。又人民或私人團體自建之工程，其所用之人力物力財力，因皆為整個國力之一部份，故亦予估計，以便統籌。

四、補助國民自建居室六千萬平方公尺所需人力財力物力

1.人力之估計

類別	數
技術人員	此項指技術人員已併計在公共工程部門人力估計內
水泥工	六〇、〇〇〇
木工	九〇、〇〇〇
泥土工	一五、〇〇〇
金屬工	七、五〇〇
油漆工	三、七五〇
水電工	一、二〇〇
普通工	一五〇、〇〇〇
總計	三二七、四五〇

2. 物力之估計

項別		計量
磚	(萬塊)	2,800,000
瓦	(M²)	700,000
木料	(M²)	7,000,000
石灰	(公噸)	2,800,000
石料	(M²)	28,000,000
水泥	(公噸)	2,100,000
油毛毡	(M²)	70,000,000
油漆	(公噸)	31,500
玻璃	(M²)	9,000,000
電線	(M²)	54,000,000
電燈	(盞)	4,800,000
水管	(M²)	7,000,000
面盆	(箇)	600,000
浴桶	(箇)	600,000
[illegible]盆	(箇)	600,000
五金	(公噸)	60,000

3. 財力之估計

人民自建房屋六千萬平方公尺，每平方公尺擬以三十元計，共需十八萬萬元，由國家補助百分之五，合九千萬元。

柒　人員技工之訓練

（一）助理工程司以上人員均須大學畢業，工程員須職業學校畢業，均由教育部統籌訓儲。

（二）監工員及繪圖員等，由各省主管工程機構招選高初中畢業生，訓練錄用。

（三）各項技工，由各地實施工程機構，招收當地工人，施以短期訓練。至普通工人，由地方利用義務勞動，或徵調兵民。

捌　器材之製造分配運輸

為求各種器材大量出產及標準化起見，應由國家擇定適當地點，設立總機構，並在各省市設立分機構，統籌辦理出產分配運輸等事宜。

（二）磚瓦石灰等普通材料，除由公家設廠製造外，同時應獎勵人民設廠製造並予以技術上之指導及經濟上之輔助，其不合乎標準者，應予以取締。

（三）木料之採伐加工運銷等，應由國家統籌辦理。其他之小山零星木料得由當地政府統制採伐，以護森林，而保土壤。對於違法砍伐者擬權居室之不適，應嚴加取締。

玖、經費之來源與運用

一、公共工程之屬於地方者，其建設經費以市政府收入為主要來源，但政府為促進地方建設計，得由國庫酌予補助。

二、公共工程之屬於國家者，其建設經費完全由國庫負擔。

三、由人民或私人團體自辦之公共工程，其建設經費除由政府補助百分之五外，其餘百分九十五概由人民自籌，並由政府予以監督指導。但以營利為目的之居室建築，不得受政府補助。

四、市有收益之能於一定期限內可以償還本息之公共工程，得利用外資或舉行公債或特許人民投資。

五、為使資金運用靈活起見，應設立市政銀行，辦理居室合作貸款，代理政府發行公共工程建設公債，投資公共工程建設及其器材之製造。至市政銀行之組織應由金融專家研究實施方案。

拾、設計原則

一、市區設計，應從調查入手，並以市計劃法為設計原則。

二、凡市區未經確定計劃以前，應先按照該市區之實際情形，作一簡略初步計劃，以便對於可能妨礙發展之公私建築，予加取締。

三、公共工程之設計，以儘量採用地方材料為原則。

四、為節省設計工作及便於實施起見，所有各項公共工程，應儘量採用標準設計。但為適應各地不同之氣候土質及材料等之特別情況，應將某一種之標準圖，因地制宜，設計若干種可以變通之參考圖樣。

五、居室建築，應依居室計劃設計之。

六、鄉村公共工程應依鄉村計劃設計之。

七、市公共工程設計於必要時得由執行機關擬具規範公開徵求，以擬集思廣益，臻於完善。

附第一次五年計劃主要公共工程與蘇聯第一次五年計劃中之公共工程比較表

[illegible]	[illegible]	國計劃數	蘇聯完成數
居室	建築費	18 萬萬元	40 萬萬盧布
	建築面積	6,000 萬平方公尺	2,900 萬平方公尺
給水	城市數	[illegible]0 市	76 市
	水管長度	900 公里	1,600 公里
污水	城市數	[illegible] 市	20 市
	溝渠長度	6,000 公里	7·0 公里
公共浴室	數目	2,000 處	350 處
	容人數	[illegible]0,000 人	30,000 人
電車	市數	10 市	11 市
	里數	1,000 公里	750 公里
	車數	[illegible],000 輛	3,000 輛
公共汽車	市數	66 市	77 市
	車數	4,000 輛	1,000 輛

武漢區域規劃之研究

朱皆平

上篇——武漢三鎮發展之趨勢

一、起源——「武漢雙城」

武漢城市之起源，可以遠溯至兩千年以上，但其重要性，爲歷史家所注意，則自三國時代開始。武漢，初爲劉表控制，繼爲孫策所奪。於是由偏漢水流域（當時之荊州）之重地，轉而爲江東之主要據點。孫權初立，即一面在今武昌黃鵠山築城，一面使魯肅守漢陽，於龜山上築城。如此，武漢三鎮之起點，實爲「雙城重鎮」，扼守大江深流之處，以備上游可能進犯之敵人。所以吳國最初都城在今之鄂城，遠處下游，亟需作爲一種政治中心，以便集中大江下游之人力物力，支持此「雙城重鎮」。曹魏赤壁既敗之後，（在今上游之嘉魚縣），蜀漢亦被迫退守荊州。於是長江中下游，均歸孫吳掌握，吳主乃能建都今日之南京，高枕無憂，故顧祖禹讀史方輿紀要盛稱孫吳善用武昌，以爲後來軍事家不能脫其窠臼。於此可見「武漢雙城」最初在軍事上之運用，爲防備上游。上游既清，於是漢陽成爲魏吳之交，實爲吳國之要塞城與江上一方面控制漢水作天然防線，一方面爲武昌之衛城；而武昌則以無後顧之憂，進而控制大江作爲天然防線。因之武昌乃能集中湖廣區域之人力物力，以支持其對岸之據點，漢陽，故「武漢雙城」在東吳統治下，自成一種完備防禦系統，特別鞏固。同時，此特別鞏固之雙城，實爲東吳之水師根據地，居高臨下，不特可遠衛當時吳都（今之南京），且長江天塹之外，又增此水上「活動堡壘」——水師船隻，國防線之堅強，無以復加。曹魏雖以中原廣土衆民之優勢，而對東吳竟無可如何者，其樞紐蓋在「武漢雙城」先落於孫吳之手耳。

二、市場之興起

「武漢雙城」既爲用武之地，因而須屯大量軍隊，尤以作當時「邊城」之漢陽，其城外附近灘地，應爲軍隊商賈之樂園，以其利潤甚高故也。證以此次抗戰期間接近前線之商場，如雨後春筍，可知當年繁榮地帶，在江北不在江南。近人王葆心氏續漢口叢談，對於武漢市場之所在，自三國迄於民國初年，緊徵博引，考訂精詳。以爲三國時代之石陽市場，即在今襄河兩岸一帶沿江地段，并與今漢口之黃陂街，爲旁證曰：「今之黃陂街，雖不必由石陽考究而來，然當時軍用要地莫如夏口（即今武昌），商用要地，則石陽也。其時漢水入江故道，與今日存稍異之殊，又聯湖港，納注諸水，其地水勢迴環，[illegible]東晉宋齊[illegible]曲陽，[illegible]皆爲地勢與水勢縱曲，利於交通與人[illegible]

在此用兵，必多具舟楫，即平時商人舟楫，亦偶利可知，宜乎當日市楫，必建於此也」（註[illegible]）。

口洲，不過三國初期之武漢市場，僅能視為當時軍隊屯駐之附屬品，非應為臨時性質者。故永恆性之武漢市場，必有賴於工商業之本身發展與繁榮。「武漢雙城」既因敗曹勝蜀而轉為水師根據地，斯有其附帶之造船業與航運。同時又因江東在孫吳統治之下近七十年（公元二〇八年至吳亡在二八〇年），相當安全而富庶，湖廣區域之貨物，既以武漢為吞吐總口，斯其貿易繁盛可知。尤以在中原地帶，因[illegible]，迭遭兵燹，大興土木，不一而足。三國局面略定之後，木材一項最感需之，於是必須仰給湖廣，至今漢陽仍為中國之木材業中心，可見其一斑。故武漢市場之興起，亦植基於航運與木材業。可至其市場所以在江北而不在江南者，可由宋人筆記中，得其解釋，范成大吳船錄云：「[illegible]石首[illegible]百七十里至魯家洑，自此至鄂渚有兩途：一路遵大江過巴陵及臨湖嘉魚二縣，自岳陽過洞庭，波浪連天，有風則不可行，故客舟多避之；一路自魯家洑入沌。沌者，江旁支流，如海之汊，其廣僅過運河，兩岸不畏風浪，自魯家洑避大江入沌，凡兩行三百里，宿[illegible]卯[illegible]早[illegible]行沌中，[illegible]所謂百里荒者，皆湖濼茭蘆，不復人跡，[illegible]盜之所出沒，早出大江，午至鄂渚，泊鸚鵡洲前南市堤下。南市在城外，沿江數萬家，廛閈甚盛，列肆如櫛，酒壚樓欄尤壯麗，外郡未見其比。蓋川廣荊襄淮浙貿遷之會，貨物之至者無不售，且不問多少，一日可盡，其盛壯如此。」[illegible]自北岸出，[illegible]碧[illegible]入，行里許，則為江水所[illegible]漢為「[illegible]」[illegible]避風險[illegible]道[illegible]使自魯家洑[illegible]漢陽南市[illegible]說明宋時武漢市在江北岸，[illegible]之故也[illegible]

[illegible]「[illegible]雙城」[illegible]今日雙城[illegible]就防禦系統而言，武昌[illegible]山[illegible]城[illegible]陽[illegible]龜山[illegible]可以[illegible]漢水與龜山為[illegible]險阻[illegible]。在大一統之局面下，[illegible]國者[illegible]險[illegible]何方[illegible]有防禦[illegible]東[illegible]與南宋[illegible]而間[illegible]以唐[illegible]統[illegible]，宋明[illegible]元[illegible]以[illegible]北[illegible]下[illegible]上[illegible]明[illegible]今武漢[illegible]事[illegible]，遠不如其在經濟[illegible]要[illegible]。按江南[illegible]局面[illegible]，[illegible]統[illegible]局面[illegible]定[illegible]至[illegible]換[illegible]而[illegible]此[illegible]性者[illegible]然其所以[illegible]不變者，則在其本生[illegible]自[illegible]道[illegible]續漢[illegible]義[illegible]記[illegible]南[illegible]門[illegible]為崇[illegible]今[illegible]上游一帶。

明初南北岸猶並爲一陸，即古所謂河口者，其水當亦甚微。當時漢口即漢陽，漢陽即漢口，但腹內有月湖橫隔之，隄外有玉帶河縱限之，而當時江隄無漢水界之如今日成爲兩截勢也。自成化間，（一四六五至一四八六）漢水改道直由龜山之麓入江，而崇信汎遂畫爲漢口南岸仁義禮智四汎在漢口北岸，而漢口遂兼據南北兩岸地。今人於渡襄河而南，概云漢陽非也，漢口之開埸，初不以襄河口限之也」。又引天下郡國利病書云：「禹功磯之旁爲鐵門關，商船雲集，闤闠外屏，是亦明代商市由西南而迤東北之證也」。（按即沿江向下游發展）。故今日漢口之盛，肇於有明，而明代變遷之巨，在漢水入江之大改變，至其改變之迹，據明天隄防考云：「漢水舊從黃金口入排沙口，東北轉折環抱牛洲，至鵝公口，又西南轉北至郭師口，對岸曰襄河口，約長四十里，然後下漢口，是舊日漢水入江，純成一種圓璧形。大率自成化初，漢水忽於排沙口下郭縣口上直通一道約長十里，漢水遂從此下，由龜山麓入江。而故道遂淤爲灘湘湖，爲後湖爲玉帶河爲黃花地，今都歸淤塞矣」。又曰：「漢口在明代本屯地，爲漢陽十九屯之一，隸在壩里，漢口爲崇信坊，至明中葉，日積市場，因設漢口巡檢司，此間漢口南北岸本聯爲一陸，自成化初，漢水入江改道，始既爲二，此崇信一坊在漢口南岸，自弘治後遂建仁義禮智四坊，所占面積，則自今橋公祠至艾家嘴，長十五里，於是此一屯中之居仁由義循禮大智四坊，天然自立於北岸，而坊司遂畫入南岸矣」。

觀王氏記載，可知今日漢口幾爲武漢三鎮之一，乃爲近五百年事，在漢水初改道時，當時明朝以大一統之局面，成未注意及此地理位置巨變之含義，故對漢口仍以過去之屯田灘地視之。但以江漢成正交，賦予漢陽城附近地帶，尤其對岸之堤隅，以甚長之臨水線，便於停泊商船，構成今日漢口繁盛商場之基礎。及至漢口市場日漸擴張，不僅漢水之險與漢陽共之，即長江之險，亦與武昌共之矣。換言之，武漢三鎮，倘就外方可能進犯之敵而言，無論來自中原或長江下游，均以漢口爲最重要之關鍵，至清朝初葉，此關鍵市鎮，始受注意，如乾隆初修一統志有云：「漢口巡檢司，在漢陽北，舊在漢水南岸，後改北岸，往來要道，居民填溢，商賈輻輳，爲楚中第一繁盛。明設巡檢司，本朝分仁義禮智兩司，移本府同知駐此」。就巡檢署改爲同知署一事觀之，可知漢口市在二百年前市政已繁劇矣。王氏續漢口叢談載「至咸豐十一年，又移黃州府城之漢黃德道駐此，兼司稅務，可見道光後（漢口）商場之劇，至移方面官以鎮之」。就前清在漢口設官之沿革考之，武漢三鎮，以新興之漢口，後來居上，始認識其重要性焉。

四、漢口國際商埠之成因

自海通以後，繼以五口九口十三口通商條約簽定，漢口遂一變而爲國際商埠。其重要性乃超過原來之「武漢雙城」。是爲海洋經濟勢力壓倒內地軍政統治之象徵。自前清咸豐十一年（一八六一）起，至光緒三十三年止，英，德，法，俄，日本，比利時，相繼劃定租界，密布於漢口碼頭之下游，於是上自橋口下延直至諶家磯，三十里之江北岸綫，則幾比屋接連。過去在北岸漢陽市場，雖有下延之趨勢，然無此速度。故就漢口商埠而言，其歷史不過八十年耳，光緒十四年（一八八八）保甲冊載漢口二萬六千六百八十五戶，十八萬九百又八口，與抗戰前漢口統計八十萬人口相比，是此五十年中，人口增加四倍有餘。考漢口近五十年來發展如是之速，其主要原因何在，頗耐人尋味。就城市地理而言，漢口位置窪下，類堤防以為固，原非上選。發展之初，作長堤於今之堤街，以捍衛江漢交流之地角，（袁公堤，明崇禎初袁倡所築）。既乃有張公堤，為前光緒年間張之洞所築，包括昔之襄河故道及沼澤區城。而沿江租界，則係挖取漢口市後湖地之土培高。因之漢口地形，江邊較高，而愈至市後愈為低窪。每年自三月至九月，市民即在水患威脅之中。在大水之年，全市區為水所包圍，雖周圍堤坊幸而保持無虞，而水壓力竟能藉滲透作用，使低地面上漬而水仍湧出。實則，近代濱水商埠之所以繁盛者，不繫於陸，而繫於水，運輸工具之機械化。乃能發揮其效用，良以長江風浪，舊日為帆船所畏者，近五十年來則以輪船之發明，而可以通行無阻，其主要條件不在水面，而在水深。大江流經武漢，上游深泓初在武昌，繼越「漢口沙」而至北岸之漢口，自龍王廟沿江而直下心至天洲之北岔，三十餘里，適為水流曲線之凹面，可以保持相當水深，作為停泊輪船之碼頭地帶，海關劃漢口港埠界線（案冊載完納稅鈔章程第一款漢口港口界內船隻停泊等例（一）凡大洋船內江輪船，只准在大江龜山頭之北，甘露寺之南停泊，離西岸在一里路之限內起載貨物，凡划艇等項船隻只准在漢鎮內河南岸停泊，起載貨物」。又咸豐十一年英國漢口租界原約「勘定准漢口鎮市以街尾地方，自江邊花樓巷往東八丈起至甘露寺邊卡東角止，量得共長二百五十丈，進深一帶一百一十丈共合地基四百五十八畝零八十弓）係自襄河口沿江而下，約七公里，僅略越過江中心線而止，并不包括武昌。此漢口港水面在過去原與租界不分，如通志所載「江漢關屬租界」名稱可知。因之，近代碼頭港埠之設備，僅限于漢口。武昌與漢陽所以不能與之比勝競強者此為一大原因。此外，租界及其附帶而來之治外法權，一方面賦予漢口外商以特權，一方面予居民以安全感，際此近五十年國家多之事秋，尤為此國際商埠畸形發展主要原因之一。（實則，國際浪人，勾結國內惡勢力，固以租界之「安全感」為經濟利益，如余所稱為「安全地租」之興起，因而視為奇貨可居，不惜製造我國內亂，藉加增其利潤。）余舉此兩大原因，前者為自然勢力與近代文明所決定，自仍然有效。而後者則為一時之現象，乃隨此次抗戰勝利而失其根據。因之今後武漢三鎮之正常藉展拓繁榮，亦可得而言矣。

五、武漢三鎮作為「市中心」

按照武漢區域規劃，係將此區域面積分為三個範圍：由內而外，即「市中心」、「大武漢市區域」與「武漢城區」是也。市中心為現存武漢三鎮所締城，將來外以綠色地帶圍繞之，以限制其作龐大城市之發展。換言之，「武漢三鎮」今後，應視作一新興城市單位，并將其過去構成之原因，分別檢驗，孰為正常發展之條件，孰為阻滯進步違反時代潮流之因素，從而定其去取，策劃與解決。

就以上四節所引沿革觀之，武漢三鎮之主要成因最初為軍事用武之地。而用武之地與近代市場，實不相容。余嘗登漢陽之龜山，眺望三鎮，俯視山南北兩麓下，一面則為當年漢陽兵工廠與鐵廠之遺址，一面則為廣大之墳塚地帶。至於龜山本身，則炸彈所留下之多數坑口，似在呼號此文事武功混雜不分之都市，所受之痛苦者。余意今後「武漢市中心」之正常發展，應為「近代化工商城市」。其第一條件，即在將軍事建設（包括城牆、兵工廠以及鋼鐵廠等）與文事設施完全分開，甚[illegible]。按城市本身用途之分開，實沿近代分工原理，而且益見其必要。就武昌而論，如「同治丁卯十月二十五日，火藥局不戒於火，大小洋礮數百尊，火藥火器，一時齊發，擠塌民房，傷斃居人無算，沿江三百里皆聞聲」。（見程維周詩鈔鄂門災序）又「武昌省城，自丙寅圍城之役備受荼苦，解圍後，而拆城之議起，皆以不拆城，城內則不關市相要，於是首來去漢陽門城」（續漢口叢談）。準此以論，過去兵工廠設於漢陽，實為不智，不僅於經濟立場，和平時，此有用之濱河地帶不為工商業所利用。戰時，則人民生命財產連帶遭受禍殃。即以「國之利器不可以示人」之原則而論，在此大都會中心，亦無設立兵工廠之理由也。而龜山兩麓所留下之「死城」一片，觸目驚心，正所以警告吾人不應再重複祖先之錯誤耳。

其次，武漢商場建築其基礎於航運業，及其附帶而產生之輕重工業，此基礎為牢不可拔者，便應充分注意其發展，而最新技術之引用，與地方熟練技工之就業與轉業機會，皆為此市中心「近代化」之所資，近代城市，必須名副其實，然後可以持其永恆性之生機，具體言之，將來市中心之主要工業將為造船，紡織，建築材料，與農產品加工（按此實為供給大都市本身所用之工商業合併者）是也。除造船及建築材料屬於重工業範圍，應置於青山鎮天心洲兩岸，使成為「重工業衛星城市」外，其餘輕工業均以配合電化，可以分散於三鎮，使「工作者」與其「工作處所」相離不遠，所謂「完備社會單位」規劃之理想，始可實現。

最末而又最關重要者厥為市中心港埠之改進，改進計劃，第一須吻合於河工力學之原理，按此段江流，上游自鮎魚套起，下游迄陽邏止原為一硬曲線，以機械挖泥及建築順水挑水等壩方法，應易使河床鞏固，全無深泓如陽邏一段水道所示者。（長三公里半，寬一千二百公尺左右，水深自五公尺至十六公尺）由此計劃所能得出之淤填地畝，收歸市有，當可為市中心建設之基金，至於漢水，如宋人筆記所載原係清流，而近則渾濁度且過於江，如沿漢口江岸新近之沙灘，驟視之，以為係江漢關突出點所致，而細察日本海軍昭和廿六年（係一九四二）所測之圖，淤灘實自漢水口起，且逆而向上沿漢陽江岸亦有淤沙，以之與抗戰前江漢關所測（一九三七）之江道圖相比誠足驚人，此其主要原因，乃在漢水上游森林所伐過多，土壤冲洗入河之量激增，而最近原因，恐係由於新舊張公堤之建築，減少放淤面積，故為保持漢水作為向河航運之孔道，在新張公堤之內及張公堤之外，應留有放淤地帶，以減少漢水入江之帶沙量，如此江漢兩水可以長保其航運孔道之價值，庶使三鎮不致偏枯，而畸形發展可以免除矣。

除此三點而外，市中心交通聯絡問題，雖似急迫，尚屬次要，蓋吾人必須先明瞭武漢三鎮今後發展之趨勢，以及吾人理想中之「市中心圖案」，如何與之配合，交通聯絡乃為應運而生之佳兒，否則以前代遺留之交通工具，徒增此「交通線結」之紛亂，必遺日後「悔不當初」之譏。（余嘗稱百萬人以上都市，為「龐大城市」，亦為「交通線結」）抑另有聲明者，余嘗以武漢為「國防重點」，在此篇內又強烈主張將來軍事與政事建置之分開，驟觀之，不免互相矛盾，實則余之「國防重點」說，係以武漢區域為我國人口分佈重心所在，城市應作多點式發展為言，且包括及長沙。余以城市用途之宜分開，不宜混雜，為遵從社會進步之分工大律，此外疏散原則。在今後國防建設上必須遵守，加以近代為新機械時代，以電力與汽油代替煤與水蒸汽，便於疏散而不必集中。即便如此，武漢三鎮，以其百萬上下之人口，及為水陸交通之樞紐，已構成侵略之目標無疑，但為保護此珍貴之地帶，防守僅可從外圍，尤以空戰時代，外圍遠距離之多點式防守，遠優於集中片面式者，但在必要時，近距離抵抗亦可自內以巷戰方式出之，特不可再蹈過去龐大城市之覆轍，用途混雜不清，因而彼此牽扯，自亂步驟。龐大城市在爭奪戰時。自相踐踏以死者，常多於被敵人所害者，斯其本身即有自滅之禍機，如德儒斯賓格勒氏所警告者，不可不察也。城市原為「集體生命」之一種型式，其生存有待於生存條件之滿足，此類生存條件則決定於其歷史背景，地理環境與時代潮流三者，近代社會哲學家孟德斯有言曰：「城市非僅空間一片地，亦係時間一幕戲」，我國歷史上之「人生戲劇」，昔嘗出演於武漢「雙城」或「三鎮」者，今後仍將以此「武漢市中心」為其主要舞台，重建「武漢市中心」工作，若視為佈置此偉大之舞台，以配合今後「人生戲劇」之排演者，斯可合於近代城市規劃家之理想矣。

下篇　初步結論

一・就武漢三鎮之歷史趨勢觀之，抗戰勝利以後，租界取消，「武漢市中心」，乃有正常發展之可能，將成為「近代化工商業大都市」之一，武漢與上海，應視為海上雙城，即須按照國父實業計劃疏浚長江下游，使海輪可終年直達武漢。

二・「武漢市中心」應視為水陸交通之終點城市，其物質基礎繫於防洪工程，其繁榮關鍵在於港埠建設。

三・武漢市政建設，應列改進港埠為首要，可聯合有關機關及團體，成立「武漢港埠建設委員會」，並劃定「港埠建設行政區」上游自鮎魚套起，下游迄陽邏止，一段江面及兩岸附近陸地及水道，均包括在內。

四・武漢之主要港埠地帶，在漢口方面自諶家磯而下，迄於陽邏，武昌方面自徐家棚而下迄於青山鎮，天心洲可發展為船塢地帶，武漢重工業區，應配合之，現在向三鎮下游發展之輕工業區應放在沿襄河兩岸。

五・現有三鎮之臨江地段，在龍王廟上下三公里以內者，應建設為濱江公園，並利用駁岸作為大小汽划之上下碼頭，一方面便利市民渡江，一方面可使此段江面化作「水上公園」。

六・漢口與武昌沿江淤淺之處，應加整理，并以機械化方法挖泥沖淤沙，填高兩岸地皮，可組織企業公司，吸引外資，將來地皮收益，可為建設大武漢主要財源之一。

七・武漢市內外交通，應將遠距離者（如鐵路，國道），與近距離者（市區內交通線）完全分開，鐵路橋梁以建築在青山鎮為宜，將來鐵路貨運站及聯絡水運之叉道河以在青山附近建築形成一種「重工業衛星城市」。

八・過江設備在最近三五年仍以大型輪渡小型汽划配合應用為宜，在風平浪靜時，尤應以小型者為主，船隻增多，隨到隨開，節省等待及上下船之時間，輪渡，除公營外，可鼓勵民營，至為運過車輛及行人，無論架橋或作隧道，須觀將來客貨運需要及空運工具（如直昇飛機）發達程度而定，此時尚不宜作過早之投資。

九・武漢之衛生建設，應以疏散漢口舊市區之過密人口，為第一要義，故「武漢市中心」人口限制在一百二十萬，因而須使在此區域內之大小市鎮，作衛星式之發展，模範住宅，新村建築以及市內外公園綠地系統，乃為武漢衛生建設之主要對象。

十・為統籌各種衛生建設如上下水道，垃圾處理，公墓，公園，運動場，（四）防洪工程等，乃應成立「衛生建設行政處」，其包括（一）武漢市中心」及其附近有關地帶，爲一個單位，以衛生建設業務爲對象，而設置統一行政機構。

（十一）保存古蹟：武漢之名勝古蹟及風景地帶，應予保持恢復，并從而發展之，爲旅遊資本，以爲吸引中外遊客，並建立「遊覽事業」之資。有關辛亥革命史蹟，尤應注意保存，如閱馬廠爲革命誓師之地，擬開闢爲「省會中心」，實可視此爲「武漢市中心」都市之主要文事中心。

十二、環繞蛇山，龜山以及武漢三鎮之附近主要湖沼，均應開闢「遊道」。并儘量聯絡湖泊，使之通航，可作爲汽划遊艇區域。

十三、武漢三鎮應各就其過去歷史，分別發展爲具有其個性之城市：如武昌爲政治文化城市，自應以省政府參議會高等法院暨武漢大學爲其主要建築，并須使武昌城市平面配有其合理之佈置，同理，漢口爲工商業城市，漢陽爲田園林住宅城市，亦應在城市建築及平面上各有其表現。

十四、關於武漢三鎮之內部計劃，應採用「完整社會單位規劃」原則，即以「工作者」與「工作地」相離不遠，同時配合以種種公益事業與社會活動場所，使五千人至一萬人集居之區，自成「完整社會單位」是也。車運街道，則爲此類單位區域之界限，因之可以減少車禍，而保持單位區域內之安靜。

十五、武漢市中心街道系統圖，按照近代城市規劃原理，予以修正，首第一先須劃出圍繞之綠色地帶，以隔離武漢三鎮使成爲大城市之發展，第二，街道之用途，亦應用分工原則，使車運集中於幾條道路，予以充分寬度，并擇其中車運太繁忙者，發展爲「車運專用街道」，不准沿街道建築房屋。

十六、近代規劃有其「動態性」，故規劃與發展應視爲一事：一面計劃，一面執行，計劃成立「武漢區域規劃發展局」，爲一種事業性聯繫執行機構。

十七、「武漢市中心」之行政組織，應以武陽漢三獨立市爲基本單位而構成一種「聯合市」，此聯合市無論採用市長制或委員會制，均須在湖北省府節制之下，以避免在一個地區內有兩個同級行政長官，權責不分，易啟爭端，影響行政效率。

十八、武漢建設經費之籌劃：除運用善後救濟物資以及中央補助外，開端應以土地政策吸收外資，配合企業組織之方式，爲基太宗。

（設計者按以上十八點，係武漢區域規劃之指導原則，根據此原則進行技術性工作，如測繪設計而終至分別提出詳細工程概算，以爲籌款施工之準備，則有待於專任技術幹部人員之補充，本篇所載，僅爲文字敘述，至於圖表列列，費用不貲，以限於時間與財力，暫且從略）

陪都建設計畫初步草案提要

壹、概述

甲、計劃來源

本市計劃之來源，自張市長篤倫，就任本市市長後，於三十四年十二月奉國民政府主席蔣手令開：「張市長篤倫，重慶市應研究一个以十年為期之建設計劃，市以利用防空洞開鑿通地下之公路線為主要項目之一」，希積極策劃研究，并呈報為要。中正手啓（亥）戌府交」。

市政府遵照籌設本會，著手工作，並於三十五年三月六日開成立大會，商討計劃原則，三月二十八日開第三次大會，研討計劃內容，并分別舉行各小組會議，個別研究，同時盡力搜集有關資料，分頭實地勘查，至四月二十八日，初步草案，即匆促完成。

乙、計劃之需要

本市目前對全盤建設計劃之需要，有三：（一）經過八年抗戰，開各種不規則，與成之整理，以（二）中央政府還都後，本市人口行將減少，以往各項設施，必不合實用，必須重加收拾。（三）國家建設而聯繫陪都，本市為戰時之重點，平時之永久陪都，今後尚須負起領導華西之重責，其必須規劃，以應將來需要。

當此新舊兩大時代蛻變之際，正本市徹底規劃與改造之時。

近代都市，乃一有機體，有其自然成長之趨勢，不因人力之疏忽而停止，倘人力能善為預謀，詳為規劃，因勢利導，則得健全合理之發展，否則畸形病態，隨之而生，災害備至。而通盤策劃，尤須乘市甚方立，或新舊蛻變之時，較易為功，過此以後，則生長已成，改建匪易。

重慶市之倡導計劃，係在民國十四五年，而市之長成，則遠在清末通商之際，過去地方當局雖對於道路之開闢，碼頭之修理，公園之設置，有所規劃，惟類皆為局部之擬議，並無全面性之籌謀，抗戰以還，雖曾專設機構，從事全市規劃，惜皆為時不久，即行結束，致市之成長，無軌可尋。

基於上述原因，故本市在形勢上雖具備近代都市之雛型，而事實上缺點甚多，距近代都市之條件尚遠，一言建設，則千頭萬緒，直不知從何着手，然亡羊補牢，猶未為晚，試思本市在清末民初，倘有一通盤計劃，則從此之災害可免，或在二十四五年有一詳盡計劃，以迎接戰時首都之重責，則今日之一切問題均可避免，鑒往知來，則現在之努力與堅忍，萬不可缺。

26194

丙、本市之天然形勢

本市居長江上游，為川省境內四大河流匯集之焦點，上溯川康陝甘滇黔各省宛如葉脈，下達湘鄂以至上海實為長江天然水道，而陪都適居吐納之咽喉，其所控制腹地面積約二百三十五萬餘方公里，人口約為六千七百餘萬，且其臨近之成都平原，人口之密，與太湖流域相等，在水運上，本市與其腹地聯系之密切，實非全國其他各市所可比擬，在陸空交通上，亦因發展時期，軍事政治工商業之需要主要幹線相繼完成，因而形成本市為武漢以西之最大重鎮。

但本市在地理環境上有三大缺點，一為陸上地形複雜起伏太多，平地缺乏，二為兩江高低水位懸殊，河岸整理困難，三為兩江將半島侷促阻隔，市區各難取得聯繫，此在過去發展上既係未作通盤之策劃，任其長期無目的之發展，復經最近八年之過分膨脹，於是造成若干最嚴重問題例如環境衛生之不良，交通設施之不足，居室之無法解決，公用物供應之不足，市容之不整種種零落紊亂，支離破碎，致形成建設上各種之困難與阻礙。

丁、本市展望

本市之屬目發展必須未來以相當發展，展望亦必須明瞭，以為設計鵠的，目前政府還都，以工商樞紐長江下游而本市發展之一落千丈而回復以前之舊觀乎？但以常理度之，未必盡然，先以政治上論，本市既定為永久陪都，則今後任務，在平時為華西千餘省之重鎮，設一旦有事，則仍為指揮策劃之中心，此因其天然地理位置使然，且有過去八年之史實，不須詳述，以經緯論，則有成都大平原之腹地，以本市為唯一吞吐口，在交通上，則長江下達荊沙，武漢，上海，上溯四江以達康、滇，黔，青，為良好運輸水道，倘成渝，天成兩鐵路完成，則可與西北大都相連，而渝貴，渝昆線，同與西南各經濟中心相連接，水陸空交通便，為國內各市所少有。至於製造工業，則本市更有貨物西南礦產資源開發加工之重鎮，因交通與腹地兩大先天賦予本市之商業，亦有自然繁榮之趨勢，總之，本市將來為政治，經濟，交通，商業之中心，亦將趨於文化，則當然為華西集中點。

然本市今已為人口超過百萬之要鎮，苟仍不將上列各阻礙問題，予以解決，大之則妨礙華西大區域內之經濟發展，小之則阻止本市之長成，甚或至令其繼不前陷之傍生，均非本市之福，亦非國家建設之利，上項遠景，並非故意張大，實係形勢環境之趨勢。

戊、計劃綱要

本市目前所遭遇之阻礙如此，而本市之展望如彼，如何掃除阻力，而實現展望，斯乃計劃之任務。

設計之先，首先須注意本市過去之史實，明瞭目前之現狀，了解未來之趨勢，並就本市在全國中之地位配以近代都市之合理規模，預定其逐步實施之步驟。

(四)計劃範圍　計劃範圍以半島為重心，以沿河各岸為主體，而廣及法定市區內之三百平方公里，其交通及調查與籌劃所及則擴至九四〇平方公里之大重慶區。

(五)計劃假設　計劃之建立，必須以假設為根據，茲按我國現狀，作下列之假設，

(甲)城市性質係以政治為中心，商業為主，工業為副。

(乙)人口以還都後之前五年假定為八十萬人，在航運改善鐵道完成及各項建設進展後，依民國二十六年前之增加率計算可增至百五十萬人，果遇非常之需要，則以二百萬人為最大之準備。

(丙)在國府還都後，全國社會均趨安定農工礦商及一班產業，均能正常進展，尤以四川之建設，得逐步實行。

(丁)國家幣制穩定，金融漸趨活躍，國家經濟建設能於三十六年初開始進行，而今後能有三十年不斷之猛晉。

(六)計劃原則　本計劃遵照　主席之指示，以交通衛生及平民福利為目標，務使國計民生同時兼顧，分言之為工商業，社會組織，交通，居室，空地，衛生，公用等項而求其合理之平衡，計劃本身概分為短期者，以十年為期，對現在已有問題，及將來需要上之問題為對象一則改正過去錯誤，一則納入有計劃之健康發展，其最大目的在使本市成為華西(1)吞吐港埠(2)製造廠地(3)市民安樂居所，後者為長期，即就本市全盤配合上之遠景着眼以作長期建設之標準。

巳、計劃提要

本計劃之初步草案，概分十四章，都十萬字，附圖表各約六十張幅，每一設施，類多方尋求根據，期其確實而不落空，例如市行政中心區問題，空運總站問題，鐵路總客站問題等仍在繼續研討，求其正確合理之答案，又如南岸江北等地之街道佈置，土地重劃，上下水道，中心區內之北區幹道一帶之示範建築，太陽溝菜市場之設計等，均在賡續計劃中，除隨時負責發動而推進目前所興辦之各項建設及解決或研討有關建設之零星問題外，仍擬朝夕不遑手腦並用，深願能於八月底前將全部草案連同圖表公諸本市並送參議會審議，藉臻完善，至下列提要，係僅就各部門原文中片段簡略撮取聯綴披閱，因無圖表說明參照，或難於洞悉個中情形，僅以之暫作輪廓之介紹，尚希惠予指教，藉收集思廣益之效，庶本市今後建設有所依據焉。

貳、人口分佈

甲、研究之意義

人類社會組織基礎為家族，由家族集團而成社會，研究都市組織

之價值發展，即須研究都市人口之分佈，及其在經濟上所發生之作用。因人口之增減為都市盛衰所繫，都市設計以人口未來發展量及其分佈以決定都市設施之規模，面積之大小，土地之利用，綠地之支配，工商住居之分佈。

人口增減

陪都人口於民國廿六年前增減不定，在半島及近郊，約三十萬人左右，自國府於民國二十六年西遷。陪都人口即增至四十萬，民國三十一年，市區一再擴大，人口即躍為七十萬。自民國三十年至三十五年止，平均人口每年增加十萬，現在人口約一百二十五萬，還都後估計人口可能減至八十萬，未來大陪都，因各項交通，建設，衛星市鎮，相繼完成，以此預估則十年後人口可能增至一百五十萬人，如遇特殊需要，依本會設計之衛星鎮擴充為衛星市，則大陪都可能容納人口三百萬人。

丙、分佈情況

目前陪都人口密集於半島，抗戰期間，人口突增，處理無方，市中心一至七區，人口約四十七萬人，最密集之地段如打洞街曹家巷一帶人口密密處每公頃竟達一千六百五十七人，而郊區如第十五區，每公頃祗十一．八人，其分佈之不勻，可以概見。

丁、分配計劃

今後擬將全市人口，作合理之分配，注重疏散分佈，加强各項交通設施，完成各市鎮建設，務使半島上一至七區祗容納人口四十萬人，平均密度每公頃允許[illegible]人，以半島為[illegible]，在市區內設計十二個衛星市，三十六個衛星鎮，均與母城取得聯絡，則十年後本市十年計劃完成，人口增至一百五十萬人，由上列衛星市鎮容納之，如人口增至三百萬時，則以三十六個衛星鎮擴充為衛星市，以事容納。

叁 工商分析

甲 交通概況及腹地資源

（子）交通概況：本市位於嘉陵揚子兩江交匯點，可通輪船或木船之河道，有嘉陵江，烏江，沱江，岷江，涪江，航道共長[illegible]公里，而各江支流，及宜賓以下之長江尚不在內，在陸運上有川陝，川湘，川黔，川青各公路及將來成渝，川黔，川漢各鐵道之匯集點，故其所及之腹地頗為廣闊。

1. 主要區之川康
2. 南北輔助區之陝甘
3. 西南輔助區之滇黔

（丑）腹地資源：就資源論，陪都似不如其他各地之富裕，但其特點為種類多而分佈密，兹就農礦兩種分述如下：

一、農產品：甘薯居全國第一位，小麥居第六位，高粱居第七位，大豆第八位，甘蔗產量在廣東，福建之上，僅次於台灣，菸草產量為全國之冠，蠶絲產量佔全國百分之十五，桐油產量為全國總額三分之一。

二、礦產：煤質雖不佳，但總儲量僅次於晉陝兩省，有三分之一在江，巴兩縣，三分之一在距本市二百公里以內之忠縣，涪陵一帶，鐵礦質雖不佳，但與煤礦及交通綫接近，是其優點，其餘尚有特產之石鹽，天然氣與石油等。

乙、目前工商業情形

（子）、商業：按社會局統計，分為公司與商店兩類，公司類以進出口貿易居首，錢鋪業次之，建築與紡織業又次之，商店類以飯食業居首，第二為服飾業，第三為紡織業，第四為百貨業，故在商業方面，可推知主要為進出口貿易。

（丑）、工業：本市工業之基礎，奠定於抗戰初期，至三十三年，規模初備，然大半為輕工業，其重要者為機器，紡織，化工及日用品等，廠址多在半島上，次為彈子石，貓兒石，小龍坎，龍門浩，海棠溪等沿江各地。

丙、今後工商業之展望

川省所宜佈之建設中心：

六、石油以重慶資中為中心。

二、兵工以成都重慶為中心。

三、冶金工業以重慶成都為中心。

四、交通器材以重慶成都為中心。

五、建築工業以成都重慶為中心。

中央第一五年計劃擬在重慶建設者有電工器材廠、造船廠，工具機製造廠、水泥廠、玻璃廠、及人造膠皮廠等十二種，此項擬建之各種工業，均為國家工業化建設過程中，所厚望於本市者。

本市商業據三十四年調查除省土產經過或銷售於本市者共總額約為三百九十萬噸，其餘各外省或國外對本市之進口總額，當亦可觀，故本市之繁榮，當以工商業平行發展為宜，輕工業發展較有希望，大規模之重工業在空運發達之近代前途大有希望。

丁、工商業環境之改進

一、指定二十五區為商業中心區。

二、指定彈子石至大田坎及其對岸為新工業區。

三、改進長短途交通之連絡。

四、建築沿江候船碼頭及起卸推技設備。

肆、土地區劃

甲、區劃原則

本市係山城，地狹人多，今後改善計劃宜着重於，

(一)人口重行分佈——城區謀人口疏散，增闢綠面，郊區設衛星市鎮，並設備現代化以吸引人民。

(二)土地整理——重在整理地籍及土地重劃，以市地市有為最後目的。

(三)土地區劃——按形勢，地質，氣候，交通，以適當之劃分，適合理發佈兼利用，以期促進工農商之發展，居住與行政工作與遊憩，生活與享受之各項利便。

乙　市區面積

法定市區三百平方公里，市內河川面積約三十六平方公里，土地面積約二百五十六平方公里。

丙　土地劃區辦法

(子)・土地使用區域之劃分

一、行政區：分陪都行政中心區(國府路一帶)及市行政中心區(較場口一帶)

二、商業區：商業分中心區(全市三區)及普通商業區(不設於普通住宅區混合利用)

三、工業區：分原有者及新闢者(由譚子石至大田坎及其對岸)手工業區(可在普通住宅區內)

四、文教區：以沙坪壩為中心

五、住宅區：分高等住宅區(歌樂山黃桷埡)普通住宅區(歌樂山[illegible])及國家平民住宅區(為勞動者之住宅多佈於兩江沿岸)

六、混合區：為商業手工業住宅等混合區域。

七、綠地：分城區綠地及郊區綠地兩系統內有擴充之公園新闢之公園運動場，草地，菜圃及建築公墓等計劃。

八、森林區：分禁伐與培植兩種(歌樂山小龍坎山頂馬家岩山頂塗山南山黃山，南岸北之山等地)

九、風景區：南溫泉，北碚，歌樂山，黃山，汪山各地。

十、國家公園：擬設歌樂山

十一、農業地：除各區利用土地外，均作農地，按土壤性質，定作物種類及耕種改進方法。

十二、荒地：約佔全市面積(3%)設法充分開發利用。

十三、河岸利用：

26199

二(一)當最高水位以上水中作堤路倉庫，三甲民住宅區種植花木為

(二)平水位至最高水位間——作碼頭臨時活動房屋。

二(三)最低水位至平水位間——作臨時市場，枯水碼頭，及碼

(午)．十歲建築物

丁　土地整理

一．初步整理：地籍測量與土地登記。

辦法二再通過該辦法定出地重劃。

至市最後辦法，市地市有化。

戊　土地重劃進行法

子．重劃之準備

(一)訂定重劃之基本原則

1.在市地方面應依區建築段落面積之規定及臨街之面寬度及深度之規定。

2.在耕地方面：每農戶應佔土地面積之限度，當合於耕種最經濟之使用且與平均地權之原則相符。

(二)訂定重劃圖案：按規定原則在原測地籍圖上規劃應佔土地

(三)八面積。

(四)決定損失補償及分担辦法。

丑．重劃之執行：將該重劃圖製成本市土地重劃方案送參議會通過

十交地政局執行。

十二．實施市地市有進行辦法

(子)由土地資金化以達市地市有之目的。

(丑)採用土地徵收辦法以達市地市有之目的。

十．國土地利用與區劃之實施進度

(子)詳測市區地形圖至5000者，局部地形至2000者。

(丑)根據地形圖擬與各項利用與體事別計劃方案。

(寅)根據各事別計劃所需要土地加以配合劃分。

(卯)土地重劃與市地市有，按情形分區舉辦。

伍　綠地系統

甲　綠地之功用

(一)為人口密集之都市機構，供勞碌市民修養身心之用。

(二)增加市區對空防空轟炸之燃燒之消極抵抗。

(三)配合市內建築物，增加市容之美觀，並使合理分配光線及空氣，使增市民之健康。

乙　空地種類

(一)三歲至五歲嬰兒遊戲場，市應於每方半徑三百至四百公尺內設置一所，與托兒所及幼稚園毗連。

(二)兒童遊戲場——距離在半公里以內，即應設置一所，兼可附設於小學校及大公園內。

(三)學校運動場——附設於各級學校內。

(四)市民運動場——距離在一公里之內，即應設置一所，俾使市民可在半小時以內抵達，其設備應適合專科以上學生及一般市民運動之用。

(五)廣場大道——設於交叉路口及公共建築物附近。

(六)公園——其地點需適中，俾市民能於半小時內抵達。

(七)遊覽區——凡各名勝古蹟，山嶺，河岸，應就地形及需要加以園藝設計。

(八)綠帶——於市郊各區交界處設置帶形綠地，大規模使綠面伸入市區各處，造成綠楔形。

(九)綠帶內之公園——係市郊之森林，森林縱橫之道路，以造成深廣之綠帶。

(十)林蔭大道——依道路系統種植行道樹，以連絡郊外，並供一般市民從容遊覽參觀賞玩之用。

丙 中央綠地標準

等級	種類	學校	公園	運動場
甲級	林蔭大道四〇	一・二〇	〇・四〇	四・〇〇
乙級	街道公園二〇		〇・四〇	二・八〇
丙級	二・八〇		〇・四〇	四・〇〇
丁級	小公園	〇・一〇		〇・五〇

甲・本市現有綠地鳥瞰

(一)市區內土地中四十處綠地所屬編組如下：中央公園及市甲級須六〇〇公頃，乙級須三〇〇公頃。丙級須六四〇公頃，丁級須四〇〇公頃，分以北固山、金山、焦山

(二)第一區至第三區現有綠地，中央公園，教場，伯先公園，人民體育場等)廣場，合計約一八〇公頃。

(三)第四區至第七區現有綠地。要塞花園，大西路以北公園及東麓，新塘子與張家花園之南圃捍衛新林，烈士墓公園，北固山公園，焦山公園，宏發等廠中學等處，以及本區合計約三〇公頃。

(四)其他各區綠地——綠地面積共是九十餘公頃。

丁・本市綠地系統設計

(一)中央公園(主要公園)

1.擴大中央公園，(東面公園)至七・六公頃。

2.擴展大公園北面公園至十公頃，(北面公園)。

(二)江邊公園(南面公園)——由行營前之汽車碼頭沿江至甘露寺北固門一帶江岸約二・六公頃。

4．臨江公園(西面公園)在臨江門外下坡處。

5．林蔭大路：

(1)貫穿南北大路——自朝天公園經千廝門接民族路，民權路，中興路等至南紀門，連貫南北兩公園。

(2)貫穿東西大路——放寬鄒容路，以連貫東西兩公園。

6．運動場，分佈各地。市民體育場設於捍衛新村內。

7．北區公園——捍衛新村及四德里後之山陵空地，面積約二十二公頃，設置四百米跑道之運動場，三十米之游泳池，及各種球場，露天劇場，並以林蔭大路連絡，使與臨江公園相接。

8．擴大南區公園——使東至江岸，北至王園，西沿中山路外

六．斜坡與跳傘塔，以林蔭支路接連至菜園，

9．擴大菜園。

10．利用敎門壩回敎墓地森林，擴充為公園。

11．西界公園——沿李子壩一帶設西界公園，以限制本地區之帶形擴展。

12．各項運動場所——上述五公園將本區分為六部份，各於適當地點，建立各項運動場所。

以上半島上複案所將共計約近一〇〇公頃，祇足丁級標準之半數。

(二)七區以外地域：

1．造林區——歌樂山，黃山，南山，放牛坪，小龍坎，石橋舖及唐家沱附近。

2．擴大江北公園，使與江北城外綠地相連，造成弧形綠帶，以限制建築面積之擴張。

3．沙磁文化區——儘量保留空地，造成一大公園，以配合文化區之建築。

4．大坪區銅元局區，兩區均為理想住宅區，四週繞以綠帶，中央留一大公園，以四條綠楔連貫之。

5．復興公園——利用中訓所之體育場與游泳池擴大建立復興公園。

6．南岸——連接海棠溪，龍門浩，玄壇廟，野貓溪，彈子石一帶，形成一帶形城市，各以綠面分隔之，背後為南山，塗山之森林區、另在龍門浩山坡上，闢龍門公園。

7．和尚山一帶——為工業及水陸交通終點，中央設飛機站及車站，環繞以綠帶。

巳　今後公園管理

(一)綠面造成后，勢必引起附近土地增值，應加以事先之計劃，

避免投機。

（十二）地方賢達組織委員會，協助政府努力宣傳，使市民了解綠面對市民之迫切需要，另設於市府公用局設專科負公園系統保管維護及佈置等責。

（十三）須備法令規章，並舉凡古蹟風景區須禁止隨意建築，政府得依法將地皮收買。

（十四）半島區空地最為缺乏，而沿江灘地尚有待水利上各項技術問題解決後，始克充為綠面，故應隨時以前述理想為鵠的，政府人民切實合作一作新空地繳集之努力。

陸　衛星市鎮

（一）甲　設計原則

按近代都市計劃之理想將各衛星市配以保甲編制每分市九區，市內置中心區以公共建築物為主配以樓房之大商店及聯式住宅，其餘八區佈置於中心區之四週除各保之必需公共建築物外以住宅為主每保十甲每甲十戶每戶五至六人其計劃範圍及設計細則計有：

子：公共建築。

（一）設於中心區者：警察局，消防隊，郵局，合作社，社會服務處，宜申[illegible]圖書館，托兒所，幼稚園，公共會堂，菜市場，公共食堂，電影院，旅館，清道所，公共廁所。

（二）屬於週圍八個分區者：運動場，游泳池，自來水廠，發電廠，屠宰場，養老院。

（三）屬於各區者：中心小學區辦公室公共食堂，閱覽室，社會服務處，助產所診療所，托兒所，幼稚園，菜場市場合作社，公共食堂室內游泳室浴室公園警察所清道所公共廁所。

（四）屬於各保者：保辦公處保合作社閱覽室。

丑：城市面積之估計。

（一）市包括住宅地段空地面積及交通公共建築等所佔之面積每人以四十平方公尺計則市區面積三十萬至二百四十萬平方公尺。

（二）若加工業區車站飛機場電廠自來水廠及空地綠面積森林農作地並計在內時則每人約為一百平方公尺計每一衛星市所佔面積為五百萬平方公尺。

寅：道路系統。

城中心設十字寬十八公尺之交通幹道，再以支路達各區之核心。

卯：綠面積系統：

圍繞市中心區佈置一環形綠色地帶。繞市郊作森林帶，更以放射式之綠色帶，將二者連成一氣。

辰：車站及工廠之位置。

均宜設於城郊風向最多之下方，工廠地點並應與城區隔以森林地帶，俾免煤煙瀰漫增加繁擾。

（陸）陪都衛星市鎮之計劃

甲、市中心區之衛星母城按本市第三至七區均位於半島上為商業行政居住與工業混合區域，按每區人口約五萬計則老區內不得超過四十萬人口。

乙、郊區衛星市鎮：

（一）衛星市：以五萬人口為設計單位，擬定者計有：化龍橋，小龍坎，沙坪壩，磁器口，大坪，黃桷埡，海棠溪龍門浩，彈子石，大佛寺，銅元局，江北等十二處。

（二）衛星鎮以五仟至一萬人口為設計對象，擬定者計香國寺觀音溪，石橋舖，新橋，山洞，新開寺，歌樂山，楊家坪，九龍灘，黑石子，恒興場，清水溪，楊家店，大興場，南坪場，李家沱，盤溪，高灘岩等十八處。

（三）預備衛星鎮：擬有商店埡，[illegible]台，九龍坡，松樹橋，[illegible]晃石，董家溪，[illegible]紅槽房，六龍碑，經山，楊坝灘，桂花園，黃桷渡，[illegible]金鋼坡，[illegible]府再度遷都大會擬最大限度三百萬人口[illegible]均可[illegible]容納，又鑑於為山城地形特殊上述標準因受地形限制故於個別設計時當因地而權宜變通俾與實際相符。

柒、交通系統

甲、概況

子、水陸空三項運輸，素無系統，且缺點甚多，無現代碼頭設備，兩江無橋樑之架設。

丑、市內道路分佈不勻，路線少，路幅狹，路坡大，路面不堅，南北兩岸並除公路外尚無新式街路。

乙、影響

子、有損市容，限制工商發展，維持費用浩大。

丑、妨害市民之時間，經濟，精神，健康，與安全，減低工作之效能。

丙、計劃

子、交通系統

會同陪都中心區[illegible]依照民國[illegible]九年[illegible]院備案之本市道路系統另加補充修正，其重要路線如左：

（一）幹路以精神堡壘為中心之十字幹道。擬加寬至三十三公尺。

（二）與幹道相接和平行者：

（甲）東西幹路：起自太溪溝經曾家岩牛角沱菜園壩接南區馬

路完成市中心區環城系統。

四、南北區幹路連絡線——自迴水沱接北區幹路。

五、中央公園接南區幹路之隧道交通路。

六、菜園垻通珊瑚垻新路。

七、增闢各交叉路口廣場。

(十二)郊區系統——沿揚子江公路及聯絡大衛星市鎮各必須之聯絡總長約為二百零六公里

(十三)衛星市鎮街路——擬將各大衛星市鎮內之街路個別計劃已着手者有江北及南岸兩地

(十四)高速電車

甲、(一)小什字至磁器口——約長一八七五〇公尺(雙軌)

(二)小什字經觀音岩至菜園垻——約長一二九四九〇公尺(單軌)

(三)龍門浩至大田坎——約長六九〇〇公尺(單軌)

(四)市中心區環城馬路於完成路坡路面路幅改善工程後可設無軌之環線電車

丙、纜車。

(一)南岸敦厚路至黃桷埡——約長九〇〇公尺

(二)菜園垻步雲橋至歌樂山——約長一五〇〇公尺

丁、兩江大橋

(十)中正橋——自東水門至龍門浩長約九八二公尺

(十一)林森橋——自信義街至江北長約六五〇公尺

(十三)銅元局橋——跨越長江至鐵路垻約長九〇〇公尺

(十四)曾家岩橋——跨越嘉陵江自曾家岩至江北平造街約長六〇〇公尺

戊、防空洞之利用與處置

(十一)打通大隧道——一部份利用為高速電車隧道一部份作交通隧道

(十二)普通防空洞——擇其可利用之一部份為堆棧庫房其餘加以封閉而保管之

己、水陸空聯運

一、公共汽車總站——客車總站設於龍門浩(或菜園垻須視事業演進情況而稍作長時間研究與比較另決定之)貨車總站設於磚子石背後。

二、空運總站——目前十年間仍力加強現有各機場之交通與設備外擬在磚子石背後和尚山前闢現代化空運總站(以上列地點雖最適當然工程費用過大仍須再加研究)

三、水運現代碼頭——仍以磚子石大佛寺一帶為適宜

四、公路總站——擬設於菜園垻。

捌、港務設備

26205

本市為西南唯一重鎮，為集散市場，水陸聯運之中心。對於未來西南經濟與國防之建設，更負有吞吐重要責任，而本市之能否合理發展，全視集散設備之是否健全？聯運系統是否密合？故建設起卸碼頭，與公用倉庫，為當前之急務。

甲　機力碼頭

子・任務：以機械代替人力減輕市民經常負擔，增加交通之速度，強化水陸之聯運。

丑・位置：現就本市需要擬先設朝天門，千廝門，太平門三處，除朝天門現有纜車公司及海陵碼頭設置正進行中不再計劃外，先設千廝太平兩碼頭。

寅・構造與設備另有圖說：其效能每架每日能起貨約一千噸，兩架共計二千[illegible]噸。

卯・設計與完成時間，籌備測量與設計需時六個月全部同時施工，兩年可以完成，除起重機與升降機在國外購置外，其餘均可就地製造。

辰・經濟預測：每日全部平均起重約計一千噸，茲按人力起重價格折半計算，每噸可收費一千五百元，（每市擔七十五元）全部每日可收費一百五十萬元，暫以卸貨作經常開支及保養費用，全年以工作三百天計算，可收入肆億五千萬元，且減半計算，係為市民減輕一半負擔，即年省肆億五千萬元，而其他減省之轉載費與人力消耗尚不在計算之中，以此收入償付建築費與折舊，可能於八年以內全部償清本息。

乙　倉庫

本市現有倉庫，均屬私有，分作各處，集散貨物，多感不便，耗費時日，尤不經濟，擬就洪水位堤路上，建築若干公用倉庫，凡上下游進出口貨物，以及公路與水路之轉運貨物，均可利用機器碼頭之設備，予以分類入倉，如此則可以增加航行之時間與便利，而倉庫之集中管理，擬定籌設倉庫所在地如次：

一・朝天門附近進口貨倉庫

二・千廝門附近嘉陵江轉運貨與出口貨

三・太平門　長江轉運貨與出口貨

以上各處位置與地形頗為適宜，至於經常及管理辦法，當另有具體鑑定。

丙　高水位沿江堤路

就沿江兩岸最高洪水線一公尺半以上，建築沿江堤路，與市區公路相聯接，必要時與鐵路連接之，配合碼頭與倉庫水路聯運之效用以沿江地形複雜建築費用甚大，擬定步驟如下：

一　決定路線設計

26206

未．敷設沿江鐵路

三。建築機力碼頭與附近之堤垻及倉庫

四．逐漸連接各堤垻

五．以道路與市區公路連接之

子．擬定建築標準如下：內路寬九公尺，其人行道各寬三公尺，路面用混凝土普通堤垻。用本市堅石安砌，懸崖地段，用鋼筋洋灰橋樑。

丑．擬建第一期堤路，由朝天門經千厮門與北區幹路相連接計長約一千三百公尺，建築費概計為二十億五千三百萬元。

寅．第二期建築，由朝天門沿城邊經東水門望龍門太平門而至儲奇門。

丁　低水位堤路

子．路線：第一期擬定朝天門至臨江門，第二期由朝天門至儲奇門兩段，均與市區公路連接全長共約四公里。

丑．工程標準：路面寬六公尺，人行道各寬二公尺，混凝土面路。

寅．建築費概計：每公里約需二億元，四公里共需八億元。

戊　河港與輪船修理

市區內可以停泊輪船之處，以江北之唐家沱、青草垻、沐爾沱與南岸之玄壇廟、龍門浩等處，皆就其天然條件隨時可以使用者。

以上各處之附近有修理廠，惟因地面狹窄陸上交通不便，未能充分發展，務於兩江沿線完成之日同時完成，江北與南岸兩江堤垻增加起卸設備，並使各碼頭交通務使與市區交通相配合，並與鐵路連接，以收效便捷。

玖　公共建築

甲　原則

公共建築為遠近觀瞻所繫，亦市之精神所表現，尤宜整齊劃一，堅固耐久，莊嚴樸實，各衛星市鎮之各項公共建築已詳列衛星市鎮一章，本章所列僅就半島上之母市規劃之。

乙　計劃要點

子．市行政中心——為提高行政效率計，宜將市政府所屬各機關市議會及市民公用建築，集於一處，其地點須位於市之中心，地勢亦應寬敞，本市以較場口最適宜，現擬修造之公共建築為：

（一）市政府及所屬各局處

（二）市社交會堂

（三）市立劇院

（四）市中心圖書館

（五）市博物館

（六）市科學館

（十七）抗戰紀念碑——建於廣場中央而

（十八）市體育場游泳池亦應納入市中心體育場——設於第四區之北區公園內，內設四面看台之跑道圈，並附各項球類運動場、游泳池及露天劇場等，共佔地面約二十八公頃。

寅：市中心醫院——擬於現址倉前山建築及其附近建築中心醫院及分院等其詳細建設施另訂。

卯：學校——新中學及大學校均應集中於沙磁一帶之文化區，國民、各級小學應平均分佈市區內，各校招收學生範圍，應限於半徑半公里內以便就學兒童能於十分鐘內步行到校，且不必橫過主要交通幹道以策安全。

辰：菜市場——本市現有菜市場分佈不勻，位置不當，面積狹小，紛錯雜亂之弊極大，此勢，從新佈置菜市場使之對北環境場供給範圍並須設有公共之所。

巳：區中心——每區內擇適當地點建築該區公共之三種建築分為區合作社及區醫療服務處等均集中於此。

午：消防隊——每區一隊，所用建築擇區內適中而交通方便地點建築之。

未：電視新聞館——每區均應設立。

申．公共廁所——應作適當分佈。

拾 居室規劃

甲 本市居室構造概要

本市居室構造大概可分數種：（一）反面穿斗木架構之平房或樓房，（二）正面磚牆或磚木構造之平房或樓房，（三）別墅巨宅，（四）抗戰期中之臨時住宅或房屋，（五）捆綁房子，（六）沿江棚戶，（七）船戶。

乙 本市市民住居形態

本市因抗戰時空襲之結果及國府西遷時人口過份集中，住居形態：殊為混亂，除一般市民以及富有之外，中下級之市民，多數人雜居一室，而貧苦市民多住捆綁之房屋或作沿江棚戶。

丙 今後所擬規劃之標準

甲 原則

（一）市中心區建築面積與空地比為百分之三十其他區域為百分之五十。

（二）每人所佔居住面積最低為六平方公尺。

（三）院內淨高不能低於二公尺半。

（四）建築材料應盡量採用防火材料為原則，其詳細規則由工務局另訂標準圖樣。

（五）設計適當多開窗戶防止潮濕增加衛生設備及排水設備。

（六）式樣以美觀經濟適用及堅固為本。

廿、住宅區計劃擬分三種

甲種住宅區──以較富有者住居區由政府指定地區建築馬路使其自由發展，其地點擬設於黃[illegible]與歌樂山上。

乙種住宅區──以為供給公教人員及中小商人之住居區域，擬由政府出資租地建造分期收回，其建築地點則擬於大坪一[illegible]通元局[illegible]市鎮及北碚公園附近。

丙種住宅區及沿江棚戶住居區──此種居民生活關係不能遠離居住地點，擬由政府或民間投資改造之，[illegible]

[illegible]擬改造之地點如下：

（一）[illegible]牛角沱[illegible]。

（二）[illegible]下[illegible]。

（三）大溪溝沿江坡上。

（四）雙溪溝附近。

（五）[illegible]至臨江[illegible]。

（六）[illegible]江門[illegible]一帶。

（七）[illegible]至東水門[illegible]。

（八）[illegible]門[illegible]。

（九）忠烈祠附近。

[illegible]一帶。

上列各處建築[illegible]，[illegible]住居而[illegible]府[illegible]建築[illegible]住宅[illegible]，[illegible]

六平方米[illegible]戰前[illegible]元計[illegible]

十年[illegible]元[illegible]

[illegible]棚戶[illegible]分散於以下地點[illegible]

[illegible]

（[illegible]）[illegible]

（[illegible]）[illegible]

此項棚戶應專設機構負責管理辦法如[illegible]

[illegible]指定[illegible]街道[illegible]棚戶[illegible]辦法。

[illegible]限制棚戶[illegible]

[illegible]地段與遷移之辦法。

[illegible]市[illegible]居[illegible]及[illegible]辦法[illegible]之[illegible]

（[illegible]）[illegible]計劃[illegible]

（[illegible]）[illegible]就[illegible]地形[illegible]

用[illegible]

（[illegible]）[illegible]設[illegible]建築合作社[illegible]市[illegible]

26209

發展[illegible]市[illegible]為資金。建立合作社，建築標準住宅，凡能[illegible]年後，即可獲得該項住宅一處，或者以廉價[illegible]資金，以免不良住宅之產生。

(五)[illegible]

(四)[illegible]

(三)大[illegible]

拾壹　衞生設施

甲　自來水改善計劃

現[illegible]公司之供水量設計之初，係以供三十萬人口飲用之[illegible]口驟增，益以電源不足，致供不應求，該公司現[illegible]各三部。初步沉澱池容積僅兩千立方公[illegible]若無偷漏損失，市中心區每人每日可有[illegible]用[illegible]偷漏[illegible]水[illegible]市[illegible]亦未臻完善，此實予用戶危險太大，應加改正。

[illegible]五[illegible]噸[illegible]

[illegible]十八[illegible]

[illegible]在復興關上建四千噸儲水池

二[illegible]及[illegible]自來水[illegible]

一帶之用水現已由[illegible]最大[illegible]可供三萬人之用水，由是[illegible]自來水[illegible]不敷本市之需要。

(七)[illegible]生活，假定市長每[illegible]水[illegible]設售水站，並應就大溪溝原有水廠地址增建一供五十萬人用之[illegible]水廠[illegible]水[illegible]調劑水庫[illegible]外，消毒化驗室[illegible]檢驗[illegible]逐日檢驗[illegible]。

[illegible]地位及性質而設計之。若沙坪壩地[illegible]沿嘉陵江[illegible]經濟。

乙　[illegible]水道[illegible]建計劃

1. 現況：[illegible]水道全長約四十公里，然以年久失修致淤塞倒塌，[illegible]炸，破壞，失用者不知凡幾，且亂無系統，溝渠[illegible]多臭氣揚動，於衞生極有妨碍。

2. 改[illegible]設計一完整之系統下水道管網，依其流域[illegible]十[illegible]擬採污水雨水合流制最後注入江[illegible]六[illegible]分之五[illegible]材料[illegible]

[illegible]

[illegible]地面[illegible]一[illegible]。

(丙)[illegible]醫院衞生計劃

26210

1. 本市公私立普通醫院計有中央等十餘所，能容病床一千八百四十九張，特種病院僅有市立肺病療養院，傳染病院，產科醫院等數所，又衛生所十四所，依照每三百人應有一病床之原則，則實不敷分配。

2. 改善計劃：擬定本市人口將來為二百五十萬人，以每三百人中有一病床計，則應需普通病床伍仟張，特種病床五千張。依各區之情形及人口分佈種類與機關分佈之性質及交通之條件而設立普通醫院及特種病院。並擬根據地方自治法每區設衛生所一所，故應再增四所。為便於各醫院研究試驗計，應加設衛生實驗所，俾便病理檢驗藥品檢驗。除此以外擬再增設藥品供應處以資供應醫院之需求。

丁、垃圾處理計劃

1. 現況：查本市垃圾堆計三百餘處，每日產量約八百四十公噸，其中無機物佔百分之九十六，有機物佔百分之四，多集中於小巷及沿江等處，而所設之垃圾箱雖較前改善，亦未能盡其功效。

2. 改善計劃：先行收集填窪，俟窪地填平後，則在各區設待運站以焚燒作初步處理，以卡車運至垃圾碼頭經水運傾棄於銅鑼峽江心。此項處理辦法計須籮筐三百五十担，手車計二百六十八輛，汽車計六十七輛，四百噸汽船計一艘。

(十一)、戊、其他環境衛生改善建議

子·房屋問題：本市房屋之建築應由有關主管機關製定標準房屋圖式，使適合衛生之條件。

丑·滅鼠問題：根本辦法應加改善房屋建築，使鼠無立足之地，再輔以毒殺及捕捉法則必生效。

寅·公共廁所設備及改善：本市公共廁所需要度極大，添建廁所自屬必需。擬每百人有一蹲位計，共需蹲位三千座。式樣結構擬採半水沖式，俟將來自來水系統完成後，即可改建為水沖式廁所，俟下水道工作完成後，則所存糞便自可宣洩。

卯·公共浴室：現本市應有浴室太多，採浴塘不換水，有礙衛生，故應改建淋浴由公家經營之。

辰·屠宰場：豬肉牛肉最易傳染寄生虫病，宰前及宰後之檢查，肉類之檢定，亟為重要。應於適當地點設置集中屠宰場設專門機構管理之。

巳·飲食店及理髮店：飲食店之廚房應嚴加督促使經常清潔衛生，廚師之健康檢查應常加注意。尤應養重餐館工作員工之良好清潔習慣，如指甲之經常修剪等，而用品經常之消毒亦為迫切之要務。理髮店方面對於不合衛生之惡習如公共手巾洗擦面部等，應加以取締或改革，而頭髮廢物亦應在不妨礙清潔及衛生條件下合理美滿處理之。此外為建設公共食堂由公家經營之亦屬必要。

拾貳、公用設備

甲、電力

(子)・綱領：利用重慶市原有公私發電所剩餘電力轉供市區應用，並籌設新發電廠。

(丑)・補救市區電力不足之臨時辦法：現時市區用電約需[illegible]千瓩，電力公司發電量[illegible]，尚差[illegible]千瓩，亟須增闢電源及減少消耗。

(一)增加電源：市內各發電所發電量及剩餘電量列表如下

廠名	地名	發電量	附註
第五十廠	郭家沱	三[illegible]○○瓩	現供電力公司[illegible]瓩可能多餘之電力一○○○瓩
第三廠	大渡口	三○○○瓩	現供電力公司五○○瓩可能多餘之電力一五○○瓩
第廿四廠	磁器口	四五○○瓩	現供電力公司一○○○瓩可能多餘之電力[illegible]
第廿一廠	江北	一○○○瓩	可能多餘之電力三○○瓩
第二十廠	雞冠石	五○○瓩	現未開廠可能多餘之電力五○○瓩
中央造紙廠	化龍橋	[illegible]瓩	[illegible]可能多餘之電力一○○○瓩
[illegible]	[illegible]	[illegible]	[illegible]
自來水公司	大溪溝	四○○瓩	現未開廠可能多餘之電力三○○瓩

[illegible]時除第五十、廿四、廿五兵工廠及自來水電廠，轉供市區電力約一千五百瓩外，尚差約五千五百瓩，須由[illegible]低電壓及分區停電以補救之。

(二)減少消耗：取消廢線及竊電用戶，嚴禁竊電，整理線路，以減少損失。

(寅)・建設新廠：本市各發電所機器，皆陳舊過時，故欲根本解決本市電力問題，祇有建設新廠。

(一)新廠發電量[illegible]五萬瓩。

(二)發電機種類：[illegible]透平機。

(三)新廠廠址：擬定磁器口附近之土壤。

(四)新廠建設費約需五百六十萬美金（合戰前國幣壹千式百萬元）

乙、燃料

(子)・煤的儲量及分佈概況：煤田大部分在嘉陵江沿岸，除在江北永川[illegible]，儲量約[illegible]千萬公噸。

(丑)・抗戰時期陪都煤礦生產情形及出煤數量：抗戰勝利前陪都需煤量約月約八萬公噸，[illegible]千七百公噸，附近各礦產煤量月約七萬八千公噸，嗣因來源於供不應求，各礦均加緊增產，以應需要。抗戰勝利後，以需煤數量減少，致生產量亦形縮減。

(寅)・陪都用煤分析及將來需煤估計：[illegible]陪都需煤約為十五萬公噸，五年後如成渝川黔等鐵路通車，各種工廠建設完成，每月需煤估計可達[illegible]萬公噸，而各礦設備未增加，[illegible]

・[illegible]供應無缺。

(卯)、重慶區燃料之生產及運輸建議：

1、大量增加各種機械設備。

(2)、加緊兩江航運。

3、加修輕便鐵路線路。

4、利用堅實煤礦，並加裝節煤機械設備。

5、獎勵普遍養生活，增加工作效率。

拾叁　市容整理

甲　重要性

城市景觀實為富有美感性之環境，對人生影響之重大，非其他物質所能比擬者。

乙　本市自然環境之優點

本市地形複雜，固為工程上之障礙，但全市憑山帶水，隨崗巒起伏。風景秀異，極具有風景城市之特殊優點，如能利用工程之藝術，予以適當配合，則理想花園都市，當不難於本市見之矣。

丙　現狀

本市因戰時之關係，市面顯破碎零落之狀態，市容整理為刻不容緩。

甲　整理目標

註：[illegible]

參照十年建設方案，列舉各項無不與市容有關，惟目前最緊要而必須立即着手者，分述於下：

(一)剷除路旁棚戶

(二)整理臨時市集

(三)取締危險與違章建築

(四)改善人行道

(五)安置攤販

(六)隱藏電燈電話線路

(七)收容乞丐

(八)美化廣告招牌

(九)清除垃圾污垢

戊　辦法

(一)大量建築平民住宅，由政府銀行貸款或政府出資代建，並專設機構負責推行。

(二)獎勵永久式建築或集團新村。

(三)分區分段，試辦土地重劃之示範。

(四)健全營造業。

(五)設立諮詢與監督機構。

拾肆　都市計劃實施

26213

甲　實施原則

本草案已就現在需要與將來可能分別研討列舉，亦不過提綱挈領，粗其輪廓，各部門施工時，仍須切實調查，從詳設計，蓋都市之建設本非一蹴可成，茲將實施時應行注意各點，分述於後：

(子)・長期與短期之配合：為謀全市之健全發展，勢須着眼於百年遠大，而着手於目前需要，惟計劃本身，必須長期短期互相啣接，前後一貫，在各期中須分輕重主從，並須視實際情形而異，如交通系統，衛星市鎮，則以長期能發展為主，如碼頭設備中之碼頭，人口分佈，半島重建，上下水道及電力則側重目下需要，在每一部份施工時，必須前後呼應，則全部完成時，始成為一完善之整體。

(丑)・阻力之克服：在房屋櫛比，人口密集之都市中，對此有關個人生活之全市計劃，利益衝突，意見紛歧，在所難免，就一般經驗論，一氣呵成之徹底建設易，長期逐步之改造難，戰時之緊急措施易，平時之從容建設難，至於後繼者改進上所能遭遇之困難，不難想見，如何取得調協，公私折衷，在適應新環境中，不失百年遠景，則有賴於全體市民與地方各級政府之通力合作。

(寅)・建設總概算與實施步驟及完成期限，凡披閱本草案者必發生下列三大問題：即(一)全部建設費總預算如何？(二)全部完成期限如何？(三)實施步驟如何？茲分別解答如次：

(一)全市計劃中精神與物質並重，關於一般市容上，適當材料，地點，樣式之選擇，廣告牌與宣傳牌之控制，風景之點綴，皆屬無法估計，即就物質方面論，私人居室與舖店建築物之地址材料與人工所需，將來必隨時隨地而異，吾人雖殫精竭慮以求，所得亦不過概略與近似數字，對無定期之將來，將無任何參攷價值，故全部總預算不易概估，事實上亦無此需要。

(二)實施步驟隨需要而定，全部計劃，以國家所定建設方案為出發點，以本市自然環境與需要為下手處，將來實施步驟，當視本市一般經濟情形及需要而定，不能預為規定，如何方可先不失策，後不誤時，此有待於吾人之詳思熟慮而精確判斷者。

(三)全部完成期限不定：本草案為建設全市之藍本，而非一成不變之定案，在建設過程中，舉凡新事實之發現，新環境之要求，新理想之發明，均須立予研究，作不斷而適當之改正，即現在所佈置之遠景中，有若干部門因事實需要須早日完成，亦有若干部門因需要之遲緩，而在長期中尚難開工，惟大體追從國家三十年建設期中，主要部份，尚能實現。

乙　最近十年之進度與概算

為糾正數十年來畸形發展，調整抗戰八年中過度膨脹，並須有

26214

分期概算實施進度表

四廿五廿六年平均價格)

第六年	第七年	第八年	第九年	第十年	總計
1,林森路經太平門抵儲奇門 2,飛來寺至七星崗段路面完接 3,中一支路展延 4,桿衛路繞楊家花園高家莊山頭環路 5,吳家埡口接三元橋街 6,孤兒院接北區幹道	1,廻龍溝經潘家溝隧道接北區幹道 2,國府路至馬鞍山 3,馬鞍山接學田灣 4,北區中心幹道接七星崗叉路	1,大同路收直接和平路 2,青年路延長接和平路 3,金家巷展修 4,響水橋展修 5,鳳凰台展修	1,石灰市改正經忠烈祠接中一路東段 2,草房溝路 3,陳家溝路	1,方家什字至滑家溝 2,雙溪溝接北區中心幹路 3,和平路與師爺巷口至天燈街道路 4,和平路培德堂經領事巷道路 5,上清寺至南園	
331,100	538,150	188,100	170,800	171,000	50,402,650
1,由新橋經雷家崗至紅槽房至大楊公橋左近 2,衛星市鎮公路工程十分之一	1,由瀚灘溪至瓦店子 2,衛星市鎮公路工程十分之一	1,由六龍灣經南坪場至黃葛渡 2,衛星市鎮公路工程十分之一	1,由里店穿過江北縣城至江邊 2,衛星市鎮公路工程十分之一	衛星市鎮公路工程十分之一	
4,707,000	4,767,000	4,602,000	4,577,500	4,437,000	50,022,500
5,038,100	5,325,150	4,790,100	4,748,300	4,608,000	54,425,150
銅元局至黃沙溪大橋			曾家岩至江北大橋		
3,236,747	3,236,747	3,236,746	2,427,685	2,427,685	30,747,150
歌樂山	全前	全前	全前	全前	
85,170	85,170	85,170	85,170	85,170	2,160,100
全前	第四期建設	全前			
608,349	1,830,767	1,830,768			9,971,164
					816,958
8,968,366	10,477,834	9,942,784	7,261,155	7,120,855	98,122,522

26215

(一)交通系統全部計劃

單位—元（戰前國幣民國卅

項目	細目	概算	第一年	第二年	第三年	第四年	第五年
公路	市中心區	工程進度	1,北區幹路臨江門至大溪溝 2,通遠門接和平路 3,北區中心幹路 4,依德街展寬 5,棗子嵐埡經果園勝利新村接四德里北口 6,四德里北口繞歸元寺安樂洞街至七星崗	1,鄒容路改直接臨江門 2,大溪溝至曾家岩接中正路 3,曾家岩至牛角沱接成渝公路 4,誠厚街接南區幹路 5,展修上行街下行街 6,橫貫市場經中央公園至凱旋路	1,牛角沱穿大田府肖家樑隧道至英國墳 2,朝天嘴經千廝門至龍王廟 3,臨江橫街改直 4,望龍門至東昇樓 5,中大街展延 6,太陽溝至依仁巷接民國路 7,正陽街展寬 8,中正路過水岩經育嬰堂接民國路 9,文華街改修	1,民國路延至三聖殿 2,校場口至三聖殿接凱旋路 3,沿磁器街環校場口外環路 4,繞校場口內環路 5,朝天門經大河順城街至望龍門接林森路 6,民生路改直接磁器街 7,玉帶街與林森路叉口至南紀門 8,青年路延至五四路 9,雷祖廟至香水橋接滄白路	1,村子壩至三聖殿接凱旋路 2,紀明坊跨橋至重慶村接中二路 3,機房街依民國路改直接龍王廟 4,陝西路西南口經倉壩子至梁家巷接林森路 5,金湯街展修 6,丁字口經九尺坎穿五四路接鄒容路
		工款	1,325,100	408,900	455,900	477,500	316,100
	郊區及衛星市鎮	工程進度	1,由崇文場經觀門沿支瓊廟大佛寺至石門坎 2,衛星市鎮公路工程十分之一	1,由龍門浩新碼頭向西沿江至市界 2,由支瓊廟至老鷹溝 3,衛星市鎮公路工程十分之一	1,由盤溪沿江向東經香國寺寸灘至郭家沱江邊 2,衛星市鎮公路工程十分之一	1,由九龍坎沿成渝鐵路基至鐵路塲 2,衛星市鎮公路工程十分之一	1,白廟林房經石橋舖觀音廟至小龍坎 2,衛星市鎮公路工程十分之一
		工款	5,545,000	5,251,000	6,182,000	4,917,000	5,037,000
	工款小計		6,870,100	5,659,900	6,637,900	5,394,500	5,353,100
橋樑	工程進度		中正橋（望龍門至龍門浩）			中正路經江北大橋	
	工款		3,236,747	3,236,747	3,236,746	3,236,650	3,236,650
纜車	工程進度		崇文場	全前	全前		
	工款		578,083	578,083	578,084		
高速電車	工程進度		第一期建設	全前	第二期建設	全前	第三期建設
	工款		1,356,100	1,356,100	1,190,365	1,190,365	608,350
隧道	工程進度					[illegible]至五四街	
	工款					816,958	
年度工款共計			12,041,030	10,830,830	11,643,005	10,638,473	9,108,100

計劃進度概算表

（四廿五廿六年平均價格）

第六年	第七年	第八年	第九年	第十年	總計
全期					
260,000					2,580,000
全期	全期	全期	全期	全期	
484,000	484,000	484,000	484,000	484,000	4,288,000
支渠兩岸與永關 港河邊與公路 聯接	全期	全期	全期	全期	
45,000	45,000	45,000	45,000	45,000	751,400
[illegible] 門	全期	全期	全期	全期	
34,200	34,200	34,200	34,200	34,200	571,000
823,200	563,200	563,200	563,200	563,200	8,190,400

26217

(二)港務設備十年

單位一元（戰前國幣民國廿

項目	概算	第一年	第二年	第三年	第四年	第五年
機力碼頭	施工地點	千廝門與太平門碼頭	仝前	仝前	玄壇廟與木關沱碼頭	仝前
	工款	600,000	600,000	600,000	260,000	260,000
倉庫	施工地點	千廝門太平門朝天門	仝前	仝前	千廝門太平門朝天門玄壇廟木關沱	仝前
	工款	300,000	300,000	300,000	484,000	484,000
高水位堤路	施工地點		朝天門至臨江門	仝前	仝前	仝前
	工款		131,600	131,600	131,600	131,600
低水位堤路	施工地點	朝天門至臨江門	仝前	仝前	仝前	仝前
	工款	80,000	80,000	80,000	80,000	80,000
工款共計		980,000	1,111,600	1,111,600	955,600	955,600

劃進度概算總表

廿五廿六年平均價格計算)

第六年	第七年	第八年	第九年	第十年	總計
添建郊區十二萬人口之下水道規定市民裝接汚水管	全前	全前	全前	添建郊區九萬人口之下水道規定市民裝接汚水管	
6,000,000	6,000,000	6,000,000	6,000,000	4,500,000	39,060,000
全前	全前	全前	全前	添建郊區九萬人口之自來水	
6,000,000	6,000,000	6,000,000	6,000,000	4,500,000	49,800,000
全前	全前	全前	全前	全前	
807,000	807,000	807,000	807,000	807,000	8,070,000
全前	全前	全前	全前	全前	
281,600	281,600	281,600	281,600	211,200	2,397,750
全前	全區	全前	全前	全前	
39,200	39,200	39,200	39,200	29,400	357,000
13,127,800	13,127,800	13,127,800	13,127,800	10,047,600	99,684,750

(三)衛生設備十年計

單位一元（戰前國幣民國廿四

項目 \ 條款 \ 年度		第一年	第二年	第三年	第四年	第五年
下水道	工程進度	整理舊溝渠建築市中心區新溝渠成立溝渠養護隊		設置市中心區下水道汚流幹管	宣傳市民裝接汚水管 添建郊區六萬人口之下水道	添建郊區十二萬人口之下水道
	工款	1,200,000		360,000	3,000,000	6,000,000
自來水	工程進度	整理市中心區自來水管網系統	添建大渠濾製水廠直接供市中心區用水	延伸市中心區水管並化驗橋	添建郊區六萬人口之自來水	添建郊區十二萬人口之自來水
	工款	2,400,000	9,600,000	300,000	3,000,000	6,000,000
醫院	工程進度	添建市區病床八百零七床	全　前	全　前	添置郊區病床八百零七床	全　前
	工款	807,000	807,000	807,000	807,000	807,000
垃圾	工程進度	於市區環境設施以機械手車運輸垃圾成立垃圾清除機構	於窪地已填補完妥之處設垃圾待運站并配備所需之汽車及垃圾	完成全市中心區垃圾待運站及其所屬車輛船隻完成各待運站初步設備	處理郊區垃圾問題	全　前
	工款	20,250	150,000	467,500	140,800	281,600
廁所	工程進度	添建廁所蹲位三百座(中區)	全　前	添建市區廁所蹲位二百座	安設市區廁所自來水管添建郊區廁所蹲位并安設汚水管	添建郊區廁所蹲位并安設汚水管
	工款	15,000	15,000	10,000	91,600	39,200
共	款	4,442,250	10,572,000	1,944,500	7,039,400	13,121,800

度概算表（全部實施）

卅六年平均價格）

第七年	第八年	第九年	第十年	總計 市區	郊區	總數
較場口市府各局一部份 150,000 花街子菜市場 63,000 第三區中心 36,000 消防所一所 35,000 育嬰院一所 36,000	較場口市府各局一部份 150,000 蓮花池菜市場 63,000 第四區中心 36,000 消防所一所 35,000 育嬰院一所 36,000	中一支路南區馬路菜園壩菜市場三所 189,000 五六七區中心三所 108,000 消防所一所 35,000 育嬰院一所 36,000	大溪溝學田灣牛角沱市場三所 189,000 消防所一所 35,000 育嬰院一所 36,000			
320,000	320,000	368,000	260,000	3,060,000		
消防所一所 35,000 育嬰院一所 36,000	消防所一所 35,000 育嬰院一所 36,000	消防所一所 35,000 育嬰院一所 36,000	郊外十區區中心十所 360,000 消防所一所 35,000 育嬰院一所 36,000			
71,000	71,000	71,000	431,000		715,000	
391,000	391,000	439,000	691,000			3,775,000

26221

(四)建築部門工程進

戰前國幣（民國廿四廿五

項目		年度 / 概算	第一年	第二年	第三年	第四年	第五年	第六年
公共建築	市區	建築種類	較場口廣場中央抗戰紀念柱 35,000 較場口凱旋門 80,000 較場口圖書館 50,000 大陽溝菜市場 63,000	較場口博物館 140,000 較場口科學館 200,000 臨江門菜市場 63,000	較場口市立劇場 100,000 較場口市立展覽會 140,000 楊柳街菜市場 63,000	較場口社交會堂 68,000 較場口市參議會 68,000 道門口菜市場 63,000	較場口市政府 140,000 千廝門菜市場 63,000 第一區中心 36,000	較場口市府各局一部份 150,000 文華街菜市場 63,000 第二區中心 36,000 消防所一所 35,000 育嬰院一所 36,000
		工款	328,000	403,000	303,000	199,000	239,000	320,000
	郊區	建築種類						消防所一所 35,000 育嬰院一所 35,000
		工款						71,000
	工款小計		328,000	403,000	303,000	199,000	239,000	391,000

程進度概算表（全部實施）

圖廿四廿五廿六年平均價格）

第六年	第七年	第八年	第九年	第十年	總計		
					市區	郊區	總數
仝前	仝前	仝前	仝前	仝前			
1,200,000	1,200,000	1,200,000	1,200,000	1,200,000	12,000,000		
仝前	仝前	仝前	仝前	仝前			
500,000	500,000	500,000	500,000	500,000		5,000,000	
1,700,000	1,700,000	1,700,000	1,700,000	1,700,000			17,000,000

(五)建築部門工

戰前國幣(民

項目 / 款 / 年度			第一年	第二年	第三年	第四年	第五年
房屋規劃	市區	建築種類	建市區房屋	仝前	仝前	仝前	仝前
		工款	1,200,000	1,200,000	1,200,000	1,200,000	1,200,000
	郊區	建築種類	建郊區房屋及廚廠等	仝前	仝前	仝前	仝前
		工款	500,000	500,000	500,000	500,000	500,000
工款小計			1,700,000	1,700,000	1,700,000	1,700,000	1,700,000

程進度概算表（全部實施）

國廿四廿五廿六年平均價格）

第六年	第七年	第八年	第九年	第十年	總計		
					市區	郊區	總數
					1,650,000		
郊區造林綠面積及公園修築等	郊區造林綠面積及公園修築等	郊區造林綠面積及公園修築等	郊區造林綠面積及公園修築等	郊區造林綠面積及公園修築等			
500,000	500,000	500,000	500,000	500,000		2,500,000	
500,000	500,000	500,000	500,000	500,000			4,150,000
1,520,000	1,520,000	1,520,000	1,568,000	1,460,000	16,710,000		
1,071,000	1,07[illegible],000	1,071,000	1,071,000	1,431,000		8,215,000	
2,591,000	2,591,000	2,591,000	2,639,000	2,891,000			24,925,000

(六)建築部門工

戰前國幣（民

項目		概算 \ 年度	第一年	第二年	第三年	第四年	第五年
綠地系統	市區	建築種類	朝天公園 250,000 北區公園 600,000	擴充中央公園 100,000 嘉江公園 80,000 擴大捨白公園 20,000 國府公園 100,000	擴展南區公園 100,000 國行營至南區公園之帶形公園 120,000	建蓬園及曾家岩公園 80,000 擴充江北公園 500,000	牧門縣公園 50,000 李子垻至兜子背西界公園 100,000
		工款	850,000	300,000	220,000	130,000	150,000
	郊區	建築種類					
		工款					
	工款小計		850,000	300,000	220,000	130,000	150,000
四五六共計	市區		2,378,000	1,903,000	1,723,000	1,529,000	1,589,000
	郊區		500,000	500,000	500,000	500,000	500,000
	共數		2,878,000	2,403,000	2,222,000	2,029,000	2,089,000

設計劃主要部份實施概算總表

(戰前國幣)

六年	第七年	第八年	第九年	第十年	總計	項目百分比
393,000	590,400	1,008,000	411,400	400,300	6,255,400	
1,294,660	1,294,660	1,294,660	1,294,660	1,294,660	15,984,040	
					1,734,250	
1,018,586	1,018,586				5,092,930	
816,958					816,958	
3,523,204	2,903,646	2,302,660	1,706,060	1,694,960	29,883,578	28.0%
260,000					2,580,000	
484,000	484,000	484,000	484,000	484,000	4,288,000	
45,000	45,000	45,000	45,000	45,000	751,400	
34,200	34,200	34,200	34,200	34,200	571,000	
823,200	563,200	563,200	563,200	563,200	8,190,400	7.7%
3,000,000	3,000,000				13,200,000	
3,000,000	3,000,000				15,300,000	
200,000	200,000	200,000	200,000	200,000	2,600,000	
					637,750	
					112,000	
6,200,000	6,200,000	200,000	200,000	200,000	31,819,750	29.3%
391,000	391,000	391,000	439,000	691,000	3,775,000	
1,700,000	1,700,000	1,700,000	1,700,000	1,700,000	17,000,000	
500,000	500,000	500,000	500,000	500,000	4,150,000	
2,591,000	2,591,000	2,591,000	2,639,000	2,891,000	24,925,000	23.3%
				–	12,000,000	11.02%
13,137,404	12,257,846	5,656,860	5,108,260	5,349,160	106,848,728	100.0%
12.3%	11.5%	5.3%	4.8%	5.0%	100.0%	

(七)陪都建設計劃委員會十年建

單位—元

細目 \ 概算 \ 年度		第一年	第二年	第三年	第四年	第五年	第
交通系統	公路	1,154,100	851,000	642,500	425,000	379,700	
	橋樑	1,902,148	1,902,148	1,902,148	1,902,148	1,902,148	
	纜車		867,125	867,125			
	高速電車			1,018,586	1,018,586	1,018,586	
	隧道						
	小計	3,056,248	3,620,273	4,430,359	3,345,734	3,300,434	
港務設備	機力碼頭	600,000	600,000	600,000	260,000	260,000	
	倉庫	300,000	300,000	300,000	484,000	484,000	
	高水位堤路		131,600	136,600	131,600	131,600	
	低水位堤路	80,000	80,000	80,000	80,000	80,000	
	小計	980,000	1,111,600	1,111,600	955,600	955,600	
衛生設施	下水道	1,200,000			3,000,000	3,000,000	
	自來水	3,000,000		300,000	3,000,000	3,000,000	
	醫院	400,000	400,000	400,000	200,000	200,000	
	垃圾	20,250	150,000	467,500			
	廁所	15,000	15,000	10,000	72,000		
	小計	4,635,250	565,000	1,177,500	6,272,000	6,200,000	
建築工程	公共建築	328,000	403,000	303,000	199,000	23[illegible],000	
	[illegible]	1,700,000	1,700,000	1,700,000	1,700,000	1,700,000	
	綠地系統	850,000	300,000	220,000	130,000	150,000	
	小計	2,878,000	2,403,000	2,223,000	2,029,000	2,089,000	
公用設備(電廠)			4,000,000	4,000,000	4,000,000		
共計		11,549,498	11,699,873	12,942,459	16,602,334	12,5[illegible]5,034	
年度百分比		10.8%	10.9%	12.1%	15.5%	11[illegible]%	

26228

建設計劃全部實施概算總表

(戰前國幣)

第六年	第七年	第八年	第九年	第十年	總計	項目百分比
5,038,100	5,325,150	4,790,100	4,748,300	4,608,000	54,425,150	
3,236,747	3,236,747	3,236,746	2,427,685	2,427,685	30,749,150	
85,170	85,170	85,170	85,170	85,170	2,160,100	
608,349	1,830,767	1,830,768			9,971,164	
					816,958	
8,918,366	10,477,834	9,942,734	7,261,155	7,120,855	98,122,522	38.5%
260,000					2,580,000	
484,000	484,000	484,000	484,000	484,000	4,288,000	
45,000	45,000	45,000	45,000	45,000	751,400	
34,200	34,200	34,200	34,200	34,200	571,000	
823,200	563,200	563,200	563,200	563,200	8,190,400	3.2%
6,000,000	6,000,000	6,000,000	6,000,000	4,500,000	39,060,000	
6,000,000	6,030,000	6,000,000	6,000,000	4,500,000	49,800,000	
807,000	807,000	807,000	807,000	807,000	8,070,000	
281;600	281,600	281,600	281,600	211,200	2,397,750	
39,200	39,200	39,200	39,200	29,400	357,000	
13,127,800	13,127,800	13,127,800	13,127,800	10,047,600	99,684,750	399.1%
391,000	391,000	391,000	439,000	691,000	3,775,000	
1,700,000	1,700,000	1,700,000	1,700,000	1,700,000	17,000,000	
500,000	500,000	500,000	500,000	500,000	4,150,000	
2591,000	2,591,000	2,591,000	2,639,000	2,891,000	24,925,000	9.8%
6,000,000	6,000,000				24,000,000	9.4%
31,510,366	32,759,834	26,224,784	23,591,155	20,622,655	254,922,672	100.0%
12.3%	12.8%	10.3%	9.3%	8.1%	1000%	

26229

(八)陪都建設計劃委員會十年

單位一元

項目	類款	第一年	第二年	第三年	第四年	第五年
交通系統	公路	6,870,100	5,659,900	6,637,900	5,394,500	5,353,100
	橋樑	3,236,747	3,236,747	3,236,746	3,236,650	3,236,650
	纜車	578,083	578,083	578,084		
	高速電車	1,356,100	1,356,100	1,190,365	1,190,365	605,350
	隧道				816,958	
	小計	12,041,030	10,830,830	11,643,095	10,638,473	9,198,100
港務設備	機力碼頭	600,000	600,000	600,000	260,000	260,000
	倉庫	300,000	300,000	300,000	484,000	484,000
	高水位道路		131,600	131,600	131,600	131,600
	低水位道路	80,000	80,000	80,000	80,000	80,000
	小計	980,000	1,111,600	1,111,600	955,600	955,600
衛生設施	下水道	1,200,000		360,000	3,000,000	6,000,000
	自來水	2,400,000	9,600,000	300,000	3,000,000	6,000,000
	醫院	807,000	807,000	807,000	807,000	807,000
	垃圾場	20,250	150,000	467,500	140,800	281,600
	廁所	15,000	150,000	10,000	91,600	39,200
	小計	4,442,250	10,572,000	1,944,500	7,039,400	13,127,800
建築工程	公共建築	328,000	403,000	303,000	199,000	239,000
	居室規劃	1,700,000	1,700,000	1,700,000	1,700,000	1,700,000
	綠地系統	850,000	300,000	220,000	130,000	150,000
	小計	2,878,000	2,403,000	2,223,000	2,029,000	2,089,000
公用設備(電廠)		4,000,000	4,000,000	4,000,000		
共計		24,341,280	28,917,430	20,922,195	20,662,473	25,370,500
年度百分比		9.5%	11.3%	8.3%	8.1%	10.0%

陪都建設計劃委員會將計劃之全部概算及最近十年中應分期辦理之事項概算及進度表列后：（見表）

丙、實施辦法

計劃實施之三大要素，為經濟及法律兩種權力，其中尤以經濟力為重要，按上表所列十年中主要建設部份之概算，已相當龐大，其他私人建築尚不在內，如何籌備實施，按其性質，在組織經營與款項方面分類如次：

（子）、由政府指導監督，人民遵照協助者，為土地區劃中之地籍整理與土地利用，建築段落之分劃，人口分佈中之建築面積與密度限制，衛星市鎮之發展，市容整理之實施等。

（丑）、政府與人民合作，組織官商合辦公司，作企業性之經營者，如平民住宅，標準住宅之建築管理，港務中之碼頭，倉庫，貨棧，纜車，交通上之電車，纜車，升降機，公用中之水電與燃料供應等。

（寅）、政府倡導協助而由市民組織公共服務團體，作社會事業經營者，如綠地系統中之公園，運動場，森林等。

（卯）、政府自行舉辦以供全市之用者，如公共建築中之官署公所圖書館，博物館，衛生上之醫院，公園，下水道，交通上之全市公路及橋樑等。

以上數端，為執行計劃之主要辦法，惟在金融未安定，人民生產後國家建設未恢復正常狀況時，本市人民能擔負建設之能力，實屬有限，關於陪都之百年建設，尤望中央能撥專款以為倡導，良以陪都屢經轟炸，非如此無以促進計劃之實施，與建設之開端。

十、計劃實施之利益

實施計劃之利益，常分散於全體市民及各實業團體，且大半無形者多而有形者少，以其性質論，有消極與積極兩種，茲將本市畸形發展中最顯著之各項損失略估如後，聊供參考，其統計之詳數，則尚有待於經濟與社會學者之分析，方克為市民所能瞭解。

以上所舉不過擇錄十年計劃之綱目以備參政會諸位先生之披覽全部計劃現正整理付印約在八月可以完成尚望諸位先生不吝指正為幸。

戰後倫敦市改造計畫述畧

澤　書

在世界最大都中，倫敦之歷史最久，地位最重要，中經劇變最多，市政改革最頻繁，問題亦最複雜。在此次大戰中，倫敦僅為西歐之政治經濟堡壘，歷經德國轟炸後，在喘息中，倫敦市政會London County Council即從事重建計劃之草擬，可見英人強毅之特性。此計劃對我國戰後各市之重建，大堪借鑑，特提要介紹。

一、倫敦現狀及其特性

倫敦乃是一社會有機體，故須先明瞭其現狀，發掘其特性，然後可深知其癥結所在，而施以對症下藥之針劃。倫敦之長成，與近代大英帝國相聯繫，並具特點之可述者如次：

(1)倫敦市區，遠在羅馬人征服以前，太晤士河上游左岸，為漁村聚集；於是即就其通航起點，建立倫敦城，因地居水陸要衝，市內隨國勢而漸向進展。至一六六五年大疫之後，繼以大火，城內及西郊均成瓦礫之場。於是當時市政專家倫氏（Cors Wren）首對全市作有系統而具規模之計劃，將城區重建。不幸格於立法及財政障礙，未能全部實現。以後因航海交通發達，市區漸向西區及東區伸展，狗島。（Island of Dcgs）以東，船塢碼頭，逐漸設立；而西部則成為商業重心。以後隨產業革命及鐵路擴張，市區展至南岸。十九世紀後，倫敦形成世界經濟中心，於是本市向四郊擴張面積；在舊城及西部增加密度。而各種工業亦羼入其間，自一八三六年後，有十餘家鐵道公司之路綫向市內進展，誠如柯伯爾（Cobbt）所形容，倫敦市乃一膿瘡，作無目的之不斷生長。其與紐約不同者，即伸展多為平面的，而非立體的。倫敦之增長不已。首先感覺困難者，當為衛生與居住問題。至十九世紀末問題更覺嚴重，於是社會要求改進之呼聲日高，乃有一八七五年之公共衛生案，一八九〇年之工人階級住室案，一八九四年之倫敦建築案，一九〇九年之城市計劃法案。自一九一八年後，公路大加進展。總計全市，自大疫大火之後中經產業革命海外發展及第一第二大戰之劇變，其間關於衛生·住宅·道路·鐵道·港務等，改進計劃與法案，無下數千。均曾補偏救弊，而未得根本之解決。

(2)地形　倫敦跨太晤士上游，距海口約七十英哩。在市區內河流數折成狗島與南岸及佛爾哈姆（Falbam）數出岸。地勢北高而南低兩河岸相差得三四十呎。北部迤入丘陵區，南岸較坦，亦與岡嶺相接而東郊為冲積地，乃著名之綠泥層。東西長約十五英哩，南北長約十英哩。西北狹而東南廣，狀若葫蘆。總面積約一一六平方英哩（連水面共七四八五〇英畝）。市內河長約廿英哩，兩岸綫共三十九，三英哩。倫敦城祇佔地一平方英哩。河岸高低街巷為排水至四十八英呎其城區自倫敦郡起伸展至泰晤士河流道則自東而西。市區已佔全倫敦郡及米杜息克斯(Middlesex)、蘇利(Surrey)及愛塞克斯(Essex)諸郡之一部，肯特(Kent)一郡亦相接壤。倫敦區則包括郡外各部分人口近八百萬。

一(一)社會組織 全市共有廿八鎮(Boroughs)，其行政原為若干獨有之地方組成，現按其區分倫敦與社會集團功用大致分為下列四區：

(甲)市中心區 包括商業及各類區，其中為政府機關，各大銀行之營業商業，娛樂，金融及工業等。大廈建築極高，有高至每英畝四百所者；公共交通網會合之中心，車輛擁擠，車速度減至每小時五英哩。[illegible]

(乙)港埠區 [illegible]泰晤士河北岸之港埠區，為倫敦之商業貿易中心[illegible]運河及製造中心，碼頭船塢等設備須加以系統化，倫敦將須重行分劃，使得發展港埠途徑並宜增加港灣區域。

(丙)中央居住區 包括海德公園至比姆米可 Pimlico 之單家住宅及北部包括斯德普尼(Stepney)區至[illegible]之工人居住區。此區屋宇多已陳舊，其中人口擁擠，為居住問題最嚴重之區。

(丁)四郊區 為急待計劃以防將來之無秩序發展之區。總計各區[illegible]五十年來[illegible]居民[illegible]

所，全市商產總值約七六〇五，八〇二磅(舊城人口為九，一八〇)。

(丙)建築物 倫敦市內，富有美術價值建築物如各教堂各市公所及紀念碑塔與橋梁等外，但以普通居室，則殊有陳舊無章之現象。有十九世紀前之建築，產業革命時之工廠涼台式房屋，前八十至五十年所建具有地窖之三層樓房，此原為馬廄及車房所改成之住宅，但以上者多門窗不致缺乏空氣與陽光。此外為獨立之別墅，或五六十年前所建而結構尚佳之二三層樓房，及一八七五至一九二五年間所建多層公寓樓房，而其頂層類皆為空地，故少有人居住者甚多，其他則為工商業所佔或適最近之新建築者。

(丁)工業 倫敦為世界大市之一，而以小規模工業著名。全市有工人七十五萬餘，工廠三萬七千所，每所平均有工人二十名，其種類論之首為工程，其次為裝訂及傢具，印刷及紙張，再次為化學品。在一九三四十三八年間，全國新建工廠之半數在倫敦，而其中九百五十一至五間，在全國新建之外國工廠中有四分之三在倫敦，其吸引力為良好市場，便捷運輸，技術工人及一般繁榮氣象。工廠散佈區為西部，東部及南岸。

(戊)港務 本市港埠設備之建築，在本世紀來，以後逐年增加，隨船舶噸數，趨向於改良水陸聯運之進步。而各項設備，其組織錯雜，亦足礙港務發展之大病也。

(己)交通 本市以地下鐵道及道路為骨幹。道路系統[illegible]所[illegible]交通進以不

26233

能合近代標準，故鐵道則車站林立，本身既無系統，又與地下道及道路不配合。

十五 問題內容

倫敦市之問題，在上述各特點中，已見其梗概，總括言之，約可列數端：

㈠交通擁擠與遲滯：此問題最嚴重者為地面公路及地下道，市中心之公路則每日自晨至夕，地下道則在晚七至十時，均擁擠不堪。其損失為視聽上之騷擾及傷亡，而其原因為長短途及各種性質不同之車輛，諸能不分，且侵入商業及住房區。據斯密氏 Shrapnel Smith 估計，在查林十字街 Charing Cross 至英哩半徑內之中心區內，其遲滯與擁擠之損失為每年一千五百萬鎊，而倫敦車輛公司之每年實際損失約十五萬鎊。據紐約每年損失之全部損失每年為若干萬鎊，而倫敦亦與之相等。又據英格蘭汽車肇事每年死傷者約六千人，受傷者二十一萬零七千九百四十人。至一九三三年死於汽車肇事者遠在戰爭死亡數之上。其地點大半在倫敦。即以一九三七年一年內倫敦市之死於汽車肇事者為五千七百一十八人，展望將來，英倫汽車與汽車比例，（二十四比一）是否趕上美國（六或七比一），固不可必。但戰後市內車輛增加率，必超出戰前每日五百輛之數，則無疑義。在鐵道方面，近百年之發展，尚有十餘家公司而僅為殘存之四家，客貨運車站混雜而不與其他交通工具聯系。因碼頭北岸高低不同，致有四種線路（高架線，平地線，淺地線，深地線）。又狗島以下，船塢林立，運河之橋樑與碼頭皆受阻礙。此皆迫切交通問題也。

（2）居室備隔：市居住之不合近代需要者，以東部及南岸為甚。而最近之轟炸，更使本問題極端嚴重。

（3）空地之缺乏與分配不多：過去因王侯貴族之公園花園甚多，但逐漸公開，而近十餘年來所建成之郊外綠帶，亦已完成之。但偏於西北及郊外，東部南部及中心區，大感缺乏。以予大計，其所得空地多者為每千人四英畝，少者為三英畝。尤以市中心及岸濱 Shoreditch 區處之街道，設立兒童遊戲場為最危險。

（4）混合發展之不當：工商及住宅之混合不分，使居室失幽雅之趣，而商工業無發展餘地。近十餘年雖有自然疏散之勢，但仍有盲目無系統之弱點，亦待糾正。

（5）市容之混雜：市內之風格，多不調和。有紐約之車輛洗劫而無其整齊寬敞之街道。古代各期之優美建築與近代立體式相鄰近，以幽雅之大公園，又與鬧市及幹道相交錯。舉世最完善之地下道，與最古舊簡陋之貨車站及碼頭相毗連。實則以倫敦之河岸及綠地，大堪美術家之展佈。

十六 計劃大綱

（1）道徑述略：倫敦市之改建計劃，隨時都有。近六七十年中，各種公私建議，無下數十種。在目下言改建，有三大主流：一爲無限制之重建；二爲大規模疏散。三爲有條件而徹底之重建。前二者皆非經濟可行之道，在現時第三法爲原則，分兩種之先，將番議公府，學術團體，業團體之意見與實際經驗，經研究，由此而發現全市之條成爲原來社會結構及社會集團，現在雖無明顯之界線，但其社交習俗之聯系，仍然明顯；今後應將此小細胞儘量保存發展提高其特性，然重其活動範圍，同時須改善其缺點。

（2）倫敦市之三大任務：倫敦市之主要任務有三；一爲全市爲一近代大社團，個其全體市民有超代生活，工作及消息之設備。二爲近代大都市，合於政治，文化及商業中心之需要。三爲一勤力機器，適於市民上下工之往返，及海岸運輸。此爲全市計劃之三大綱領，分述其改進要點如下：

（3）社會需要：爲使倫敦發展爲健全而近代化之社會計劃，應有之改善。

（甲）過密須中區之疏散與重建：由擁擠區域五十萬至六十萬人口使全市現有之［illegible］，由一九三九年之［illegible］減至一九四五年之三．三二六．［illegible］（［illegible］）［illegible］及西普勒 Poplar 二區之率．五○○英畝應行疏散，此外市內之重工業向西郊及海岸疏散。

（乙）社團細胞之建設：以原有之傳統單位爲主，使組成人口由六千至一萬之近代社團細胞（佔地爲五十至一百英畝）。其佈置以初級小學爲中心，務使就學兒童每日往返，不通過任何主次要幹道。每細胞以河岸，主次要幹道爲分界線，而繞以空地，以與他細胞隔離，細細胞有其自足之日用品商場，公共建築物，而地理環境如河岸與人爲環境如古教堂等均盡力開發，使其特性顯著。

（丙）空地之開闢：依近代需要，在半英哩半徑內，每千市民，應有各種游息運動場之空地七英畝。據一再研究，依本市可能供給者爲四英畝。餘三英畝則求之於四郊綠帶圈中。故本計劃即按每千人四英畝爲標準。

（丁）人口密度：本計劃規定在中心區爲每英畝二百人，次中心區爲一百卅六人，郊區爲一百人。

（4）首都需要：使富紀念莊嚴而整肅之氣象。其佈置如次：

（甲）市中心計劃：西寺市，倫敦城，皇家公園，法院館，寺廟等應爲本市核心。此外大學區之布羅斯巴利 Bloomsbury，醫生區之威格未 Wigmore 街區之萊賽斯特場 Leitester Square 及三數商業區，均有其特殊地位，應設一主要幹道環以圍繞之使直達車輛繞過，而保存區內之尊嚴與恬靜。另設一次要幹道環及輻射交叉各道，以宣洩區內車輛。

英國(乙)鐵道客運站之改建：將各站設於次環幹道上，分為二層。下層為郊外電化線及地下道之聯絡站，地面層則與長途線相連，各站均設平頂，以便垂直起降飛機站之用。

(丙)中心區內之改建：西部舊房多朽腐，應改為公寓住宅，以容納區內各辦公室工作者與零售商人及劇園工作人，而減少每日往返之擁擠。南岸將低地填高，使成為新文化娛樂及商業中心。東郊應以三隧道代三鐵橋，並另建三橋，以加強南北兩岸之交通。

(丁)美術發展：分設若干美術專家組，担任各區市容，高度限制及防空設計之責。

(戊)動力輸器需要：皆在將東部港埠之車輛係運於中心及西部，同時減少每日市內之擁擠。其佈設如次：

(甲)公路：全部系統為(一)主要幹道，專供長途快車之用，無傍行支道以「B」環道通達設廠及重建區(沿途為主要公園帶)，另以南北行之X軸道及東西行之Y軸道，及放射道十條達於市心。(二)次要幹道為市中心內之「A」環道及通達郊區之「C」環道並放射道十條(三)次要聯絡一百廿四線以分達各區(四)主要短途路，分佈於中內

(乙)鐵道：市內各線，全行電化，並另設貨車站環，以聯絡港埠商埠及貨站。

(丙)太晤河岸及港埠：整理河岸，多闢公園，而將十部分工業遷入內地。重新貨站及碼頭設備。

四、計劃要點

(１)空地與公園系統：據調查倫敦郡現有水陸面積為七四・八五〇英畝，空地面積為八・二六一英畝，平均百分比為一〇・五（由三九・六至一・四），每一九三〇年總人合為四・〇九四・五〇〇口，每一・〇〇〇人所得空地平均為二・〇英畝（由〇・一至六・〇），據各國專家研究，近代需要，每千人應有七英畝空地，在倫敦方面規定在出行半英畝半徑範圍內，每千人需四英畝，餘三英畝則求之於郡界外之綠帶或綠楔。此每千人四英畝之分配為(甲)公共及學校遊戲場，憩息與運動場佔二英畝，(乙)大公園・林蔭大道・河岸遊覽區・工廠內之空地，與憩息園佔一又三分之二英畝・(丙)小花園・方場及兒童遊憩場佔三分之一英畝。建築密度，已規定為每英畝一三六人，因疏散及減率推測，本市在一九四五年之總人口數應為三・三二六・〇〇〇口。按每千人四英畝標準，共需空地一三・三一六英畝。現有之空地（八・二六一英畝）中，因島爾維奇與格林維奇二地超出標準而無用者三七三畝，故可用者僅七・八八八英畝。現有私人空地（如衛謨公園，赫林哈姆場，敝主宮場三處）二・六一三英畝，其中有一・三四一英畝超出標準而無用，可用為一・二七一英畝。二數相加為九・一五九英畝，除尚欠四・一五七英畝。

新空地之尋求籌設於區城中廢棄土之低地，如哈克利窪地(Hackney Marshes)，南岸之水晶宮舊址及其效墓地），等六處，戰爭期間所徵收空地以私宅餘地，（大宅之週圍空地），改建工廠空地（工廠改建時務用空地以與住宅分開），太晤士河岸（現在市內河岸總長三十九三英里內，工業貨棧碼頭及鐵道佔二八．九英里，餘八空地十．四英里，公有空地為三．六英里，將來應擴至二二．七英里），運河岸空地之整理聯系如次：以大倫敦區為單位，用林蔭大道將各種空地聯成整個系統，以便使每一市民由花園而達公園，而林蔭大道，而市內綠帶，而郊外綠帶更進而至鄉村，市郊鄉村除農舍外其他建築，均為全市郊行之用。公園系統必須與道路系統及社會組織相配合。用主要環道及輻射道以為分隔各市區單位之主要障礙物，而將空地分佈於道之兩傍以圍繞各單位，新公園應按道傍關設，以使兩傍市民往來公園者無遇過幹道之煩，新公園尤須儘力置於「B」環道之傍，使成為全市之內綠環。

戰後之先首工作為東部、伊斯林頓及南岸各區空地甚少各地之空地建設。

(5)公寓住宅應在種類上分家庭住宅及公寓二種，二者均採用倫敦原有老樣的式，不致改進之圖案式之單調風格。前後均有相當小園，以步行道與公共空地相聯。公寓部為三層樓房，其中間為家庭住宅，而二層公寓居第二層或最下層。或為四層樓房上二層為一家，下二層為一家。公寓方面，四層以上者設昇降機。為謀單身及無子女夫婦之居住計，可建米層高公寓。有此各種居住，可應市內各級收入之市民。其住宅密度，按地點需要，分為三種，即每英畝一〇〇人，一三六人，二〇〇人。其目的在使五十英畝或百英畝之區域內，可成立五千至一萬萬人之社會細胞，其中有公寓與住宅二種，每區自有其學校商店空地及公共會場等。

(3)用途密度及高度限制問題：修正本法一九三二年之規定分為各種用途區。應有修正如次。(甲)居室私人住宅與公寓聯區合而為一種，以人口密度為準的，而容納各集會建築物，(原定為特別中間區)。(乙)本地商業區包括零售店，辦公室，及居宅，應與其所服務之社會相關連集中於社團內之小區而離開幹道以免擁擠與意外，其數目亦應按人口規定而不過多。(丙)特區商業區如醫生及其他自由職業者原從中心區必須與政府大學及博物院相聯而另定發展計劃。(丁)普通商業區分一二兩種。第一種為商店，辦公房，居室及其所屬之貨棧與倉庫以及教育信仰集會各公所等單獨之貨棧倉庫除外，第二種為辦公房，貨倉房等。(戊)碼頭與貨棧應設船塢區而置於河岸。

(4)工業區：大倫敦區有工人四萬而支持英倫與威爾士五分之一之人口現在市內工業區在河濱工業及市內輕工業與混雜工業，其區劃如下

26237

(甲)沿哈士河兩岸[illegible]應充分利用河岸，凡貨棧碼頭及工業須以直接使用河水為限，其他房屋則須離開而入內地，工業區之不當住宅應改為公共遊憩與風景區，可能時將支河以延長河岸線。

(乙)李谷　發展可能之工業位置並消滅數窮民窟並仍分工業，風景及住宅三種用途而不相混雜。

(丙)運河岸　多開支池支渠以容納工業，其外緣為風景區此外為住宅區。

(丁)勒文斯彭 Ravensbourne 與萬德耳 Wandle 兩河岸。此乎既適工業又宜風景各需明切之分區以保持優良空地。

(戊)市中心工業（東部與南岸）各區規定不合法之工業及重工業均須搬移而將各輕工業及家庭工業則集中而合理化而將窮民窟改建。

(己)郊區工業　原來之輕工業與家庭性之工業均集中，而以餘地集市內輕工業。

(庚)倫敦港．大致無變動惟那沙林埠 Kotharine 甚聯棧而應改為河岸公園。餘須增加貨棧，碼頭至旋轉橋及低橋均須改建以暢水運。

(辛)河堤及泰晤士河堤上下橋須提而尖碳，以維持河運之便利，兩岸之兩線待研究。

(壬)發展之密度問題　為控制密度之規定，除盡力疏散使居室及空地得合理分配外並藉擬訂各區之分配及將商業空曠地區之密度增加。現

析規定分劃下列三種[illegible]最近附之中心區每英畝居住最多為二〇〇人，次[illegible]環繞附近之市區每英畝[illegible]環繞外之市郊區為[illegible]〇〇人。

(癸)商業分區　商業密度影響地面用途之密度與強度及地面價值及藝術形態。

中心區以樓度適用高度與其佔面積互有關連而建築性質及各室用途與容納量有關，而地點之位置又可決定高度與容量，至於美觀則尤與鄰近各建築物之調和及街道之寬狹相配合，故宜因地制宜。

(子)現在之高度限制　大率按中心中間及市郊三區而分為下列三種高限制第一區最高商業樓為一〇〇英呎，居宅八〇英呎，將屋頂二層除外，第二區為八〇及六〇英呎，第三區為六〇及四〇英呎。

現行制之缺點如下：[illegible]最高限度為尤准之權利，不顧環境之是否合宜均要[illegible]結果必使全市房屋[illegible]而昇之金字塔形。

應有之改革如[illegible]將一班最高限度減低使各地主均可發展至最高限度，以顧到一般而壯觀瞻，同時面臨廣袤空地之房屋則宜不受二〇〇或八〇英呎之限制而與環境相配合以免擁擠，而在市郊為與地形相稱計亦可建設房屋，至於重要廣場及大街之房屋，更須依其需要須有規定[illegible]

總之應按實佔面積，空地配置，及將來可能發展而重新規定高度之分佈。

五、討論各點

(1)英倫國土計劃與大倫敦區域計劃。在此次大轟炸後，英倫全國之工業佈置，農村建設。均待詳細重估，果能將重工業向西北疏散，則太晤士河岸可專為運輸之用。若以大倫敦為基礎，則市內之工商業，街可得更寬裕之發展。果如此則倫敦可專為港務商業及政治文化中心之用。

(2)太晤河問題。各港務設備均係私有，而混襍無章。倘將其收歸公有，可大加整理，而向下游儘量發展。此外海潮發電及上游渠化，亦有澈底改建之必要。

(3)土地問題。本市數百年之數十次改革計劃。均未能澈底執行，而只得補偏救弊之結果者，皆因經濟與立法之限制所阻礙。改建公路及公園，建築賠償費，土地收買費等，即足超過建設物數十倍，過去之覆轍如此，今後亦難例外。何如仿斯託克哈姆之先例，將土地公有一問題，予以解決。

調查報告

淪陷期間華北之都市建設

譚炳訓

我國夙稱地大物博，然數千年來只重士而不重工，科學落後，工業幼稚，有天然之寶藏而少啓發，有廣漠之沃壤而鮮建設，北方諸省礦產豐饒，煤鐵尤富，實爲全國資源之重心。乃以國家多難，此種有關國計民生之事業竟少發展，坐令貨棄於地，徒召强鄰覬覦。數十年來倭寇之所以處心積慮以侵略，無非爲華北無限之富源，藉資不足，更肆鯨吞，七七禍作，倏忽間華北半壁河山淪陷以去，大量移民湧而來。於是志得意滿，儼然以征服者自居，視我爲其殖民地，舉凡政治、經濟、文化，以及工商民生事業，莫不加以控制霸佔，鉅細不遺。然範圍既廣，力量難及，非有永久根據地無以發展其侵略之所獲，而根據地之構成，則必先從建設都市入手，淪陷區之各舊城市，自難合其理想，故於平津淪陷之次年，即開始對華北各大城鎮就軍事、政治、經濟、種種觀點上作一番研究，先後擬定所謂北京、天津、塘沽、濟南、石家莊、太原、徐州、新鄉等都市計畫大綱，以爲建設之張本。至於施政機構，則在其手創之僞政府下設立僞建設總署（嗣改稱工務總署），除建設水利公路外，並兼都市建設之責，內置都市局（嗣改稱都市計畫局）主其事，外設各地工程局處或施工所執行工程業務，基礎由是奠立。

夫都市計畫，原爲近代建設新都市之基本準則，與當地之歷史、地理、政制、教育、民俗，以及工業農業，在在均有密切關係。必須基於人民生活狀況，配合多方面之所需，統籌兼顧，作合理而適宜之制定，始能使一切建設循此軌範而無所不宜，留之百年而仍有用。惟我國城市多屬歷史上傳統遺物，漸自然之趨勢而構成，而發展，初無所謂計畫，近惟北平因建都關係，在建都之初曾有計畫，繼以現代都市計畫之標準衡量，相去殊不可以道里計。果欲從事改善，固亦有因地制宜通盤計畫之必要，人爲我謀，未始不可。然彼倭寇之爲此，動機既殊，目標迥異，其爲我借箸代籌，純爲其侵略打算，有利於彼者豈能利於我。試觀此所謂都市計畫者，其實直等於開拓殖民地之初步計畫也。

日寇之在我華北淪陷區致力各項建設，亦方計謀以戰養戰之一方在於搾補其侵略殖民之根據地。其所表現，散佈之區域至廣，吾人苟從一點一線或為片面之觀察，或單從一種計畫研究，不啻窺豹一斑，茫然無睹於侵略之全貌。必也細展其全部都市計畫大綱一讀，則敵人對所有基地建設策略，用意之深密，目標之久遠，包羅之廣大，計畫之扼要，均昭然顯示於紙上，實其全副侵略精神之所寄。不禁令人觸目驚心，試一想像，如其真能永久佔領，計畫完全實現，則其根深蒂固之基業，寧復可以動搖，而我民族倘能有生存之餘地乎？

雖然，就原則理論上言，就當時形勢上觀，該項建設計畫固只利於敵而無益於我。但就現時觀，平心而論，似亦未嘗不有助於我之改革利用。猶之乎作戰武器，在敵手中時絕對有害，而歸我掌握時則相當有利。蓋時勢推移，主客異位，則利害得失亦隨之轉變，不過其中有宜與不宜之分耳。

該都市計畫之關係如此，然則其內容要點究若何乎？綜觀全集，凡有八篇，每篇包括一都市之全部計畫大綱，內列「緒言」「方針」及「要領」三項，（惟北京天津兩篇無緒言）有共同之原則，有特殊之要點。關於方針一項，其共同者，每篇大都有如下一條：其文曰「首先規定都市計畫區域及街市計畫區域，次就新舊街市建築物之用途，土地利用之形態，指定各種地域並地區，然後計畫道路鐵路飛機場等交通設施，上下水道公園運動場市場屠宰場等公共設施，及都市防護設施。」實則亦可視為計畫步驟。倘有一條關於人口者，則說明「本都繁盛人口約若干萬，預計將來人口可達若干萬。」其所假定數字，殆暗示屆時移民增多之預期數量。此可從日方建設報告中，關於華北日僑人口統計，事變時僅四萬二千餘人，至二十九年一月為三十二萬八千餘人，七月更增至三十萬九千餘人，之一點，足以証之。此等人數字，實亦可視為移民方針也。其特殊者，係就各該都市之特性，指示計畫大體之重要方針。關於要領一項，其共同者分為七目或八目舉例分析如下：

(1)都市計畫區域：係考慮本市近郊地理、文化、產業、交通、行政等各種關係而計畫之。

(2)街市計畫區域：就都市計畫區域中原有城鎮，加以改良擴充，或對特殊部份作新建設而計畫之。

(3)地域制：為街市之保安、衛生、居住、安寧、商業利便，及增進工業之能率計，考察舊街市之狀況及將來發展之傾向，設定五種地域。

(子)專用居住地域　為高級純粹住宅區。

(丑)居住地域　為普通住宅區。

(寅)商業地域　以商業為主而與住宅混合。

(卯)混合地域　係小工場倉庫與住宅商業混合之地。

(辰)工業地域　係規模較大及有妨害，或具危險性之工場建築地。

三、對於各該地域內建築物之用途高度及地盤面積與建築面積之比率等，並須分別詳加規定。

(4)地區制　係因土地之利用不設篇之限制，對於特殊之目的地點而設定之以下各地區：

(子)保安地區　係規定都市保安衞生上區域，使農耕地、森林山林之地、原野交通線之河岸地等永久街市化而保存之，並利用街市地之周圍及山地以成街市地間之地形而設置之。

(丑)風景地區　係以古蹟名勝所在地為主要，其山明水秀之地須保留，附近樹木，或因植樹及其他設施將來可以促進幽美，以及立，其他足以增益風景之地點，均屬之。

(寅)美觀地區　係在地區內建築物及其他設施所應嚴加統制，藉期以增進都市美觀之地區。

(卯)建築禁止地區　為保護都市公安，及公共設施起見，對於私人建築物及工作物之建設，加以禁止或限制，並可備為都市綠化之地區。

(5)交通設施　道路及廣場、鐵路、水路及碼頭、飛機場。

(6)其他公共設施　上水道、下水道、電車、公共汽車、公園（甲運動場、賽馬場、市場及屠宰場等。

(7)都市防護設施　市內軍事機關之指導經分為官署設備、公共設備、及私人設備，以期運用完善；於個街市計畫區域之外緣，及其他各處，所設之綠地禁止地區等，均與此互相聯繫，應使適合都市防護設施。

(8)保留地　非防設之軍事設施用地，及現在設施，雖未確定，預料將來必需之土地均作為保留地。

其特殊者，於每篇均按上列綱目，以說明該都市之地理環境與一切現狀、實際需要，以及其綱要目的，以次規定其詳細計畫範圍要點，並下次期分別敘之。至若各篇計畫中之所謂建築禁止地區、都市防護設施、保留地等項，皆互有關係，其目的在於利用以防禦避難緊急防護，純然就軍事觀點計畫，綜觀各大綱中所指保留地，均明確規定在沿鐵路線附近一帶，或沿河道兩岸，或都近飛機場之空地等周圍之地區，顯然視之為防禦要害之地，而其周圍堅壁清野之功用，以備必要時為軍事設施之據點，並求確保其根據地；必先注重於交通線與生產地之得確保。此外籌備並附以「都市計畫一般圖」，即市區總平面圖，將各地域地區之範圍依據其所規定而實施建設，即以此為依據云云。

為使國人明瞭日本所編全部都市計畫大綱內容，及其建設實施起見，爰將各篇大綱譯文擇要節錄，或錄全文，其餘者從略，摘要彙合為二）道路及其實施狀況，亦擬參考本地實際情形。茲分兩部敘述：（甲）計畫大綱（乙）建設概況，所參照者凡大綱依次如後。

（甲）計畫大綱

壹　北平

計畫方針

一、北京市（即北平之日僞名稱）爲政治及軍事中心地，並因城內文物建築林立，郊外名勝古蹟甚多，更使成爲一特殊之觀光都市。現在政府機關並辦事均設於城內，新建築物擬於西郊區劃新街市以容納之。一般政府機關及將來新設政府機關，均集中於西郊新街市，城內專爲商業及住宅。因此城內人口不致有過密之弊，而免交通衞生等之不健全，在新街市則擬設新設施，使成新都市之模範。

二、本市更可視爲商業都市以謀發展，對於工業擬於東南郊外一定區域內准許設立限定性質之工場，尤須規定及特殊之工場擬爲設施。

三、將來計畫地區人口，約計現在城內及附近人口約一百五十萬，預計二十年後可期達二百五十萬。

（乙）計畫要領

一、都市計畫區域：擬以正陽門爲中心，東西北三面各約三十公里，南面約四十公里，即東至通州並東五公里處，南至南苑并黃村之南部，西至良鄉縣城并西至永定河迤西五公里處，北至沙河鎮，北至湯山鎮。

二、舊市街計畫區域及新街市計畫

(1)舊市街計畫區域，爲內城、外城、城壁周圍郊外地帶中之重要土地，西郊擬建設之新街市，東郊擬建設之工業地，併通縣及其附近擬新設之工業地。

(2)新街市計畫：擬於西郊樹立宏大計畫，使可容納相當機關及其他職員之住宅商店等，取其接近南苑地區，以及通縣之南部，以工廠爲主而計畫之，對於城內向城外之擴展，擬於城之西郊、東郊接城牆約一公里至三公里處設置綠地帶，以綠地帶爲城牆之周圍計畫住宅地，並於其一部份配置商業地。至其他發展，擬使郊外成爲衞生都市而計畫之。

（子）西郊新街市　其區域東距城牆四公里，西至八寶山，南至京漢線附近，北至西郊飛機場，面積約佔六十五平方公里。其中計畫區面積約佔三十平方公里，將爲風景地帶。本街市將於城內迄今大街，除政府機關外，並設置住宅、商業等各種設施，並爲西長安街直通城洞計畫主要道路上河岔鐵路圍滑□。在本街市門頭溝鐵路線北以充作軍事機關用地爲主，南接特別大廣場，由此至正南鐵路新站，沿南設公園道路及廣場，並於南旁指定商店建築地，以供給該處便利。以

（卯）外東河原及風景及諸縣□居住地以在商店地帶後爲主，並於新站附近設置普通商店街，鐵路線迤南定爲特別商業地，將

（辰）業與風同有關之產業集中設立，此外幾帶特別大廣場南面規

（巳）南部路加以改修，沿河岸成爲公園，又本街市東西綠地帶擬

（午）的設官署及其他公共建築基地，南佈置公園運動場等，以增進風景。至八寶山附近爲建築神社忠靈塔大運動場預定基地

(6) 西北部之業八寶山全部劃爲公園。至高爾夫球場則擬設於八寶山西麓，本街市南面至豐台間，擬作爲菜園地保存之。西北部至西山之間及頤和園萬壽山一帶，爲河流爲郊外利用地之預

（未）在預定地區以外擬逐使之街市化。

（丑）東郊新街市，在外城廣渠門迤東，由一·五公里至三公里之間設置工場地，並於東面添開鐵路新站，線路旁擬計畫一

（卯）般街市，東爲工場地。本街市之南擬於西臨計畫運河之處，

（辰）設碼頭預定倉庫地，及貨物集中積地。

（寅）通縣工場地，三通縣街市之南計畫之。

三、地域制

(1) 專用居住地域

在城內者：

（子）東西北大街、朝陽門大街、東直門大街所包圍之區域，但沿路商業地域除外。

（丑）東西北大街、東西南大街、崇文門大街之西方至前門大街一帶之區域，但沿路商業地域除外。

（寅）交道口東街、鼓樓東大街南方區域。

（卯）西直門大街、西四大街、阜成門大街所包圍之區域，但沿路商業地域及沿城牆居住地域除外。

（辰）西單北大街、豐盛胡同、舊刑部街所包圍之區域，但沿路商業地域及沿城牆居住地域除外。

（巳）西四北大街、西單北大街之東方、府右街西城根一帶之區域，但沿路商業地域除外。

（午）衣兆胡同南方區域。

在西郊新街市者：

（子）中央商店街背後區域。

（丑）接近東部綠地帶區域。

（寅）東沿水路公園及西部公園運動場接近附近。

(2) 居住地域

三、在城內者：

(子)內城南西北三面，與城牆接近地域。

(丑)外城迤南方西北方東北方各地區爲主。

(寅)城之周圍發展地區

在西郊新街市者：

(子)新站東西沿鐵路地區。

(丑)東部南北路線商業地之背後地。在東郊新街市，以長安街延長線南方爲主，在通縣城內，仍現狀，城外指定地域之南側，及鐵路南方。

(3)商業地域

在城內者：

(子)朝陽門大街、崇文門大街、西觀音寺胡同所包圍之區域。

(丑)羊市大街、阜成門大街、南方至景盛胡同一帶之區域。

(寅)正陽門大街、東珠市口、柳樹井大街、北羊市口南羊市口所包圍之區域。

(卯)正陽門大街、西河沿東口、魏染胡同、粉房琉璃街、洗鼎衚所包圍之區域等爲集團商業地域。其他沿主要道路爲路線商業地域。關於城之周圍街市地，於沿主要道路設本地域。在西郊新街市者，新站北方南方站前道路兩側之集團地帶，併沿主要道路各段。

在東郊新街市者，至通縣之新站及廣渠門外舊站附近，在通縣城內，仍現狀，城外指定車站之南方。

(4)混合地域：城內爲外城東南部，併於城之周圍沿鐵路線酌設數處。在西郊新街市爲新站附近線路兩側，及東北部鐵路沿線。在東郊新街市及通縣，均設於鐵路沿線。

(5)工業地域：於東郊及通縣計畫之。在東郊擬准設立以本市爲消費市場之製作工場，及其他特加限定者：在通縣指定設立大規模及有妨害或具危險性工場之地域。

四、地區制

(1)綠地區：在城外擬指定城牆周圍環狀路線兩側，西郊新街市周圍西山一帶，頤和園附近及頤和園與城牆之間。此外擬沿城北湯山環周道路計畫之。

(2)風景地區：在城內擬以故宮爲中心，包括北海、中南海、及景山東北西三面，由各該城根包圍中間之區域，及各城門併著名廟宇之周圍，亦指定爲本地區：在城外爲頤和園、西山八大處等，及其附近，並設有聯絡道路之地區。

(3)美觀地區：在城內擬以正陽門至天安門間之兩旁，長安街、崇文門大街、王府井大街、東安門大街、西單北大街、宣武門大街，西安門大街，及正陽門大街沿路指定為本地區，在新街市擬就主要街路廣場兩側主要部指定之。

五、交通設施

(1)道路　城內者，擬以連絡各城門之東西或南北方向街路為主要幹線，參酌現狀而計畫之，並區劃街路擬以此為標準而改良其一部。城外者擬由內城朝陽、東直、安定、德勝、西直、阜成各門，及外城廣渠、左安、永定、右安、廣安各門計畫之放射幹線通過各要地，改城內東西長安街貫通城牆後，擬更向城外東西延長之。在城之四周擬設三系統環狀線路，並於城牆最近者之兩旁，設廣寬綠地，使成為寬大林蔭道路。西郊新街市者擬以鐵路新站往北之公園道路為中心，於東面設置一條，北西面設置三條南北向幹線。至由西直阜成廣安三門往西計畫線路及長安街往西延長線路，均為本街市東西向幹線。但東郊新街市者擬以建設環狀線及長安街往東延長線路，廣渠門往東計畫線路為南北或東西主要幹線，此東西幹線同時亦為通縣主要幹線。至區劃街路各街市以均以諸幹線為基準計而畫之。此外以外之通天津高速車道路，擬在城外東南隅與計畫幹線銜接，以達西郊街市，至於西山風景由玉泉山方面，擬設觀光道路並連絡西郊街市及附近各區域與主要村落，並擬計畫運路公園以便利於通行。

至幹線街路之寬度，除在街市及其附近者除特殊處所外，擬定為三十五公尺以上，而長安街西面及東面之延長線，擬各以八十公長為六十公尺為標準，環城之四周擬以兩旁布置綠地帶之環狀道路為林蔭道路，其寬為一百四十公尺，至通天津之高速車道路，擬計畫五十公尺，又區劃街路除特殊處所外，擬定為十五公尺至二十五公尺。

(2)鐵路　鐵路務以利用現狀為原則，但其一部擬照左列辦法改築或增設

(子)京漢線擬將外城外跑馬場附近往西南曲折之一段廢止，改於正西方面設置高架式新線，並於新街市中心線設新中央站，由此南折至廣安橋站，更使豐台與廣安橋銜接。

(丑)北寧與京漢線沿南西門城門部份均改為高架式，並於前門互相銜接。

(寅)沿內城東面北面城牆部份，亦均改為高架式。

(卯)自東便門站經外城東南，及永定門站至豐台之現在線，全部移於城外，並於永定門東南設調車場，豐台站定為旅客列車編成站。

(辰)京津線旅客列車自東便門站經通縣鐵路東行，通過工場地

南苑、廊坊、楊村，仍經現在路線以達天津；又貨物列車線由新調車場東行，經正規旅客列車線路以達天津。

(巳)此外更計劃自京古線至新京津旅客列車線之連絡線，及由門頭溝至豐台之連絡線，以供貨物列車之行駛。並於各處設置短路線，構成南北三組之環狀線，以便高速電車之行駛。

(午)爲街市貨物出入便利起見，擬於永定門外東便門外廣安門外西直門外及門頭溝線之八里莊，暨新中央站等處附近，設置貨場。

(未)運轉方法旅客列車在豐台編成，開往天津通州（或唐山）古北口張家口者以新中央站爲起點站，經前門站向各方行駛，因距離較近之故。開往漢口者前門站爲起點站，經新中央站南進。貨物列車不經新中央站及前門站，由上述各站逕向調車場出入。

(3)運河　京津間貨物之運輸，擬以運河爲主體而計畫之，以將來能通航五百噸以上之貨船二艘爲度。因白河之西面必須開鑿新河，擬利用既成之土坊建設京津間高速車道路，於通縣及北京東南往西開鑿，使與永定河之運河銜接；又永河流經通縣及北京東郊之處，擬添設支流以利運轉。卸貨場則擬於通縣北京東南郊，及豐台東南郊設置三處。關於運河水源之供給，在豐台旋泊所，擬由永定河引入；在北京東南郊旋泊所，擬由城北清河引入；在通縣旋泊所，擬由白河引入。

(4)飛機場　擬於南苑及西郊現有者之外另在北苑計畫四公里見方之大飛機場，並於東郊預定二處。

六、上下水道

(1)上水道　各新設街市之上水道，擬以深井爲水源，於各新街市附近開鑿深井，並設置唧水所，一切設施擬均埋置地下，以便防空防毒。至貯水池擬設於山上岩石地帶內或平地下，爲[illegible]，如因不得已必須建築水塔時，須計畫爲一塔身被炸，立時仍可自動由唧筒直接送水。

(2)下水道　擬採用合流制，於每引至低窪之處各設兩水疏放口，其尾閭暫洩於通縣運河，將來擬使向東南方下流，另行設法處分之。

七、其他公共設施

(1)公園運動場　公園擬就城內舊有者加以整理，並於名勝古蹟所在地及其附近，設置古代式公園，以保存國家固有風範。西郊新街市，擬就軍事機關用地南面大廣場之一部，及其前面南方一帶，並與此相連東西水路兩岸至城西新設之綠地帶，暨本街市西面神社忠靈塔建築預定地，及八寶山等處，均設置大公園。於街市內各處設置小公園。至其他街市，擬於街市內各處配置

、小公園，萬壽山附近及西山亦隨宜計畫之，運動場擬於西郊新
(3)街市、與城牆之間，設相當規模之大衆運動場，西郊新街市西
南設置綜合運動場，更於街市內各處計畫中小規模之大衆運動
場。

(2)廣場 廣場擬於道路交叉點設置外，更於道路之一部施以公園之設
(1)備，其配置及設計，以一面考慮都市防護，一面兼可作為平時民
衆集合及休息場。

(3)墓地 擬將現有墓地[illegible]，期於集團計畫中能取得個人廣大墓地
於郊外各方面配置之。

(4)跑馬場 跑馬場之位置經考慮觀衆及運營上之便利，預定於西直門外設置約二面
積約一百萬平方公尺。

(5)中央卸賣市場、屠宰場 中央卸賣市場經考慮新舊兩街市之便
利，預定設於廣安門外。屠宰場擬於永定門外東便門外西直門
外及西郊新街市之南部，各預定一處。

八、都市防護設施 本設施擬與公共用及私人用統制計畫之，俾防空
設施及其他防護建築得以完成。

九、保留地

(1)西郊新街市北部面積約一〇平方公里，其南方計畫廣場約一・
八平方公里，共計約[illegible]平方公里；但於景觀有關[illegible]
〇五平方公里，又其南面至西面一一・四平方公里之土地。

(2)圓明園舊址及其西面北面面積約二五平方公里之土地，並西面
[illegible]。

(3)北苑及其周圍面積約六・六平方公里之土地，並其東面飛機場
預定地北面面積約一・六平方公里。

(4)大湯山小湯山及其周圍面積約四〇平方公里之土地。

(5)東郊通縣道路北方面積約五・五平方公里之土地。

(6)通縣南面沿新計畫運河面積約三五平方公里，其西面約九・
五平方公里之土地。

(7)西南面計畫運河包括計畫鐵路調車場之面積約一八平方公里之土
地。

(8)南苑飛機場及其周圍面積約四〇平方公里之土地[illegible]

貳 天津

計畫方針

一、天津為經濟上最重要之商業都市與大工業地，[illegible]當為華北與蒙疆
[illegible]之門戶，因樹立必要之完備設施，不擬謀急擴展，[illegible]

二、人口現約一百二十餘萬，預料三十年後本市增至二百五十萬，其
[illegible]

三、本市都市計畫與大港灣建設及集中本市各河之治水等計畫，均有

密切關係，茲於不妨礙各該項計畫範圍內，擬定第一次都市計畫大綱

四、大綱

(1)關於街市計畫，對舊街市仍保持現狀，至新街市則擬就海河左岸特三區外東南部一帶及海河右岸特一區迤南之地域而計畫之。其由此至塘沽海河兩岸，則配置為工業地帶。

計畫要領

一、都市計畫區域：以天津特別市區域為中心，包括至海河沿岸一帶之地域。

二、街市計畫區域：以特三區南部為中心，海河兩岸為主，包括運河兩岸一帶之地域。現在街市區域約一〇〇平方公里，將來擴約二五〇平方公里，但該街市計畫區域之東部面積約三〇〇平方公里，為將來擴充計畫應予保留。

三、地域制

(1)專用居住地域：以北寧鐵路東北為主，定為新街市住宅地。

(2)居住地域：以中國街之南部及西郊、特三區東部、特一區南方及各郊外地為主，依其與工業混合商業各地域之關係，適當配置之。

(3)商業地域：以特三區南部及舊街市之大商業地，各車站附近為主，設定集團商業地域；其他則沿各線道路適當配置各線商業地域。

(4)混合地域：從海河上流沿岸起，於各運河沿岸鐵路沿線配置之。

(5)工業地域：因水陸運輸之便利，及不使街市保安衛生上發生惡劣影響，以海河下流兩岸為主，而設定之。更可將其一部配置於西北方津浦鐵路沿線。

四、地區制

(1)綠地區：以街市計畫區域周圍之農耕地原野牧場為主而指定之，務使永久保存不街市化。

(2)美觀地區：於市內中樞之各部，及廣場之周圍，因其必要而指定之。

(3)建築禁止地區：以鐵路水路沿線為主而指定之。

五、交通設施

(1)道路及廣場：主要放射道路為連絡天津塘沽以至北京，及由本市至滄州而定與一條定，寶坻縣、寧河縣等線環狀道路，設於舊街市之外側，而對於海河兩岸，擬用橋梁（可開橋）或隧道以連絡之。幹線寬度以三十五公尺以上為標準，補助幹線則為二十公尺至二十五公尺。廣場由車站前面為始，於交通頻繁地方適宜配置之。

26250

(2)鐵路則京奉線擬由金鋼河附近起於東站沿海河向東南方延長市街

(1)特別第三區東端附近與津浦路線銜接，並將現在紆廻鄉郊及天津

站均廢止之。新站移設於特三區架橋地附近，並於特三區南新

街市設置主要站停車場，本線通過街市部分均為高架式，西沽以

與津浦線連絡，並設及海河沿岸之商港市街，新街市主要站起敷設

支線，並修河底隧道橫過海河，以與津浦路支線銜接。又碼頭

及工業地均敷設鐵道。

(3)水路及碼頭　水路應連絡海河及其他各河川而計畫之，設置閘

門，整備水路網，使成為運河，以供水路運輸及街市排水之用。

特三區南部海河左岸應設置主要碼頭，並將舊海河碼頭加以擴

充，更於水路各處設置貨場及碇泊所。

二、(4)飛機場　特三區之東方街市之西南及塘沽方面，各預定面積五

平方公里以上之飛機場。

六、其他公共設施

(1)上水道　擬一面利用現在之設備，一面調查地下水源而計畫引

用河水，以謀將來之擴充。

(2)下水道及排水路　現在之下水道係於中國街及各租界個別設施

，且其終點設備甚不充分，應加以統制，樹立下水道根本計畫

，對於不完備之處設法改良。至新街市下水道，應與舊街市者同

(2)將擬定排水路之路線就現存者改修之，新設水路之碼頭亦

可利用之。

(3)其他市公園、運動場、墓地、火葬場、屠宰場，亦擬按發展程度

並預為適當配置，以供將來市務之需。

七、都市防護設施　本計畫依軍事機關之指導，務使官署及公共

私人設備均臻完善。

附參一　塘沽

按該計畫係天津都市計畫之一部，擬定標題稱為天津都市計畫

大綱區域內塘沽街市計畫大綱，以示系統所屬，其并皆為自東出

塘沽街市業已包括在天津都市計畫區域以內，但以當時塘沽新港計畫

尚在研究中，因將該街市計畫暫以保留。現在新港計畫業已決定

亦將着手，而街市將有顯著發展之。故街市計畫之急要亦隨之而增，因此

考慮塘沽街市之現狀，以塘沽新港建設為基準，樹立塘沽街市計畫大綱

〔但新港計畫區內諸計畫應由新港計畫另案規定〕

(8)禁止擬定計畫方針

一、應以與塘沽新港建設有關聯之水陸交通為必要之設施而計

(畫之)

二、街市收容人口預定二十年後預計增至三十萬人。

三、關於現存之官署及公共設施，擬盡量利用，必要時並樹立改良計

26251

壹、[illegible]計畫設施之[illegible]

一、計畫要領

一、街市計畫區域，以接連塘沽新港計畫區域之海河北部為主，並延展至海河南部，於海河沿岸地帶計畫之，東西約長十二公里，南北約[illegible]六公里，並在約合七十平方公里之區域內，其街市計畫面積約占四十平方公里，綠地計畫面積約占三十平方公里。街市計畫之中心為最接近塘沽新港之海河北岸，至新計畫鐵路之北側西部，舊街市西北部，以及海河南岸之塘沽等處，前者擬定為副中心，而又街市地[illegible]計畫[illegible]以[illegible]。

二、地域及地區制[illegible]

(1)專用居住地域　以西北部新街市[illegible]為住宅地域，並於其他街市地[illegible]

(8)[illegible]內宜配置之。

(2)混合工業地域　以海河沿岸地帶工業及混合地域等關係，配置於交通保安上便利之地點。

(3)商業地域　於鐵路車站附近及街市中心副中心等主要配置集團的商業區域，並於幹線沿線或[illegible]街市配置路線的或局部的商業地域。

(4)混合地域　於鐵路車站附近鐵路沿線碼頭地帶[illegible]配置之。

(5)工業地域　[illegible]海河北岸[illegible]使[illegible]河[illegible]車站

[illegible]北側之一部及京山線[illegible]即[illegible]

[illegible]之鐵路[illegible]東側[illegible]二十萬人。

(6)綠地區　配置於街市地之周圍海河之沿岸。

(7)美觀地區　擬就街市中心及[illegible]之周圍[illegible]

(8)禁止建築地區　配置於飛機場之周圍，及鐵路沿線之一部。

三、交通設施

(1)街路及廣場　[illegible]海河北部[illegible]新港與街市[illegible]路南北兩側各配置幹線[illegible]路線[illegible]至各街市之連絡[illegible]因鐵路[illegible]關係，東西幹線為鐵路南側為街市連絡幹線，[illegible]及現在鐵路北側[illegible]幹線天[illegible]於[illegible]鐵路北側內配置[illegible]連絡幹線[illegible]線[illegible]向天津方面鐵路南北兩側之[illegible]幹線[illegible]平行京山線北行幹線[illegible]東側者為自北塘沽路線，[illegible]西側者為平行鐵路路線。此外擬放射幹線於西北方配置二路線，其中一線可與飛機場連絡，但與鐵路之交叉概以立體交叉為主而計畫之。對於主要幹線更適當配置補助幹線及重[illegible]廣場，[illegible]主要[illegible]在海河南部[illegible]海河配置東西幹線為連絡各分[illegible]街市[illegible]以此[illegible]幹線[illegible]交通廣場，[illegible]海河[illegible]兩[illegible]之連絡，暫用渡船，將來擬計畫河底隧道。

[illegible]鐵路[illegible]京山本線及[illegible]線為[illegible]於海河北部碼頭[illegible]

26252

業地帶配置分歧線至道線，但京山本線將來擬自現在新河站西面起點採取新線，由現在路線往北約七百公尺，至現在路線，擬作為海河碼頭地工業地之主要貨物線路。

(3)水路　水路以海河為幹線，並於街市西北部豫先將支線規定，俾將來計畫工業港時可以追加利用，於水路適當處配置碼頭地碇舶所及貨物場。

(4)飛機場　飛機場預定在西北郊外，為直徑二·五公里之圓形計畫，且於周圍配置禁止建築地區。

四、供給公共設施

(1)上水道　上水道之水源，擬一部採用鑿井，工業用水之水源，面擬利用金鐘河、新河及海河之河水。

(2)下水道及排水路　排水設施應先樹立塘沽市排水計畫，於街市地新設下水道，並於其周圍設排水路及水池，俾一面既可利用為水路，又可作為造成配置地必要之取土場。

(3)其他公共設施　公園運動場之大規模者，擬設於配置周圍綠地內，其街區內公園配置於街市地內作有系統之配置，墓地火葬場，預定設於街市地周圍之綠地內。市場分為中央市場及零賣市場，中央市場設於混合地域內，零賣市場設於混合地域中心附近，[illegible]配置於港。屠宰場及家畜市場預定設於京山線沿線混合地域內。

五、都市防護設施

(1)都市防護設施　於街市周圍綠地內配置防空廣場，依軍事機關之指導，對於街市地內公園運動場廣場及其他重要設施，務使適合都市防護而計畫之。

(2)都市防水設施　對於防水及高潮，為防衛新舊街市，擬利用鐵路路盤，及舊街市西部沿薊河道路，並築堤道路，使成為防水堤。

六、保留地

(1)現在塘沽街市之西部，至新河沿西南部海河沿岸帶之土地，及塘沽兵站碼頭一帶地方之土地。

(2)接近塘沽新港之西北部，新街市東部之土地。

(3)接運塘沽新港之西北方京山線東部一帶之土地。

(4)京山線路預定變更之帶狀土地。

(5)海河南部塘沽兵站碼頭對岸之土地。

(6)鐵路兩側一定寬度間之土地。

肆、濟南

一、計畫方針

一、濟南不獨在政治軍事上為重要都市，工商業上成一巨埠，且在學術文化上亦為華北南部之中心地。人口現約四十萬，十年內預期達到七十萬人，擬本此規畫策其發展。

二、先規定都市計畫區域街市計畫區域，次指定各種地域及地區，然後規定以治水為主體之公路鐵路水路各交通網，並籌畫飛機場公園運動場廣場墓地等公共設施。

三、都市防空為現代不可少之設施，宜制定包含防空意義之都市計畫規則，及建築規則，以為實施標準。

計畫要領

一、都市計畫區域　以外城西門為中心，往東十七公里、南十二公里、西十七公里、北十五公里，全面積約合八百平方公里，其界線當參酌地方形勢而取舍之。

二、街市計畫區域　除現有街市外，東部為附郭一帶及工場區域，南部為山麓地，西部為現在兩營壘間之地域，北部則由商埠迄北之低地迄於高地。

三、地域制　(按本項只有原則與上文所述者同，並無具體指出之特點。)

四、地區制　係指風景地區。(按亦僅列原則，從略)美觀地區係指城內商埠地，及新計畫之街市地之主要部分而言。

五、交通道路

(1)道路　城內及商埠舊有街道，凡彎曲狹窄等不合宜之處，均予改善增寬，所設街道則務取寬大，並順應地形酌定高低及曲線，以謀交通之便利。又就濟南市地形言，首宜採用東西線及南北線，必要時再設斜線至郊外之國省縣道等，亦須順其地形選定路線。其在水患易波及地方，則將路基提高，更因各路之需要將路面分為快慢車道。關於道路寬度，幹線至少三十五公尺，支線至少二十公尺。

(2)鐵路　濟南雖當津浦膠濟兩鐵路線交會，而現在車站尚係分為二處。為使路線統一計，擬廢膠濟站僅留津浦站；在津浦站附近一帶，以寬闊街道區分街市，並於站前修築寬大廣場。至膠濟站一段廢線，似可改為東西貫通道路以利用之。再天津青島浦口三者間直達列車，均須經過濟南，為聯運便利起見，擬使天津開來津青通車迂繞該站北方高地新設線路，由西面進站。其調車場，似宜設在該站之西方膠濟線與津浦線中間地區。對於軍用地卸貨場工場地，均設適宜之鐵道。至鐵道工場則擬仍利用與調車場西面相連現有之地基。

(3)水路　黃河及小清河水運均甚便利，但以河身深淺廣狹不一，極應予以改善，使其將來能通數百噸輪船或貨船。黃河之濼口鎮及小清河之黃台橋，各有卸貨場，應予擴充改良。又小清河擬使與黃河連接互通航運，並修改小清河上流，俾至藥山附近及中央車站小商工業地區之舟運及河港便利。

(4)飛機場　將現在之飛機場向北擴張，另於市北地區計畫民間飛機場兩處。

六、治水設施　治水雖應由國家通盤計畫，但濟南市以附近黃河堤防情形複雜，且時有險工，故亦應自具防水計畫。對於黃河上游氾濫之水，擬由藥山起經兩各小嶺石山及山地至飛機場北方地區，設置堅固堤防，以補上游堤防之缺，並過決口濟南附近之防水設備。又黃河北部現有之二重堤防，並擬完全補修增高。至於預防下游堤防缺壞之逆流，擬於工場地之周圍及小清河之北面，設堅固堤防以遏止之。

七、其他公共設施

(1)公園運動場廣場墓地　公園以千佛山為中心，從事計畫，利用各山地深谷設置天然公園。更於市內各地布置小公園，其大運動場擬設於接近新街市南方山麓。至廣場則因交通及美觀所在，分別予以設置，墓地擬於四郊計畫之。

(2)上水道及下水道　上水道因原有水量頗稱充足，擬加以擴張增大其能力，並於附近山上岩石地盤內，設貯水池以備防空之用。但為預防水源低下，須有預備設施，對於西方軍用地，擬另覓地下水源，設施制成系統之水道，此等水道擬於地下設施，採用防空式，最好能與舊有水道設法連結，當於調查地質後妥為決定。下水道擬於山麓方面，採分流式，最初祇布設污水管，避雨水從路面流下，至低地方面則採合流式，使雨水污水共同排洩，但此事尚待調查計畫。

(3)電車及公共汽車　濟南將來雖有設置電車之必要，惟因最繁榮部分之街道狹小，暫時擬只利用公共汽車以便交通，但此等幹線道路，仍須確定計畫，設法擴寬之。

(4)市場及屠宰場　市場擬設置中央卸賣市場及小賣市場，俾合於衛生之魚菜果品等類獲得圓滿供給，並以調節市價。屠宰場擬設東西兩處，另設家畜市場統制流通。

八、都市防空設備　此種計畫，擬區分官署設備，公共設備，私人設備，以期周密。

伍　石家莊

一、計畫方針

本市擬視為軍事上之要地，及商工業文化之地方中心而計畫之，然人口現約七萬，將來可達五十萬，故關於都市防護尤須特別注意。

二、將來與主要地之間，如能開鑿運河，擬於市之東北方滹沱河右岸地方，計畫碼頭等設施。

調查報告　論昭和初期華北之都市建設

計畫要領

一、都市計畫區域，擬以石家莊車站爲基準，預定包含東方約十公里，西約十四公里，南約十公里，北約七公里之區域。

二、街市計畫區域，以京漢線現在車站爲中心，東約三公里，西約四公里，北約三公里，南約二・五公里，大體成一長方形，其面積約三十八平方公里。區域之周圍擬以冰濠，更於內側設置環狀道路，冰濠之外周設寬約三百公尺之建築禁止地區，以爲市之防護線。

三、地域制

(1)專用居住地域　以高燥之西部，及西北部充之。

(2)居住地域　擬就新街市周圍之大部分，及與工業地域混合地域之間保留而配置之。

(3)商業居住地域　除指定車站爲中心之東西舊街市，及與站前連接之新街市一部外，爲連商業地域外，東沿幹線道路指定道路沿線爲商業地域。

(4)混合地域　擬就南部京漢線南側地帶，及連接新街市東北部工業地域之東側，將來順沿滄石線一帶之地域。

(5)工業地域　擬沿本市北部京漢線南側，由現在正太線及計畫之冰濠包圍之地。又爲本市將來發展及運河聯繫之便利計，沿京漢線兩側之地，亦可作爲本地域。

四、綠地區制

(1)擬以街市地周圍爲綠地區。

(2)擬以市內中樞地之一部爲美觀地區。

(3)擬以圍繞街市計畫區域之冰濠外圍之規定寬約三百公尺帶狀地點，放寬至五百公尺，及各鐵道線兩側各六百公尺之地帶，爲建築禁止地區。

五、交通設施計畫。

(1)鐵路　本市爲京漢線正太線之會合點，因正太線係狹軌，兩側之連絡甚感不便，正太線改爲標準軌時，（按在民國三十一年以前已改爲標準軌）擬將本市車站改設於良，即正太線擬由太郭村車站經過新街市西南方，由南方入本站，以前線路暫仍使用，將來之滄石線，（按已改爲公路，而另築石德鐵路線）擬由車站北方出發。

(2)道路及廣場　本市舊有道路異常狹隘，擬將各該路之改修及新街市之建設，規定幹線道路計畫，并以車站前廣場爲始，於各處計畫交通廣場。放射線，設通北京平山（北）彙城（東）新鄉臨城（南）井陘獲鹿（西）各線，并配置連結各線之環狀線，更計畫連接東西兩街市之幹線，及連絡兵營飛機場，工場地帶及其他主要設施之幹線道。

(3)水路　擬應興滹沱河之改修及運河之開鑿運輸計畫，市之外郭(5)新計畫之水濠，除爲排水路外，并可供水運之用。

(4)飛機場　將市之西北郊外已設者擴張整備之。

六、其他設施

(1)上水道　上水道水源擬就地下水或附近之地面水詳細調查其水質水量，斟酌本市狀況詳細查明後再行計畫。

(2)下水道及排水路　排水設施雖一部業經設置，但極不完備，應樹立合般之排水計畫，以圖下水道之新設，并將已設者修理或

(2)改良之，整街市計畫區域周圍新設之水濠，擬利用爲排水路，其

(1)尾閭因地形之關係，擬導入東南方汾河。

三、(5)公園運動場　公園擬於街市地內作有系統之配置，即東部一處，西部四處，及外周之水濠沿岸使與陸地相關聯，定爲公園地帶。至於公園擬俟細部計畫時，適宜配置之。大運動場擬設於東南郊設置一處，至小者利用公園之一部。

(4)墓地及火葬場　均以市外南部爲適當。

二、(3)市場及屠宰場　以中央卸賣市場設於街市之南部，正太線分歧點附近，小賣市場於東西設置數處，屠宰場設於街市內京漢線東

一、□制混合地域內，並於其附近設家畜市場。

(6)跑馬場　擬設於街市東南隅。

七、都市防護設施　并依軍事機關之指導，沿街市外圍掘水濠，與之平行，並築堤以爲道路，再沿此路設防護要點，以限制出入，水濠外周寬約五百公尺之重要點周圍寬約五百公尺之處，均爲限制建築及其他設施之區域。又市內公園、廣場、運動場與其他公私重要設施，均依軍事機關之指導，分別計畫，以期適合都市防護。

八、保留地

(1)街市計畫區域內，爲現在正太線北側，及沿正太線改綫線之區

(□)城內并接近新設街市地西部四處土地。

(2)街市計畫區域外，爲新水濠西側現飛機場，及其周圍，滹沱河右岸並南方新水濠，沿京漢線西側各區域。

陸、太原

計畫方針

一、本市爲山西省之中樞，擬認爲政治都市與工業都市，以謀其發展，並認作本省政治交通文化經濟上之中心地而計畫之，人口現約廿四萬，預計將來五十萬人。

二、關於官署及公共設施之現存者，并擬儘量利用，因其必要樹立改良計畫，及整備各種重要設施，以期健全發展。

計畫要領

一、都市計畫區域內擬以太原城為基準，包含東方約七公里，西方約由三公里，南方約十公里，北方約十公里之區域。

二、街市計畫區域，以太原城為中心，因地勢及都市防護上，東部由城之東門至三公里東山之中腹，南部由城之南門至約三・五公里之地點，西部至汾河之堤防線，北部由城之北門至約三公里之區域，其面積約四十平方公里。對於工業之發展，擬就街市南方並太鐵路沿線，及汾河西部鐵路沿線，各預定一部工業街市。

三、地域制：

(1)專用居住地域，以城內之大部及城東部丘陵地為適宜。

(2)居住地域，為城內周圍大部分，並於城外考慮與工業地域混合地域之關係而配備之。

(3)商業地域，除指定城內中央稍南之中樞部為集團商業地帶外，並沿幹線鐵路指定路線商業地域。

(4)混合地域，擬就正太鐵路太原站附近，及其東南部沿線地帶，並同蒲鐵路太原總站附近，及其北部工業地域，沿各道地帶指定之。

(5)工業地域，不擬設於市內，以城北部舊工業地帶，城之南部正太鐵路東側沿線地帶，及城之西南部接近城垣地帶為適當。更為將來工業發展計，擬於汾河西部鐵路沿線地帶。計畫本地域

四、地區制：

(1)綠地區，公園應於街市周圍酌量配置之。

(2)風景地區，擬就城內公園附近，城垣外濠附近，東山之一部，汾河堤防沿線等，指定為本地區。

(3)美觀地區，擬就城市中樞之一部，及各城門附近指定之。

(4)建築禁止地區，擬以城垣外濠沿線，郊外鐵路兩側，主要排水路沿線，汾河堤防道路西側洪水地面，及街市計畫區域之外緣為本地區。

五、交通設施：

(1)道路及廣場，城內街衢因建設之時頗有計畫，大體尚稱整齊。但幹線道路寬度亦僅存十一公尺乃至十五公尺，其他補助道路更形狹小彎曲，不適於近代高速度車輛需要。因此擬以市中心及各城門為基準，於東西及南北配置重要幹線，更由此視放射及環狀交通狀況，配置有系統之補助幹線道路，俾可順次實施，用以改良街市。至舊有城門，四面各一，均當城內外重要聯絡，且為城外街市發展並構成之基準，擬於東南北三方配置重要幹線道路。惟西面因接近汾河，擬於舊城門以外將省縣前之道路向西延長，添闢新門，並於汾河架設新橋，俾與河西取得聯

絡。

城外葯路不僅寬度狹小，構造配置亦不完備，於產業交通及街市構成上缺欠便利。因於東南北三方各城門及西方之新門，配置重要放射幹線道路。並於城外東南北三方亦配置重要幹線道路，以期與各主要地聯絡而開發資源。更由此配置有系統之補助幹線道路，俾供交通需要。

各重要幹線道路之計畫標準寬度，定為三十公尺，區分步道車道，步道栽植樹帶。更於車道以樹帶劃分高速交通線。至車站前面市中心部重要幹線之交义點分歧點等，均設局部廣場，或增大寬度。但因沿路狀況亦得縮小之。

(2)鐵路　擬將正太鐵路及同蒲鐵路綜合聯絡之，預定將來均按標準寬度加以改造。至車站擬將現在正太鐵路太原站，及同蒲鐵路太原總站擴大整備。對於同蒲鐵路太原總站向南方擴大一點，尤須特予考慮，俾於小東門之正面可以設置車站。所有路線擬大部利用舊有者。為開發東山之資源，將來擬於該方面添設支線。

(3)飛機場　預定擴充現在北部軍用飛機場，並於城之南部計畫民間飛機場，其地基經考慮恒風方向，南北約二、五公里，東西約一、五公里。

六、其他公共設施

(1)上水道　因城內外一般水質不甚良好，擬於北方另覓良好水源，或鑿井以供飲料，並工業用水。至給水計畫量及施設位置，當俟調查後再行決定，但其設備應具防空性，即萬一被毀，仍能於應急處置下不發生窒礙。

(2)下水道及排水路　城內下水道擬用合流式，城外用分流式，但尚待調查計畫。排水路城內因地勢關係，由東向西設置幹線，導至接近西側城垣之水塘，更引而向南，入于汾河，以整備城內之排水系統。城外東山流來之水，集注於舊有小河川，使流入汾河，但接近城郭部分，導入城垣外濠，與城內之水同向汾河排洩。

(3)公園及運動場　城內公園除南部舊有者外，擬於東部及北部環狀補助幹線配置四處，西部則利用水塘配置之。至城外者，擬於東山配置大公園，南部及北部由土地關係，並公園利用上適當配置五處。大運動場設於東山大公園，及西部汾河堤內，小者利用其他公園之一部。

(4)墓地火葬場　均以東部丘陵地為適當。

(5)市場及屠宰場　市場分中央卸賣市場及小賣市場，前者設置於同蒲鐵路太原總站附近，後者於城內及城外各設置數處，俾合

26259

於衛生之魚菜水果，務得圓滿供給，並以調節市價。屠宰場於城之南北混合地域內各設一所，並開設家畜市場，統制畜肉之販賣。

(6)跑馬場　擬沿城之西部汾河設置。

七、都市防護設施　分爲官署設備公共設備與私人設備，但街市計畫區域之外緣，及其他各處設定建築禁止地區，並建設幹線排水路・築堤・道路・廣場・公園・運動場等，均與此互相關聯，應使適合都市防護設施。

八、保留地

(1)城內爲東北部東南部，及南部之一部各區域。

(2)城之北方爲飛機場附近，又其東南部同蒲鐵路西側，及工業地帶之東部各區域。

(3)城之東方爲同蒲鐵路南部鐵路兩側之區域。

(4)城之南方，爲水路南方太原幹線道路之西方一區域。

柒、徐州

計畫方針

一、徐州當華北南部之中樞，擬始成爲政治交通文化產業上之中心地而計畫之。事變前人口約十八萬，預計將來可達五十萬。

二、應以舊街市爲中心，樹立大都市計畫。對於現有設施擬儘量利用，遇有必要，加以改良。一面整備各種都市主要設施，俾成爲建設新街市及復興被災區域之基準。

計畫要領

一、都市計畫區域　參照事變當時軍事上都市防護設施之配置，自應即以現在都市爲中心，就周圍約十公里所包含之區域，指定爲最適當。但銅山縣第一區因可包含上述區域之主要部分，擬暫以該區爲都市計畫區域。

二、街市計畫區域　現在街市範圍係以市中心爲中心，半徑約二公里內外，面積約十六平方公里，將來街市計畫區擬仍以現在市中心爲中心，半徑約三至四公里，面積約五十平方公里。

三、地域及地區制

(1)工業地域　以街市東北部津浦路沿線爲適當，擬擇便於鐵路水路等長途運輸之地域。

(2)混合地域　自舊工場散在地之徐州站，以迄銅山站間之地域，與車站附近隴海路西部沿線及舊城西南之一部。

(3)商業地域　除指定舊城內市中心部徐州站西方，及新街市之一部爲集團商業地域外，其餘擬沿幹線道路指定爲路線商業地域。

(4)居住地域　擬指定徐州站東部丘陵地帶，雲龍山北方地帶銅山

(4) 站附近，及北方之一帶與西方之一部為主要居住地域。並擬以引導至於高樂王地為方針，指定專用居住地域。

(5) 關於地區制，擬先就車站前市中心部廣場周圍古蹟地等之前面附近，定為美觀地區，東丘陵之一部舊黃河沿線寬五十公尺至二百公尺以內，及排水路沿線等劃為風景地區。至鐵路沿線兩方寬五十公尺至二百公尺，及街市外廓有都市防護設施之外方周圍約三百五十公尺，劃為禁止建築地區。更為節制街市之發展及保存農耕地計，指定街市計畫區域外緣為農業林業之地帶為綠地區。

四、交通施設

(1) 道路及廣場：舊有道路不僅路面狹窄，並且灣曲過甚，不適於近代高速度車輛需要。所有足為本街市復興骨幹之道路，均應增寬或設置廣場，一面考察公共汽車之系統，使其在街路交通上不發生窒礙，並可維持都市之保安與美觀，而定其配置系統及設計構造。即凡與車站市中心部及重要公共設施之聯絡，均需配置幹線，並向各方面重要地點設置放射幹線，輔以環狀線補助線，至構成街市之區劃道路，亦應配置井然。

重要計畫幹線如次：

第一線由徐州站經本市中心至西飛機場，以達歸德開封之路線。

第二線由銅山站經市中心繞雲龍山西麓，以達潁州信陽方面路線。

第三線由第一路線分歧於銅山站之東部，與隴海線交叉經滕城曲阜以達濟南路線。

第四線由銅山站與第三路線交會於徐州站北部，與津浦線交叉，經台兒莊以達沂州路線。

第五線由第二路線分歧於徐州站南部（現在之鐵路平交道），與津浦路立體交叉，經東飛機場路平行於隴海線北方，以達海州連雲港路線。

第六線由第一路線分歧，經舊黃河堤岸與津浦線交叉，經睢寧以達宿遷清江浦路線。

第七線由第六路線分歧，沿津浦線西方南下，經宿縣蚌埠以達浦口路線。

第八線由第二路線分歧於銅山站西部，與隴海線交叉，經北部兵營及飛機場，由魚台以達西北方路線。

以上各路線計畫標準寬度為三十五公尺，遇必要地點設置局部廣場，以增加或減少其寬度。

主要幹線均區分・步道・車道・步道栽植樹帶。至車道之高速緩速交通路線，亦以樹帶分隔之。其次對於寬度三十五公尺幹線之補助幹線，擬分寬度二十五公尺及寬度十五公尺兩種

26261

[illegible]配置，並均區分步道車道，於步道上栽植路樹。

(2)鐵路　統一從前對立之津浦線及隴海線，將津浦線徐州站作爲旅客中央站，於其西方擴充之。爲圖列車之出發與到達便利，並考察貨物運輸系統及配車等，擬以隴海線銅山站爲貨物站，設置鐵道工場及其他附屬設備。更於津浦線加設新站，作爲東北部工場預定之中心站，並計畫添設由隴海線直達津浦線之貨車過軌線路，俾運輸益臻靈敏。再徐州站南方之調車場，亦宜設法利用。

(3)水路　水路爲貨物輸送上不可缺者，如利用橫斷街市中央之舊黃河，俾與東北方之引河（係由微山湖山而來之引河，於東方與大運河連絡）及由此河引水之小河，並其他諸小河流互相連絡，則完成水路網乃極容易之事。但可由舊黃河分歧向東北行，利用現在之溝渠與隴海線交叉，並平行於津浦線之西方，以達小河，更由此將東方小河流擴大至引河止，並設置接連西北方馬廠湖及北方小河之水路。水路耐寬度，舊黃河水路擬定五十公尺以上，其迎春橋北方及銅山站南面兩處設置碇泊所，其新修部分以寬三十公尺爲標準。再東北部新設之水路，不僅水運上效用增大，且在舊黃河以北之排水上亦屬不可缺者。

(4)飛機場　軍用飛機場新舊合計已有三處，但民間航空尚難利用。爲將來發展計，擬於徐州之東南方（預定面積約四平方公里）之民用飛機場。

五、其他公共設施

(1)上水道及下水道　舊街市井水之質量均尚良好，將來似可採用鑿井爲水源，供給新舊街市之需要。至下水道一項，須有溝渠等設備仍不妨礙給水之設備。關於排水，擬一面改修現有之設備，一面隨同幹線道路之鋪設，整理舊城內之排水系統。

(2)公園運動場　公園可將舊城內東南隅面積約二萬坪之大公園擴大整理，並將東北部之銅山縣師範學校南方之水池以及其附近面積約二萬五千坪之土地，一併定爲舊街市內之主要公園。更於舊黃河沿岸之綠地帶，附加公園設備，對於街市內各處，選擇空地配置小公園。至郊外方面，擬於南方之土山金山（或稱本山）及雲龍山東北面一帶，又東方之子房山東南近陵地一帶，設置公園。再大公園，擬由雲龍山起至南方一帶之丘陵地帶及東部丘陵地設置之。雲龍山西方之運動場與街市中樞聯絡便利，擬予擴大整理，並於銅山站北方馬廠湖東邊預定一大運動場。

(3)墓地火葬場　墓地擬設於郊外高燥丘陵地附近，配置之火葬場亦設於郊外，但不可妨礙風景。

(4)市場及屠宰場：中央卸賣市場，擬於徐州站北方沿路設置。小賣市場，擬於街市之北南西三面分別設置。屠宰場，擬於街市東北方與西南方設置二處。另設家畜市場，統制畜肉之販賣。

(5)跑馬場：以設於街市西南方郊外為適當。

六、都市防護設施：擬於街市西南部，特設築堤道路及濠溝，並於其外方劃為禁止建築地區，以維治安。

七、保留地

(1)街市東部，包含津浦路東邊一帶之區域。

(2)街市南部，包含由雲龍山東起至南方丘陵地之區域。

(3)街市西北部，包含由隴海路之北邊起，至九里山西部之區域。

捌 新鄉

計畫方針

本市於事變後轉於重要地位，人口遽增，擬使成為軍事上要點，及商工業都市，而策其發達。並應作為政治交通文化經濟之地方中心都市，加以計畫。現在人口約達六萬餘，將來可增至三十萬。

計畫要領

一、都市計畫區域：經考慮本市與近郊地理，及文化產業交通行政等各種關係，擬以新鄉縣區域為都市計畫區域。

二、街市計畫區域：擬就京漢線東側為主，而以新鄉站為中心，往東約四．五公里，往西約三．五公里，往北約二．○公里，並包括車站西側一部，其面積約合廿五平方公里。

三、地域制

(1)專用居住地域：擬設於街市之南部。

(2)居住地域：以舊街市為中心之周圍大部分。

(3)商業地域：擬以新鄉新站東側市中心部商埠地一部，及東北方新站前等為集團商業地域。更沿幹線街路為路線商業地域。

(4)混合地域：擬設於新街市之北部，及京漢鐵路沿線。

(5)工業地域：擬設於衛河北側京漢沿線，及京部衛河沿岸。

四、綠地區制：綠地區以新街市區域周圍為主，並以風致地區，擬指定街市中樞一部廣場之周圍。建築禁止地域，擬以鐵路水路沿線等地為主。

五、交通設施

(1)鐵路：京漢線應改良其屈曲及高低，將新鄉站移於距現在站南方約一．三公里之地點，並加以必要之改善。道清線再未召營車站附近，向南迂回，與京漢線並走，使在新街市北部與衛河平行，連結現在線以達道口。貨物調車場設於京漢線。對於工業地域及保留地，亦應當敷設岔道線。

(2)道路及廣場：現在本市道路異常狹隘，且不整齊，實有改良必

二、要。應連同新街市地建設計畫幹線道路，並於車站前及其他各處設置交通廣場。至放射線，擬以北達輝縣、南至陽武開封鄭

一、州、東經汲縣達彰德，及道口，西至獲嘉等為主要線。更為連絡街市地內幹線，及兵營地飛機場工場地帶及其他主要設施，計畫幹線。

(3)水路 在工業地帶衛河沿，添設護岸及碼頭等。並於現在街市東端附近，設置卸煤碼頭。至衛河改修計畫，擬另行研究。

(4)飛機場 一般飛機場，擬於現在街市地南方計畫之。

六、其他公共設施

(1)上水道，擬先就地下水或附近地面之水，分別調查水量水質，決定水源；俟詳查本市狀況，再行規畫。

(2)下水道(溝渠)及排水路 現在排水設施極欠完備，必須樹立有統制之計畫，以期都市衛生之改善。

(3)公園運動場 公園擬在街市地域作於系統之研究，配置數處，並於細部計畫時，適當設置小公園。

(4)墓地、火葬場、市場、屠宰場等，均適當設定用地，作充分之設施。

(5)跑馬場設於適當之位置。

七、都市防護設施(按僅有原則)

八、保留地 以京漢線新鄉站西方之衛河右岸一帶地面，及該線潞王故車站北方一帶地面為保留地。

(乙) 建設概況

日寇於佔領華北後，首即注意於侵略根據地之經營，各都市計畫大綱既已樹立，乃以龐大之經費命偽建設總署依照計畫實施建設。一方整理舊城市之重要道路幹線，一方開闢新市區及其與舊城市之連絡道路，以「北平新街市區域」之開拓肇其端，各都市建設繼之而次第實施。起首四年，物資充足，其勢方張，銳意前進，故尚有成就。其後則因戰局擴大，物力匱乏，局勢漸趨不利，僅能維持現狀而無甚發展。茲將各都市建設概況，畧述如後：

壹 北平

自國都南移，北平已非政治中心地而為文化故都，然日寇勢力環伺潛伏，早欲使其特殊化。故於佔據平津後即視作華北勢力圈之首都，樹立偽政權，復「北京」之舊稱，以作侵畧策源地，從事建設，積極前進。先就城內原有幹線道路，及東至通州、西通盧溝橋、南達南苑之道路整理舖裝，並築西郊飛行場及連絡道路。迨都市計畫大綱既立，二十八年即開始東西郊新街市之建設，兩區域土地原均係人民田舍，以最低價強迫徵用，開拓而成。其後復以高價放租於人民，且將九

[illegible]承租之[illegible]入[illegible]大量土地後，更又以更高價轉租於華人，[illegible]今特
[illegible]以[illegible]權利[illegible]，是故[illegible]繁榮[illegible]年俱增，[illegible]
其[illegible]於華北各都市。[illegible]千餘人，[illegible]年[illegible]
增至[illegible]萬[illegible]市[illegible]東[illegible]七[illegible]餘人
，又增五倍，佔其出數百分之廿二，勢力膨脹無已，實堪驚人。
西郊新街市區[illegible]東
郭[illegible]西面[illegible]計劃[illegible]
積面積[illegible]千四[illegible]
[illegible]人[illegible]九[illegible]建築[illegible]
[illegible]公尺[illegible]現暫
更名[illegible]長四千九百公尺，
[illegible]公尺[illegible]北側[illegible]
[illegible]中央[illegible]完成[illegible]
[illegible]公尺[illegible]南北[illegible]中央[illegible]公尺[illegible]
[illegible]公尺[illegible]計已成之路長[illegible]九百
公尺[illegible]路[illegible]七十[illegible]長[illegible]
[illegible]公尺[illegible]
[illegible]自[illegible]公尺[illegible]水[illegible]
[illegible]公尺[illegible]其他

設施有醫院[illegible]、[illegible]、[illegible]、公園及運
動場[illegible]廁所[illegible]。
（乙）東郊新街市區域在[illegible]
區[illegible]面積[illegible]
[illegible]已建工廠九家[illegible]
自新開[illegible]城門[illegible]現[illegible]名曰[illegible]東[illegible]公尺[illegible]
尺[illegible]路[illegible]自[illegible]
西[illegible]公尺，寬二十[illegible]公尺[illegible]
[illegible]長三千[illegible]公尺[illegible]其北段越[illegible]運河以[illegible]
碎石舖[illegible]計[illegible]共長[illegible]其中[illegible]
爲[illegible]公尺[illegible]

與外[illegible]道路[illegible]有關之[illegible]設施[illegible]城[illegible]
大橋，與東郊西[illegible]路[illegible]通運河之惠通橋，均係鋼筋混凝土所建。
[illegible]西新街市區域與城內之交通，特就東西兩面城垣各闢一新城門，
（東[illegible]）西[illegible]建國[illegible]復興[illegible]
東西[illegible]與城內東西[illegible]長安街[illegible]
[illegible]所[illegible]城內[illegible]
[illegible]物力不濟之象徵。
[illegible]城[illegible]

26265

極力發展郊外新區域，惟物資缺乏有限，勢難兼顧，故絕少實施。故僅限於若干急需之修築費，於四年補助偽市署從事修築道路專款，其目的則在貫穿東西幹線運輸，而不在於便利市民交通，急於謀闢新路而疏於養護舊路。凡實際建設地點均改鋪高級路面，有關一般交通者則少興修，其工程草率，旋築旋毀，以致破碎狀況，所在皆是。總計淪陷期間增築及修補柏油路石渣路之面積約三百二十四萬八千餘平方公尺。關於城區溝渠，雖有設施，新築者固甚少，即舊有者亦多淤塞無用，故當日則污水流地，遇雨則積潦盈街，久已成為嚴重問題。他如公共建築更少增添，如東西單菜市場，朝陽門外屠宰場，黃莊村屠宰分場、德勝門外傳染病醫院，公園音樂堂等，聊與點綴。此外與計畫大綱中「風景地區」項有關者，為文物建築之整理。此項事業早發軔於抗戰前兩年，七七後經偽建設總署接收繼續舉辦，擬定所謂五年計畫，將市內各殿宇壇廟苑囿等先後修繕計二十八處，實則個別修繕見新，與風景名勝之通盤整理計畫，根本無關，亦不過粉飾昇平之舉耳。

貳　天津

津市與北平同為北方第二大都市，在昔租界櫛比，人口過密，惟海河東岸為特三區暨東站一帶，地曠較為空曠。依「計畫大綱」劃為新市區，先就環繞舊英法租界外圍之幹線道路加以延長，形成包圍舊租界之勢，蓋其時英法勢力猶在，日人欲據有華北，隱含有封鎖租界阻其發展之意。新市區重要幹線道路總長約四十八公里，土路佔多數。衛生工程僅有污水管設施一項，總長約一萬六千公尺，有堤防長約五萬公尺。新市區面積共達二百六十畝，新市區因偏在東南隅，與繁盛區域相隔較遠，且以開拓範圍龐大，設施未備，故建築者少而居民寥寥。

參　塘沽

塘沽新街市之開闢，較晚於天津新市區，其計畫區域極廣，以海河彎曲處北岸一大部地區為主，擴大至其南岸。先以介於北寧鐵路幹線，及舊道線，與海河北岸彎曲處間之一部份地域為實施區，面積約二平方公里，除保留地平方公里外，可供建築之面積約為一平方公里，區內多屬臨河之荒田窪地，開拓而成，故計畫地盤高度須在拔海四公尺半以上。至於修築道路分兩部實施，其一在舊鎮市內開闢幹線，舊有之街路加以修築改良，計有兩線，合計長約七公里，其二於尚未發展之地區內依街路計畫築造之，縱橫棋布，大體完成，衛生工程以鑿井作水源，水管已敷設一部分，污水管之已敷者長達三千公尺，區內公家建築有施工所屬之工役宿舍汽車庫等，公私建築頗多。因地瀕海岸，復據北寧鐵路要衝，水陸兩便，加以塘沽新港之建築，大有可望，故其發展較天津新市區為速。公園及遊

26266

（肆）濟南

濟南地當津浦鐵路要衝，並為膠濟鐵路終點，城郭商埠早闢，市容繁榮僅稍遜於天津、青島兩市。抗戰期間，市內所有官署及公共設施多已破壞，而與市區有關之黃河堤[illegible]，[illegible]切斷多處，[illegible]濟南都市計畫[illegible]為[illegible]，[illegible]濟南市[illegible]擬定[illegible]之都市計畫大綱，[illegible]官署及公共設施之[illegible]各項工程之新設，均可依此發展[illegible]，其建設則[illegible]進行，[illegible]以資利用；一方積極開闢新市區以謀發展。新市區創始於商埠以南之南部，初闢計畫區域[illegible]面積約二十[illegible]平方公里[illegible]實施區域，面積[illegible]。主要道路[illegible]東西者[illegible]南北者[illegible]公里半[illegible]。其[illegible]交錯[illegible]有通達市外之幹線，綜計約共長三十餘公里[illegible]有鋪[illegible]路面者。關於給水設備[illegible]各街路多已[illegible]一[illegible]公尺[illegible]溝[illegible]各[illegible]供水[illegible]水[illegible]水源則取給於原有[illegible]為水源[illegible]

（伍）石家莊

石家莊昔本一小村鎮，自平漢正太兩鐵路開通後乃成為冀晉交通之要衝，[illegible]及其他重要資源，胥賴此以為聯絡樞紐。抗戰初與[illegible]石家莊[illegible]鐵路[illegible]石家莊[illegible]商業[illegible]新市區[illegible]計畫[illegible]東站[illegible]建築[illegible]西北側及西[illegible]成南大[illegible]。實施區域在東站以西[illegible]舊街市面積約[illegible]

26267

二十九年秋興工，卅一年底完成。並附有抽水機，出水量良好，每日能供給[illegible]自來水之用。水管分佈市區街道，[illegible]總長[illegible]公尺[illegible]排長約四十餘公尺[illegible]有水管線[illegible]，自[illegible]外[illegible]路[illegible]水[illegible]排水[illegible]於各街道兩側[illegible]，並[illegible]。[illegible]規模[illegible]有兒童遊樂場[illegible]運動場一。建築方面以[illegible]工署[illegible]所[illegible]規模最大，[illegible]專門工程[illegible]建設之一切建設[illegible]。主[illegible]所[illegible]於以[illegible]建設[illegible]，在今都市中除[illegible]北京新市區[illegible]其為其[illegible]是以在接近[illegible]今日[illegible]之[illegible]。

陸、[illegible]太原

山西省會[illegible]，[illegible]正太鐵路與同蒲鐵路之交點，[illegible]有模範省會之[illegible]，[illegible]建設計畫，[illegible]新[illegible]，初步建設已[illegible]。惟究以[illegible]森林[illegible]產物[illegible]市[illegible]破壞[illegible]，故[illegible]計畫大綱[illegible]四百[illegible]街市計畫區域劃為[illegible]分之一。但新市區建設較晚，初僅就舊城區內之街路加以改良[illegible]新[illegible]。[illegible]城外[illegible]幹路[illegible]，以城一[illegible]建築最先，繼以城內一部幹路之舖裝，自小北門至城南之首義門[illegible]新路[illegible]南北兩幹線[illegible]城東幹線[illegible]城西亦有幹路[illegible]北兩端[illegible]道路相聯繫。[illegible]道路[illegible]改良舊路與新築道路。給水[illegible]約四十公里[illegible]，水道工程設施尚少，僅有小部份街路敷設下水管[illegible]長約四[illegible]公尺[illegible]水之處[illegible]城西之[illegible]面積約九[illegible]地勢低窪[illegible]有[illegible]入城[illegible]，[illegible]則以晉省河流[illegible]水源[illegible]水質不[illegible]地[illegible]大。[illegible]用抽水機汲水，[illegible]，以謀[illegible]所[illegible]城區[illegible]於太原[illegible]設[illegible]新市[illegible]約十四公里[illegible]「民間飛行場」[illegible]面積[illegible]已完成，[illegible]北[illegible]用[illegible]入其[illegible]故美其名[illegible]。

[illegible]柒、徐州

徐州自古為[illegible]重鎮，據津浦隴海兩大鐵路交點，為四方交通樞紐。此番抗戰以徐州會戰台兒莊一役為最壯烈，而縣城受損亦最重。日寇佔領後以其為南北門戶，形勢非常重要，雖地屬蘇境，竟亦劃入華北勢力圈內，為華北南部之中樞，樹立都市計畫大綱，以謀城市之復興，俾成華北屏障。惟建設着手較晚，且以南北兩偽組織對此地區之政權時有爭執，終於三十二年劃歸偽淮海省，偽工署遂不復過問，故執行業務之期間甚短，除主要新幹路數條及橋梁兩座外，其他建設甚少。最可注目者，有經緯兩大幹線貫通舊城市，相交之處適為城市中心點，南北曰慶雲路寬四十公尺，東西曰啓明路寬三十公尺，路旁有排水側溝，路中有綠地帶，步道亦多植樹，現代化之路形已具，商肆尚盛。其他街路，或為舊有者改造，或為新闢，總長不過十餘公里，有未改造者甚多，依然石板道，狹而平整，猶是舊時情況。此外城內新橋兩座。亦可稱為重要建設，其一在啓明路跨越舊黃河處建石拱橋，一名曰濟衆，長三十一公尺，寬十五公尺。其二在慶雲路之北段，亦跨舊黃河建一混凝土與大石料合成之拱橋，長五十一公尺，寬亦十五公尺。

捌　新鄉

新鄉乃黃河泛濫之沖積土平原，位於河南北部，當平漢鐵路及道清線之要衝，為附近所產煤炭小麥棉花之集散地。在昔本非重要城邑。抗戰後日寇因佔有平漢線北段及隴海線東段，而於兩線交會之最重要據點鄭州，獨未能攻陷，無法聯繫，影響極大，特就平漢線之新鄉與隴海線之開封間築路一段，俾能直通徐州海州，故新鄉地位頓顯重要，亦列為計畫都市之一。在道清鐵路北側平漢路車站以東，建設新市區，面積約一平方公里，因廉價放租土地之故，商店住宅等新建築增加不少，漸形繁榮。道路雖全部完成，但僅具路型，鋪裝碎石路面者不過一二幹線耳。關於給水，全市街地區大體已備，水源則仰給於鐵路車站之貯水槽。

玖　結語

以上所述僅為八都市過去建設之畧況，除北平一市資料較為完備，且易於實地調查故能盡其詳外；其他均以資料蒐羅不易，調查未周，僅能敘其大體輪廓，掛一漏萬之譏，任所不免。綜觀其建設成就與原計畫綱目相較，實只什百之一。蓋日寇最初野心極大，故計畫範圍極廣，與軍事政治經濟悉相配合。一經實施，大刀闊斧悉力以赴，以蠻幹苦幹之精神排除一切困難，故成就速而廣，是其長處。惟徒恃技術上則不免粗陋草率，操切從事。因各工程局之幹部技術員多係日人握權負責施工，而承攬工程者亦大都為日商，亦不免互相勾結利用，弊竇滋生。此從幾點小處即可見到：譬如北平有一幹路，鋪裝一三四洋灰混凝土路面，甫經築成即呈剝蝕凹凸之狀。又如濟南新市區街路之溝渠涵洞，有數處一經大雨即毀，其構造亦欠堅固耐久。再如太原日軍趕築道路，惟於取土路遠，即就近取之於金剛堰堤身，致堤防薄弱而召洪水決堤之災。又修造堤身附帶決口，加築外圍新堤以護舊堤，乃取土亦不取自河濱荒田，而攜用舊堤之泥以築新堤，益使舊堤缺口增大，減低一重防禦力，何啻挖肉補瘡，由此可見日技術員工操切從事之一斑。

總而言之，淪陷中日寇在華北都市所計畫之一切建設，以原爲其自身殖民計

畫，無論成就之優劣，均難合於吾民習尚與需要。故各都市區雖開闢有年，除日僑投資經營或居住外，我國人民多不樂就而冷落如昔。今後必當就適合地方及人民所需從長計畫，改良建設，始有成效。至於原計畫一切要點之利害得失，究應如何因革修正，自非先從各都市實地攷察，審度現狀，以及將來需要，而縝密研究，不能獲致圓滿結果。此則有待於當代市政專家之鄭重檢討，非本文一時所能論列者也。

台灣之城市概況

一：地理概述

台灣在福建之東，[illegible]孤懸獨立於海上之島嶼，全境尚稱起伏，林泉秀麗，[illegible]FORMOSA與FLOWER一字同義，[illegible]交通，四通八達，外聯日本、琉球，[illegible]在國防上之地位，甚為重要。

全島面積，計[illegible]當福建省三分之一；境內多山，由北南行，所謂中央山脈者，稍偏東方，有高度達一萬英尺[illegible]不甚[illegible]溫泉[illegible]中央山脈[illegible]南北，西部平坦，又為農作地帶，[illegible]之八十[illegible]除[illegible]漁港外，別無重要城市。[illegible]海洋風調和其[illegible]度以上[illegible]冬令[illegible]少[illegible]

[illegible]夏季多雨，換言之，南部雨季[illegible]岸風浪[illegible]係，間有颱風過境[illegible]房屋・電桿及農產品等之損失常不貲。

台灣人口[illegible]餘均為漢族，[illegible]福建者最多，次為廣東，他省則甚少；職業以農業為最多，[illegible]均儉樸耐勞，生活安定。

二：歷史概述

台灣之發見，[illegible]時，華人漸移此島，迨明代末年，國內大亂，[illegible]〇三年，荷蘭人乘[illegible]二六年[illegible]四〇年（明崇禎十三年），荷人恐西班牙在台北勢力發展，與己不利，[illegible]

26271

此時與國明室傾覆，清人入關，閩粵人民紛紛往台灣避難者，遂十餘萬人。從事於在台拓闢荒地，振興農業。一六六〇年，鄭成功領兵由廈門攻台灣，逐出荷人，設立州郡，制法律，興學校，講農務，並實施屯田，於是農商業大興。

一六八三年，清兵佔台灣，遂設台灣府，分鳳山、台灣、諸羅三縣，隸屬福建省。一七四〇年又改為台灣道，添設淡水及彰化二縣及澎湖一廳。一八五八年，天津條約設立，開放台灣安平。一八六五年，改稱台灣為省，脫離福建統轄。一八九五年，馬關條約成立，台灣被割讓與日本。一九四五年，復歸我國版圖，重設省治，淪陷達五十年。

三　城市之發展及特徵

一城市之產生及發展，必有其特殊之原因，地理、歷史、軍事、政治、文化、經濟均為影響城市發展之要素。台灣之城市亦不能例外。台灣城市之發展，約可分為三階段，即依次遞進之三面，

(一)一八九五年以前之自由發展；

(二)一八九五至一九三五年之街道改善；

(三)一九三五年後現代化之城市計劃；

明末國內人民移殖台灣者日衆，因人口之集中而產生城市；惟因當時缺少目光遠大之計劃，又無控制之力量，故此時期之城市，純粹依照天然之環境及需要而自由發展。追溯其產生及成長之原因，不外乎下列諸端：

(一)海港：移民登岸及商人船舶進出口處，人口首先集中，如基隆、淡水、鹿港、北港、台南、高雄等城市，均因此產生。(北港於鄭成功時代為一港口，後因台島傾側，東昇西沉，西岸上升，故已變為內陸市鎮。)

(二)貿易：漢番頭目貿易之地，勢必接近番區，同時必須交通方便，防衛容易，如大溪，竹東，埔里，旗山等城市均為當時貿易之中心。埔里大溪城之防禦建築[illegible]後被改建為政府機關辦公之所。

(三)防禦：農作地帶內為集中防禦番人及治安保護起見，遂有麻豆、北斗、西螺、宜蘭等城市之產生。此類城市之堡壘建築及城垣，尚足以代表其精神。

此類城市最顯著之特徵為街道狹窄，[illegible]人民對街道之觀念[illegible]僅為房屋間之空隙而已；城市主要街道多成丁字形，[illegible]廟[illegible]為公衆集會之場所。

房屋建築式樣則與廣東，福建沿海一帶相似。

城市商業發達後，沿街房屋之正廳多被改為商店，在門前築「亭仔腳」，用為人行道；「亭仔腳」為閩粵沿海一帶特有之建築，有遮蔭

濟用之功效，最適用於熱帶及亞熱帶城市。

一八九五年日本侵吞台灣後，移民增加，工商業發達，由於街道之彎曲狹窄，建造房屋之缺乏管制，公共衛生問題日趨嚴重，因街道之無一定方向及標準寬度，上下水道之裝置，甚感困難，並緣於城內交通不便，市容不整，人口密集之區缺少園林空場，影響公衆安全，遂在各城大舉改善街道，其主要之設施如次：

〔一〕由火車站至舊城中心築一幹路；

〔二〕使主要公路繞城而過；

（三）規定街道標準寬度，自四十公尺至六公尺（小巷三公尺）；

（四）保留廟前之廣場；

（五）設公園；

（六）街道兩旁築排水溝；

（七）拆除城牆（牆址有被利用為環城馬路者）；

（八）改建城門為廣場或紀念門。

雖然，至今觀之，此稱改善僅係根據粗淺之計劃而作，但就當時之時代而論，再與一八九五年時古舊之城市比較，卽可知此舉實為一大膽之改革，且為功至鉅。

日本之經營台灣，在軍事上利用為進攻南洋之根據地，在經濟上則竭力開發農業，以供本國糧食之需要，處此二大原動力之下，台灣各項建設逐均突飛猛晉，城市亦日趨繁榮。

一九三五年，台灣大地震，台中，新竹二州轄全部毀壞，損失慘重，但自然給予人類一重建新城市之機會，所有較高之理想可能不受現實之阻撓而實現，同時一般對城市計劃之需要，已有認識，於是在政府積極推從之下，台灣現代化之城市計劃遂發始於此時。

四　現階段之城市計劃

台灣在日本統治時代，設有台灣都市計劃委員會，由總督府，總務長官任主席，各局局長任委員，為決定全台城市計劃政策之最高機構；至於調查，計劃等實際工作，則由內務局土木工程課之都市計劃組負責；按照日本機關之人事組織，技術人員與行政人員系統各別，主管及行政人員雖常調動，而技術人員決不可輕易改換；同時技術人員之俸給，依工作年資而增加，一供職多年之技師所得之薪俸，可能較其主管人員為高；因此內務局之技術人員多已在局供職十年以上者，其對本島情形之熟悉及經驗之豐富，自非常人可及。

都市計劃組蒐集全島關於城市計劃所需要之各種基本資料，加以分析研究，再根據都市計劃委員會所決定之政策及原則，草擬計劃，對地方政府則負有輔導監督之責任；自開始工作以來，成績斐然，已為台灣城市計劃工作奠立基礎：已制定城市計劃，有標準計劃圖之城市，鄉鎮有七十之多，包括全島十一主要城市及業務最繁鎮治務之汎寺

26273

…發達之情形可見一般。

依據台灣省行政長官公署工礦處公共工程局所集資料，茲將台灣主要城市之名稱及人口，列表統計如下：

城市	計劃樹立日期	最後修訂日期	人口
台北市	民國前十二年八月二十二日	三十年十一月八日	三三五、八五七
基隆市	民國前五年八月五日	廿四年六月十三日	九二、九四三
台中市	民國前十二年一月六日	卅二年四月廿八日	九三、六五三
台南市	民國前一年七月廿三日	三十年七月十八日	一五一、二四八
高雄市	民國前四年五月一日	廿五年八月廿九日	二一一、四二六
新竹市	民國前七年五月九日	廿七年二月二十日	九四、三七五
嘉義市	民國前六年四月廿九日	三十二年二月十四日	九七、二二六
彰化市	民國前六年三月六日	二十七年二月二十日	六〇、六五一
屏東市	民國二年一月三十日	二十六年六月十三日	五九、四三六
宜蘭市	民國廿二年五月二十日	二十九年七月二十一日	二二、二二〇
花蓮市	民國前二年三月十九日	三十年三月十二日	一七、〇四二
新高市	民國廿九年八月十五日		

由於城市不大，人口密度不高，台灣城市計劃之技術問題尚稱簡單，多數小鄉鎮之標準計劃圖即根據其尚未全部實現之街道改善計劃而作；計劃中所特別注意者，即如何適應其熱帶之氣候，茲列舉其要點於下：

(一)居住面積，每人不得少於三百平方公尺；

(二)主要街道宜向東西，以便多數房屋能面向南北，寬度不得少於十五公尺，兩旁宜多植樹；

(三)市內宜多佈設水池噴泉，以點綴風景而供遊憩，並可減低市內溫度；

(四)多設綠地面積；

(五)上下水道及一切衛生設備必須力求完善；

(六)房屋建築必須注意事項：

甲．周圍多空地樹木；

乙．不宜有高圍牆；

丙．房間高大，庭園寬暢，注意空氣之流通；

丁．牆壁須不易傳熱；

戊．方向宜向南北；

己．房屋周圍宜有「亭仔脚」或有屋頂之陽台；

庚．屋頂宜斜而不傳熱；

辛．多設門窗，並在相對方向，藉便通風，多用門簾代門。

上述諸點適用於所有熱帶城市，固不僅台灣一地為然。

五　結論

台灣之城市，由於其歷史背景可稱爲一混血產品：城內住宅房屋百分之九十以上爲日本式建築，商店及公共建築物則爲西式，沿街有「亭仔脚」，與閩粵沿海一帶之城市頗爲類似，街道寬暢，公共建築物及公用事業發達，已具備現代城市之條件。

日人統治時代之台灣一切建設，自皆適應着日本帝國之需要，台灣之城市中當然充滿殖民地氣昧，市內住宅區之顯分畛域，自不待言，而商業中心亦常分爲二處，一爲日本居民所經營光顧者，一爲台灣人集中之地：最顯著之例則爲台灣兒童不得與日本兒童同學校，故一城常須有雙重之學校設備；光復以後，建設方面自應配合國情，徹底消滅殖民地時代之殘跡。

城市計劃工作，需要一面實施，一面改進，爲一賡續不斷之業務：標準計劃圖之完成，僅爲城市計劃工作之初步，而絕非最後之成功；蓋城市隨時代而進化，人類之需要亦因科學之進步而日新月異，城市計劃自應依據此類需要之增進，而隨時修訂，庶能適合時代，而爲其居民謀一最美滿之生活方式。

因此台灣之城市計劃工作尙待吾人繼續努力，再求進步，決不可以爲已有初步解答，而認爲滿意，致加忽視；尤其在勝利後，全省受戰禍深重，基隆、高雄二市破壞尤烈，亟待重建；深盼吾人能把握此黃金機會，利用日人所奠之基礎，更進一步，將台灣城市建設成最理想美滿之城市。

日本在台灣之建設，値得吾人警惕，本文僅介紹其一端於國人，以供借鏡。

會務

（甲）報告

本會於民國三十二年九月在重慶成立，同年十月在桂林參加中國工程師學會舉行本會第一屆年會。關於成立之經過情形，已詳第一屆年會會務報告，刊載於第一期市政工程年刊。茲將本會第二屆年會會務報告中，關於一年以來之會務暨財務情形，（截至三十四年五月）摘要如次：—

一、一年來之會務

（1.）徵求會員：本會成立以來徵求會員已達五百二十一人，計團體會員十九，基本會員一百三十八人，會員一百五十八人，初級會員二百零六人，較上屆年會時增加各級會員二百八十六人。

（2.）改選理監事：本會選舉第一屆理監事情形，已詳第一屆年會報告，根據本會會章第二十一條之規定，理監事每年應改選三分之一，復即根據第二十二條之規定以通訊方法辦理選舉，推定譚炳訓陸謙受袁夢鴻周宗蓮方福森盧毓駿等會員為司選委員，組織司選委員會主持其事，並將改選結果報告三十四年四月三日第一屆第八次理監事聯席會議。旋經第二屆當選理監事推定理事長，常務理監事，及總幹事，副總幹事，編審委員會主任委員等如次：

中國市政工程學會第二屆職員

理事長　沈怡

常務理事　凌鴻勛　鄭肇經

理　事　譚炳訓　朱泰信　李榮夢　余籍傳　吳華甫　薛次莘　蕭慶雲　過守正　周宗蓮　梁思成　俞浩鳴　袁夢鴻

候補理事　盧毓駿　陶葆楷　哈雄文　方福森　段毓靈

常務監事　茅以昇

監　事　李書田　趙祖康　周象賢　關頌聲

候補監事　袁相堯　朱有騫

總幹事　鄭肇經

副總幹事宗愈浩鳴為[illegible]

一、編審委員會主任委員[illegible]

會址（3.）覓購會所　本會最初係借重慶春森路八號市政學會會所辦公，嗣於三十四年一月又暫借中央設計局公共工程組為通訊處，三月間購得上清寺中山四路六十九號房屋一座，略加修繕，充作會所，於四月間遷入辦公。

（4.）學術座談會　本會為學術研討起見，曾舉行學術座談會二次。第一次請周宗蓮先生講「戰後倫敦市改造計劃」，第二次請王正本先生講「柏林市改造計劃」，會員參加者頗衆，演講後對於上項計劃並經詳加研討。

（5.）聯絡國外學術團體　上年五月間本會曾分函英美各市政團體交換刊物，復函歡迎聯繫，並允定期寄贈刊物者，計有：

(a) American Institute of Architects.

(b) American Society of Landscape Architects.

(c) The Municipal Engineers of City of New York.

(d) American Water Works Association.

（6.）籌設市政衛生各種進修學校　本會與衛生工程學會會同草擬章程，推請周宗蓮先生先行調查本市補習學校情況，草擬具體方案，再行籌辦。

（7.）編印年刋　本會第一期市政工程年刋業已出版，該項年刋係由本會江西分會過守正先生負責編印，先印一千冊，經費亦係由其籌募，惟以交通阻隔，印成之年刋祇有少數係由空運寄渝，不敷分送全體會員。現經理監事聯席會議議決，擬將該項年刋定價出售，至於第二期年刋文稿，正在編輯中，所需紙張已蒙張劍鳴先生概允捐贈，惟印刷費尚待籌措中。

（8.）編輯三十年來之中國市政工程　中國工程師學會編印「三十年來之中國工程」，其中市政工程部份係由本會編輯。已編成之稿件，計有北平，青島，上海，南京，廣州，及黃埔港等之市政工程論文六篇，均經送中國工程師學會彙編付印，其他各市，以資料缺乏暫付闕如。

（9.）市政工程淺說及叢書　本會擬編之市政工程淺說及叢書，會經分函各會員徵求稿件，現已收到者計有黎樹仁先生之「城市衛生」，及俞浩鳴先生之「環境衛生學」各一冊，業經本會編審委員會審查完竣。但與各大書店商洽，均以圖表太多，一時尚難付印。

（10）會務通訊　本會會務通訊已出版至第四期，以後仍當繼續維持。

（11）添置書籍　本會購買之英文書籍雜誌計有十八冊，中文書籍計十餘冊，其他各社團寄贈之圖書亦有多冊。

（12）籌募中國工程師學會建築基金：中國工程師學會在渝籌建工程大廈，推本會為市政工程分隊，募集基金。當經本會先後募集基金貳拾捌萬肆仟捌百元正，業已掃數交付中國工程師學會核收。

（13）函謝譚總幹事：本會第二屆理事會常務理事兼總幹事譚炳訓先生，為本會之創辦人，經營會務，勤勞卓著，任滿之時，本會以第三屆理事長沈怡先生名義致函譚先生申謝，原函如下：

「炳訓先生總幹事勳鑒：查本會成立以來，時逾一載，端賴先生經營擘畫，得以奠定基礎。茲屆任滿，彌切依戀。爰經本會三十四年四月二十日理監事聯席會議議決，應即備函申謝，藉彰勳勞等語，用特錄案奉達，敬祈察照，順頌台綏。」

二、一年來之財務

本會經費除會員所繳之入會費及常年會費外，曾蒙劉卓如先生代本會募集拾伍萬元。統計自三十二年成立起至三十四年五月底止，全部收入為拾玖萬肆仟貳佰柒拾貳元伍角叁分，支出為拾玖萬叁仟柒佰玖拾玖元玖角陸分，結存肆佰柒拾貳元伍角柒分，詳見收支概況表。

查本會會費收入為數至微，現在結存會款無多，而物價高昂，支用浩繁，爰經第二屆第一次理監事聯席會議議決，改定本會團體會員之常年會費為肆仟元，並擬請本會各級會員分伍佰元，壹仟元，貳仟元三種，自由認捐，以期會務順利推進。

本會收支概況（自三十二年九月至三十四年五月止）

甲・收入部份。	
一・馬育騏先生特捐款	一、〇〇〇・〇〇元
二・劉卓如先生代捐款	一五〇、〇〇〇・〇〇元
三・會費及息金	四三、二七二・五三元
共計	一九四、二七二・五三元
乙・支出部份	
一・會所價款及修繕費	一三一、七四〇・〇〇元
二・會所地租	四、〇〇〇・〇〇元
三・幻燈機押金	一、〇〇〇・〇〇元
四・廣告費	九、八〇〇・〇〇元
五・傢具費	九、七九〇・〇〇元
六・年會特刊	一、六四〇・〇〇元
七・文具紙張	九、七六〇・〇〇元
八・郵電廣告雜費	二六、〇六九・九六元
共計	一九三、七九九・九六元
以上收支相抵尚結存	四七二・五七元

三、本會近訊

（1）三十四年秋抗戰勝利以後，本會理監事暨會員或奉派分赴各地辦理接收與籌備復員等事宜，或奉調新職，紛紛離渝，以致本會理監事會議暫緩舉行，所有會員職務與通訊地址亦多變更，將來再行調查。

（2）本會重慶曾家岩會所，自俞副總幹事浩鳴於三十四年十一月間赴滬後，即由上海儲運局駐渝辦事處租用，期限為三個月，租金總計法幣貳拾萬元，至三十五年二月十五日滿期。迨國府還都以後，本會職員幾盡離渝，在渝會址房屋已無用途，當經委託留渝理事段毓雲及會員陳道弘馮鴻翔三君會商標賣，經過登報標賣手續，結果以最高額伍拾叁萬元售與陳德芳執業。

（3）本會所有圖籍及卷宗等，於國府還都後已遷移南京，乃因首都房屋缺乏，租金高昂，難以覓得會址，現暫借南京荳菜橋三十五號中央水利實驗處為通信處。

（4）本會趙監事祖康譚理事炳訓來函，擬在上海北平分別組設分會，北平分會已於三十四年十二月成立。

（5）本會第二期市政工程年刊之編輯，本早在準備中。旋以抗戰勝利，各地復員，本會理監事及各職員多離渝他往，復以會址遷京之議未就緒，遂陷於停頓。乃以編印一切事宜屬諸北平分會，由該分會顧理事長總其事，紙張印刷所需，除由本會以三十萬元補助外，其餘大部分費用均由年刊所登廣告收入項下支給。

（6）本會自重慶遷京後，於三十五年十二月十五日午後假座中央水利實驗處，首次舉行理監事聯席會議。出席者有沈理事長及理監事俞浩鳴等十一人，報告事項五件，討論事項八件。

（7）本會第三屆年會，擬與中國工程師學會第十四屆年會聯合舉行。現正在徵集會員論文，並向各市工務局徵集「復員一年來之市政衛生工程報告」

（乙）年會

一・本會第二屆年會紀錄

地　點　重慶市政府禮堂

日　期　三十四年六月十七日下午四時至五時

出席人數　七十八人

主　席　沈　怡

紀　錄　王正本　俞浩鳴

報告事項

（一）會務報告

（二）主席報告會員人數

討論事項

（一）本屆年會會員聚餐，本日已由防空總監部衛生署中央衛生實驗院公宴，是否於九日另行聚餐案。

議決：天氣炎熱，免予舉行。

（二）推舉會員常年會交換年會開會地點，一致議決公推 重慶市（詳細會議紀錄見本刊第一卷）

二・第二屆年會宣讀論文紀錄

地點：重慶市政府大禮堂

日期：三十四年六月七日上午八時至下午四時

出席人數：一百二十人

主席團：沈 怡 盧毓駿 鄭肇經 劉如松

記錄：王正本 張曉浦

（一）主席報告：今日為市政衛生兩工程學會聯合開會宣讀論文之日，此次共計論文十八篇，由各會員詳加檢討，本日午宴承防空總監部衛生署中央衛生實驗院聯合公宴。

（二）宣讀論文

1. 從衛生觀點檢討給水工程之設計（盧毓駿）
2. 市公共工程之範圍任務及政策（譚炳訓）
3. 重慶市之自來水（毛理財）
4. 市衛生工程與國計民生之關係及其在國防上之價值（過祖源）
5. 國都問題之研究（朱泰信）
6. 重慶市政建設芻議（蔣伯誠）
7. 都市計劃建議書（鄭宗鎏）
8. 戰後都市計劃（梁文森）
9. 鄉鎮給水與污水設施之研究（王正本）
10. 復員後我國與鄰國間之研究（顧毓瑔）
11. 衛生工程之重要性及其與社會之關係（張其鍋）
12. 戰後復興城市與衛生問題之研究（盧毓駿）
13. 重慶暴雨率之研究（薛捨生）
14. 重慶市渠溝及洩水之初步報告（王 濟）
15. 重慶市下水道初步設計報告（薛捨生 楊惠昌）
16. 從市區計劃到國土計劃（鄭宗鎏）
17. 戰後我國建築風格之商榷（顧毓瑔）
18. 七種濾清給水之比較（過祖源）

（三）午間由防空總監部衛生署中央衛生實驗院三機關公宴。

（四）下午繼續宣讀論文，並相互檢討。

（五）散會。

三・第三屆年會重慶市政問題討論會議紀錄

地點：重慶市政府禮堂

日期：三十四年六月八日下午二時至六時半

出席人數：五十八人

主席：沈 怡 盧毓駿

紀錄：陳訓烜 王正本

報告事項

（一）賀市長致開會詞

（二）重慶市工務局張局長報告市政現狀

討論事項

俟照市工務局所提有關道路水電下水道及建築等四項問題，歸納各會員意見，得結論如次：

（1）重慶市道路系統及北區幹路問題

結論　重慶市因交通量之激增，泥水碎石路面之結構，已不足以適應交通負荷，似宜改建混凝土路面，其厚度至少爲六吋，於北區路線適於環城交通，似可設法開闢，其一部份之經費，不妨採用築路徵費辦法。一俟兩旁地價增加，即行徵收之地稅，償還築路時所徵用之費用。

（2）重慶市水電問題

結論　關於電力方面，已由電機工程學會詳加研討，似可採用其結論以資參考，關於自來水供應問題，照現今重慶市之人數計，每日需用水量爲廿萬八千立方公尺，因常有停電情事，實際供應之水量每日僅爲廿萬三千立方公尺。如電力方面能設法妥爲配合，則每日所需之水量當不致缺乏，至於竊水問題自應嚴加取締。

（3）重慶市下水道問題

結論　關於重慶市之下水道制度問題，應俟市工務局依據市區地形詳圖擬具下水道初步計劃完成後，再行檢討。但於必要時本會會員可以隨時應邀研究貢獻意見。

（4）重慶市建築問題

結論　關於營造廠商之培植，及建築規則之修改，似可邀約建築工程師學會會員詳加檢討。至於平民住宅之增建，有關民居政策，性質重要，建議本會聯合有關各專門學會組織委員會商討之。

（丙）分會會務概略

一、北平分會成立經過

抗戰勝利，故都光復，本會理事譚炳訓先生奉命重掌北平工務，雙十節來平就職，在收拾故土整理建設之百忙中，鑒於都市復興，首在工務，而市政工程之發展，非僅恃政府機關之獨力即足盡其事，必更藉學術團體之相輔始克竟其功。復以本會重心偏於西南，有向北發展之必要，乃集合當地工程界同志組織本會北平分會，經月籌備，粗具端倪。爰假北平中山公園董事會舉行成立大會，時則三十四年十二月十六日午後，距本會誕生之日爲兩年兩月餘，（三十二年九月二十一日本會成立）而距故都收復之期僅六十有八日耳。是日出席者凡三十八人，本會理事長沈怡先生適來平，亦蒞臨指導，益增會員之興奮。大會於三時半開始，公推譚先生爲主席，行禮如儀後，首由譚主席致詞，大意略謂：「當民國三十二年春，大後方從事市政工程人士，咸認爲抗戰期間各都市村鎮備受敵人炮火之摧毀，斷瓦殘垣。到處皆是，抗戰勝利之後，首要之圖即城市之復興建設，而建設必須先有整個的具體計畫。於是在蘭州重慶分別交換意見，徵求同志，組織中國市政工程學會，經半年之籌備，於三十二年九月二十一日在重慶開創立大會，選舉理監事並討論各種提案。復於是年十一月二十日在桂林開第一屆年會，宣讀論文。嗣又設置編輯委員會，發行第一期市政工程年刊，內容以市政論著及工程計畫爲主。其他刊物則以後方紙張印工過昂，尙未能出版。但吾人研究學術之慾望，及創造事業之精神，

26282

並宋曾因受物質環境之限制而氣餒，反而愈加振奮。其後更藉歐美與中國各航郵，與海外留學技術人員溝通聲氣，吸收外邦市政工程之新智識和新技術，當時研究學術之風氣異常濃厚。今天在座諸君都是當地工程界人士，且多從事市政工程者，請諸位儘量發表意見，使北平之市政工程日新月異，亦即希望對於市政改進上能有極大之貢獻。」

繼由來賓北平市政元老朱桂莘先生演說，其辭如下：

「本人今天承譚局長之約參加本會，藉此機會向諸位畧述數語。本人在事變後，因個人環境關係，未能脫離此地，於此八年沉悶空氣中，終日閉坐家中，惟以讀書自娛，或整理營造學社之圖籍。對於營造學社之停頓，及因事變所受之影響，撫今追昔，備感實深。適聞譚局長之演說，本人備受感動，以後方抗戰期中，在物質環境限制之下，猶能研究學術，並策畫復興工作，此種精神何等可貴，而令人欽佩。至於市政工程，係切於市民實際生活之需要者，今所關係當甚大。本人在民國初年，曾以好事之稱，首先倡導市政，如開放京宮苑為觀光遊覽之區，並興建道路，修整城垣等，均不顧當時之物議，毅然為之；使本市成為國際人士觀光之區。此未嘗非當時好事之一種成就。考北平城市規模之創始，係元朝郭守敬所設計，郭氏對於天文地理及河渠之學，均有研究，並參照長安洛陽諸京規制，而建設成一極科學化之都市。此地民生[illegible]適宜，文物之優美，實非偶然，在在均與都市計劃有極深之淵源。今當抗戰勝利，國土光復，日後之建設，亟需專門技術人才。北平雖經長期淪陷，建築物幸尚未破壞，此僅存之文化古都，實彌足珍視，希望諸位亦能以好事之精神，努力研究，使本市建設日趨完善，蔚為我國之模範都市，實所深望。」

復次總會理事長沈怡先生致詞如後：

「本人適才聽到朱桂老的演說，覺得語意深長，發人深省。朱桂老為北平市政之開創者，也可以說是我們的老前輩，他給我們創下很好的軌範，使北平市發展至今天這樣優美的市容，實不能不歸功於朱桂老。今天這位唯一的市政元老亦參加指導我們這個初次成立的市政工程學會，意義實在非常重大。復次本分會，今天能集合諸同志於一室來開成立大會，乃是總會創辦人譚炳訓先生所倡導的熱心和毅力；以總會創始者再來籌辦分會，自易收駕輕就熟之功，這是第二個重大意義。所以希望今天在座諸君，皆能具有朱桂老之好事精神，來從事於市政工程之改進與建設，更應該在譚先生領導之下加倍的努力，使得本會的前途發揚光大。

關於工程學術團體，在我國向極缺乏，資格較老的有中華工程師學會（係詹天佑所創辦）及中國工程師學會，均以民國元年為紀元，在過去國內工程界人士泰半羅致在內。按歷史的資格來說，中國市政工程學會在中國工程學會內可以說是最年青的一個，溯民國三十一年本人在蘭州與譚炳訓淩竹銘薛次莘三位先生本發揚學術之素志，會起草中國市政工程學會的章程，後來在重慶正式成立，並在桂林開第一屆年會，且曾參加昆明重慶各次工程師學會。還記得在蘭州開會的時候，各地工程師學會有六百餘會員，不辭勞苦由昆明重慶等處空運而來，此種熱心事業之精神是何等偉大。今日抗戰雖已勝利，而復員工作不能暢行，推其原因，可以說完全是由於準備工作之不充實，希望以此作前車之鑒提高我們的工作效率。

在大後方雖有市政工程學會之組織，因受地理及交通之限制對於社會迄無顯著之貢獻，我們覺得非常慚愧。希望今後對於本會的會務要加以強化，對於會員之羅致，主張寧缺無濫，並應注意實際工作，力矯過去之缺點。

今後大都市之計劃固屬重要，但中國究係農業國家，人口總數百分之八十均居住於鄉村。我等從事於市政工程者除了積極復興都市之外，更應當發展農村之建設。如公路之開闢，衛生之設施，以及農村生活方式之改善，在在均是我等工程界之責任。實希望在此國家於復員，諸事尚未就緒之期間，能以北平分會作為[illegible]推行本會會務之基幹。

二・北平分會理監事之選舉

北平分會組織章程，依照總會所定「分會組織通則」擬成草案，當由大會通過，並即依法投票選舉理監事，被選者名單如下：

理　事　譚炳訓　李頤深　徐佩民　裴向華　伉方城
　　　　朱兆雪　盧　實

候補理事　張　鏄　王樹章　林治遠

監　事　鍾　森　王孝侯　徐美烈

候補監事　劉南策　劉世銘

三・北平分會成立大會中之提案

理監事人選產生後，即席討論提案，計有(1)設置編輯委員會請公決案，決議通過，交理事會辦理。(2)籌設分會會所及參考室提請公決案，案決議通過交理事會籌設。(3)募集本會基金提請公決案，決議通過，交理事會擬定募捐辦法。(4)研究北平都市計劃及建議修改市定建築規則請公決案，決議由理事會成立兩個小組研究之。四項提案通過後，攝影散會。

四・北平分會會務進行概況

北平分會成立後一月，開第一次理監事聯席會議，推舉譚理事炳訓李理事頤深徐理事佩民為常務理事，並推譚理事為理事長，及徐監事美烈為常務監事，即席討論關於大會議決案之執行具體辦法，其後理監事聯席會議開三次，一爲三月十六日，一爲六月四日，末次爲十一月三十日。在此四次理監事聯席會主持下之執行議決案及會務，概要如左：

（1）審查會員資格　入會會員合格者計基本會員三十二人，會員廿九人，初級會員四十四人共一百零五人，又團體會員一位。

（2）聘任總幹事副總幹事及幹事　依照分會章程由理事長聘任會員李頌琛爲總幹事，徐美烈爲副總幹事，王璧文常中祥杜仙洲方愷白福祥五人爲幹事。

（3）組織編輯委員會　暫定委員七人，以總副幹事及文書幹事爲當然委員，其餘委員四人由會員中選任。

（4）籌設分會會所　在三十五年春間，經覓得房屋一所，頗合會所之用，函請平津區敵僞產業處理局撥借未成。近又在東城選中一處，亦係接收之敵產，正與處理局洽商中。

（5）編印第三期市政工程年刊　年刊之編印，原由總會主辦，亦因還都復員關係，乃委託北平分會辦理，經組織編輯委員會主其事，由徐副總幹事任總編輯。關於稿件之徵集編纂，歷時頗久，始告就緒，交由中央印製廠北平分廠承印，三十五年九月開始，年底始蕆事。其所用紙張，承北平市政府及資源委員會天津紙漿造紙有限公司捐助，印刷費除由總會補助三十萬元外，大部分均取給於廣告收入。

（6）刊行「市政與工程」期刊　編輯市政工程刊物，爲第二次理監事聯席會議決議案，早須實行，因大報副刊篇幅不易增闢，經多方之設法，始得在天津大公報發行「市政與工程」期刊：內容專載有關之著述評論研究計畫報告翻譯及通訊等，每兩星期發刊一次，第一期於十月十六日出版，按期刊行。茲將第一期創刊辭摘錄如下：

「市政的本體有三，即教育衛生與工程。警察社會，地政，財政等不是市政的本體，而是實施市政本體工作的手段，或市政中的暫時業務。自動紅綠交通燈代替了交通警，治安好到夜不閉戶，警察可以減到最少，市政的成績也就成爲最優。人人飽暖而有職業，社會救濟就無用武之地了。在土地整理完成之後，地政只剩下轉移登記和收稅，收稅是財政局的事，收稅之目的，是爲市民謀福利，爲市民謀福利不外立學校，開辦衛生，和興工程。市政的本體既然是只有教育衛生與工程，而其中的衛生一項，因預防重於醫療，而預防的根本方法是興辦衛生工程，改良環境衛生，所以市政本體的主幹是工程，也可以說工程是市政的主體，此「市政與工程」之所以創刊者一。話再說回來，要想把市政主體的工程辦好，必須土地整好，土地稅及其他各種捐稅能以暢收，社會安定，治安良好，教育發達，人人就業，個個富強，所以我們工程師爲謀工程事業之發展，不得不談論談論一般的市政，以求工程與市政並駕齊驅的向前進，此「市政與工程」之所以創刊者（一）。更進一步說，市政生體的工程，在理論與實施上的進步是日新月異，而市民對工程的要求也是沒有止境的：有土路，要走石子路，有了石子路，就要走瀝青路，鋼筋水泥路，慢車路，快車路，人行路，林蔭大道，……我們衷心歡迎市民對工程上無止境的要求，這是市民進步的原動力。我們願將工程上爭奇鬥勝的新花樣，介紹給大衆，以作大家提出新要求的參考。此「市政與工程」之所創刊者（二）。希望全國市政機關賜予合作，供給我們研究檢討的資料；各地市政與工程學術界的同好給我們批評和鼓勵，我們歡迎本會會員和會外人士的投稿：本刊是市民，市行政人員和市政工程學術界，自由發表意見交換智識的公共園地（三）。

（7）、舉辦市政文物工程展覽　三十五年六月六日第七屆工程師節，中國工程師學會北平分會舉行慶祝，並在中山公園開工程展覽會，一部分由本分會主辦，約集北平各市政工程機關團體，如市工務局，自來水管理處，電力公司，電車公司，及市立高級工業學校等，互以工程圖表模型實物參加展覽，爲期十日。又於九月十五日起，假北海公園舉行市政文物工程展覽會一星期，頗極一時之盛。

（8）、舉行市政座談及學術廣播演講　三十五年七月五日假座中山公園開座談會，討論中山公園音樂堂之移建或改造問題。因其係淪陷時敵偽所建，與中山公園環境風景極不調和也。關於學術廣播演講，係與中國工程師學會輪流舉行，每隔一星期三在北平廣播電台演講一次，每次十五分鐘，專就市政工程有關之專題演講。第一次開始於五月十五日，由譚理事主講，迄今已達十七次，每次由本分會理監事及會員或專家輪講。

轉載

公共工程之範疇任務及政策

──轉載經濟建設季刊第三卷第三四期合刊──

譚炳訓

一·序論

美國一九二九年開始的經濟恐慌，到一九三三年達到最高潮。羅斯福總統乃施行「新政」，以圖挽救，頒布了許多新律，即所謂「復興法案」，設立了國家復興署及其他執行法案的機構。舉辦大規模的公共工程，以消滅失業，爲恢復經濟繁榮的重要政策之一，故設「公共工程署」(Public Work Administration)專司其事。公共工程署經辦的長期而規模最大之事業是泰內西河工局(T.V.A.)，包括林墾、治河、水電及化學工廠等項，投資在七萬萬美元以上，工程經過十年至一九四四年始大部告竣。這是政府大規模興辦公共工程之濫觴。

美國國家資源設計局，一九四二年十月發表的第七號專刊，論國際經濟發展中之公共工程問題，爲公共工程立界說如左：

一·由政府或公衆主持監督或協助的工程。

二·長期建設性質的工程。

三·用公款或受公款補助的工程。

四·以增進大衆福利爲目的之工程。

同時說明「公共服務」(Public Service)，如辦理社會福利之社會事業，及「公營事業」(Public Enterprise)，如政府經營之生產及運輸等經濟事業，皆不屬於公共工程之範圍。

依此界說，公共工程與公共建設事業，可以包括林墾水利交通工業市政等一切建設在內。在自由經濟制度之英美，由政府舉辦的建設事業向來極少，所以包括的部門雖多，而事業的範圍并不廣。社會主義的蘇聯，國家一切建設，無不以公款公營。實行民生主義的我國，現時私營事業已渺乎其小，將來公共建設事業，必然以節制私人資本發達國家資本爲準則。因此，不但此項界說的一三兩點失去作用，即第二點亦不足確定其爲公共工程之要素。惟第四點「以增進大衆福利爲目的之工程」，才是國際間共通的公共工程之特質。

二　公共工程之範疇

我國之公共工程，固可適用「增進人民福利爲目的」之一原則，惟仍嫌其籠統而欠確切。就實際生活之體驗，其直接增進人民福利之公共工程，是以「住」的問題爲核心的。實業計劃第五計劃第三部居室工業中曾說：

「居室爲文明之因子，人類由是所得之快樂，較之衣食更多。改建一切居室，以合近世安適方便之生活方式，爲本計劃最大企業。」

以居室爲發軔點，集若干居室於一處，就需要通路，於是有道路工程；每一居室皆需要淨水，排洩污水，於是有給水與溝渠工程；每一居室皆需要光與熱，於是有電力煤氣等公用事業之工程；若干道路相連，就需要加以規劃，於是有「市計劃」；在市的內部，居民需要社會與文化生活，於是有公園運動場圖書館娛樂場商場菜場等之公共建築工程；市區之內與兩市之間，居民要有來往貨物需要交換，於是有車站港埠航空站等之交通工程。

以居室工業爲核心，增進人民福利的工程，就是我國今後公共工程的範疇，再具體的規定，可以包括以下六個項目：

一．市鄉計劃　市區與鄉區之測量．調查．設計等。

二．交通工程　街道．橋樑．車站．碼頭．飛機場等。

三．衛生工程　給水．溝渠．浴室．屠宰場等。

四．建築工程　居室．官署．學校．醫院．圖書館等。

五．公用事業工程　電車．輪渡．電廠．煤氣廠等。

六．特種工程　公園．運動場．公墓．防禦工程等。

上述公共工程的六個項目，大體上皆可歸納在市政的範圍之內，那麼爲何不稱爲市政工程，而名之曰公共工程？

按我國現行政制，十萬人口以上聚居之地區，稱之爲市。地方政府是以「縣」與「鄉」爲主，不過中間又加上一個「鎮」，其實就是小市。這是我國地方行政制度尚待研究的問題。在工業先進國，地方政府是以市爲主體，美國二千五百人以上的地方皆稱爲市，市人口佔總人口的五六%，英國的市沒有法定人口的限制，人口在四百以上者就有市政設施，市人口佔總人口的八〇%以上，在英倫南部市與市密密的接連成一片。我國一般人則認爲市是指大的都會，這種觀念一時不易改正；且鄉村人口佔多數，鄉村物質建設極爲重要，點的市政工程，不能包括面的鄉村建設，故以綜合性之公共工程代市政工程。

由以上之檢討可知我國公共工程之範疇應以市政工程爲骨幹，居室工業爲重心，包含市鄉計劃，交通工程，衛生工程，建築工程，公用事業工程與特種工程等六個主要部門。

一九四四年夏季出版之美國政府年鑑，在聯邦工務署（Federal Works Agency）一節中（四六〇頁），對公共工程立以下之界說：

「一九四一年蘭亨法案中，公共工程，係指因戰時工作之擴展，凡維持公共生活所需要之一切設備。依此規定，則包括學校，給水工程，溝渠污水垃圾及其他廢物之積除設備，公共衛生設備，淨水及製水工作，病院及其他養病處所，遊憩娛樂及體育設備，街道及其他道路。」

此項界說與本文所定我國公共工程之範疇實不謀而合。

三　公共工程之任務

公共工程不是工程學上的分類，而是一個社會政治與經濟性的綜合名稱，包括許多工程部門，如建築・園林佈景・市計劃・衛生・道路・機械及電氣等，工程部門雖多，而實施的對象則只有一個，即人類社會有機體的市或鄉。唯其如此，所以設計工作必須有高度的統一，才能作有計劃的配合發展。至於工程之實施與經營之方式，則是另一問題，譬如車站可由鐵路工程機關建造，但車站的地址，必須照市的整個發展計劃來勘定。

人類所有科學與工程上的創造，大部份透過公共工程，再為公衆所享用。就食來講，包括食與飲，飲之重要超過食，飲水賴於給水工程，廚房浴室與廁所之排洩，賴於溝渠工程。就衣來講，衣服不要每日做，可是須每天洗，洗衣的設備，應當作居室或公用工程之一部份。就住來講，居室工業就是公共工程的重心。就行來講，市內來往多於長途旅行，市區交通是日常所需。就樂育來講，全部環境之物質建設，如公園・運動場・醫療育幼養老之院舍・圖書館・博物院與會堂・劇院等之建築，皆公共工程中之重要部門。

公共工程是建設人民日常生活的物質基礎，能以改變日常生活的習慣與方式。日常生活的物質基礎科學化，日常生活的習慣與方式才能現代化。居民的福利增進。生活的意義擴大，才能進而創造精神的文化生活。

在新的物質生活的基礎上，人與人的關係，藉公共設備的聯繫，日益密切，生活集體化，人民逐漸社會化，自覺其為社會之一份子，從數千年家庭的小天地中解放出來。

公共工程的任務，是實現實業計劃中之居室工業計劃，解決民生主義中之民住問題，建設現代生活所需要之物質基礎，提高人民物質生活與文化生活的水準，增強人民生活之集體習慣，使家庭本位之個人，變為社會本位的公民。

四　國際公共工程

戰後英美兩國的復員計劃，為防止失業與經濟恐慌，皆以提高人民生活為目標，以興辦公共工程為主要手段，轉變戰時經濟為平時經濟，而仍維持其繁榮。

要有繁榮的國家，必須有繁榮的世界，戰後公共工程是由一個國家擴展到整個世界，就是美國所倡導的國際公共工程。以我國在戰後世界中地位之重要，無疑的將為國際公共工程活動的理想處女地。

國際公共工程是國際經濟合作之重要部份，就空間言，可以有下列三種型式：

一、區域的（Regional），包括特殊地理區域內，毗連的若干國家。

二、全洲的（Continental），包括一洲之全部或大部。

三、洲際的（Inter-continental），包括二個以上的洲。

就組織言，亦有三種區分：

一、國外的（Extra-national），一國在另一國家內投資或主辦公共工程。

二、國聯的（Supra-national），二個以上的國家聯合興辦一項公共工程。

三、國際的（International），由永久性之國際機構主辦之公共工程，其影響及於若干個國家者。

我國公共工程的範疇，就本文之所論，雖然比較狹小，但仍為國際公共工程之中心部份，仍然受到國際公共工程之發展及其所採之政策的影響。至於我國公共工程之任務，不僅同於英美，但是提高人民生活，增進人民幸福，則是共同的目標。

戰後我國應積極參加國際公共工程的活動，事實上也不容我們退出國際公共工程的舞台。不過我們要爭取主動，預先建立公共工程之基本政策，則周旋於國際經濟建設的站壇之上，進退有據，免致臨事張惶。

要建立公共工程政策，須先確定公共工程在戰後建設中之地位。

五　公共工程在戰後建設中之地位

戰後我國之建設政策，時論以為應學蘇聯，縮衣節食，吃苦奮鬥，先建設重工業為第一要義；至於提高人民生活程度的建設，則屬次要，應列為第二步的工作。

所謂農業與工業輕工業與重工業，民生建設與國防建設，都是相對性的名詞，不僅難以截然劃分，且其界限逐漸泯除。農業的機械化與集體化，就是農業的工業化，輕工業是重工業的培養線；是相輔相成的。民生與國防更難截然劃清，民生建設與國防建設，也不過是平時與戰時之分，直接與間接之別。

實現成功。從前在「中學為體西學為用」的口號下，我們想學洋人的「堅甲利兵」，不去理會堅甲利兵之所以為科學與現代西洋文明，結果失敗了。必須有近代科學文明與科學的物質生活，才能產生科學的武力。我們效法他人，要學成一整套，分為體與用，貪戀科學的物質生活享受，而忽略了根本的科學思想與科學精神，或者探討科學原理原則，而不建立科學物質生活之基礎，這種支離破碎的見解，頭痛醫頭的辦法，將格致於非驢非馬之四不像。是不能發生國防或民生効用的。

我們興辦一萬工人的工廠以後，就必然落成一個至少五萬人口的小市鎮。現代工業技術需要高效率的熟練工人，要維持工人的高度效率，必須使之有充分的休息，適當的娛樂，即維持其物質與精神生活至某種水準。因此須於建廠之始，同時建造工人住宅，裝設電燈自來水等之市政公用設備，修治道路，開闢公園，設立學校圖書館醫院及娛樂場等，以謀工人生活之安適，使其體力健康，精神充沛，致工作效率因之增高，才能適應現代工業技術的要求。我們不能在第一五年建工廠，第二五年再造宿舍，第三五年才辦市政。

美國西海岸造船業中心地之波特蘭，於一九四三年為國家船廠建築職工宿舍，其計劃包括公寓建築七〇三座，複式住所十七棟，郵局一所，幼稚園五所，醫院，救火站，電影院二所，若干的商場二所，管理處六所，這是多麼完備的一套市政建設[illegible]。

蘇聯一九二八年開始實施的第一五年計劃，以建設國防重工業為任務，而用於市政及住宅之經費約達工業投資總額百分之五[illegible]。建立工業而不建職工住宅，不建工廠附近的市政設施，工人住在破舊擁擠的貧民窟，整年在傳染病的死亡線上掙扎，工作效率當然談不到。蘇聯建設重工業與建設工人新的生活之物質基礎同時并進，這是聰明的政策，應為我人之所取法。

所以公共工程在戰後初期建設中，無所謂先後輕重緩急之可言，是如何配合工業建設，適應工業社會，使工業發展得以迅速。最切實的全面發展，并減低發展過程中的浪費，使人力物力的浪費與損失減至最低限度。

六 公共工程之經濟政策

公共工程之任務，不僅在實現民生主義的住，並且要促成與充實「平均地權」、「節制資本」及「建設國家資本」等三大政策的徹底成功。

「平均地權」對農民不僅要達到「耕者有其田」，對市民則不僅要平均「地」上之權，還要平均地上建築物的「住」權，即實現「居者有其屋」。所以在公共工程中工作的居室建築計劃中要適合這個政策，這就是說政府公營或人民共營居室的方法，使消滅城市的房主壟斷

26291

一個是儘量提倡集體住宅，使「自掃門前雪」「與老死不相往來」的習性，由漸減退而漸消除。

水電與市內交通等企業，是發展的理想園地，在先進資本主義國家中，這種事業也在全部企業中佔重要地位。今後我國對此種公用企業，應以公營為原則，私人投資則應限制股權的集中（外資除外），使每一水電消費者，交通使用者，皆有加股的機會，以達市民共營公用企業之理想。

此外，仿照美國的聯邦住宅貸款銀行與蘇聯，土耳其的「市政銀行」之例，創設「工業銀行」及居室建築合作社之系統，為發展全國公共工程之金融基礎，並促成公營共營及居者有其室等政策之實現。

一個國家最重要的資本就是土地，而農田與市地比較起來，市地的價值，高過農田千百倍。所以實行市地公有政策，在建設國家資本上，是收益最大而用力最少的一個方法。再加上地上建築物與公用企業的公營或共營，所以公共工程的建設，對於創造國家資本，是有決定性之意義的。

七　公共工程之社會政策

「一」公共工程之社會政策，就是公共工程如何配合社會政策，而促其實現，也就是社會政策實施中所需要的物質建設是什麼。

轉移農業人口為工業人口，實是工業化的重要課題。依戰後建設的初期——十年以內——假定要轉移五千萬農民於工業中，則至少建設平均十萬人口的新市一百個。

今歐美工業先進國家農工業人口分配比例如下表：

國別	年份	都市人口百分比	農村人口百分比
美國	一九四〇	五六・五	農民 二三・九 非農民 二〇・五
英國	一九三一	七九・五	二〇・五
德國	一九三〇	六七・一	三二・九
法國	一九三一	四九・一	五〇・九

我們天時地利及人和的條件，將來無疑的是一個農工業並重的國家，人口大概也是平均分配於農工業之中。依據這個假定，則工業化完成之日，都市人口至少在二萬三千萬以上（工業化期間新增之人口尚未計入）。公共工程就要為這些轉移到工業中來的人口，預備居住遊憩及一切生活需要的物質設備。公共工程不但要配合這一人口移轉的政策，並且要促成此一政策之完滿實現。

集體生活所需要之建設，如公共會堂食堂公寓及運動場公園圖書館博物院等，皆應隨人口之轉移，及時興建。這些建設是現代生活所必需，尤為我們舊時代所缺乏，所以要急起直追，創建基礎，迎頭趕上。我國數千年來的生活方式將人民禁錮在家庭的牢獄中，生產，敎育・社交・娛樂・生老病死皆不出家的圈籬，人人都想光宗耀祖，個個皆無國家觀念，甚至各掃門前雪，不知有公共生活公衆福利與公共道德，使自私自利的習性，養成根深蒂固的社會基礎。從家族的小天地中，將人民解放出來，要在敎育經濟各方面一齊下手，而集體生活所需要的物質建設，是打破舊生活習慣，培養新生活方式的基礎工作，在公共生活中，團體的意識增强，社會本位的現代公民才能產生，公共工程的社會政策也才能實現。

八　公共工程與利用外資

公共工程中之公用事業工程，交通工程，衞生工程，與居室建築，其中大部可以在企業基礎上建設起來，即投資之後，可以付息還本。公共工程多半是點的建設，興工與管理比較容易，投資的安全性最大。公共工程與其他工礦交通事業關係政治軍事極爲密切者不同。外人投資不致有影響國家主權的問題發生，所以公共工程是理想的國際合作事業，在各種可以利用外資建設中，是彼此互利而流弊最少。戰後應由中央政府指導地方政府與人民。大量招致外人投資，舉辦各地之公共工程。

利用外資的方式有以下六種：

一，完全外資。

二，中外合資。

三．外資特許制。

四．中外合資特許制。

五．外國廠商長期賒貨。

六．政府借款。

這六種方式，要因地因時制宜，只要能利用外資，這六種方式皆可採用。如由我們爲主觀的選擇，則以政府借款，經工務或市政銀行，長期投資於公共工程爲最善。其次爲外國廠商之長期賒貨，凡公共工程所需之外國器材，由外國廠商賒給，分期償還若干年後一次還淸，期限至少十年或二十年。再次則爲特許制度。公共工程多爲專利之營業，特許制以不超過二十年爲原則，期滿無條件交還我國，即變爲公營或共營之事業。對於必須借重國外特種技術之已有專利權者，以採用特許制度較便。至於中外合資或完全外資之四種方式，凡有獨佔性之公共工程，必須規定其營業年限及備價收回等條款。無論何種方式利用之外資，公共工程完成後之營業，尤其是收費標準，必須嚴守我國政府的政策與法令，自不待言。

九　公共工程之機構

我國古制，周設「匠師」，屬於冬官，「督百工之職」，秦置「將作」，「掌營造宮室」，至漢則稱為「將作大匠」，到隋朝正式設立「工部」。為「吏、戶、禮、兵、刑、工」六部之一，「掌營造百工之政」。歷唐宋元明，以迄於清末，始將工部改為農工商部。民國以來，由農商與工礦，而農礦與工商，再演為實業與經濟。其注意點，對工的方面是工業，而非古之「營造百工」，更不是今之「公共工程」。抗戰以後，內政部設「營建司」，這是我國恢復工政之始，惟營造範圍稍窄，名稱亦欠顯明，以今日公共工程範疇之廣，戰後公共工程任務之鉅，當非一司之力所能負荷，不過這是恢復與發揚工政的嚆端而已。

英國是資本主義經濟的始祖，不但工商業皆由私人經營，即公共事業亦多由私人興辦。惟此次大戰以來，由政府築防禦工事，建築軍基地，添建工廠及住宅，修理敵人轟炸的建築，所以不得不於一九四〇年在內閣中設「工程與建築部」(Ministry of Works & Buildings)，於一九四二年改稱為「工程與設計部」(Ministry of Works & Planning)兼司建設之設計工作。又於一九四三年增設「市鄉計畫部」(Ministry of Town & Country Planning)與「新建設部」(Ministry of Reconstruction)，一司全國市鄉之整個重新規劃，有類於德國國土使用之設計機構；一司戰後一切新建設之計劃與實施。上舉英內閣新設之三部，其職掌大體不出公共工程之範疇，英人重實際，喜牽就既成

事實，所以分為三部，且在不同之時間成立，不過因環境之需要而制其宜。

美國在太平洋戰事爆發之前，一九三九年設「聯邦工務署」(Federal Works Agency)，署以下設「地方公共工程計劃處」(Local Pudlic Works Programming Office)，「公路局」(Public Roads Administration) 及「公共建築局」(Public Building Administration)。聯邦工務署及其附屬之三局皆為行政或設計之機關，除地方公共事業計劃處因戰事暫停活動外，公路局則協助指導各州公路局，從事於戰後公路修築之計劃；公共建築局，則對聯邦政府之各項公共建築之因戰爭而中止者，研究其戰後如何恢復。

聯邦工務署之外，另有「全國居室署」(National Housing Agency)，於一九四二年成立，以發展一般城市之居室建築為職責，署內有城市研究組，技術組與調查統計等組，另有附屬機關三，一為「聯邦公共居室事務處」(Federal Pudlic Housing Authority)，司軍需工人，及平民住宅之建築，一為「聯邦居室管理局」(Federal Housing Administration)，司人民興建居室之資金協助。

蘇聯是一個嶄新的國家，對公共工程的行政與建設有一套完整的機構。在全國最高的國家設計委員會中有「市政與住宅組」，司全蘇聯之市政與住宅的基本設計，各邦政府（即盟員共和國）均設「市

政經濟人民委員部」・司各邦內之市政與住宅建設之推進。

其他新興國家，如土耳其墨西哥等國政府，亦皆有公共工程部之設。

我國戰後公共工程機構之創制，雖不能模仿其他國家，但應認識公共工程在現代國家所佔的重要地位，參攷各國已有的成規，根據國情，迎頭趕上，使我之後來者居於上。

現在中央設計局，在經濟計劃委員會下設有公共工程組，較蘇聯國家設計委員會之市政住宅組，更富於綜合性，至於中央與地方之公共工程行政與業務機構，試擬組織原則如下：

一、於中央最高公共工程行政機構，在戰後應於行政院之下設一工務部，以公共司全國各地方政府公共工程行政之設計指導與監督，並得直轄工程處，辦理全國性之公共工程。在我們輕視應用技術的祖先，尚且在中樞特設六部之一，以掌百工政令；「市政計劃」亦不過是公共工程六大部門之一，英國內閣尚有之特設「市政部」，無論稱古或現今，我國皆應專設一部，以主工政。

二、於各省設省工務局，隸建設廳，在初期省工務局以兼辦行政與工程為原則，但亦得設直轄之工程處，於極專實需要，使行政與工程劃分辦理。

三、於市設市工務局，直隸市政府，兼辦行政與工程。

四・縣設工務科，鄉（鎮）設工務股，保設工務幹事，均兼辦行政與工程。

五・「工務」一名詞是否恰當，尚待考慮，其他如「工程」或「建設」兩名詞亦可列為備用。「建設」一名詞在我國用的太濫，且現行省制中建設廳之範圍與職權更覺籠統，如再沿用，恐不能將公共工程的性質表現出來。

十　公共工程之行政

公共工程機構如何運用，工務行政所應採的方針，及各級工務機關所負的任務，一般都未臻於工政推行之初。加以根本的分析，厘定分工配合的原則，以前許多新政失敗在任務不明，政策不定與機構運用之不靈活上。

工務部的主要任務，為全國工務行政的全般設計與指導，及技術標準的統一與提高，與特種器材的統籌與供應。工務行政之最重要者，由於公務法規之頒布，技術員工與建築廠商之管理，建築材料標準化之推行與產銷之管理，建設經費之統籌與工務業務之創立等。關於技術標準之統一與提高者，如街道分等路面分段，給水溝渠按人口多寡分訂標準設計，使地方施工機關之設計工作減至最少。技術標準統一與提高之後，則特種器材，如築路機械・給水廠・汚水廠之機械設備，皆可統籌製造，大量供應，並且各地各廠之器材機件皆可互換使用，調劑盈虛。

省市縣之工務局科，對於工務行政不過是推行中央工務法令，其工作的重心在工程的實施。以我國幅員之廣，各處天時地利經濟文化等條件差別之大，公共工程如行中央集權，必致包而不辦，故必將全責全權交給地方政府，工務部的責任是指導協助地方政府。其有全國性的，非地方人力物力所能辦者，或其他特殊情形之工程，始由中央直接主持。

公共工程之行政，在設計與技術上，要中央統籌，以收全國[illegible]計劃發展及標準統一之功效，在工程實施與事業管理上，則應以授權地方為原則，放手讓地方政府，按其人力物力之所及，儘量的去發展。

十一、尾語

以上所論，從國際公共工程的理論說到我國公共工程的範疇，從公共工程的任務說到公共工程的基本政策，對於公共工程中若干重要問題，仍不過是描給了一個輪廓，其他待研究的節目尚多，即前論之諸項，也必須有更具體更詳備的方案，始能供實施之參考，不過由此文中，對於公共工程在現代國家中的重要性，可以得到深刻的認識，對於公共工程在工業化建設中的地位，可以有一個真切的估量。我們要在這建設開始之際，打下健全的基礎，樹立正確的方針，才能迎頭趕上歐美，建設起一個富強康樂的新中國來。

戰後我國居室問題之研究

段毓靈

——轉載經濟建設季刊第三卷第三四期合刊——

一、引言

戰後有一個最緊要的問題，值得吾人注意，而且為吾人應當注意的，就是「居屋問題」。居屋問題何以如此嚴重呢？因其最易為吾人所忽視，而且積習甚深，一般人均認為無足輕重，殊不知隱禍所及，小之影響個人健康，子嗣繁衍，大之關係國家盛衰，種族存亡。

我國數千年來，學行較高之士，以安貧樂道為貴，大禹卑宮室，顏子居陋巷，至今傳為美談，崇儉之說，深入人心，其間輕重得失，未加深思明辨，賢者倡之，愚者和之，遂致以污垢不檢為名士風流，等而下之，赤貧無告之民，更視污穢為固常，不分男女老幼，蹋居一間矮小的茅棚，所有臥室，廚房，廁所，畜圈，畢集一室，然而較之棲身廟門，露宿街頭，匍匐岩穴者，又自認為高出一籌。

據專家估計，我國人民的死亡率，較歐美各國多出一倍，嬰兒多四倍，產婦多三倍。平均壽命在歐美各國可到六十歲，我國的平均壽命不到三十歲。又據戰前各地點的檢查，南京上海等八城市的學童，健全者不足百分之十，浙皖贛三省的壯丁，列入甲等者，僅佔百分之八，所以各國目中國人為東亞病夫。探本溯源，中國人民衰弱的原因，雖不只一端，主要以居室不良，衛生條件不夠，實為主[illegible]。亡國亡種，是指個民族戰敗的表示，戰敗的原因，是由於民族的不健全，而居室之良窳，又為民族強弱之關鍵，自幼而壯，出作入息，在衛生方面，影響身體健康及個人事業甚鉅，就國家方面言之，一國有了健全的民族，才能繁榮國家，一致成就文化與物質方面，力求進展，以奮發的精神，以耐思的腦力，從事研究，發明，製造，戰時挺身疆場，殺敵[illegible]衛國，器良兵精，一戰而勝，國家自然以此而強，反之一國民族衰弱，百孔千瘡，暮氣沉沉，平時既無準備，一旦強鄰侵凌，乃思以卵擊石，自然一潰不可復振，國家以此而亡，種族以此而滅。問題之嚴重，就有逾於此者，故戰後居室問題，值得吾人注意研究，而且應當研究。

美國有件轟動全國的新聞，就是查理斯凱萊軍曹(Sorgan Charles [illegible] Kelly)的家，凱萊曾擊斃德軍四千餘名，為此次大戰中美軍護國會榮獲助章的第三人，他家有一位寡居的母親，住在一所已在朽壞的木架房子，由一建於室外之木板樓梯，通至二三層，凱萊的家，共住三間房屋，沒有電器，煤氣，浴室的設備。當畢茲堡（Pittsburgh）城區的報紙發現了這件事情，就在報端發表，並將凱萊母親站在門口的照片刊出，這才為畢茲堡住宅局的幹員勃林何德博士（Dr. Bryn Jr. Horde）看見，當即贈給凱萊家一所現代化的低租住宅。

美國又有一件值得吾人注意而可資借鏡的事，就是全國公營住宅會議的產生，這是一個負責發展公營住宅的組織，他們努力工作，在最近的一次年會中（即全國公營住宅會議）決定了初步工作，即發動在戰後十五年內，建造一二、五〇〇、〇〇〇所私人及公共住宅，並使要住在貧民窟裏的人民享受實惠，在計劃中以半數以上之居室，作為低租住宅。

因此感想到我國人所謂貧民窟如凱萊的家，不過是一座已在朽壞的木架房子，木板樓梯建在室外，無電器、煤氣、浴室的設備，我們前方浴血苦戰的士兵，他們的家，比凱萊的家如何，我們四萬萬五千萬同胞的家，比美國的貧民窟又如何，恐怕美國的貧民窟，比我們中等人的住宅還好的多呢！無電氣，無煤氣，無浴室是極普遍的現象，而平均每家有三間住房卻是難能可貴了。

根據一九四三年美國所著世界年鑑的統計，美國人民住宅，並不感缺之，參閱下表便可明白：

年代	全國人口總數	全國居室總數（以所計）	建於市區之居室數（以所計）	建於農村之居室數（以所計）
一九三〇	一二二、七七五、〇四六	二九、九〇四、六六三	一七、三七二、五二四	一二、五三二、一三九
一九四〇	一三一、六六九、二七五	三四、八六一、六二五	二〇、五九八、五〇八	一四、二六三、一一七

由上表的統計數字，可以看出美國在一九三〇年平均每七、〇六人，能佔有住宅一所。到了一九四〇年，平均每三、七七人，即可佔住宅一所。由此可知美國人民住宅在戰前已僅足敷用，經過此次大戰，在短期內，美國的人口，只有減少，不會增加，在大戰期間，美國原有的住宅，未受若何摧毀，現在竟又發動於戰後十五年內建造一二、五〇〇、〇〇〇所私人及公共住宅，其所數之多，又超出戰前住宅數的半數以上，究其目的不外下列兩種：

（1）以極豐富的享受，酬勞自前方凱旋返國的軍人。

（2）消除貧民窟，代之以現代化的住宅，使人民生活水準益見提高，人民的體力，益臻健全。

回視我國戰前的同胞，或露居陋棚，或棲身無所，抗戰期間，復經敵偽大量破壞，居室之被摧毀者，不知凡幾，戰後人民無室可居者，勢必更屬增多。據社會部估計，戰後無力自建房屋者，約有四、六八八、九九〇戶，以每戶平均需要兩間半房屋計，共需房屋一一、七二二、五〇〇間，問題之嚴重，可想而知。

國父在實業計劃中，亦曾詳示吾人「居室爲文明之一因子，人類由是所得之快樂，較之衣食更多，改建一切居室，以合近世安適方便生活方式，爲本計劃最大企業，且爲最有利之一部分，」吾人自應遵從遺敎，深加研究，期於戰後與並肩作戰之美國並駕齊驅，健全大中華民族，湔雪國恥，增高國際地位，生死存亡，在此一舉。茲將研究居室問題應行注意的幾點，簡述於後：

二　目標與政策

研究居室問題，應先對於居室工業，樹立目標，決定政策。居室工業的目標，是要由政府新建現代化之居室，並指導人民新建或改善舊有居室，實現　國父實業計劃中的居室工業，以提高居室生活的水準，增進國民的健康和愉快。

說到居室工業的政策，最關緊要的，應配合國家工業化建設的需要，由政府儘先建築工礦業職工居室，其次由政府在政治文化經濟佔重要地位之區域內，建築公敎人員居室，以解決戰後各城市之房荒問題。至於鄉村，如一時經濟能力不夠，可先由政府建築示範居室，而以指導市鄉人民自行籌款新建，或改善舊有之居室爲原則；但同時對於市鄉不合衛生之居室，須加取締，以期逐漸銷除貧民窟。

對於市鄉建築式樣，爲求整齊劃一，及節省設計工作起見，無論政府公營，地方共營，或人民私營之居室，均以參照中央頒佈之標準圖樣建造爲原則，至所用建築材料，爲節省費用，及供求不至過於懸殊起見，以儘量利用當地所產材料爲原則，但有關國防空防之特殊建築，爲爭取時間及維持久遠計，可酌量實際需要情形，採用鋼鐵水泥及外國器材。

當地所產建築材料，如磚瓦木石等之製造，應力求標準化，爲求經濟計，應由政府就地建設機器窰廠，鋸木廠，開石廠，大量生產，一面獎勵人民設廠，並予以技術指導及資金補助，至特種建築材料，如鋼，鐵，水泥，玻璃，五金等，設備器材，如電料，浴盆，恭桶，水管，傢俱及廚房用具等，應由政府擇定各省適當地點，設廠製造，統籌供應。

整座成品化的居室建築，最近美國已創設公司五十餘家，準備戰後大量製造。但是否合於中國習慣與需要，應加考慮，可於戰後在交通便利之重要工業區，設廠製造，作爲試驗。

三　建築數量

居室之建築數量及完成之期限，須根據人民之需要，及國家與人民之經濟能力來決定，就人民需要來說，距離停戰期間愈近需要當最爲迫切，但就國家與人民之經濟能力來說，距離停戰期間愈遠，經濟能力，當愈較充裕，當停戰之初，國家當以工業化建設為重，自難傾其全力，從事居室建設。應權衡輕重，在可能範圍內，決定居室建築數量。茲假定於停戰後卅年內，將全國人民之居室建築完成，使全國人民，均能享受現代化居室之實惠，而酌定其每個五年計劃數量，及可能居住之人數如次表：（單位：百萬）

年度	由國家負擔新建居室面積	指導人民新建居室面積	指導人民改善舊有居室面積	總計面積	可能居住之人數	備註
第一五年	六〇	六〇	一二〇	二四〇	四〇	平均以每人佔建築面積六平方公尺計算
第二五年	八四	八四	一六八	三三六	五六	按照第一五年增百分之四十
第三五年	一〇八	一〇八	二一六	四三二	七二	按照第一五年增百分之八十
第四五年	一三二	一三二	二六四	五二八	八八	按照第一五年增百分之一百二十
第五五年	一五六	一五六	三一二	六二四	一〇四	按照第一五年增百分之一百六十
第六五年	一八〇	一八〇	三六〇	七二〇	一二〇	按照第一五年增百分之二百
合計	七二〇	七二〇	一四四〇	二八八〇	四八〇	

上表係按每人佔居室之面積六平方公尺計算，每個五年建築的總面積，均較第一個五年建築總面積累增百分之四十，即第二五年增百分之四十，第三五年增百分之八十，第四五年增百分之一百二十，第五五年增百分之一百六十，第六個五年累增面積，將為第一個五年建築面積之百分之二百，其中含義，即說第六個五年國家與人民對於居室之投資，將為第一個五年之三倍。至將來人民生活水準提高，每人所佔居室面積，因時代需要，勢必隨有增加，此項增加面積，可視作隨國家與人民之經濟發展情形而變遷。

三十年後六個五年居室建築完成之面積，共為二十八萬八千萬平方公尺，以平均每人佔居室面積六平方公尺計，則將有四萬八千萬國民可能獲得現代化之居室。

第一五年完成居室面積，共為二萬四千萬平方公尺，其中由國庫負擔新建六千萬平方公尺，指導人民新建六千萬平方公尺，指導人民改善舊有居室一萬二千萬平方公尺。

第一五年新建之六千萬平方公尺，擬以百分之四十五建築於工業區，作為職工居室，計合建築面積二千七百萬平方公尺。以百分之四十建築，於院轄省轄縣轄各市，作為公教人員居室，合建築面積二千四百萬平方公尺，以百分之十五擇建於全國各縣的鄉村作為農民居室之示範，合建築面積九百萬平方公尺。

至指導人民，新建或改善有居室之面積，應由各級市及各省縣地方政府，各按地方實際需要，及經濟狀況，自行酌定數量，轉請公共工程機構，統籌辦理。

四　技術綱領

居室設計，應以適用．衛生．經濟．堅固．美觀為原則，其佈置分家庭與單人兩種，每人所佔面積均以六平方公尺為標準。家庭住房宜分為每家四人及每家六人兩種；八人之家，則以三乘四公尺之房四間計算為四十八平方公尺，六人之家，以三乘四公尺之房三間為，得三十六平方公尺。以為顧及家庭衛生，廚房浴室等設備起見，應將住宅酌量擴大之。家庭住宅，以採用集體式建築較為適宜，並將各住宅所需之公用房間，如廚房、浴室、廁所、遊藝室、消費合作室等，並計畫於單獨住宅之內，則以採用公寓宿舍式的建築較為適當。為節省使用土地面積起見，集體式的家庭住宅，及公共宿舍式之單身住室等，均以建築樓房為原則，在土質適宜地區，並應酌建地窖層，作為公用儲藏室，而地下層及各樓層，亦得為住室。同時以省出之建築地面積儘量佈置花園、草地，兒童遊戲場等。至樓房之層數，應視建築地面之大小及當地所產材料情形而定之。

合作建築居室，應採用標準設計，為適應各省各地不同之氣候、土質、材料及生活習慣，應將設計之標準圖樣，預分為若干種。如建築物整體之構造，屋頂之坡度，門窗之大小，建築之方向，材料之種類，以及房間之配置及設備等，均應因地制宜，各擬定若干種適當設計與施工說明。各種標準圖樣，除由中央主管營建機關自行設計繪製一部份外，可由主管機關。擬具規範。公開徵求。以期集思廣益，迅赴事功。

鄉村示範居室如係為農民建築者，除按照職工居室設計繪圖標準外，並需兼顧農作物之儲藏，牲畜之飼養，農具之存放等設計，以資適應。

建築居室所需材料，前在居室政策內說過，以儘量利用當地所產材料為原則，但為適於防空起見，地窖層上面之樓梁、樓板應酌量情形，以鋼筋混凝土或鋼鐵築成之。

關於建築居室所需之建築師，及土木工程師，應由教育部統籌需要人數，並籌備所需之繪圖員、監工員等，應由各省市主管工程機關，就地招選高初中畢業生，分別訓練錄用，所需之泥、木及金屬等工人，則在施工地點，招收當地工人，施以短期訓練。

五、營造方式

國父在實業計劃中之居室工業曾說：「公共建築，以公款為之，而由政府設專部以司其事」。故應在中央及各省縣設立公共工程機關，分別主持各地居室建築，凡政府投資建築之職工居室，公教人員居室，及農民示範居室，完全公營，並應採用下列三項辦法：（一）由主管機關購料自辦，（二）委託國內成績卓著之建築公司代辦，（三）公開招標承辦。

至地方或人民投資興建之居室，應以合作社的方式辦理，所有居室之設計，營造實施，應受公共工程機關指導監督。人民獨資新建或改善舊有居室以自住為目的者，除由主管工程機關指導監督外，並依照建築法規辦理。

其以營利為目的之個人或公私團體建築居室，應由主管工程機關訂籌監督，依照建築法規辦理。其用途及租金，皆應受政府之管制。

無論公營共營或私營之居室，均應參照中央頒佈之標準圖樣設計。

六、經費之籌措

根據政策，所有職工居室，公教人員居室，及農民示範居室，所需的建築費，應完全由政府投資辦理，地方或人民共營的居室，以倡導公益提高居住水準為目的，不含營利性質者，除由人民集資及成立合作社向市府或工務銀行貸款外，政府可酌量補助建築經費之一部。至人民私人或團體私營居室所需建築經費，應完全自籌。

政府投資建築居室，及地方或人民團體投資的共營居室，不以營利為目的者，可按事業性質經營，一切收支均按成本會計辦理，並得利用外資，購買外國器材。此外居室資金之運用及器材之製造與配銷，應組織市政或工務銀行，直接辦理，或由市政銀行投資，單獨設廠辦理。

七、管理與維持

居室之管理與維持，較之建築工程尤為重要。倘居室工程完竣後，不並行施以良善之管理與維持，影響建築物之壽命，及住衆之安適甚鉅，故應於工程完竣後，分別交由有關機關，或組織管理委員會負責經營管理。如工礦業職工居室，應交由有關工礦機關管理，公教人員居室，應交由當地市府機關管理，農村居室，應交由鄉鎮公所管理，或地方人民共營的居室，應交由人民代表組織管理委員會管理，並應由政府隨時監督指導。

在管理居室最應注意的，為建築物的維護，及住衆幸福的謀取，說得詳細一點，就是房屋溝渠及住宅區內道路等之週期修繕與維持，以及居室之清潔及環境衛生之改進，庭園花木之培植；以及辦理消費合作社等。

為辦理上列各事，不能不有經常開支，此項開支的來源，惟賴收取租金。每月租額，應有適當的規定，一面應注意住衆收入和負擔能力，一面應按成本會計，詳為核計，如投資金額之利息，每年修繕費，辦理住宅區內一切公益事業費，管理人員經常費；以及按照建築物之有效壽命而必須改建或償清投資金額之折舊金等，均須並計在內，無失之太苛，亦無使其有不足之虞。

每月所收租金，應按收取租金時所定用途分別專戶存入市政或工務銀行，按時照規定預算支付，每月所收投資金額利息及房屋折舊金，應專戶存入市政銀行，作為到期付息，及到期改建或償清投資金額之用。其以合作方式貸款建築者，則專款保存，作為逐年償還貸款之用。

所有公私居住者應一律保險，以使於受到意外虧損時可藉獲得的賠款，而予以重修。

鄉村示範居室，如有收入較豐之居民，能於額定租金之外，按月攤還本息者，俟將該住室建築費本息還清時，該居室即價讓該居民私有。能一次或分期還清建築費本息者，亦同樣辦理，而以所收價還本息，建築其他居室。

八　人力財力物力之估計

我國物價向不穩定，戰時波動尤為劇烈，戰後物價若何，實難預料，戰後三十年中，物價的指數，更難預計，茲姑就戰前法幣購買力

人力之估計（附表一就政府新建六千萬平方尺估計）

技術員工種類	人數	備註
建築師	六〇〇	土木工程師並計在內
助理建築師	一・二〇〇	
工程員繪圖員及監工員	四・八〇〇	
木工	六〇・〇〇〇	上列係五年總數每年約需一萬二千名
泥工	九〇・〇〇〇	每年需一萬八千名
石工	一五・〇〇〇	每年需三千名
鋼鐵工	七・五〇〇	每年需一千五百名
油漆工	三・七〇〇	每年需七百四十名
水電工	一二・二〇〇	每年需二百四十名[illegible]
小工	一五〇・〇〇〇	

物力之估計（附表二就政府新建六千萬平方公尺估計）

材料種類	數量	備註
磚（萬塊）	二・八〇〇・〇〇〇	
瓦（萬塊）	七〇〇・〇〇〇	
木料（立方公尺）	七・〇〇〇・〇〇〇	
石灰（公噸）	八〇〇・〇〇〇	
石料（立方公尺）	二八・〇〇〇・〇〇〇	
水泥（公噸）	二・一〇〇・〇〇〇	
油毛毡（平方公尺）	七〇・〇〇〇・〇〇〇	
油漆（公噸）	七・〇〇〇・〇〇〇	
玻璃（平方公尺）	七・〇〇〇・〇〇〇	
電線（公尺）	五四・〇〇〇・〇〇〇	
電燈（盞）	四・八〇〇・〇〇〇	
水管（公尺）	七・〇〇〇・〇〇〇	
面盆（個）	六〇〇・〇〇〇	
浴盆（個）	六〇〇・〇〇〇	
蓄水桶（個）	六〇〇・〇〇〇	
五金（公噸）	[illegible]	

將第六個五年由政府投資新建的居室，略予估計，共約需建築經費二千九萬五千六百萬元，每年需建築師，助理建築師，工程師，繪圖員，監工員等共約六千六百名，每年需木，泥，石，油漆，

水電等，各項技工，共約三萬五千四百八十名，普通工每年約需三萬名。每工人二名，以每年工作三百日計算。（估計數參看附表）

財力之估計（附表三就政府新建六千萬平方公尺估計）

經費種類	數　目	備　註
工料總價	一•八00•000•000	上列數目係建築磚瓦房木質地板每平方公尺按三十元估計如建鋼筋混凝土房每平方公尺再加工料費十五元如建築樓房建築費較平房可減百分之二十
維持費	九0•000•000	維持費照總價5%估計
設備費	九0•000•000	設備費照總價5%估計
補助費	九0•000•000	補助費係用以補助人民自建之六千萬平方公尺
建築師薪津	一二•六00•000	建築師薪津每人每年以四千二百元計
助理建築師薪津	七•000•000	助理建築師薪津每人每年以二千四百元計
工程員及監工之薪津	二八•八00•000	工程員等薪津每人每年以一千二百元計
總　計	二•九二八•六00•000	

九　結論

在戰後三十年內，我們打算使全國的人民都能享受現代化居室的實惠，最低的限度，我們必須完成現代居室廿八萬八千萬平方公尺。上項建築總面積，係按每人佔六平方尺，三十年後，中國人口發展到四萬八千萬人估計。其實國家工業化後，人民之經濟生活將隨時代而進展，人民需要居室的面積，亦勢必隨經濟程度的進展而增加。從另一方面推測，人民生活水準提高，衛生條件俱備，人口繁殖的效率亦將隨之增高，則三十年後，中國的人口總數，或者不止四萬八千萬，平均每人需要居室面積，亦難限於六平方公尺。惟即以二十八萬八千萬平方公尺，作最低估計，所需建築經費數字之龐大，已可驚人。

根據本文第三節所述二十八萬八千萬平方公尺，內中指導人民改善舊有居室十四萬四千萬平方公尺，新建不過十四萬四千萬平方公尺，此項新建面積，內中尚有七萬二千萬平方公尺係由地方或人民投資興建，政府不過居於指導督促地位，由政府補助的資金，亦佔極少數。單就政府投資興建的七萬二千萬平方公尺，按磚瓦房每平方公尺三十元估計，即需建築費二百一十六萬萬元，而百分之五的維持費，及百分之五十的設備費，尚未併計在內，如建築鋼筋混凝土房屋，每平方公尺，尚須增加建築費十五元。至於所需建築師，助理工程人員，各項技工，特種器材，普通材料，估計數字之大，更不待言。

居室建築為復興民族和加强國力最基本的建設，需要既如此迫切，而政府與人民的負擔又如此之重，非集中全國力量，按照既定政策，努力邁進，絕難達到最後目標。而技術人員，為中流砥柱，其有賴於技術專家之深思熟慮，精密籌劃者尤多。現勝利在望，希望國內建築專家，振起精神，羣策羣力，研究，設計，推動，以完成此造福全民的不朽偉業。

新市制的商榷

——轉載大公報「市政與工程」期刊——

宋子衡

一　弁言

都市爲人類文明進化和工商事業發達的產物，歐洲城市，興起最早，世界文明古國的埃及，有孟府和日盧爾市，敘利亞有乃泥府，巴比倫有巴比倫，而古代希臘之城市國家，其重要城市，如參米古市雅典市及克倫市，不僅是宮殿之所在，不僅是商品交易所，而實具有所謂近代都市社會的意義。美國在一七九〇年有最大之都市費城人口六十萬。實業革命後，各國都市發展，一日千里，突飛猛進，市的組織，亦因地因時而有不同。

我國文化，最初係沿黃河流域爲漸次的發展，當唐虞之際，除前後國都人口稍多，突往較衆外，並無重大都市，秦漢以後，雖有咸陽，洛陽，長安，燕京，汴梁，金陵等，但都市的正式名稱，尚不多見，至民國十七年間始正式設，南京上海北平青島等市，十九年五月二十日國民政府公布的市組織法，爲市的正式組織法典，市的設立，由特別市而發展到普通市，市的分佈，由沿海而到內地，三十二年爲了配合新縣制，爲了達成抗建目標，於是年五月十九日將市組織法，又行修正，論其內容，自較十九年的市組織法進步，今抗戰勝利，建國開始，建設工業化的新中國，就是使全國都市化，則都市的發展，勢必飛進，針對目前情形，謀合理進步的新市制，以促進市政的發展，正爲不可忽視的問題。

二　市組織法的檢討

新舊市組織法的公布年月，已如前述，茲就其主要內容，加以檢討並比較其得失：

甲、新舊市組織法的不同之點：

一、舊市組織法，凡十五章，一百四十五條，修正之市組織法則不分章共五十條。

二、新舊市組織法，規定院轄市設市的三項條款相同，但舊法規定具有二三兩款情形之一，而爲省政府所在地者，應隸屬於省政府，新組織法則刪去。舊市組織法規定省轄市的市設條件，爲（一）人口在三十萬以上，（二）人口在二十萬以上，其所收營業稅，牌照費，土地稅，每年合計占該地總收入二分之一以上，新市組織法則爲（一）省會（二）人口在二十萬以上（三）在政治經濟文化地位重要，其人口在十萬以上，設市的條件較寬。

三、取得市公民的積極資格，舊市組織法規定爲「在市區域內，繼續居住一年以上或有住所達二年以上。年滿二十歲」，新市組織法則降低爲「繼續居住六個月以上或有住所達一年以上」。

四、市職務在舊市組織法，則專列一章，於第八條明白規定爲二十四項，新市組織法，未列市職務，只於第八條規定市政府的職權爲（一）辦理市自治事項，（二）執行上級政府委辦事項。

五、區以下的組織，舊市組織法，爲坊，閭，鄰，係採自治式，新市組織法爲保甲，容保甲於自治。

六、舊市組織法關於市區坊財政，均賦予獨立地位，以明文列舉規定，新市組織法對於市財政則遵之財政收支系統，區保均不賦予財政。

七、舊市組織法市政府設局設科的規定，不免呆板，對於警察局以第十六條明文規定首都及省政府所在地之市，不設而另設之於首都警察廳及省會警察局。新市組織法市政府設局設科的規定，富於彈性，且無舊法第十六條的條文。

八、舊市組織法區的民意機構，區民代表會外，還有區民大會，及區監察委員，坊設監察委員會，鄰閭則設居民會議。新市組織法內，區無區民大會及監察委員，保無監察委員會，甲則改設甲長會議。於必要時始舉行居民會議。

九、舊市組織法對區以下自治及民意機構，均有詳細的規定，新市組織法，則只概要的規定，其詳細辦法，讓之其他法令。

乙、新市組織法的優點：

一、我國市組織法，係採大陸制，各市的隸屬關係，雖有不同，但各市的組織，則保存統一的色彩，換之抗戰建國的時代背景有其適時的價值。

二、我國地方組織，自治與自衛分立，使地方自治工作，不能順利完成，這是抗戰後一般政治家及從事地方自治工作者，認為必須改善的重大問題，故二十八年十一月公布的「縣各級組織綱要」，即將保甲定為下層組織，成為鄉鎮的細胞，市的情形，較縣尤為複雜，市自治工作，也更須用保甲的力量，去加強推進，新市組織法亦援縣各級組織綱要而定為市的下層組織，容保甲於自治，是很得法意的。

三、新市組織法設市的條件，凡屬省會，均可設市，並將人口數量由三十萬降至二十萬，由二十萬降至十萬，比較舊法，已很寬泛。

四、新市組織法在區之一級已無區民大會，區以下為保甲，不同於舊市組織法的坊鄰閭，機構上已較簡化。

五、市的警察，在首都則屬於首都警察廳，在省會則屬於省會警察局，市政府推行工作，至感事權不集中，新市組織法第十一條市政府設局或科，掌理關於民政，財政，教育，建設，警察，衛生事項，無舊市組織法第十六條的規定，則警察機構，自應列入市組織，市府事權集中，有利工作的推進。

丙、修正市組織法的缺點：每一法令的制定，均有其時代及社會背景，時過境遷，社會狀況變易，則法案自感覺使用不靈活，修正市組織法公布的時候，正是抗戰最艱鉅的階段，今已勝利逾年，其缺點自所不免。

一、設市條件的不合現實：抗戰勝利，我國在政治上，要實行憲政，完成地方自治，以目前各地人民的教育程度，及參政的情形，決非一蹴可就，市為人口集中及教育比較發展的地方，應先實行民主政治以作憲政的先驅。在經濟上我國要提倡工商業，人口集中，乃自然趨勢，發展市政，實為急務，修正市組織法所定設市的條件，自不合於實在情形。

二、市長的不民選：市長民選，國父言之諄諄，修正市組織法，一如舊法，未之規定，亦乃為適應抗戰環境，本不可厚非，今憲政即將實施，對民選市長及應否規定過渡辦法，為市的主要問題，不可忽視。

三、區保組織簡陋：區公所分轄十至三十保，事務相當繁多，只設助理員及區員，何能推進工作，保轄十至三十甲，只有民選的保長副保長二人，且無薪給，工作固然不多，但亦形同虛設，無人辦事，按照現實情況，殊難適應。

四、市參議員名額的分配不太合理：市民職業，分類複雜，職業團體很多，其自治的性質，不僅為政治的，而亦為經濟的，農民的人數，並不佔市民的最多數。因之市參議員的名額，地域和職業選舉，應適宜的分配，修正市組織法第二十三條「由職業團體選舉之參議員不得超過總額十分之三」的但書規定，是不太合理的。

三 市政學者對設市的意見

自三十二年抗戰形勢，轉利於我，為了戰後公共工程的復員和建設市政，頗引起國內市政學者對市組織法及未來新市制的研究和檢討，茲就其比較重要者，擇錄如左：

(一)內政部營建司的意見：

院轄市（沿用舊稱或稱一等市）

省轄市（市政沿用舊稱或稱二等市）

城市（或稱三等市）

鎮市（或稱四等市）

集市（或稱五等市）

村（二千五百人以下）

(二)實業計劃研究會討論的結果：

特大城市（一百萬人口以上）

大城市（十萬至一百萬人口）

中型城市（一萬至十萬人口）

小型城市（一千至一萬人口）

(三)市政工程學會的意見：

集市　二千五百至一萬人口之市（不滿二千五百人口之集合，一律稱鄉）

鎮市　一萬至五萬人口之市

城市　五萬至三十萬人口之市

都市　三十萬至一百萬人口之市

大都市　一百萬人口以上之市

附載　讀新市制商榷

(四)張銳先生的意見：

分集團政區為都、市、鎮、三級，「都」屬中央直轄，五十萬人口以上，因其另有軍事上政治的重大意義，可不限於人口數字，「市」屬省轄，三十萬至一百萬人口，分大中小三級，人口以五倍遞進，「鎮」屬縣轄，二千至三萬人口，分大中小三級，人口數以五倍遞進。至於不滿二千五百人口的，一律稱鄉。

(五)馬博厂先生的意見：

市照分院轄、省轄、縣轄三級，且應□院轄市及省轄市的數目，一則便於發展市政，再則縣政府遷出城區和農村接近，便於發展農村。

(六)市政工程學會邀請各專家討論的結果：

各專家都認為市應分院轄市、省轄市、和縣轄市，三級，名稱，或主張用「市」「鎮」，或主張用院轄市、省轄市、縣轄市，意見不甚相同，而以贊成後者居多，因通名之後，尾以市字，可與舊稱的市組織法、「市行政」、「市計劃」、「市政下」等名稱相連繫，至於設市的人口限度，則均主降低，但以財政許可為原則。

四 歐美市制的典型

為了本文的研究便利起見，僅把英、美、法、德四國的市制，作簡要的說明如下：

甲、英國　英國關於市組織，並無統一的法典，而是溯源於習慣法、市法人法、市其他命令的特許的、普通法，地方法，或私法，以及各種部令，尤其是臨時部令。

英國市制，英國市政府的名稱，外人聽來，很為混淆，在地方政府的書裏，可以讀到有「城市」、「州市」、「國會市」、「京都市」、「受封市」、「特許區市」、「城區」以及「市區」等，但歸納起來，可分爲：

1.州市　是因爲政治的，從州治脫出，而自己作成一個行政州的城市，和我國的院轄市相同。

2.城市　已經得到市「特許」，而還沒有升到「州市」階級的地方大自治並爲以上在州的管理之下，和我國的省轄市一樣。

3.市區　僅是一個居民的區域，並沒有得到市特許，她的政府，不由市法人法所規定，但她已經組成爲地方政府的單位，其政府組織，較市爲簡單。

二・市政府　英國是議會制的國家，市府與市會，亦受此影響，各市名義上，雖然有一個市長，但只是城市名譽的首領和市民首領，而非行政首領。他每年十一月九日，由市元老與市議員聚合一起所選出。無薪給，任期一年，可以連選，他只是市會開會時的主席，並無特殊權力。市政府設有市書記，爲市府的主要官吏，可以運用全部權能的。市的行政工作，不由於市長，乃是由於市會，而大部更由於市會中的常設委員會，就各種常會有法定的常會，可以設分委會，使之辦理某種會務。

三・市會　市會由市長，市元老，市議員的合體組成，爲城市的唯一統治機關。市會的大小，依市的大小而不同，其組織與職權則無變化，市議員由選民選出，市元老和市長，由市議員選出，市會議員數目，由市特許所規定，但市會依法定程序，由全會三分之二議員，可以要請變更。市會是市政府立法而兼行政的機關，一市所有權力，都操之於市會之手，無所市會市府以及各局局長的分權。

乙・美國　美國是聯邦國，採權能均衡制度，最依據成文法以中央與各州政府的職權，聯邦皆載在憲法，有一定的限制和範圍，彼此不得侵越，市政統轄權，係屬於各州政府的範圍內，聯邦不得過問。美國有四十八州，皆爲半獨立性質的主權社會，各州皆有其最高最後的權力，以處決其所管轄的事務。各市的市民，可以自定市憲，經過州議會的批准而成立，現有十五州行自治制，允許市民自行制定市憲。各市的市憲，即市的基本大法。

一・市制　各州的市政制度，不特州與州之間，彼此不相一律，在一州之內，市與市之間，亦彼此各不相同，華盛頓是一種「特區」政治，他沒有市長，市元老，市議員，或市經理，乃在國會監督下，由任命的三人委員會治理。其他各市都在州政府的[illegible]範圍。美國的市政，非常發達，已設市者，有三千二百九十九處，普通以人口二千五百人爲市和鄉的分界。

二・市政府　美國市政府組織形式，極不一致，可歸納爲三類。

1.市長制　有分權與集權之分：

子・分權市長制　係以制衡原理爲理論基礎，以聯邦政府之組織爲藍本，市長之下分設各局，各局局長及其他重要行政官吏的委任，雖由市長提出，然非經得市議會的同意，則不能發生效力。市長對市議會的決議案，雖有否決權，然市議會若有三分之二的議員通過，此否決即不能生效。市議會握有法律，財政，人事同意三大權。此制弊害很大，不足爲訓。

丑・集權市長制　因歷經前制，而用此制，市長負政府行政事務的全責，對各局之行政事務，可爲直接之指揮與統率，各局局長的任免由市長主持，市長負責編造市預算，市議會如有修正，須受相當限制，此制雖亦不無缺點，但較之前制，則高出甚鉅。

2.市委員會制　此制之根本特色爲簡單二字，由市民選舉委員五人，組織委員會，總攬並行使市府的一切治權，市府之立法權，或行政權，均總於此會，並不分交於不市制之政府組織，委員各兼一行政局局長職務，同時並受該管整個委員會之指揮監督。甲、預算：市府預算的編造，款項的審核，經費的支配，財富的管理，均由此五人共同負責。此制實風行一時，但不久亦生流弊，發展已受限制。

丁、3.市經理制：此為最新之制，一如工商業之公司然，市民猶如一公司之全體股東，由市民選舉若干人組織市委員會，一如公司股東選出之董事，由該會選聘市政專家充任市經理，以總攬全市之行政事務。市經理之下，分設各局。一切行政責任為向上集中於市經理之地位，足以促成政府治權的統一和協調，同時將政策決定及政策執行之工作，顯然有明顯之劃分，所以此制在美國日漸擴展，前所謂後來居上，正是此制也。

乙、市議會：美國因市制的不同，故市議會的組織亦不甚劃一，概括的講，各市市議會多數採一院制，並採兩院制者很少。議員的名額，隨都市的大小而不同，如紐約市議會有議員六十一人，而波士頓市議會只有九人，各市議會議員人數，超出二十人以上者很少，一般人認為有十五人，即可作圓滿迅速之立法工作，人數一多，反徒浪費時間與口舌，必不能收良好之結果。市議員之普通任期為二年，有若干市為四年，亦有三年者。普通皆採取每年改選幾分之幾制。凡合格選民，均有當選為市議員之資格，惟少數都市議員多為義務職，大都市則為有給職。市議員之選舉方法，各市不同，約可大別之分為（一）分區選舉制，（二）全市選舉制，（三）區市混合制，（四）比例選舉制，（五）比例代表制等，因篇幅所限，姑不詳述。

丙、法國：法國是採內閣制，多數制的國家，在中央政府之下為省，下設八十九省，省之下為縣，市鎮。縣之下為區，縣市區均為地方單位，兩級制的情形相當複雜。

一、市制：一八八四年四月五日公布的市法典，可為市的統一法典，除了巴黎不受此規定和里昂、馬賽、……尼斯、……另有特殊例外規定外，一切城市全是相同的制度。人口在一萬以上的，約三百市，四萬以上的，約六十市，十萬以上的，約十五市，五十萬以上的，僅里昂、馬賽，三百萬以上的，僅巴黎一市。也有不足五百人的市，……以上不足……的市二千以上，……城市……沒有作出區別，……都……在……各……市，固然均歸內政部直接指揮，但嚴格的分析起來，其他的市……可以分為……種……，完全……政府。……

1.國轄市：如巴黎市，巴黎市與其外……組成……省，省長是由總統……，大總統任命的，直接受內政部長的管轄。

2.省轄市，除巴黎以外，其他人口較多的市，均歸省轄。

3.縣轄市：縣有副省長亦稱縣長，他對縣內的小市，亦有權可以管理。

二、市政府：除巴黎之外，不論大小，都有一個市長，一個或數個市副。二千五百人口以下的市，只有一個市副，二千五百人口以上不足一萬人口的市，有兩個市副，一萬人口以上的大城，每二萬五千人口，便增加一個市副，但不得超過十二人。（里昂有十九個市副，乃是例外）。市長市副，全由市會選出，任期和市會一樣，都是四年，全是同時當選的，無所謂局部更換的制度，選舉在五月中新市會第一次開會時舉行，選舉方法：沒有正式提名，選票是秘密制度，選舉時市會三次非得過半數票不能當選，若前三次無當選者，則以獲得多數票者即可當選。市長市副，均為無給職，但只發相當的辦公費，市長是執行政的首長，監督一切行政事宜，可以任命一切高低的市官吏，可以把各種事務的監督工作，分配給市副，法國並沒有市行政各局的局長，其一切的工作都操在長任的官吏手中，各市均設有市秘書一人，等於市的長任官吏中最重要的官吏，在小市中，多由國立學校校長兼任，……地方政府……下分

26309

四、科以下每科均有科長副科長。

三、市議會：市會議員是由人民選舉的，而且是市政府唯一的選擇機關。議員的數目

丙、依市的大小而不同。不足五百居民的村市，議員十人；二千五百居民的市，十六人；

一萬居民的市，議員二十三人；此後遞進，最多至人口六萬的市，議員三十六人。（巴黎

八十人，巴黎五十七人是例外）凡年滿二十一歲的男市民（女子無選舉權）在市中

居住六個月期滿者，即有選民的登記權，每一市僅一個選舉場，大較大城市，會長可以指

定次第，分區舉行。法國無比例代表制。

五　新市制的意見

新市制的改善，決不是臆想的理論，歐美的市制，只能作我們的參考，萬不能照抄；

了我們國情及時間與空間性，由時間和空間，去良訂制度，使這時的修正市政不為過，倘如

果不順事實，標新立異，則流弊多而轉貽政治社會的實在紛擾，茲將個人對新市制的意

見，是按著下列原則而說明的。

一、統系的市法典必須保持國民黨治及完成地方的手續與地方自治權。

二、沖突應避而統治權專。

三、法律政治的合理實現。

四、權能的調和。

五、機關的合理組織。

茲分別論列如下：

甲、確定市為地方自治單位，縣為地方自治單位；由現在國民政府頒佈的法及縣自治法，大概是認為

市則未經明文規定，這是我國制度和此法等的一大缺陷。按市為人口政治經濟變化的

區域，論性質與縣相同，論地位則較縣為高，且論其施行民政治，則市的任何條件，都

比縣為優，故從任何方面來講，都不能忽視市為自治單位，如果從戰後政治的經濟來

言，則這個問題，更應重視，在此國民大會招開之時，我特別提請各代表和法當局，務請

市為地方自治單位，以明文規定於憲法之內。

乙、市制：新的市制，我贊成市政工程學會各專家討論的結果，而分為院轄市，省轄市，縣

縣轄市三種，並應增加院轄市和省轄市的數目，縣轄市不主張過多，各市的人口限度，應

照前市組織法，但應以財政及人才為唯一原則。

一、院轄市：仍照修正市組織法第三條規定，不必再加以硬性限制，其合於三三條款的地方，

都得依照規定改為院轄市。

二、省轄市：修正市組織法第四條一款不變，二款應改為人口在十萬以上（原為五萬），三

款應改為在政治經濟文化上地位重要，而其人口在五萬以上者。（原為三十萬以下）設市的權

限，完全付之於省政府，以我國目前的情形，在短期內經濟人口不致有急遽的變化，

如此規定，是可適用的。

三、縣轄市：縣轄市應凡人口聚居地方有左列情形之一者設市，受縣政府之指揮監

督。（一）縣城所在地其人口在一萬五千以上者。（二）人口在二萬以上者。（三）在政治經濟文

化上地位重要，而其人口在一萬五千以上者。設市的權限，完全付之於縣政府。因於

縣治局的區域，暫不設市，這種的規定，是基於下面各種理由：（一）因為我國面積遼闊，

且我國人口的分佈，異常不平均，在人口稠密的地方，各縣縣城多已超過一萬人以上，在

邊陲省份及邊遠省份的縣城，不滿一萬人的地方很多，有些縣少至一二千人者，如邊疆的

縣城，縣轄市，只是點綴化而已，不適於各省實際情形的。（二）六十年，十萬以上的。

（三）我國經過長期抗戰勝利後的經濟，無論前方後方各縣市的都需要從事恢復，一切都在破壞

四、及人才，均爲嚴重問題，決不宜各縣大搞花樣，紛紛設市，就上面的規定，則縣轄市的增加，平均每縣一處，亦須二千三四百市，地方財政及人才，已成問題，如再放寬，將如何能決呢。

3.設治局是指地方情形特殊，預備設縣的區域，其人口較縣爲少，財政人才較縣更缺，不宜於設市。

丙、市政府組織

一、院轄市

1.採市長制，每市設市長一人，副市長一人，均由市民直接選舉，直接對市民負責，間接對市議會負責，任期三年，連選連任，市長的職權，任免市的一切行政官吏，對於各局的行政，直接統率和監督。副市長協助市長處理事務，於市長因公或缺席時，代行市長職務。

2.市長副市長各局局長或科長，均可出席市議會，提出施政計劃議案及報告。以收調和的實效。

3.預算的編造，由市政府辦理，送交市議會審議，市議會修改預決算，應有相當的限制，以防市議會的濫用財政否決權，而免市政陷於停滯。

4.市政府的組織，不可過大，再蹈過去頭重腳輕的毛病，設局的多少，應以事業爲中心原則，以求市政的積極開展。凡事業大者，如工務、衛生、教育，均可設局，其他行政工作，除警察局外，如民政、財政、地政、社會等，均可於市府設科辦理，勿須各設專局，如認爲非設局不可者，則局的名稱和職掌，亦應調整，在名稱上，可將民政、財政、工務、教育、警察、衛生六局。在職掌上，社會併入民政，地政併入財政，公用併入工務，在市政府本身，祗採合署辦公制度，設一秘書處即足，其他如總務、人事、外事、會計、統計等，均可設科辦理，勿須再疊床架屋。多設處室，以期節省財力，用之於市政建設。

二、省轄市　可依各地方財力人力的許可情形，而採下列方式。

1.市長制　如院轄市市長制然。

2.市經理制　市經理一人，由市議會選任，任期三年，連選連任，市經理直接統率所屬，一如美國所行之市經理然。

3.委員制　由市民直接選舉委員七—九人，組織市政府，由省政府，就委員中指定一人派主席，委員任期三年，連選連任，主席爲委員會之主席，執行委員會決議及日常事務，並有權可以指揮所屬員司及工作，委員會所不能解決之事項，由主席陳述解決意見，請准省府執行，各委員應分兼市府各局局長或各科科長，市政府設主任秘書或秘書一人，必須爲市政人員，由主席提經市議會同意，不隨主席進退。

4.市政府內部組織，除警察局外，以設科爲原則，必要時工務、衛生可以設局，務按人口的多少，力求緊縮合理。

三、縣轄市　可依各地方的人力財力，而酌採省轄市的市長制，市經理制，委員制（委員五—七人）三種制度，市政府內可酌量設股，不可過多，市長市經理，委員，以多採名譽職爲原則，如市財政充裕，即可斟酌實際情形，改爲有給職。

四、對市政府組織，主張如此者，有下列理由：

1.權能分開，使人民有權，政府有能，爲國父諄諄所昭示，採市長制，甚適合國父遺教。

2.我國文化低落教育太不普及，人民不明是非利害，素無參政和民主的習性，且各地土豪劣紳，把持地方，公正人士既不欲與豪劣爲伍，而選舉縣參議員的時候，更不

26311

品發展，如不採用市長制，則市政決不易有所進步。

3.我國自三十三年間，於各縣市設立臨時參議會，並有若干省轄市，實行民選參議員，公正士紳，誠然不少，但豪劣混入其間的，也在所不免，不但不能推進政治和自治，反與政府分立，影響了若干工作，凡深悉其內情者，無不感慨繫之，採市長制，可防止此弊，增進市政工作。

4.在縣轄市，面積小，人口少，財力人力，均成問題，應予以適合地方情勢的機動辦法，和高度的自由，在地方情形許可的，採市長制，誠爲國家所希望，否則由人民的自主，而分別採用市經理制，或委員制，以求權能的調和，予人民以充分的民主，此兩種制度，與美國所行的市經理制，及我國現行的委員制稍有不同，其市經理任期的規定，和主席職權的提高，是防止其缺點的。

丙·設議會

一·議員的名額　在院轄市以三十人爲原則，未滿五十萬人口者設議員十八人，每加五萬人，增加一議員，議員的名額，不主張過多，過多則開會困難，反增滯礙。在省轄市以二十人爲原則，未滿十萬人者，設議員十八人，每加二萬人增加一人，但最多不得超過二十五人，在縣轄市以十人爲原則，未滿二萬人口者，設議員五人，每加五千人增加議員一人，但最多不得超過十五人。

二·議員當選的資格　無論男女，具有市籍，而年滿二十五歲，曾受中學學校教育或有同等學力，皆可有當選資格，此外不應再有其限制。

三·選舉的方法　都市人民的文化程度較高，議員應由人民直接選舉，以普通平等公開的方法爲之。

四·選舉區　在四萬人口的市，可不分區，超過四萬人口以上者，應採分區選舉。

五·議員的分配　地域和職業兩項，關於議員名額的分配，應力求合理，不可偏重地域，而忽視職業選舉。

六·議會的職權

于，院及省轄市應有合理的規定，不可令其無權，亦不可過於加重其權。今將其主要的列下：

1.法案的制定權　議會一面可以自定法案，一面可審議市政府所提的法案，而決定可否。法案的公布，應由市政府以明令行之。

2.財政權　市的每年預算，決算，和各項稅捐，應由議會審定通過，但對預算的審議，應有適當的限制，以防議會濫用否決權，而陷市政於停頓。

3.行政的監督權　聽取市府施政報告，對一切行政，可以提出質問和質詢。

4.罷免權的行使　議會對市長副市長認爲有違法或不信任時，可以定期提請公民罷免，由公民投票表決，以測驗人民的公意，公民可決時，市長副市長即當然罷免，否決時，議會應爲解散，則應依法另選。

議會對市府各局局長有違法失職行爲時，可向市府糾舉，市長認爲屬實時，應即依法辦理，認爲不當時，得送請議會再議。

按市長副市長既由公民直接選舉，則應由公民直接行使罷免權，惟按我國目前情形，公民勢難行使，則市府恐不免流於專橫，故賦予議會的提請罷免權，代表公民，監督市長，但無適當限制，又恐議會濫用此權，陷市政於停頓，故又規定公民否決時，議會即全體解散，另行改選，以促起市長和議會的愼重。至各局局長係對市長負責，但如有違法失職行爲時，議會本其職權可以提起糾舉，市長自可決定去留，議會如認市長袒護屬下，即可斟酌情形，提請罷免。

丙·縣轄市

1.市經理制的議會　除法案制定權及行政監督權與市長制的議會相同外，財政權及罷免權，應完全交議會行使，但市經理如無違法及重大失職時，亦不應輕用不信任權。

2.委員制的議會　法案制定權，財政權，行政監督權，應與市長制相同，其罷免權可由公民直接行使，不再賦予議會，因縣轄市地小人少，公民對委員之監督，易於行使。

丁·區以下的組織　院轄市和省轄市的區公所，應增加員額，充實組織，保長副保長，均改為有給職，專設保幹事二人，縣轄市的保，亦應照此原則辦理，其財政不足之市，可斟酌實際情形，變通辦理，務求區保兩級，有適當專任人員，執行自治工作，力矯目前的缺點。

第十三條 市區主管建築機關，得[illegible]

七、[illegible]

六、[illegible]、大小、及出水方向。

五、[illegible]

附錄

建築法

三十三年九月二十一日國民政府修正公布

四、[illegible]

三、[illegible]平面、立面、剖面圖，其比例尺不得小於百分之一。

二、[illegible]其比例尺不得小於五百分之一。

第一章 總則

第一條 公私建築物之建造改造拆卸及使用，依本法之規定。

第十一條 本法適用之區域如左：[illegible]包括左列各款：

一、[illegible]

二、[illegible]

三、[illegible]

四、[illegible]

本法於前項區域以外公有建築，其造價在該建築物所佔基地之地價二十倍以上者，亦適用之。[illegible]

第十二條 主管建築機關，在中央為內政部，在省為建設廳，在市為工務局，未設工務局者為市政府，在縣為縣政府。在前條第四款之規定區域，如有特設之管理機關者[illegible]

第十條 [illegible]，是由[illegible]

第四條 [illegible]，以依法登記開業之建築科或土木科工業技師或技副[illegible]

第九條 [illegible]由內政部定之。

第三章 建築界限

第十八條 [illegible]之限制，[illegible]

第五條 [illegible]依法[illegible]不能適應各該地方之需要時，得不適用前項之規定。

第六條 [illegible]

第十七條 [illegible]

第二章 建築許可

第七條 [illegible]

第十五條 [illegible]以下之公有建築物，由建設廳審查核[illegible]前項所[illegible]

第八條 中央[illegible]之建築。

第十四條 [illegible]五。

26315

體積計定金額，由內政部定之。

第九條　公有建築，應由起造機關將核定或決定之建築計劃，工程圖樣及說明書，向市縣主管建築機關請領建築執照。

第十條　私有建築，應由起造人備具建築申請書，連同建築計劃，工程圖樣及說明書，呈由市縣主管建築機關核定之。

第十一條　建築申請書，應記明左列事項：

一、起造人之姓名，住址，職業，起造人為法人者，其名稱及事務所。

二、建築物之使用性質。

三、起造人之土地權利，並附具說明文件。

四、建築師姓名，住址，及所領證書號數。

五、承造廠商。

六、建築期間。

第十二條　工程圖樣及說明書，應包括左列各款：

一、基地位置及地形圖。

二、地盤圖其比例尺不得小於五百分之一。

三、建築物之平面，立面，剖面圖，其比例尺不得小於百分之一。

四、建築物各部之尺寸，構造，材料及其載重計算公式。

五、各載重部份之計算。

六、新舊溝渠與陰井之地位，大小，及出水方向。

七、因建築之特殊情形，有應添具說明或圖樣者，其說明或圖樣。

第十三條　市縣主管建築機關，對於公有建築物之地點，位置；私有建築物之地點，位置，構造及設計結構，認為不合或妨礙當地都市計劃者，得加以改正。

第十四條　市縣主管建築機關，應於收到建築計劃後十日內審查完竣，發給建築執照。

前項建築執照，指建造執照，改造執照，或拆卸執照，但建築物傾頹或朽壞非立即拆除有危險之虞者，業主或佔有人，得於呈報市縣主管建築機關後，即行拆除，免領拆卸執照。

第十五條　市縣主管建築機關，對於公私建築發給執照時得酌收執照費。

前項執照費不得逾建築物造價千分之一。

第十六條　公私建築計劃經核定給照後，如於興工前或建築中擬變更原計劃時，仍應依第七條至十五條之規定辦理。

第十七條　私有建築，未經申請核定並領得建築執照以前，擅自興工建築者，市縣主管建築機關，對於起造人或承造人，得處以建築物造價百分之一以下罰鍰；或於必要時將該建築拆除之。

公有建築，有前項情事時，得由市縣主管建築機關勒令承造人停工，並通知起造機關補行申請核定程序，或報請核定建築之機關，令其拆除。

第十八條　違反第十六條之規定者，市縣主管建築機關得依前條之規定辦理。

第三章　建築界限

第十九條　市縣主管建築機關，以指定已經公布道路之境界線為建築線，或在已經公布道路之境界線以內，另定建築線。

第二十條　建築物應按建築線，但有特殊情形，經市縣主管建築機關特許變通者，不在此限。

第廿一條　建築物不得突出於建築線之外，建築在道路境界線以內，經市縣主管建築機關許可其部分突出者，不在此限。

第廿二條　在已經公布尚未闢築之道路線兩旁，建築或改造建築物者，應依照公布之道路線退讓，但臨時性質之建築物，經市縣主管建築機關暫許在道路線範圍原址內建築者，不在此限。

第廿三條　各區域原有道路寬度不足者，得由市縣主管建築機關訂定拓寬標準，在道路兩旁建造或改造建築物者，應依其標準退讓。

前項拓寬道路之標準，應報請內政部核定之。

第廿四條　各區域重要交通道路之交叉口，得由市縣主管建築機關訂定轉角房屋截角退讓辦法，在轉角地方建造或改造建築物者，應依其辦法退讓。

前項轉角房屋截角退讓辦法，應報請內政部核定之。

第廿五條　各區域沿河地帶，得由市縣主管建築機關訂定拓寬河道或增闢沿河路線辦法，凡臨河建造或改造建築物者，應依其辦法退讓。

前項拓寬河道及增闢沿河道路辦法，應報請內政部核定之。

第廿六條　各區域沿湖地帶得準用前條之規定。

第廿七條　依第二十二條至廿六條退讓土地之收用，依土地法關於土地征收之規定。

第四章　建築管理

第廿八條　建築工程經市縣主管建築機關審查發給建築執照後，應由承造人將興工日期，呈報市縣主管建築機關備案。

第廿九條　市縣主管建築機關，於必要時，得對於核定之建築工程規定其建築期限。

前項建築期限，承造人因特殊障碍未能如期完工時，得申請展期。

第三十條　建築工程逾原定建築期限，而未依前條第二項規定申請展期者，除飭令補行申請外，並得對於承造人處以建築物造價千分之二以下罰鍰。

第卅一條　建築物有左列情形之一時，市縣主管建築機關，得令其修改或停止使用，必要時得令其拆除。

一、妨碍都市計劃者。

二、危害公共安全者。

三、有碍公共交通者。

四、有碍公共衛生者。

五、與核定計劃不符者。

六、違反本法其他規定或基於本法所頒行之命令者。

第卅二條　建築工程之場所，應有維護公共安全及預防火險之設備。

第卅三條　建築工程中，必須勘驗部份，應由市縣主管建築機關於核定建築計劃時指定之，由承造人按時報請勘驗，合格後，方得繼續施工。

前條勘驗，應自報請之日起五日內爲之。

第卅四條　違反前條第一項之規定，未經報請勘驗擅自繼續施工者，市縣主管建築機關得對于承造人處以建築物造價千分之五以下罰鍰。

第卅五條　建築工程完竣，應由承造人呈報市縣主管建築機關派員查勘，認可後，發給使用執照。

第卅六條　市縣主管建築機關，對於供公衆使用之建築物，應隨時派員查勘檢驗其有關公共安全與衛生之結構及設備。

前項供公衆使用之建築物，指供公衆工作、營業、居住、遊覽、娛樂、及其他供公衆使用之建築物。

第卅七條　建築物變更原定使用性質供公衆使用時，應呈報市縣主管建築機關查勘檢驗其有關公共安全與衛生之結構及設備。

第卅八條　市縣主管建築機關，對于左列各欵建築物，得分別規定其建築限制。

一、供特殊使用之建築物。

二、限制使用區內之建築物。

三、風景區內之建築物。

第卅九條　住宅建築，遇有火警需要時，得由市縣主管建築機關，依據當地情形，統籌計劃建築之。

前項計劃，由省市政府核轉內政部備案。

第四十條　市縣主管建築機關得劃定防火區，對于防火區內之建築物，得規定其全部或一部應用防火材料構造。

第四十一條　市縣主管建築機關，對於建築物有關防空設計構造與設備，得為必要之規定。

第四十二條　建築物之各種材料，於可能範圍內，應儘量用本國產物。

第四十三條　傾頹或朽壞之建築物有危害公共安全之虞者，得由市縣主管建築機關通知業主，限期拆除；如逾期未拆，得由市縣主管建築機關強制拆除之。

第四十四條　因地震火災或其他重大事變，致建築物發生危險，不及通知業主拆除者，得由市縣主管建築機關逕予拆除。

第四十五條　傾頹或朽壞之建築物，如有關名勝古蹟紀念物，或具有藝術性質者，應由地方政府設法保存之。

第五章　附則

第四十六條　地方政府得依地方情形，分別訂定建築管理規則，但應經內政部之核定。

第四十七條　建築技術上之準則，及公私建築制式標準，由內政部定之。

第四十八條　特種建築物，得依國民政府之特許，不適用本法全部或一部之規定。

第四十九條　本法施行細則由內政部定之。

第五十條　本法自公布日施行

都市計劃委員會組織通則

行政院卅五年三月核准備案
內政部卅五年四月公布

第一條　地方政府為推行都市計劃，得依本規程組織都市計劃委員會籌辦之。

第二條　都市計劃委員會委員由左列各類人員組織之，其名額視都市計劃範圍酌定之。

(一)　指派人員：由地方政府就主管人員中指派之。

(二)　聘任人員：由地方政府就具有市政工程學識之專門人員，或當地富有聲望與[illegible]熱心公益之人士中聘任之[illegible]

(三)　上級政府指派參加之人員。

前項聘任人員不得少於指派之人員。

第三條　都市計劃委員會置主任委員一人，以該管市政府市長或縣長或工務行政主管長官兼任之。

第四條　都市計劃委員會會議由主任委員召集之，[illegible]

第五條　都市計劃委員會委員均為名譽職，[illegible]

第六條　都市計劃委員會為處理日常事務，得設置技術事務等人員。

第七條　都市計劃委員會為於必要時，得由該管地方政府呈請上級政府指派技術人員協助之。

第八條　本規程自公布之日施行。

市公共工程委員會組織規程

三十四年十一月廿九日行政院公布

第一條　各市政府為統籌規劃各該市地下水道及道路電力煤氣等項公共工程，得設市公共工程委員會，隸屬於市政府。

第二條　市公共工程委員會設委員九人至十三人，由左列各項人員組織之：

一・市工務公用衛生三局局長三人。

二・市工務公用衛生三局高級技術員三人。

三・由市長聘任富有關學識經驗之專家三人至七人。

第三條　市公共工程委員會設主任委員一人，由市長就委員中指定之。

第四條　市公共工程委員會之任務如左：

一・關於市內各項公共工程計劃預算之配合聯繫。

二・關於中央或市政府交辦有關公共工程設計事項。

三・關於地方有關公共工程建築之審議事項。

四・關於市公共工程實施技術上之監督指導事項。

第五條　市公共工程委員會開會由主任委員召集之。

第六條　市公共工程委員會委員均為名譽職。

第七條　市公共工程委員會需用技術及辦事人員，由市政府就有關各局調派兼任之。

第八條　市公共工程委員會遇有重大建設，得呈請市政府轉請中央主管機關調派高級工程人員協助，必要時并得聘請外籍專家。

第九條　市公共工程委員會議決事項，送市政府執行之。

第十條　本規程自公布日施行。

市縣工程受益費征收條例

三十三年八月廿九日國府公布

第一條　[illegible]受益費之征收，依本條例之規定。

第二條　縣市政府對於管轄區域內[illegible]地市建築道路堤防溝渠或其他水利工程，得向直接受益之土地，無論公有或私有，一律征收工程受益費。

第三條　工程受益費之征收，按土地受益之程度，由市縣政府分別等級，擬定費率，其總額以不超過各該工程實際所需之費用為限。

第四條　征收工程受益費之費率，應經市縣民意機關之議決。

第五條　工程受益費向直接受益之土地所有權人征收之，其設有典權者，向典權人征收之。

第六條　工程受益費得一次或分期征收，其不依期繳納者，自限滿之日起，逾期在一個月以內者，按應納費額加征滯納金百分之五；逾期在三個月以內者，加征滯納金百分之十二；逾期在六個月以內者，加征滯納金百分之十五；逾期超過六個月者，除加征滯納金百分之二十外，得請司法機關傳追。

第七條　市縣政府征收工程受益費，經民意機關議決後，應由市縣政府將征收細則連同工程計劃及預算，呈請上級機關備案。

第八條　本條例自公佈日施行。

補充本條例第七條關於上級機關備案辦法：

（一）行政院三十三年十一月十三日義五字二三六七〇號訓令

「……凡直轄市呈送本院備案之征收細則，連同工程計劃及預算，均發交財政內政兩部會同審議，呈復後再予備案。其省轄市縣政府所擬之征收細則。連同工程計劃及預算呈經省政府備案後，仍須轉呈本院核發財政內政兩部備查，以期迅捷而資劃一。」

（二）行政院三十四年一月六日平五字〇二七七號訓令

「……市縣工程間有涉及內政部以外機關職掌者，（如水利交通地政等）此類案件應由內政部分別商同有關機關核辦，或行知備查。」

公路兩旁建築物取締規則

卅二年六月四日行政院公布

第一條　公路兩旁建築之物取締，除法令別有規定外，依本規則之規定。

第二條　公路兩旁地區分為禁止建築區域及限制建築區域。

第三條　禁止建築區域之範圍如左：

一・公路直線部份左右兩側及曲線部份外側，自路中心線起十公尺以內之地區，

[illegible]市[illegible]內側[illegible]規定辦理，並參照附圖。（一）

[illegible]市車站用地[illegible]界線起左右各直延一百公尺為限，但得視實際需要

[illegible]情形縮小之。

[illegible]

[illegible]

四・其他公路建築物固定地區[illegible]

第四條　公路限制建築區域之範圍如左：

一・路線部份禁止建築區域，邊線以外三十公尺以內之地區。

二・車站部份自車站用地界線起順公路路線方向左右各二百公尺前後除公路用地部份各一百公尺以內之地區（參考附圖二）

第五條　在禁止建築區域內不得建造任何建築物違者得強制拆除之。

第六條　在限制建築區域內不得建造有礙視瞻易滋危險或有礙衛生之建築物。

第七條　限制建築區域建築物應[illegible]

第八條　凡房屋上部有突出之部份在禁止建築區域界線以外[illegible]人[illegible]。

26320

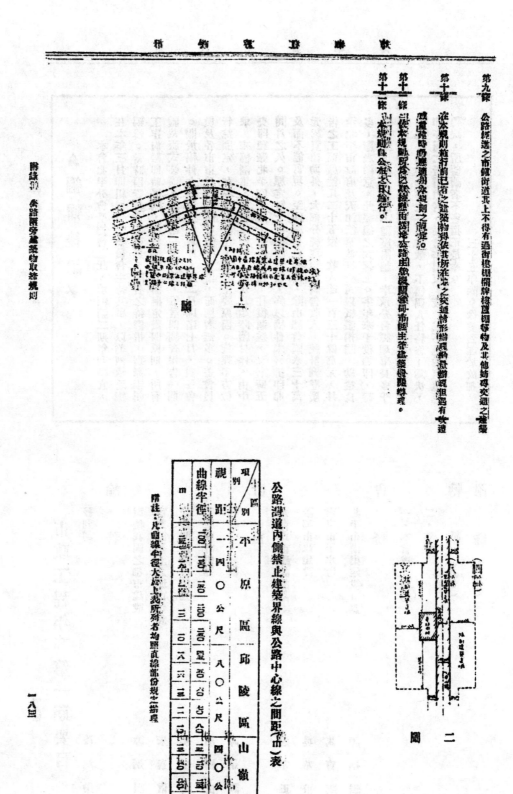

第九條　公路經過之市鎮街道其上不得有過街樓棚欄牌樓匾額等物及其他妨碍交通之建築

第十條　在本規則施行前已有之建築物得依其所在地之交通情形辦理翻修改建時如遇有妨礙交通時仍應適用本規則之規定。

第十一條　依本規則所發之取締證由省地公路主管機關會同市縣主管建築機關辦理。

第十二條　本規則自公布之日施行。

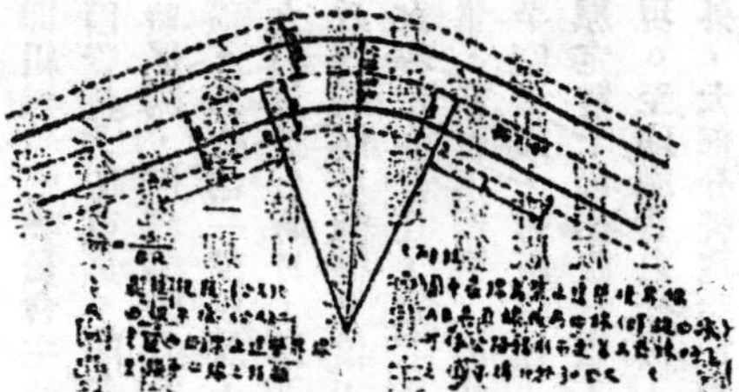

一　圖

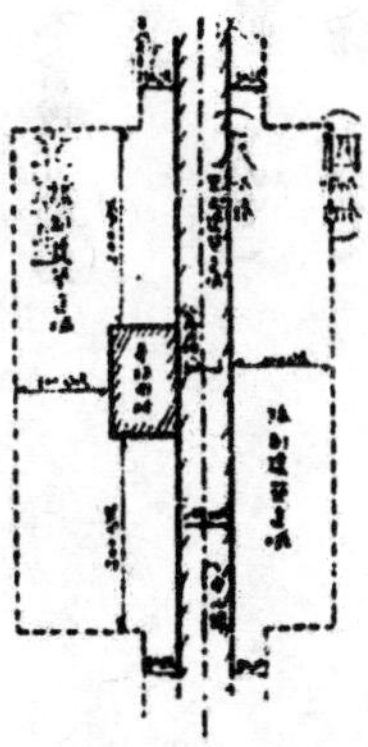

二　圖

公路灣道內側禁止建築界線與公路中心線之間距（市）表

項別＼區別	平原區					丘陵區					山嶺區			
視距	一四〇公尺					八〇公尺					四〇公尺			
曲線半徑	[illegible]	[illegible]	[illegible]	[illegible]	[illegible]	[illegible]	[illegible]	[illegible]	[illegible]	[illegible]	[illegible]	[illegible]	[illegible]	[illegible]
m	[illegible]	[illegible]	[illegible]	[illegible]	10	[illegible]	[illegible]	[illegible]	11	[illegible]	[illegible]	[illegible]	[illegible]	10

附註：凡曲線半徑大於上表所列者均照直線部份規定辦理

26321

▲編輯後記▼

本會北平分會受總會之託，承編第二期年刊事宜，在本年三月即組織編輯委員會主持其事，以美烈承乏總編輯。當時因資料之待蒐集，印費之待籌措，實際編輯工作尚難即時展開，僅就編印方面擬定幾個原則，所有體裁版式裝璜，悉依第一期成規，惟增闢調查報告一欄。關於稿件之徵集最費時日，自五月以迄七月，對各會員及各市市政機關屢發徵稿之信，而應者無多。蓋會員行蹤靡定，郵程遲滯難達，實其主要原因。旋經多方徵求，來稿漸集，始着手編纂，於八月起陸續付梓，由中央印製廠北平廠承印，排版校樣，往復遞送，又費時五閱月之久。原定雙十節出版計畫，終以稿件未齊排印弗及而不能實現。至印刷費之來源，除由總會匯來三十萬元略資補助外，大部分純取給於廣告收入，統計刊登廣告之工商廠號凡二十五家，收入達一百三十餘萬元，并承北平市政府及天津紙漿造紙公司以紙張捐贈，助益良多，應表謝意，此經過之大略也。半年來予役編印，時感困難，悉力以赴，猶虞隕越，幸承分會譚理事長多予指導，俾本刊得於中國工程師學會第十四屆年會之前夕出現，以作本會之一種貢獻，不僅個人任務終了為快，抑亦同仁所引慰者。惟倉卒出版，校對不周，猶有疏忽謬誤，所望讀者不吝指正是幸。

三十五年除夕徐美烈識於故都

市政工程年刊第一期要目

中國市政工程學會北平分會 刊行

「市政與工程」雙週刊

本分會於三十五年十月起，在天津大公報特闢「市政與工程」雙週刊，專載有關市政或工程之評論著述研究計畫報告翻譯及通訊等資料，現已出版至第八期，茲將各期目錄列下：

市政與工程雙週刊目錄

市政革新運動專刊目錄（第一輯）

26324

天津

中北自來水表製造廠

本廠創於民國三十一年
崗門製造各式自來水表
曾經北平天津濟南太原
各地自來水廠試驗採用
機件堅固耐用標度準確
靈敏物美價廉歡迎訂購

天津第一區貴陽路二〇三號

中美聯合企業公司

本公司創立於一九四五年七月一日國內外各大都市上海西安寧夏紐約舊金山西雅圖均有分支機構凡關於建國工業所需機械及附屬品化學原料柴油機新式船重製機關車頭公用汽車各號眞空管攝影機等均能接受訂貨如蒙惠顧無任歡迎

總公司：重慶公園路青年大廈

天津分公司：天津第一區羅斯福路三百號

北平分公司：北平東華門大街廿九號

北平

大興造紙廠

本廠為平市惟一製紙工廠常造白片艷紙有光紙包裝紙等各種紙張紙質精良價目克己已行銷於各埠備承嘉許如蒙惠顧竭誠歡迎

地址……東直門外左家莊

電話……四一四五三
四二零二八

26329

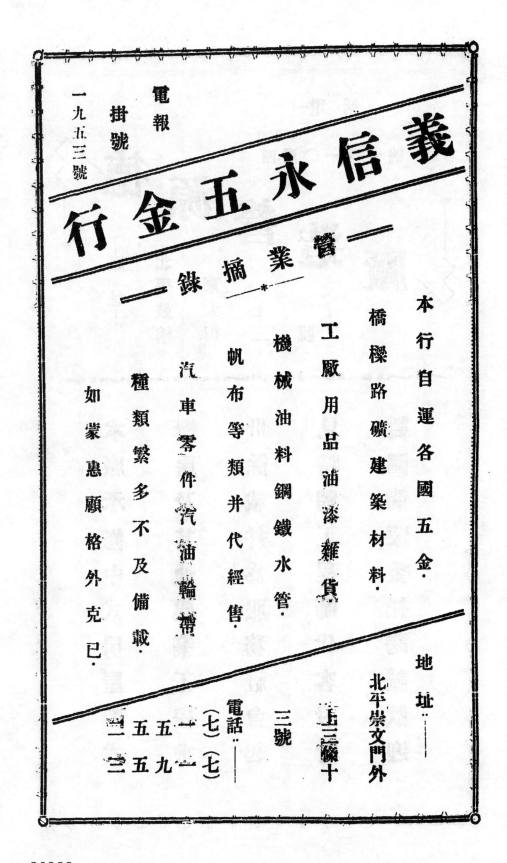

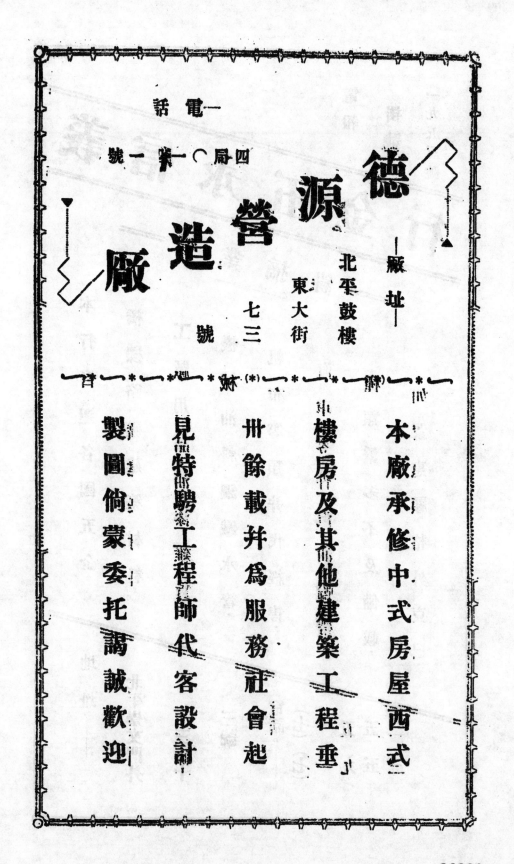

義源五金行

營業摘錄

各國五金橋樑路礦
建築材料工廠用品
油漆雜貨各種機油
黃油汽油汽車零件
皮帶各種機械工具
銅鋼鉄水管帆布等
種類繁多一應俱全

北平崇外中三條路北二十號
電話(七)局〇五四四號
電報掛號〇五四四〇

26332

26335

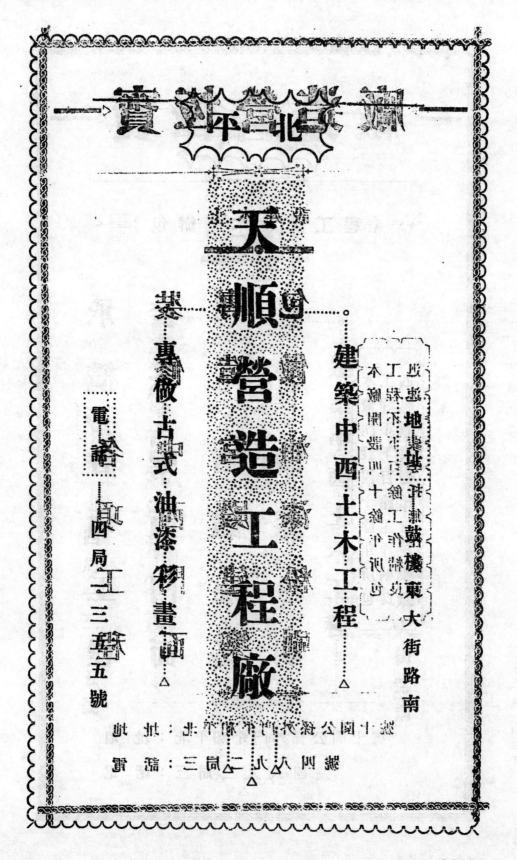

26337

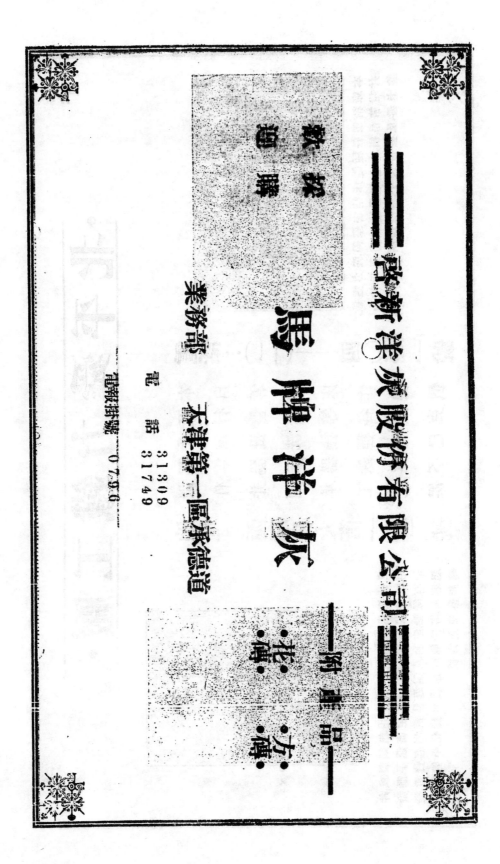

·北平舜力鐵工廠·

本廠精製各種鏇床精密堅固,强力靈敏,并裝帶吊掛,中心架保險架牙套牙輪,上盤卡盤,及[illegible]

地址：西四北大街一[illegible]二號

本廠并製造
自行車零件,
零整批發并
鏇造洗床刨
床,等機器,承
作各種鉄工,
機造精良,定
價克已.不悞

電話：（二一）一四〇[illegible]一號

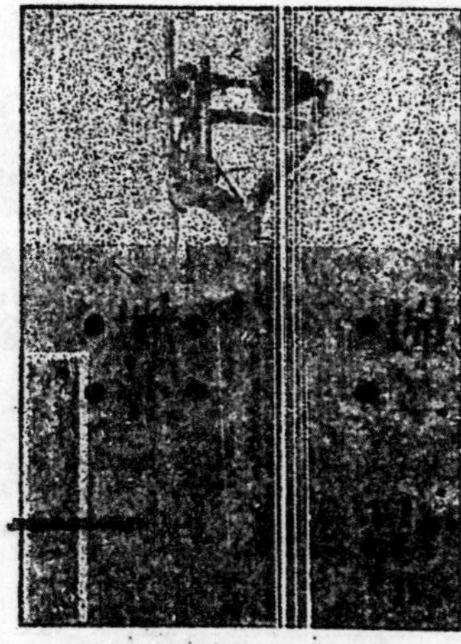

[illegible]號鏇床,堅固耐用,[illegible]用粗鋼製成,并用滾珠減磨牙輪洗出[illegible]定高速手動給量有微動,速動,及速返裝置,桿有毀重提起容易,塔輪傳動,速度可變化,平盤能旋轉起落,使用方便,

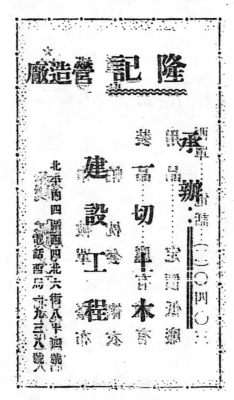

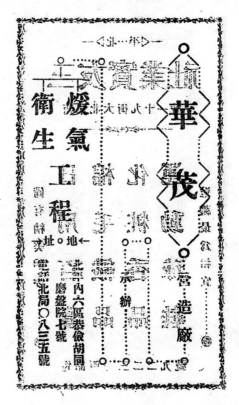

天津

燕京造紙廠

經濟部接收

製造各種紙類 品質優良

定價特別克己 各項 歡迎選購

電話——經理室…(2) 3860
——總務股…(2) 2022
——業務股…(2) 3587
——傳達股…(3) 3591

地址——北平…〔西四北武王侯七號〕
——天津…十一城汝陽街廿號

—◁北…平▷—

三友實業社

地址西單北大街九十一號

日用百貨

棉毛織品

化粧香品

運動球鞋

備有精美禮券

送禮最為相宜

電話西局三二二九號

三星織廠

襪子

毛巾 被單 臺布

手帕 枕套 襯衣

花裝品……應有盡有

日用品……定價低廉

地址：西單……電話：(二)〇四〇三

26341

市政工程年刊第二期
售價每冊肆仟元（郵費另加）

編輯人：中國市政工程學會　南京營菜橋景泉里二號

發行人：中國市政工程學會北平分會　北平東城韶九胡同八號

承印者：中央印製廠北平廠

出版期：民國三十五年十二月

代售處：本會各地分會　全國各大書局

26343

土木

26345

第一卷　第一期

中華民國二十二年十二月一日出版

出版者　中央大學土木工程研究會
通信處　南京中央大學

土木

羅家倫

發刊詞

去歲十一月廿六日本會正式成立時，即於成立會上決定出『本會會刊』與『土木工程』各一種，以謀(1)團結本會之精神，(2)傳達會員及會務之消息，(3)發表及交換會員之心得；十二月二十日會刊第一期出版，翌年春，與中大日刊接洽，得其贊助，自三月八日始，每星期三，得出『土木工程』一期，賴各會員之努力，上屆編輯人之負責，一學期中，共出十有三期，曾無間斷。

然其中有一最大之缺憾在，即發行工作未能由本會負責辦理是也。中大日刊編輯處，以『土木工程』附于日刊中分發全體同學，故全校非土木科之同學，均得人手一冊，而真正本會會員之在外埠者，反無法閱覽。本會雖曾以會員通信錄交日刊編輯處，請代分寄，然無實際效果。本學期開始，日刊編輯處申明不願再負代為出版之義務，而『本會會刊』自第一期後，亦以經費之支絀，印刷之不便，未能繼續出刊。今年全體大會中，一致以為，若長此以往，則會員之消息，無從流通，會員之精神，無所寄托，而本會之成立，有同虛設矣。故雖本會之經濟尚未充實，亦必以全力獨立發行此刊物，以符原志，篇幅不妨暫少，而精神不可不振，印刷不必精美，而發行不可不周；拔林颶颷，起自青萍，涓滴之流，可成江河，苟能堅持不懈，行見其增高繼長，一日千里耳。

同人受命伊始，能淺才薄，然既已受命，不敢懈怠。敬希本會各會員，或以研究所得，或以經驗所知，努力寫作，踴躍投稿，使本刊繼續擴充，使本會發揚光大，則幸甚矣。

本期目錄

○○論著○○

治河文獻

（編者）

黃河為中國患，由來久矣。自賈讓，李垂，賈魯，徐有貞，劉天和，潘季馴，朱之錫，靳輔以降，治河之議，代有名論；然以工程之學，未臻發達，測量之術，尚欠精詳，故言之雖皆成理，而行之未悉能通。民元以來，黃災迭告，損失之鉅，接踵而上，且關係水利者宿，如安格爾，費禮門，方修斯諸先生，或則遠涉重洋，親來勘測，或者集資鉅萬，埋頭實驗，而中國水利學者，亦莫不視治黃爲己任，名言讜論，鱗爪時現。惟是政治未明，財政困蹶，大規模科學之測量實驗，至今未克舉行；故依據科學之資料（Data），立治河之定則，此則責在後學，期諸未來；玆爲研究便利起見，特搜集民元以來關于黃河之論著散見雜誌刊物者，約五十餘篇，依類立目，刊之本誌；惟夏蟲井蛙，所見極狹，遺缺忘漏，在所不免，敬希讀者隨時賜知，俾能補充完成也。

A. 考察與實測

1. 黃河概觀　存吾　地學雜誌十二年第八期
2. 黃河之地文的說明（A. Physiographic Interpretation of Huangho, by G. T. Renner）楊夢華譯　地理雜誌二十年第二期
3. 旅黃日記　王耀成　地學雜誌十二年九，十期
4. 黃河上游探險記　平如　中央日報大道二十年九月四日載
5. 潘與江河關係之歷史地理　地學雜誌六年二期
6. 視察黃河雜記　張含英　水利月刊三卷五，六期
7. 勘查黃河及設立流量站之經過　華北水利月報一卷三期
8. 黃河流域之測量與水文　水利月刊一卷六期
9. 河套河渠之調查　地學雜誌十二年十一，十二期
10. 綏遠黃河水利調查　地學雜誌十二年十一，十二期
11. 黃河上游之一區落　地學雜誌十二年十一，十二期
12. 陝西涇洛兩河下游間地質　趙同寶　中央研究院第二，四期

B. 歷史

13. 中國水利史　華北水利月刊四卷二，三期
14. 歷代治黃大事表　華北水利月刊四卷十一期
15. 黃河治導略史　沈寶璋　水利月刊一卷三期
16. 治理黃河之歷史觀　朱延平　水利月刊一卷六期
17. 民國二十年豫冀魯段黃河水勢與險工　水利月刊一卷六期
18. Notes on Hwangho. W. F. Tayler Marine Custrms office, Shanghai, 1906

C. 含沙問題

19. 黃河含沙量之研究　Freeman　水利月刊四卷二期
20. 黃河含泥量特性之研究　朱延平　水利月刊五卷一期
21. 黃河河砂之利用　李協　科學雜誌七卷四期
22. 開封附近沙堆之成因　馮景蘭　科學十一卷九期
23. 黃河之糙率　張含英　水利月刊四卷三期
25. 黃河土沙研究第二報　陳世燦　自然界六卷九號
26. 黃河泥沙免除之管見　張含英　中國建設二卷三，四期

D. 治河——除災與興利

27. 制馭黃河論　Engles 鄭權伯譯　單行本
28. 論黃河　張含英　華北水利四卷三期
29. 黃河根本治法之商榷　李協　科學雜誌七卷九期
30. 導治黃河宜側重上游　李協　華北水利四卷二期
31. Flood Problem in China Freeman Trans A. S. C. E. May, 1922 pp. 54.
32. 治河之商榷　沈怡
33. 統治黃河意見書　潘萬玉　水利月刊一卷五期
35. 統一治黃之我見　潘鎰芳　山東河

務特刊一期（十七年十月）
36. 治黃私議 李嗣誠 山東河務特刊一期
37. 黃河私議 邵世方 華北水利二卷四期
38. 黃河淩汛之根本治法 張含英 華北水利六卷三，四期
39. 水災與今後水利問題 沈怡 新社會一卷七號
40. 導淮與治黃 沈怡 上海新聞報十八年一月二十四日
41. 治河治淮合議 孟森 天津大公報十八年二月十二日
42. 山陝間一段黃河之防治芻議 楊炳炌 華北水利二卷七期
43. 河南黃河水利初步計劃書 曹瑞芝 華北水利二卷三期
44. 修築河北省黃河石壩意見書 朱延平 中國建設二卷四期
45. 河套與治河之關係 張相文 地學雜誌五年十一期
46. 黃河後套灌溉工程計劃 建設十九年七期
47. 黃河水利初步計劃 揚子江水道月刊二卷二號
48. 龍門與壺口(水力) 李協 水利月刊一卷五期

E. 實驗

49. Engles黃河試驗圖表 陝西水利月刊一卷三期
50. 治導黃河試驗 李協 工程七卷三號
51. 治導黃河試驗報告Engles 工程八卷二號
52. 黃河初步試驗報告 方修斯 工程八卷四號

中大工程學科之教材應改正之兩點

夏行時

中大工程學科之教材中，有兩件事即應改正：——

一，計算上採用之度量衡制。

二，工程上書用之字體。

此兩件事極易改正，但迄未改正。

十進制之優於非十進制，事之至明，毋待旁徵博引，詳加申論。我國及世界多數國家早經正式採爲標準制。但在我國一般之工科大學中仍多習用英美制，實屬非是，學生不知運用：

1公里=1,000公尺=100,000公分

1公畝=100平方公尺=100,000平方公分

1立方公尺=1,000,000立方公分

1公噸=1,000公斤=1,000,000公分

等清簡明晰之計算制，而反終日沉浸於：

1哩=1760碼=5280呎=63360吋

1方哩=640英畝=3,097,600平方碼=27,878,400平方呎

1立方碼=27立方呎=46656立方吋

1噸=2240磅=35840盎司

等複雜乖異之數字中，且言噸更有長噸短噸之別，計液量有介侖之怪制，加侖更有英介侖美介侖之別。諸如此類不規則無理之單位，不一而足。此種制度在原理上之非科學此其一，在時間上之不經濟此其二，在精力上多作一層無謂的消耗此其三，抑且將來在實用方面更將感受學無所用，用非所習慣之苦，我國現在正式之應用方面，業已大部採用公尺公斤制而廢止用英呎英磅，爲何要在一個大學中提倡推用不合理之英呎英磅制？現在一個大學工科畢業生之腦筋中僅有一英呎約長若干之影像而不知八十公分約有多少？僅知一磅之重約有若干而無從捉摸一公斤之重量約有多少？一立方呎之混凝土則知其約重150磅，但合每立方公尺若干公噸則不知矣。類此之固定之單位數值在工程上運用者甚多。但在應用十進制計算時立感毫無用處，必曲曲折折化合成十進制之單位後纔能進行計算。此種兜圈子的去解決問題，實是可笑之至。其原因無非英美化得太深未當留心之故。英美留學生只照英美課本，採英美制度，用英美方法而已。目前我國工科大學中尚無適用之中文教本，教授自己未能編授中文書籍，則暫時借用英文本亦未爲不可，但切不可依樣照搬。我人應讀英美書以明理，英美之度量衡

制萬萬不及萬國公用之十進制，則應將各種英美制單位之數値改爲公尺十進制之數値 ，所有用英美制計算出之圖及表（Diagrams and Tables）均應補充以十進制之圖表，數値之記載，演題之練習，俱應用公尺制計之，務使學生習慣於公尺制之運用，對公尺制中之各項數量應養成一種標準圓熟之觀念。此種改革在敎授方面惟一編譯之勞，而學生方面之獲益實多之矣。

第二點應改正者爲工程字體之練習。在中大工科之學程中有機械畫一課，敎材中有一部分爲字體之練習，所練習之字體爲英文之二十六個字母，而無一個中文字體。中國人在其國立大學中不授以練習寫中國字體而寫英文字，實屬毫無理由。此一層更毋待置辯。無論在道理上，在實用上，中文字體之較英文字體爲切要事之至明。且一個工科學生一旦出而應用其才學，第一步所遇到之工作常爲畫幾張圖，註幾個字，凡學生不能在一張圖上寫幾個淸楚整齊之中文字，非但與人以不良之影象，卽自己亦覺說不過去，此種事視之雖微，影響實大，初進大學之工科生，對於國家工程方面之一般情形，多不甚熟悉，所望執指導敎養之責者，多多爲國家爲學生着想，則其工作不爲無意義矣。

測勘揚子江上游水電計劃之概況

宋希尙先生講
葉 彧 記

諸位同學，余在公餘之暇，頗願與靑年輩相接近，尤其是習工程之靑年，籍圖彼此認識，共事究求國家建設，後起之責，當有深望乎諸同學。

揚子江水電問題，早已蜚聲宇內，但政府之實施測勘，則始于去歲十月與十一月間，當時予受揚子江水道委員會之指派，與建設委員會及國防委員會所派專家，共組測量隊，從事測勘，爲時約兩閱月，今已擬成一具體計劃。所謂水電，已成今日世界衆目共歸之問題，物質文明視此爲轉移者也。考物質文明，端賴原動力，而原動力之用於昔日者，厥爲煤與石油，但經數千年後，煤與石油，必有窮盡之一日，若然，則爾時豈非已到世界之末日？是以工程先覺，遂有利用水力之舉。水力者，取之不盡，用之不竭者也，據美國地質調查所估計，全世界約四萬萬馬力，其中已開發者約三千萬馬力，中國佔有二千萬馬力，但已利用者僅一千六百五十馬力。故水力之用於近世，尙不足云發達，而中國更瞠乎其後。開發揚子江水力，全世界工程師皆認爲促進中國實業之惟一法門，去年政府毅然決然，發起揚子江水力之測勘，實爲開發聲中最好之消息！

水電測勘在宜昌重慶之間，位於揚子江上游。山挾水行，風景絕佳，世界人士所稱之揚子峽（Yongtse Gorges）是也。峽分五(一)黃貓峽（卽宜昌峽）(二)牛肝馬肺峽(三)兵書寶劍峽，(四)巫峽（卽杜甫與其他詩人吟詠之處）(五)瞿塘峽。山水挺秀，各具別緻。其流速，爲每時四至八海哩，最大處，亦有至十三海哩者。闊度爲百五十碼至二百五十碼；深度以低水位計爲百八十至二百七十呎，最深亦有三百五十呎者。初以爲環境如此，乃天造地設之水力廠所在地也；但至其地，與願懸殊，加以研究，頗覺有下列三者之困難：

(一)水力廠之設，必須截流築壩，以蓄水頭，同時須築閘，以利交通，處此急流水深，壩閘之費太巨，似非工程立場所相許也。

(二)峽內高低水位之變，且速又巨，以致各項建築工程，費用太巨。

(三)水力廠之設備頗繁，如進水池 Fore-bay 及洩水溝 Tailrace 等皆其著者，江狹而深，兩岸聳挺，殊無餘地，以便佈置。凡此數者，就目前國家經濟能力而言，建水力廠之地點，似不宜在江峽之內，考其水利，以邊近宜昌最爲相宜，故遂於離宜昌峽二三公里之葛州壩及宜昌上游四五十里之黃陵廟兩處，從事測勘。葛州壩地位遼闊，頗宜設施，惟美中不足者，以其地層係卵石並雜砂礫，地基殊成疑問。黃陵廟，略似平原，雖有小山，亦不難鏟平，惟此地水力比葛州壩爲大，建築費雖巨，亦有其代價在。其地地質多花崗岩，李四光謝家榮先生等上年曾率北大學生，在此作一暑期之地質調查，此次測勘，卽以其研究所得者，引作南針，便利不少。

地旣擇焉，而工程計劃上之種種問題，卽待決定，如開發水力後，電力需用量，究有若干，此一問題，在外邦，確無硏究之必要，但吾國工業幼稚，電力不易找得市場，尤以揚子江上游一帶，工商業寂寂，水電而無從推銷，其結果等于無水電；最近實業部建議創立硫酸錏廠，硫酸錏爲製造肥田粉及其他化學工業品之重要原料，可以挽回外溢之利權，如利用長江水力設立此廠，則一舉兩得。又川漢鐵路，本以宜昌爲中樞，如利用用水電，造最新式之電力車輛，則必甚廉。他若四川天府之國，亦可藉此開發蘊藏。估計水力電量約爲三十二萬瓩，除供給上述需要外，如有剩餘，又可輸送下至漢口上至重慶等處。惟此計劃，如欲立見諸事實，實覺工費太重，故再擬分三期建設，第一期取十萬瓩，第二期再取十萬瓩，第三期取十萬瓩或十二萬瓩，前興後繼，竟其利而後已。

至於揚子江水文，亦略可報告，前年非常洪水期內，揚子江水道整理委員會，鑒此千載一時之機，亦派工程師，乘飛機前往宜昌，測其流量，計最大流量爲每秒六萬五千立方公尺，此種記載，或不甚可靠，較之外邦之有多年記載者，固大巫之於小巫；但聊勝于無，亦可供一時之參考也。最小流量爲每秒三千五百立方公尺，水頭估計爲四十二呎。

水電廠設置後，決不願揚子江因此增加洪水量，故滾水壩（Spillway）之築，極爲重要，壩頂之設計，須能維持終年得四十二呎之水頭。惟閘壩之建，有所謂返水曲線(Bock wo-ter curve) 者，使水位略有增高，影響所及，亦須硏究，五六月間揚子江得青藏之融雪，水位增加，設計時，更當注意及此。

更有進者，水電之開發，以不妨礙交通爲原則，是故船閘 (Lock) 不可不築，惟揚子江險灘(Yangtse Ropids)，星羅棊佈，行舟者頗有難色，在昔以人力背挦，極感艱苦；建壩之後，水位自能抬高，流勢亦必平穩，化險爲夷，便利實多，凡此種種，皆揚子江水廠成立後，相附之受益也。至於經費，現擬第一期葛州壩三千萬，黃陵廟四千萬，第二第三期葛州與黃陵均約二千萬，將來電費之廉，亦可意料，一度之電，在第一期約八厘，第二期爲六厘，第三期約四厘，平均亦不過六厘，前途頗可樂觀。蘇俄五年計劃中之特聶泊大電廠，完成於去冬，每年發八十萬匹馬力，已舉世震驚；吾人設於重慶宜昌間，僅作一簡單之計算：距離四百浬，坡度爲0.0015約計之，已可得四百萬馬力，合全長江計之，當更不止此？揚子江水力之雄偉，于此可見一斑。吾人但願不久在揚子江上游，卽有中國之大水電廠實現，以與特聶泊電廠比美也。

跨出校門以後

王鶴亭

最近，我接到一位剛跨出中大校門的同學來信，裏面着實有幾句傷心話。他本來是考取某機關的，後來這機關派他到另一機關去實習，當他謁見這新機關的總工程師時，同去的幾位，都是××大學畢業的，『那總工程師逐一問明出身學校，他們當答以××大學，他隨手翻開××大學的同學錄，一眼果然看到他們的大名，就非常高興，特別顯得親熱起來，及至問到我是中大畢業的，臉上馬上換了冷漠的神氣！』這是爲的什麼？原因很簡單，無非是那本隨手翻開的同學錄在那裏作怪！

這裏可以有兩種不同的解說：

第一，也許這位總工程師，就是他們的先後同學，他在那本宗譜上發現了他們同一的血統，所以特別顯得親熱。

第二，這位工程師雖不是他們的同學，但他却存了一種偏見，以爲××大學是不錯的，他們的名字旣然能列入那本同學錄，當然也是不錯的，因此特別發生了好感。

由前之說，我們應當覺得慚愧，爲什麼同樣一本同學錄，在他們可以把不相識的馬上相識起來，精神上馬上起了共鳴膠結起來？而在我們，除了極少數同學以外，大多數恐怕一出校門，就把「中大」的情感拋棄了的。

由後之說，我們更應當覺得慚愧，爲什麼

我們不能邀人家的青睞，不能使社會上也存着這種印像，「中大是不錯的」，反而要受人家「冷漠」的待遇？

無論那一種解說，我們只有慚愧的分兒。我們應當反省，我們應當改過。從前不團結的，現在應當團結起來，從前不努力的，現在應當努力起來，總之，應當切實負起發揚中大精神的責任來，然後才能爭得我們光榮的地位！我們不希望我們的團結，僅僅限於狹義的血統的關係，我們應當努力從學術上事業上去發展，拿前後來締結鞏固我們的精神！

這裏，我且介紹另外幾位跨出中大校門以後的消息！這是好消息！聽到了不好的消息，我們不必失望，同樣，聽到了好消息，我們也不必得意。總之，努力而已。

築粵漢鐵路，這是如何動人的名詞。可是要從湖南沿了江西邊界，一直到湖廣交界的郴縣去投一個沒有固定地點的測量隊，這是如何艱險的路程！這裏要改換好幾種旅行的方法，輪船，火車，汽車，最後就是步行。可是我們的兩位值得敬仰的同學，一位是章儀根君，一位是陳昌言君，却不顧一切的，從炎暑中投奔了去！當他們在鐵道部會見粵漢鐵路局局長凌鴻勛先生時，凌先生告訴他們說：「中大的同學真能刻苦做事，像隴海鐵路的凌士彥君等，我至今佩服。」一半是自身進取的慾望在燃燒着，一半就是這種中大的精神在前面鼓勵着，他們因此不顧一切地冒了艱險投奔上成功之路

土木工程研究會的成立，雖是只代表了極少數同學的覺醒，但他的前途是無限的，我們很希望這會的內容能夠一天一天擴充起來，以至於完善！自然，這完全要看已經跨出校門的會員能否切實負起發揚中大的使命，從學術上事業上去力求發展，以及未跨出校門的同學，能否切實下一番苦功，作後來做事業的準備?!

○○ 會員通訊 ○○

（附會員消息一則）

章儀根君(二二級)自湖南來信：………弟平時最重趣味，央行亦即弟之理想，非真為六十元生活費而奔命也。粵漢鉄路株韶段韶樂段已通車（石子尚未舖），樂坪段正在開工：其他北段，亦籌備開始興築。路線尚未定者，即弟等現在從事測量之石郴段，此段完全為山嶺，工程困難，僅較樂坪段為次，先後測量已不下十餘次，如外人所測者，為Dees'Line及William's Line。現弟隊所測者大致依照 Dees' Line，再根據鐵部規定之最大坡度（本為 1.5 %，加 Compensate of Curvature，現用1.25%）及最大灣度，稍加變更。測量工作，雖屬辛苦無聊，但弟能參加此中築路，實爲欣幸。 一月以來，弟之工作為測橫斷面(即打橫線)，山嶺樹草叢生，測量頗為不易，每日用三測夫砍草伐木，尚嫌不足。每日早晨七時出發，工作至下午六時始歸，中飯即在山中樹蔭下舉行！前日鐵部夏全綬技正路過，隊中曾派工程司在坪迎候，弟曾得見，惜夏先生公事忙，未能多談，僅領得「多辛苦些，可多得些好處」之教訓而已，土木工程研究會會刊，懇每期千萬不可漏寄。……

韓伯林君(二二級)自河南來信：弟自抵達河南建設廳後，未滿二週，即派至潢川築路，每日在工程處修改圖表，審核計算，明後日又將派赴獅河橋督工，獅河橋計三九六公尺値十三萬元，由弟負責，深信當能得益不少也。………

吳蓉君(二二級)自廣東來信………七月六日離滬十一日抵廣州晤及鍾鴻勳君，即偕同于十七日到差，當即派在東郊測量隊，担任水標準點測量工作，該隊主要目的在測定東郊外道路幹線，目前所測一路因需要迫切一二週後即將開工，故工作頗為緊張，全市道路系統，紙上計畫，已經審定，規模偉大，與大上海市計畫，差堪比擬，大三角網及精密水標準點網尚在計畫中。現所居處，為楊箕村一祠內，村居生活，頗為清靜，雖不聞佛號鐘聲，然與今春在杭測量時所住之梵天寺，相差無幾矣。……

王文鼎君——此次清華留美考試王君應試「水利及水電」項中之「河工門」結果竟取第一，

會增光不少，放洋期聞定在明年云。

二二級級友消息

劉啓祜君一服務浙江省水利局，現赴六和塔測量錢塘江流量。通信處：「杭州將軍巷水利局。」

陳忠鑄君一服務浙江省水利局，現往玉環縣測量璇門港地形，閱一月後方可囘杭。通信處「浙江玉環縣楚門鎮郵政代辦所探交浙江水利局玉環漩門測量隊」。

沙樹勳君一服務浙江省水利局，現至奉化江口鎮測量地形。通信處：「浙江奉化江口鎮浙省水利局測量隊」

鄭鈞君一任職江蘇省土地局，現在常熟測量。通信處：「常熟新縣前財政局內全省測量隊」。

吳昌豫君及何家沅君一任職江甯縣建設科，現被派往湖熟鎮測量縣道。通信處未詳。

尹恭發君一任職銅山縣建設科，前月黃河危急，曾督工修堤，備形忙碌。通信處：「銅山縣政府」。

蔣貴元君及鄭道隆君一同任職京都國防委員會調查處。通信處：「南京三元巷二號」。

許志恆君一執教江蘇省立揚州中學土木科，頗得學生信仰。通信處：「揚州揚州中學」。

單人驌君一通信處：「杭州浙江公路局」。

陳利仁君一通信處：「南京全國經濟委員會」。

章儀根君及陳昌言君一通信處：湖南宜章郵局轉石棚測量隊

倪思再君及張宗彝君一通信處：安徽安慶省公路局。

鍾鴻勳君及吳容君一通信處：「廣州工務局」。

李映棠君一通信處：「南京全國經濟委員會」。

劉敏恆君一通信處：「南京中南建築公司」。

沈長庚君一通信處：「安徽安慶工務局」。

成希顒君一通信處：「南京全國經濟委員會」，已於十月十二日與戴綺女士在蘇州舉行婚禮。

孫雲雁君一通信處：「江甯縣政府」，從事築路造橋頗忙。

譚慰岑君一通信處：「南京市工務局」。

韓伯林君及周日朝君一通信處：「河南開封建設廳」。

梁冠軍君及丁同義君：「南京揚子江水道整理委員會」。

張書農及王鶴亭君：通信處：「南京導淮委員會」。

朱克儉君　通信處：「山東樂林縣建設科」

其餘同學未詳，容後續補。

○○ 會議紀錄 ○○

第四次全體會員大會紀錄

日期　民國二十二年十月一日

地點　中央大學

出席人數　數十人

主席　夏行時　紀錄　成希顒

(一)報告　主席報告過去工作及提出今後應注意各點；前任會計卞鍾麟報告賬目。

(二)議案

甲、通過新會員案，（詳細名單定于下期會刊發表。）

乙、修改會章案。

議決：1.會名正式修改爲「國立中央大學土木工程研究會」。

2.會員中普通會員項下修改「爲具有下列資格之一，經本會會員三人之介紹，及幹事會之通過者，爲本會會員」。

3.會期，（本爲「每半年開大會一次，於開學後四星期內舉行之」），修改爲每年一次，於暑期中舉行，日期由幹事會決定，在開會前一月通知各會員。」

4.組織，幹事會由年會推舉，每年改選一次。

5.會費，添加基金一條，文爲「本會向甲種普通會員捐募每人月薪百分之一作爲本會基金。」

丙、出版會刊案。議決：通過，並定於每月初一日出版。

丁、出版季刊案。議決：保留

戊、調查本校土木科畢業同學近況案。議決

：交下屆幹事會辦理。

（三）選舉

當選者：成希顒　12票　陳利仁　8票

王開楝　14票　汪楚寶　15票

王鶴亭　17票　葉　璵　15票

夏行時　15票

候補者：孫寶雁　卞鍾麟　楊艮茂

第四屆幹事會第一次會議紀錄

日期地點　同上

出席者　全體當選幹事

（一）分配職務　常務　夏行時

文書　成希顒

編輯　王鶴亭　葉璵　汪楚寶

會計　王開楝

事務　陳利仁

（二）討論議案

甲、大會交下議案如何執行案

議決：1.即日刊行新會章，並擬具修改理由說明書，一併分發各會員。

2.會刊出版事，即日着手接洽，並聘請張君書農為編輯幹事，協同辦理。

餘略。

幹事會通告

（一）茲經十月一日本會第四次全體大會決議，本會會名，正式修改為「國立中央大學土木工程研究會，」舊名「國立中央大學土木工程學會」，應即作廢。

（二）茲經本會第四次全體大會決議，凡會員從前未清繳會費，統希於本年十一月底結束，以利會務進行。又會費每半年徵收一次，二十二年下半年之會費，已開始徵收，[illegible]新各會員，逕即寄交中央大學王開楝君收。

（三）茲經本會第四次全體大會決議，凡甲種會員，應捐每月薪百分之一，作為本會基金，[illegible]月匯交中央大學王開楝君收，（郵票可代用，如蒙預交，尤所歡迎）。

（四）茲經本會第四次全體大會決議，自十月起[illegible]，每月[illegible]十日出版，目的在（1）傳達消息，（2）交換心得，（3）團結精神，不論專門著述，言論消息，概所歡迎，至祈全體會員，共同負責，愛護本刊，源源賜稿，專門著述，每人應至少負責一篇，言論消息，則應隨時隨地供給，至少亦須按月通信報告，賜稿請寄「南京中央大學土木工程研究會」。

（五）本會會刊，因受經費之限制，所印份數，僅夠供給本會會員，但為謀服務全體土木科同學起見，每期設法增印。同學中如對於本會會刊發生興趣者，可備函本會索閱，當按期寄上，份數暫以贈完為限。

（六）本會會章，業已印就，隨刊分發。另有會員登記表一紙，並祈詳細記載後，立即寄還！俾會員通信錄，早日出版。

編後

雖是第一卷第一期，但已算不得創刊號！因為本刊已有一年的歷史，不過從前是在日刊出特刊，現在是獨立刊行而已！所謂第一卷第一期，只是隨便借用的數字！我們不僅沒有想到要在這一期裏特別賣力，大做其「創刊號」的熱鬧，而且因為付印的倉卒，稿子都沒有經過嚴格的選擇，連平常一期的水平標準，恐怕也沒有達到哩！

從下期起，我們想把內容分做：（一）言論，（二）研究（三）會員通信及消息，（四）轉載及會務報告等，言論須以確切純正，有關工程者為主，研究包括會員之讀書心得，工作經驗，以及其他工程上特殊問題之探討，通信及消息，目的在於以生動的文筆，描寫實際生活，[illegible]加本刊活力，使全體會員，常得密切之聯絡，轉載及會務報告，則須視篇幅及材料而定。

為節省費用起見，研究文字中[illegible]圖表（能用文字說明者）應盡量避免！如不能避免，確有價值者，請用[illegible]紙墨繪，以便藍印或製版。

本刊編輯方面，希望全體會員，供獻意見，以求逐期改善！並希踴躍投稿，以求內容充實。

26354

第一卷　第二期

中華民國二十二年十二月一日出版

出版者　中央大學土木工程研究會

通信處　南京中央大學

土木

羅家倫

關於水敏土使用上之數端注意

陸志鴻

英語 Cement 之字本爲膠結物之義，吾國譯名有洋灰，水泥，士敏土，水門汀等等名稱。現在通常所指者概爲Portland cement，此物當須賴水之作用方可發生膠結力，卽屬於Hydraulic cement 中之一種。故余以爲譯作水敏土較爲有意義也。

水敏土旣爲混凝土之主要材料，故關於大工程結果之良否及其經濟上之損益全賴乎工程師或監工者對於使用水敏土及配合混凝土二端上付以周到嚴密之注意。否則巨大之工程建築物，其抗力之信賴程度全屬疑問也。今就實地工程上使用水敏土時應加特別注意之數端列舉如下。

(1)水敏土之購買　水敏土爲混凝土材料中價格最高之物。當購買選擇時宜注意下之諸點。

第一、不可迷信牌子　吾國人對於商品牌子往往過加重視。苟確屬設備完善，製造注意之廠家當然可信用其牌子。但若不問其設備與製造之如何，徒以該商品出現於市場之久暫而視爲選擇之標準，實非科學方法。試問各地工人與工程師何種水敏土爲最佳，則必漠然答曰馬牌最好，問其故則必答曰牌子最老。此實出於一種迷信，蓋牌子之老與新對於出品之良與劣實無關係也。

第二、宜注意品質之均一　購買水敏土時當然須選取試樣加以試驗，合格者方可購買。但大工程時使用量甚大，僅恃數次之試驗未可斷定其全部爲同樣品質。但構造物上各部須用同一品質之材料，否則一部甚弱，卽使他部極堅固，而該構造物全體受其影響。故購買時須注意廠家及販賣者信用程度之如何，製造時注意程度之如何，工廠設備之如何，製造工程作業之狀況等均須加以調查。且尤須注意運輸之難易及途中運輸所需之時日，總之，廠家出品而永久不變其品質，常可得均一之物者，方可信賴之。其他再加以試驗之，并參酌其價格，而後可決定宜用何種牌子之水敏土也。

第三、巨量使用時宜分期購買　水敏土久置之則易風化。苟工程能迅速繼續進行，則一

本期目錄

時購入多量貯藏之，短期內可用盡，不致減損其效力。若至數月之工程或非連續性之工程，則考慮其每日使用量與運輸難易等問題，應工程之種類，在不妨礙工程進行之程度內，務宜減少貯藏量。隨需用量之增減分期自廠家購入，則可用新鮮之水敏土而不致使風化低減其效力也。

近日德國美國日本等國多用高級波德蘭水敏土(Hochfester partlondzement, High streugth portlaud cemeut)，粉末極細，甚易風化。故使用時尤宜在新鮮期內速即用盡不宜久藏。

(2)水敏土之貯藏 水敏土長貯藏於倉庫則吸收空气中濕气及碳氧气而減少混凝土之强度，凝結時間亦極遲緩。且有時結成硬塊不能使用。據美國試驗之例貯藏3個月，6個月，1年，2年及41/2年後之水敏土，其混凝土强度較新鮮水敏土時各低減成爲80%，72%，62%，46%及45%之結果。

水敏土之貯藏最須注意。蓋一旦吸收濕气，結有硬塊時，雖篩去其硬塊而其强度仍極低減，不能與未風化者視爲有同一價值。但裝袋時，叠於下部者，爲上部重量之所壓，亦可結成塊狀。此時以手指輕觸之即可壓碎，不害水敏土之性質。雖袋重擲於地下則即可分散其硬塊。

貯藏中對於防止吸濕气起見，當以桶裝者爲宜。但若有完善之貯藏倉庫，對於大規模工程上以袋裝者爲經濟。

貯藏水敏土之倉庫須防水防風。地板在高出地面一呎以上，最很害者將地板互成直角鋪設三層，其中間夾以防水紙之類。倉庫之側壁亦宜貼以防水紙，如是方可完全防止濕氣。倉庫側壁不宜多設窗戶，且不宜常啓其門。蓋水敏土之風化以濕气及空气二者爲必要，故不僅防濕亦須防風。

堆積水敏土袋於倉庫內時，須不使接觸側壁，袋與壁間宜留狹小通路，不特防止吸濕，并可容易檢驗。堆袋高度最高不超過14袋，各層將袋縱橫推叠。若稍長期貯藏時則不宜高至7袋以上，蓋若過高則下方之袋容易硬結，以致搬運不便。倉庫內之水敏土若非同時購入，則宜分別堆積，記明其運到之年月日，牌子，數量，及出品廠與試驗結果等。

自倉庫取出水敏土而使用時，宜自陳貨開始先用。不使先到之貨常久堆積於下部也。

(3 關於所謂「快燥水泥」之注意 上海法商立興洋行代售法屬印度支那海防之拉發其廠(Lafarge, haiphong) 所出之礬土水敏土(alumina cement)，俗稱快燥水泥，此名稱極屬不妥，并非科學化之名詞。 該水敏土用岩礬 Bauxite(鋁礦石亦稱水礬土礦內含氧化鋁及氧化鐵)爲主要原料，以電气爐燒成。溫度甚高，氧化鐵成黑色，故該種水敏土，其色黑。此礬土水敏土法國俗名Ciment Fondu或Ciment Electric 美國俗名Lumnite，德國俗名 alca cement，其發源始於法國。主成分爲Al_2O_3 40～45%，cao35～40%，SiO_2 10%。其凝結緩慢與普通之波德蘭水敏土毫無所異。但爲急硬性。一日之强度可達普通水敏土四週之程度，茲將此水敏土與普通波德蘭水敏土之强度比較如下。

抗拉力比較(1:3mortar)(單位lbs|sq.in.)

	太山牌特別水敏土	太山牌	馬牌	塔牌	快燥水泥「立興」
一日	259	——	——	——	391
三日	336	——	——	——	386
一週	424	291	2[illegible]8	22[illegible]	371
四週	481	373	352	313	371

抗壓力比較(1:3mortar)(單位lbs|sq.in)

	太山牌特別水敏土	太山牌	馬牌	塔牌	快燥水泥「立興」
一日	1610	——	——	——	4503
三日	3241	——	——	——	5526
一週	3782	2095	2364	1345	6133
四週	4613	3510	2729	2232	6713

上表內結果除「快燥水泥」及太山牌特別水敏土以外，乃最近四年間之平均結果。

由上表可知礬土水敏土硬化之速，但其凝結時間則無異於通常之水敏土也。

並將「快燥水泥」之凝結時間

開始凝結	4時10分
終了凝結	6時25分

故俗名「快燥水泥」極爲不妥，並非快燥乃快硬也。

礬土水敏土之抗拉力不若抗壓力之大，其抗壓與抗拉之比在普通水敏土約爲10，而礬土水敏土平均爲15。在一週以內强度之增加極速，一週以後則增進極緩。

礬土水敏土對於海水鹽類之腐蝕抵抗力較普通波德蘭水敏土極大，且因短期間內發揮大强度，故極適宜於海水工程。

礬土水敏土凝結之際發生熱量甚多，與水捏和後5小時後可昇至攝氏70至80度。其甚者以攝氏20度之水捏和後5小時可昇至113度。故嚴寒冬季此種礬土水敏土與其急硬性同發揮其偉大效力，甚適宜於冬季工程。

上海万興洋行所售之『快燥水泥』市價約爲普通國產波德蘭水土之三倍，即每桶約十八元左右。

（民國廿二年十一月十五日稿）

德國的巨型水工研究所　沙玉清

一九三二年，當代的水工名家，德人恩格司(Prof. Dr. H. Engels)博士，在德國政府，和巴燕邦合辦的巨型水工研究所裏，引用奧貝納赫天然河流，試驗挾帶泥沙的河道，對於我國的黃河，做了許多切實的研究，來確定各種根本治理的法則，結果都非常圓滿，展開了我國科學精神治水史的第一頁！因此這水工研究所，亦深深的引起國人的景仰和愛戴了！現在且把這研究所設備的大概情形，介紹如后。

一、簡史

過去的十年間，水工家和研究家，都運用着惟一的比擬律理論，去探索各種縮小模型的應用範圍，和縮率的限度等，但是現在又轉變另一個更有希望的方向，供水工模型研究的理論和應用，跨進更合理化的境界！

一九二六年的四月，這當代最偉大的巨型水工研究所誕生了，這是愷撒威廉(Kaiser wilhelm)科學促進會的最近的一種貢獻！一向的習慣，水工研究所，大都附設於工科大學內的，但是這研究所是個例外，是有一種獨立性的組織的，是由德國的政府，巴燕邦，和慕尼克市(Munich)三處合辦的，此外對於各家私人的公司，亦代做驗試，但是要付相當的代價。

二、研究所成立的意義和方法

研究所地址的決定，有三要點：1.要常有充足的水量，供給將來任何研究工作的應用，2.要有一片寬廣的空地，可以佈設各種很長的渠道，3.要和慕尼克市政府，以及其他水工機關鄰近，結果：就選定這瓦痕湖(Walchensee)，南面一片的廣地，這個湖，離慕尼克約有90公里光景，是在巴燕提羅爾的阿爾卑斯山的脚下，到了一九二八年，就正式動工，一九三〇年的春天，所有各種重要的工具，都已大部完成了。

普通的研究所，各種模型試驗的工作，只要有一個研究員，就能勝任全部的工作，以至計算結果了！但是在這瓦痕湖的巨型水工研究所裏，各項的工作，都採用巨大的的模型，因此非組合三個或十個有經驗的研究員，同時合作的做着，是不成的，並且在同一個時間內，很難同時做着二個以上的試驗，因爲結果的精密與否，是隨着天氣的情形而定的，當一個工作正在進行的時候，最好是能一氣貫注的做下去，半途停止，是不好的，普通一般的工作，每次總得要繼續不斷的做着，約在20至30小時之間。

運用這種巨型水工研究室，來探索比擬律理論的不可靠性，和發掘從前太偕重這種假說的誤點，是佔有最大的優勢的！但是換過來說：比擬律的理論，經過了這一翻澈底的探索，只要能把模型和原體間轉換的因子，用實驗的方法，來決定以後，那就變成一更可靠，更合理的工具了！在我們的過去，很少很少，有這種機會，可以來提醒的，當那模型巳經縮小到百分之一以下，我們還運用着比擬律來研究這種水工問題，是怎樣的盲目的信任！現在呢，這巨型水工研究所誕生了，我們可就同一的水工建築物，從他的最小的模型，一直試驗到他實驗的原體，也許就有許多的水工家，將不斷的懷疑着小型的水工研究的靠不住了！

誠然，有許多的水工研究，非用這樣的瓦痕湖式的巨型來試驗是不可的，好比像吞擋商業上應用的量水法，和渠道的形式對於渠床鋪料的試驗，此外如虹吸管等問題，因為問題內的天氣情形，在模型內不易縮成相應的情形的，那就非用巨型來研究不可了！雖然，亦很有許多水工家，仍舊主張在小型的室內研究，因為可以使用最精密的儀器，但是呢，這亦是巨型研究所的領袖們，所要說的：增大試驗的模型，的確的，對於各種測量的精密度，有些兒稍為犧牲的，但是和能同工程的實物，充分的接近，比較起來，這些些的缺點，亦就覺得是無足計較了！

三、研究所的地址

流經德國的邊境，有條伊莎阿（Isar），河是從提羅爾的阿爾卑斯山，近音斯蒲路克（Innsbruck）地方發源，向着慕尼克作北向的流來的，確好在克銀鎮（Krünn）的前段，約離瓦痕

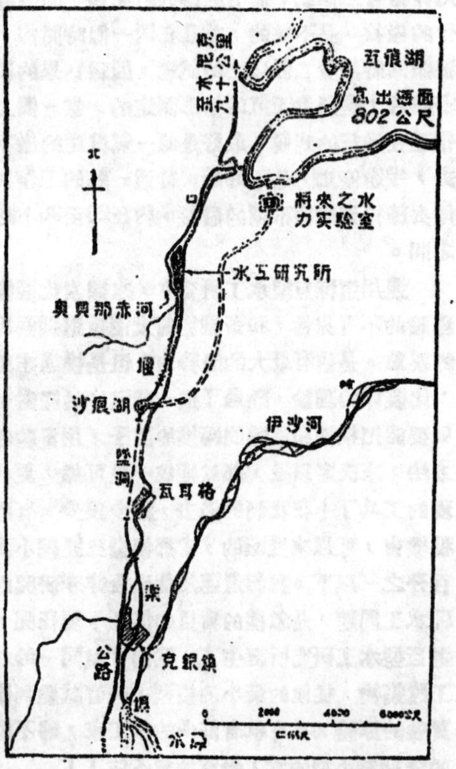

第一圖　研究所的地址

湖有9公里光景，這河就分作兩枝，右面的一枝，比較深些，因此所有的水流，差不多全部都繞着瓦痕湖的東邊，流過來了。

湖是個三角形模樣，有6公里半開闊，190公尺深，和附近3公里多遠的科赫爾湖（Kochel）相比，湖面約高出200公尺，瓦痕湖的水電廠，佔領着這種優越的地位，他不僅是從瓦痕湖引用所有的流量，且利用伊莎河平時的流量，約有15至25秒立方公尺，在冬天的低水時間，亦有5秒立方公尺。

研究所從伊莎河取水的方法，（看第一圖），在克銀鎮附近的分叉處，建築一小調整水庫，因此即使就在乾旱的年頭，這河流所有的流量，亦都能從混凝土渠，而引入莎痕湖（Sachen）湖了，這湖離瓦痕湖有4.5公里，從此又經過2公里的渠道，就和奧貝那赫（Obernach）河相合，而流進瓦痕河裏。

確在這個會合點以下，奧貝那赫就離開省道，而漸漸的彎曲，但是經過這弧形的彎曲以後，約1公里光景，從復的又和省道平行着了，這個彎曲和鄰近的省道中間，總有一遍廣大的平原，約有10,000公畝，這裏有富裕的空間，和充分的水量，因此這廣場就給研究所選中，算是最近理想的地址了！

從莎痕到瓦痕兩湖的山谷間，有一確定的66公尺的降度，因此就利用這個水頭，從研究所分出一枝渠道，到瓦痕湖的南端，建一新的水力廠，作為將來研究各種水輪，和其他高壓水力問題的使用，這是很明顯的，這研究所已佔有這樣優越的地點，這樣的設備，和這樣的水量，無疑的，一切的一切，在這世間，將握有他最尖端又權威的地位了！

四，研究所的佈置

堰的上游，18公尺地方，伊莎河的分水渠，和奧貝那赫水道會合，設一供給全試驗場的進水渠，（看第二圖）這水流用兩座垂直水閘來調節的，水閘寬35公尺，閘口的最大高度2公尺，渠內的流量，隨着伊莎河的流量而不同，約有8至12秒立方公尺。

引水的方法，先經一混凝土渠，約是180

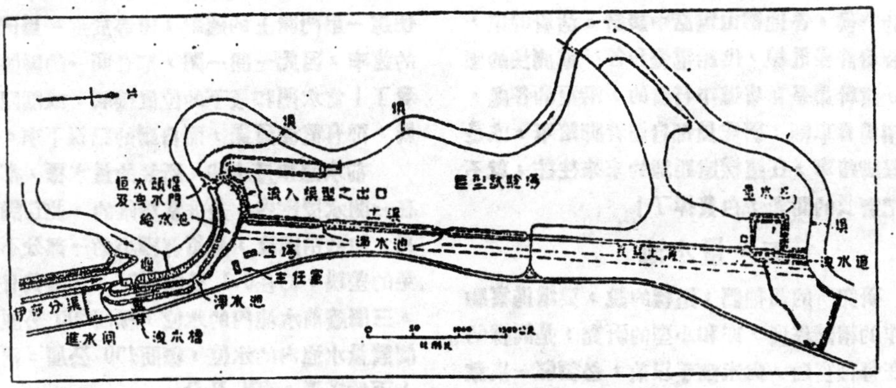

第二圖　研究所的佈置

公尺，這渠和省道並行着，能流入一靜水池，這池確好在給水池的上游。

給水池的容積很大，約有2,500立方公尺，預備着將來研究時，可以供給四五條渠道的水量，堰上常有10公尺的水頭，池的西端，有一個1公尺的排水門，把多餘的水，洩到奧貝那赫裏去，這個水池，池床未經人工的鋪砌，土質是石礫和粘土混成的，岸坡只用1：2斜。已經很夠抵抗天然的冲蝕了，給水池外岸的中部，分出一幹渠，渠向北行，流量每秒4立方公尺，渠長575公尺

幹渠的前段，分作84公尺，142公尺，和69公尺三部，這前段的斷面，是梯形的，水面寬9公尺，底寬3公尺，水深1.5公尺，起初，這三部都是純粹的簡單土渠，後來設法沿着渠床，經過相當的間隔，用瀝青油膠合的礫石鋪砌，在第三小渠的末端，有一靜水池，是用混凝土製成的，容量很大，可使流水中能力的大部，都在這池內消滅，而後流入第四部去。

這第四部（看第一圖）就是這研究所用以試驗各種重要流性的渠道，渠的兩側和底部，都是混凝土的，但未經秣光，沿着渠道的各節，都設有閘板的筍槽，以備堰板或靜水格等物的插入，沿全渠的各點，分設許多量水設備，以觀測渠內的水位。量水計分成二組：一組是用短管埋在混凝土渠牆內，另一組是直接裝在渠牆的壁上的。

幹渠的出口處，有一銳口堰，用以測量渠內的流量，這堰口的高度，可以任意調整，得到適宜的位置，從堰流過的水流就洩進一個前水池。前水池的容積，有96立方公尺，倘使把前水池的出口關閉，更可增加容積72立方公尺，前水池有兩個出口，列成對稱的形式，上面裝着一對汀脫式(Tinter)水門，所有的流量，就得從廢水渠而引入奧貝那赫。或則流入一個極大的量水池。

量水池的容量，有1,500立方公尺。池床完全用混凝土鋪秣過的，在表面上，再塗一層厚約10至20公厘的瀝青土，那就得完全防止水份的滲漏了，這池的出口，經過一座垂直的水閘，而洩入廢水渠。

水池的旁邊，有管理室一間，由混凝土造成的，三面皆窗，從窗口望去，幹渠和量水池，都看得清清楚楚，以便研究時的發司號令。管理室的地下間，有一變壓機，供總線6,000弗打的高壓電，變成380弗打的三相電，或220弗打的單相電，以給直流電和蓄電池之用，第一層有配電板一塊，上有2至4弗打的直流電。室內並裝一電鐘，把每秒的記號，發送到研究所的各部，此外還裝有電話機一架，這管理室的任務，專司啓閉幹渠流入量水池的閘門，使一啓一閉的時間，都由一隻時間自記器記錄下來。其餘如記錄流速計迴轉的次數，和鹽速法的電流，以及其他各種應用的儀器，都放在這管理室裏。

試驗場的各部，都用電話聯絡起來，做實

26359

驗的時候，各地都由電話中談話。沿着幹渠，都裝着許多電線，供給電燈和各種電測法的應用。這幹渠是和省道平行着的，沿渠的各處，都預備着車輛，研究員都自備着脚踏車，或是機器脚踏車，在這樣遠距離的來來往往，就不致把寶貴的間光，白費掉了！

五、量水池

研究所的領袖們，這樣的說，要增進實驗工作的精確程度，亦和小型的研究，是同樣的，在每種實驗，尙未動手以前，必須經一度澈底的苦心的計劃。做將來一切工作的準備，試驗所用的儀器，都應當採用最精確的，此外呢，還要加之以耐心的縝密的分析，把各種可能避免的差誤，都能夠想法使之互相補償而消去，且對於試驗方法的設計，和研究工作的程序，都要一一洞燭在胸，使這種研究工作的結果，達到精密度的最高峯極！

普通實驗的方法，往往採取幾個比較的方法，而求其平均値，作爲標準的結果。在這巨型研究所裏，對於各種容積的測定，如測量渠內的流量！就採用多種不同的儀器方法，來比較他們的結果，因此所得的結果的差誤，最大的，不過只有百分之±0.1，可說已經超過一般研究工作，所必須的精確度以上了！

量水池的流量曲線，是用兩種不同的方法，比較而決定的，一種是根據極精密的測量，應用幾何的原理，而算出在各種不同的水深時，水池應有的容積。第二種是注入已知容量的水量，而直接記錄水標上的讀數，這種注入的水量，須先稱得其重量，而推知其容量。加水的方法，先用抽水機把水從渠內抽起，注入一稱水筒內，而得其重量，然後，放入前水池內，而記錄前水池內的水標。等到前水池灌滿以後，就把所有的水洩入量水池去，這樣的重複的工作着，等到量水池內的水標的讀數，從0昇至2公尺爲止，這個稱水的天平秤，容量有3,000公斤，敏感度至百分之0.0013

量水池灌水的時間，因記錄工作上所生的差誤，實際上可用汀脫式水門的絕對相關的構造法上消去的。這兩個水門，可偶合在一氣，使這一扇門開上的速率，確等於那一扇門閉下的速率，因此一開一閉，都在同一的瞬間進行着了！當水門和最下的位置接觸，或離開的時候，都有電流通過，而自動的記錄下來。

前水池和量水池，所裝的量水標，都安置在一間水標室內，是非常精確的，並且調整極易，他的精確度，只留有極小的一部分不可避免的差誤，約在0.1公厘以下。水標共有九個，三個讀前水池內的水位，標間600公厘。六個讀量水池內的水位，標間400公厘。兩標間上下的搭度，有3公分。

沿混凝土渠各點，都裝有鉤標，形式和量水池內的同樣。但是都個別的安放在水渠的牆外的水筒內。最後的一個水標，裝在水流的下游，用一簡單的手把，可以左右搬動，而讀出堰下左右的水位。

B式水標亦裝在同一的進口，但是他的形式和作用稍異，一律裝在水渠西部的渠牆內。有一直徑5公分，直立的鐵筒。筒高出地面約1.2公尺，用一根已知長的尖頭金桿，插在筒內。桿上緊裝一絕緣的木球，球在筒內，極易上下滑動，且桿上附一金屬的游尺，可以讀到0.1公厘，把這桿向筒內插入，當那桿尖觸到水面的時候，就有電流通過，這電流是由沿着渠道的電線送來的。在此即可成一電路，經過耳聽器，鐵筒和桿尖，而形成電路的兩極，把水當作傳電的導體。因此當桿尖觸到水面的時候，耳聽器內，就可聽到很尖銳的吱的一聲了。

六、幾件基本的工作

這研究院所成立以後，第一件基本工作，先把近代的四種四種量水法——1.銳口無端收縮堰量法，2.愛倫（Allen）鹽速法，3.化學的滴定法，4.流速計法——都在同一的混凝土水渠內，有系統的研究一下，每種都分用5種不同的流量，詳細試驗，試驗時所有各種容量的測定，都根據量水池的記錄。且每種就一定的流速，亦重複的試驗幾次。這種試驗的意義，一方面，因爲這研究所已有的設備，做這個試驗，是再合用沒有的，另一方面，運用近來最精

26360

密的方法，做一個有系統的比較研究，在水工學術的貢獻上，一定很大。

混凝土渠的末端，裝一標準式的銳口堰，這堰板先用螺絲釘裝在一條木樑上，因此，可在渠道兩牆的接筍槽內，昇高或降低了。筍槽內所有的縫隙，都用軟木塞緊，不使漏水，在堰口以上的接筍槽內，鑲薄板一片，因此就不致失去牆壁的光滑度了。同時，又可利用這筍槽，通入空氣，使堰流下的通風情形，非常良好。並且通入一個開口的U形測壓計，以測驗通風的程度，是否完全。

七、愛倫鹽速法

使用愛倫鹽速法，來測量流量，所用食鹽溶液的注射器，放在約離渠端有60公尺之處，有一隻640 公升的鐵箱，溶液就在這箱裏調製，此外尚有一架1.2 馬力的唧筒和空氣壓縮箱，箱外接一注射箱，箱內安放溶液，溶液的壓力，在開始注射時，有10大氣壓。注射的方向，向着射管的上游，由許多彈性門內射出。

電極是直徑 1 公分的塗鋅鉄管，每組六根，插在渠床的承口內，他的位置，在注射器的下游，分成四點，鐵管的間隔，是42公分。通電時，使電極一正一負，交互的放着。

這是狠有趣的，這種愛倫鹽速法，在德國是從來沒有實地使用過的，等到這次研究所在1920試驗以後，亦就漸漸的普遍了！

八、化學滴定法

利用化學的滴定法，來測定流量的原理，是把鹽類的溶液，先在未注射以前，再在已注射之後，經過二次的化學分析，而決定的。從前，雖然很有許多的方法，但似乎都太複雜，太費時間，和種種旁的困難，並且還要有一個，很有訓練的化學師。但是從這次研究所的經驗，比較這四種測流法的結果，才發見惟有這化學滴定法，是在最短的時間內。能給我們以確實的結果的！至於所用的人才方面，亦不過只須一個機械工程師，就是勝任了！且在其他的測流法，不能使用的地方，那就非用這種滴定法不可。

注射鹽溶液的方法，須設一小站，站內有棚架木箱等設備，地點是還在那土渠末端的上部。木箱大約2. 立公尺，用以混合飽和溶液的，這箱裝在架子的上層，箱下通出一管，管的下面，有一恆水頭器。

試驗的方法，先把水流調整，等到恒量狀態，乃以每秒0.5 公升的流量，直注調整箱內。約5 分鐘，再使之流入注射管。每次約20至25分鐘，最後，又重復使之回入調整箱，換句話說：這種裝置，不僅在試驗時能保持恒重的水頭，且對於流量容積的測定，亦得經過兩次。

注射溶液的地點，確在巨混凝土倒薄式堤的上游。在這裏，水流混亂，溶液和水，就得互相混合得較好。這堤的下游，就是混凝土渠的頭端，裝着三重靜水格篩，取水樣的地點，約在下游56公尺處，取水樣的方法，用一固定的手提唧筒，和一個長管唧筒，是用以採取這渠的斷面內任何點的水樣的。

九、輕便滴定器

測量較小的水流，如溪澗細河，該研究所曾設計一個較便的滴定器，這滴定器的構造，有一恆水頭流量的箱子，箱子用薄鋼板構成，只要一架手推的水車，就可以搬運自如。車上並可附帶，必需的食鹽袋，混調桶，和取水樣瓶等。

這種較便的滴定器，在山地應用，最爲適宜。尤其是在普通的流速計，不能供用的地方，據這研究所的經驗，在巴燕高原，測量許多小溪，試用這種方法，結果都非常圓滿。

從取得的水樣中，決定流量值的方法，該所採用馬爾脫(Mellet)氏的化學分析法。用這種方法，所決定的，不過是一種比較值，並不能確切的算出多種水樣中所有的鹽量，分析的方法。先把各種水樣的溶液，用蒸溜水冲淡，使彼此的濃度略等。再各取等容積的溶液，放入電灶內，待水分稍去，就在各種溶液內，加入等量的鉻酸鉀，作爲指示劑。然後用一定濃度的硝酸銀，由滴管內滴入，等到各種的溶液，都變作同樣的紅色而止。

十、流速計法

流速計裝在一座小橋上，橋上鋪着輪軌，

26361

橋在混凝土渠的下端，離堰的上游21公尺，流速計在桿上，可以上下移動，而移至渠道斷面內的任何點。

試驗工作的第一步，在比較各種不同的式樣的流速計。該所試驗的，有幾個扇翼式和旋翼式的鄂特（Ott）流速計，直徑12和18公分。和一個舊型的蒲徠斯（Price）流速計。（Gurley1903）這許多儀器，都用同一的方法來試驗。因爲蒲徠斯流速計，已是28年前的舊貨，所以沒有把他的結果發表出來，在做化學滴定法，或堰板法的時候，測定渠內水流流速分佈的情形，是用三隻同式的流速計，裝在同一根軸上。

這次試驗的方法，共用五種不同的流量，從0.5 立方公尺變到4.0 立方公尺。流量由渠道的頭端調整，使和預擬的流量，十分相近，於是任他流着，約2 小時，供水流達到恆量狀態，然後才開始試驗，繼續的記錄沿渠槽各點的水位，和量水堰上的讀數，每次試驗的程序。第一是用流速計，等到量水池灌滿而止，第二是用鹽速法。亦等到量水池灌滿了爲止。第三再用滴定法做一次。這樣的試驗，對於某種一定的流量，須重複的做三次。

天下雨了，試驗的工作，只好暫時停止，等到雨過天青，再繼續着做下去。每次試驗定結以後，量水堰上的結果，和量水池內的記錄，都立刻計算出來，彼此比較一下，倘有顯著的差誤發見，這個試驗，就該立卽的重新再做。這五個試驗，大概需要一月光景，所有的記錄，都送到慕尼克辦公室，由六個技師算出各種的結果，約需六個星期光景。

十一、基本工作的結果

堰量法的精密度，視兩要點而定，1.水流必呈均流狀態，和用一個合標準尺度的堰板。2.要用一個合理的公式，來計算流量。

普通計算堰上流量的公式，都是由實驗室裏的模型試驗，誘導而來的。但是從這次研究所的試驗，運用銳口堰公式，計算大流量時，常發見許多疑點。因此就曉得量水堰在原形和高水頭時，研究的必要了。

鄂脫和得克薩斯(Texas) 流速計，都有良好的成績，每個都經過實際的測定的。蒲徠斯流速計的平均差率，常大於實際的流量，約有1.845 %。他的原因，或由於渠道的斷面過小，但是用大號鄂特流速計試驗，他的平均差率只有－0.378 %。但是這個蒲徠斯流速計，已是28年的舊貨。他的結果，當然不能作準，至於這鄂特流速計的精密度，有0.3%至0.6%的負性差率，確是狠有價值的。雖然，實際的精密度，還是要隨着在使用前的釐訂工作而定，因爲這是只有經過精密細又可靠的釐訂，這流速計，才能得到合理的使用。

用鹽速法測驗的結果，幾乎都比實際的流量爲小，因此對於差率的較正，到一合度點以前，必須做過許多次的個別試驗。鹽速法的差率，有1.2 %在三種測流法中是最大的，但是就實際的應用上說，這是很困難的，在裝置儀器之先，要能定出電極最合宜的位置，如瓦痕水電廠在進水管內的試驗，亦發見同樣的困難。

這幾種測量法，最可靠又精確的，當首推滴定法了！從這次試驗的結果，和實測的量水池的結果比較，幾乎都無分上下。並且差率分配得亦很平均；再就渠內所有各點的平均值說，僅有0.03%而每個水樣個別實測的結果，只有0.06%。又因普通的流速計，僅能適用於均流狀態的水流，而這滴定法呢，反全宗，要有亂流發生的地方，鹽的溶液，就得和水混合得適宜了。因此，有了這兩種適應性不同的方法，對於所有的各式河流的流量測量，都可對付了

津浦鉄路之工務組織

章守恭

鐵路既成，養路一事，顧名思義，卽可知其簡易，故苟有嚴密之規程條例，使各人職責有所因循，再以勤謹之態度及工程學識相助其管理及處斷，決無意外發生；此爲僅以養路而言。惟國內鉄路，均屬草創，且歷年內戰，工程之簡陋及破損，處處有大量之建設及改進，此類工事與養路事，並不分立，統歸各鉄路管理局工務處下之系統執掌之，是以事務之艱繁乃倍之，余于去夏入津浦路工務處實習，對

26362

於其中工作狀况，擬向諸同學報告一二，藉可窺知中國鐵路工務方面之一斑

一、組織系統：我國鐵路路綫，均不甚長，爲求全綫一致整齊起見，其管理局之組織均採用分處制(De part mental SΛsteni) 於處長爲各該類之最高權力者，工務處自處長下，內部分課，如工程稽核及產業等，係輔助處長處理日常事務者，此項分課之數目及名稱各鐵路稍有異同，且視各該路之需要有設置專門技術室，如津浦有設計室，膠濟有橋樑室，均直屬處長，外部分數總段，每總段又分爲數分段，故分段實爲一切修養，建造，及改進各工程之實施者，至於分段下形成之養路系統，爲分段之一部分，並不負直接責任，總段由正工程司一人主持，而以副工程司，幫工程司工務員，事務員等等襄助之，分段則由副工程司一人主持，除養路系統之員司及直屬之木瓦鉄漆各工廠外，並以幫工程司工務員，事務員等襄助之，其養路系　之組織，由工人六七名組成一道班，亦有多至十數名、如在大車站岔道繁多處，把頭一名爲該道班之領袖，每四個或五個道班，由監工一人督察之，而監工又受巡査員所管轄，普通巡査員所轄之監工數爲三或四不等，巡查員則有屬分段工程司，常以幫工程司或工務員兼理之

二、養路工作實施情形：每道班在其所轄區域內，有一道房，爲存儲器具及工人安息之所，工人亦得在外居宿，惟須鄰近道房，呼喚便利之處，而道房亦必有一二人輪流住宿，其日常工作，聽命監工之指揮，在所轄區域內作下列之工事

1.起撥軌道　2.更換道木　3.修填土台
4.絞緊道釘　5.填橋洞底　6.改正道裢
7.方正軌節　8.均勻軌縫　9.整齊道邊
10.打碎石子　11.拔草　12.斫樹　13.打掃埋沙　14.整理概石　15.其他特別工作

如某道班工作異常繁忙，監工認爲一道班工人不夠分配，則得請巡查員撥飛班內工人數名或調閒暇道班工人幫同工作，故道班之工作範圍，亦並不一定在某區域內，飛班則於每巡查員設一班或二班，除幫工外，並爲意外工事之準備，道班須在其所轄區域內查驗路軌諸事，每日早晚二次，監工如欲察看該道班是否巡行，只須注意道班分界處標誌上所鎖鐵片之號目，此鐵片早晚巡行後有一定之號目，由巡行工人更換之，此工人由道班中輪流之，或由把頭指派之，巡行時須攜帶紅旗壓砲等，以防行車有障礙時之應用，監工負監督各道班之勤惰，宜稍具工程上之常識，每月須向各道班講述養路之知識，將其工作塡表彙送巡查員轉分段工程司，如所轄區域內建築物或路軌有損毀時，須立即電告巡查員及分段，然後再詳細繪圖呈報之，至於車站貨場內之量載架(Looding goge)及地磅(Weighing bridge) 等，則須於一定時期報告其有無損壞，其事務方面之責任僅爲巡查員與工人間之媒介，巡查員之設置，原以分段工程司有雜務及新工程之牽制，不能專心養路，且養路一事又不可忽視，乃以巡查員代其執行使專致其職守，以臻養路組織之完密，故普通均以分段內之技術人員，如幫工程司或工務員兼理之事務方面，亦僅爲分段與監工間之媒介，而對於路綫上之一切則負完全責任，如防險之規畫，建築物之保護，及養路材料之分配，均由其指揮進行，惟須得分段工程司之同意，此爲普通養路之情形，至若雨期內土台浸水，大風雨後，山洪暴發，易致土台之冲洗崩陷，養路者最爲吃緊，故當此時道班上有工人輒夜巡行防衛，監工等亦宜戆醒，普通均有賞罰專條以管理之。

三、新工程進行步驟：新工程之舉辦，普通由各處視業務或改進上之需要，提請管理局或委員會，由管理局方面視其確實狀況，圈定或巡行駁回，以圈定者交工務處分發各總段轉各分段，各分段乃根據之以作來年之總預算，此項總預算除價格總數外，尚須注重各種材料之數量約計，因一切材料均由總務處材料課整購，分發各材料廠存儲。總預算之估製，不及於細亦不必附以圖樣，惟每工程之總價約數作爲將來詳細預算之根據者，不得過分差離，總預算呈處轉局後由局方分其緩急及會計現狀批示緩辦或上下期舉辦字樣，凡奉示舉辦之工程，分段卽分別設計繪圖及製詳細預算塡入規定之表格內，表格分「預一」「預二」「預三」「預四」字樣預一爲封面及總價，內含工事之名稱

，會計號目開工竣工日期總工價，總料價，工料總價，以及各主管者簽名蓋章地位，預二爲材料總價表內含材料名稱，數量單位，單價及總價等項，並須於備註項內，註明該種材料爲待購或存廠，存廠之意義爲該材料在分段之材料廠內尚有留存，預三爲工價表，亦有工人種類，工數，單價，總價等項，備註項內亦須註明，待雇或常工，常工爲各工廠內常備之工人，可資借用者，預四爲工料數量之詳細計算書，故預四之估計最爲重要，不嫌周詳，即門窗之栓鎖亦不得遺漏，否則施工完成時，該材料必付缺如，預一預二預三僅爲預四內數量之集成，預算既製成即送總段，由總段核對後再送處核對，經工務處長，會計處長及委員長蓋章核準發還分段，待材料領得即可舉辦矣，此指一般工事在四千元以內五百元以上者，如工事之總額不及五百元，其中待購材料未逾二百元待雇工人未逾二百元者得由分段先行辦理，僅以決算書，轉處備案，如工事之總額在四千元以上者，除上述手續外，尚須將預算單格圖樣，計算書，工事說明表，標單及合同等，呈鐵道部核準備案後施行之，實施工事時常工及存廠材料當然不生問題，待購材料則須向總務處設在各地之材料廠請領，待雇工人普通均由投標方法執行之 ，標單採用單位價格及總數法(Lump sum and unit pricemethod)-單上除說明投標須知外並列表註明工事數量，便投標者當入單價而計其總額，開標於當地當衆執行之，惟標單預算總額超過一千元者，須由工務處請委員會派員監開以昭公允，又若所得標函之最小總價亦超越預算總額時，則另行招標，使務須在預算以內工事結束後，即須將決算單格填就，轉處經工務處長會計處長及委員長核準發還。其決算總額，不得逾預算額百分之十五，若超過時，必須申述理由，認爲許可，始爲有效決算，單格中，「決一」爲封面，「決二」爲決算總額，「決三」，「決四」，爲實用材料數額，「決五」，「決六」，爲工價數額，如總額超過預算時，將其理由書於「決七」，又實用材料如與預算有異時亦須於「決四」上註明，此項單格與預算單格同，須填四份，一存會，一存處，餘發總段分段分存。

四、分段之職務：分段之任務除上述養路工作及實施一切新工程外，兼理人事方面之雜務，如各工廠之管理及零星修理工程，故事務至爲繁瑣，今以養路工作一項而言，姑不論監察指揮之事，即以報告之多，已大可觀，養路之報告約有四十餘種，或一年一次或半年或一月不等，尤以一月一次者爲最多，此種報告，均印就格式逐項填入，關於新工程除預算決算之外，實施時尚須派員監工及以每旬所做工作數量報告之，零星修理工程均由各工廠內抽工人施行之，其調度事宜設工廠管理員處理之，人事方面之雜務包括會計，材料收發文牘，考績等等，尤以會計賬目及收發材料最爲麻煩，因鐵路會計爲一種特別會計，每一種費用均有其一定之紀號位置 (Allocation)鐵道部著有專書，若非熟悉者，不易得其眉目，材料亦然，各有其專門一致之名稱及代號，關於材料及會計，分段設材料司賬員及事務員以專司之。

五：總段之職務、總段之設立實爲一轉核機關，居分段及處長間而爲對處長之直接負責者，故分段之一切賬目，公文，預算，決算，均須經其核會簽後轉呈，其他如各分段報告表之彙製，圖樣之保存，繪製，及分發，亦爲總段之日常事務，由各技術人員及事務員分別處理之，除此以外總段對於所轄內之一切工程有指揮監督之責，若工程之性質，爲各分段所共同者，由總段設計提示概要，發分段預算，又因處長對於外段路綫上之實情，容有疏忽，故總段負有段內各項改革及經辦之責任，凡一切對於業務增進上及路綫改善及防衛上之計畫及預防，均得由總段提請之。

中大土木科近況 　彧

(一)新教授 —— 本學期原請許心武先生授水利系各課，旋以黃河泛濫，許先生奔走南北，爲庶黎請命，對於教課，勢難兼顧，乃請林平一先生代授渠工學，林先生現任導淮委員會設計組主任，亦本校舊教授也，桃李早已成蔭，春風再爾廣被焉。此外新教授尚有何之泰先生與關富權先生：何先生現兼任江蘇建設廳技正，乃美國康乃爾大學土木工程碩士，愛我華大學水利博士，今夏始歸國。關先生亦美國康乃爾大學土木工程碩士，曾任東北大學教授，北甯鐵路工程師，二先生之學識經驗，俱極豐富，深爲同學愛戴。

(二)新設備——本校測量儀器，素稱完備，計經緯儀有二十五架，水平儀二十五架，平板儀十一架，導線儀九架，六分儀八架，流速計五件，羅經儀十四件，斜度計三件，面積儀三件，水面積儀二件，除隨時添置零件外，目前尚可支配。材料試驗室設備，計有試驗機十一具，精密測儀三具，水敏土混凝土試驗儀器一百四十具，金屬試驗儀器四具，油類試驗儀器七具，雜類十具，其中最近一年內添置者有瑞士阿姆斯拉二百噸壓力機一具，阿姆斯拉試驗機檢正器一具，馬頓斯鏡式伸長計一具，最近又向美國 Tinus olsen 公司定購道路試驗機一具，向經售瑞士 Amsler 公司之上海華嘉洋行定購衝擊試驗機一具，共一萬元左右，定明年到校。水力試驗室，年來無甚新設備，聞當局擬明夏以五萬元重建，最近已請何之泰先生設計云。工學院圖書館新添(關于土木工程方面)書籍五十六冊，雜誌二十三種。

會員通信

張君書農十一月十六日來函：

「……關於導淮工程消息，僅就弟所知者略陳於后：

1. 導淮二年施工計劃，正在積極進行，工程費用，已得中英庚款委員會允許撥借，開工期約在明春。

2. 二年計劃，以航運，排洪爲主要目的，而灌溉之利則間接可得。茲將建築物之種類分述於下：

(一)三河活動壩：該壩爲排洪工程之主要關鍵，位於洪澤湖之東南，洪湖儲蓄水量，及入江水道排洩量，皆可藉以操縱，而航運，灌溉，排洪三方面咸收其效焉。工程費用約約爲五百萬元。

(二)船閘：

a. 邵伯閘——冬季水淺，裏運航行至感不便，此閘成後，則淮揚交通可無阻礙。而水位增高，對於裏下河之灌溉，又獲益匪淺也。工費約三十五萬元。

b. 淮陰閘——淮運航行之聯絡有賴於斯，工費約四十萬。

c. 鹽河閘——淮海交通，賴以聯絡，其效用大可與隴海鉄路比美也。

d. 劉老澗——溝通中，裏運河航道。並於六塘河口置洩水壩，使沂泗洪水向東瀉洩，不致南下會淮，成災裏下河矣。

(三)修繕裏運西堤，並堵塞其缺口，使河(運河)湖(高寶湖)隔離，洪水時不致連成一片，危害東堤。

總計工程費用約爲九百萬元。……」

通訊處：南京導淮委員會

陳利仁君十一月九日來函：

此次全國經濟委員會派弟赴杭公路局實習，到杭後三天，旋被派在桐建路，遂于十一月一日乘輪到桐廬，五小時即達，在桐亦住三天，再派至第三分段，一路山地，崎嶇難行，自晨至晚，方達陵上(鎮名)，工程處即設於斯。第三段尚無人主持，弟來此即承乏全段事宜，試以毫無經驗之人當此大任，能不吃驚。接視之下，始知三段正在開工，數百工人，將從第二段來，工作正著緊張，而所派人除我外，僅一看工及飯司一名耳。照普通情形，每一分段，例有工程師一人，工程員二人，監工二人，看工四人至六人，其餘雜伕人等當在十餘人之多，今已函催加派，但人才缺乏，恐難如數也。至於工程方面，僅土方涵洞，因路線所取，極力平直，尚無大困難，計有土方七萬方，水管十餘，涵洞七八座，木橋三座，修理老橋一座，計劃上定年底完成路基，但因經費支絀，人手太少，恐須延至明春二三月，方能蕆事。至於生活方面，物質精神，兩感痛苦，欲求看報消遣，亦不可得，此後所望者，能健步數十里，身體稍强，飲食不計粗糲耳。

通訊處「桐廬建路工程處轉第三分段」。

二一級級友消息一束

陳克誠君——原在湖北省立職業學校土木科教書，現以患病告假在家休養，所授課程，由唐季友君代理云。

章守恭君——在濟南津浦車站，聞每日從人補習德文兩小時，用功異常。

馮天覺君——在兗州車站，正在四出打聽上屆留學考試情形及試題。

嚴崇敎君——在金口督建金水閘，工作異常緊張；以該處所用混凝土爲1：2½：5 ，特托在校級友試驗1：2½：5混凝土與1：2：4 混凝土壓力比較，以作設計之根据云。

陳晙飛君——原在浙江淳遂公路上工作，現已辭職，于十一月四日抵京，卽轉開封黃河委員會服務云。

虞懋南君——原在浙江公路局担任公路標準設計，現已派至奉化奉海路工程處工作。

陸宗藩君——原在漢口江漢工程局，三月中旬派至黃石港第一工務所，辦理茅山堤土石工程，第一分所辦事處設在唐林岸，八月底洪水已退，第一分所撤消，乃入第一工務所工作，日內正出發勘估來年應修工程，事竣後，將返京一行云。

左雲之君——連月在湯山監督建造砲兵學校打靶場及子彈庫，現已完工，刻在砲兵學校本部工作，其寶眷已來京，下月底將有紅蛋分送各同學云。(左君最近轉赴黃河委員會服務)

唐季友君——原在安慶工務局工作，現赴漢代理陳君克誠職，在職業學校教授工程繪圖，構材造料，測量及實習諸課

鄭厚平君——仍在浦口津浦路服務

陳輿章君——在漢口軍政部工程處

劉蕓香君——山東水利專員

方寶德君——未詳

江恒康君——南京軍政部

錢啓明君——安慶工務局

夏行時君——南京總理陵園管理委員會工程組工作

唐元乾君——貴州省立高級工業中學任敎職

通告及啓事

(一)本會幹事會事務陳利仁君，因奉派至浙江公路局桐建路工作，業于上月初離京，所遺事務一職，應由次多數卞鍾麟遞補。

(二)會計幹事通告二則：

1.据前次通告：凡會員從前未繳清之會費，統希于十一月底結束，茲以定期日已過，務希各會員趕速清繳，以利會務。

2.本會基金捐徵收辦法，業經幹事會議決規定，詳章另行通知。

(三)上屆全體大會中，經介紹入會之新會員，共有十三人，係許志恆，左雲之，李映棠，傅正栒，王伊復，陳祖貽，徐懷雲，劉重儒，杜鍾俊，茅榮林，茅國祥，陳錫斌，胡漢昇，諸君，茲已塡寫表格，辦清手續，即日起爲本會正式會員矣。

○○編 後○○

上期「會員通訊」中間，黃文熙君被手民誤排爲王文熙君，校對時沒有發覺，特此更正，并對黃君道歉。

本刊爲出版期不至于延遲起見，每月十五日集稿，凡有時間性的稿件，務請在十五日以前，寄到本會來，否則下一期就登不出來了。

因爲本刊是採取橫排法，以便于印數學公式這一類的文字，所以務請來稿也橫寫，並且不要用鉛筆寫，不要寫紙的兩面，所有的圖表，請用墨繪，這樣是爲的使手民排印和製板時效率增高，可以減少錯字，印刷精良，看的時候便利些。

最後，請關心本會愛護本會的，踴躍投稿，把你的研究，經驗，和生活狀况，多多的報告給全體會員，我們不怕稿子多，稿子多可以增加篇幅，可以出特大號，可以出號外的。

——編者

非本會會員索閱本刊，請寄郵票五角，當奉上刊物一年。

第一卷　第三期

土木

羅家倫

中華民國三十三年一月一日出版

出版者　中央大學土木工程研究會
通信處　南京中央大學

恭祝

新年進步

中央大學土木工程研究會鞠躬

理想的工程師

韓伯林

二十世紀的工程師，站在眞正爲人類造福的地位，幾多魁偉的建築，都是工程師心血的結晶，工程的良窳，設計的得失，費用的多少，都和工程師有絕對的關係。工程師現在成了一個新的階級，站在勞資的中間，指導人羣，來利用自然界的力量和富源，所以工程師至少要能使

1,工程堅固
2,費用經濟
3,完工迅速
4,合于美的條件

而現代中國工程師，更須要爲我國工程學術界奠定基礎，闡明我國古代的工程學，逐譯泰西書籍，訂立國產材料施用標準，這幾點是中國社會所最急須，也是中國工程師除參加實際工作外應負的責任。

工程與工程師的關係如此密切，有人分析

工程事業—見識＋實行＋品格

「見識」代表工程師的學問和修養，「實行」代表毅力，「品格」代表道德，簡單說一句，工程事業的成功或失敗，可從工程師本身的學識和品格來推斷。所以理想的工程師，應該有豐富的學識，和良好的品格，才能有堅固美觀經濟的建築。下面分析理想的工程師的學識和品格。

（一）理想的工程師的學識

工程師站在「人」和「物」或「勞」和「資」的中間，環境非常複雜：所應付事件的性質差異也很大，所以工程師最需要的，是豐富的常識，有了豐富的常識，處置事物才可以穩妥無礙。專門的智識，補助工程師對于自然界力量和富源的利用，普通的常識，補助工程師適當的處理人事，所以理想的工程師的學識，應該包括1,自然科學理論2,工程理論3,材料智識4,社會科學常識，分

本期目錄

論如次：

1,自然科學理論　自然科學理論，是今日工程學的基礎。工程事業之所以能發揚光大，也全是有科學理論的原故。無論數學，物理學化學，地質學，地理學，還是論理學，莫不是工程師理論的根據，自然科學和工程關係的密切，凡是工程上同志都很了解。

2,工程理論　工程理論是自然科學的學說，推演到建築方面，所得到的理論，由這種理論，可以從事於設計，可以有很經濟的施工，譬如材料力學，機動學，結構學，化工原理，電工原理等案都是。

3,材料　材料是施工最要緊的一件事。舊材料的改良，新材料的發明，處處引起工程界的革新，往日的石灰磚石木鐵鋼合金鋼，現在的洋灰混凝土鋼筋混凝土，都是工程師所常常應用的材料，工程師必須明白各各的個性，應為經濟利用的限度，在能充分利用自然界的富源。

4,社會科學常識　現在工程事業，常常不能離歸人事社會，而人事社會關係的複雜，又不是經短的定律所可概括。過去工程師失敗的原因告訴我們，是缺乏了政治常識和社會常識，社會科學的範圍很廣，所用的方法也和自然科學不同，其中經濟學法律學的智識，是工程師所必須的；政治現象社會現象是工程師須顧慮的；社會科學的方法，是工程師應該試用的。

(二)理想的工程師的品格

工程師的品格，與從事任何職業成功者的品格，大體上沒有差別。譬如廉潔，沈着，機警，敏捷，毅力等，統為成功必要的條件。但小節上則微有差異，而于工程師尤重要的；

1,判斷力　判斷力是工程師能力的表現，影響施工非常之大，當工程進行的時候，困難很多，如何處置，必須有明敏之判斷力，否則延誤時日，浪費多多，又如開工以前，那幾種工作應先動工，那幾種材料應先準備。搗三合土時，工人如何分配，場地如何佈置，才能使工作最有效力。工程師有判斷力，工事進行才有程序，不至於輕重倒置。判斷力一方面固由於天賦，而另一方面也由於智識及經驗。

2,科學的頭腦　科學的頭腦，幫助如何思攷。有科學的頭腦，才能有嚴密的思攷，正確的結論。工程師遇着困難，就要知道如何找得原因，如何搜集資料，如何得旁人的忠告和幫助，施工前如何訂定表格，以便日常工作攷核。完工後。又如何統計，得一科學化的報告，供大家參攷。

3,經驗　經驗是工程師事業成敗的交點。書中的理論，未必完全施之於實際，而實際的經驗，也未必完全能用理論去解說。譬如編造預算，就要知道材料的數量和材料的單價。這兩點在學校裏認為無足輕重，但實際上非常之重要，而又非有經驗的工程師不能勝任，獲得經驗的方法：

A, 和有經驗的人，多多接觸。

B, 自己工作時，多多注意學習。

C, 研究歷史，傳記，以及損毀後的工程。

4,創造力　創造力是世界文明最主要的原因。工程師的創造機會很多。研究的問題很廣。工人與工程師之分別，也不過在這創造力。工人被人指揮按步就班的做，工程師指揮別人去做，就經濟敏捷的路上去做。培養創造力的方法：

A, 須富想像。很多宏美的建築，起初祇是工程師腦中的一個影子。聯結太平洋大西洋的巴拿馬運河，橫貫歐亞兩大陸的西伯利亞大鐵道，沒有幻想，何能實現？

B, 常常與新問題新環境接觸，引起探討的興趣。

5,體格　體格對于從事任何事業的人都重要。不過對于工程師更重要。測量隊的生活，何等辛苦。決不是衰弱的人，可以應付，重大工程，須日夜辛勤的指揮，也必須精神飽滿，身體康健的人，才能勝任。

以上五點，都是理想的工程師所必備的。中國前途荊棘頗多，無論在國防上，或建設上，工程師都居于重要的地位。西人批評中國政治曾經幽默地說過一句：「中國政府裏要有百分之五十是工程師。政治才能上軌道」。願中國的新工程師，不要做理論家，更不要做幻想家，要做能知能行的實行家。

（關于工程師的學識可參閱「研究工程學的途徑」載科學的中國一卷七號　伯林附筆）

鋼與鐵之腐蝕

汪楚寶

鋼鐵對于生銹或腐蝕作用之抵抗力，非常弱小，故任用鐵時，無論何種環境下，不能不用種種方法以保護之。機器上某種部分，在生銹較緩之處且其地位所處，常得加以清理及察看者，常可不用任何塗飾外衣以求保護；然在結構工程上，房屋之內部與外部，屋頂鉛皮，「註」鐵絲籬笆，鐵管，以及其他之金屬結構物，皆必需各種塗覆物如油漆，塗鋅「註」包錫，鍍鎳，養化等等以保護之。鍋爐管與蒸爐水槽之內部，及水管、皆不能用塗漆或塗鋅之法者，故每年中損耗于此項目下之鋼鐵，無怪其有盈千盈萬噸數之量也。

腐蝕之原因與作用

吾人素所熟知之棕紅粉末而名之曰銹者，乃鐵之一種氫氧化物——第二氫氧化鐵（ferric Hydroxide FeO_3H_3）。凡鉄與空氣及水作用之處，則銹生焉。乾燥之空氣，與不含氧之水，均不能發生作用，然空氣中總含濕氣，而普通之水中常溶解相當分量之氧，故在使用中之鋼鐵，無時不在腐蝕條件之中。在短時期內，若氧與水交互侵蝕，則其破壞作用遠甚于僅受任何一物之攻擊。例如，暴雨之際，橋柱浪沫之衝拍，潮水之上落，凡此等等，其腐蝕鋼鉄，遠速于永遠曝露于潮濕空氣中或置于含氧之水之下。酸類雖不為腐蝕之主要原素時，亦能加速此種作用，故空氣中如有炭酸氣存在，機車或別種火爐之烟中含有亞硫酸，硫酸，及鹽酸，均人增生銹之速度。腐蝕作用發生時，至少必有微弱之電解作用存于此間。鐵與水互相接觸之地，則電解作用發生，但此種情形時為量尚甚小。若有大電力存在之處，例如接近電車軌道之水管，因漏電關係而荷有一部分之電流，則此時電解作用既增，而腐蝕作用亦大增速。近代用電事業，日益發達，而燃煤之量，又日多一日，故大氣中含有腐蝕性之氣體，亦隨之日見其多，此所以腐蝕問題之日趨重要也。故治金學者與一切工程師，莫不集中極大之注意力于此問題，以冀得一更進一步之保護方法。凡埋于時乾時濕之泥土中之水管；山洞，地下道及其他低濕地點，樑柱，鐵絲籬笆及屋頂鉛皮，皆受腐蝕最嚴重之物也。

腐蝕作用之原理——Allerton S. Cushman 曾研究近代對于鋼鐵腐蝕之各種理論。在其可貴之探究中，指示出石炭酸或別種酸原必須存在之理論為謬妄，在弱性鹽基液中，腐蝕作用亦能發生。又指示出過氧化氫並非引起腐蝕之媒介。在許多極其仔細而精確實驗之後，Cushman 謂腐蝕作用之可能性（雖不能說必然性）。乃依于兩要素而定，即電解作用及電解或電離條件下氫氣之存在也；若無此兩要素，則腐蝕為不可能。簡而言之，使鋼鐵變為溶液者，為氫離子：

$$Fe+(4H+2O)^{註}=FeO_2H_2+H_2$$

氫離子對于鐵為正荷（Electopositive），當作用舉行時，氫離子傳授其電荷于鉄，此種變化即為電解作用，變化中之氫由電解（或電離）狀態變至原子（或氣體）狀態。在此種作用必須有氧或其他氧化劑存在，始能完成此電解，否則第二氫氧化鐵之生成，不久即停止。此可以說明何以氧之存在，足以大大增加鐵之腐蝕作用，而氧之本身，固非攻擊鋼鐵之基本原因也。

不幸氫離子雖在極純淨之清水中，亦常存在，而在常水中則存在之量尤大。凡能增加氫離子之物質，如氧化物等，足以促進成銹，亦可說凡能增加電離作用者，有此功能，而限制氫離子生成之物質，足以減少腐蝕作用。試將明亮之鐵一片，浸于重鉻酸鉀溶液中，然後拭淨，置于易受氧化之條件中，雖歷數日至數星期，可以不受腐蝕。故 Cushman 主張滲少許鉻酸或重鉻酸鉀于鍋爐所用之水中，以防制鋼鐵之受腐蝕。

「註」：屋頂鉛皮，乃鋼或鍛鐵之薄片，外敷以金屬錫者。

「註」塗鋅 Galvanizing

「註」$4H+2O=2H_2O$ 在電解中之情形

26369

銹——第一氫氧化鐵（FeO_2H_2）能溶于水，此物之生成與溶解，乃鐵銹產成之第一步驟。因其能溶解，故通常皆不知此物之存在，必至第二步之作用起，然後得見知也；

$$2FeO_2H_2+H_2O+O=2FeO_3H_3$$

鐵銹（FeO_3H_3）即由此作用，從溶液中沉澱而出。

離析（Segregation）——凡足以增加電解之活動力者，均足以增氧之攻擊，故足以增進銹之生成。不幸雖最純之鐵片，在不同部份上，必有不同之電勢，因而引起電解之結果。若鐵中不純，或離析作用太甚，則電勢之差甚大；又或數塊鋼鐵，連于一處，如在橋樑或他種建築物上，則不同部分電勢之差，可以甚大。鐵與鋼在顯微鏡下組織之不同，或亦可有不同之電勢差，因而助成或限制銹之產生。鐵屑，鍛鐵中之溶渣，等等，亦或有此同樣作用。

對于腐蝕作用之自身防禦——一般皆信鐵與鋼中之某一種組織，能幫助保護下層之金屬，免受侵蝕。舉例明之，如造成鑄鐵容積一大百分比（約百分之十）之 Graphite，造成鍛鐵容積百分之四之熔渣，及鋼中之Cementite，均較金屬難于侵蝕，而有利于防禦腐蝕作用。然有一事不可忘者，此種成分，同時亦能產生電勢差，至反足以促進腐蝕工作之進行。兩相反功效之最後效果，惟有實驗始能確知。金屬表面上之銹片及雜物，亦能產生電勢差之大不同。

鋼與鐵之相對腐蝕——一般均信鑄鐵較之鍛鐵與鋼，腐蝕較難，因此鑄鐵管常用為城市給水之管道，以及其相類用途而不需要甚大強度之處。此種信念，亦自有其根據，鑄鐵中富于 Graphite，此乃一種良好之保護劑，然此種理論，殊未得實驗上之證明，鑄鐵管之較難腐蝕，或自另有其他條件，而並非由于其本身的物質。此等條件為：(一)鑄鐵管在出售以前，往往先浸于石瀝青液中，或先加以塗漆，及其他保護之處理，遂使水管在其金屬本身與腐蝕作用接觸以前，先已使用若干時期。(二)當鐵在砂中凝鑄之時，金屬若干模之內表面，似有結合作用發生，而成一種極有抵抗力之矽化外衣或外皮。許多學者認為當此層外皮損害以後，則鑄鐵腐蝕之速，無殊鍛鐵與鋼也。(三)鑄鐵管往往比同直徑之鋼管或鍛鐵管為厚，因薄層水管難于傾鑄之故。故雖令鑄鐵腐蝕速度，與鋼或鍛鐵相同，其使用時間，亦當長于鍛鐵與鋼。上述諸點，並非反對鑄鐵難蝕之信念，特述各種條件與情形如此，未敢即下定論，良以關于此問題之科學的資料，尚未充分也。

鍛鐵與鋼之比較——另有一說，亦極占優勢，而為人廣傳遍信者，即謂鋼較鍛鐵腐蝕遠甚也。此種主張，亦與前者相似，並無正確之實驗的證據；雖不乏利于此種學說之事實，然同時亦有事實，恰為其反證。蓋此種主張之來由，基于近年來腐蝕作用日速一日之事實，而近代固為用鋼時代，前此則鍛鐵為主要之金屬也。殊不知近日空中腐蝕之條件，亦遠甚于往昔任何時代，吾固已述及之矣。

與此種普遍信仰相反者，則許多科學試驗之結果，證明在各種情形下，鍛鐵與鋼之腐蝕速度，相差甚小，惟在海水及鹼性水中，鍛鐵較優，而在酸性及微酸性之水中，則鋼較優勝耳。但此種科學實驗之結果，並不皆能信賴為商業上比較之基礎，因此類實驗，並非試驗至材料不能使用之時，不過在數月腐蝕作用之後，而測量其重量之相對的損失而已。此類實驗，亦未充分論及局部損害（i.e. Pitting）問題，而此則製造不精之材料，最易發現者。材料上之金屬雖只失去甚小之重量，然苟任意一點局部損害至足以破壞，或薄至危險之時，傾覆之敗，可以立見。局部損害之原因，主要由于局部發生吹孔（blowholes）或離析，結果增加電勢差也。

錳與腐蝕——有人曾提出，鋼中有錳存在，則腐蝕作用增速，此論亦未有可信之證據。有依此以釋鋼之腐蝕較鍛鐵為速者，然苟此論果是，則鋼在酸液中應較鍛鐵易受侵蝕矣，事實上苟鋼之製造精良又無吹管與離析，則殊不如此。

製造不精之材料——製造不良之鐵，無疑的遠較製造精良之鋼易受腐蝕與局部損壞，此乃普通加于鋼之惡名之來由也。製造不良之鍛鐵，無疑的亦特別易于生銹，近日所見此種材料多矣。美國半數以上之鍛鐵，乃由集合鋼鐵屑下一堆，經過滾碾而作鍛鐵以售諸市場者，若鐵屑料佳，則所成鍛鐵亦自佳善，然普通鐵屑乃雜沓混集而來，特別若含有鋼屑，則其電勢之差甚大，而腐蝕甚易。

塗覆(Coating)——塗有外皮之零件，則鍛鐵優勝于鋼，因其表面粗糙，與油漆等物，易于粘合，不似鋼之表面既光滑而又平整也。

摘要——製造不良之鋼與製造不良之鍛鐵，較任何他種材料易于受蝕；其次則精製之鋼與精製之鍛鐵，二者之差甚小，未能用各種不同大小之材料以試驗之；再其次或者卽爲鑄鐵，雖吾人尚未敢斷言其腐蝕必緩于鋼及鍛鉄，除非具有天然或人爲之保護　鋼與鍛鉄皆易于局部損壞，因而大減其使用年齡，雖則其腐蝕之平均速度甚緩。產生局部損壞之原因有幾：如吹孔，離析，接頭處不良之銲接，氧化物之小粒，汚片之侵入等等。如損壞之洞有平滑而空洞之表面，往往由于吹孔所致，在材料表面之任何部分尚未受嚴重之攻擊時，此洞已成一吋餘直徑，八分之一吋之深入于鋼板中矣。近代工業費無數精力，以增進鋼之性質，與謀其出產品等級之一致。近日所用之塗漆，確不如前，漆之質料亦太劣，事實上，平均鋼上用漆，不若木結構用漆之經久。鍛鐵因漆易于粘着而較優，然亦必在能塗漆之位置上始可用之。

鋼與鐵之保護法。

經過熱處理之鋼，常被有氧化之表皮，此亦有防禦腐蝕之功能，然其效力殊有限制，因氧化物多少富于空隙，能使腐蝕劑穿透而過，下侵鋼面，且此種鱗片，不能固結于其處，因其膨脹與收縮之係數，與鋼鐵不同，故易于鬆失而剝落，使鋼鐵之面，仍然暴露。

整理表面以待塗覆——鍛鐵與鋼之表面如未經謹慎之處理，不可卽加塗覆，因任何腐蝕之產物，銹片，油膩，污物，或水汽，若在塗覆之下存在，則仍可腐蝕，而且可因鬆失之故，使所塗之漆或鋅錫等剝落，使鋼鉄之面，仍然暴露。鑄鐵之情形則恰恰相反，因當金屬從液體狀態倒入砂模之時，產生表皮一層，其化學成分爲矽化合物與氧化鉄之連合體，與金屬緊相結合，可以凝膠油漆或他種塗覆，而有防腐之外加保護作用。有若干工程師主張鍛鐵與鋼之鱗片，苟相結甚力者，可以保留；然又有若干人主張仍須去淨，以此時相結雖固，不久由于膨脹與收縮，以後終必鬆失成碎片而後已。

底漆塗覆(Priming Coat)——關于此點，意見甚爲分歧，有主張鍛鉄與鋼，一經表面之處理，卽應在廠加一層底漆者，亦有主張底漆之加、應在建築使用時依工程師之指示，而施之者，又有主張根本不上底漆，且在結構全部上均不加塗覆(除非一經建立以後不可再塗覆之部分)，直至金屬在空氣中暴露，銹片已鬆失時。此種時間大約須六個月至一年，視腐蝕條件而定。在此期間，雖結構之外貌似甚破敗，然決不致因腐蝕之故而生甚大的危險。過此時期，用砂吹法，鋼絲刷，氣錘，或鋼鑿，移去其鱗片，俟其表面完全清潔而乾燥，然後施以底漆一層，至少他種好漆兩層，每層必乾透後始可塗上第二層。若室內作物，則底漆以外，再上一層卽足。

廠中塗漆與野外塗漆之比較——在廠中塗漆之優點，以其作業可在室內工作，故漆下之濕氣必可較少。若廠中所上之塗覆，頗能經心在意，且有熟悚技巧，則廠中上漆優點較多，殆無問題。然事實上廠中上漆及處理表面，往往漫不經心，蓋製造家不如用料者之注意日後腐蝕問題也。若將結構放置六個月至一年，然後澈底整淨，俟其乾透，塗上油漆，則自較經濟。若不然，則短時期後，或須根本重行塗覆。

浸漬(Pickling)——除淨銹片之法，通常皆用鍛鐵及鋼之浸漬法，卽將鋼鐵浸于稀硫酸(約百分之十)中，加速至沸以速其作用。數分鐘後，銹片盡去，乃將材料洗于沸水中，繼又在冷水中洗濯，最後浸入石灰水，以中和殘餘之酸液。鋼與鉄應留置石灰水中，直至準備卽時塗覆之時，然後取出洗淨石灰水，再加熱至 100°C (212°F,)以驅逐所有之濕氣。然浸漬法僅用在廠中塗漆之金屬，不論其爲塗底漆

26371

或塗鋅錫等物也。

各種方法之比較——浸漬法較他種去銹之法，所費少而工作頗週到。砂吹法（Sand Blast）爲次廉之法。然砂吹法苟非工作極其週到，則銹片不能淨盡，過于週到，則又使表面太平滑，致油漆不能黏着堅固。在另一方面，浸漬法工作時須特別小心，否則還留氫氣于金屬面上，反大增腐蝕之速度，致用浸漬法之鋼，有時較用他法者，腐蝕較快。用鋼絲刷清除，較用砂吹法爲貴，然苟能小心工作，亦較有效力，且留一粗糙之表面。使易于與漆粘固。

油漆之種類——保護鋼鐵，以何種油漆爲最好，各種意見，相差極遠。但有數點爲一定者：（1）抵抗一切腐蝕影響，非任何一種油漆所有勝任。例如用在開朗空氣中最優之漆，用于潮濕隧道中之結構或用于浸在海水中之柱頭時，則易于破敗；能抵抗後者之影響時，置之于機車噴煙之氧化氣體中，未必能有效力。（2）任何合用之漆，必須富于彈力，鋼鐵因溫度改變而伸縮時，不致使漆破裂。（3）漆中不可含有侵入金屬之原素而致腐蝕。必須特別避免氧化之影響。

每種油漆，均可分成兩部分，（1）用以混合顏料之溶液（Vehicle），當漆燥時，變成固體狀態。（2）顏料，或防護塗蓋中原爲固體之部分。此二部分，必形成一種堅結不透水之塗蓋于金屬之表面上，成爲固體而不至失去彈性或脆硬。

亞麻子油——亞麻子油（Linseed Oil）乃一種甚好而極通用之溶液。通常稱之爲『乾燥油』（DryingOil）。意謂此油暴于大氣中，卽由液態變爲一種有彈性似熟皮狀之堅度也。此種作用並非由蒸發而起，而係由氧化作用而來者，此油能吸收氧至其重量之百分之十至十八，容量亦同時膨脹；如亞麻子油塗于玻璃上，則乾後必起皺摺。因亞麻子油爲各種乾燥油中之最上品者，故常用作油漆之溶液；但若聽其在原料狀態下自動乾燥，需時未免太久，故乾燥可用煮沸法及加入名爲催乾劑，（Drier）之氧化劑以催促之催，乾劑用于保護鋼鐵者，最好爲鉛鹽及錳鹽，其中不放松脂。用催乾劑（實卽氧化劑）於護鋼之漆中，乃危險之舉；因加放略多，將氧化鋼鐵，則吾人本欲防制腐蝕，今乃適得其反矣。

亞麻子油之純淨度——由于上述原因，吾人不得不注意及亞麻子油純淨度之問題，因所有攙雜物均有害于鋼，久後必致多漆數次，且須多費清整結構物之功夫以接受每次之塗蓋，結果使費用遠過初值（First Cost）之比例。完全無攙雜物，殆不可得，除非使用者時時監視，時時加以化學分析。有些不純物，來自亞麻子中雜有百分之幾之他種植物子，此乃常不免之事；然大部分有害不純物之來，由於在亞麻子熱時榨取其油之故，蓋以趁熱榨油較冷時榨取，產量較多，而許多固體部分亦隨油份而俱出。冷榨之亞麻子油，色金黃，在寒冷氣候中，仍甚清冽，熱榨之油，則呈棕黃之色，有辛辣味，不甚流動，含固體脂肪，固體有機物，及脂酸較多，凡此種種，悉有害于油質，或以其能侵蝕鋼鐵，或以其使鋼透水也。

顏料（Pigments）——顏料不及溶液之重要，只需與鐵或鋼不起化學作用。可選擇之種類甚多，紅鉛（Red Lead）用途最廣，用爲底漆，特別優良，因其能與亞麻子油，混合成一種極濃厚不透水之外皮也。惟用于外層塗覆時，通常以紅鉛與另一種物質混合，以減少其重量，如用石墨等。第二氧化鐵（Fe_2O_3）及鐵礦石中之其他鐵化物，價甚廉，而抵抗硫酸氣之力勝于紅鉛之漆。如常遇機車煤煙及其他類似氣體之處，用此類鑛石甚好。鉛之硫酸化合物，白鉛（氧化鉛，硫酸鉛及硫酸鋅之混合物），及硫酸鋅，皆上好白漆，不過價格昂貴。粉狀石歷青及其他之炭水化合的，亦能用作顏料，頗稱成功，特別用于金屬之暴露于濕地或水中者，尤爲有效。

他種漆類——水管常浸于熔解之石歷青或松脂中，塗覆簡易而價廉。此種塗蓋之缺憾，在于凝冷以後則變硬而脆；曆時略久，則裂紋多如蛛網，使空氣能侵蝕鋼質。然用于鑄鐵之管，則頗有效，因鑄鐵有自然之表層足以保護也。若浸于柏油中，可得有彈性之塗覆，惜乎柏油含有足以侵蝕金屬之酸類與氧化劑。有一種漆係將木焦油(Creosote)及柏油中之揮發物質蒸溜，將固體之石瀝青遺留。然後重新溶解之于蒸溜液中之某二種溶液中，此二種溶液均不侵蝕金屬，據云如是所得之物質，實際即是柏油而無普通柏油之有害成分。能形成極有彈性之外皮，暴露數年亦不致破裂，且在烈日作用下，亦不似亞麻子油之常易崩解。

譯者按：中國製漆之 Vehicle 係桐油，桐油較亞麻子油價廉而質良，防阻潮濕較亞麻子油，更為有效。故歐美現亦採用桐油矣。

塗鋅法(Galvanizing)——Galvanizing 乃一種塗上金屬鋅外皮之手續也。凡此種外皮與鋼鐵緊合之處，誠為極有效之保護物，使鐵不致腐蝕。因鋅對鐵為正荷(Electro Positive)，故電解發生時，常趨向于侵蝕鋅皮，而鐵遂得其保護。因此之故，許多工程師常在鍋爐中懸掛鋅片，以銅絲聯結之于鋼結構上，使電解作用侵蝕鋅片，藉以保護鋼或鍛鐵。

塗鋅法常用于鐵絲及鐵絲作物，薄版，特別用于建築外部之凹凸板等，水管，中空之器皿，及許多各種零件；在施用此法前，須先將器具表面浸于稀酸中以清理之。有效的塗鋅法有三，即冷塗鋅法，熱塗鋅法，及乾塗是也。

冷塗鋅法——冷塗鋅法係以金屬物件為電鍍電池(Electroplating Cell)中之負極，而使鋅沉積于其表面。先以鋅解于硫酸中，即以之為電解液。正極為一鋅板，電解液中之鋅一經沉澱而出，則從正極鋅板上重新溶解鋅質以補充之。如此鍍上之鋅約有0、0003至0、0005吋之厚度，相當于每平方呎之表面須有0、2至0、3盎司之鋅。

熱塗鋅法——熱塗鋅法為最通用之法，待鍍之器，浸入于熔化之鋅汁中，溫度約在 425至 460°C(800至860°F)，較熔點略高(熔點為 419°C=786°F)。金屬浸入鋅中約1½至7½分鐘，視所需外皮之厚度而定。厚度常在0、0003至0、0010吋之間，或每平方呎之表面需鋅0、2至0、6盎斯，或每磅之鐵絲需鋅0、3至0.6盎斯。鐵絲與鋼絲塗鋅之時，係將其絲從熔鋅之盆中拖過，且常在離盆後，經過一拭淨器，以去其上殘留之熔鋅，使鋅附着于絲上者更加緊密，且令其厚度各處得以一致。經拭淨之絲，雖屈折撓繞。其外皮不至如未經拭淨之絲之易于破裂，然較為單薄，故對于妨止腐蝕未易弱小。有時機件先浸于熔鉛之盆，然後浸于熔鋅中，可得較為價廉之外皮。

乾塗鋅法——乾塗鋅之術乃最近發明之法，將需塗鋅之機件，在閉皿中加熱，同時以，藍粉，(Blue Powder)塗之，藍粉乃鋅之粉末雜有鋅之氧化物，其價較賤，因其為冶鋅時之副產品也。溫度約在300°C (575°F)，雖此溫度在鐵熔點與鋅熔點之下，但足以產生鋅鐵之合產，而形成一種抵抗力極大之外皮，與金屬之表面全部緊密相附，故抵抗破裂之作用亦甚大而持久。

各種塗鋅法之比較——冷塗鋅法沉澱出之鋅皮較薄；若施行不得當，宜生海棉狀之叢孔，然能使鋅與鐵間之接合緊密，故為較耐久之外皮。熱塗鋅法在熔鋅盆中必須用一種鎔劑，以阻鋅為空氣所氧化，此種鎔劑，有時頗可使鋅層下之鋼鐵，開始腐蝕。乾塗鋅法發明尚新，未能得有結論，足資比較。

包錫法(Tinning)——為防止有機酸之作用，並進一步增加對于其侵蝕之有效抵抗，有許多鋼鐵器械係用錫皮包裹者。如烹煮器，屋頂鐵皮，洋鐵罐頭，及類此之器具，用錫均勝于用鋅；其故則或以鋅皮在侵蝕影響下不克如錫之耐久，或以鋅皮根本不能抵抗此種腐蝕。在包錫手術中，鐵片用四至六對滾軸，從液態之錫盆內拖過，此種滾軸，亦浸在熔錫中者。錫附于鐵皮以後，在其表面凝固，經滾軸之滾壓，成為平滑，明亮而密附之外皮，保護金屬，極有成效。錫版較塗鋅為貴，以錫之價較高也。

鉛錫製版法(Terne Plating)——有時片狀金屬用三分之二之鉛與三分之一之錫之混合物為外皮者，其名為 Tere Plate,大半用于屋頂及戶外用具。製法與包錫法相同，而所費較少。

鍍鎳術(Nickel Plating)——器具之需磨光及常須以手接觸處理者，常用鎳以鍍之。

該術用電鍍法，與電鍍塗鋅法所述大致相同，鍍鎳較之塗鋅或包錫均爲昂貴，然所得之表面，抗蝕力極大。

氧化表皮法（Oxidized Coating）——有一兩種方法，可使鋼鐵得一黑色氧化之表皮，能抗銹蝕至數年之久，成所謂"黑鐵"作物。主要用于房屋內部裝飾之華美鐵器上。

琺瑯法（Euameling）——許多器皿，如浴盆，面盆，烹煮器皿，均以鑄鉄或鋼製成，外面加以白色或他種色采之膜狀物普通稱爲琺瑯質者。上琺瑯之法，至今仍守祕密，惟通常係將金屬器具燒至紅熱，而施琺瑯質之粉末於其上。在此高溫度下，形成琺瑯之混合物熔化，而在表面上平均四布，受冷而變硬。琺瑯必需不溶于水，不溶于所需接觸之化學藥品，且必有充足之彈性，可以順鋼鐵之漲縮而不破裂，

（完）

本文係譯自 Bradley Stoughton: The Metallurgy Of Iron and Steel, Chapter XⅧ.

江漢工程局組織及工作概況與我個人之工作情形

陸宗蕃

（一）江漢工程局之歷史 自二十年洪水以後，各處所受水災奇重，國民政府救濟各處被難人民及恢修各河堤工，乃分區設局專司以工代賑，湖北境內長江及襄河兩岸共分五區，迄至二十一年秋，各處潰口完全修復，低窪之處亦已分別加高培厚，惟尚未十分完全，旋經府令合併湖北境內各工賑局改名江漢工程局，專司修理湖北各堤土工與湖北省堤工局專任各堤石工共同合作，殆至十一月，乃由江漢工程局接收湖北水利堤工兩局，而統治湖北全省堤工。

（二）江漢工程局之組織 玆將江漢工程局組織情形列表於左：（江漢工程局之組織方面尚無組織系統表之明文規定，此係就實際情況以表列者）

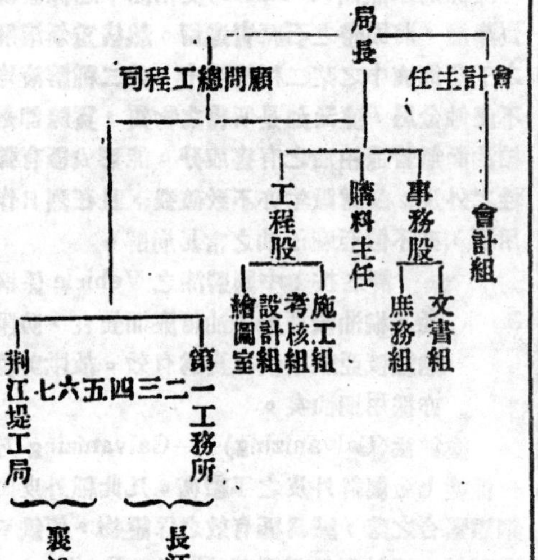

工程股專司工程事項，另設顧問總工程司指導之。

湖北所有各堤除荊江各堤外，計分七工務所治理之；每所設立主任一人，副工程司或工程員若干人，會計一人，及辦事員若干人。

會計在江漢工程局爲獨立性質，另設主任以司考核出納。

（三）江漢工程局之工作概況 普通工作計分三時：

甲、防汛時期 約自六月半起至九月半止，（時間之確定視水之漲落臨時決定）各工務所分派工程人員分段負責指導防汛事宜，每段設一分所，以工程員負責幷監工若干人協助之，各堤均設有修防處，計有主任一人，堤董堤保若干人，由縣政府委任之。所有召集民伕，督率搶險，概由修防主任及堤董堤保等分任之，蔴袋木樁等應用材料由江漢工程局發給。

乙、勘估時期 防汛期後卽分別查勘各處有無汛期中被水冲壞或其他危險事情，遇有應修或防護工程，則測繪詳圖編製估表，經復估決定，卽招標興工，期約在九月半至十二月間

丙、興修時期 招標竣事卽分別興工，視工程之大小，地點之關係，分設若干辦事處。派工程員一人主持，監工測夫若干

人協助之，歲修工程至遲須在六月前完畢，工竣以後卽爲防汎開始，周而復始成一輪環。

(四)我國人之工作情形　余來鄂服務堤工，已及一年，到時適爲防汎結束，勘估開始，至今正恰爲一周，謹將個人工作，依三時期分述於後：

甲、勘估時期　余初次來鄂服務於湖北堤工局適勘測隊卽將出發，余卽被派於長江組勘測隊中，自沙市至九江爲勘估區域，自備汽輪，初由漢口直駛九江，然後再由九江向漢口進發，順次查勘，勘估地點大都根據各修防處或防水之報告，歲修工程可分土工石工兩種，局中訂有規則，視地方之情形及危險之程度而定。

乙、歲修時期　勘估完畢未幾，堤工局卽歸併於江漢工程局，余亦轉入江漢工程局工作，任校核各工務所復估圖表審核標準繪製圖表等工作，招標完成，卽被派至第一工務所担任土工兩處石工兩處之修理養護工程玆就此四處述明設計之一般。

A,加高培厚　原有土堤低薄，加高倍厚，其設計縷如第一圖：(圖略)

施工步驟，第一先將堤面所有草皮全數鏟去，第二將舊斜坡用鋤挖成若干横槽，第三再將新土上加，每加一尺五寸(市尺)，卽須用硪一次。

B,內部幫擦　堤身過陡，堤內矮陷，內臨水田，加新土抵護。

C,乾砌蠻石護岸　水刷江岸已近堤度，用乾砌蠻石坦坡以禦江泓。蠻石坦坡坡度1：3坡脚做一脚槽，槽寬三市尺，深二市尺，蠻石露出地面一市尺，故蠻石共高三市尺，

坦坡蠻石厚〇、七五市尺，蠻石下用分口碎石舖〇、二五市尺厚。

D,乾砌蠻護堤　堤身不堅，每屆大水堤身受水脚高，用蠻石乾砌斜坡護之，坦坡厚坡脚槽尺寸與(c)全同。

丙、防汎時期　歲修竣工卽開始防水，事務以防水爲最，時屆夏令無論晴雨日夜，遇險卽須出勘，每日仍須到各處巡視或監督搶險工作，此次全所轄地段共有二十餘處發險，險象以浸漏崩裂爲最多，大概堤身浸滲水者尚屬無礙，一遇漏水則危險已甚矣，今年江水漲退皆急，最高水位與一年洪水相差無異，防險工作極多，幸不久卽退，否則鄂省又遭覆轍矣，防險材料以工程局備有蔴袋甚多，并有木樁蘆蓆鉛絲蠻石各項，所需民伕概由修防處或縣政府所派隊士召集，遇有險報輒可聚千餘人。

丁、現在，十月又出外勘估，十月初完竣，現正核審圖表以備復估。

談談工作經過及生活狀況

馮天覺

離開學校已一年有餘，昔日的美麗生活，現在僅能求之夢中，只要得到些微母校消息，都覺快活異常。土木出世恰好負起這種責任。朋友常常要我做點文章，總因肚裏空空，無文可寫而罷。玆値元旦增刊，勉强湊成幾句，略述一年來之工作經過及生活狀況，非敢言文章，只不過興之所至，隨便談談而已。

去年七月廿八日在浦口津浦路工務處領了一紙公文，來到兗州。第一件事，當然是拜謁上司；深蒙不棄，當卽留吃午飯，且佐以白乾二兩。以後同事們又互相吃了幾次，頭兩天就此混過去。三日後開始作預算，計劃一員司宿舍。從畫圖起以至各種計算，工料估計，招標合同，章程，標單，工事說明書施工規範等等，一手包辦。初出茅蘆，就幹這一手，雖覺吃事，幸尚未丟人。以後陸陸續續各樣工作如給水設備、房屋建築，便道測量及設計，橋樑修養等等，從作預算起至完工止，都經過了幾件，其中尤以房屋建築爲多。一年以來，最大的收穫是知道一點各種工作每單位所需之用料及成份，工程上細小部份爲教本上所無者之詳細構造及施工先後，以及各種工人之效率等問題；此外還得到了些處世常識。

到社會上作事，與在學校時之理想，完全

兩樣。高深的理論，固然是我們的基礎，而普通工程常識如關於建築機械電氣方面者，以及辦事效率，待人接物，到反而比較重要，我們的肚子必得要像一個大雜貨攤，零零碎碎，越搜集得多越好。因爲我們日常碰到的事，多非x+y或dy dx所能解決，而有待於常識與經驗也。在學校把課程弄明白了的人出來做事，决不會理論不夠，只要不拆爛污，有責任心，辦事快，對人和藹，坍台的機會就很少。

有人說現在工程界的黨派界限甚大，所謂某某派也某某系也，倘若你的勢孤，那你就非吃虧不可。這或許是眞的？但是我總以爲這是最不好的現象：中國人就壞在這點。倘若我們赤心對人，有能力辦事，先不存派別之心，這種門戶之見，自然會消除的。我至今尙未碰到因派別不同而致相欺的事，可見這也是過甚其辭。

體格强健，生活平民化，爲我們學工程者的重要元素。幹我們這一行的，多半是工作於窮鄉僻壤之中—繁華的都市，非我們用武之地—其生活之簡單辛苦，决非都市中人想像所及。若無强健的身體，决不能抵抗；生活若不平民化，决定過不來。常見有當工程師者，不敢上鐵橋，粗食不能下咽，風聞有土匪，立刻向後轉，豈非笑話！

工作之餘，要找正當娛樂，戀愛當然是沒法講，打麻將逛窰子，更不可來。所以照照像，弄弄無線電收音，到是惟一的業餘消遣—會弄樂器的朋友，當然更有辦法。若逢星期假日，約二三知友，挾照像器而遊名山大川，也是很快活的事。我現在僅感不快的一件事是無機會讀書，不要說找不到工程書籍雜誌，就連時間也不許可。上期土木編者因我順便的一句話，還誇我正在四出打聽留學考試情形，好像很有大志似的，其實我同當有辦這件事的可能呢！

似乎比六百字已多了不少，以後再談罷。

一年來的經過

左雲之

自從去年中大發生空前的慘案以後，全校同學，如喪考妣，走頭無路，尤其是一班剛在畢業的同學，眞和那私生子一樣的無人過問，當局已經遠走高飛，另謀得生財之路了，新的還在奶奶鏡子裏，在這種前不見英雄，後不見好漢的時候，我們剛結束的同學，因爲「畢業」還沒有確定，所以做事更談不到了，經過兩個月的轉折。才把身分確定，承認我們畢業了。

在大前題旣經决定之後，我就到砲兵學校去分一只小飯碗，算算時候已是九月了，初進去，也不外報到，拿證章……，這一類的應例工作，以後就每天簽一次到，或者偶然畫一兩張繪圖，這樣又過了一個多月，到十二月初，因爲湯山的砲兵射擊場開工了，我就一馬當先的，被派爲監工員，當時我是很快慰的，因爲這種工程在中國據說還是破題而第一朝呢，我能夠參加這個處女建築，豈不是三生有幸嗎？同時湯山是要人行轅，黨國先進的休養所，而我這個小學生也得雜處其間，靠靠要人的餘蔭，又何嘗不是幸福無量呢？在十二月六日，我就實行監工生活了，同去的還有北洋大學畢業的一位劉君，我們住在老百姓的屋裏，所管轄的範圍，計有觀測塔三座，掩蔽部七座，散步在二萬餘畝的面積上，倘若各處每天走一趟，就有五十多里，多不得已，只有以馬代步，但是我們都是文學生，那裏幹得了行武生活，所以難免唱個落馬湖，加之山路崎嶇，東風凜凜眞是苦壞了哥哥。在天公下雨的時候，我們只有把酒對談，拿家事國事天下事來做消磨時光的工具有時還要絞肚腸子，做些等因奉此，或者到南京去看看老友，順便在十字街頭，飽飽眼福，欣賞花瓶之類的市錦，因爲在鄉下，對於這樣東西，的確是鳳毛麟角，奇貨可居，况且我是新做鄉下人，更有一種一覩爲快的傾向。

光陰似箭，轉瞬間又屆六月了，而我們的大功也就告成了，當時軍事委員會爲重視起見，就派了一位大員來驗收，驗收的結果，別的都還罷了，惟有觀測塔的展望口有點太高，看起來很不方便，定要修改，其實幷不很高，離開地板，不過五尺二寸，普通人均可適合，而那位大員恐怕是東洋的標準人，所以才有望程莫及，之嘆，我想假如再改低，將來萬一當樹德來參觀，他或許不當他是展望口，而疑為小便洞也未可知。

自從十一月中旬，我就到包大人的故地開封來了，黃河水利委員會是設在開封的城隍廟裏，不可今非昔比了，由死板板的，一變而為活潑潑的城隍有靈更不知作如何感想？

此次因為接着研究會的通知，所以就胡亂說一說，尚盼諸會友指教并頌　新年努力

會員通訊

孫雲雁君來函：

『……關於江甯自治實驗縣的建設工作就弟所知者陳列於后：江甯縣最近工作，多半偏重於公路，以其經費較省故也。弟自往江甯縣工作以來，已測成公路四條，計長三十公里左右，惟未動工。此外又測量第二區護城河及其支流，共長八公里，該區水利進行事宜，早已籌備就緒，不料開工以後，征工發生困難，以致不能完成預定整理計劃，殊為可惜。目前動工者，京湖路及十區後河事宜，弟本在第二區水利工程處工作，現既已停頓，乃調往和燕路工作，最近已測量完畢，不日將往東善橋一帶測量公路……』

韓伯林君來函：

……弟來滻河，倏已五旬，生活與學校無殊，而身體較前轉健，對於工程之認識較前為進，昔在校中，認為無意義者，今則視為句句中肯也。而每次之實地觀察，與每次與書中之理論對照，心中即多一次安慰，所謂"More Worke, More Gain"亦可作如是解乎。施工最困難者為橋基，水流速頗大，故底腳混凝土施工時非常困難，用一五四馬力之抽水機六力車水機尚感不敷。每日工人三百餘，現已成橋柱二十，橋面四，冬日混凝土不能施工時，專致力於打樁，現樁尚未完成者有七墩，故滻河橋落成期，當在明春。……

[註] "More Worke More Goin" 乃本會開成立大會時，土木科主任林叔逵先生之訓詞　（編者）

二〇級同學消息

駱廣融君——二十年夏應貴州建設廳之聘，担任該廳技正，規劃設計，頗著辛勤，二十二年春，以該省政變迭起，經費困窘，難於發展，爰改就於粵漢鐵路株韶段工程局，現駐樂昌境該段人煙稀少，瘴癘甚重，生活之苦，可想見矣，通信處為廣東樂昌小灘粵漢鐵路株韶段第二分段。

周彥邦君——原任職於浙江大學工學院，二十一年春就福建龍溪職中高中公路科教員，是年四月以共黨肇禍奔避於廈門鼓浪嶼，閱二月，十九路軍駐閩，始返校，九月間改就建設廳漳龍公路局技士，十二月被調為十九路軍軍路工程處技士，二十二年春以職中校長及學生敦促復返校任教，暑假後受漳龍公路局之聘，就該局設計股長職，通信處為福建漳州省立龍溪職業中學轉。

陸永漢君——在隴海鐵路局工作，最近駐關中，通信處為陝西臨潼鐵路第五分段轉。

凌士彥君——在隴海鐵路局工作，七月間曾過京返河，最近通信處為陝西華州鐵路第一總段。

趙勤哇君——原在蚌埠全國救濟水災委員會第十二區工賑局工作，該局各項工程於二十二年秋次第結束趙君近已改就於黃河水利委員會，通信處為開封該會。

施克仁君——原在武進建設局工作，二十一年春改就於水災會第十三區工賑局，該局結束後，即至河南建設廳工作，通信處為開封河南建設廳工務局。

董世熙君——原在內政部衛生署工作，嗣改就於浙江省水利局，初在該局曹娥江測量隊，近調任錢塘江測量隊，辦公處在衢州，通信處為杭州浙江水利局轉。

鄒益賢君——在上海市土地局工作，一二八國

難後，曾一度在揚州第十四區工賑局服務，迨上海平靜後即回局。

葉良弼君——在上海市土地局工作，一二八滬戰時，曾離滬避難，事竣即回局。

葉關鄰君——在上海市工務局工作，一二八之役，該局工作停滯，葉君暫赴水災會第十三區工賑局工作，閱三月，葉君即被召回局。通信處爲上海閘北宋公園路市工務局。

屠耀彬君——原在內政部土地司工作，二十一年春改就于江蘇江北運河工程局，通信處爲淮陰淮邳段工程事務所。

孫熙章君——原在江蘇水利局工作，旋被調於水災會第十七區工賑局，自改隸於經濟會後，孫君仍在該局爲副工程師任內業，二十二年十一月在常熟山景園與秦蘊勤女士結婚，通信處爲東台裏下河工程局。

汪原沛君——在本京靈谷寺陣亡將士公墓工程處工作，近聞該處工程，行將結束，汪君亦將他往云。

薛溢生君——在南京內政部衛生署工程師室工作，聞近來忙於京市新住宅區之汚水工程設計，現與新夫人楊聘英女士卜居於本京石鼓路十五號，通信處爲南京黃浦路中央醫院內衛生署辦公處。

賀維城君——原任江蘇水利局工作旋與孫熙章君同赴東台第十七區工賑局服務，今夏以該局大部工程已告結束，故辭赴南京特別市工務局工作。

徐百川君——在軍政部營造司工作，今夏由技士擢升爲技正，二十二年十一月中與常熟宗福蘭女士在本京中央飯店結婚，近同居於南京城北自營之新宅，通信處爲南京利濟巷軍需署營造司。

吳順泉君——原在內政部土地司工作，嗣改就軍政部建築砲台委員會在鎮江及南京三牌樓監造砲台工程，結束後調至軍需署營造司充技士，通信處與徐百川君同。

宋文杰君——原在上海市工務局工作，自一二八滬戰後，宋君改就於導淮委員會入海水道工程局測量隊，在阜甯套子口等處工作，旋在該會入海水道工程局暨工股充股員，二十二年秋該局實施之疏浚張福河工程己完竣，宋君即調至南京該會工程處水文股工作。

趙鍾靈君——在南京導淮委員會工作，二十二年春派赴蔣壩淮陰邵伯及東台等處鑽驗船閘位置之土質，近在宿遷境鑽驗劉老澗船閘閘位之土質，完竣後復須鑽探廢黃河舊槽，約尙須四五月方可返京，通信處爲南京導淮委員會轉。

蔣仲墳君——在南京導淮委員會工作，二十一年春暫調水災會第十三區工賑局工作，閱六月復返會，今夏曾赴邳縣境施測沂河流量，近在南京該會任內業。

通告及啓事

（一）!!前發出刊行季刊之意見調查表，請各會員儘於本月內寄交中大交通處1131信箱，以便彙齊，交幹事會討論

（二）本屆幹事會第三次會議，通過新會員共八人，係張煕融，陳志定，鄭厚平，蔣貴元，陳忠鈞，劉啓祐，朱克儉，周延俊，諸君，己送塡表格，即爲本會正式會員矣。

編 後

本期出版，恰逢二十三年元旦，本來想出一種特刊，請各會員把最近工作情形和生活狀況，寫出來做新年交換的禮物，但各會員散處四方，僅寄到的有篾天覺，左雲之兩會員，因這時間和空間的控制，不能實現這交流的，共鳴的禮物，十分可惜，惟有以極誠至敬的祝本會會員已堅定了自信的核心，充實了入世的本能，是本時代發動的，駕駛的，創造的「三位一體的機匠，前途在進展無量。

第一卷第四期

土木

羅家倫

出版者　中央大學土木工程研究會
通信處　南京中央大學

中華民國二十三年二月一日出版

論河道運輸

陳志定

編者按：本篇係陳君五年前舊著，陳君現任蘇建廳技士，曾一度視察六塘河，受本刊之約，允於視察後即將報告賜載，因公務冗忙，未及整理，乃以此稿見寄。陳君學識經驗俱富，爲不可多得之人才。本刊有此生力軍，當可大放異彩矣。

本期目錄

(一)河道運輸之過去

十九世紀人類生活條件變遷最大者，莫運輸若，當該世紀之初期，尚爲數千年前之幼稚狀況；迨乎中葉，蒸氣機發明，鐵路輪船，次第興舉，任重致遠，風馳電掣，遂爲交通界放一異彩，羣衆運動，日見忙碌，貨物運輸，愈形繁夥。人既能以技術支配外界，自可不受生計界限之拘束，農工商業政治經濟文化，莫不因此發達。故運輸乃一切事業之命脈，初非過言也。

運輸機關，有陸運水運之別，陸運機關包括道路橋梁鐵路電車汽車人力車馬車等，水運機關包括水路運河港灣船舶等。然其最要者，則前爲陸路，後爲輪船；二者在近代文明各國，稱爲水陸運輸機關之雙璧。

鐵路與河道運輸，在美國曾有劇烈之競爭，當一八三〇年以前，交通方面，陸運之原動力，惟人獸之筋力是賴；水運舟楫，猶可利用風力，較爲便利，故無不利用天然河道，整理而疏濬之，開鑿而溝通之，一時大爲發展。三十年後，蒸汽車既發明，鐵路漸次振興，爲個人所經營，爲地方所經營，莫不有極大利益。管理簡易，運輸靈敏，且無冰凍及水涸之爲患，在在皆適合於商業之需要。於是美國政府當局，亦起而提倡之，財政上資力之補助，尤爲見效，如一國一市區一城鎮所經營之鐵路，其所經之地價利息及租稅，均爲合衆政府所豁免，以資獎勵。此時河道與鐵路競爭，鐵路每任意跌價，破壞河道交通，施用各種方法，彌補其短絀。如某種貨物，必由鐵路裝載者，則提高其運價數倍，在無河道競爭處之鐵路，亦提高其運價，藉以恢復有河道影響處所跌價之損耗。加以鐵路運輸之敏捷，貨物上下之便利，與爭之河道，不得不由衰落甚至消滅。

直至十九世紀之最後數十年，河道運輸，又復發達。蓋當時食料，工業原料，工業品之多量運輸，以供給數百萬人之生活，已爲不可缺之現象矣。而此種粗重貨物之運送，又以河道爲最經濟。况其運輸技術，非常改良，運輸之迅速安全按期諸事皆增進，幾與鐵路相埒。是皆加深河道深度，修築新舊碼頭，設立貨倉及其他交通設備之結果也。德國萊因河之帆船及拖船，在十九世紀之前半期，只能載重一百八十二噸，至一九〇二年，已能載重三百四十噸，最大者能載重二千三百四十噸。且利用汽力，速度增加，河道運輸之復興，固所宜也。

美國自合衆政府成立，迄一九一一年，整理河道所費之總數，有三萬四千六百萬金元之多。法國自一八二一年，至一九〇〇年，治理內河河道一萬哩，費四萬四千九百萬金元。俄國自一八一〇年，至一九一〇年，治理內河河道二萬餘哩，費五萬萬金元。回顧我國，內亂頻乘，民生衣食，尚未解决，遑論治理河道，言念及此，痛也奚如！

(二)鐵路與河道運輸之比較

鐵路運輸之優點：　鐵路定綫，得任意選擇，通達任何商務要地，不若開鑿運河，受地形之拘束，平時又無天然阻礙，如秋季有缺水之虞，春夏有漲水之患，冬季常有積雪阻塞之弊，定線既多平直，距離自較縮短，即與河道平行處，亦僅其十分之七八；不若河道迂廻灣折，繞道過遠也。况時間準確，運輸迅速，有倍於船舶。

鐵路又能連接許多路綫，成一簡單之系統。例如美國在一八五〇年，有七大公司，各將其所管轄之鐵路，通行於阿爾巴尼(Albany)及布法羅(Buffala)之間者，在一八五一年，連成一系。此種組織，於行政方面，經濟方面，實有裨益。故能造成敏捷便宜之鉄路運輸。鐵路尚有一特別利益，蓋鐵路能逐漸改良其路軌，枕木機械，以增加其運輸之能力及安全。一八六〇年以前，五十磅之軌條，已爲最重，至一九一〇年，常用者通爲九十磅及一百磅矣；又如一八七六年，機頭重不及十萬磅，至一九一〇年，已過四十萬磅，故其牽引力同時增加不少。他若增設支路，拖軌，載貨機，車站等，又可以應個人之需要焉。

河道運輸之優點：　馬譯交通政策述之頗詳確，玆節錄一段，藉資比較。『水路航業對于鉄路所佔利益，爲水上牽引力，（水流順逆不計）大于鐵路四倍至六倍。因是營業低廉，可於長路段運送用鐵路無利可獲之貨。如芻草土石廢物農業副產物及其他原料等，運費稍貴，皆不能運送。其大利益尤在航業自由，任何運貨人皆可利用，且依地方需要，頗易爲貨物裝卸設備；貨物裝卸甚少，設備亦甚簡單。又船隻裝載量甚大，可高至四。三九法尺；鉄路車輛僅三法尺。船隻之死重量亦較少，鐵路車輛裝重一千法斤，有車輛死重量五百五十法斤，最新制亦有死重量二百五十法斤；用船則死重量僅二百九十法斤，最新制僅一百三十法斤，對于同樣重量單位，二者之牽引力相比，當如六比一，死重量之比例，又相追懸殊，故鐵路與船對于載重單位之運送費相比，若十四比一，又對於每一噸載貨體積之裝設費，鐵路與船相比若五比一。』

河道運輸既有上述之優點，倘再能逐漸改良，建築港埠，籌設貨棧，使裝卸上下，更爲便利，則運價之低廉，遠非鐵路能比，况水道運價向較廉於鐵路耶。當一九一〇年時，法國之鐵路運價，每噸每哩需十四厘 (Mills) 餘；而水道運價(六厘)及修理與本金利息等（約四厘)之總費，僅十厘。又如德國之鐵路運費，須十三又二分之一厘；而水運僅五厘及二厘之修理及利息費用。水道運費之低廉，大半固由于自然界之優越位置；但將貨物分載於駁船，用一輪拖拉，無形擴大船身之面積，減少吃水之深度，而增加運貨之噸數，亦其一也。該種方法，已實見於美國俄亥俄河(Ohio River)路易斯維(Louisville) 以下，及密西西比河自俄亥俄河口至新奧爾良 (New Orleans)一段。在河內駁船之隻數，當然以貨物多少而定，常用約爲三十隻至六十隻；但用六十隻時，其佔據之水面面積，已有一千呎長及三百呎寬。故採用此法之河道，宜極廣闊，以便來往之船舶，相交時不生阻礙；並有適當之空隙，使水流不致陡加速率，而生危險。

綜上觀之，鐵路與河道運輸各有利弊。二者既同爲交通事業之重要機關，爲國家計，爲社會計，主其事者，自當通力合作，共謀發展，何必各執一詞，徒作無謂之爭耶？近代各國對於二者競爭，亦多加限制。如歐洲幾邦，曾限定鐵路運價必須大於河道運價五分之一；同時建築海港貨棧，所以便於貨物之寄存上下吐納等。並於適當處，連河道與鐵路爲一氣，以收互助之効。

平心而論，交通繁盛之區，鐵路運輸自較便利；運笨粗重貨物，河道運輸自較經濟。故可作一簡單而公正之結語曰：鐵路儘最大限利用。河道儘最大限裝載。

(三)貨物多寡與港埠設備之注意

一地之出產稀少，農品不多，或適於河運之貨物較少，則計劃該處之河道運輸，必加注意，以免他日超出預算之外，而致所謂不償所費，如美國之現今河道然。同時因耗虧過甚，運價不得不提高，以致影響大局，而有河運較廉於鐵路乃屬誤論之譏。

貨物愈多，運價愈可低廉，已無疑義。而行政方面，亦甚重要，貨物裝卸之利便與否，蓋大有影響於運價也。在美國之鐵路而論，對此問題，雖已研究注意而加改良；但在一九一○年前，其終站貨物上下搬運之所費，幾等於同量貨物運載二百五十哩之運費。顧其河道，則此種設施，除極大航行公司來往於較大江河者，或稍有建築外，其他多付缺如。(如大湖之有鐵礦船塢及俄亥俄河與慕嫩加西拉河之有煤礦船塢等)欲使運價低廉，貨物上船下船之搬運，必須便利。故河港碼頭棧房等之建築，實屬切要。有極遠地方之交通，更廉於國內近地；或諸大海港之運輸費，較廉於更近諸小海港者職是故也。

(四)治理航行河道之經濟觀

工程事業，既必須從經濟上立脚，統籌全局，庶不致有失敗之虞；則一河之是否可以就治，當先估計其就治之資本若干？每年修理費及利金若干？每年必由此河運輸之貨物若干？務期得失相償，而後可。整理河川方法甚多，患在水流悍激，則須有以節之；患在尾閭不暢，則須有以疏之；患在水侵氾溢，則須有以排之；患在遲迴緩流，則須有以瀹之。主其事者，必具有完全河工學識之專家。其採用之方法，不僅宜合於經濟原則；且須切於實用，蓋於何種河川，施以何種治法，爲最適當。同時又須顧及目前之商業狀況，再由目前商業狀況，與趨勢，推測將來究能發展至如何地步。然後投以相當之資本，而收最經濟最實用之効果。

所需要之河漕深度愈大，則治理之費用愈多，此理亦甚明顯，如在原有河漕挖抉僅尺許，所費尚屬不多；如挖抉須加深數尺，則兩岸同時必有挖泥工作，以定適當之寬度，而費用因以陡增。故在淺灘淤塞處，欲施整理工程，殊不經濟。河漕深度，若增加如許，而治理經費，究宜增加幾何？因各種環境之不同，自難一定；但其平均值，約與新深度與原有深度之比之立方作正比。

船隻容量大，載貨噸數因以多，而運輸因以經濟；載貨噸數多，船舶之吃水因以深，而河漕深度因以增加。此二種經濟觀念，雖不能以數學定律限制之，但可藉其比例，作圖以說明之。(圖略)。由圖可知載貨噸數愈多，船隻吃水愈深。船隻吃水愈深，運價愈低廉。惟治河工程，決非其他工程可比，有特別情形之地域，只可施行特殊方法，不能應以普通陳案，況航行方面，又有水向風向之順逆，行船之遲速，以及貨物轉運裝卸之設備周到，與否，無不有密切之關係。如在淺水寬廣之處，挖泥工程過大，不克治理，而將運貨分載駁船，繫成一系，曳之以汽輪，亦可增加其噸數而減其運價。

此外尚有一經濟方法，堪爲研究者。卽將所有通連之河渠，使其深度相等同容積之船舶，可以往來無阻。運輸方面自當更爲便利。蓋運貨自深水至淺水處，可以省免搬駁之手續也。歐洲各國，對于此點注意尤甚。法國及比利時已採取三百噸容積之船舶，以五又四分之一呎作爲普通標準深度。德國柏林以東區域內之河道，已定四百噸至六百噸之船隻，以七呎至八呎之深度爲標準；以西各省，由六百噸至八百噸之船隻，以八呎至九呎作標準深度。美國國立水道委員會在一九一〇年，亦有文字發表，說明此項利益；並謂如能將河漕深度劃一，則僅加以堰閘及諸人工建築之改良，亦所經濟云。

(五)河道運輸在中國之地位

就我國現有航路言：以上海爲中樞，共分四線。自上海北達牛莊，曰北洋航路，南抵瓊山，曰南洋航路，此二者係沿海航線。外達日本朝鮮南洋及歐美等處，曰外洋航路，西至巴縣。曰長江航路。他若白河西江遼河運河，隨在可通汽船，皆內河航路也。

就我國地理言：北有黃河，中有江淮，南有珠江，運河貫通津杭，湖泊遍佈東西，巨支歧流，交相叅差；大好水路網，燦爛華麗，出乎自然，決非人力所能鋪設。若能相機應時，次第加以治導，則交通事業之前途，未可限量也。我國沿海航綫，長有二萬五千餘里，內河河道，不加開鑿已可通行大小汽船者，二萬餘里，通行帆船者四萬餘里，共計可以航行之水路，有六萬五千里左右。試觀下表，卽可了然。

全國航路表

流域　名稱	面積(方里)	大汽船航行里數	小汽船航行里數	此外帆船可航行里數	合計可航行里數
黑龍江流域	2.285.000	1.530	2.894	1.245	5.970
遼河流域	585.000	39	249	1.449	1.730
灤河流域	320.000			1.800	1.890
海河流域	507·000	141	385	4.513	5.093
黃河流域	2.380.000			1.310	1.310
淮河流域	890.000		810	1.460	2.260
附瓜州至淸江浦運河			432		432
長江流域	4.060.000	3.700	7.895	25.362	35.175
附鎭杭運河		816			816
浙閩流域	724.000	219	782	2.600	3.601
粵江流域	1.383.700	282	1.642	5 908	7.832
總計	17.634.700	6.728	15.079	43.637	65.744

在目前經濟窘迫之中國，欲築數萬里之鐵路，勢所不能，而運輸事業之開發，又不容刻緩，則舍整理河道，實無他策。

況我國以農立國，水政不修，灌溉廢弛，農田生產，趨況愈下，而黃淮流域，水患迭見，數千萬民衆，幾無日不泣對洪波。則治理河道，不思生利，亦當除災；不爲交通航業計，亦當爲國計民生謀。且災時損失，災後施賑，逐年統計，所費何止幾千萬萬。喩以此理，則對於區區治河用款，又何必吝惜於事前耶？最近全國交通會議，航政組提案有四十五件之多，如籌辦水陸聯運以發展航業、疏濬各省內河航道，籌費導淮以利交通而興航政，以及修濬長江，培植航務人才等案，無不切中時要，果能早日實現，以利民行，則幸甚矣！

惟我國航權，多操自英美日法諸國。僅招商局爲唯一航行機關，稍足稱述；但呻吟憔悴於帝國主義之下，終難與之抗衡耳！當淸道光時，我國國民，不知航業之重要，對於外輪駛入領海或內河，皆置之不問不聞。而外人得寸進尺，更迫我以明文承認，於是航權損失，遂見之於交涉條文，一敗於道光二十二年江甯條約，明許英國以五口通商貿易；再敗於咸豐八年中英續約，開揚子江沿岸爲商埠；繼以光緒二年煙台條約之成立，二十四年內港航行之規定；更加以利益均沾之藉口，關稅主權之剝奪；從此陷于列強層層壓迫之下，不復有見曙光之一日矣。門戶洞開，利權損失殆盡，傷心慘目，其有愈於此者耶！故欲運輸事業發展，當先收回航權；故欲收回航權，當自廢除不平等條約始。國人其猛醒乎！

泥土物理性質之探討

吳　榕

土木土程之建築，大都以泥土爲基礎，欲求工程之完美，則鞏固之基礎實爲先決之條件，故學土木工程，對于泥土之特性實不可不加以深切之研究，此種研究之初步工作，當爲對于泥土之物理性質之探討，大地上各處因地質變遷之不同，泥土之性質亦不一例，故各處之泥土，均須分別加以試驗，以斷定其特性爲何如，玆篇所述，即爲試驗泥土各種物理性質之原理及方法之大概。

泥土之物理性質，其重要而與工程有關者約有五種。即（1）組成及粒之分佈，（2）含水分時之流動性，（3）滲透性(Permeability)，(4)可壓性及凝合性(Compressibility & Consolidation)，（5）內部阻力及凝結力 (Internal Friction & Cohesion) 玆分述如下：

（1）機械的分析 Mechanical Analysis—此舉目的即在考察泥土之組成及粒之大小，最老而又最簡之法，爲用一組孔隙大小不同之篩盤，將試料 (Sample) 分析爲顆粒大小不同之數部，其結果乃由一曲線表示之（曲線從略）然一般泥土之顆粒，恆較細于最細篩盤之孔隙，故惟有沉澱法可應用，此法之基本原理，即一圓球在液體中下沉時，其速度與該球直徑之平方成正比，故由時間之久暫，可分析各顆粒之大小，最初乃以一簡單之瓶行之，但極不精確且厭煩，後有Wiegner 法之發明，此法之簡單原理，爲用一圓筒，中含懸浮泥水，旁連細直之玻管，中含蒸餾水，因泥水之比重較蒸水爲大，細管中之水面，較圓筒中爲高，當沉澱進行時，二水面之差度漸減，待懸浮體澄清後，則二水面之差爲零，由水面差對時間所畫成之曲線，即足爲構成機械分析曲線之資料，又有 buoyancy 法者，乃直接使用一液體比重計 Hydrometer 以測各時間內懸浮體之密度之變化，且曾有專供此應用之比重計之計劃實現，實則泥土之機械分析並不能表示泥土之整個特性，而泥土顆粒之大小不過特性之一種而已，他如粒之形狀，化學的及岩石的組成，構造及密度等，蓋皆重要者也，雖然，由此我人儘可對泥土加以粗略之辨別也。

（2）黏性之限度 Limit of Consistency:—黏土含過分之水時，其行動極似一液體，除將其加範外，實不能保持任何一定之形狀，若水分逐漸蒸發逸去，則土漸收縮，失去流動性，而成可塑之態(Plastic state) 此時已能保持其形狀，若水更蒸發，乃入半固體狀態，在此態之下，其形狀之改變，即隨以裂痕之發生，最後達　變更顏色之點，而成爲固體，過此點之後，繼續之蒸發，將不復發生收縮之現象矣。

泥土狀態之變換，乃逐漸而成，故爲區別各態起見，A.Atterberg 對于泥土由一態進入另一態之轉換點，作下列之規定及名爾。（1）在液態與可塑態之間者謂之「液態限度」(Liquid limit)（2）在可塑態與半固態之間者謂之「可塑限度」(Plastic limit)（3）在半固及固態之間者謂之「收縮限度」(Shrinkagelimit)，各「限度」皆以每單位重之乾土中所含之水重示之。

收縮限度之決定最易，Atterberg由直接量度一試料 (Specimen) 在收縮時之長度變化以求之，Charles Terzaghi 設計由下式以求之：

$$S=\frac{(W_1-W_0)-(V_1-V_0)}{W_0}\cdots\cdots(1)$$

式中W_0, v_0 爲乾試料之重量及體積，W_1, V_1爲濕試料之重及體積。

Atterberg 規定試料不能被滾成徑$\frac{1}{8}$in.之直徑之圓條時，即爲達可塑限度之點，其試驗法，乃將一部在可塑狀態之試料，置于一能吸水之紙面上滾之，如此可使水分逐漸減少，當其不能成爲條狀時，即將其置于天秤上權之，待乾後復權之，其所失之重，被乾土重除，所得之商即爲「可塑限度」。

欲求「液體限度」乃將試料置于一蒸發皿中，使其中間形成一1cm.高之凹槽。以手輕敲此皿之緣，若槽旁之泥土，恰能向中間聚流時，即爲達到所求之限度，然此法不可靠，蓋各人以手敲皿，至其輕重各不同也，爲彌補此種缺點，U.S.公路局已發明一種簡單裝置，由機械化之方法以決定泥土之「液體限度」。

（1）滲透性Permeability—水對于泥土之

滲濾性質之研究實佔泥土力學，(Soil Mechanics) 中之最重部份之一部，在平常狀況之下，每單位面積上水之滲濾速度，與水位(Hgdraulic Gradient)成正比，該比例式之常數，謂之『滲透係數』此爲Darcy'sLaw.設以Q代表在t時間內，i水位之下，滲過泥土面積A之水量，則Darcy's Law可以下式表之：

$$Q = K\,i\,A\,t \cdots\cdots\cdots\cdots\cdots\cdots (2)$$

式中之K卽爲『滲透係數』

最初于試驗室中用以決定K之值者爲一定壓滲透表，此種裝置，乃將泥土試料，含于一玻璃筒內，且供給以在某一定不變之head下之水，使滬過泥土，決定試料之斷面積及厚度，並收集在某時間內濾過之水而量之，如此卽可由(2)式以定K之值。

但上法之裝置，僅適用於豉易濾水之泥土，若極細之土，則其滲濾進行甚緩，將致試驗需極長之時間，而在此長時間內，泥土之內部，往往有發生有機分解，及菌類長成之可慮，于是乃有變壓滲透表之發明，此表之構造：上部爲直立含水之管，管中水面，逐漸因泥土之滲濾而低降由管上之刻度卽可得某時間內Head下降之距離。但下水(Tail-water)面須由Waste Overflow以保持常度，此儀器中之Stopcock及Porous disc 等對于水之阻力極小，故直立管中之水面與下水面之距離(h)卽可代表驅水過泥之有効壓力，設a爲直管之面積，h爲在t時之水位L爲管長，則任下降之時間dt內，若水位降低dh，依(2)式可得下式之關係：

$$-adh = K\frac{h}{L}Adt \cdots\cdots\cdots\cdots\cdots\cdots (3)$$

設H_1爲t_1時之水位，H_2爲t_2時之水位，t_2較t_1稍遲，則將(3)式求定積分，可得K之一般値爲：

$$K = \frac{aL}{A}\,\frac{1}{t_2-t_1}\log_e\frac{H_1}{H_2} \cdots\cdots\cdots\cdots (4)$$

此種儀器備有粗細及中等三級之多孔盤(Porous Disc)及自極細以至$\frac{x}{4}$ dia 之各刻度管(Grodnated tubes)，以備各種粗細等級不同之泥土之試驗實行，此種試驗時不可不注意者，當爲不失泥土在其自然狀態時之本性，此點之解決法，卽將泥土試料，當其由地下取出時，立刻固封之於臘包中，務使不受外界影響，直至試驗時爲止。

(4)可壓性及凝合性：泥土之可壓性，可由研究其在負荷(Load)變化下所發生之體積變化以得之，在一般情形所遇之壓力下，泥土本身之固性變化，可略而不計而泥土體積之減小實可謂爲完全由孔隙之減小而發生，試驗之結果，皆以一曲線表示之，此曲線乃以孔隙比(Voidratio)爲縱軸，單位壓力爲橫軸所構成

較粗而乾燥之粒狀物料置於負荷之下，而阻止其發生側面變化，則顯著之孔隙率之降低可立卽發現，彼時將有與體積變化等量之空氣被排出，但對于空氣之逸出可謂爲並無阻力，設若將此試料飽和以水以代空氣，則體積之改變必隨之以水之排出，粗粒之土對于水之排洩之阻力尙小，故壓縮之現象尙爲顯著，反之若爲極粒之土，則對水之逸出將生可驚之阻力，在此情形之下，壓縮不能立卽發生而須經久遠之時間飽和以水之細粒泥土，在負荷下之逐漸壓縮，謂之『凝合』(Consopdation)

試驗凝合性之儀器近已逐漸進步，其主要部份之構造如下：壓力加于Piston之上，其壓縮量由一針盤計以指出之此計可以讀至0.0001 in. 試驗時，逐漸加等量之負荷，每次加重後至相當時間讀針盤之紀錄，須待針盤靜止之後，方可繼續加重，加重之間隔自數小時至一二日不等，視加重之大小及泥土之性質而定。

任最大負荷下之凝合完成後，往往將負荷依加重之大小逐漸移去，以試其膨脹之性質，針盤之紀錄，可化爲孔隙率，由此遂可得壓縮及膨退曲線。

在固定不變之負荷下，壓縮之速度可由一曲線表示之，此曲線以此凝合之百分率與時間之關係所構成以最終總壓縮爲100%Consolidation, 其中間之各紀錄皆以總壓縮之百分率表之，每次加重皆可得一同性質之曲線，此等曲線皆有同一之形狀，但並不完全脗合。

凝合性之速率曲線實可供爲決定細質泥土之滲透性之用，蓋因負荷加重而被擠出之水，其量之多少，固基于泥土之可壓性；而水量逸

出之緩急，則直接與滲透性有關也。

眞正之粘土，易壓縮而不易透水，故其凝速曲線應爲平坦，一般之材料，如細沙與泥滓(Silt)之混合物等，皆較易滲透，而不易壓縮，故其凝速曲線之初期極峻直，而針盤上指針之移動極速，故精確之紀錄不易得。

凝合之試驗實佔研究泥土性質之重要部份，蓋在其純粹的科學之價值以外，更多實際上之應用，如築于粘土層上之工程之下陷現象，Hodraul'c-fill Dam之中心部之凝縮等，均由于泥土之凝合性所致也

(5)內部阻力及團結力 Internal Friction & Cohesion—泥土之抗剪力(Shearing resistance)與建築之穩定(Stability)及側壓力均有密切關係。故亦佔泥土性質研究之重要部份，衆多之學者，致力于發現方法以判斷此種性質，然直至近今此問題離最後之解決尙遠。

剪阻力之基本槪念並不難于意會，設二粒被壓攏，一粒對于他粒所發之「阻止滑去之力」，卽等於二者間之壓力與摩擦係數之乘積，多數顆粒，發生之抗剪力卽爲此種各個「阻止滑去之力」之總和，故一團泥土之有抗剪力必合于二條件，卽(1)各粒間有壓力(2)各粒必有一定之摩擦係數，若有 條件爲零，則此團將作液體之行動。

『流沙』(Quick sand)之現象卽爲說明上理之最佳例，一股向上之水流其動力之方向適與由重力而下墜之沙相對抗，若水力足以超過地心之吸力時，將使各個沙粒之有效重量爲零于是粒與粒間無壓力，故該沙之行動似液體。

一團堅凝之泥土，具有固體之性質，自團中割出一圓筒形之試料，可不需幫助，而能保持其形狀，且足以供抗壓試驗之用，故知泥粒之間，雖無外力之存在，亦必具有相互之壓力，此壓力卽命之曰『內部壓力』

Terzaghi 以爲內壓力之主原有二，(1)眞正團結力(True cohesion)卽指在粒與粒之接觸處，分子與分子間相互吸引力(2)外視團結力(Apparent Cohesion)乃由于孔隙處之水，所發生之表面張力而(1)項之究竟存在與否，當視分子吸力之理論之確實存在與否而定也。

眞正團結力與泥粒之大小，形狀，構造密度以及地質上沉積之歷史均有關係，外視團結力除與上述各項有關外，復視泥土之潤濕程度而定，濕潤之沙亦能模成圓筒，幾完全由于水之表面張力之存在所致，蓋若將其侵入水中，表面張力消失，圓筒亦卽崩潰也，眞正團結力亦存在于沙粒之間，惟以粒與粒間與單位面積內之接觸點較少，故其所發生之效力極微耳！

研究此類現象之設備及原理均頗繁複，茲不贅述。

本篇係節譯 "Soil Mechanics Reserch" by Glennon Gilboy, "Proceedings, Am. Soc. C,E, Vol57.No 8, Oct 1931, 並略加刪改。

湘粵邊界山嶺中(通信)　章儀根

此乃我個人離開學校生活初次走進社會之經歷，報告會友，或可約略使認識自首都至湘粵邊界山嶺中之沿途情形，及最近粵漢鐵路建造工程之進行。

(一)離校之前　我未出發之前，曾獲得不少增加勇氣的話：「要有決心，才可走上鐵路工程的道路」「要明瞭你的責任，不是住在都市洋房裏」「湖南不會餓死你的」「…………」。有的是上司鼓勉之語，有的是知己友朋之鼓勵，我旣被派在粵漢鐵路服務，雖家庭極力阻行，終以事業之責任與興趣關係，卽刻走上道路。

(二)路上景色　中國長江確爲自然之大工程(Engineering Structure of Nature)其流域，物產豐富，風景美麗特甚。輪船到安徽，兩岸山漸多；進江西，從輪上遠望，高山奇嶺，盡入畫景！

粵漢鐵路北段湘鄂鐵路，營業不振，歷年虧本；每天雖開客貨車三四次，其速度却不能與京滬比較。車輛破舊不堪，鐵軌枕木早經腐蝕者不少，道釘(Spikes)極多脫出者，此乃我所見之湘鄂路。湘鄂鐵路行于山嶺地，工程非容易，路旁樹木成林，風景非常美麗，此則爲其他鐵路所不及。

自長沙至衡州，自衡州至宜章，是縱貫湖南之公路。湖南公路成績居全國首，可分二方面言之；

第一，公路建築方面　湖南公路完全沿着山邊而行，工程非小；但其路線，路基，坡度，橋樑均充分表現完美。路線直，灣度佳，坡度低(最大坡度約7%)，即對於超高度(Superelevation)，路冠(Crown)，路邊坡之舖草(sodding on sideslope)皆十分完善。路面為石子紅土所結合，滾壓非常平整，車中乘客不感顛波。橋梁涵洞多係板橋(Slabbridge)或拱橋(Arch bridge)，完全採用本地青石(limestone)築成，建造非常整齊。

第二，公路管理方面　路旁植桐樹，列成樹蔭，汽車奔駛蔭下；乘客自窗中向外遠眺，山間美景，將旅行疲勞忘去乾淨。桐樹使路景美麗，桐子可榨取桐油，一舉二得。各個汽車站，除去辦公房外，另有站棚屋，汽車到站，停於屋下，此種佈景為湖南公路之特長，即湘鄂鐵路之許多小站亦所不及。一部分汽車為國產木炭汽車，省去汽油漏卮，雖速度比汽油車少遜，但無汽油味，實可為全國提倡！車中座位橫列，座數有一定，不致發生湧擠。至於養路一層，亦特別注意。

近年來我國公路建築勃興，若各省均能以湖南做模範，則我國交通不難於短時間內發達；我國道路工程師們，請先來湖南參觀！

(三)粵漢鐵路株韶工程局最近之進行　粵漢鐵路為我國南北交通之生命線，在交通上，國防上，政治上，民生上皆有極大關係。湘鄂鐵路為粵漢鐵路之北段，其營業不振之原因，實基於粵漢路之不能全路通車——株韶段未成。便利交通運輸，開發富有礦產之湖南，溝通南北政治，此乃株韶段工程局之使命。

粵漢鐵路在光緒二十六年(1900)；由美國合興公司起造。光緒三十一年，政府及人民皆倡議廢約贖回，後即由我國自辦。但總計自辦三十三年，路工四百餘公里迄未完成，足以表示我國自辦之成績！今鐵道部一再注意，與中英庚款董事會商定築路經費，株韶工程局成立四年通車計劃，工作驟形緊張，韶州至樂昌段即於前年七月竣工通車。

去年六月，樂昌至大石門一段四十五公里亦全部開工，株州至淥口一段亦招標建築。其他如石郴段，雷觀段均派出工程司率隊測量。最近測量工作大致竣事，即將籌備動工者有大石門至坪石，　口至衡州二處；工作緊張程度。已超過二十年來未有之情況，想四年之後，國人可見湘山嶺中工程鉅大之救國鐵路通車！

四)粵漢鐵路石郴段測量隊　粵漢鐵路工程最困難之一段厥為廣東樂昌至湖南郴州一段。是段地形崎嶇險惡，高山溪澗縱橫不一，因此乃長江珠江分水嶺區域。昔清末民初，粵漢路南北段路局皆先後派人來是段測量，迄未確定路線，如外籍工程司Parsons, Willaims, Dee等皆被派而來。民國十八年，株韶段工程局成立，來此測量者有尹祝君，吳思遠，李耀祥諸人。共計測量次數已不下八九次！此次株韶段工程局決定最大坡度為1.25%，先派吳思遠作勘測，再由劉寶蔚，張金品率石郴測量隊作初測及定線測量，是即此段最後之路線測量。

石郴段測量隊以廣東坪石鎮附近金雞嶺作起點，至湖南良田鎮為終點，路線共長四十四公里。路線初段沿白沙水而行，共穿過白沙水凡十次，因水道過於灣曲所致。(註：白沙水灘皆出白沙故名；河底全係石子，故純粹為一條山溪。水勢從上而下，勢極湍急，農民在河中築堤壩，利用水勢轉動水車以灌田，或以舂米，此乃我國利用水力之模型。)共計石郴段有大木橋七座，橋臺高出河底二三十公尺，隧道八個(鐵道部規定挖土高度超過二十公尺，即用隧道)，灣道(Curves)六十餘；已可知此段工程大概。

地形險惡，工程不得不鉅大，即測量方面所遇困難亦不少。遇水過水，遇山嶺則攀緣樹草而上，遇直壁則繫繩而便利工作；且山頂樹草叢雜，石塊高低，障礙儀器視綫，使定線測量尤感困難。

現四月來測量生活已告結束，開始整理測量資料，編做預算準備未來之開工。

通信處：湖南衡洲株韶段工程局第六總段

代　郵

玉清，敏照，治權，茂芳，諸兄：請將貴級級友消息調查寄下

小報告：道路工程參考書目下期登載。

出版者　中央大學土木工程研究會
通信處　南京中央大學

第一卷第五期

土木
羅家倫

中華民國二十三年三月一日出版

工程學生與科學思想的訓練

（克地）

工程科學，在目下中國不消說應當極力提倡，但是在提倡的熱狂中有一點關於工程教育的錯誤見解，不能不注意。許多人的主張，因爲感于技術人員的缺乏，似乎想把工科大學的課程完全職業化。然而工科大學的目標乃不僅在造就技術人員，而且要養成經過嚴格的科學思想訓練的工程師。我們明瞭工程科學的基礎是自然科學，自然科學不止給我們定律公式，更進一步使我們獲得很嚴密的科學方法，這科學方法，是領導思想與工作的指南。所以科學思想的訓練，應該是接受這種科學方法的指示以發展理想的能力，有了這種訓練，隨時隨地對于任何問題可以得到合理的解決。此足見他在工程教育上之重要了。

工程科學當然以實用爲主，但是如果把工科的課程完全注重在職業智識的灌輸，工科大學的課程包括了一切實用技術的科目，那麼以學生極有限的時間來對付這繁複的課程，非但精力不及，卽所得的也不過零碎片斷的東西罷了，然而假定能獲得科學思想的訓練，一切比較次要的課程，出校後實地經驗了相當時間就可明瞭或體會的。

本期目錄

數學對于工程非常重要，牠的用途普通有兩種，一種直接用公式計算，第二種先得到數學基本觀念便于研究工程書籍，以上兩種用途爲習工程者所常見，還有一種用途；利用數學來訓練思想，幫助擴大理想的能力。簡單的說：以數學做一種工具，運用到物理基本的原理上來解決工程問題。這自然是不容易的事，因爲工程問題隨實地情形變遷，在學校對于基本課程雖然有嚴格的訓練，一遇實際問題，恐怕仍然會手足無措，因爲如此，單是灌輸物理和工程的基本科學原理是不夠的，那就需要一種有訓練的真確思想，這種思想包括歸納，演繹或分析，工程師具有這種思想，足以增加工作的效率，效率的來源，是由于敏捷合理的判斷，堅强的自信力和責任心。

國內工科大學，多採美國制，所設課程應有盡有，學生在四年當中只有小部份時間去作基本科學的訓練，似乎很漠視基本科學指示我們的科學方法。（自然在研學當中，無形的也得些科學思想的訓練）假設還如一般人主張，把大學實用課程盡量增加，抽象的理論學程減到極小限度，這便是一種危險，蘇俄因爲實施五年計劃需要大量的工程技術員，全國工程教育都注重在技術人員的養成，盡量灌輸職業智識，而不講求工程根本的理論及訓練，工程上重要的計劃及工廠的管理都靠外籍工程師的能力，自己的人材不能來做替代。蘇俄才知道過去的辦法有錯誤。美國奇異電氣公司，以前關于分析的問題都請教外籍專家。現在一個二十多年的青年工程師，就能担負解决這問題的責任了。兩種事實的比較就可明瞭科學思想的訓練是如何的重要了。

修築公路經驗談　陳駿飛

在浙江省公路局工作了十多個月，對于該省公路建築的程序，略略有所經驗，茲特介紹如下：爲叙述方便起見，分測量及開工兩時期，文內所舉實例，皆指已往十多月所經歷之昌昱段及淳遂路之情形而言。

測量時期：

所謂測量時期，指自出發之日起至全部測成，繪成，及造成預算止之期間，期間之長短，當以路線之長短而伸縮。

(A)組織方面：

測量隊設隊長一人，副工程師一人，工程員及副工程員共四人，辦事員兼會計員一人，測夫十餘人，臨時小工六七名，廚手，伙伕，工役各一人，測量時，分配成五組：

（1）定線組：此組在測量隊中，最爲重要，路線之灣直，坡度之平斜，土方之多寡，橋樑之簡易，皆因選擇路線之良否而異，故任此職務者須具良好之經驗，通常皆由隊長自任此職，帶測夫二人，小工二人，木匠若干人，以便遇樹木阻礙時，隨時砍伐。

（2）中線組：路線既定，中線組即隨後出發，工程師担任組長，帶有測夫六人（前點後點前鏈後鏈各一人，寫樁號一人，背經緯儀一人）挑樁打樁各小工一人，司量距離之遠近，曲線之長短等職。

（3）水準組：追隨中線者爲水準組，組長一職，由工程員担任，司測各樁之高低，設置水準基點，並因地形之需要，增設臨時加樁，等職務，帶有測夫三名，二名持箱尺，一名攜水平儀。

（4）地形組：地形組亦由工程員担任，帶測夫三人，內一人司攜平板儀或經緯儀及撑傘之職，餘二人係跑點者，此二人須具有極大之經驗，地形圖之精密及準確與否，全憑此輩測夫之經驗如何而定。

（5）橫斷面組：橫斷面組設工程員一人，測夫二人，司測各中心樁之橫斷面形勢

（6）用地組：用地組設工程員一人，司測沿線各田地山林之面積及調查各業主之姓名等職，帶測夫二人，小工一人，又爲翻譯方言，傳訊業主起見，另招鄉警一人。

(B)工作方面

爲叙述方便起見，仍以六組分別寫來：

（1）定線組：如以前所言，定點組爲測量隊中最重要的一組，組長應于事先親爲從事踏勘，俾明瞭全路附近之情形，應如何設法避山過河，如何能使路線最順，工作最易。在公路定點中，尤其是在浙省的公路定點中，一般人所認爲比較困難的，不外乎：（1）利用老橋問題，路線遇着大小河道，在經濟恐慌的政局中，只要有好的老橋橫跨于河道上，有儘量設法利用他之趨勢，于是問題就發生：此橋（通常大都是石拱橋）是否足夠堅牢，橋拱高低于視線及路坡有無妨礙，橋面是否夠闊，因利用此橋而被折讓之附近建築物多否，修理費是否較新建者經濟等問題，誠非有相當經驗之人，難能輕易解決。（2）山上定線：路線當

過山嶺，並不十分困難，困難的是在背山臨河的山腰上定線，在這情形下，定線者要打算到開石方及填土的多寡，因為背山臨河的山坡，大都甚陡，往往一面向上極高，一面向下極深，石方固然不少，填土亦動輒數萬方，因之在未正式決定前，須估計所開之石塊足夠充作填方否，利用他處借土是否合算，在石工低廉區域，尙須打算填土和砌岸，孰貴孰廉(3)利用特殊環境問題：路線附近，若有特殊風景好的地方，或有特產品的市鎮，就須籌劃如何能經過，考慮經過此類特殊地點，有無困難之處，上面三大問題，是定線組常會碰到，最難解決而非臨時下斷不可之問題，任此職務者，實須有良好之經驗也。

在我個人的理想，有這樣的見解，利用老橋，當應充分利用之，不過因利用老橋而直接給予民衆的損失，和折讓房屋等太多時，寧可另造新橋，或者修理費僅可省却新造建築費三成以下者，大可勿必勉强利用，兩橋同時存在，未必會感覺到太多，或者因之能發展橋旁之村落鎭市，亦未可知，且路線與老橋，不易在一直線上，新造則方向位置，可隨人意，更進一步，以同樣之材料，得同樣之堅固與便利，在手續費而論，修理費單價，恒較新建者昂貴，無形中已得有一種損失矣！至于沿山修路，在填挖參半之處，我以為甯肯多費些錢，多開石方，減少，填方，開挖出來的路基，究較填成者為堅：，尤其在山脚旁有水之處，填土極易被水冲去，非多開山不能為功，還有，在同等代價下，若可以開山，代替造大橋，那末，甯可開山，不甯造橋，以開山工程無須時加修理也，利用風景區或其他特殊地點，須酌看情形而定，不宜任性利用，如滬杭公路浙段為吸引乘客興趣起見，特以錢塘為身，沿途景緻，同稱絕美，然因路線曲，險事層出不窮，茲者當局已進行改道行車，桐廬嚴州間，去秋興築公路，原擬為招引遊客起見，設法經過嚴子陵之釣魚台終因山坡太陡，工程匪易，且設路過其間，以其他環境所迫，勢必將毀損古蹟，有違初願。故決繞道而行，嚴州有鎭名嚴東關者處于錢塘江上游，蘭江徽江交會之所，贛皖閩衢之經商往來，皆須過此，關卡稅局林立，爲一繁盛之商業鎭市也，近桐廬嚴州間新築之公路，以環境所不許，未能由此經過，于是居民憂形于色，恐該鎭將成杭州之拱宸橋，轉爲一冷落市面也上舉三例或證明利用特殊環境，不可勉强，或示我路線之選擇如何影響及鎭市之興衰，定線之時，豈可不注意及之。

(2)中線組，路線既定，中線組相繼出發，以採用公尺制，每二十米達，設置一木樁遇高低特殊之處，須另添加樁，路線轉改方向通常皆用簡單曲線，曲線書以單位為公尺，多採用德日本，在無特殊限制時，設曲線之於序為先，量中心角，決定半徑，從曲線書查明切線長，曲線長，曲綫起點迄點，及偏度角，遇有天然限制，亦有先定外距(Extrnel Distarce)或切線長者視實地情形而定，測夫中，以前後鏈(Chain Man)為最須有經驗者，進行之迅緩，準確度之高低，全憑此雙拉皮尺者也，此組工作，所謂比較困難者，在乎決定曲線之半徑，翻山過嶺及穿過村落時尤須有特殊之殘斷，照浙公路局之規定，半徑最小者不得小于50公尺，但有時因利用老橋，竟小至25公尺，幾于直角無異，此類情形，非至萬不得已時，不甯引用，工作速度在平坦之地，日可二公里餘，艱難之處，當少于此數。

(3)水準組：水準組擔任二項事務，一爲全線基點之設置，一爲全綫各樁旁地面高度之測勘，水準基點，規定每500公尺設置一個，準確度，每公里間雅差二公分，地面高低，須按各樁測量，若測夫係老資格者，擺水平儀，選轉點，設基點，均毋親自動手，比較舒適多多，轉點之重要人盡知之，無經驗之測夫，常置轉點于鬆土上，相差七八公分無從稽查，甚易得不良之結果。基點通常設在線旁近處石塊或其他鞏固之建築物上，以平坦堅牢爲原則，測水準最易讀錯一公尺，若用雙點制(Double Rodded Method)可免除此弊，予曾以此法試測多時，結果甚佳，工作速度，平均每日約二公里。

(4)地形組：本來路線之決定，要憑地形圖上所表示之線旁各種地勢環境，現今浙省修築公路，往往急不可待，無長時期研究之可能，所以初步測量，多皆算作施工測量，地形圖于此情形下，僅能供作參考而已，所用儀器，爲省辦室內工作，及野外工作進行迅速起見，咸以小平板儀替代經緯儀，以小平板儀測地形，距離，高低，方向等，除一照準儀二花桿外，毋須借用他物，甚爲便利，惜各學校多不注意該簡小儀器之使用，初離學校之學生，不能應用者甚多，新近出版張挺三先生所編之平面測量學書中，對于此儀器，介紹頗詳，有志測量者，可一讀也，公路局規定路線兩傍二百公尺，皆在測量範圍以內，等高線每二公尺一根，縮尺爲二千分之一，遇有房屋，河道須另測五百分之一之詳圖。以便研究路線之地位，橋位之安置，地形組之測夫，不僅須經驗豐富，且須有小智慧者，何點可省，何點不可省，皆須隨時決定，非有良好訓練者，不能任此職務也，每日成績若無剛房，橋位，所阻繞，亦日可約二公里

(5)橫斷面組：橫斷面組，最怕遇見測山，尤其是碰着一面是高山，一面是深河的情形，在我個人，曾遇見這類境遇，全日僅測成七個斷面，所以普通測量隊中，除任極平坦的地勢外，橫斷面組往往離中線組甚遠，有時候，竟可差到十餘公里，橫斷面測法，非常簡單，只須用手準儀，看中心樁兩傍各十五公尺內之地勢高低，均以中心樁之高度爲準。

(6)用地組：用地測量通常在將開工時開始測量，但亦有在測量時期同時進行者，出發前，先四處强貼佈告，通知路線兩傍各二十公尺內田地之業主，自動插以木簽，註明茲地業主姓名田地畝數，坐落地位，以及土名等等，測繪時，隨帶鄉警一名，以便隨時傳詢業主或任翻譯土音等事務，所用儀器。亦爲小平板，比例尺爲500分之一，過房屋街市，最感麻煩，高山大川對于該組，反爲便利，以用地圖以業主爲單位，一高山，一巨川，恒僅爲一人所佔有，或竟爲自然所佔有無須一木一草皆繪製于圖上也

開工時期

(A)組織方面

測量告竣，圖件送呈局長批准認爲可行後，即開始興築，組織工程處，工程處主任，皆由測量隊隊長接任，其餘各職員，亦均由測量隊隊員繼任，全路設一總工程處，除主任外，尚有工程師一，工程員二，繪圖員一，伙伕，信差，伕役各一人，承轉局方及各分段之意旨，分段之多少，以路線長短而定，每段約十公里設工程師一人，工程員二人，監工員二人，看工三四人，伙伕，伕役各一人；管理段內一切行政，工程等事務。

(B)工程方面：

工程方面，可分土方，開山。水涵，橋樑，駁岸及路面，電話，車站等六項分別敘述。

(1)土方：自前浙省所興築之公路，土方

一層，數多採用徵工制，以其費省廉也，徵工事務，由就地縣府會同工程處同力辦理，被徵區域，有自全縣者，有自沿線左右二十里以內者，當視各地情形向異，工人組織，三十人爲一棚，設一棚頭，任指揮一切之事務，鄉村之大者，可分若干棚，小者數鄉可合成一棚，被徵工人，向未受有團體生活之訓練，素無紀律，偶而合聚一處，管理殊覺艱難，若以下列各種方法，或能稍事見效，(1)將各鄉工人，調至離鄉最遠處工作，使工人無法每晚回家，只好在路線附近，搭蓬或借屋住在一起，若是不但管理方便，因工人希望能早日還鄉起見，自動將指定之工作，加速度趕成，否則，若工作地點，離家甚近，則以早晚回家，不僅無法指揮，且減少工作時間及效能。(2)徵工不若包工，皆非自願而來，不宜一味高壓，宜時加勸導，善誘，使工作迅速，(3)嚴辦一二不良工人，以警其他，昌昱段因土方工資低微，曾一度罷工，後查明煽動罷工之主犯洪某，拘押縣府，至全路土方完成始行開釋。全體工人之紀律，因之整齊得多，(4)監工者第一不能失去自己的地位及工人們的信仰。更不宜輕易多發命令，要不然。早晚號令不同，工人無所適從事。

在浙省所謂徵工，僅僅強徵人工，所築土方，仍行給資，稍稍低微而已，鄉間土豪劣紳，咸認爲被徵爲恥，常以金錢雇人代己，工程處方面，只須人數足夠，誰來替誰，皆不計較，土方工款，初由省府撥發，近漸有就地縣府籌發之趨勢。

包工和徵工，性質完全不同，孰善孰非，未能輕易下斷，茲將各方利弊，分列如下，以資參考：

好的方面：	不好的方面：
(1)包工有包頭負責，管理容易工程處可少用人	徵工無負總責之人，須各棚分別指導，工程處用人較多，而且被徵工人，不懂工程常識須根本從頭訓練。
(2)包工個人效能高，每人每日可挑鬆土約七方	徵工僅能挑半方，頂多一方。
(3)包工不易做錯，若偶有測量上之錯誤，包工能隨時報告，設法改正，不致誤工	徵工不知此項門檻，常有多挖，多填之通病
(4)包工係外幫人，對于路線上產物等之遷移，無所顧慮，工作比較順利	徵工係本地人，須顧慮情面，不肯依章將路線中之障礙物，按章折除，怕遭人怨。
(5)徵工工價低	包工工價高
(6)徵工工人多，雖個人效能低微仍能一氣呵成	包工因運輸及成本關係不能多招工人
(7)徵工築路，將就地籌起之款，仍散在就地	包工無此利益
(8)徵工因不知築路技巧，無作弊行爲	包工常有載帽着靴等作弊
(9)徵工多本鄉人，不致滋事鬧禍	包工常與本地人發生誤會

由此看來，雙方利害參半，我以爲若在交通近便處，可採用包工制，在窮鄉僻壤運輸不便之處。實宜採用徵工制，至于若有經費之限制，時間之限制，或其他特殊之限制，那却是另一問題了。

初離開學校，經手管理土方，所認爲比較

26391

困難的是挖填土質問題依照浙省公路局所規定，填土可分鬆土，堅隔土兩種，挖土可分鬆土，堅隔土，軟石，堅石四種，初出學堂門，確無此經驗，若遇包商狡滑，稍爲動幾下洋鎬，就要算作堅隔土，豈不是件吃虧事，經歷數月後，對于這點，也許會有小小的認識，填土須加沉土(Shrinkage)加多少看土質如何而定，通常以填土高度之百分之十五起至百分之二十五止，填土低少，沉土成分大，填土高多，沉土成分小，因高填土之土本身重量足使下層土質結實也，一般的通病，總是填土不夠高，挖土不夠深，所以放樣時，最好能隱置暗記號，藉察填挖是否，填土之取土坑，地點長闊，均須依工程處之指定，此取土坑，在某中情形下，可利用作爲側溝。填土在二公尺以上，挖土在二公尺以下者，挑土較艱，應另加工資，運土問題，公路上未若鐵路上之重大，照規定在50公尺以內爲免費運土(Free Haul) 50公尺以外，每公方每五十公尺加運費約四分。路面寬度，分六公尺，七公尺，七公尺半，九公尺等數種，以七公尺半者最爲通行，填土兩旁側坡(Side Slope)，定爲$1:1\frac{1}{2}$挖土爲1:1亦有2:1者，看土質如何而定。

（2）開山工程：開山工程，並非艱難，需時稍久耳，開山須具有特殊器具，以及巨大成本，徵工工人，無力勝此重任，非有大資本之包商不可，開挖之法，先用鐵錐鑿一小洞，內裝火藥，以藥線引火入內，使自然爆炸，爆炸最易者，爲極堅硬之青石(Lime Stone)，二三尺深之砲孔，恆能炸下二三噸之巨大石塊，有時炸下之石塊太大，非人力所能搬移，須另鑿小砲孔，再使爆炸成較小之石塊，開山遇有此等情形，未有不賺錢者也，碎石山及泥石參半之山，最不易開挖，以其裂縫甚多，火藥炸發時，四處漏气，炸力不大，且自工程處看來，此類泥石夾雜之石，未能全以堅石之單價計算，包商因之受兩重損失，極難獲有厚利，石方之多少，以測橫斷面作估計，亦有以開挖下之碎石塊堆疊一旁，量算付款者，惟照此計算，須以二方半鬆方合一方緊方，包商方面，不致吃虧，亦未得便宜，堪稱公允辦法，通常之山，外殼爲草木及泥層，因爲石層，越至內層，其質越堅，但亦有例外者，昌昱段有二處石山，外殼全係堅石，開挖多時，忽發現內部全係土質，工程師遇此項例外，最爲憂慮，除算賬時，有極度之麻煩外，尙須慮將來省方派人驗收時，不信此處曾有數千或數萬石方已被開挖出。石方以單價甚大，計算務求十分精密，山勢變更奇特處，每五公尺，即須測一橫斷面，面積之計算，亦宜加倍準確，使兩方公允，狡猾之包商，在一面開山，一面填土之路基上，時偷將中心樁，向填土一面填動，冀以價格低微之填土，替代開石，騙取厚利，故于開工前須將各交叉點(Point of intersection)及曲線之起迄點設置量距(Ties)于遠處，以便驗收時重定原有路線；藉核其中有無弊端，事雖微小，亦不能不加注意焉。

（3）水涵工程

A，水溝，築造水溝，費考慮的是地點問題，路線橫跨水流，有舊水溝者，僅須在原地位加以改造，但有以特殊情形，新加水溝者，其位置之選擇，須視其目的而定，用以作爲灌溉，宜置于較高之處，俾可引水至多數之田地，用以作爲排洩，宜置于低處，俾可排洩最多之水量。水溝之堅牢與否，全賴底脚之良否，底脚工程，當分外注意之溝之種類，可分方渠，拱形兩種，方渠以亂石砌成溝身，上蓋石條或洋灰蓋板(Concrete Slab)，拱形溝亦用亂石砌成，拱形及條石蓋板之水溝，宜用于填土厚處，低填土處，溝頂震動太烈，石板不能勝任，非用鋼筋洋灰蓋板不可，亦有用木面者，除上述兩種外，尚有縐紋鉄管(Galvernized Steel Pipe)及瓦筒(Concrete Pipe)縐紋鉄管皆外國貨，瓦筒洋灰製成均頗昂貴，不甚經濟

B,涵洞，水溝之經間大于一公尺者，卽稱爲涵洞，涵洞之建築與地位之選擇與水溝無異，惟因經間過距，條石蓋板不常用焉。

C,窨井，橫溝之底，高于路面時，平常之水溝涵洞，不能爲功，補救之法，于路之左右兩端，各掘一小方井，水自高處流來，先貯井中，待滿至相當程度，能自動流過路底水溝，復入他端之井中，再由井口流入溝之下游，是種小井，謂之窨井，溝水遇此類建築，恒不能暢流，非至不得已時，不常用之。

（4）橋樑工程，在浙省最近之趨勢，因工程費異常拮据，建築力求迅速，多數橋樑，採用亂石橋墩，上架木面，其次就是石拱橋。洋灰大橋，鋼樑大橋除一二條極重要之幹路外，實不常見到，茲將石台木面橋及石拱橋之建築情形略述如下

A,底脚：開工前，工程師根據圖樣，至造橋河位，放置底脚之位置，挖土之範圍，工人卽在範圍內挖土，挖成後，須嚴格，檢驗下層土質是否能勝任橋身及其他動力之分量，基土堅硬或竟遇堅石，當能減少底脚工程不少，基土鬆軟則須另打木樁及置極厚之洋灰基礎或塊石基礎，以河水之急緩經費之情形而定，木樁長幾何，基礎厚若干，非事前能逆料，須隨機應變，橋樑工程中所最難決定者，卽爲此點。設河床某段有整塊脚，橋位選擇時，應儘量利用之，惟利用時，須將表面一層鑿平，俾去除洋面已經風化之石皮，且能使荷力平均也。

B,橋身：石台木面橋之橋墩，成以塊石用洋灰漿或石灰漿砌成，塊石可分新開石，利用石兩種，新開石係新開自山中者，利用石係折自路線附近無用舊橋，壓路之石塊，兩者單價上下不同，塊石中灌縫之洋灰漿用一分洋灰，三分細沙攪成，最好能多加水分，使漿液稀薄，得能流入塊石間任何小孔，包商慣用欺騙小技監工者稍不注意卽僅以極乾燥之灰砂塗于外表，內部實皆空虛，如此橋身焉能堅固

拱橋之橋身，多採用條石以石灰砌成，吾國人對于石拱，素有悠遠之歷史，產石地之石工，皆能砌造拱橋，故人工一層，不成問題，在石料富庶之處，拱橋之建築費，遠較其他各種橋省廉，大可效法採用，惟國人所砌之石拱，皆半圓形，墮圓形之拱橋設計，不適實用，公路局爲應付事實計，已將半圓石拱橋，另製若干標準圖樣以便各路段應使。

C,橋面：拱橋在拱頂(Crown)上，卽加塡土，無所謂橋面，木面橋之橋面全用木料，徑間在八公尺以下者，爲減輕運輸起見，多採用木松，就地取材，大樑，橋面板，皆塗兩道熱柏油，欄杆塗漆二次，以防腐爛，大樑僅一端釘住橋座，他端鬆放在座上，以備木料因氣候變更而伸縮。

D,修理老橋；鄉間原有橋樑，不外乎木橋，平面石橋，及拱形石橋三種，木橋受不住汽車的力量，根本須改造，所謂可以修理借用者，指兩種石橋而言，看情形之不同，有全部利用的，有利用一部分的，橋面寬原定五公尺半，舊橋橋面，闊滿四公尺者，卽可勉强應用，橋位與路線太傾斜，或轉灣度太强，應于橋端裏側設法加寬，加寬之法，不外乎另起駁岸，內塡土方，凡經利用之橋，均須嚴格檢驗各部，孔隙之處，塡以洋灰三合土，草皮樹根，均須除去，橋板等若有鬆動，四週嵌以洋灰漿，使堅實爲度，修

理工資，以其瑣碎不整，頗費手脚，恒較新建者爲昂，一般小包商，咸不願任此事務，近有數處，以點工計算，堪稱兩方公平

（5）駁岸工程：駁岸廣用于山坡，河邊，以及各老橋加寬時，目的不外乎保持土方之坍毀，及減省土方。公路上皆以塊石乾砌或以石灰砌成，亦有下半部分進入水內者用石灰砌，上半部露出水面者乾砌，若能石塊巨大，質地良好，乾砌亦頗堅固，產石之處，每一面公方僅需一元左右，價格方面，亦甚廉允

（6）路面，電話，車站。上有各項工程，全部竣工後，即籌備路面問題，路面採用馬克當溝渠式(Macadam Trench Type)，路面石子，招商承包，分二寸子，寸半子，八分子，三種，另外備以黃砂，石粉，依各樁號所需要之數量，分堆或連成線形，堆置土路邊沿。舖設有用包商，亦有自雇長班工人逐漸進行者，舖石之前，先將土路面部挖寬三公尺深二公寸之溝槽，用三公噸滾筒來回于溝槽上者凡三次，然後即舖以二寸石子，再寸半子，再八分子，黃泥和水隨舖隨澆，舖畢用五噸之滾筒，滾壓數次使十分結實，路面既成，通車問題在即，電話車站均先後候需，電話由電話局派員代裝，車站由工程處選擇地點，先行搭置臨時便屋或暫借路旁民屋，待營業富裕，當再另建新站，全部工程至此可稱完全矣

道路工程參考書目

此係交大敎授鄭日平先生所擬。韓君柏林得之，特爲寄登載。（編者）

1. Hickerson J. F. Highway curves and Earthwork.
2. Johannesson S. Highway Economics
3. Bateman J. H. Highway Enginneering
4. Chotburn G. R. Highway Engineering.
5. Morrison C. E. Highway Engineering.
6. Bauer, E. E. Highway Materials.
7. Harger W. G The location, grading of Chairage of Highway
8. Horrison J. L. Management ond Methcd in concrete Highway Construction 1927
9. Smith A. Y. Motor Road in China 1931
10. Wiley, C.C. Principles of Highway Engineering
11. Whineey, S. Specificotions for Sheet roadway Pavement
12. Blanchard, A.H. Elements of Highway Engineering
13. Agg and Brindley Highway Administration and Finance
14. Frost. F. The ort of rood Building.
15. Blanchord, A.H. American Highway Engineers' Honndbook.
16. Harger Bonney Highway Engineering Hondbook.
17. Crosby, W.W. Highway Location and Surveying
18. Bartin and Wone Sampling and Testing of Highway.
19. Roods and streets
20. Public Roads
21. Good Roads
22. Engineering News Records

（19–22）雜誌

二二級級友續訊

趙稚鴻君一江西南昌省立工業學校
何 旭君一隴海鐵路工程處
駱體常君一軍事委員會
蔣林耕君一上海工務局
羅成中君一上海市江灣中心區工程管理處
章期銓君一江西鴻聲中學
郭德輝君一江西公路處
宋雲鵬君一太倉縣政府
潘毓鈞君一鎮江江蘇土地局
黃振藩君一江西建設廳
同允魁君一福州公路局

通告： 本刊已出到第五期了，每期都是在每月一二號中寄發各地，不知各會員是否按期收到。現在希望各會員見這通告後，立將接到本刊的日期，和已收若干期的情形示知，不勝企盼！又，以後會員通信地址一有變動，望立刻通知，以免刊物遺失。———編者—

第一卷第六期

出版者　中央大學土木工程研究會
通信處　南京中央大學

中華民國二十三年四月一日出版

土木

羅家倫

黃河在二十二年陝州洪水情形

左雲之

一、引言

黃河之爲患，於今數千年，雖歷經導治，而終歸無効，其主要原因皆在捨本求末，每至汛期輒整理堤防，以阻其崩潰，結果河堤愈加愈高，河底亦逐漸上升，而有今日高出地面之現象。若偶一不愼，依然不免於災患。即如民國二十二年，災及四省七八十縣，生靈塗炭，財物損失，何可數計。加之每次修理，多注意於險工，其他則大都忽視，及至汛期，非險工處往往決口，就去年而論，如是者頗多。故知此種修理，大都顧此失彼，且非局部修理可保無虞者，不獨徒耗金錢，而反增高河床，遺患將來。欲求長治久安，非正本清源，通盤計劃，無以致之，雖所費甚巨，而獲益實多。今僅將其梗概，略陳於後，以供我會友之研究。

二、沿河之情形

黃河自陝州而上，兩岸崗嶺起伏，人工堤岸甚少，自陝州而下以達於海，均屬平原，兩岸多爲土堤亦間有石堤，一部係官廳建築，名曰官堤，一部係人民自建，名曰民堰，因歷來修理，向無整個計劃，致堤有寬至數十丈者亦有數丈，寬狹不一，其蜿蜒曲折，更屬參差不齊。至河面之寬狹；亦相去甚遠，在陝州以上，因係兩岸多山，更難一致，自陝州而下，在河南省境內，河面較寬，有達十公里以上，在山東境內，距海口近處，僅數百公尺，故適與普通河道相反，致輸出不暢，而河南山東一帶，時罹水患。又因兩岸多係沙土 (Silt)，其粘性甚薄，易於洗刷，非用石工或其他相當材料，絕難耐久。惟以交通不便，運輸困難，如現時長垣堵口，即覺有此困難，故欲治理黃河，對於兩岸交通，亦當注意及之。

三、二十二年陝州洪水之情形

去歲黃河之水患，雖報章歷次登載；然缺之科學統計報告，至無從知其實際情況。蓋因黃河沿線，對於水之測量向少注意，僅潼關設一水位站，陝州及灤口各設一水文站，以觀測水量，水位等而已。對於已往情形，無法查考。今僅就二十二年陝州水文站觀測報告，略述洪水情形，但因當時水面太寬，水位甚高，未必十分精確，不過稍知梗概耳。

流量及水位　黃河水位，在十一月至二月爲最低，卽淺水時期，三月至五月爲桃花汎，七月至九月爲伏汎，水勢以伏汎爲最大，亦卽危險時期，施測流量均用浮標法。如二十二年八月二日，水位由292.0公尺，（大沽海平面爲基點）一躍而爲295.0公尺，於是流量亦由7,580立方公尺每秒，增至8,973立方公尺每秒，迨至八月八日水位爲294.7公尺但流量仍繼續增加至11,276立方公尺每秒，蓋因水位雖稍低，而流速增大故也，（當時約爲5每秒公尺）及至八月九日，水位復增至297公尺，流量達14,347立方公尺每秒，水面寬約九公里此爲最高之紀錄，然據推算及依照洪水線計算均在每秒二萬立方公尺左右。而淺水時僅每秒二三千立方公尺，流速約每秒一公尺，水位約288公尺左右。其相差之大，實足驚人，而長垣滑縣一帶河堤，亦卽於此兩日內決口矣。

含沙量　黃河水中含沙之多，盡人皆知，蓋上游兩岸，多係黃壤，捲入河中，隨河而下，至河南境內，因河面較闊而流緩，故多沉澱於此。若遇急流，則又挾之而下，以達於海。由此知海口之沙，并非由上游一次運來，乃經若干次之輾轉而成。而沿河之河床，亦因之變化莫測，滄海桑田，瞬息可期。茲據陝州水文站試驗結果，在淺水時，約百分之二三，（重量比）汎期則爲百分之二十左右，每年平均約百分之六七，去年因水勢過大，故含沙量亦劇增，在八月二日爲百分之十八，八日約百分之十七，而九日則增至百分之三十九，可謂世所罕見。若以同日流量計算，則每秒卽有5,600立方公尺之沙土，經該斷面而下，每十二小時，卽有 24×10^7 立方公尺之沙土，卽以每人每日搬運四立方公尺計，亦須六千萬人，始可於一日完全運盡，其量之多可知矣。故陝州河底於八月八日至九日，卽遷移三百公尺，蓋因流速湍急，含沙太多，凸岸因流緩，沉澱而愈凸，凹岸因洗刷加深而愈凹，而凹岸之堤，往往爲之刷通，穿堤而過，卽去年之決口，如是者亦有數處，若不及早整理，後患可期也。

四、結論

由上列情形，知黃河之爲患，首在含沙太多，致有其他種種現象，故治本之策，亦首在如何處置含沙，餘事方可迎刃而解。今僅將治黃要件略述如下：

1. 減少水中含沙量，使其無害於河床。
2. 開闢通暢之海口，使水量不致停滯中部。
3. 疏浚整齊之橫斷面，使無寬狹過當之差，而免含沙沉澱。
4. 在上游設活動壩，沿線設水閘數處，以調劑水位，使便航運，而利灌溉。

欲達到上列之目的，頗非易事，首宜於黃河沿線及其支流，多設水文站水位站，以觀測流量，水位，含沙量等，并於沿河流域，廣設雨量站，以記每年流入黃河之雨量。如是經過相當期間，方可依據雨量流量，以決定橫斷面及開闢海口，視水位之高低，流量之多寡，以定活動壩之高度。對於含沙則如李儀祉先生所云，「於兩岸植樹，使黃壤不致完全捲入河中」并可保護堤岸，另於決定橫斷面時，先定一適當流速，使含沙不至隨處沉澱，依此流速以設計橫斷面，并於沿河擇適當地點。以供水中含沙沉澱，既免妨礙河身，又可藉以淤田，豈非一舉兩得。則今日之黃河百害者，安知非異日之百利，以運輸言，西北各省之出產，亦可轉至內部，與長江同爲橫貫東西要道，不獨農田水利可興，卽西北文化亦可因之啓發，望政府當局，予以經濟援助，期其實現，想全體民衆，均拭目以待也。此乃管見，倘盼我會友詳爲指導，則幸甚矣。

設計橋樑之初步

姜國幹

橋樑在交通事業上之重要，不言而喻，但欲設計得宜，對於該橋區附近之水文記載，地理情形，生產狀況，交通上需要之程度，必需作深切之認識，有此明確之概念，乃可得最接近於事實之資料，根據此種資料而計劃之，其爲最經濟而有工程價值之計劃可斷言也。由此更可推知實際之計劃易，而其初步之工作實難。本篇特分下列各節，略論其要。

1.橋梁地點之選擇

2.橋梁之跨度，支柱間，高度，及寬度。

3.橋梁之種類。

4.橋梁之載重，衝擊力及風力。

橋梁地點之選擇：　較小之橋樑及涵洞之地點，往往可由路線決定。設其規劃較大而比較重要者，則對於此橋樑區域附近之環境，必需切實了解。至其當注意之事項，爲：

(a).河流需有固定之河床，並需有洩水充裕之斷面，遇有不易侵蝕之岩石爲河床及河岸，有較大之面積與濕周比，皆爲有固定性河流之有利條件；流向能直達，則水浪之衝擊力極少，即浸蝕作用甚少，而水流亦可比較安定。河流斷面之平均深度，接近於最大深度，則其有效之斷面積大，較高之河岸與較大之有效斷面，皆可使水量易於宣洩，可免去洪水之橫流，再者河流之最高與最低水位，爲橋墩設計所由定，而河中最大之船舶足以決定橋底與最高水位之距離，亦橋墩高度之所由定，如河流過深則橋墩之建築必昂，必須減少橋墩數，而加大橋樑之跨度長。橋樑與河流不成直角者，則需有斜向跨度及較長之橋墩，亦卽斜交之建築費用必須加大之謂也。

(b).橋樑所在地之爲城市爲鄉村，交通情況何如，工商業發達與否，甚至於附近學校大工廠民衆娛樂場所等之所在地，亦莫不有關於橋樑位置之決定。至於當地建築材料之輸出輸入狀況，何者特別缺乏，何者出產特別豐富，凡此種種，皆需設計者具有適宜之判斷，因利乘便，向地施宜，乃可使其合經濟原則，而得達其最大之運輸效能也。

(c).橋樑宜平而無坡度，卽使不能免，亦當用劃一之坡度，因其不但不美觀，實際上可減少車輛之原動力，並可增加衝擊力，故如不增加橋樑之建築材料，其保持之壽命必減短，且易發生震動。橋樑載重後，卽有相當之曲度，故普通每使其中部稍稍隆起，經載重後，則適得其平，橋樑上及其兩端之數百尺內，宜直而勿曲，蓋因其在橋上脫軌之危險較少，在平地上危險較多也。

橋樑之跨度，支柱間，高度及寬度：　適宜之地點選擇旣定，則根據河之寬度，及水下之等高綫等，可定橋墩之如何設立，兩橋墩間之跨度長若干，若多建橋墩而使每段橋樑跨度長短小，則橋身省而橋墩之費昂，若用少數之橋墩，橋墩之費省而橋樑之跨度長增。但欲得最經濟之跨度長，可由下列之推論得之：

(d).設所過某寬度之河流具有相等之深度，由經驗可得等式：

$$B=S+T+F$$

B＝每尺橋樑之總價

S＝每尺橋基(Substructure)之價

T＝每尺橋身(Truss& Laterals)之價

F＝每尺聯柱系(Floor System)之價

L＝跨度長

設跨度長微有變更，對於橋墩材料之多少，毫無關係。但每尺橋基之價與跨度長，恒成反比，卽$S=\frac{s}{L}$。再者，每呎橋身之價，假設其與跨度長成正比，因之，$T=tL$。s及t皆爲常數。

每呎聯柱系之價，在實際上與跨度長無關，而依支柱間長(Panel Length)而變，支柱間長並不增減跨度間之材料。因之得：

$$B=\frac{s}{L}+tL+F,$$

在此式中欲B之值爲最小，故

$$\frac{dB}{dL}=-\frac{S}{L}+\frac{T}{L}=0 \quad 卽 \quad S=T$$

故知欲得B爲最小，則其必須之條件爲每呎橋基之價，需等於每呎橋身之價，而F在上式，屬於不重要之地位，蓋因其於跨度間之材料無關故也。跨度之長短，需視其建築費用爲最低值爲度。亦卽須S等於T之謂也。

(b).設橋之跨度長不定，而深度爲常數，更有下列之數學關係：

$$Y=A+F+(n-1)C+(aL)lp$$

A＝橋座之價爲常數

F＝聯柱系之價爲常數

C＝一橋墩之價爲常數

l＝總橋長

n＝跨度數＝$\frac{l}{L}$

26397

L=跨度長=$\frac{1}{n}$

p=每磅鋼之價

aL=橋身每單位長之鋼重，a爲系數

Y=橋之總價

欲得Y爲最小之值：則$\frac{dY}{dL}=o$,

可得，$L=\left(\frac{C}{ap}\right)^{1/2}$

(c).經濟之跨度長與高度及載重有關，可得近似之公式如下：

$$L=h\left(03.+\frac{2,000}{w+1000}\right)$$

L=跨度長

w=每呎橋樑之重

h=橋身之高

橋身之高者，斜桿之受力大，而上下橫桿之受力小，故耗斜桿料而省横桿料，橋身之低者，横桿之料耗，而斜桿之料省，設上下橫桿平行者，可有下列數字關係：

$$C=A+B$$

C=橋身之重

A=橫桿之重

B=斜桿之重

h=橋身之高

但橫桿重與高成反比，或$A=\frac{a}{h}$，斜桿重與橋高成正比，或B=bh，a及b皆爲常數，因爲

$$C=\frac{a}{h}+bh$$

欲C之值爲最小，則$\frac{dc}{dh}=o$, 即 A=B

故最經濟之高，爲使全橋橫桿之重量等于全橋長斜桿重量。最經濟之跨度長，與柱間長，與橋高之關係，如下表。

	跨度長	支柱間長	橋高
a.鐵路			
	100	25	30
	125	25	30
	150	25	31
	175	25	33
	200	25	39
	225	25	45
	250	25	50
	300	25	55
	400	28,58	62
	500	31.25	72
b.公路	105	15	20
	135	15	22
	150	16.6	24
	162	18	28
	180	20	32
	200	20	36

普通底路式之公路橋、其兩樑上端互相聯結者，其淨空高度至少須有十二呎以上。

若係鐵路橋樑，則其淨空當以鐵道所規定者爲準，最經濟之支柱間；鐵道上則最少需二十五呎，最大爲三十三呎。公路上至少爲十五呎，最大爲二十呎。至橋樑之寬度，視運輸及車務實際之情形而定，而尤貴乎工程師個人之經驗與推設以後此設計之橋樑之需要狀況蓋橋樑之寬狹不若路寬之易於更改也，普通公路至少須有十六呎以上之寬度，在城市中路寬度甚大，而運輸不過繁者，則橋寬往往狹於路寬，以求經濟。若屬鐵路，其淨寬至少須大於上列之規定，而其應否預先留將發展雙軌之餘地，尤當處處審愼，蓋其經濟較單軌所須者多50%以上其有關於經濟也頗鉅。

橋樑之勳類：鐵路橋樑與公路橋樑根本不同之點，在載重之不同，普通河流，兩岸寬平水面高漲者，則宜於用路底橋，以其有較大之懸空高度。若兩岸高出水面甚多，而河流不通航行者，則宜用路面橋。且路面橋又較爲美觀，故城市多樂於採用，但路底橋之建築費用較省，故近多採用之。如河流較寬，有可通行部分及不通行部分，則路底路面兩種橋式往往均爲合用，茲據其載重傳播於橋墩橋基之情形，別爲之類：

(a)簡單板樑橋simple beam bridge)及架樑橋(truss bridge)：簡單之板樑橋上之石橋，以供人行，木橋可作公路上之用，三合土橋，鋼梁樑(plate girder)皆可供鐵路之用，此種橋式之跨度，長可由三十呎至一百二十呎，在小於七十呎之跨度者，以此橋式爲最經濟，在七八十呎以上之跨度，而其兩模架間之上端不必互相聯接，以鋼板樑橋材料較大，反不似架樑橋之爲省也。設跨度兩大之架梁橋，則架間須

接，而兩橋之高度又需加高，以求其鞏固。

(b)通貫橋(continaous bridge)：一橋支于兩個以上之支點，此種橋樑，似頗適宜於寬闊之河流，但遇有不堅固之河床，因沈陷而離其原有之位置，橋之不受力全起變化，而發生危險，故此橋式須有極可靠之河床，絕不宜輕于採用也。

(c)拱橋(Arch)設兩岸之近水處有可以築基之岩石，則最宜乎建築拱橋，因其適用而美觀。余以拱橋在中國之地位尤爲重要，拱橋在我國發達頗早，磚拱石拱，所在多有。但昔時磚瓦質料之差方之今日，不啻天壤，且其抗壓應力及石灰對於磚石之接合力等，皆需根據試驗作爲實際計劃之根據惟磚拱在較小之橋樑與涵洞，仍可應用。三合土等之勃興，中國拱橋事業之發展更不可限量，吾人知三合土利抗壓應力，而拱橋樑能利用其優點，故以三合土造拱，爲最經濟之材料，其在工程上之價值，極爲名貴。

(d)翅橋(cantilever bridge)長橋多用此式，因其無需搭架建造，跨度在五六百呎以上，其橋身鋼料重量之增加，不似簡單式橋之速。翅橋在兩墩上建兩堅固之塔，以此爲出發點，然後伸出兩翅，而中一部之簡單式架樑橋，則懸於兩墩之間，此種橋式之大部分之重量，集於此兩塔其中部，重量不大，故靜載重之分配頗爲得宜，由此可推知兩塔之建造更當分外注意也。

(e)活動橋(movable bridge)在岸平水販而水上交通繁盛者，多用此種橋式，以其可隨時啓閉而無碍於通行也，其橋身亦無須全部升高，橋之建築者；機械之可用，當小心從事，不然則其危險頗大

(F)吊橋(suspension bridge)此種橋式，頗有見于公路，對於鐵路上車輛之經過，頗不相宜。河流之比較寬闊者用之，於兩橋墩上建高塔，以鋼索吊起橋架，而將兩端緊扣於兩岸。此鋼索之牽引效力，可高至每方吋五萬五千磅，故此索之重要可知，命名之由來有自也，

橋梁之載重，衝擊力及風力：

橋梁之載重；分靜載重及活載重二種，在計算簡單橋梁之重；作每方呎之平均重量計算即可，但式樣複雜之橋梁，如翅橋，拱橋，活動橋等，只可用嘗試法求得之，不能再用上法計算。在簡單式公路橋皆以其運輸量，而假設其橋身之量，然後再試其確否。在鐵路橋梁，現多用古柏氏E50之活載量假設之。

以橋身每呎鋼料量爲P磅，跨度長爲L則

在面路式鋼板梁橋　$P=12L+150$

在底路式鋼板梁橋　$P=13L+600$

在鋼架橋　$P=?L+660$.

若活載重如E60或40則照上式各加或減八分之一，

在聯接點之總量，$\frac{1}{3}$聚于上桁間之聯接點，$\frac{2}{3}$聚于下桁。而路面橋則不然，$\frac{2}{3}$在上桁，$\frac{1}{3}$在下桁

常用材料之重量表：

材料	單位	重量(磅)
橋上之鋼軌及其扣件	對於標準軌距之鐵路一尺	一五〇
木料	一立方呎	六〇
三合土	,,,,,,	一五〇
鋼骨三合土		一五五
地瀝青鋪砌地面	,,,,,,	一三〇
磚砌地面	,,,,,,	一五〇
泥土	,,,,,,	一〇〇
鋼	,,,,,,	四九〇
吊橋鋼索直徑一吋	一呎	一•〇
一又四分之一吋	,,,,	二•六五
一又二分之一吋	,,,,	三•八二
一又四分之三吋	,,,,	五•二〇
二吋	,,,,	六•八〇
二又四分之一吋	,,,,	八•六〇
二又二分之一吋	,,,,	一〇•六二
二又四分之三吋	,,,,	一二•八五
三吋	,,,,	一五•三〇

凡經行橋梁上之車輛行人等，而其所在之位置不定者，謂之橋梁之活載重。

公路橋(a)各種輾路機與載貨汽車之軸距及軸重，(見凌鴻勛著橋梁第四十頁第二八圖)

(b)各種電車之軸距及軸重，

26399

類目	軸距（呎）					(軸重磅)
	○	○		○	○	
15	5	5	10	5	5	15 C00
20	6	5.5	23	55	6	20,000
25	7	6	26	6	7	2 ,000
30	8	6.5	29	6.5	8	30,000
35	9	7	32	7	9	35,000
40	10	7.5	35	7 5	10	40,0.0

鉄路橋古柏氏Cooper E 50之載重，（見凌鴻勛著橋梁第四二頁第三十圖）

車輛在橋樑上行走之地位不同，因之橋樑各部分之應力亦不等，故知站輛停止時，與車輛行走時之應力必不同，其差謂之衝擊力。

據經驗得知，鐵路之衝擊力

$$I=S\frac{300}{300+\frac{L^2}{100}}$$

公路之衝擊力 $I=S\frac{50}{L+125}$

S ＝橋某一部之最大活載重應力

L ＝車駛上橋時之長度，

I＝衝擊力，

風力可使橋樑兩架間之上下支撑（lateral bracing sway bracing）發生直接應力，橋樑上下兩橫桿能發生直接應力。其主要部分，或因之而至撓曲設有車輛行走，則可增加兩端支點之而應力並可使之全部趨向于傾側。

計算鐵路上下層之風力撐桿(wind bracing)所用之風力强度如下，

（ a ）如橋上列車行走，長二百呎之橋，則用三十磅。長六百呎以上者，用二十五磅，長一千呎以上者，用二十磅之單位風力。

（ b ）如橋上列車行走，長二百呎者，用三十五磅；長六百呎者，用三十磅；長一千呎以上者，用二十五磅之單位風力。

至於公路用三十磅之單位風力，在最大之活載重，與最大之風力，可不必同時用於計算中，因在三十磅之狂風，滿載之車輛，往往不許在橋上行駛也。

總上所論，關於設計橋樑之初步工作，可告完畢，而關於橋樑地點之選擇，吾人尤當注意焉，其地之情形，及水下等高綫，亦選擇地點定後之附帶工作，此則基于水流測量及鑿井工程矣，此種初步工作雖非計劃橋樑之本體實爲計劃之所根據此根據之確實與否橋樑之工程價値賴是以定茲所論者多屬理倫之根據而此種工作之實施則有待于經驗豐富之工程家作客觀之判斷，可使其最經濟之橋樑設計得成功。

參考書：

waddell : Bridge Engineering

Hool& Kinne : Steel and Timber structure.

Kirham : Structural Engineering

J. P. D. : Modern Framed Structuve:

凌鴻勛．橋樑，

魚池在汚水工程上之新用途

汪楚寶

概　要

1.述略——汚水在清除沈澱物後，以清水冲淡達二倍至四倍其原量，導入淺池中，此種淺池，不用土石砌牆舖底單簡之掘地成池，池中蓄魚，冲淡後汚水中孳生之各種小生物，悉爲魚之佳餌美飼，一英畝之池面，可以容納汚水系統中八百人至一千二百人之廢棄物。惟此池須時加考察，俾池水中常保持適宜之氧分及生物成分。蓋魚類不獨需適宜之食物而生存，且需大量溶于水中之氧气。硫化氫及缺氧（Anaerobic）分解物，其有毒于魚類，與酸類及他種工業廢料相若，故斷不容其存在。

2.略史——魚池之建築，首在1887年之柏林，其主要目的在于試驗汚水地流出物之性質。其他各地，同樣用魚池以補他種純淨法之不足者約有六處。主張專用魚池以爲純淨汚水者，則始1899之歐斯登(Oesten)氏，經慕尼盧（Munich）之荷佛(Hofer)及葛挪夫(Graf)二氏之研究與提倡而施之于用。歐戰後不久，阿爾薩司之司脫拉斯堡亦用魚池于汚水工程中。諦25慕尼盧以擁有四十六萬人口之城市，採用此法以爲處置污水新計劃中之一部，其價値遂愈增高矣。

3.溶解之氧分——上文已述及魚之生存，有賴于溶解水中之氧；溶氧之需要，視魚之種類不同，而有相當之差異，大約至少限度爲百萬分二・五。氧之供給量，常依污水之清淨，及其成分不同而所需亦異；水中微菌及寄生之植物所消費之氧分，亦當計算在內。

4.避除毒害——魚類對于毒物及能粘于鰓上而妨礙正常呼吸狀態之物，感應極敏，分解物之沉澱，沈集池底，最爲可厭，不得許其生成，或者一經沈澱，即爲移去。

5.冬季之暫失效用——在北地苦寒之區，冬季水池，常結凍爲冰，故宜于秋季，抽乾魚池而清理之。在冬季中，污水之處理，或者經冲淡後逕流入河，或則在農田之地，放于田中而處理之，或則將數種消費不大之處理法，聯合用之。待至次春，池中再注以水，重蓄魚類，正常進行。

6.經濟狀況——實際使用中大模規設備之Data，尙不夠用以討論。在斯波拉斯堡之德法專家，均認此法爲優良，主張擴充此法之應用。在用水缺乏之區，冲淡污水所用之水，不甚易得，則可施用此法，將池水引以冲淡污水，後流入池中，經魚類之清理，再引迴以冲淡污水，迴環應用，殊合經濟。但此問題包含生物作用所產之物，濃度逐次增加，不可不加以注意。

7.近來之情況——在歐洲實際使用之裝置，據經驗所知，無論在視覺及嗅覺上，均無令人不快之情形。與他種自然或人工之污水處理法聯合用之，此法獨有食物供償之利益。如有性質適宜之清水，可以充分利用，則此法之施用，殊爲有利而可行。若當地之地價不高，而其地地形適宜，使魚池之建築，甚爲經濟，則從池中流出之水，可得甚高之純淨度，在司脫拉斯堡多年之施用，1925年在慕尼黑用作處理污水中之一部，及在亥得爾堡(Heidelberg)之設計使用，均表明至在歐洲大陸上，此乃一實用之純淨法也。（未完）

國內外工程新知

本欄專載國內外關於土木工程方面之新知識，盼望本會會員於讀書之暇，工作之餘，本智各經驗所得，一鱗半爪的隨時錄下，寄投本欄，文意以簡潔扼要爲主，每篇字數最好在五百字左右，最多勿逾一千字。

冬日做混凝土的認識

寒天在華氏四十二度以下時，混凝土工作最好不做，不得已時，則在工作的前後，必須加一種特殊的處理，如將混凝料烘熱，用熱水澆拌，或水中加鹽（這不是個好方法鹽分在百分之十以上時有害），使冰點降低，或面上覆泥土布草，或在工程周圍搭棚，棚內生火，保持適當的溫度等，總之工作以前的準備，和工作以後至完全凝固以前的保養，都須特別審愼處理，方不致影影混凝土的力量。

美國水泥協會最近完成一項試驗，對于混凝土在寒冷季候中，在各種不同情形的保養處理下所生的力量，已獲得了更清晰的認識，此項試驗是用多個3×6吋的混凝土樣品，在不同的溫度下拌做，經過不同的保溫緩燥（Curing）方法和時期，而後露置于50,33,及16度的空氣中待其凝固，至二十八天時，逐個的試驗它的力量，其間對于水泥的性別，和混凝土摻水量多寡的關係等，亦都加以分別的研究。

茲將其試驗中的一組，即：

通常應用的水泥。

每立方呎水泥和水6介侖。

做好後保持 70°F 的緩燥處理若干天。

而後露置于不同溫度的空氣中若干天。

至第二十八天時執行試驗，

的結果列下：

保養與露置情形	混凝土力量的百分數
全時期在70°F濕潤處理*中	100
3天濕潤處理25天露于70°的空氣中	94
1天濕潤處理27天在50°空氣中	71
1天濕潤處理27天至33°空氣中	65
1天濕潤處理27天在16°空氣中	24

*濕潤處理Moist cured.

26401

其他掺水量較多較少，與綏燥時期較長較短，對于力量都有不同的結果，但各組因綏燥與露置的溫度與時期的不同，對于力量強弱變換的趨勢，則與上表所列的大致彷彿。

從此項試驗，我們可以認識在凝固期中，保溫綏燥處理和不同溫度的露置，對于混凝土力量方面影響的重大。

試驗的結果並指示，假使混凝土的用水量較少和綏燥處理的時期較長，則結果的力量較好，在30至50度的溫度中做混凝土，至少應有3天保持70 度的濕潤綏燥處理，若溫度在冰點以下，則濕潤保溫的時期，尚須大量的增加。

試驗的全部報告，將發表于Journal ofthe American Concrete Institute，係A. G. Timms與N. H. Withey兩君的論文。(時)

隔熱用的鋁▲

拿鋁來隔熱是現代建築上的一大進步，我們知道熱的傳佈。

有三種方法，即傳導(Conduction,)對流(Convection)，輻射(Radiatiaon)空氣對于阻止藉傳導而輸佈的熱，有特殊的效能，因空氣是非導體(Non-conductor)造一座空心牆，即兩重牆中間有空氣間隔，可以阻止傳導的熱；再將其中的空氣間隔成多數的小窩，可以阻止對流的熱，但空氣不能阻止輻射的熱，故必須在空氣周圍，另加一種熱放射率(Thermel emissivity)極低的材料，使輻射的熱能反射出去，而不致透過，此種材料，以高度磨光的金屬片為最好，各種金屬片，尤以鋁為最好，但鋁是一種金屬物，它的傳導率極高，故用以隔熱的鋁，必須極薄，方能阻絕傳導，現在用以隔熱的鋁片，可以展至0.00023 吋厚，用時取來夾釘在兩重牆壁的中間即可，牆壁間鋁片的層數愈多，對于隔熱的効果亦愈大，為工作方便起見，可將鋁片貼在紙板上，而後釘起，市上原張捲起的與貼在紙板上的都可購得，使用鋁片時，切須注意的是鋁片與傳熱物的中間，若無空氣間隔，則鋁片完全失其功用，空氣間隔的寬度，據專家試驗的結果，以3 吋左右為最適當，鋁片的厚度，以0.005至0.00023吋為合宜，更厚的效率就很低了，若用熔化的鋁當漆用，塗在牆壁或其他物品上，亦可得隔熱的效果，惟效率較差。

用鋁片作隔熱物的最大利點，就在鋁的質量的異常輕小，一磅鋁片(0.003吋厚)可蓋225立呎的面積，放在運輸的船車上(如冷藏間等)，或重量很有關係的物件上，鋁已成為一件非常重要的隔熱物，某商船報告曾移去380噸的軟木和鎂，而代以4 噸的鋁，每輛冷藏車上，用鋁片為隔熱物後，可減省1至2噸的載重，這就可見用鋁片為阻熱物的優點了，(時)

會員消息

在校會員于三月十八日開本學期第一次讀書會，由新從北平開封洛陽西安漢口考察回京之黃文熙會友講演，題為 Some Difficulties and Uncertainties in Structure Design.黃君在上海做結構設計多年，此次講演，悉為經驗心得，聽者無不滿意。聞黃君在京尚有月餘逗留，八月中即將放洋赴美。

陳克誠君最近有將來京消息。

陳畯飛在河南蘭封附近，趕做堵口工程，一俟合龍，即將來京，此後或須赴轉九江工作。

韋敬熙君曾于三月初在京一行，數日即歸安徽歙縣北岸淳屯路工程處。

李映棠君四月一日調派江西築路

通信處：南昌公路督察處轉全國經濟委員會公路處江西公路第三測量隊

通 告

季刊發刊問題，業經大會決定，並由第五次幹事會討論，聘請王開棣，夏行時，王鶴亭，卞鍾麟，戴志昂，茅榮林，丘侃七君為出版幹事；由王開棣負責召集，葉彧，成希顒，汪楚寶，郭增望，杜鏡俊，茅國祥，黃玉珊七人為編輯幹事，由葉彧負責負集。定最近期間出書務希

全體會友，努力撰述，努力接洽廣告，努力捐助，俾早觀厥成，至為盼禱。

幹事會啓

啓 事

茲發起翻印Tayler, Thompson, and Smulski : Concrete, Plain and Reinforced, Vol. I & II. 此書價值，無煩多述，惜原價過距 (S6.00 + 9.00 G.)無力購備，故特發起翻印，凡願得此書者，請急函知為荷。

楊昆茂，姜匯幹啓

出版者　中央大學土木工程研究會
通信處　南京中央大學

第一卷第七期

中華民國二十三年五月一日出版

土木

羅家倫

水門汀強度與湼和水分之影響

陸志鴻先生

水門汀中混合水分過多時及過少時均減小強度。茲就太山牌純水門汀之強度對於水分之變化示於下表。

第一表　太山牌純水門汀抗拉強度與水分之關係

一週結果　強度單位 lbs/in^2)

NO.	水分 (%) 14	16	18	20	22	24	26	28	30
1	444	710	918	934	872	795	653	577	593
2	544	678	1,045	778	900	815	749	577	635
3	594	593	938	742	785	801	756	575	545
4	605	653	1,010	862	850	725	715	565	660
5	373	680	1,072	877	793	737	715	555	598
6	525	730	890	735	765	760	755	576	555
平均	514	694	989	820	827	772	724	571	598

26403

四週結果

1	662	775	1,058	1,156	952	933	828	850	535
2	820	842	1,163	902	925	851	980	778	770
3	700	716	912	902	958	932	915	660	711
4	719	835	1,156	965	1,053	902	777	859	710
5	688	920	978	1,163	880	1,080	925	758	730
6	782	738	1,125	1,150	922	1,060	895	754	588
平均	729	804	1,065	1,040	950	936	887	777	674

第二表　太山牌純水門汀抗壓强度與水分之關係

一週結果

NO.	14	16	18	20	22	24	26	28	30
1	5,197	7,448	7,385	7,607	7,040	6,645	7,090	5,345	5,645
2	5,297	6,733	6,003	6,792	7,877	7,652	7,515	5,022	4,775
3	5,510	6,495	7,655	6,097	7,995	7,107	6,407	5,870	5,132
4	8,063	6,180	8,345	5,005	7,612	7,592	6,347	5,832	5,107
5	4,360	6,790	9,595	7,277	7,862	7,397	5,842	5,630	5,602
6	4,795	6,282	6,638	6,900	8,477	6,607	5,812	5,507	4,867
平均	5,537	6,655	7,603	6,613	7,794	7,162	6,535	5,534	5,188

四週結果

1	5,805	8,270	11,673	9,550	9,423	9,030	8,850	9,303	7,385
2	6,345	8,882	9,560	11,200	9,130	8,990	8,760	8,690	6,445
3	7,920	8,805	11,810	8,990	10,780	9,497	8,040	9,212	8,420
4	6,813	8,892	12,630	10,700	10,980	9,450	8,020	8,755	7,430
5	200	9,187	11,783	10,513	8,850	9,483	9,120	8,790	7,350
6	8,400	8,645	10,475	11,200	10,150	7,930	9,198	7,740	7,115
平均	7,080	8,780	11,322	10,360	9,836	9,063	8,665	8,750	7,358

茲復將第一，二兩表總括如下。

26404

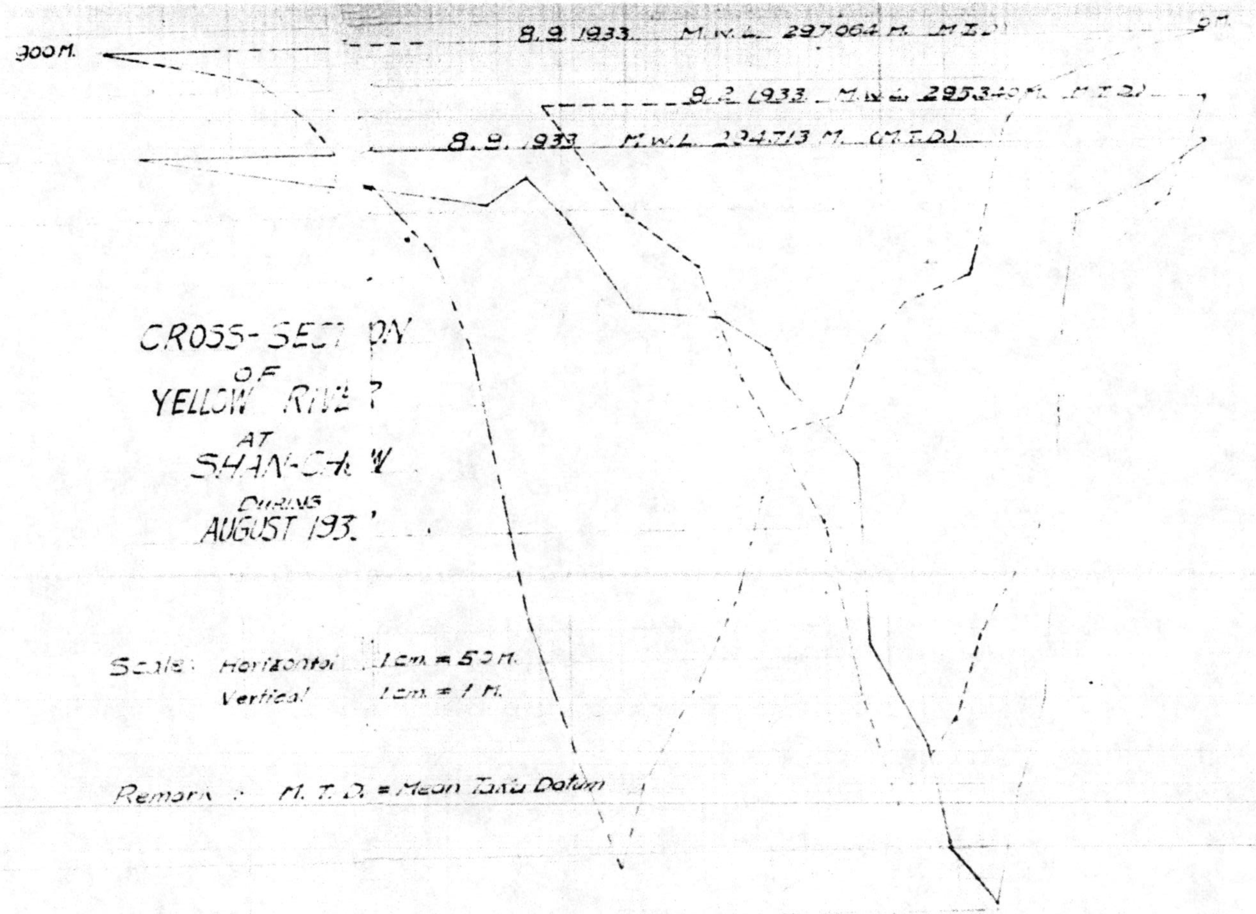
8.9. 1933 M.W.L. 297.064 M. (M.T.D.)
8.2. 1933 M.W.L.
8.9. 1933 M.W.L. 294.713 M. (M.T.D.)
300 M.
CROSS-SECT ON
OF
YELLOW RIVE
AT
SHAN-CH W
DURING
AUGUST 193
Scale: Horizontal 1 cm. = 50 M.
Vertical 1 cm. = 1 M.
Remark : M. T. D. = Mean Taku Datum

第三表　太山牌純水門汀强度與水分之關係(六次平均)

水 (%)	抗拉力 (lb/in²)		抗壓力 (lb/in²)		脆度係數	
	一　週	四　週	一　週	四　週	一　週	四　週
14	514	729	5,537	7,080	10.8	9.7
16	674	804	6,655	8,780	9.8	10.9
18	989	1,065	7,603	11,322	7.7	10.6
20	820	1,040	6,613	10.360	8.1	10.0
22	827	950	7,794	9,886	9.4	10.4
24	772	636	7,162	9,063	9.3	9.6
26	724	887	6,535	8,665	9.1	9.8
28	571	7,7	5,534	8,750	9.7	11.1
30	598	674	5,183	7,358	8.7	10.9

第四表　太山牌水門汀水分與凝結時間之關係

水分(%)	開　始		終　結	
	Uicat針	Gilmore針	Uicat針	Gilmore
	b m	b m	b m	b m
14	0:13	0:21	——	——
16	0:09	0:11	——	——
18	0:09	0:20	——	——
20	0:40	3;10	6:08	6:21
22	1:14	3:45	6:44	6:55
24	3:49	4:12	7:38	8:00
26	4:15	4:51	8:45	8;35
28	4:57	5:09	9:45	8:58
30	5:34	5:53	10:50	11:46

水門汀中混入糖分對於强度之影響

陸志鴻先生

水門汀中混入砂糖萬分之五以上卽大害其强度。砂糖工場之混凝土工程，尤須注意不使糖分混入。又用麻草袋蓋掩混凝土面時，不可使用糖袋。玆將太山牌純水門汀强度對於糖分影響示下，但混和水分均爲24%

第一表 太山牌純水門汀混入糖分(重量%)對於强度之影響(N.C.24%)齡期一週

NO.	糖分平(%)						
	0.00	0.02	0.05	0.08	0.10	0.15	0.20
	拉壓力 (ebs in2) (ebo in)						
1	705	650	650	590	582	510	105
2	775	692	593	670	682	585	100
3	695	646	765	608	588	492	105
4	595	665	685	635	688	—	—
5	725	625	775	601	622	—	—
6	701	616	245	592	600	—	—
平均	745	649	702	616	628	517	103
	抗壓力 (llo/in^2)						
1	7,385	6,963	7,150	4,950	4,075	5,060	919
2	6,980	6,120	6,725	4,845	4,905	4,818	907
3	8,087	6,180	6,020	5,130	5,323	4,703	—
4	7,480	6,130	6,040	4,790	5,633	—	—
5	7,545	5,630	6,620	5,890	5,280	—	—
6	8,285	—	6,065	—	4,793	—	—
平均	7,627	6,204	6,440	5,121	5,013	4,859	748

治河中的兩件迷信事

陳駿飛

大家曉得治理黃河，不但是墨守舊法，且常有迷信行動，例如祭河神，供大王，演戲等，看起來，似乎毫無理由，但仔細研究，在現在教育尚未普及的環境中，此類行動于工程進行却有相當幫助。

河神與大王，由來甚久，相傳歷代有功而殉身于河工的河務大臣，死後就被封爲大王，小官被封爲將軍，歷有史載，可以查考，老于河務者，無不知其詳。從前河務官稱爲河督，河督上任時，及夏秋險工將溜之際，必親至大王廟致祭，祈禱大王保護渠所管地域，在所任期內，太平無事。所謂大王，卽爲一種蛇，或爲四足爬蟲類，治河老手及黃河船夫等，咸能分別何者爲大王，何者爲通常蛇虫，且有大王圖譜，可依查考，河工遇有大王，必恭而敬之，請至大王廟祭祀，傳說此蛇虫來時有踪有跡，去時却無聲無嗅，往往關在一匣子中，第二日就會不翼而飛，從前在校讀河工學時，聽教授談及黃河大王事，初不深信，今由黃河堵口回來，對于這事，始有相當的認識，這次堵口前，先招上海工人簽釘長六十尺之長樁于河中，高七十餘尺之樁架，置于船上，打樁工人，時時由船上爬至架子頂頭，偶一不慎，隨時皆有跌入河心之危險，故在工作之先，必設祭，請求樁神及河神保護安全，然後才敢動手打樁。一月二十八夜起，刮猛烈之西北風，三十一日復大雪飄揚，雪之厚實破河北近年來之紀錄，彼時工人心理咸惴惴不安，以爲此次堵口，事前未曾向大王，河神致祭，故在此功虧一簣時，乃有河神示威，大雪巨風，相迫而來，于是工作懈怠，精神渙散，主事者，見此情形乃於二月一日，臨河祭祀河神，事有湊巧，祭後果然天霽，工人們均好像服了强心劑，深信河神已祭，堵口一定成功，精神奮發，冒濕進行，工作異常緊張，處長孫氏于設祭時向工人演說謂：幾月來都是好天，怎麼在將成功時，風雪相夾而來，使我們不能工作，使三百萬災民永無脫離之日，這也許是咱們的心不誠，所以今天備了猪羊，向大王爺懇求，諒大王爺見我們一番誠意，定能使天氣轉晴，下午各位就預備打掃積雪，努力工作起來』河兵們聆言後，咸磨拳擦掌，恨不得馬上工作起來。

從那天後一連捉到幾條蛇，一隻四足虫，說是金龍大王，王大王，朱大王，楊四將軍的化身，當即設大王廟，派專員日夜侍候，各要人還親去行禮，工人們見到當權者如此敬重大王，益形高興，均謂該大王等，奉命前來調查決口情形，被災狀況，這樣好好招待，合龍才有希望，于是各人心中，更多一層自信心，工人有了自信心，工作的效率，當然有突飛的進展。

在工程進行中遇危險工作時，工人不肯向前進行，若僅責以大義，說：爲國捐軀是榮耀的，他就根本聽不懂你談的是什麼，難以生效，但若告以萬一發生危險，致遭不測，公家除發給巨銀之撫卹金外，復可封爲大王或將軍，那末他們已看看執政者尊敬大王之情形，不禁連想到因公致死，可以名利雙收，就樂于冒險了，這次，于二月十一日合龍時有兩最勇敢之河兵，跌入口門中，工程師因重于合龍工作，對于跌下之河兵，未准與以營救，致屍骨俱未撈獲，河兵覩此悲慘之事變，對當軸大不滿，蚤聞怠工並揚言將暴動，當軸乃與以緊急之處置，除與二死者每人一千元之撫卹金外，並由工程師親抱神位，送至大王廟當衆隆重致祭，其餘河兵覩此情形旋于數小時對內卽行復工，若無事然，工程進行未嘗因之停頓。

以上各事實，辦理河工者常須藉敬大王以增加工人作工的效率和心理的自信力。

談到演戲則亦有其作用，茲先述演戲的情形，凡是爲酬河神而演的戲，第一齣演的一定是渭水河，算是討采頭，再另請大王點戲，將所有的戲目開一橫單恭恭敬敬拿至蛇面前，蛇見此戲單據說會用頭在某齣戲名上點頭，大家就認大王點定了那一齣戲，但亦有開戲名于黃紙上，旁置一筆及鹹水一杯先一日送至大王廟，當夜大王點定戲名，次日戲單上某戲名旁會有紅點，這齣戲就算是大王點定的，照理，當此災情嚴重工作緊張之際，演戲娛樂，似覺非當，其實此項舉動，表面上看來爲娛神，實際上却另有道理，第一點，可以調劑工人的精神和增加他們的自信心，他們以爲請大王看戲，大王歡喜了，就會幫着使口門合龍的，第二點甚有關于工程的進行，此類大工程，在緊要時，竟用得上四五千工人在同時工作，有時候却用不到這許多，而且何時要用何時錢多，須看工程的險要與否而定，事先不能預定，需要時雇用工人，在不需要時仍然雇用則爲不經濟，但若解雇，則一旦遇緊急工程，需大批工人時，遂無法立刻召集。

古人聰明，想出演戲妙法，引誘閑人自動聚集工次附近，要用時，臨時可以去雇用或强拉，不要時，仍請他去看戲，這麼一來，戲台下的觀客，成了搶險工作的後備軍，對于河工工程上確有極大的幫助，不過嚴格的說，祭河神敬大王等，到底是一種迷信的舉動不應提倡，但破除的方法，在乎平時的敎育和宣傳，平時不敎育，不宣傳，而僅在臨工的時候，強要工人不信，那末，誰都明白，不會有益于工程進行的，水利月刊第四卷第一期第二期合刊內　有張含英先生所著的「黃河之迷信」亦提到這一層，並對于各大王將軍的歷史記載頗詳，且有大王化身的照片，留心河工的，可以一看。

魚池在污水工程上之新用途(續)

汪楚寶

原　理

慕尼黑之霍佛氏，首先注意在魚池中變換污水問題。氏曾指出污水中含有不少之有機物質者能在適合情形之下，則可用以繁殖魚類之生存。放大目光而察之，在宇宙中消費食物循週(Cgcle) 之兩端，一爲污水，一爲魚類之肉。人類之廢棄物，經污水管，從社會上導入處理污水之池；不論自然或人爲的勢力，結果皆由微菌，原生動物，或植物及較高等動物之助力，變此廢物爲一種新食料。

荷佛指出，污水流出物，排洩于河流中，此種生物循週，亦在舉行，然其過程，不由人類控制而已。如此殊非利用污水中有機物質最經濟之法。故氏提議利用人工魚池，在其中污水之施用與管理，均易實行，變無生之有機質爲有生之生物，亦可有效的完成。此後，主張用魚池者，更謂污水之處理問題，不應僅限于純淨污水及使污水無害于人，且當包括有價值食料之恢復問題。換而言之，每日從城市中流出有經濟價值之有機物質，應可在魚市中得其價酬。以此觀之，除污水漑田外，其他處理之法，均無可與此法抗比者；氏等指出，用其他方法者，污水處理，非但不能恢復價值，且消滅價值也。

污水中有機成分，可用三種方法，使變爲有生生物之營養，卽(1)有機物因微菌作用而分裂，微菌本身之使用分解產物；(2)經微菌之分裂而藻類與他種較高形態之植物之使用分解產物；(3)纖毛蟲類，蠕蟲類，螺蝸類，昆蟲類之幼蟲，及魚類之消費有生的，分解的與未分解的有機物以及此種諸生物消化分泌物之再吸收。魚池處理法卽在于連合此種生物化學之純淨作用也。

此種步驟，依賴于留在魚池中污水之是否清除過多之浮懸物質，是否含存毒物質，以及是否有需氧菌類之發酵作用而定。適宜過度，溶解之氧分，亦爲決定之因子。凡此種種條件，皆需小心節制，然後魚類乃能各得其所，優游繁衍于吾輩所欲處理之污水中。

歷史

最早用污水飼養之魚池，建于1887之柏林，與在慕爾州(Malchow)之污水灌漑聯合用之。但在其時，魚池之用，意在指示污水灌漑後所得之純淨度，而非用爲污水處理步驟之完整部分也，所建魚池取給于500英畝之污水灌田，每一魚池約從700至1000方碼之田來供。放入之魚，種類exceedingly多，在其年之秋，竭魚池而觀之，得一千二百九十五個健康而完美之魚種。

將魚池中裝放種種動植物，以爲污水處理之建議，雖起自1899之歐斯登，然著手試用，施諸實行之功，不得不歸于慕尼盧之生物學教授荷佛先生，故在歐陸各國，此種純淨污水之特殊方法常稱之爲「荷佛」魚池法。荷佛與慕尼盧生物研究所之葛挪夫連合試驗，建築一組之裝置。其中最大者，至今仍在使用中，卽阿爾薩斯，勞蘭之斯脫拉斯堡魚池也。下文當作較詳之敘述。

葛挪夫復在安堡(Amberg)，葛挪芬與(Grafenwohr)，開清更(Kilzingen)及策賽貝爾紹夫(Zerzabelshof)等地設置魚池，以處理污水。不數年前斯龐道(Spandau)設置大規模之魚池，亦開始使用。

步驟

預先之處理——用魚池法之步驟，首先須將注入魚池之污水，加以預先之處理。在斯脫拉斯堡多次實驗中，指出污水至少須在入池以前去其沉澱，否則魚池在短時期內，卽不克繼續使用。實驗中切實證明如污水不預先去其沉澱，魚池將爲污泥所淤積而不克進行功能如常在魚池中挖掏污泥，則使工作成本大爲增加，魚池反成不經濟之處理法矣。防止淤積之法，有將污水經過濾網者，然其效不著。工作之經驗，昭告吾人，污水入池前，應除去其中懸泥物之50至60%。通常多令污水在入池前，先蓄入沉澱槽中，在沉澱槽之時間亦不宜過久，務使污水導入魚池時，仍在含氧狀態，而防缺氧或帶血毒症之污水，發生有毒實之影響。沉澱槽中之泥淤，每二三日或至少每星期需清理一次，使不害其澄清而發生缺氧狀態。

在其他例證中，如在布魯恩(Brunn)，污水先入沈澱池，次經沙濾池，然後始導注于魚池中，則其預先之處理，愈爲精密考究矣。

污水之冲淡——魚池適宜之使用，應將澄清後之污水，用清潔純淨之水冲淡至二至四倍其原有之容量，然後導入魚池而用之。若流出污水本已高度淨化，則冲淡之舉，自不甚重要。如流出物係經過濾濾者，冲淡手續，大概可免。冲淡之量與頻度，視污水之性質而定。冲淡用之水愈溫和，效果愈佳，然溫度自不能過高，可毋庸述。大多數之處理所，多在日間冲淡，夜間則否，以夜間污水濃度自行減小也。

在地面之水不能利用以冲淡之處，地下水亦可用之。然必須檢定地下水中之流化氫成分是否不致過高，其溫度是否不致過低，殊爲重要。冲淡用之水，可先充以空气，使混合後之水中，飽和氧分，

礦物成分——用以冲淡之水，應充分考察其中之鐵分，因合鐵過多時，可以起氫氧化第二鐵之沈澱，積于魚腮中，阻礙其呼吸也。孔涅盧(Konig)及哈桀賀夫(Hazelhoff)二氏之研究，硫酸第一鐵與第二鐵，若食至百萬分之十五至五十時，卽有害于鯉魚類與金魚類。依懷槪特(Weigelt)氏之說，硫酸第一鐵濃度至百萬分之一百時，卽達有害于虹鱒(Rainbow trout之程度。研究者多謂錳類合至百萬分之五時，尙無毒害發見。

植物生長之控制—適宜之使用魚池者，應蓄鴨于池，以防鴨草(Duckweed)之長生；此種水草之長生，足以影響水中所含之氧。通常每公畝(Hectare)應蓄鴨四百頭，或每英畝蓄鴨一百六十頭。

代表之例

斯脫拉司堡——在德法兩國發達最有名魚池卽在斯脫拉司堡之魚池也。實驗在十二英畝之地面上舉行，分爲0.8至1.5英畝之若干魚池。每池寬130至170英尺、長325至500英尺，池周約深一英尺，池之中心深至2,5英尺。另有三池較深，以備魚類冬日蟄藏之用。

由萊茵河支流取水，冲淡至三倍之量。池中未蓄魚前，先播種適宜之動植物種子，以爲魚飼料。此等動植物，冬日蟄藏之特殊池塘，亦爲之設備。池中蓄以鯉屬。斯脫拉司堡之實驗中，常因睡蓮生長，奪用養气，而生困難。且需時常留意，以防所種之植物，過度繁殖。所有魚池，每日均須檢視，因各池之作用不皆在相同狀況也。污水有時需緩緩傾注　因實驗證明，不如是預防，則發酵而有害之沈澱，可在池底發生也。

斯脫拉司堡研究所指出，每一公畝之池面，可容城中二千居民污水之清理，或約爲每一英畝，可供八百人。若用此法爲全城污水之清理，應需有二百英畝之池面，現在用者，已有如此大之土地矣。

在秋冬二季，須將池水抽乾，以爲乾燥清除之工，在此期中，必需設備污水灌溉或其他處理污水之法。

斯脫拉斯堡用魚池以處理污水之結果，甚爲滿意，有機成分之88%，氮分之80%，均從污水中除淸，旣無臭味，亦無蠅蚋寄生。流出之物甚淸，每立方米糎中約含一萬個黴菌。池底亦無腐質沈澱。

第挪脫(Dienert)氏在最近討論斯脫拉斯堡之經驗時(Revue D'Hygiene,十二月號，1924),謂占從衛生觀點而論，污水可用此法而得適宜之淨化。賴維與費叟Levy & Feser)二氏，分析斯脫拉斯堡魚池之流出物，亦得類似之結論。其詳可讀德模爾氏(Reinhard Demoll)之論著(見下列參考書中)。

亥得堡(Heidelberg)——市政工程師系懷伯(Schwaab)應需要之發生，主張用魚池法以爲污水從細濾篩網流出後之最後處理法。

慕尼盧——慕尼盧污水工程指導員開柏納(Keppner)在1926年建築魚池以爲清理污水之用。池長約七公里，總面積約占六百英畝。在使用之初，池水以每秒3.6立方公尺之污水，與每秒10立方公尺之清水混合注入。當另一處理所建築完成時，則可供每秒7.2立方公尺之污水與每秒36立方公尺之清水混合注入之量。開柏納計算，約有800英畝之池面，卽可供一百萬人城市之用矣。

開柏納估計每年每公畝之魚池，可產魚肉一千磅，或二百三十三公畝中可產約116公噸，相當于每英畝可產四百四十磅。若蓄鴨于池，則每公畝可產鴨肉五百五十磅，全體二百三十三公畝中，可產至六十四噸之鴨肉也。

其他德國城市之應用——在1921，葛挪芬與(Grafenwohr)之魚池，占地五公畝半，盈利八百馬克，總計每公畝能產生一千一百磅之魚。

在斯脫拉司堡，每英畝產生450至500磅之魚；在孔尼盧堡(Konigsburg)及卜隆(Brunn)，每英畝約產生530磅之魚。

在孔尼盧堡，魚池用爲清理從一硫酸紙漿廠流出之廢水之法。廢水用淡水冲淡至普通之濃度，其最低限度之安全冲淡度爲一比五。

其結果極爲滿意，產鯉甚多。

工作詳情

在魚池工作進行中，有一重要之事，即黴菌及黴菌消費之環境必須能控制使平衡也。此種環境之生物的性質，可以硫化氫之含量爲其指示劑，以此之故，有許多地方，在導污水入池以前，先導入一小型之前池，池中蓄以試驗用之魚，通常用鱸類，以其對硫化氫之影響，特別敏銳也，對于有妨害之植物之發榮，亦有特殊檢查試驗之法某種植物有害，某種植物有妨，可從其破壞食物與光線之觀念而定之。

畜魚之時，多始于春季，在十月爲魚之肥季之末，即可空池而賣之，通用魚類爲鯉魚與青魚。與混合污水及冲淡之水充分時，虹鱒亦可用之。

本文係譯自 Fuller and Mcclintock 之 Solving Sewage Problems 一書，讀者如有研究興趣，可參看下列各文：

1. Sewage Fish Pond Studies, by Reinhard Demoll, 1920, published by Nature and Nature, Frang Joseph Voller.

2. The Power Enterprises of The middle Isar Company and the Treatment and utilization of munich Sewage. Reprint from the Agricultural Yearbook of Bayern, 1925, Nos. 3 and 4, munich, 1925, Publisher karl Gerber.

3. The Biological Purification of Sewage in Fish Ponds, By Franz Graf, Techniches Gemeindebeatt, Vol 28, No. 15-16, Nov. 15, 1925.

4 Purification of Sewage in France. M. Dienert, Revue d'Hygiene, Vol. 46. No. 12, December, 1924.

5. Purification of sewage by Fish Ponds uith Particulor Refereuce to Cellulose Plants. By H. Selter and E.W. Hilgers. Archiv. fur Hygiene, Vol. 94, 1924

——完——

會員消息

華敬熙君三月廿八日來書云：

『弟自離京來此後，即辦理杭徽路竣工決算，才告完畢，而淳屯路路基趕工甚急，橋涵迫待開工，弟管第二段工程，計十三公里，全沿新安江(錢塘上游，又名徽江)而行，都係岩石，工程甚大，開工四月，幸工人死于非命者，僅一人，受傷者固不勝計也。弟前日驗收路基石方，浮石自十公尺以上高處滑下，適中工人天靈，血流如注，當即昏死，幸旋蘇醒，目睹慘狀，心悸難言。橋樑計有六十六公尺者一座，三十公尺者二座，八公尺者一座，三公尺石拱一座，除石拱全部用塊石砌外，其他橋台，用一比三石灰及洋灰砌石，橋墩基礎用1：3：6 洋灰，上部用木架，現下春水時發；築基困難；加以數量既多，跨度又大，且橋台甚高，工人復有偷工減料之弊，施工偶有疏忽，險象立見，弟段有監工二人，工程員一人，管理上殊感不敷分配也。』

戚懋南君去年自皖回浙後，即派在奉海路服務，先任測量工作，開工後，即擔任計劃橋梁等室內作業，現已升爲副工程師，主持該路第三分段云，通訊處：浙江寧海梟溪奉海路工程處第三分段。

左雲之君原在開封黃河水利委員會，現分派至山東濼口水文測站工作。

陳駿飛君以黃河堵口工程，業已竣事，月前已來京，現在揚水江道整理委員會工作。

中大土木系消息

本校工學院奉教育部令，下學期決添設水利一系，與土木系各獨立進行，並擬籌築水工實驗室一所，圖樣已由關富權教授計劃繪好，正在積極籌費，一俟決定，即行投標開工云。

土木系四年級同學，春假參觀旅行，業于三月三十夜車出發，首赴北平，歷經長辛店，天津，濟南，青島，曲阜等處，預計三星期可歸，詳細情形，下期本刊，當有記載也。

26412

第一卷　第八期

土木

羅家倫

出版者　中央大學土木工程研究會
通信處　南京中央大學

中華民國二十三年六月一日出版

「湘木」

陸宗藩

我國木料市場大者約分三處(1)東三省(2)福建(3)湖南湖南市場所出木料多行銷於長江流域玆就該處所產木料情形述其大概以爲與工購料時之參攷耳

(1) 產地　產地約分五路

A.貴州諸苗山所產名曰苗木該處谷深林密年代攸久木身停匀而長直疎節而堅緻木色紅白如皮肉之含有四分者解之心如蘇木此爲杉木中最上品者凶江西商幫販售之行銷江浙諸省

B.黔湘接壤諸山所產曰上江木該處土人渼苗木有利可圖取杉果布種越歲移植其秧初移多萎於地隔日斷蘖故近根際必有微灣惟其中栽培須得法長直停匀者亦復不少其最佳者亦足與苗木相等但節較密皮色灰白解之心無色湖南諸商幫多販售之

C.湖南衡湘諸山所產曰州木該處土質肥沃木生最速其長直次於上江木亦有較佳者木質鬆疎皮色慘白

D.洪江(湖南沅水上游)左右諸山所產皮色慘白屈回甚多不中繩墨下粗上細長短不一節甚密但其質頗堅若能擇其佳者購之亦能適用

E.洞庭左近諸山所產曰東湖木(土人俗稱白沙條子)該處多爲沙土木質輕疎築屋製器均不適用

(2) 木病　木料成因天然灣曲或因保護未佳致有破坯不完者是爲木病木病則不辨貨色玆例舉如後

A.天空、木之上截被雨淋成竅而空者

B.地空、木之根際空者

C.大灣、木之甚曲者

D.小灣、木之微曲者

E.撇槽、伐木時劈破其根際者

F.泡傷、貼地久而皮爛者

(3) 分類　各路產木長短優劣不一第其等差可分四類

A.正木　依木圍之大小規一定之長率(

本期目錄

如一尺八寸圍其長應有三丈二尺）其木通身完全無缺通常長在三丈二尺以上

B.過木 長在二丈四尺，二丈六尺，二丈八尺，（俗名二四六八）如遇有木病者雖較長仍屬此類

C.脚木 短小不齊粗細不勻者有木病者

D.樁筒 正木脚木之斷頭尾者

(4) 圍木 購買木料其大小以木端之圍而定依尺寸之大小分有各種名稱

A.木圍自一尺至一尺二寸半者曰小分

B.木圍一尺二寸至一尺五寸半曰大分

C.一尺五寸半至一尺八寸曰小錢

D.一尺八寸至二尺二寸曰中錢

E.二尺二寸以上曰大錢

以上五種大約小錢便於造屋價常高於中錢造屋嫌大製器嫌小價常低圍木之尺以竹篾爲之其分寸以漆墨爲綫通常以多用灘尺（等於工部營造九寸八分）內中常有折扣計有十等以「由中人工王主井年非」十字表之例如「由」字出一頭即爲九一折「大」出三頭爲九三折「非」字出十頭爲十足故於購木時須先定明兩方各持一篾相對無異始可再用方法無誤惟木商中間有行巧者將第一尺按照規定長度第二尺及三尺縮短量時偶一不愼將該尺掉頭則所量得之數必大此宜注意也木商將所有木材依其圍經之大小定其爲幾錢幾分購木時其圍經除不滿一尺曰不登以根計算者外其餘皆以兩爲單位 ）一兩等於十錢一錢等於十分目下市價大約每兩二十餘元）玆將木材圍經與其相當之錢分列表於後（此表謂之分碼單）以資參用

分碼單

不登	二分
一尺	三分
一尺〇半	三分半
一尺一	四分
一尺一半	四分半
一尺二	五分
一尺二半	五分半
一尺三	六分
一尺三半	六分半
一尺四	七分
一尺四半	八分
一尺五	九分
一尺五半	一錢〇半
一尺六	一錢二
一尺六半	一錢三半
一尺七	一錢五
一尺七半	一錢六分半
一尺八	一錢八
一尺八半	二錢〇半
一尺九	二錢三
一尺九半	二錢五分半
二尺	二錢八
二尺〇半	三錢〇半
二尺一	三錢三
二尺一半	三錢五分半
二尺二	三錢八分
二尺二半	四錢〇半
二尺三	四錢三
二尺三半	四錢五分半
二尺四	四錢八
二尺四半	五錢〇半
二尺五	五錢三
二尺五半	五錢八
二尺六	六錢三
二尺六半	六錢八
二尺七	七錢三
二尺七半	七錢八
二尺八	八錢三
二尺八半	八錢八
二尺九	九錢三
三尺	一兩〇三
三尺〇半	一兩一錢三
三尺一	一兩二錢三
三尺一半	一兩三錢三
三尺二	一兩四錢三
三尺二半	一兩五錢三
三尺三	一兩六錢三
三尺三半	一兩七錢三
三尺四	一兩八錢三
三尺四半	一兩九錢三
三尺五	二兩〇三

(5) 圓木　量木之圍圓大小曰圍木，圍木時并非在木端圍量，應於粗端下五尺量之此五尺長之量法略茲分述於下

A.若木料因划樹時粗端常有一長方鑿孔以便綑紮木排則此五尺之長應自孔邊量起

B.若木料無前述之孔而其粗端有被斧削者則此五尺之長應自斧削之邊量起

最近道路工程上焦油瀝青及地瀝青之用法

沙樹勳

此篇所述名詞之意義，與美國實用上所解釋者，不盡一致；因國際間之觀點不同，則其所得之意義自異，故在未述其用法之前，對其意義，須先加以簡短之說明，以免混淆不清也，茲述之如下：

(1)瀝青(Bitumen)……瀝青爲一總名詞，凡焦油，石油，地瀝青，能溶解于二硫化碳之部分者，俱得謂之瀝青。

(2)焦油(Tar)……焦油爲製煉焦炭或製造煤氣之副產物，當一部分之焦油，被蒸發或蒸餾時，其所剩得之殘滓，謂之瀝青脂(Pitch)，由石油製造炭化瓦斯所得者，爲量較少，此種生產物，名曰水瓦斯焦油(Water gas tar)。

(3)地瀝青(Asphalt)……地瀝青有半固態及固態兩種，其色澤爲黑或暗褐，天然地瀝青之產量甚多，人造地瀝青多由蒸餾石油而製得。

(4)岩瀝青(Rock asphalt)……岩瀝青爲一含有地瀝青之天然岩石。

(5)瀝青路油(Asphaltic road oils)……此物爲一含有不同粘度之地瀝青液體之生產物，可由蒸發或蒸餾而能恢復原狀。

(6)復原地瀝青(Cut-back asphalt)……此物爲一半固體或固體之地瀝青，加以石油的蒸餾物；能將其溶解或液化，石油的蒸餾物，多用高揮發性者，但無需拘泥固定。

各物之意義，既經解釋，現繼述其處理路面之方法，處理之方法，隨公路種類之不同而異，茲分述如左：

(1)土壤路面之瀝青處理法

土壤路(Soil Road)可分爲砂土路(Sand-road)，及粘土路(Clay road)及砂粘土路(Sand-clay road)三種，其瀝青舖面之方法，各不相同，茲特分述如次：

(A)粘土路

泥路之路面或路盤(Subgrada)，full爲粘土；一經雨水，非常滑滑，行人既感不便，車輛奔難駕馳，雖然，倘瀝青鋪面處理得法，上述困難，當可減少，或竟全完消除，但在(嚴冬或初春)久雨之後，須阻止笨重車輛之通過，免生塌陷之危，因粘土之吸水量特强，重車經過其上，往往使初成之瀝青面，破壞無遺，整理之法，須以已被破壞之路面，作爲基礎，再於其上，鋪以厚度適宜及阻水力較强之瀝青粘土混合層(Bituminous Soil Mixture)，處理之時間以春天爲宜，混合層之厚度愈增，則載重量之値愈大，由普通所得經驗言之，處理粘土路面之瀝青，必需具有高度之透入性，但不需高度之膠黏性；因使油和粘土未硬化之前，頗有充分機會，透徹混和，通常所謂Slow-Curing oils者，即根據此理而成，此物應用于路面壓緊路形修好之後，其施用方法：將其盛於壓力[illegible]內，施以壓力而噴射於路面，油之溫度，約在華氏150°—190°(66°—88°C)之間，所用之油，雖有水分，但無害處，每次用油之量，于一方碼路面內，不得超過士加倫(Gallon)，倘路面過乾，須略加潤濕，否則，油着灰塵，易成球塊，致油分佈不勻也，處理後兩天至七天內，務須避免車輛之來往，若在七日後，路面尙具黏性，須加上細薄之土壤層，以免瀝青被車輛黏去，致前功盡棄也，此外另有一粘度適當之地瀝青油，專爲膠黏面(Tacky Surface)之用，其上須蓋以薄層之礫石或石屑，石屑與礫石，可取之于路旁，至鋪面之時間，常以一年半載爲期，愈短愈佳，每次鋪面之粘土和油，俱可就地混合，惟最後重新修理路面，則須按照處理石卵路方法而行。

(B)砂土路

砂土路之處理瀝青方法，視砂粒之大小，

及其性質如何而足，片地瀝青鋪路(Sheet Asphalt Pavement)，既已合於應用，吾人未始不可採用砂地瀝青鋪路，蓋二者之性質，頗相類似也，所謂砂地瀝青鋪路者，爲一極進步之瀝青面鋪路他，Massachusetts Delaware 及 North Carolina等處，應用甚廣，其法以93%之砂及7% 之地瀝青膠灰(Aspholtcement)，在鋪路機內燒熱而拌和之，而後傾于預先製好之三寸厚木模內，用路轆(Roller)滾緊，再鋪以二寸厚之片瀝青鋪路之混合物，作爲磨蝕層(Wearing Course)之用，倘此種瀝青面鋪路有良好之排水設備，則笨重之車輛，皆可任意來往其上，而路面不受若何損壞也，Massachusetts 之砂土路瀝青面，處理得法，成績優良，即爲明證，近代鋪面之油，在首兩年之內，約含45%地瀝青，每方碼之路面，需油⅓加倫，在此兩年之中，路面須時以拖鋤削平使常能保持光滑之狀態，及均勻之斷面，在第二年尾，可鋪以十分堅硬之瀝青氈(Bituminous Carpet)，第三年可用含有60%地瀝青之鋪路油，第四第五兩年可用含有85%地瀝青者；所用之量，與首兩年相同，惟第五年所用之量，可減少至每方碼¼加倫，後此以後，路面强度，已達一定點，不復年年需油矣。但有些砂土路，不能應用上述方法，故于未處理之前，須先將砂之性質，從事研究，以決定有加黏土之必要否。

(C)砂粘土路

砂粘土路可用天然砂粘土造成，或用人工方法，將砂土與粘土配合而成，美國南部，曾造數千哩之砂粘土路以爲用也，人工砂粘土路配合之成分，約爲65%—85%之砂土，9%—25%之粘土及5%—2%之沈泥(Silt)，蓋使混合後之磨蝕性，能達最高點時爲爲準也。Topsoil 爲一種天然之砂粘土，但無論砂粘土路或 Topsoil Road，多遇雨就滑濘泥，天晴飛灰揚塵，既不適於行人，又不宜於負重，故近年來始有所謂『瀝青面處理法』者，蓋謀以改善之也。

處理方法，有五步驟，述之如次，但在未鋪面之前，須有良好準確之路形，及堅實緻密之路基庶可得優美之結果，否則，仍難樂觀也。

(1)先完全掃除所有之疏鬆物質，及塵埃，而不可傷及結實之舊路路面。

(2)用相當低粘度之焦油或地瀝青油，灑於舊路面之上，令其緩緩透入，所用油量之多寡，視路面吸收能力之大小而定，通常所用之量，每方碼約需¼—⅓加倫。

(3)俟初灑層硬化後，再灌以粘度較高之地瀝青或焦油之生產物，此種物質爲100—200針入度(Penetration)之地瀝青膠灰，在華氏250°—325°(即121°—163°C)，于壓力撒油機內施行之，每方碼路面需油之多寡，視初灑層之紋理，及其上層所用之礦質混凝材(Mineral Aggregate)粒子之大小而定，通常油量約爲0.3—0.5加倫。

(4)礦質混凝材，爲經過 1"或½" 篩孔之碎石或礦滓(Sag)和地瀝青材之混合物，薄鋪於舊有砂粘土之路上，以爲磨蝕層之用。

(5)在冬時，須加以薄層之復原地瀝青(Cut-Back Asphalt，因車輛來往數月之後，從前所鋪之瀝青氈，恐不復能防水，故須以細粒礦質之混凝材，均勻撒佈其上，此法在South Carolina 地方，多于初冬行之，由上所述，吾人已得知瀝青鋪面之處理法，惟鋪後，能否永遠受用，則須視築路者之學識經驗如何，及養路者之能否經心留意而定，養路者務須時行檢查，常加修理，以免星火燎原之患。

此種路面之加鋪，每以二年或三年或四年爲期，藉以加厚及光潔固有之磨蝕層，South Carolina 對於尚具光滑平坦之舊瀝青面，係用上述方法處理之，但對於已經粗糙之舊瀝青面，則以就地混合法(Mixed-In-Place)處理之，其每方碼路面所用材料，約爲¼加倫之瀝青，及25磅之碎石，South Carolina及Floride 之瀝青面砂粘鋪路，竟有每日經過1000—5000車輛，歷三四年之久，而毫不破壞，完好如初，洵驚人也。

(2)砂礫路和碎石路之瀝青面處理法

凡構造優良保養合法之卵石路，車輛行駛，極爲便利，若在稍濕之時尤佳，因溫潤之碎石路，載重之量，既能增加，而養路之費，又可減少，他如車輛固碎石路(Traffic-Bound Broken-Stone Road)亦具同一性質，所謂車輛固碎石路者；係由小塊石子，加以細粒砂粒，舖於路基之上，因車輛之往來，將其壓實，再以拖鏟削平其石子粗細之混合比例，以其混合後能得最緻密之混凝材爲度。

瀝靑材應用于『路面混合』或『就地混合』之碎石路上，其根本之原則，卽以替代水之作用，蓋于某種未致處之混凝材，加以合量之水，則能發生良好之效果也，具有相當厚度之『車輛固碎石路』，可以免加礦質混凝材，玆略述美國加利福尼(California)省之實用方法於下：先將舊路面犂碎三四寸深，再用耙耙鬆之，而後將含有60%—70%地瀝靑之柏油，熱至華氏150°—200°，盛于壓力撒油機內，施壓而分撒于路面，用耙與碎石拌和，以免柏油被用具黏去，每方碼路面需油1½加侖，其混合之法，先施行于路之半面，以築路機(Grader)，自路之中線做起，次向路側推行，而後再向路之中線移動，如是反復，進行至混合物之色澤與紋理，俱已呈均勻之狀，卽可以同樣做法，施行于其他一半路面，俟全路竣工之後，任車輛之往來，藉期堅固，同時須用平路器，以保持路面之平整光潔也，此種路面，經壓實之後，外觀酷似地瀝靑混凝土舖路，惟不若其堅實耳，其養路方法，與普通卵石路無異；卽常使路面平整，不生小穴而已，倘所用瀝靑材之分量合度，雖石子大小不等甚劇，而所成之路，倘可耐用，普通用分析方法，將混凝材通過2m.m.大之篩孔，以鑒別其色澤如何，藉作試驗，在California試驗所得之結果，知混合物呈現褐而帶黃者，爲最佳，因此時，沙粒既匾明顯，又無瑕斑之污點也。

所用油量之多少，務須合度；倘用量太稀，則混合物之膠結力薄弱，務須加多油量；倘用量太多，則混合物易被車輛壓偏，務須加多混凝材料，由Idaho試驗所得，用油之量，較Californie爲多，其每方碼之2寸厚混凝材，約需1½加侖，路面碎石，以一寸者爲最大，同時不可含有少于45%之經過¼吋篩孔之砂礫，55%之小塊碎石，混凝材含有有70%—80%之細粒者，倘可合用，有些地方，將柏油與碎石，在舖路機內混合，而後傾于預先築好之基礎上，用築路機修成路面，而後任車馬之通行，使之堅實，平時須常參整之，路轆雖可用于瀝靑混凝土路，而不甚合用于此種路之上，『機器混合』與『就地混合』各有優劣，因用機器雖能得均勻之混合物，而購置機器需費甚巨，不若就地處理法之簡便而經濟也。

(3)水固碎石路之處理方法

瀝靑處理普通卵石路面及水固碎石路(Water bound Macadam)多屬成功；所用材料，如不含地瀝靑之蒸餾物，Dust-laying oil，液態及半液態之焦油渣滓，柏油，復原地瀝靑，乳狀地瀝靑，和軟性地瀝靑，水泥等物，其黏性較高者，須先熱之，使爲液態，以便應用，欲瀝靑氈(Bituminous Carpct)具不透水性者，可用液體之復原地瀝靑做成之，至其做法，可採用『一次處理法(Single Treatment)』或『[兩次處理法](Double Treatment)』須視原來遮蓋面之情形如何而定，『一次處理法』爲用甚廣，而『二次處理法』，雖得耐用經久之路面，然價格略昂，Oregon應用乳狀地瀝靑之方法，近頗進步，玆分述於下：

(A)複面處理法(Double-Surface treatment)

複面處理法，普通先由液體焦油或柏油，澆在路面後，用軟性地瀝靑膠灰(約在150—300針入度)，此法特別合用于塵埃不能除淨之處，因輕油既能飽和塵埃，且能深入路面而鞏固之，所用之量，以夠路面24—48小時之吸收量爲度，蓋斯時此物，可不被車輛黏去，然後用軟性地瀝靑膠灰或瀝靑重油(Very heary Asphalt oil)澆在上面，再加潔淨無塵之¾吋石子，用路轆勻壓之，倘有塵埃存在石子中，則處置較難，因塵埃能妨害地瀝靑之功用及阻止石子之黏結也，處理破壞不堪之舊路面，使變成平整光滑者，甚爲困難，故在處理之先，務須有均勻確實之路形，在華盛頓所得之結果甚佳；其法澆輕油兩次，第一次悉如上述，第二次；用含有60%—70%地瀝青之柏油，每方碼路面需油0.2 加倫，其上蓋以大小各異（自一吋半以至粉末）之碎石或礫石，每英里路面約需50—60立方碼，而後以築路機拌和之，又以含有95%地瀝青之重柏油，澆在上面，每方碼路面需0.35加倫，再于此層之上，蓋以$\frac{1}{2}$—$\frac{3}{4}$吋之石子。

(B)單面處理法 (Single-Sur Face Treatment)

瀝青材料對於水固路面之單層處理，有二功用，其一；爲深能透入路面，其二；爲固定礦質混凝層，倘所用油之流動性，僅能發生第一功用，而不能同時具有第二功用，則混凝層易被車輛所破壞，或被其揭去，瀝青渣滓生產物亦具同樣性質，往往于處理一週之後，即告無效，用軟性地瀝青膠灰，處理水固路面（指單面處理而言），亦無良好成績，因此物不能滲透路面，而固結之，倘車輛經過其上，即可將其黏而推積于他處，結果使路面成高低不平之狀態，用具有相當流動性，或含有不易揮發蒸餾物之復原生產物，以處理路面，結果最爲完滿，用乳狀地瀝青處理不甚多塵之路面，亦有相當成績，總之，在加澆瀝青之前、須將路面塵埃掃除潔淨，方可應用。

(C)從新處理法(Tread Treatment)

各處採用之方法，各有不同，尤其是處理舊碎石路面，倘處理得宜，較之瀝青碎石磨蝕層，經濟多矣，在Pennsylvania地方採用就地處理，效果甚有可觀，其法：先將舊路耙鬆，修好路形，倘厚度不夠，則須另加碎石，倘舊路既有均勻之斷面，又具合宜之厚度，則其過剩之塵埃及疏鬆之物質，須掃除之，然後鋪一層石子，（直經約爲1$\frac{1}{4}$—$\frac{3}{4}$吋）其厚度約爲二吋，俟敷築後，澆以精煉焦油或復原地瀝青，每方碼需$\frac{1}{4}$—$\frac{3}{8}$加倫，用平路機往復其上，俟其混合透澈及得有確實而均勻之斷面時爲度，俟四五天後，再加以每方碼$\frac{3}{8}$加倫之瀝青封衣（Seal Coat），及薄層石硝，竣工後，即可任車輛之馳驰，行人之往來，倘用路輾壓緊路面，爲時更速，在Indiana所用方法，與上述大同小異，其法：先將舊路作爲新路之基礎，上加鬆厚2—3吋，大1$\frac{1}{4}$吋之石子層，稍加輾壓之後，再加以含有慢乾蒸餾物之復原地瀝青，每方碼所用之量，約爲0 4加倫，先用平路機整好路形，再用10噸重之路輾滾，壓一次，後任車輛往來其上，至數日後，再行輾壓，此時路之空隙定多，須以$\frac{1}{4}$—$\frac{5}{8}$吋大之石屑填塞之，石屑務必潔淨無塵，所用之量，不宜過多或過少，以能填滿空隙爲度，而後再加以每方碼約需0.2加倫之復原地瀝青及瀝青石屑，俟耙平後，加以輾壓，約兩週後，再用第三次之復原地瀝青，其量減爲每方碼約0.15加倫，撒以$\frac{1}{4}$大之石屑，而後作澈底之滾壓，使其堅實，總計三次所用瀝青之量，每方碼需$\frac{3}{4}$加倫，比之築造同樣厚度之瀝青碎石舖路（Bituminous-Macadom Pavement）所需之量，減少一半，路面築成之後，須時加保護，一二年後，須重行加厚，所用材料爲每方碼約需$\frac{1}{4}$—$\frac{1}{2}$加倫之復原地瀝青，及每方碼30—40磅重之$\frac{3}{8}$吋石屑，上述方法倘于築時養路路時特加留意，則其所得之結果，殊爲優良也。

(4)地瀝青混凝土路磚舖路，及波得蘭水泥混凝土路之路面處理法。

高等舖路之路面處理，常用一種含有不易揮發之復原地瀝青及乳狀地瀝青，由壓力撒佈機施行之，因此物可以分佈成極薄之氈層，甚宜用于封衣已經破壞之混凝土碎石路，及地瀝青混凝土舖路，再以$\frac{1}{4}$吋石屑或煤渣，加舖其上，或代以沙石亦可，倘舊路面，至完破壞時，則可用『從新處理法』或「就地處理法」施行之，有時片瀝青舖路，封處發現裂縫，則須加以封衣，用細沙舖面，比用復原地瀝青舖面爲優，因細粒之砂能填滿罅隙也，至於磚舖路及混凝土路之路面處理方法，先置結合層，然後用復原地瀝青或乳狀地瀝青舖于其上，再加地瀝青碎石，或地瀝青混凝土或片瀝青之磨蝕層，至于用瀝青氈處理此種路面，雖有時幸能成功，然爲用終不甚宏也。

(5)瀝青碎石路(Bituminous Macadom)

在Massachusetts 及Rhode Island 所築瀝青碎石路，極爲完善，構造簡便之瀝青碎石路，極易爲學生技術上未甚留意，方法上不甚正當之弊，因爲此種路面倘有違反造路原則，須經車輛往來行駛之後，方可發現缺點，倘于興築時，常加注意，雖笨重之車輛來往其上，而能歷久不壞也，當瀝青碎石路，築于礫石或碎石基之上，吾人對於路盤之堅實與否，務須特加注意，在Rhode Island之實用方法：係先堆一層黃沙或細卵石，厚約四寸至六寸，以爲路基，再舖一層碎石或卵石，厚約八寸或八寸以下，待堅實後，再舖以磨蝕層，使之均勻平滑，而後任車馬之通行，構造完善之路肩(Shoulder)及路旁之維持物(Side-Support)，爲公路之要件，因磨蝕層之邊緣，較其他部分，易被破壞，務須加以保護，有時可造一路基，其闊度須較磨蝕層爲大，蓋使壓力分佈於路盤上之範圍增大，而路基所受重力隨之減少，致舖路較爲耐久安全也。

礦質混凝材，多爲2½—1½吋大之硬性玄武岩，其大小務求劃一，使空隙之分佈均勻一致，倘岩石不甚堅硬，必須更用較大者，俟岩石分撒完畢後即行開始輾壓，同時須檢察有無鬆裂之處，倘經發現，須換以合宜之混凝材。用第一次舖面之地瀝青膠泥，精煉焦油及乳狀瀝青等物，必須均勻一致，倘以三架巨大之壓力撒油機，同時進行于大路之上，施行一次，即可成功，其法：將路闊分爲三部分，以第一機工作于左邊部分，第二機繼承第一機而進行于路之中部，二者接縫，務求緻密，後以第三機，進行于路之右部，至於瀝青材之溫度，以能均勻穿入碎石爲度，不可過熱或過冷。第一次所舖撒之拱心石(Keystone)，僅供路轆滾壓之用，俟路面壓實後，再加第二次拱心石，藉以填滿空隙。人工或機器掃刷，極能將拱心石分播均勻，同時又可掃除過剩之石屑或瀝青，拱心石務須潔淨無塵，平均直徑約爲½吋。地瀝青可爲耐久不壞之封衣，每方碼約需½加侖。封衣之上，再加以清潔之石屑，用路轆輾壓之，使其深入路面。經久耐用之瀝青碎石路，每一吋厚及一方碼路面，所需瀝青之量，約爲一加侖。一條築完善之瀝青舖路，倘以地瀝青水泥用爲封衣，則養路費自減少許多，或竟于數年之內，無須修理。瀝青碎石路在加瀝青材以後，縱用路輾壓其上，亦不能將路面壓緊，許多工程師大都信之無疑。

(6)熱混合舖路 (Hotmixed Pavement)

(a)種類及其構造法

熱混合舖路共分三種

(1)粗石瀝青混凝土舖路

(2)細石瀝青混凝土舖路

(3)片瀝青舖路

瀝青混凝土舖路，大率厚約三寸，舖在堅實路基之上，粗石瀝青混凝土(中無石粉厚約三寸至六寸)可作路基之用，普通所謂『黑路基』者是也，片瀝青舖路之構造法，與上述路異，基層上所加之面爲3吋實厚之片瀝青，其中½吋爲結合層1½吋爲磨蝕層，倘片瀝青之厚度，僅爲2½吋，則磨蝕層之厚度應爲1吋，至於上述三種舖路，其事前之預備，材料之安置，路面之輾壓等情茲分述之如次：

(1)粗石瀝青混凝土舖路，包含碎石，礦滓，卵石(通過1½吋而阻于½吋之篩孔者)砂，礦質填料及地瀝青膠灰等之混合物，粗粒者約佔整個混合物之55—60%，他如地瀝青佔5—8%，砂及礦質填料合佔40—30%。

(2)細石瀝青混凝土舖路之主要成分爲片瀝青，其中尚含25—35%之石屑，(約½—½吋大者)及7—9%之地瀝青。

(3)片瀝青之結合層，爲一不含礦質填料之粗石瀝青混凝土，及4—5½%之地瀝青膠灰所組成，混凝材之配合，以能得緻密之混合物爲度，但細粒物料，不宜過多，否則路面一經緊壓之後，易生滑倒之弊，片瀝青之磨蝕層，爲砂，礦質填料(如經過200號篩之石灰石末)及地瀝青膠灰所組成，各成份之性質，及其配否比例，向仝公式，可以支配之，通常以該混合物壓緊後所具之空隙，在5—2%之間者爲標準，因在情況之下，混合物已有相當之安定，不致因車馬來往而被其破壞也。

(b)混合物之安定性(Stability of the Mixture)

在過去幾年之中，地瀝青之物理性質試驗，非常進步，而安定性試驗，爲其中願爲重要之一，因安定性試驗所得之結果，既可爲設計上之助，並能藉此支配混合物，俾于道路工程上，其用甚宏，昔時所訂之規約，及所用之方法，毫不合于科學之原理，至精密之試驗，更無論矣，粗細相同，外表相似之兩種砂粒，一經顯微之後，其對於所混合物所發生之安定性，則各不相同，在所給某量之砂粒，其混合物所加入之礦質填料漸增，則其安定性亦隨之漸强，但至某一點時，增加填料，反能減少混合物之安定性，故混合物安定性之最高點，適在于多加填料而同時並能增加混凝材之空隙時，各種填料之安定性，及填隙性(Voids-Filling)，多因全不相似，此非但與細度有關，且於其組織成分，及表面紋理影響之極大，地瀝青之加入混凝材，以填滿相當之空隙爲度，倘加入量過多，反足以減低混合物之安定性，但由混合物之阻水作用而言，則混合物不可具過少之空隙，因空隙太少，地瀝青膜遂形稀薄，故計劃混凝材時，至少須含有$9\frac{1}{2}$—10%之地瀝青，至於砂粒之性質，礦質填料之百分率及其性質如何，對於混合物之安定性極有關係，而地瀝青針入度之多寡則影響不著，倘地瀝青成分增減 1%時，其對於混合物安定性之影響，將有五倍于每十度之針入度所生之影響。

(7)塊地瀝青(塊)舖路(Asphalt--Block Pavement)

塊地瀝青(塊)係大小不同之細石瀝青混凝土所組成，通常應用於道路工程上者，爲十二吋長，五吋闊，二吋厚之方塊，用于橋樑地板者，多係小塊，大約長八吋，闊四吋及厚一吋半塊地瀝青大都舖置於濕潤黃沙水泥之底上，此底務須平整，均勻緻密其橫向接縫（Lateral Joints）愈緊愈佳，而縱向接縫，須每四吋留一摺縫，于地瀝青安置妥切後務須修整路面，其法先將其面掃刷乾淨，而後以撒油機，將燒熱之地瀝青，灑于路面之上，再用一層淨粗砂，或用通過$\frac{1}{4}$吋篩之碎石，舖置其上，而後任車輛往來，上述方法，爲近代所創造者，較之舊法僅用砂粒以爲填料者，進步多矣。倘路面既屬光滑，而坡度又大則地瀝青塊舖路須具凹形接縫，以阻止人馬車輛之滑倒，及易於制止汽車之奔駛，其法將瀝青塊排列於黃沙水泥之上，每列中間，嵌以半吋闊之木條即於第二列做成後，將第一列之木條移去，實以1:3之膠灰，在膠灰未硬化之前，將其劃成半吋深之槽，於是闊半吋，深半吋之凹形縫，得以成矣，路基與膠灰底之安置及構造與普通之舖路相同無須贅述。

(8)岩瀝青(Rock asphalt)

岩瀝青分爲四種：一爲瀝青石灰石，一爲瀝青砂石，瀝青石灰石常加以地瀝青溶劑（Asphalt Flux），加熱之後，將其壓實，所用方法與熱混合之瀝青舖路相同，瀝青砂石多得自 Kentuchy，此生產物爲$5\frac{1}{2}$—$9\frac{1}{2}$%含有細硅砂及極細礦物質之軟性瀝青底，舖置於路面上之實厚，約爲一吋半，瀝青砂石，通過於$\frac{1}{4}$吋篩孔者，可爲冷安置 (Cold Laid) 之用，再加以通過于$\frac{1}{8}$吋篩孔者，施以輾壓，可成封衣，倘瀝青砂石舖置于碎石或礫石基之上，須加以瀝青舖飾層，倘在熱天，冷安置之岩瀝青，極易結實，但在寒天，極難成功。此物用以修補舊瀝青舖路其効甚大也。

(9)瀝青混合物之冷混合及冷安置

復原地瀝青，乳狀地瀝青及復原煉焦油，用爲冷混合之瀝青混凝材者甚廣，且其成績昭著，衆所共知，有時在施用之前24—48小時將此物曝露于空氣之中，使其蒸發水氣，此物又可用于冷安置舖路之上，近有一種專利之人工瀝青砂石混合物其成分比天然者，較爲均勻一致，冷安置之混合物之堅度，較低于熱安置（設二者所用之混凝材爲相同時），尙有一種方法，于硬地瀝青細粒礦質混凝材內，混合以熔點以下之溶劑。此混合物在壓緊後，其熔化作用漸漸消除，上述之生產物，現今尙在研究實驗之中，其結果時有進步，但在現時能力所及，冷安置之細混凝材雖經輾壓之後，而尙不及熱安置之緻密，除非瀝青結合之堅度，非常柔軟，決不能發生堅固之膠結力者，自當例外，有時冷安置亦可成功，各處採用頗廣，其法，先將含有碎石之乾燥混凝材，舖爲薄層，而後和以石油蒸餾物，再混合以地瀝青膠灰即成。

粗混合物須舖近第一層瀝青碎石，瀝青之薄層，須均勻封閉各塊石子之上，在壓緊後，以較細之混凝材分佈於第一層之上，而後加以輾

壓，令其成爲封衣如此，則重車輒時駛其上，而路面仍能歷久不壞也。(譯完)

會員消息

陸宗蕃君于二月二十一日離黃石港赴九江，轉赴段窯鎮，辦理七口堤工程，工長計一又十分之四公里，外砌石坡，內作土石土，欵共四萬元，約于六月間可以完工。其通訊處爲：九江二馬路一二八號江漢工程處馬華堤工務所收轉第一工務所七口堤工程處。

沙松助君四月中脫離浙江省水利局，于四月二十三日抵京，在江甯縣政府工務局服務云。

張底融君現在粵漢鐵路第二工程總段第二分段，駐樂昌北六十里，小灘，前日有信詳細報告該段進行情形，及自己經驗，以篇幅較長，本期通訊較多，準于下期發表。

嚴崇敎君四月二十日來函云：此間（金口建閘處）工作自三月十七日合龍以後，倍見緊張，夜工至今，尚未停止，上自總工程師，下至公役，均全體動員，分任監工，弟最近之職務爲1.測，量2.繪圖，3.天井洋灰及鐵筋；4.全部收方。

章儀根君四月十八日來函云：弟由衡州南歸衡兩星期，即又出發衡州以北，刻駐衡山縣境內，旁湘江一小村中，近挹黃色湘水，遠現望中南岳，風景殊美麗；且春光明媚，際此時間測量，頗暢胸懷。鐵路測量甚簡單，惟山野高低不一，遇有樹木房屋河塘，皆須隨時設法解決之耳。弟隊中有Zeis Level一架，與母校所有者相同，弟每次攜至山野工作，必憶起母校也。本會出季刊，極贊成，關于經費，弟捐助五元，若尚不足當再加捐。

陳利仁君最近由桐廬調派至漢口全國經濟委員會公路工程第一督察處，於五月六日過京赴漢，通信處爲武昌中和里四號。

陳昌言君四月十七來函云：本路(粵漢路)全線工程，同時積極進行，各總段分段先後成立，本隊現担任第四總段全部工程責任，旬日內即將由衡向郴縣出發，該段係本路之中段，開工最遲，明年方可招標動工，故目下工作仍爲測量，惟此段一旦通車，粵漢全線即正式大功告成矣。賜函仍寄衡州總局當可按址代轉。（。按陳君附函捐助季刊經費五洋並贈本會株韶段工程年刊一冊特此誌謝）。

陳駿飛君五月七日來函云：第七期會刊中，登載有關虞懋南君消息及通訊處，据弟所知，似有不符，茲將虞君最近情形報告如下：

虞君自去年由皖回浙後，即派赴奉海路担任測量事務，繼任開工工作，後因皖建廳數度電聘，浙公路局方面爲堅持挽留起見，升任之爲副工程師，主持奉海路第三分段，後復被委爲曹嵊路接線工程處主任，旋又調至義長路工程處，今尚駐該處，通訊處爲浙江嵊縣長樂鎮義長路工程處（編者按：陳君這個聲明更正，我們非常感謝。會友們分處四方，而且時常調動，我們希望會友們一經移動地址，馬上就告訴我們，以便連絡和寄刊物等。朋友們知道的也請代爲通知我們，如陳君這樣，使我們一有錯誤的消息，立該得以更正）。

陳克誠君于四月底由武昌赴上海，在滬約一星期，即來南京，逐日訪親會友，倍極忙碌，同時逐日赴中央醫院，診治其腎臟炎，陳君病久已痊愈，茲爲永斷病根起見，仍進行診治不懈。五月中旬以後，即將返鄂，下學期有來京爲本會服務之說云。

馮天覺君兩月前由津浦路派至杭州防空學校，學習民用防空，際此春色惱人，湖光明媚之時，享盡遊覽之趣。現已學習完畢，四月底由杭至滬，盤桓一星期，五月三日抵京，本訂即返兗州，忽接航空學校當局快函邀聘，乃于五月十日，重赴杭州，現已脫離津浦路，在航空學校工務處任職云。

章守恭君因公于五月十日由濟南來浦口總辦公處，在京盤桓數日，由總辦公處介紹至玉萍路工作，十三日回濟取行李書籍，十七日重行來京，轉赴杭州杭江路局云。

黃文熙君考察上海市政府浙江水利局江北淮運各方工程，已於日前完畢，重返南京，刻正整理一年來各方考察報告，由李儀祉沈百先兩先生核閱後，即將于八月中放洋云。

王師羲君現在江蘇建設廳服務，前曾爲本會撰寫英文稿一篇，茲已正式入會爲本會會員，王君現以身體微有不適，告假來京，在中大休息，每日仍在圖書館研究不輟，聞不久將有大批論文供給本會云。

通告

一、第五次幹事會通過下列諸君爲正式會員：

1. 王師羲（十八年畢業，現任江蘇建設廳指導工程師，黃文熙汪楚寶王開椂介紹）
2. 陳興章（二十一年畢業，現任軍政部營造司技士，陳克誠唐季友汪楚寶介紹）
3. 姜文濂（姜國幹，楊長茂，黃龍文介紹）
4. 程極豫（姜國幹，黃龍文，姜文濂介紹）
5. 楊　彬（姜國幹，黃龍文，姜文濂介紹）

以上三君均本屆畢業同學

6. 沈錫修（陳德慶，楊長茂，姜國幹介紹，三年級同學）。

中國林產調查

(一)中國林產分布狀態(日文中國年鑑)

省別	面積 (畝)	經費	株
江蘇	56,980	143,570	8,724,500
浙江	2,873,140	2,277,300	342,317,000
安徽	20,000	437,750	7,812,000
江西	3,645,221	2,579,650	813,574300
湖南	2,350,180	1,676,682	102,054,040
湖北	840,780	5,188,894	24,024,680
四川	?	?	?
福建	5,509,390	——	——
廣東	8,068,774	——	——
廣西	3,167,455	——	——
貴州	?	——	——
雲南	2,029,981	——	——
河北	272,603	1,145,070	1,050,838
山東	207,071	1,242,193	18,646,513
河南	57,568	589,065	6,106,764
山西	2,447,079	471,523	206,213,666
陝西	351,452	73,992	9,535,246
甘肅	?	?	166,513
熱河	212,465	92,077	25,866,226
察哈爾	297	2,363	213,901
綏遠	?	7,430	95,039
西藏 青海 新疆	5,487,073	——	——

(二)東三省林產區

森林區	361,000,000畝
蓄積量	15,135,000,000石
最近五年平均產量	4,250,000石

(三)木材進口表

18年	27,819,000關平兩
19年	23,178,000關平兩
20年	34,685,000關平兩

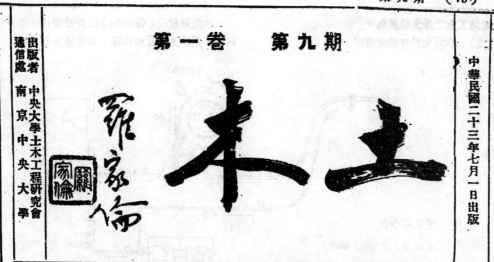

第一卷　第九期

土木

羅家倫

中華民國二十三年七月一日出版

出版者　中央大學土木工程研究會
通信處　南京中央大學

津浦鐵路挹江門輪渡碼頭混凝土用水泥射漿法 (Gunite) 修理之機件及情形

鄭厚平

澆置混凝土之用水泥射漿法，（Gunite）爲近十數年來混凝土工程上之新發展，在國外雖已常用，但在我國則尙不多覯，上海有康益洋行(A Corrit)專門經理此項工事，最近津浦鐵路由華中公司承造之挹江門輪渡碼頭工程，因工人工作不佳，所澆之混凝土，空洞甚多，經拆下木殼發現時，卽責令承包人打去重做，承包人以拆除重做，損失太大，於是與路局工務處長會商善後辦法，建議用水泥射漿法（Gunite）修理，路局僅准其試用，並未允准不拆，故一部份雖經修好，接收問題，仍未解决，玆將應用水泥射漿法修理之情形，當述如下：

本期目錄

（一）碼頭混凝土之實況

津浦鐵路於下關挹江門外，新建輪渡碼頭一座，完全用鐵筋混凝土造成，直對挹江門，位於原有中山碼頭之舊址，另建站屋一座在碼頭之對面，與首都下關電廠相毗連，造價約共十九萬餘，由上海華中營業公司承造，於去年十二月十八日正式開工，碼頭底脚基樁及混凝土澆好後，卽開始澆便橋 (Jetty) 及待船室（Concourse)，站屋方面亦與碼頭同時進行，所有混凝土之成分皆爲1:2:4,石子用最大不得過六英分之花崗石，混合水份，根據陷塌試驗(Slump Test)使其陷塌度(Slump)至八英寸時，所需之水量，每 1:2:4 水泥黃沙石子，用水五加侖，(英制)，混合方法，用機器混合器(Mixer) 澆置時工人希圖省工，將自混合器中取出之混凝土，整車倒入各大料(Beams and Girders) 及板面(Slab）中，而又不盡力用鐵條上下搗通，雖屢次警告，並通知承包人撤換不聽，致在拆壳時，發現大部份之混凝土，均隔在鐵筋之上，並上部亦有空隙之處，於是路局不予接收，命拆去重造，而公司方面有請求用水泥射漿法(Gunite)修理之議，隨於上月，向上海康益洋行(A.Corrit)租機前來修理，查此項混凝土，發生空洞之主要原因，爲工人技術不精，更兼希圖偸工，不聽指揮所致，但公司方面則聲稱由於用水太少，混凝土太乾之故，此誠毫無意識之妄辯，蓋凡稍具工程知識者，皆知由陷塌試驗，陷塌度至八英寸，已爲實地施工上之最大限度也。

（二） 水泥射漿法機件情形

水泥射漿法（Gunite）之全部機件，共分四部，用橡皮管互相接通，其連結法如圖1.

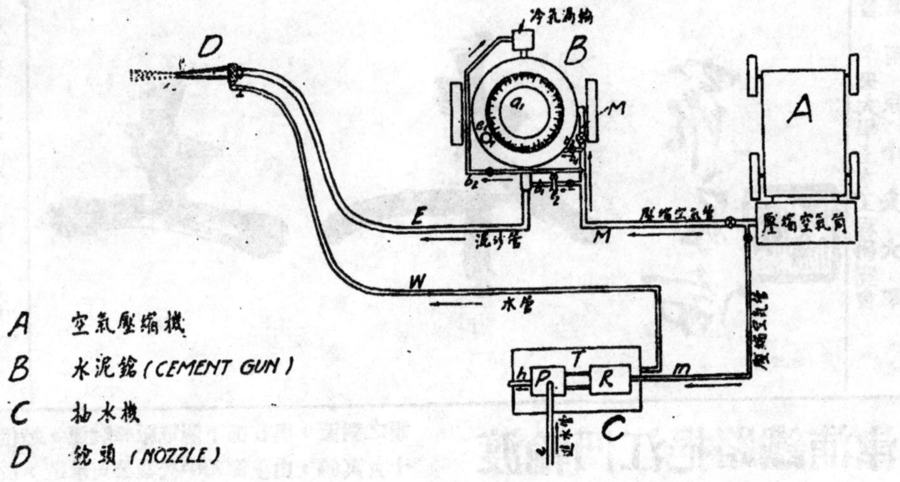

圖1 水泥射漿法(GUNITE)機件連結圖

(A)空氣壓縮機(Air Compressor)

空氣壓縮機之組成，爲一汽油內燃機，發動抽打空氣入於一壓縮空氣筒中，此機之形式，與汽車相似，有四輪可以推動，壓縮空氣筒附於其後，壓縮空氣之壓力，可至每平方英寸五十磅，但平常則僅開至四十磅，有皮管二，其內徑 (Inside Diameter) 一爲$1\frac{1}{4}$"，一爲$\frac{3}{4}$"，$1\frac{1}{4}$"者通入水泥鎗(Cement Gun)，$\frac{3}{4}$"者通於抽水機 (Water Pump) ，此種空氣壓縮機，亦有不用汽油而用電氣馬達 (Electric Motor)者，其作用則一也。

(B)水泥鎗(Cement Gun)

水泥鎗之正面及剖面圖如圖2. 其作用爲將水泥與黃沙由此用壓縮空氣經皮管打入鎗頭(Nozzle)，使與自抽水機壓來之水混合後射出，器分上下二室，有活絡蓋可以啓閉，壓縮空氣自M管來至器之下部，吹水泥與黃沙自E管而出，M管又分出四小管b_1管直接至E管之根部，以備於工作開始時，使壓縮空氣，直接入於E管，與水在鎗頭同時射出，冲刷欲修部份，及在工作完畢時，掃清管中積泥之用，壓泥沙時則閉之，b_2管轉至後面，衝務渦輪，旋轉器中分佈水泥器(Cement Distributor)分佈水泥器之形，如一齒輪，上覆一圓錐形(Cone Shape) 鐵皮罩，水泥自上落下，經此旋轉分佈，用壓縮空氣打出，即無擁塞多少之虞，在b_2管上又連一氣壓表及放氣口e_2工作完畢時，壓縮空氣，即由e_2放氣口放出。b_3管至器之下室，使壓縮空氣充實其中，並使水泥黃沙下沉，b_4管至器之上室，與放氣管e_1互相作用，以啓閉a_1a_2二蓋，而加泥沙焉。

(C) 抽水機(Water Pump)

抽水機之大概情形如圖3.壓縮空氣自M管來，一若蒸汽機然，作用來復機 (Reciprocating Engine) R，使唧筒 (Pump)P，往返行水自1入經h管至水筒T筒中之空氣量不變，水漸漸打入，其壓力即增高，壓水自W管而出。

(D) 鎗頭(Nozzle)

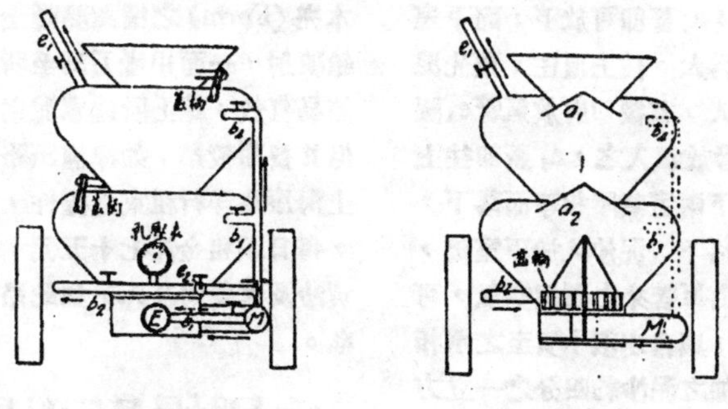

正面圖　剖面圖

圖2　水泥鎗

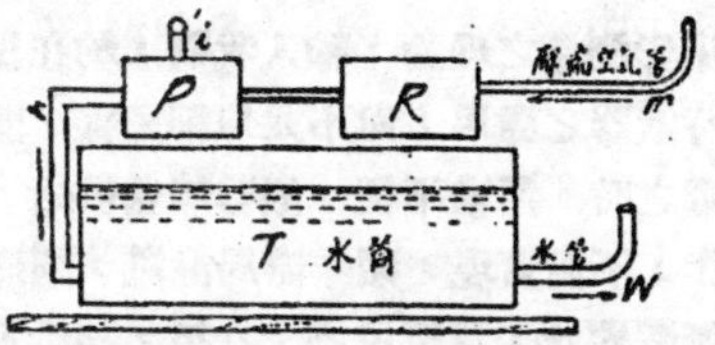

圖3. 抽水機

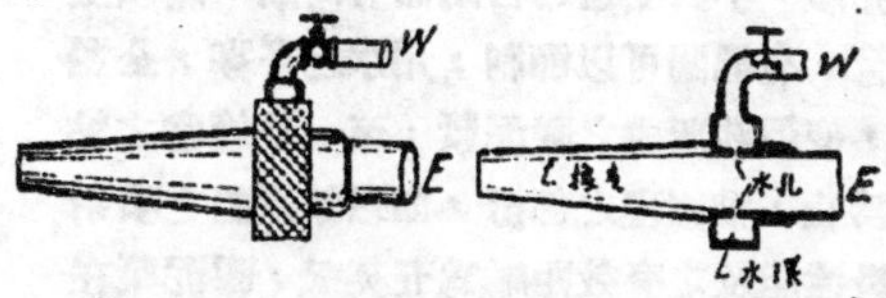

側面圖　剖面圖

圖4. 鎗頭

鎗頭之外觀及剖面如圖4. 質用銅製，如救火機所用者然。惟其構造則異，一通自水泥鎗來之泥沙管E,此爲主，一通自抽水機來之水管W,此爲附，水管接於水環(Water Ring)上，水環內對E管部份，有細孔可使分佈均勻，與E管來之泥沙混合後射出，水管之端，有開關(Volve) 可以節制水量之多寡，使射出之膠泥有一定相當之粘稠度(Cpnsistecy)，鎗頭之內部，襯以橡皮管以防泥沙之將銅頭磨壞。

(E)　橡皮管:(Rubber Hose)

所有通壓縮空氣，水及泥沙之管子，皆爲橡皮管，自空氣壓縮機通至水泥槍之M管及自水壓鎗通至鎗頭之泥沙管E皆爲 I$\frac{3}{4}$"內徑，自空氣壓縮機通至抽水機之基管M則爲$\frac{3}{4}$"內徑。自抽水機通至鎗頭之水管M，則爲 I"內徑。

(三)工作情形

工作時由康益洋行 (A.Corrit) 顧問工程司，西人Alara 在旁指揮並監視一切，富有經驗之工人三人，一司空氣壓縮機，一司啓閉水泥鎗，一司鎗頭噴射，餘十一人則司混合泥沙及幫拖皮管等工作，泥沙之成分爲1:3.二者混合後，再使經過一平方英寸一百孔之鐵絲篩，篩上者棄之，篩下者用鐵桶裝傾入水泥鎗中，所用之黃沙，務須十分乾燥，如含有水分，則將與水泥結成硬塊，停留於水泥鎗或皮管中，爲害甚大，清理費時，在一切工作未開始之前，預將混凝土之如蜂窠狀者鑿去，開始工作時，先將空氣壓縮機之發動機開動，打空氣入於壓縮空氣筒中，其壓力最大可至平方英寸50磅，但平時則備用每平方英寸40磅自壓縮空氣筒中導出之二管，一入抽水機，打水入鎗頭，一入水泥鎗，壓泥沙自E管至鎗頭，其初，至水泥鎗之M管，(視圖1)並不用以壓泥沙，而泥沙亦不加，先將b_1管接至E管之開關開放，M管至水泥鎗底之開關關閉，使壓縮空氣直接入於E管，至鎗頭與水管之水一併射出，冲刷需要修補之各部份，冲刷好後，再將b_1關閉，M管至水泥鎗底之開關開放，加泥沙之法，先將下室之蓋a_2關上，上室之壓縮空氣管b_1關閉

26425

，再將空氣自放氣管e_1放出，於是上室內外之壓力與大氣壓力相等，a_1蓋卽可放下，而下室之a_2則因壓力較上室為大。往上頂住，預先混就之泥沙，卽自上傾入，其後卽將放氣管e_1關閉，a_1蓋上，再自b_4管放氣入之，a_1蓋卽往上頂住，而a_2蓋則因上下兩室氣壓相等而落下，在上室之泥沙亦隨之落下，泥沙入於下室後，經分佈器之分佈，並由M管來之壓縮空氣，可使之壓入E管至鎗頭，與自水環中噴至之水相混合後射出，每次所加之泥沙約四分之一立方英呎，時間約隔一二分鐘一次，在加泥沙時，下室緊閉，內部壓力，始終未變，故自鎗頭噴出之泥沙，不因上蓋之啓閉而有間斷，鎗頭上之水管，有開關可以節制，用水之多寡，全憑經驗，使泥沙所成之膠泥漿，至一最適當之粘稠度為止，欲修理之部份，卽以鎗頭對之噴射，其最遠能及之有效距離為五英呎，膠泥漿在鎗頭射出時，水泥集於中，而一部份之黃沙在於外，所射之處，無論向上向下，膠泥漿均漸漸積上，因係用壓力之故，組織非常緻密，不致落下，在噴射時約有百分之二十之黃沙犧牲落下，但水泥之犧牲則甚少，約當百分之一二，由落下物細察之，卽可證明，停止工作時，將通至水泥鎗底之M管關閉，e_1管開放，以掃清皮管中之積物，最後則停止空氣壓縮機之發動機，而將b_2管之放氣口e_2開放，使壓縮空氣筒中之空氣全部放出。

(四)水泥射漿法之功用。

水泥射漿法，除用以修補不良之混凝外，其他用度甚多，如用以噴置板面(Slab)及防止地下水等，因其系全膠泥漿用壓力噴射，故其組織非常緻密，抗壓力甚大，約較普通混凝土大三四倍，如普通所用之四英寸板面，若用射漿法噴置，則有一英半已足，鋼筋用鐵網(Wire Mesh)置於板之中央卽可，又如混凝土地下室，每患不能防水，若用射漿法噴射一英寸至一英寸半厚，則其防水作用，至為有效。其他如河工上所用之亂石堤(Dike)外面若用射漿法，塡其空隙，則河水不易侵入，堤身不致崩壞，為保護堤工之最好方法，水泥射漿法之機件，亦可用以噴射石子最大不得過三英分之混凝土，但其規模及壓力須稍大耳，其於不易欄木壳(Form)之種種混凝土建築物，一面用水鎗噴射，一面用塿刀刮至所需要之形式，至為簡易有效，綜上所述水泥射漿法之功用甚大，但其費用較昂，如津浦鐵路碼頭，華中公司向上海康益洋行租來之機件，連同工程司及工人，每日須租金洋七十五元，工作七小時，水泥黃沙及運費尙在外，如此昂貴，宜其不得普遍也。

中國撮影測量之概況

范宗煥

撮影測量之理論，輸入我國，約在民初，然當時儀器之應用，尙不足以稱完善，而且正値歐戰之時，運輸不便，儀器無處供給，故實際工作，不能實現，頻年時局混亂，國庫支絀，亦無暇顧此，及至民國十八年，國府定都於南京之後，各種建設事業，極待開發，陸地測量總局，以統率全國大地測量職責之所在，又鑒于吾國地積遼闊，當此建設刻不容緩之時，則非採取特別迅速之測量方法不為功，此時撮影測量之價値，已經各國先後採用，證明其時間與經費，均較節省，精度却反增大，故決定於民國十九年春間，創辦航空撮影測量研究班於南京，購買撮影測量儀器，凡十餘萬元，考選各省測量專門人才二十餘人，入學研究，並延聘瑞士德國之撮影測量專家數人，加入指導，時間徑年半之久，遂告一段落，各就其所得，刊著專書，並限據吾國之情形，組織航空測量一隊。

撮影測量內分二部，一為陸地撮影測量，一為航空撮影測量，二者學理雖同，方法迥異，其目的更絕然不同也，其所以須設航空測量隊者，蓋因其目的之不同也，譬如欲於數千公尺以上之高峯，施行撮影測量，吾人必以為飛機之高也，必可勝任，詎料適得其反，蓋普通飛機，升高能力，大約為六千公尺，若撮五千公尺以上高山，正如飛機飛高一千公尺以下，撮平地之影相同也，飛機極不安定，頗不利於工作，如山係削壁，則空中撮影，反不若陸地撮影所得山之面積爲大也，瑞士境內多高山，故其陸地撮影測量，較爲發達，至於高大不及一二千公尺之山地及平原，則陸地撮影又無若何之用途矣，飛機之速率，則俱成效也，就中國情形而論，中原及沿海一帶富饒之區，高山較少，亦爲卽待建設之區，故關於撮影測量之步驟，應以航空測量爲先，以後逐漸擴充陸地撮影測量可也，其概況亦卽航空測量之概況耳。

吾國自建立航空測量以來，迄今已三載有餘，堪可告慰者，其爲逐年統計之數字也，飛機所行之路線，計民國廿年爲二萬公里，廿一年爲五萬公里，廿二年爲十一萬公里，共長十八萬公里，可繞地球四週有餘，已成圖之面積，廿年爲一千三百餘平方公里，廿一年爲四千一百餘平方公里，廿二年爲一萬三千八百餘平方公里，共約一萬八千平方公里，廿三年一月至今未詳，至於工作地點，以南京爲出發點，至蘇滬杭一帶，南至福州漳州龍岩等處，西經徐州開封濟南等處，以至西安平涼，沿長江而上，已至重慶，其工作最久之地，則爲南昌，除有關于軍事者，不列舉外畧述其概況如次。

1.水災之勘查　廿年揚子江水災，數省遍成澤國，堤防均皆决口，災區一望無際，賑救者當務之急，厥爲調查，時若經久，洪水稍退，則調查已非眞象，卽令實地調查，受災最重之湖北江西安徽江蘇數省，則不知應用多少人員，幾許時日，始可成功，乃由航空測量隊派飛機一架，航空測量師一員，臨空描繪，其法係利用原有之地圖，攜往空中，繞水邊而飛，上高旣成，視界亦寬，一目了然，測量者於此時，則利用其精密銳利之目光，目測水之邊際，達地圖中某公尺之同高線上，乘筆畫之，往返約費一星期之時間，告厥成功，受災之區，盡羅圖中矣，其有重要之城市及决口之處，特別施行傾斜或垂直撮影，更加明顯矣，二十二年黃水爲災，長垣縣及濮陽附近等處决口情形，均利用航空撮影測量，製有詳圖。

2.水利工程　浙江方面，浦陽江全段至入錢塘江止，陝西涇河段由邠縣至入渭爲止，約二百餘公里之長程，均根據實測水準點糾正成平面圖矣。

3.鐵道計劃　福建省漳龍鐵路，自漳州至龍岩，全長約二百二十餘公里，面積四百五十平方公里，係用立體測製法製成五千分一之圖，其同高綫之等距離爲兩公尺，高程在百米以上者，則僅繪五公尺，其路線係沿一小河，兩面高山，河中俱爲石灘，船不能通行，盜匪橫生，雖陸地三五人一班，沿河測量道線控制點者，須派兵一連，專爲保護，各長計分三班工作，福建政變，各班工作僅完成三分之二，各不銜接，故用自動製圖儀，作空中三角測量法連結之，其所差誤，均在範圍之內，至廿三年四月底止，全部告竣，共需時間約五個月，其他如玉萍鐵道，現正施行空中工作，不日卽可製圖矣。

4.土地測量　現時航空測量，除軍事測量，爲常年業務外，土地測量，爲較大之工作，並成立航空測量分隊，專負其責，民國廿一年五月起，實測約一年完成南昌全縣一千分一之地積圖，約二百五十八萬畝，計每畝測量費用僅七分四厘九毫，同時並縮小爲一萬分一及二萬分之地形圖，其精度經多次檢查，均認爲優良，似此一舉兩得之工作，在吾國誠爲創舉，其方法係先佈邊長約三千公尺之三角點於全縣，及工作完成二分之一時，卽施行空中垂直撮影，次由自動立體製圖儀，測量邊長約三百五十公尺之坐標點，每日平均九十點，全縣共約一萬六千點，似爲人力所不能及，再利用此種坐標點，將空中動盪不已之底片糾正，爲二千五百分一之地圖，後藉照像放大爲一千分一，再至實地調查檢查之。

以上所述，均爲已完成之工作，至於預定及正在着手者，尙不在此例，總之，吾國撮影測量，日趨於發達，版圖之大，又如吾國，則實施工作之專門人才，頗感缺乏，雖則飛機從一架增至四架，各種儀器逐漸補充，人才繼續訓練，然仍有供不應求之勢，由此觀之，吾國之對於建設事業，實如雨後春筍矣，惟此項科學假設之理論，待證明者頗多，雖世界學者之研究者，頗不乏人，吾國應用此種科學新法，則亦有應用，亦俱成效，然儀器之仰給，至賴歐西各國，實爲一大缺點，此卽將吾人努力之處也。

（作者范宗燠君係航空測量專校第一屆畢業生現在担任室內作業對於航空測製圖極有經驗爲航測實際之人才　陳克誠附註）

到粤漢鉄路工程局工作經過（會員通信）

張慶融

弟自去年春間由多戰的貴州跑到廣東粤漢鐵路株韶段工程局服務後，轉瞬已有一年。現將一年來之工作經過，拉雜記之，作一報告。

弟所工作之地段屬第二工程總段第二分段，分段設在樂昌北六十里之小灘。分段又分爲三個次分段，弟在第二次分段；由南至北，共只120餘個樁位，每樁距100英尺，全長2英里餘。其中比較重要的工程一爲祁門隧道，長300英尺，一爲梅山隧道，長120英尺，一爲祁門車站，一爲祁門橋，一爲W54號禦土牆，此外尚有W49，W50，W51，W52禦土牆四座，共長700英尺；混凝土單管渠，雙管渠，鋼筋混凝土箱渠，明渠，拱橋等共十五座；又有二三十個山頭，爲路綫所經，必須鑿石開除者。查粤漢鐵路所以停頓數十年，正因各山嶺橫亘粤湘交界，工程艱巨。現第二總段，勉強就要完工，在第二分段中，除上述第二次分段之各項工程外，尚有320英尺之大源水隧道一座，大源水橋一座，九峯水橋一座，禦土牆廿座，小橋涵渠卅座，山頭數十個，工程俱甚困難。第一三兩分段有隧道二座，小橋涵渠約七八十座，禦牆六十座，據預算所列，全第二總段，共長一百廿華里，工程費爲一千二百萬云。

弟初到此間，時値炎夏，適爲測量定線將竣，招標開工之時。先是做了些隧道縱面圖，路線橫斷面，橋渠圖，公事房圖，地畝圖……等室內工作，和卅里路長的邊樁，山洞兩端開挖邊樁，禦土牆樁，橋渠，禦土牆抄平等野外工作。近來室內有廿餘家大包工，小判工的方單，請款單，山洞門計畫，車站計畫，改正橋渠計畫，蓄水池計畫，材料請領與計算，會計科目登錄與計算等工程公式多宗，十分複雜。野外工作則有隧道中線，隧道水平，打洋灰，擺旋，開挖等；橋渠中綫，水平，立模，洋灰等；禦牆開基砌石，及一切測量工作；土石方挖塡水平與中綫等，亦至繁雜。惟此皆技術之工作，最困難者莫如駕馭工人，及臨時人事方面之應付，因該輩皆喜取巧，非刻刻注意，則工款等於虛擲。工程將無良好之結果也。

弟年來確未偸安，爲自身知益，爲母校信譽，非自告進取不可，所幸作事尙能取信于人，故終日登山越嶺，身居瘴厲之鄉，亦頗自慰，去歲因收方由山上墜下，傷及腹部，幸得不死。

現刻祁門，梅山兩隧道卽將完成，祁門橋已及半，車站亦將竣工。特將重要之處，列陳於後：

（1）祁門隧道　其南端270英尺在直綫上，北端30英尺在螺旋綫(Spiral)上，螺旋綫在6°灣綫兩端，分十個弦(Chord)，隧道中約佔兩個弦；惟角度甚小，與直綫相差甚微。當隧道兩端路塹(Cutting),路堤(Filling)開工時，卽已決定導坑之開鑿辦法。惟兩端路塹路堤工程甚大，直至去歲秋間始鑿導坑(Heading)；自南北二端依測定之中綫及平水工作。南端工人效率較高，因若輩工資係逐日依斗車運出之石量計給，故爭先恐後，日夜三班輪流進行；且南端石質較鬆，每日導坑鑿入可5英尺之譜。北端包工辦法稍差，且石堅如鐵，雖用多量黃藥，並電炮轟炸，而每日鑿入僅可3尺。開鑿導坑期內，又因支頂木料疎忽，石塊落坑，致工作畧有停頓，工人先後死傷十餘名，查是項隧道，以用比國方法較便，導坑既成，繼卽落深，隨以兩旁放大之石，傾至落深之小巷中所停之斗車運除，進行較導坑迅速。嗣以上部放大，乃先在兩旁起拱處打1:3:6洋灰樑，寬尺餘高2尺，置木旋Centering，並砌預製之洋灰磚。此項洋灰磚各面各邊大小不等，由1:2:4洋灰混凝土於量準(不得差3公厘)之木模內打好。祁門隧道所用，全係河邊花岡石楂（花岡石在廣東稱磨石），最大一英吋半，河沙與他處相較，可稱極佳，其色白，其質堅無泥，顆粒大小均勻，初視之有如昔在校作材料試驗時所用之沃太華沙；惟此沙祗可用以打混凝土，至多用以做1:2或1:3洋灰漿；倘使用于1:4 或1:6洋灰漿，卽不成，因灰漿將自行分散不結。此次拱旋工作 (Arch Lining) 一擺好後，卽于旋上用片石加1:8洋灰漿塡塞，上述之沙竟不可用，卒改用細沙。祁門隧道因是落坑甚多，旋頂塞塡也多，每晝夜班兩端共只擺 9 英尺，每一英尺旋用磚 105 塊，全隧道共用磚30,000餘塊。當旋經擺好，洋灰漿膠實後，卽將旋台折除，開挖兩旁邊牆及水溝，地脚，避車洞(Recess)等，隨卽立模打一：三：六洋灰混凝土。進行此項工程所感覺困難，而必要小心者爲(a)導坑開挖，南北並進，接頭時不容有參差，故無論灣直綫，水平(用一個B.M.)須極準確，須間日或數日檢查一次，(b)擺旋時兩端同時興工，就算中綫極準，又虞兩端水平不在一條斜綫上；因祁門隧道內有千分之六斜坡，北高南低，兩端旋擺好時，斜坡碰頭，不能差一分。(c)旋旣擺好，勢必開挖牆基，洋灰旋有落下之虞;所以放炮不可太大,炮孔斜鑿，免打損磚面。並且不能多開，須逐步開挖，俟洋灰牆打好後再往前開挖。否則土石一經風化，發生動搖，拱旋就不堪設想。(d)邊牆是1:3:6 洋灰做成，上面加水孔，下邊聯水溝，其水平位置與隔中線距離都要測準。尤須將木模選擇平，直，寬，長，厚度約一之二吋洋松板爲之，背後橫直支頂，也要正確穩固，免致走樣。兩段牆接頭處，宜留錯口，能於取模後不見接縫之口最佳。此間最初用厚杉木，縫多不平，後改用松木，情形好多。(e)洞門計畫，宜禦其後之土石壓力，外觀整齊美觀，水溝及水孔出水處所，故有深切考慮之必要。洞門一項，書本都無詳細敘述，此間用片石加 1:3 洋灰漿砌，門旋用大塊洋灰磚砌，門後斜坡爲十:1，門牆斜坡爲1:12，工程縱不難，可是支頂開挖之部也很不易。(f)測量時由洞外看洞內不見，須用大光燈射光於白簿上反映所看之物，一再檢查，方不致誤。如果直接看見大光燈，則因光耀之作用，景物將不能見，所以大光燈要遮住。反之由洞內看洞外，只要晝間，無用燈之必要；但玻璃鏡頭上易蒙水汽，應隨時擦去。若是洞裏看洞裏，則最爲困難，看與被看兩邊都要燈光，要不動的地方，要有線錘吊下可能之處，要能留記號之處，要能互相傳遞音訊之處，要無石塊落下之處；有時無此地方，儀器也就放在旋台上，惟須隨時檢查有無錯誤。其他如旋上灰漿離縫，炸石打破磚面牆面，導坑的經濟鑿法，炮孔的經濟鑿法，炸藥炸針的份量，施放炮數，支頂木架……皆爲重要而要研究者，因限於篇幅未能多記。

(2)梅山隧道　梅山完全堅沙石，內夾黃鐵鑛，堅硬無比，炸一立方公尺之石，平均需炸藥十磅以上。此隧道完全在螺旋線上，南端北端距T.S.及S.C各40餘英尺，若更長，則對線更難，我等將重要之點，如T.S.，S.C.，切線點，直線點等都立架固定，使不稍差，灣綫由兩邊進行，於上月鑿通。炮孔用每平方公分60公斤之汽壓機鑽鑿，每分鐘約入一英尺，同時鑿二孔，日夜三班，加人工手打，現在方算完工。此隧道可不用拱旋，不打邊牆，而鑿成之石能不墜，故建築上較爲簡單。將來祇須在洞口築洞門，以資整齊壯觀卽可。梅山隧道之建築費，大約不出五萬元，祁門隧道要十二萬元。

(3)祁門橋　此橋僅有跨度20英尺，乃一鋼筋混凝土橋。困難者就是太高，約有70英尺，兩端各有禦土牆，長百餘尺，牆頂與路面平，故橋小而體積大，連洋灰一起預算，約須七萬元。此橋跨度小，所以當中作直綫橋建築，因爲雖居灣線，灣度只二度半，相去甚微；惟兩端禦土牆較長，仍照灣線建築。橋基挖不過一丈卽遇平行石塊，乃鑿平打 1:3:6 洋灰，同時砌牆。木模甚好，包工是湖南人，雖無經驗，而聽指揮，一切均照路局方法，所以洋灰結果很好。這橋下月可以完工。

(4)祁門車站　共長2,200英尺，是四等車站，附近出產，人口均少，此車站是用以換水加煤。兩端有二度六度灣道各一，中段平直。火車由兩端開來，甚易看見，將來當中建站屋，北端建蓄水塔，月台先建一邊。總線長600尺，道岔用十二號。尙有W50,W49 兩禦土牆，C20,C20a 兩箱渠已先後成功，站內土石方約成80%。本年七月舖軌行駛工程車，此車站當首先完成。

(5) W54號禦土牆：長400英尺高50英尺底厚約20英尺，上承土方13英尺，距中線26英尺。牆正在70°30′的灣道上，而南端因避免不良地脚，退近中線5英尺，遂成反向兩灣道。地脚用1:3洋灰沙漿砌石，外邊用1:2:9洋灰石泥沙漿砌石，裏邊用1:3石灰沙漿砌石；外坡1/12，裏坡1/3成台級。石質用梅山隧道開出者，建築尚堅固，現已完成。

(6)另有禦牆四座，亦先後完工。禦牆工程甚簡單，先須注意地脚良否，不良則打樁，挖深，或施上等泥漿，視地而異。由中線先測其新舊地脚橫線，並定其位置斜坡，乃開始砌築。惟須注意工人舞弊，及滲水孔，牆後填土等事。此外另有小橋涵渠十五座，已完大半，有在灣線上者，有在直綫上者，先測定其渠中點，在渠中點覓得左右二方向點，如為灣綫，卽覓其切綫。俟方向點既得，再放其線於上下游，俱以大樁打洋釘誌之，以便隨時掛線。再次擇上下游若干點抄橫平，歸而繪圖與局頒圖相較，決定開挖深淺而施工。橋渠多屬零星工程手續極繁。株韶局規定，付款單價有挖土，挖鬆石，堅石之別，砌片石有1:3白灰，1:3洋灰，1:1;6 1:2:9洋灰白灰之別，打洋灰有1:3:6，1:2;4，1:2:4鋼筋之別，又有乾砌片石，塗1:3 1:4洋灰漿，製18″,24″,30″管之別，且各部形狀不一，又其體積多不規則或對線，平水距離非用精密儀器測定不可。這裏的橋渠都因山溝甚峻，有斜水至1:3者，其下游擋土牆多高至數丈，長亦因之增加。有一管渠耗洋灰500桶者，有下游牆工程總值高出渠之本身者，殊為奇特。至於土石方究竟甚單純，雖有很多山頭，終用人工風機鑿下。大約鐵道部規定，中線路塹開挖過20公尺者改鑿山洞，此間許多山頭，其中線雖開不及20公尺，而斜坡之高者仍及40公尺，所以打邊樁很不易，開鑿也很難。在本月底全段土石方平均可成60%。現在準備六月底隧道，橋渠，禦土牆，土方方，完工，七月鋪軌通車，故日來工作，倍形緊張。

廿三年四月九日於小灘次分段

民元來我國木材進口與出口數值統計

根據立法院統計科二十二年出版「近世中國國外貿易」編製

年份	進口 價值淨數 關平兩	進口 佔全進口洋貨價值之百分數	出口 價值淨數 關平兩	出口 佔全出口土貨價值之百分數
1	2,518,000	.53	2,446,000	.66
2	4,955,000	.87	2,555,000	.63
3	9,380,000	1.65	1,820,000	.51
4	5,004,000	1,10	1,795,000	.43
5	9,925,000	1,92	1,656,000	.34
6	5,485,000	1.00	2,104,000	.45
7	7,107,0 0	1.28	3,292,000	.68
8	9,086,000	1.40	3,321,000	.52
9	14,394 000	1.89	4,866,000	.90
10	11,218,000	1.24	11,659,000	1.94
11	13,898,000	1.47	13,063,000	1.99
12	11,316,000	1.23	21,301,000	2.83
13	18,706,000	1.84	13,376,000	1.73
14	12,192,000	1.20	8,908,000	1.15
15	16,144 000	1.44	10,314,000	1.19
16	13,560,000	1.34	14,345,000	1.56
17	18,018,000	1.51	17,725,000	1.79
18	27,819,000	2.20	16,908,000	1.67
19	23,178,000	1.77	11,291,000	1.66
20	34,685,000	2.42	9,981,000	.77

通告

1.暑期開始，會友之更易地址者，定不在少數，希各會友於地址決定後，卽賜敎示，以免會刊無從投寄，或至遺失，至為盼祈。

2.前所決定出刊之會報(季刊)，以經費尙未準備充分，已改至明年一月一日出版，仍望全體會員努力寫作，努力捐助，努力接洽廣告為荷。

3.關於本年中大土木科畢業同學之職業及通信處，准在下期『土木』發表。

第一卷　第十期

土木

羅家倫

出版者　中央大學土木工程研究會
通信處　南京中央大學

中華民國二十三年九月一日出版

半年來鐵道測量之回顧

陳昌言

鄙人自出校後，卽加入粵漢鐵路株韶段工程局所派之石郴段測量隊，從事實習。出入湘粵交界間之山洞水涯，生活粗野，自無足述。惟本隊多先進前輩，經驗學識，異常豐富，是以本隊組織之嚴密，工作之有效，素為當道所稱許。吾儕追隨左右，獲益匪淺。深覺此次有系統之一貫工作，實有記載之價值。玆於工作餘暇，草此以供諸同志，聊識實際工作之輪廓而已。

一、組織

本隊於草測結束後，擴成兩組，初測組在先，定測組在後，玆畧述之：

(a) 草測組：　隊長一人，幫工程司一人，工程學生二人，繪圖員一人，測夫五人，廚夫一人，聽差二人。

(b) 初測組：　隊長一人，幫工程司一人（司經緯儀者）工程助理員一人（司水平儀者），工程學生四人，繪圖員一人，科員一人，廚夫及挑水共三人，郵差一人，聽差二人，衛兵七人，測夫十九人，小工十人。

(c) 定測組：　副工程司一人（組長）幫工程司二人，工程學生四人，廚夫及挑水共三人，郵差一人，聽差一人，測夫二十人，小工六人。

二、草測

隊長之工作：自決定由A點築一鐵路以達B點後，乃從事地圖之研究；先決定由A點至B點中間，幾處城鎮為必須經過之點，由每兩點之相對位置，可以畧知每段路線之大概方向。然後用一手羅盤（計方向），氣壓表（計高度），計步表（Pedometer），順此方向，沿擬定路線，親走一趟，從事試探，名為『看線』，如能僱當地土人以作鄉導，有時亦有幫助。通常多登高山之嶺，輔以望遠鏡，細察周圍之地形，務求熟習A，B間地勢之情況。此種探路線之工作，非尋常呆板之技術問題，全視各人技巧如何；故由A點至B點間之路線，隨各人之意見而不同。然大致不外乎下述兩種基本原則：

(a) 沿河道方向：　水既已先作開路先鋒，故與河道平行直下，絕無後段突然太高，致坡度太大，不能爬上之理。

(b) 沿人行小道：　人為萬物之靈，極其乖巧，自上古至今，當地土人，幾經千百次嘗試而

本期目錄

遺留今日之小道，不因其路程最短，或因其地勢平坦，無突高突低之情况，故無走不通及坡度太大之理。

此次本隊測量之路線，先沿粤北白沙水，溯流而上，至珠江與長江兩大流域之分水嶺（摺嶺）後，卽沿小道前進，然後順郴水而下，嗣後本路之路線，卽順湘江直抵長沙。

看線工作完畢後，除顯然應卽摒棄之路線外，乃進行極迅速之儀器測量，以得路線之實際情况，隊長乃自在前方，擬定路線之如何前進，令小工打導線之旗眼（Sta. Pt.）此時腦中應注意：

a. 填土與挖土大致須相等，故路線過一凸起，宜再過一低窪，以免將來興築時，取土或棄土發生問題。本段之路線，正在山叢中，因所經皆大山，故不能直穿，僅順山邊而行，過一山嘴，卽跨一山谷，因受山脈限制，故路線蜿蜒前進，但能得合宜之坡度，卽甚滿足。

b. 須顧及路線之前後各段，對於最大限制坡度（Max. Ruling Grade）之大小，須用大概之估計，俾日後行車時，能爬得上，下得去，此點極重要。

c. 路線中之坡度，不宜一大段全是繼續的上坡或是下坡。須於上坡之後，繼以下坡，或平坡。務求嗣後行車，能上上下下。蓋機車之前進，如工人之操作，於過分勞力之後，須有一輕鬆工作，以恢復其疲勞，如是機件不易損壞，機械之效率甚高，不易發生意外。否則，上太長之上坡時，汽缸工作太甚，易生毛病，致不能長久工作，有爬不上之危險。如下太長之下坡，速度過大，一旦制車器（Brake）失效時，卽有出軌翻車之虞。

d. 約每隔十至五十公里（Kilometer）左右，找地面寬闊處，設一車站。此段之坡度，須為0%，且係直線，卽其前後，亦不宜有灣道之存在。車站長度，不得小於 600公尺（Meter）。

e. 設法避免下述各項：

1. 高塡及深挖： 於不得已時，寧願多挖，俾路線多踏實地，不常懸空，可以避免日後新築之路堤，常時下沉，礙及行車之安全。
2. 過長之山洞： 當長度在幾百公尺以內時，每公尺之建築費，約為國幣一千元。苟山峒過長，須開天井（Shaft），工程較難，於是單位之價値激增。
3. 過高之橋樑： 用土石築成之橋椿，不宜過高，否則笨大難築，價値旣貴，且強度又低。
4. 過長之橋樑。
5. 縱，平曲線不要落在過河之鋼橋上，橋上坡度最好為零。
6. 深挖及繞山嘴之灣道。
7. 複曲線。

f. 須顧及大水時期，路線有無淹沒或冲斷之危險。

g. 若地勢成慢坡上下，且區域廣大，而其坡度又超出路線之最大坡度時，選線甚難，減低坡度，不外乎下述兩法：

1. 減低前後段路線之坡度，將大坡度集中於較小一段內，然後採取協拉坡度（Pusher grade），頗屬經濟。本段原擬採用此法，惜為鐵道部所禁止。
2. 將路線展開（Develope），兜圈子增加距離，以減低坡度。若所成之圈形或S形之曲度太銳，則惟有採取轉轍折迴法（Switch back）。

h. 其餘如地質情况，天然風景，古蹟，名勝，亦應隨時留神，盡力為路線生色。

總之：定線工程司之工作，外似簡易而實極難，其重要與價値，關於全路之興築，及日後之繁榮，至深且巨。工程之難易，經費之多寡，行車之安全，營業之發達，胥賴此以為樞轄。往往於一舉手之間，常可省去多數山洞與大橋，減低巨量建築費，實意中事。因路線之選擇無一定死法，各人各有眼光，觀乎工程司手下之木樁，卽決定後日光明世界之興衰，工程司之所貴卽在此，而所負之責任亦在此，故此等工作，非年高識廣，經驗豐富之老前輩，不能勝任，導線旣定，嗣後之工程，全屬呆版之技術問題，乃開始經緯儀之工作，係一視距測量（Stadia Survey）而已，其要點畧如下述：…

26432

測工程司之工作：a. 安平經緯儀於導線大旗眼上，量H. I.。

b. 後視（B.S.）A點，讀BA間之視距離及縱角，以與儀器在A點向B點所讀各數值相核對，如不相符，取其平均數。

c. 前視（F.S.）C點，讀：
1.視距離；2.縱角；3.磁性象限方位角；4.沿時針方向之全圓方位角(Azimuth)。

d. 同時用視距法，取附近地形點。

e. 在記錄簿之右頁，草描導線，地形，河道，房屋以及礦產，出品等。至於當地工商業之情況，亦應作相當之記錄。

f. 當時即查視距圖表 (Stadia diagrams or tables)，將旗眼地面之高度化出，可以知導線坡度之情形。

工程學生之工作　a. 化算野外所測地形點之視距記錄 (StadiaReading)，以求各點之高度及橫距離：
1.用視距圖表(Stadia diagrams or tables)；2.或用視距轉盤 (Stadia disk)；3.或用視距滑尺 (Stadia Slide Rule)；4.或用英人 Gillman 特製一種曲線，稱作Tachometer)者，可以直接讀出橫直距離。

b. 用二千分之一比例，採取切線法，將草測導線，畫於總平面圖上。另用量角器（(Protractor)檢驗，是否畫錯。

c. 用尺及量角器，畫所有地形點，並以鉛筆附註其高度。

d. 參考記錄簿所畫地形圖，由地形點，用插入法，先描出每十公尺之等高線，然後於每十公尺等高線間，再插入每二公尺之等高線。

e. 橫距離用四千分之一比例，高度用二百分之一比例，畫導線之剖面圖 (Profile)。

f. 上黑(Inking)。

g. 由所畫之平剖面圖，略作一紙上定線（Paper Location)。

總之：草測之目的，在最短時間內，以極迅速之經濟方法，但求發現所採之路線，是否經濟的可以走通。故於各種問題中：『最大坡度』(Max. Ruling Grade)，及『路線情況(Alignment)；為實際上野外草測工作時最應注意之兩點：

三、初測

前所舉行之草測，僅以最快之方法，得識路線最顯著之大體情況，以作路線之第一次選擇。其對於較小問題，多無暇顧及，往往所採之『比較線』，彼此之優劣互見，無從作最後之捨取。故於草測後，不得不再作詳細地形之測量，俾對於草測擬定之路線，作一更深切之認識，冀諸較小問題可以知其眞面目，然後路線方可比較優劣之所在，此初測之第一目的。其獲選為最後之路線者，吾人自有初測之地形圖後，方可正式計劃一完全適合地形而又盡善盡美之最後路線，此其第二目的。因其用為决定地面上最後路線所在地之根據，故此種地形測量，務求精確詳細，須用正式精密測量儀器為之，玆按工作進行之先後，述之于下：

a. 大旗組 (Locating Party)。

隊長根據草測之結果，對於路線應如何改善，已有概念，乃開始初測。自在前面看線，令前後測夫，各執一旗，移動前後旗之位置，務使所得之線，合諸理想，不用儀器，專憑個人之視力，然後於大旗所在地，打一圓形木樁，稱為橛子式大旗眼 (Hub, of Instrument Ponit)。

b. 經緯儀組 (Transit Party)

玆按工作進行之順序，臚列於次：

1.安平儀器時，應將鉛錘尖，對準橛子上洋釘之中心。

2.令立於前後橛子上之測夫，各執一有旗花桿。

3.工程司運用儀器時，宜用手旗為號，俾前後旗手，知何時應當注意。

4.量導線間轉角之方法，在普通鐵道測量中，共有下述兩種：

(i) "Deflection Angle"：儀器於某

一方向旋轉所生失常(Out of Adj)之錯誤，可與以後另一方向旋轉之錯誤相抵償，使路線之全體方向，大致不錯，

(ii) "Azimuth Angle" : 所有橫角，均自後旗沿時針方向量至前旗，故野外工作時，不致記錯橫角之向左抑向右而發生大錯誤。

本段路線，直貫珠江及長江兩大流域之分水嶺，多叢山峻嶺，荒無人類所在地，該處經緯度 (Lat. and Dep.) 之數值，無法求出，因此導線間橫角測量之精確度，不易用天文測量校對之。故隊長為保險計，特採用第二法，且用 "Double Reverse Method"，均沿時針方向，量讀橫角。

5. 真南北向既無從決定，於開始測量導線時，乃採取第一段導線之磁性方向角為根據，以推算其餘各段之計算方向角。嗣後之磁性方向角，下過畧供校對而已。

6. 測夫乃進行量距離之工作，或用兩手，或由工程司運用儀器，務使鋼尺常在導線中((In Alignment) 。並用垂錘及手水平，使鋼尺平直。

7. 於每22公尺處，由測夫打一板樁(Stake)，並用藍色臘筆 (Blue Crayon) 註名里程數目。

8. 工程司更用視距法，讀出樑子間之距離(Dist. between Instruments Pts).)，以校對測夫所量之距離，是否無誤。

9 在記錄簿之右頁，將地形及導線，作一草圖(Sketch)。

c. 抄平組 (Level Party)。

主要工作有二： (i) 作導線縱斷面之抄平(Profile-Leveling)；

(ii) 沿導線附近，設立水平基點 (Running B. M.)

抄平之工作極辛苦，工程助理員為之，野外工作時，安好儀器後，祇能讀幾點水平，即從新向前遷移，故終日奔走，絕無少停休息之機會。此種工作須甚準確，且速度須快，益後部之對平組及地形組，均俟水平決定後，方能着手工作也。其工作之精確與否，絕無隱諱之餘地，苟稍有錯誤處，即為後兩組立時可以發現。

導線縱斷面之抄平，最應注意者，厥為山脊及山谷之高度。以其直接影響嗣後坡度之決定也。其介乎中間之細微不平處，應愼重之程度，可較輕鬆。玆將本隊抄平組之實際工作，畧述如下：

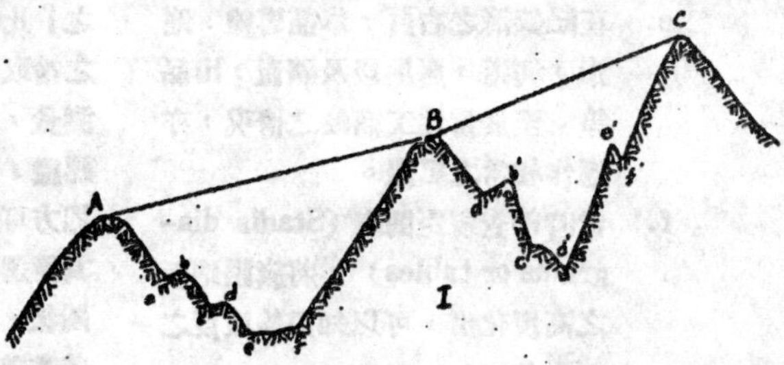

導線恆為不閉合之線圈，每次工作後，不知錯誤之大小，故必待對平組復測後，方可決定。若不幸半途發生錯誤時，則以後各點之高度，固然全錯，即以前各點之水平，亦將發生懷疑，勢必回至最近之正確水平基點，再從新向前抄平。如是曠時廢業，誤事殊甚，故將疑測水平點，分兩組測之：

a. 幹線圈 (Main Circuit)。

於圖 I 中，設A點之高度，確已證實無誤。則於對面高地，選一可以看見之B點，將鐵鞋(Iron Shoe) 打入地中，以為轉點 (Turn. Pt.)。此時乃於A點，安平水平儀，謹愼讀B點之前視 (F.S.)，求出B點之高度為 B_H'。嗣後當水平儀放於B點時，即回讀A點之後視 (S.B.)，此時又求出B點之高度為 B_H''，則B點之眞高度，當為兩者之平均值。AB雖長，光線雖有曲折，亦無害矣。於是繼續C點之前視易言之，A-B-C-…… 為一幹線圈，用此法工作，不易錯誤。

b. 局部圈(Local Circuit)。

當水平儀在B點作完幹線圈之工作後，此時方可移動儀器，求山谷中 a'-b'-c'-d'-e'-f'

各點之水平。因抄平之錯誤，與安放儀器次數之平方根成正比，則於山谷中之抄平，儀器移動次數既多，錯誤之可能性亦愈大，惟祇限於某山谷中，局部之錯誤而已，不致波及導線以後各部也，如是 a-b-……f；及a'-b'…… f'等謂之局部圈。

玆將其他各點，畧述于下：

1.每隔1公里左右，卽於路線傍，立一水準點。

2.水準點及導線橛子 (Hub) 之高度，均須三位小數(0,001公尺)。

3.每隔20公尺之板樁(Stake)，及山坡改變處之高度，均讀二位小數(0,01公尺)。

4.在局部圈中，各水平點之高度，若水平儀安置困難時，得用手水平求出。

5.借手水平之補助，可以找出較好之轉點。

6.於記錄簿中，記轉點之前視爲F.S.；記板樁，及山勢改變處之前視爲I.S.

7.Elev+B.S.=H.I.;H.I.-F.s. or I.S.=Elev.

8.校對方法：∑.B.S -F.∑S.=(最前之Eleʌ.)-(最後之 Elev.)
水平簿每頁中各水平點，用均須此法校對。

9."Set-up" 次數愈少愈好。

10希望F.S.與B.S.等長，如山地不能如意，則求∑F.S.=∑B.S.

11水平尺之讀値，在半公尺以上時，必須令測夫將尺前後搖動，以讀出最小數值爲度。

12若在半公尺以下時，則不可搖尺，祇將水平尺立正，監督卽得，因支持水平尺之支點，在尺底中心，搖尺時尺之零點 (Zero Reading)上下移動，反不能得準確記錄也。

c. 對平組 (Chech-level Party)：

此組工作之目的，專校對抄平組所立水準點之精確程度，卽從新量出每兩水準點間高度之差，與抄平組之成績，是否吻合。故此組工作，實爲前組之幹線抄平 (Main Level) 而已，最好常用導線之橛子 (Hub)，作爲幹線圈中之轉點，可以隨時附帶對其高度，如有錯誤，隨時沿導線向後對平。

玆述其大要如下：

1.爲避免儀器及個人影響(Personal factor)計，此組需另用第二副水平儀，由另一人主持之。若由原司儀人，或用原水平儀器，從事此組工作時，結果仍有錯誤之危險。

2.最大不符限度(Max. discrepeney)，由下列公式決定之：

$e=0.007\sqrt{K}$ 公尺；其中K=里程之公里數值(Dis. in Kilometers)

例：　E=1公里則e≯0.007公尺。

3.如差誤在上述限度之內，卽取兩次記錄之平均數，爲水準點之眞高度；然後用此高度向前繼續對平。

d. 地形組(Topo-Party)。

作地形測量，最適用者爲視距法及手水平測量法。本隊所用者爲後法，並在野外隨卽繪等高線。其利點畧如下述：

1.各地形點皆由手水平，布尺，實際量出者，自比插入法(By interpolation)求出者爲可靠。

2.因當場畫等高線時，有實際之地形可供參考，所得之地形圖，自比在室內，依地形點，用插入法，由回憶中，描出之地形畫爲簡易，正確，而可靠。

3.若遇用手水平測夫之工作錯誤，或中線板樁之高度稍有錯誤，當場被發現。

4.工作直接，簡單，且迅速：

例：　用視距法者，須一人司儀，一人司化算及記錄，一人司畫地形圖。而手水平法，僅須一人司記錄及畫地形圖而已。所用測夫之數目，兩法無差異。平均速度，前者每日可作 100公尺，而後者可作 300公尺。

5.若路線所經區域，爲陡坡，直岩，森林等荒郊，爲視距法之絕困難者，對於手水平法，若無其事然。

玆將工作實況，畧敘于后：

預備工作：

1.先派大批小工，用橫十字架稱爲『方架』者，於導線每20公尺之板樁處，向導線之垂直方向，砍去草木，此種工作，極關重要，蓋小工若將草砍得不直，則以後測夫所沿之路線

26435

亦卽不直，而所量得之地形點，因以錯誤。

2 從事室內工作之繪圖員，須預畫單張地形紙 (Topo Sheet)，共有兩種：

(i) 用以記下量出地形點之高度及距離者；

(ii) 因室內記算導線之經緯度 (Lat. & Dep.)，工作甚慢，無濟於事，乃於另一單張百紙中，用切線方法，用二千分之一比例尺，畫出導線，並於里程數目每逢20公尺處，作一垂線，以與實際上所硏出之草路相對應。苟導線轉向，則於轉角空白處，另添轉角平分線，或延線，及垂直線等以補足。

實際工作：

玆將應注意各點，畧述於下：

1.設板樁之高度爲 237.4 m，則令測夫，；高於板樁 0.6 m點，及低於板樁 1.4 m點者蓋吾人所畫者，係 2m 之等高線也。嗣後便2m上下測量之。

2.將實測之距離，加以前測點之距離，得新測點之距離。

3.每逢10公尺之等高線，均用粗線顯著之。

4.於導線兩傍四，五十公尺內之地形，須精確決定，蓋嗣後之定測路線，與初測組之導線，移動不多之故也。兩傍各作 90m 至 100m 爲止。

5.於灣道及車站處，宜作寬，兩邊約各作 120m 爲止。

6.於未畫等高線前，須熟視該處地形之如何彎曲，然後方可據實照描。不可在野外得測點記錄後，在屋內揣度描出。

7.每上一零碎尺數後，須再下一相等之零碎尺數，方爲眞正所求每 2公尺之等高點。然後方可每低 2公尺向下測量。（測夫不明此理，常生錯誤）。

8.若路線與河流平行，則因上流水面恆高於下流，最好每次橫線之抄平，應達水面爲止，此實予地形工作一良好校對方法。最大錯誤，不能過 0.2公尺。

9.等高線之經過導線者，須沿導線抄平，將此點精確決定，蓋地形圖精密度之初止檢驗法，卽沿導線上之等高線，是否與抄平組之 "Profile Leveling" 相吻合。

10距離中線 100公尺範圍內之小道，建築物，均須測出，其與導線相交或相鄰之河流，則應特別多量，總平面圖卽覺美觀。

11於可能範圍內，等高線務求平滑，蓋亦爲總圖美觀計也。

12每測完一張地形圖，須與前後二人所作之地形圖相校對，看彼此之等高線，是否接得上。

e. 初測組之野外工作已止於斯矣，玆述其室內工作如次：

1.先用一小英文本子，由經緯儀記錄簿中，將導線之里程距離 (Chainage) 及全圓方位角 (Azimuth) 抄下，然後計算各段之距離，及化算方位角（Cal. Bearing），由另一人校對之。

2.記算各段導線之經緯距離，用六位或七位對數表查對數，其數祗準至兩位小數卽可，由另一人校對無誤後，卽填入總表內。

3.因記算經緯距離之工作，最易錯誤，故不妨再作一極簡便而又迅速之校對法，卽用計算尺，求出 "Lat.÷Dep." 之數值，是否與 "Tan Bearing"（用以圖 "Topo Sheet" 者）相符。

4.用八千分之一縮尺，由算出之經緯度，

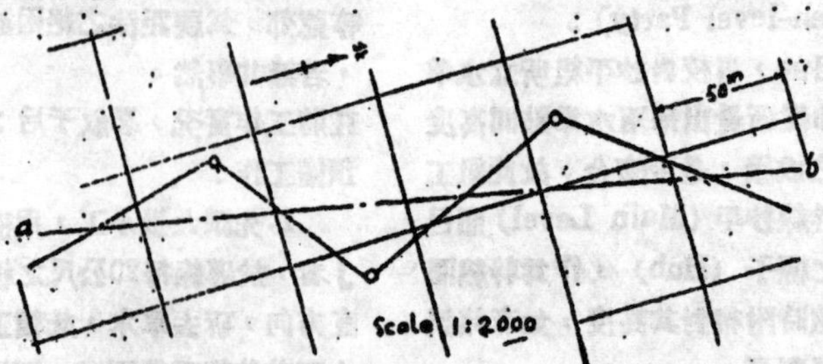

II.

預將導線畫出，折中畫一直線ab，(叄圖Ⅱ.)以決定經緯軸與此ab線所成之角度，乃在總平面圖中，以其中線與縮圖之ab線相對應，以決定經緯軸在總平面圖中之適宜地位，俾所畫之導線，可以常在紙內。

5.在總平面圖上，旣將經緯軸畫好後，於是用經緯度之總和，將樁子畫出，另用三種尺校對兩樁子間之距離(Dist. bet. Instrument)，另用量角器校對導線間之全圓方位角。

6.此時可以開始印圖(Printing)工作矣，用2 B鉛筆，將小張描圖紙(Tracing Paper)完全塗黑，使有復印紙(Carbon Paper)之性質，乃將地形組作好之地形圖，對準總平面圖中之某段導線，下置復印紙，乃用4H筆描地形圖上各曲線，留跡於總圖中。

7.此時可以上黑(Lnking)矣：

(一)等高線用棕色(Brown)墨水；

(二)池澹，河流用藍色(Cobalt Blue)墨水畫；

(三)定測路線用朱紅色(Vermilion)顏料畫；

(四)其餘如初測導線，房屋，水準點等概用黑色墨水(Higgins Black)畫。

8.於"30"×55yd"方隔紙中，將初測導線之縱斷面畫出，橫軸之比例尺爲四千分之一，縱軸之比例尺爲二百分之一。

9.玆畧述紙上定線(Paper Location)工作如下：

一、先在平面圖中，決定導線上某一點之里程數，然後於割面圖中，找對應此里程數之路面高度，設爲H，可於平面圖中，令三角板經過此點。附近之H等高線，參看割平圖中線高低之情況，將三角板上下移動。若某一段之塡切太深，或塡切不相平均，可將路線向山邊上下移動，更用鐵道曲線板選擇最合宜之灣道曲度，俟下述『二至五』完全滿足時，然後可以將交點(P.I.)決定。乃將曲線及直線部分，畫在平面圖上：

二、以曲線愈少，愈平而愈好。

三、兩灣道間之直線部分(Tangent, i.e. the dis of Run-off)，最短不得小於50公尺。若兩曲線皆用60公尺之介曲線(Transition Curve)時，則此直線部分之長度，兩端須各加介曲線長度之半。易言之，於紙上定線時，不得短於 $50+2\left(\frac{60}{2}\right)=110$公尺。蓋紙上定線時所畫之路線，僅直線及圓弧而已。爲日後加入介曲線計，圓弧部分向內移動後，致中間直線部分之兩端，各小 $\frac{60}{2}=30$公尺，結果仍爲100－2×30＝50公尺。

Ⅲ

叄圖Ⅲ，紙上擬定之路線：a-b-cd (ab爲圓弧，bd爲直線) 實地上最後定出之路線：e-f-g-c-d (ef爲圓弧，f-g-c爲介曲線，c-d爲直線)。

四、曲度在2°以下時，不需介曲線。

五、荒涼深山中之民屋，以避免遷折爲妙。

六、交點及圓弧畫好後，用量角器量出P.I.上之交角，△，由所用曲線之曲線，D，査表將切線，T，之長度算出。

七、令小『分距器』(Divider)。兩脚之開度爲20^m (in scale：$\frac{1}{2000}$)，沿紙上擬定之路線，順直線及曲線繼續量度，每200公尺處，須注明里程數目。

八、自大旗眼作導線之垂線，使交於紙上擬定之路線，此垂線稱爲拔距"offset"。以將擬定之路線繫住。

九、畫水準點。

十、用插入法(By interpolaton)將紙上路線每20公尺如之高度估出，另用虛線畫一紙上路線之縱割面圖，並擬定各段之坡度。

十一、用小張描圖紙(Tracing Paper)，將初測線及紙上擬定路線之平割面圖，完全描出，以供定線之參考。

四、　定線組

初測後之結果，吾人對於實際地形，已有相當之認識。對於路線本身上之小問題，爲草測時所不及注意者，已可解決。此時，乃以此爲根據，在野外將最合地形，最合工程上各種基本原則之路線定出，作爲最後之路線，以待日後之興築，此定測之第一的目。於定線工作進行中，同時附帶測量土方，預定地價，擬建橋樑及隧道等，俾可進行估價工作，以求出建築費之大槪數值，用以呈部籌款。另一方面又可用以招標，此其第二目的。玆沿工作之順序，畧述於下：

a.　打"P.I."組。

由初測組交來平剖面圖，須於事先審察紙上所定之路線，是否可以改善，因其太屬紙上談兵，對於以後實際上工作之情況，不無困難處，且各人意見不同，定線工程司可以依照實際地形，自行作一紙上定線。於是：

1.就紙上定線平面圖中，量出各個枝距（offset）之長度，乃在野外用皮尺及方架，將旗桿插出此點。但實際上之結果，不如理想上之成一直線，此時移動經儀線之位置，採折中辦法，以定出一直線。估計交點在此直線上之位置，打兩木樁，參圖IV，與以前所作相交直

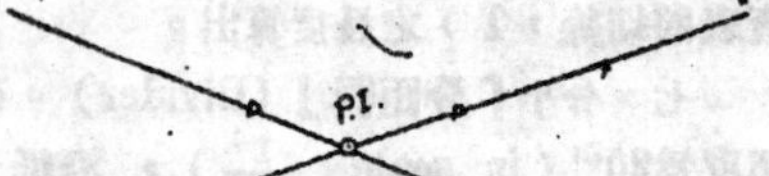

IV.

線上之兩木樁，共成一四邊形（稱爲四面樁）。其對角線之交點，便爲P.I.，打一方形大木樁，上用一洋釘以表示其地位。

2.在P.I.上用儀器，實量兩直線間交角之偏角(deflection Angle)，採用"Double Reverse Method"以求確值。

3.同時讀直線之磁性方位角。

4.由初測組紙上定線所建議之弧度，在野外卽時算出TS（Ts與P.I.間之距離）及S.C.，M.C.，C.S.各角度之值。

5.由P.I.起量出Ts之距離，將T.S.及S.T.兩點定出，更從此兩點，用經緯儀將S.C.，M.C.及C.S定出，各打一板樁。

此組最大之使命，卽決定最後路線之里程數。順直線以至灣道，每20公尺處，卽打一板樁，塡入全線里程數值 (Through Chainage)。其要點如下：

1.平常打介曲線方法，僅打出各十分之一點而已，如A及B，(圖V)若T.S.及S.C.

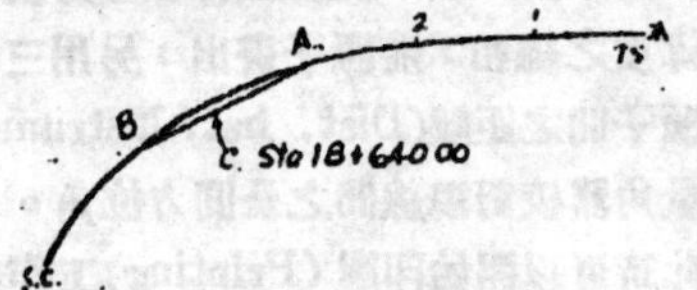

V.

之里程數，均爲零碎數值，所打出者，非每20公尺之整樁，背不合用。實際上打整樁方法，畧如下述：

一、用普通方法，打出各十分之一點，惟用鐵針臨時插出，將AB間整樁處，如C點，打一板樁。

此法不甚準確，且拉鍊子之測夫，容易將C點打錯，本隊所用者係下法：

二、利用特製之圖表，當經緯儀在介曲線上任何地位時，可以直接讀出介曲線上其他各點之對應偏角，用此圖表，以打出各整樁，極其迅速，簡易且無誤。但亦極準確。玆畧述該圖之製法如下：

以儀器在T.S.時爲例：　將介曲線各十分點之偏角算出，以縱軸代表之。將介曲線之長度，以橫軸代表之，將各點畫出，聯一平滑曲線，則於橫軸上對應介曲線任意長度之偏角，可於縱軸讀得之。

同法可以製出許多圖表，且用彩筆分別畫出，以醒眉目，嗣後野外工作時，若地形崎嶇特甚，視距不遠，儀器不能常在T.S.者，利用此等圖表，則尤爲較捷。

2.圓弧部分整樁之打法有二：

(i)　臨時算出各"Sub-Chord"之偏角。

(ii) 事前將各種弧度之曲綫，仿介曲線方法，製出許多圖表，隨時直接查出。

3.打灣道時，最應常找校對機會，例如打至S.C.或C.S.時，(圖V)則以 yc校對之。打至M.C 時，以E，或M校對之。最大差誤，

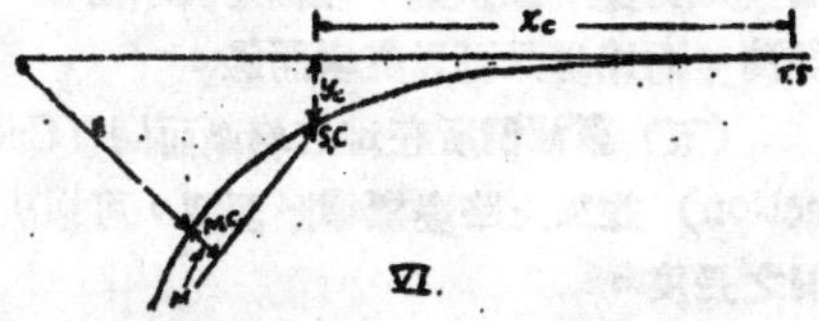

VI.

不得超過半呎或15公分。

c.　中線抄平組。

沿最後決定之路線，求出各整樁及T.S.,S.C.,M.C.,C.S.,T.S.以及地勢驟變處之高度，並沿線估計土石成分，擬定所用明，暗，管渠之種類，註明山林，田地，菜園及土質之情形。

d.　在辦公室內，將中線剖面圖 (Profile) 畫出後，即決定最後之坡度，然多與紙上定線之擬定坡度，無大出入，以一黑線，橫置剖面圖中，上下移動，使填切部分，大致相等，且令坡度變換處，各有適宜之高度，俾兩者之差，除以中間距離，可得一不甚破碎之數值，以為該段之坡度，則日後計算路基高度時，即甚簡捷。

e.　於坡度變換處，加入縱曲線後，算出全線路基之高度，再由抄平組得地面之高度，可以求出中線上各整樁應切應填之高度，更由剖面圖找出"Grade Point"(即不填亦不切處)之所在，綜將此等數值，填入冊冊中。

f.　橫斷面組 (Cross-sectioing)

在中線每20公尺整樁處，用方架向兩傍斫草，作中線之垂直線，用手水平及皮尺，在此垂直線上作水平測量，以中線整樁為臨時水平基點，定所量各點，高於或低於此整樁若干公尺。又以中線整樁為距離起點，定所量各點，離開中線若干遠，由各整樁應填或應切之高度，及填或切之標準剖面圖，可以定出路線兩傍應量至若干距離。普通以多量為是，約每邊量三，四十公尺即足。

g.　打洋灰樁(測夫之工作)

用平頂，刻有十字之圓形石樁，精密的陷入混凝土之基座中，在野外永久固定P.I.之位置。

h.　至此野外工作，即完全告竣，乃進行室內工作矣：

1.圖定測線於總平面圖上之要點：

一、當在野外將P.I.決定後，即從初測導線之樁子，向此P.I.實作緊線。將野外之定測線，畫於總平面圖時，須用所量出之緊線，決定P.I.之位置，然後用偏角核對。同時驗T.S.,S.T.,及其他各點之高度，是否與地形圖之等高線相吻合。

二、定測線之『計算方向角』，不可憑藉為畫圖之用，因實際上不能與初測線之『計算方向角，』毫無差誤。同理定測線之鍊長(Chainage)，亦不可用為畫圖之用。

三、因鍊手之不同，溫度之不同，往往定測線之鍊長，與圖上畫出之定測線而用分距規量出之長度，不能相合，此時祇可平均分配，不更使紙上路線之里程數，與實際相符合。

四、畫灣道時，先定出x_c, y_c, p, q 四點，然後用"French Curve & c RailroadCurve' 圖出之。

2.用一百分之一比例，由橫斷面組之記錄，於方隔紙上畫橫斷面圖，然後由中線填，或切之深度，加上標準斷面圖。

3.若在山坡上 (On hillside) 作填堤，則堤傍坡度，往往與山坡平行，提脚太遠，填土太多，此時乃用一鬆土牆 (Mass Ret. Wall of Loose Rubble Masonrg)，依照標準圖計劃之。

4.求橫斷面之面積，共有下述三法：

一、用"Planimeter"直接量出，因圖紙及儀器之臂長，受溫度影響，時有伸縮，所量結果，因而不準，是以每半日工作前，必先較驗臂長之常數，惟出入甚微。量出之面積須由另一人複量校對之，兩次最大之『不符』(Discrepancy)為 $0.2m^2$。然後取其平均值。

二、凡填切不深，橫斷面積甚小者，以上法量之，極其簡便，若橫斷面之面積太大，荷仍用上法，則必須將斷面分成數份：量各份之值而求其和：或加入極常數(Polar-Constant)，一次量得之亦可，但實際上之情況，此兩種辦法，均不準確，且甚費事，故不如改用筆算法(See Allen : Railroad Curves §230, P.153)之簡易而精確。

26439

三、若斷面甚小，不值採取筆算法，而Planimeter又不敷用時，可應用梯形原理，用兩脚規，量出每距1公尺之深度，（圖Ⅶ）求其總和，即爲所求之面積：

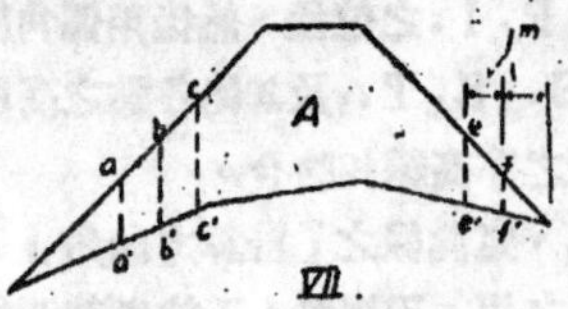

Ⅶ

$$\frac{aa'}{2}+\frac{aa'+bb'}{2}+\frac{bb'+cc'}{2}+\cdots+\frac{ee'+ff'}{2}+\frac{ff'}{2}$$

$$=aa'+bb'+cc'+\cdots\cdots+ff'=A.$$

5.同法求螺土牆之橫斷面積，算出土石工(Loose Rubble Masoury)

6.將路基橫斷面之面積，塡入土方表中，用底面平均法(Mean End Area Method)，算出土方數量(1Cu M.=1方)，因定線測量，僅係估算工作，非如開工測量之須用水平儀精素求土方之數量，故關於計算之修正，如Prismoidal, & c Circular Correction等，概不顧及，又因實際上工人挖土之習慣，祗傾廢土於附近地面，絕不願挑至遠處，故理論上之運土斸解（Mass Diagram）實際上全不實用，故除同在原斷面外，所有塡切，概須出綫。

7.該算土石方，蓋數目之計算，易生錯誤也。

8.擬定全線橋樑，涵洞之類別，玆述要點如下：

（一）凡跨度在6呎以下者，稱涵洞；6呎至60呎者稱小橋；60呎以上者稱大橋。

（二）涵洞最小者爲18" φConc.Pipe.（直從小於18''者，嗣後淤塞時，人工不易淸理理），通常用24" φ及30''中兩種，跨度漸大，乃用方渠（BoXCulvert）；更大則用拱渠（Arch Culvert）。

（三）跨度在30呎以下之小橋，用鋼筋混凝土板橋（Cenc. Slab.girder Bridge）；在30呎以上者，用鋼鈑橋(Platie Girder Bridge)。

（四）應築小橋之河道，若因路基甚高，致兩端橋墩（abutment）處之土堤，向河道所應之坡度，足以堵塞水道時，則以並排連用數個管渠或方渠，或拱渠，以補足流水面積，較爲經濟，而路堤又可以直塡而過。

（五）畫涵洞所在地之橫斷面圖（Cross-Section）並加上路堤標準斷面圖，可以决定涵洞之長度。

（六）凡屬大橋者，須先沿中線，畫該河之縱斷面圖（Profile），註出最高洪水位（H.W.L.），根據當地地質之槪況，擬定橋孔個數，基礎，橋墩，橋橧（Pier)等之形式，更由跨度，尋最輕及工資最低之桁樑（Truss），更須注意最小行舟空間（Water head Clearance），然後决定是否採用上承（Deck）或穿式（Through）桁樑。惟跨度極大者，恆以穿式爲最輕。

總之，該河道之河床，未經開工測量(Costruction Survey)之探鑽工作，河床之承載力，無從决定，一切建築物之設計，毫無根據，是以此時之工作，僅係揣測之建議，俾便估價而已，故一切設計，僅求橋樑各部建築，大小互成比例，外表上但求相稱卽足。

9.凡深挖過20公尺者，卽築隧道，已决定築隧道之所在，兩端開挖深至18公尺時，卽爲隧道之入口（Poltal）至於隧道橫斷面之大小，有部定之標準圖，以資遵照。

10由路線之橫斷面圖，及路基兩傍廢土，借坑標準地位圖，可以算出路線兩傍應行收買田畝之寬度、

11用二萬五千分之一比例，晝縮製平面圖；橫向距離用二萬五千分之一，直向高度用一千二百五十分之二，晝縮製縱割面圖，對於路線之全體，可取鳥瞰槪念，俾便呈部。

12用18''×38-$\frac{1}{2}$''描圖紙（Tracing Paper），復晝平面圖；另用數搖方隔描圖紙，復晝割面圖，俾晒藍圖，製朋呈部及招標樑本。

13幫工程司總計全段測量之記錄，對於路基築造，山洞，橋工，軌道，車站及房屋，購地，號誌及轉轍器，路綫保衛，電報及電話，機廠機件，維持費，工程處經費，意外費等等，各擬一最近市塲之單價，作一業詳細之估價工作，擬定與築費之總數，俾便呈部查數。

14將山洞之平，割面圖，用一千分之一比

例，由原圖放大一倍，以便招標時，予投標人參閱。

15定線工程司將此次所定路線經過之詳細情況，預算，與其他比較線利弊之比較，日後興築時，關於經費，施工，材料分配及運輸，路綫進一步之改善，及其他應注意各點，作一極周密之整個計劃，撰一總報告書，呈之局長。

16將沿綫每2公里土石方之數量，及所含之建築物，於割面圖中，詳加註明，俾日後成立工程總段時，可按各分段工程之難易，分配建築經費也。

總結：初測組室內工作之結果，爲全綫之總平面圖：定線組之成績，爲總割面及估價，嗣後靜候定測綫路之坡度及中綫情形 (Alignment)，經鐵道部核準，不再改綫後，籌足經費，即可招標開工，乃進行開工測量，定出坡樁 (Slope Stake)，測量涵洞之流域面積 (Drainage Area)，探鑽河床，決定橋墩，橋樁之位置，測丈民地，山洞，車站等工作，務求精密，惜本隊所測之石郴段，鐵部尙欲更作一飛機測量，另覓途徑，一時不能動工，開工測量，未克舉行，無足記錄。

〔附註〕：各種有價值之圖表，及記錄方式等，爲數甚多，極其煩複，茲從畧。

廣州市之道路系統計劃及其測量

與　睿

一、引言

廣州爲華南第一巨鎭，扼我國南部政治經濟文化之中心，與津滬鼎足而三。言水運則位臨珠江之三角洲，當東西北三江之總匯，溯三江可四達內地；出江南鄰香港，北叩津滬閩廈。海珠橋畔，商舶輻輳，盛況不亞于申。以言陸運，南有廣九鐵道，達九龍以絡香島；西有廣三鐵道，達三水，與西北二江水陸運駁運；北有廣韶鐵道，現方展築株韶段，來日粵漢全路大功造成，可直達平漢。最近公路建設猛進，網籠全省，四通八達，益形便利。交通既形發達，市況隨之而繁華，全市人口現已增至百萬以上。以人口百萬之都市，市政之現代化實爲首要之圖。廣州原爲逐漸發展之舊式城市，昔日街道狹隘，建築參差，人烟稠密，交通困難，此種現象，今尙可于未加改善之部份窺見一般，蓋初無異于國內各地之其他舊式城市也。最近十餘年來，生聚愈繁，改進之圖亦愈切，當局者慘淡經營，以宏偉之魄力，與夫改革之決心，遂使五羊盡易舊觀。今則柏油道路，寬廠整潔，縱橫四達，夾道皆二層以上之新式建築，整齊富麗；公共給水也，發電事業也，圖書館也，公園也，娛樂場也，諸凡現代都市所需要之條件，無不俱備。雖以歷史短暫，未能臻于甚美甚善之境，然與國內諸城市較，以完全國人自辦之市政，其設施改進之速實無有出其右者。

交通施設爲都市上經營最重要之事，而各種都市交通設施之中尤以街道爲首要。粵市目前之市心街道，類皆循舊有狹隘之石板街道，從事闢寬，使勉成較有系統之馬路，初無整齊之系統，紆徊曲折，其缺點蓋可想見。最近人口激增，附郊一帶，展拓頗速，如不預爲計劃，則將來任意發展，零亂無底，將陷舊市區之覆轍。粵市目前建有房屋之市區面積，不過二萬七千餘畝，全市人口達百零四萬，每畝居民將達四十之數，較之歐美各大都市，實嫌人口密度過大。近年馬路廣闢，復減少原有住居面積，將達十分之二。來日水陸空交通之進展，將益使商務更繁，人口更增，則市區面積之逐漸向四郊發展，實在意料之中。市政當局有鑒于此，乃于民國廿一年，着城市設計委員會，擬定全市道路幹綫系統，招集專家，公開評判，是年十一月十一日，遂有全市道路系統圖之公佈焉。

二、道路系統之內容

(請參閱附圖)

(道路系統圖，因製版不易，故畧去，特向作者與讀者，深致歉意。　編者)

道路系統圖中，規劃路線八十餘條，總長約五十方萬里左右。粵市天然地形，依珠江劃分爲三大區，珠江以北者稱河北區，珠江以南

26441

者稱河南區，珠江以西者稱芳村區。計劃中之市中心區，定於河南區之劉王殿，未來之市府合署在焉，並定設處之南北幹綫爲子午線。市中心區一帶之路線，採放射式；他處則大體依棋盤格子式，間有視地形高低以及建築物之關係多所遷就。另有環形幹綫，遶市區近郊，用以聯絡市區各縱橫幹路及河北河南芳村大坦沙各區。河北區設東西幹綫一條，以聯絡粵漢鐵路與黃埔港之交通。

各幹綫寬度。分爲四種：(甲)四十米，(乙)三十米，(丙)二十五米，(丁)二十米。環市路，東西幹綫及子午路均定爲四十米。餘則自二十米至三十米之間。惟將來可視地方交通之旺淡，加以增減。各平行幹綫間之距離，約自五百米至七百米不等，視村莊，河道，山岡等之形勢而定。

全市各幹綫之總長約五十萬米左右，計環市路長二萬六千餘米，約佔百分之五；河南區二十三萬米左右，約佔百分之四十六；河北區二十萬米左右，約佔百分之四十一；芳村大坦沙區萬約左右，約佔百分之八。至各線之確實長度，須俟實地測量後方可得知也。

三、道路幹綫之測量

道路幹綫系統之圖上計劃，其是否適合地形，非俟實地施測後，不能審定。故市工務局于去定四月起，先後成立市郊測量隊凡五，分駐四郊各區，從事道路幹綫之測量；並于各線之交點附近，安設耐久標樁，以爲將來闢路之基據焉。測量隊中最初成立者爲第一隊，駐河南市中心區附近，第二隊成立于去歲五月初，駐河北西村，專測河北西區路綫；第三隊成立于五月中旬，專測河北東區各幹綫；河南全區遼闊，第一隊有鞭長莫及之嘆，乃于八月間成立第四隊，駐黃埔附近，專測河南東區各綫；第五隊初爲實測隊，專司實測，旋以故改組，遂與他隊性質相合，駐芳村，專測芳村區內各綫。各隊以成立各有先後，所轄範圍又復大小不合，工作進行，自有差異。最近第二隊以測竣巳裁併于他隊，故目前僅一，三，四，五各隊矣。除各測量隊外，局內另有內業部份，司整理繪對印晒及覆核各綫地形圖之責，由技士一人總其成，並負定線計劃之任焉。

茲將測量隊之梗概縷述如下：

(1)組織——測量隊每隊設隊長一人，由技佐任之。隊員二人或三人，視各隊之需要情形而定，由測量員任之。測伕十二人，計可分導綫一隊，用測伕六人；地形二隊，或地形及平水各一隊，每隊各用測伕三人，視情形而分配之。各隊另雇伙火及雜差各一人。

(2)設備——每隊置經緯儀一架，供測導綫之用，儀器爲德國蔡司公司出品，讀角度時用顯微器而不用化微，顯微器中之劃度，以分爲單位，然以顯微器之清晰，一分以下之分數亦易精確讀出也。水準儀亦採蔡司出品，原爲購備作全市水平網測量之用者，于幹綫測量上，應用頗少。測地形用之水平板，每隊約二三付。鋼尺一把，用以量導綫之距離。木樁分大小二種，大者約八公分見方，六十公分，用于導綫之轉角點或田土稀鬆之處；小者爲厚約二公分，闊約六公分，長約三十公分之扁樁，用作各轉角點間之加樁，或硬土之處。另有之合土樁，其式樣如下圖，專安于各幹綫交點左近，以爲久遠之標幟，俾作將來闢路之根據。

三合土樁樣式

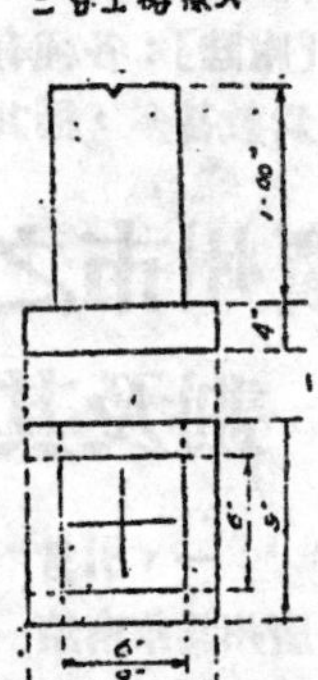

(3)工作程序——

a.按圖選點——工務局備有四千份一之廣州市全圖，該圖上已定有各道路幹綫之大概位置。施測之第一步卽爲根據四千份一之地圖，于實地上求得路綫所經之處，視地形之情形，選點打樁，以定導綫之位置。惟該圖爲五六年前所測量，月前地形，多所變更，益以舊測頗欠準確，猶以山岡之位置形勢，有與實地相差甚遠者，故選點時困難滋多也。

b.導綫——選點既定，導綫隨之進行。以經緯儀測夾角，每角至少測二次，用重複法，若二次計得之角相差過一分者，卽須再測，至得滿意結果時爲止。距離採米突制，用鋼尺量度，往返各測一次，取其中數，以求準確。

若二次結果相差過巨，則再測之，務使滿意而後止，各轉角點之距離，自數十米至六七百米不等，視有無障礙而定。各轉角點間，每隔七八十米打一加樁，，備測地形之用。遇有村莊田舍，往往須于導綫兩測分岐支綫，以便地形之施測。轉角點用大木樁；如遇堅實土地，則改用小樁。加樁用小木樁。二幹綫交點之處，則安設三合土樁。

c.坐標——導綫之計算及落點，採用坐標方法，蓋以其準確而便利也。坐標零點，各隊不合，皆視情形臨時選定；蓋以市區遼闊；復有珠江之隔，統一坐標頗感困難；而道路測量，分區進行，各自成一系統，雖無聯絡，實于事實無礙也。計算坐標之表格如下：

點	夾角 D	方位角 R	距離 S	log S log sin R log S sin R	log S log cos R log S cos R	S sin R +	S sin R —	S cos R +	S cos R —	橫坐標 Y	縱坐標 X	點

d.地形——平面圖之比例尺為五百分一，用小平板施測，以照準儀定方向，以皮尺量距離，至為簡易利便，惟準確之程度較差耳。圖紙每幅大小為180m　2?0m，適合普通小平板之用。地形圖範圍，包括導綫及旁約七十公尺內之山岡，河流，道路，莊舍，隧園，及田畝之分界等。

e.實測——全綫之地形圖竣，彙送局中之內業組，經核對印晒，駁接既竣，由主任技士計劃路之中綫及曲線，定綫後再呈上級長官審核公佈之。其路線之需要近切即須興築者，則發交測量隊實測之。實測分中線，水平及橫斷面等數隊，大致與公路或鐵路之實測同，實測後，製成縱剖面圖，橫剖面圖，及橋樑上下游附近之河流截面等送局、以便估計土方橋樑等工程預算，招標承建之。

(4)工作進行狀況——測量工作之進行，視地形之是否困難以定其遲速。平原沃野，四望無阻，進行較易；山丘林木，莊舍菓園，荳棚瓜架，皆為工作之障礙物。珠江兩岸，多低窪之水田，大潮之候，盡成澤國，則工作須受潮候之牽制。瓜荳之屬，夏盛冬衰，此工作之進行，復與季節有關矣。粵市為繁盛之區，附郊地價，正復不賤，故測量工作，須求相當之準確，決不能如鄉間闢公路之草率從事；因之工作進行，亦較公路測量緩甚。大抵導綫每日平均可測五百米左右，地形每組，(即測量員一人率測伕三人)，平均每日可測地形圖一幅，約合300,000平方公尺。各隊成績，每月報告一次。惟各隊分駐各區，環境既各各不同，進行自有差異，平均每月每隊均可測成路綫五千米左右。綜計自去歲五月，市郊測量隊開始成立，迄今共測成路綫四十餘條，總長几十餘萬米。

已測各綫之中，其需要最切者為河北第三隊施測區內之黃埔大道，該路聯絡粵漢路與黃埔港之交通，為開闢黃埔港之先聲。該路自粵市至省府合署間之一般全長六千餘米，于去歲五月間初測告竣，七月間繼以實測，卽行招標承建，于十一月間由建築商以十萬餘元包工承辦，現路基已成者約三千米。

四、導綫之閉塞差問題

測量者欲求準確毫無誤差，實為不可能之事。道路幹綫，縱橫交錯，每有三四路之導綫，成一閉塞多角形，閉塞點之誤差在所難免。工務局規定市心道路測量之閉塞差E/\/0.01　45　0.0035²，S值乃多角形導線各邊之總長，此式蓋保德國人根據數千次實地測量之結果而成，。依此式，若

S＝1,000m.　E≦0,95m.

S＝5,000m.　E≦3,80m.

S＝10,000m.　E≦7,35m.

但據河北第三隊施測之結果，頗覺此項限制，實嫌過寬。第三隊十閱月來，先後施測所

過閉塞點不下十數處，蓋閉塞環周長自八千米至二千米不等，計算其誤差，皆距上述之規定遠甚，且誤差罕有超出五千份之一以外者。此蓋以設備之週與夫測佚量尺技術之熟練有以致之也。角度之誤差，規定爲 E 1·5 n，n 爲多角形角數，單位爲分。誤差之數求得後，須按經緯距離之長短分配之，惟道路測量各路，以路綫爲單位，一路之地形必隨導綫以進行，勢不能儘先測完導綫，求得誤差，妥加分配，且事實上亦無須乎此。故爲事實上之利便起見，不得不將誤差全數分配于最後施測之一綫，此法于理論上固欠根據，惟誤差既微，于地形測量上實無大影響也。

民國廿三年五月卅日，脫稿于
廣州市棠下村鍾家祠。

會友消息

陳克誠君：陳君本在陝州水文站，最近已調回黃河水利委員會，其在八月廿九來函云：『此次在陝時間雖暫，因正值洪水時期，黃河之奇觀，已親覩一二，此行誠不爲虛。今年洪水較去年當差三公尺，惟漲水時期，與去年相差僅數小時（八月十日）。今年高水時最大流速達7.67秒公尺，含沙重量達百分之四十七，而涇渭兩河更有在百分六十以上；水落時河床挖深至兩公尺，可云奇矣』。

嚴崇教君：嚴君本在金水健閘工程處，現已調至漢口江漢工程局，嚴君來信頗諧趣，比中大爲三十媚婦，困守閨閣，憔悴頭容，不肯再作一度追求如某大學則廉登入時，到處發現其芳蹤，清華庚款諸留學考試，則皆伊輩之公共逐鹿場，嚴君亦甚希望吾校友，吾會友，不落人後，亦能在明年今日，請"我的朋友胡適之"來證婚，誠一大快事。

吳馨君：吳君今已離廣州市工務局，就浙江水利局，吳君在八月廿三日來函云「終以家電速促北上一行，遂於九日動身，十二日抵滬，十七日來水利局到差，局內中大同學，有胡鵬泉及陳德慶兩君，餘多派出，陳忠鑄兄將出發赴嘉湖帶測，約二月可畢，此係臨時計劃，關於秦共調動八隊人馬云，阮樹藩兄現在定海測量海底，一時無輪局消息云云」。

鍾鴻勳君：鍾君現亦辭廣州市工務局就第一集團總司令部少校技士，最近通信處「河源源警衛隊編陳處鍾技士」。

許志恆君：許君辭揚州中學教職，現就母校工學院助教。

孫雲雁君：孫君現辭去江寧縣政府事，就揚州中學教員。

趙稚鴻君：趙君已離江西，就玉萍鐵路事

二三級畢業同學消息

本暑期二三級畢業同學，共四十餘人，其服務於粵漢鐵路者二人，錢江鐵橋者二人，玉萍鐵路者二人，衞生署者二人，江蘇建設廳者三人，。淮委員會者四人，浙江水利者一人，全國經濟委員者三人，南京市政府者二人，南京市工務局者二人，蘇常公路處者二人，安徽公路處三人，交通兵團者一人，軍政部者一人，山東建設廳者七八人，（聞已有數同學辭去他就，）餘則不詳矣。

卞鍾麟君現在江蘇建設廳東台王竹南港湘水閘工程處，來信云「七月一日赴東台，次晨乘六合車行百二十里、始抵工程處，那日下午就開始監工，以後計算排列鐵筋，費了四天。此間同事相處甚善，工程進行，因土質堅緊，（與錢江江邊土質相同）兩架打樁機每天祇能打下兩三棵，Woter jet 不准用，現改用四噸半之鐵錘，進行可以較速矣。

啓事 一

本刊一卷一期，開始于民國二十二年十一月份，期數與月份不相當，頗感不便，故八月份已停刊一期，以後或將再停刊一期，使年內出足十二期，如此每年一卷，既便發行，又便保存，恐同學誤會，特此聲明。

啓事 二

暑期後會友中之更改通信處者甚多，前已屢請會友報告本會，但本會接到此項通知者絕少，茲特製成連環通信冊，其辦法詳在通信冊中，希會友熱心襄成此舉，俾日後整理登載於本刊，吾會友讀之如晤對諸友於一堂，豈非樂事乎？

第一卷　第十一期

土木

羅家倫 [羅家倫]

出版者　中央大學土木工程研究會
通信處　南京中央大學

中華民國二十三年十一月一日出版

椿承載問題之檢討

（一合理之椿載公式）

章守恭譯

原文載Der Bauengineeur 1930 Heft 30

計算椿載之公式，不一而足，蓋衝擊可別爲彈性及非彈性，椿材亦可別爲彈性及勁直，適此適彼已各不同，而工能損失，假定間或大或小，尤使結果難得一致。以下將述一適當合理之公式，此式除最後一擊時之存留下沉量外，並須引用衝擊係數及彈性脫沉量，玆命

G_1＝錘重，

G_2＝椿重，

$m=\frac{G_1}{G_1+G_2}$＝錘重與總重之比，

$(1-m)=\frac{G_2}{G_1+G_2}$＝椿重與總重之比，

h＝錘舉起之高，

k＝衝擊係數(Stossziffer, Coefficient of Restitution)

非彈性衝擊　$k=0$

不純粹之彈衝性　$0<k<1$

純粹之彈性衝擊　$k=1$

y＝最後一擊之下沉量

yf＝彈性脫沉量

yf_1爲椿質彈性所生

yf_2爲土質彈性所生

yb＝存留下沉量

W＝最後一擊土層所成之反力

n＝保險率

P＝容許之椿載＝$\frac{W}{n}$

錘下擊之功作爲$A=G_1h$，其中實僅一部分a. A對於椿爲有效，此一部分工作當然爲土層反力W及其下沉量y所承受，故如椿材勁直而土質亦無彈性，則

$$Wy=aG_1h \qquad (1)$$

凡存留下沉量yb對於彈性脫沉量yf之比率甚大時，上式可滿意使用之，然最後一擊時，椿位往往已甚堅實，而彈性脫沉量所成之一部分反向功作，不容疎畧。錘擊變化過程中之第一時期，土層反力漸自零發生至最大值W，而椿同時亦壓下共yf量，其中椿尖下鑽量當然僅yf_2如第一圖。第二時期椿在同量土層反力W之下，下沉yb量，第三時期椿因彈性反作用回升yf量，故每一擊後，椿之深僅較前多一存留下沉量yb，每擊之相當工作應爲第一時期與第二時期之總加，列式如下：

$$\frac{1}{2}Wyf_2+\frac{1}{2}Wyf_1+Wyb=a.G_1h \qquad (2)$$

存留下沉量yb，可由椿架上設法量得，其

椿質所生之彈性脫沉量亦尙可有一致之公式，足資計算，惟土層所生之彈性脫沉量至今未能明辨其規則而立公式，因此彈性脫沉量yf亟須設法量得之。

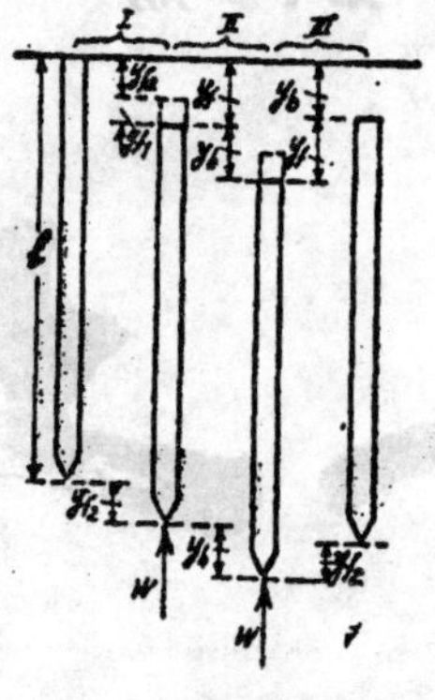

第一圖

其量法亦甚簡單，於柏林西部某處鐵筋混凝土椿工程時，著者卽以第二圖之裝置，確切量得最後一擊之存留下沉量及彈性脫沉量，法以一有鐵筆尖之環牢箍椿上，此尖端隨椿頭之上下，而劃紋於漆面之洋鉛皮上，此洋鉛皮則釘於側面可移動之長板上，板之兩端以二短木椿扶持之，其地位適使洋鉛皮輕着於鐵筆尖上。

每次錘下擊後，稍移動此木板，故鐵筆尖所劃之紋綫爲自右上至左下，第三圖卽爲其所得之部形，其總沉量中，存留及脫沉部分之區別，殊爲明顯，圖中以十七擊之試驗，得平均值yf＝1.5yb，（yb＝4.1mm.）

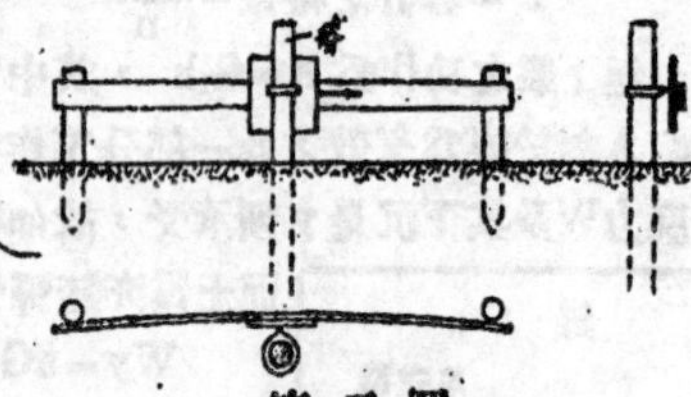

第二圖

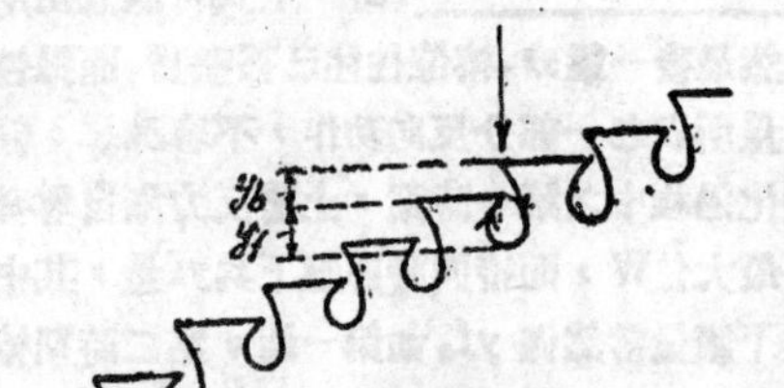

第三圖

附註：譯者於去歲韓莊橋更換修築便橋時，亦參與試驗椿位每擊下沉之情形，不過方法稍異，法以大小適當之硬紙片釘椿上如第四圖，以一端繫輕彈簧之鉛筆，頂着此紙片上，彈簧與鉛筆釘置於木板此木板之裝設，須不受下擊時之振動，每擊換一紙片，所掛成之圖形，大致與第三圖相同，惟$yf=\frac{11}{17}yb$

此種彈性脫沉量之測定，不必每椿舉行，將某一二根椿，求出其彈性脫沉及留存之比率，卽已甚足，同地點同椿材之其餘諸椿均可依此比率使用之，故大部分之椿，僅須用以前普通之量法，求存留下沉量yb。

第四圖

由（2）式得土層反力爲

$$W=\frac{a.G_r h}{\frac{1}{2}yf+yb}\cdots\cdots\cdots\cdots(3)$$

因知採用彈性脫沉量後，許多椿載公式（如勃力克氏 Brix 公式等）之缺點卽可舉出，因有脫沉能力之土質（yb≃o），此種公式將得一非常大之土層反力。

註：美國書本上所載用之公式（Engineering News Formula）$P=\frac{2Wh}{s+1}$及$P=\frac{2Wh}{s+0.1}$等，其分母中（+I）及（+0.I）可補救其弊，惜不著其理論之根據，讀者不能得一深切之了解。

椿性脫沉量之直接測出，對於椿載公式之成就極大，而喀夫略氏（Kafka）引證蓋尼爾氏（Genel）及孔賴特氏（Konrad）之建議又準備區別由土質彈性所生之脫沉 yf_2，其工作附値僅爲⅓，而非通常以爲〔如（2）式〕之½，此工作附値之爲⅓尙未能認爲確實無疑而成立，總之其區別則至爲瑣細，而椿載公式僅爲判斷載力之標準，實無期待非常正確成效之必要，可無須爭論。爲便利起見，抑且切實而在保險方面，以下工作附値仍採用½。至於椿載公式，對於任何簡單，建築物中較其他爲重要，有經驗者類能道之。

欲求土層反力W，（3）式中a值，係辨明下擊對於椿之有效功能，須爲已知，今考察錘擊之情形，作爲一種自由衝擊，然後分拆下落

鍾衝擊後之動功能 G_1h 爲三部分：

I．椿順降之功能

$$G_1h(I+k)^2\frac{G_1G_2}{(G_1+G_2)^2}=A(1+k)^2m(1-m)\cdots\cdots(4)$$

II．鍾存留之活力(卽彈回之功能)

$$G_1h\frac{(G_1-kG_2)^2}{(G_1+G_2)^2}\cdots\cdots(5)$$

III 不純粹彈性衝擊之功能損失〔G_1h—(4)式—(5)式〕

$$G_1h\frac{G_2}{G_2+G_2}(1-k^2)\cdots\cdots(6)$$

衝擊後有效之總功能當爲I.III條之和，卽

$$G_1h\frac{G_1+k^2G_2}{G_1+G_2}=A[m+k^2(1-m)]\cdots\cdots(7)$$

註：(4)及(5)式可由衝擊原理求得之，命

$M_1=\frac{G_1}{g}$ 及 $M_2=\frac{G_2}{g}$，爲鍾及椿之質量

$V_1=\sqrt{2gh}$ 及 $V_2=0$ 爲鍾及椿未衝擊前之速度 V'_1 及 V'_2 爲鍾及椿已衝擊後之速度(未知)

$\frac{1}{2}M_1V'^2_1$ 及 $\frac{1}{2}M_2V'^2_2$ 卽(5)式及(4)式之値。

照衝擊原理

$$\left.\begin{aligned}M_1V_1+M_2V_2&=M_1V_1'+M_2V_2'\\k(V_1-V_2)&=V_2'-V_1'\end{aligned}\right\}$$

以上項數字代入之得

$$V_1'=\frac{\sqrt{2gh}(G_1-kG_2)}{G_1+G_2}$$

$$V_2'=\frac{\sqrt{2gh}(1+k)G_1}{G_1+G_2}$$

$$\frac{1}{2}M_1V_1'^2=G_1h\frac{(G_1-kG_2)^2}{(G+G_2)^2}\cdots\cdots(5)式$$

$$\frac{1}{2}M_2V_2'^2=G_2h(I+k)^2\frac{G_1+G_2}{(G_1+G_2)^2}\cdots\cdots(4)式$$

若鍾重對於椿重爲甚小(卽m近於0)時，則代入椿順降功能之(4)式卽可。因其有隋性之原由，衝擊時間終了後(鍾彈回)，椿之運動卽開始，其初速度絕不受土層反力所牽及，而衝擊之成就仍循，一如並無土層反力作用其間(自由衝擊)

若鍾重對於椿重爲甚大，則一擊之後，其幾乎不變之鍾重，被椿反力所提高，亦必斜轉，故此種下擊，椿之有效工能須依(7)式之總功能求之。(僅去功能損失)

若重量之比率，界於兩者之間，則此兩公式〔(4)及(7)式〕使用時之選擇，成一問題矣。

今如 $G_1=kG_2$，則此兩公式卽得同值，(鍾彈回之速度=0，而III項之功能亦=0)，因此可推及，$G_1\leqq kG_2$ 時，使用(4)式，$G\geqq kG_2$ 時，使用(7)式，不爲不合理。

以上所述，對於用有關帶關係之兩質量，求其速度(假定椿與土層間之脫沉與鍾椿間同)，此方法之成就雖似極有把握，然尙覺未能將此問題精細解明。因此以椿載公式而求十分精密之結果(觀察各種不安全點)未必可能。

第五圖卽將求得之一部分有效功能比值

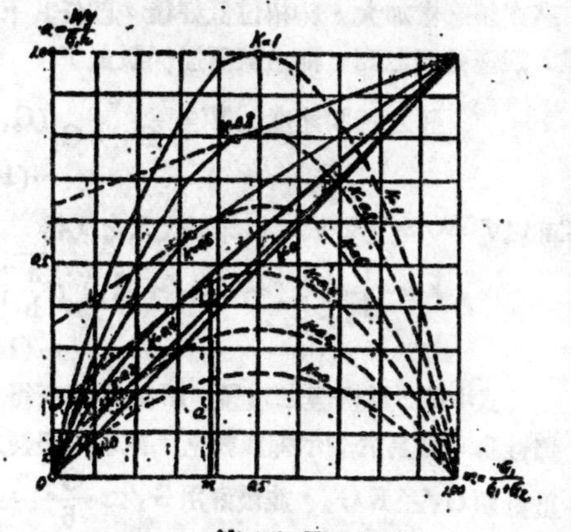

第五圖

$a=\frac{有效功能}{總功能}$，作爲重量比率 $m=\frac{G_1}{G_1+G_2}$ 之函數而繪成者

如 $G_1\leqq kG_2$，又 $0<m\leqq\frac{k}{1+k}$，用(4)式

$$a=(1+k)^2m(1-m)\cdots\cdots(8)$$

每一k 値成一拋物綫，如 $\frac{K}{1+K}\leqq m\angle 1$ 用(7)式

$$a=m+k^2(1-m)\cdots\cdots(9)$$

成一直綫與拋物綫接觸處爲當 $\frac{K}{1+K}$ 時，當m

=1 時，則a 值亦爲一，此種曲綫各爲某一衝擊係數所成而各不相同，觀此曲綫，可知增大衝擊之彈性或錘與樁重之比率，均足以使有效功能生長。

根據上述成效，立樁載公式如下：

$$G_1 \leqq kG_2 \quad W=\frac{G_1^2 G_2 h}{(G_1+G_2)_2} \cdot \frac{(1+k)^2}{\frac{1}{2}yf+yb} \cdots\cdots(10)$$

〔勃力克氏調和式，由(3)及(4)式而成〕

$$G_1 \geqq KG_2 \quad W=G_1 h\frac{G_1+K^2G_2}{(G_1+G_2)(\frac{1}{2}yf+yb)} \cdots\cdots(11)$$

〔愛推華氏調和式，由(3)及(7)式而成〕

上式中yf及yb在打樁時可直接測得，僅餘衝擊係數k 爲未知，如衝擊物爲不純粹彈性，此值定爲 0.4，甚合乎實在，（第五圖之粗綫）但欲得精細之衝擊係數，亦可由簡單之試驗求之。用一輕錘，其打擊面積須等大而下落之高亦須適當加大，待樁位置好後，卽任其下擊，觀錘彈回之高，而求其衝擊係數如下：

$$錘之彈回速度 \quad V'=\frac{V}{G_1{}'+G_2}(G_1-kG_2) \cdots\cdots(12)$$

再以$V=\sqrt{2gh}$及$V'=\sqrt{2gh'}$代入之，得

$$k=\frac{1}{G_2}\left[G_1{}'-(G_1{}'+G_2)\sqrt{\frac{h'}{h}}\right] \cdots\cdots(13)$$

式中$G_1{}'$爲輕錘之重量，h′爲觀察所得之彈性高。因易於顯示彈回起見，試驗用輕錘之重量須$G_1{}' \angle KG_2$，並最好用$G_1{}' \simeq \frac{G_2}{5}$，更爲安全。

如第五圖，a 綫對於常使用之衝擊係數（K=0.2至0.6），甚少離開直綫部分〔卽第二部分，(9)式所成〕，尤其$m<\frac{1}{2}$（錘重=½樁重）實地殊罕遇到，故以(11)式作爲合適通行之樁數公式，甚爲合理而可行，卽

$$W=\frac{G_1 h}{\frac{1}{2}yf+yb} \cdot \frac{G_1+kG_2}{G_1+G_2} \cdots\cdots(14)$$

如衝擊係數不能從試驗方法求出，則在安全方面可用k=o，照下式計算之，卽

$$W=\frac{G_1^2 h}{(\frac{1}{2}yf+yb)(G_1+G_2)} \cdots\cdots(15)$$

容許樁載可斷爲

$$P=\frac{W}{n} \cdots\cdots(16)$$

按此安全係數，普通用n=3，若打斜樁時，則因錘與樁架間之磨擦將消耗一部分下擊功能，而安全係數必須提高。

末了再述泰察給氏（Terzaghi）之指示，知凡土層結合多孔而裝滿水者，如泥土淤積於地下水層或粘土之在濕界下者，其運動時之反力實較靜止時者爲大，卽在連續打擊後，其浮面磨擦因孔水被擠生油潤作用而減少，仍大於靜止時之反力。此種運動，與靜止時之總反力比率，因土層及地點之不同而相差甚大，僅能從土質情形而猶疑於廣界之內（大於或小於一），關於此比率暫時尚無法將各種地質，用觀察時所能得之靜止時下沉反力，而辦甚成功。泰察給氏曾計畫以打擊暫停對於運動時下沉反力之影響爲標準，結果以較久之暫停，得運動時之反力自其連續打擊時之值下降，甚爲分明而已，故若仍應用樁載公式而計算其載力，甚爲不當，是必須由實驗之載重數或根據以往之紀錄而得之該附近之屬基者（如每浮皮面積之最小摩擦值等）細細揣摩之。

樁之抗力

(The Resistance of Piles)

郭增望譯

英國向爲財富之國，對工程建築，不惜多費造價，以求安全。例如某基礎祇需樁二十，則必增至四十；倘其中尚有懷疑之處，則必再倍之。故世人謂英國工程師適合於計劃永久紀念物，不適於計劃工程上之建築。此觀念之由來，乃因英國爲已發達之國家及人口稠密之區，若某建築一旦崩頹，則不特多傷生命，且於經濟上亦發生極大之影響。非可與未發達之國家所同日而語也！

二十世紀以來，工程知識漸趨發達。吾人須以裁衣適身之原則，致力於經濟之設計。惟欲於打樁之基礎上，得一經濟計劃，必須先有正確之公式，或精密之試驗，以決定每樁所能

26448

承受之壓力 (Bearing Power)。

原位樁 (In Situ Pile) 尙屬最近發軔。以前打樁公式乃因衝擊狀况而異，今爲討論便利起見，假定樁頭全無彈性。此項假定，頗合於開花樁頭 (Broomed Pile) 。在此狀况之下，樁隨錘而等速下降。惟因樁頭之永久變形關係，尙須損失一部份之動力(Kinetic Energy)。

設W爲錘重 (lb.)

P爲樁重 (lb.)

V_1爲衝擊前錘之速率(ft./sec.)

V_2爲衝擊時錘之速率(ft./sec.)

h爲錘落下之高度(ft)

g爲地心之加度率(ft./sec.²)

從$V_1=\sqrt{2gh}$,且其間無動量(Momentum)之變化，則$V_2(W+P)=W.V_1$

$$\therefore V_2=\frac{W.V_1}{W+P}=\frac{W\sqrt{2gh}}{W+P}$$

故樁及錘鑽地之動力爲

$$\frac{W+P}{2g}\times\left(\frac{W\sqrt{2gh}}{W+P}\right)^2=\frac{W^2h}{W+P}\quad \text{ft-lbs.}$$

設R爲地下阻力(lb.)

S爲鑽入深度(ft.)

則鑽地時所做之工作爲(W+P)S

由此 $Rs=\frac{W^2h}{W+P}+(W+P)s$

因上式第二項比較甚小，故可不計。則得

$$R=\frac{W^2h}{(W+P)s}$$

若用安全因子(Facfor of Safety)爲四，則安全荷重(Safe Load) $=\frac{W^2h}{4(W+P)S}$ 磅

以上公式爲極普通所用者。

黑樸 (A. Hiley)曾改良衝擊公式(Impact Formula) 詳見於工程雜誌 (Engineering) 1922年六月，1925年六月及七月諸卷，並1923年之工程學會年刊(Transactions of the sociaty of Engineers)此公式乃認爲樁頭或樁盔 (Pile Helmet) ，及錘與樁接觸點等變形，仍含有相當之彈性。當錘及樁同時下降時，則一部份本消失於變形之能力，因彈性關係，仍能恢復。若爲完全彈性，則全部失去之能力，皆能恢復而利用於樁之下沉樁假定能恢復之能力爲 e，則完全彈性物體之 e爲1.00。然因實際上無完全彈性之物質，故黑樸定有下列諸數目：

鋼與鋼間並用雙擊錘(Double Acting Harmer)時e爲0.50。

單擊之CI鐵錘及R.G.之樁頭（不裝以盔者）e爲（？）(1)。

單擊錘或墜落錘 (Drop Harmer) 擊於木其則 e爲0.25。

已開花之木樁頭則e爲0.00。

再設H爲實際下降高度。

h爲有效下降高度，卽用彈機 (Trigger)放下墜落錘實際經高度H。

C爲臨時壓縮度。

$$則R=\frac{W.h}{S+\frac{C}{2}}\times\left(\frac{W+P.e^2}{W\ \ P}\right)$$

若以四爲安全因子，則

$$（安全荷重=\frac{W.h}{4(s+\frac{c}{2})}\times\left(\frac{W+Pe^2}{W\ \ P}\right)$$

若用於原位樁可另擬一衝擊公式，此卽爲 覃爾 (Dörr) ，乃廣用於打樁（Driving Pile）及原位樁 (In Situ Pile) (見 Der Gundbau, by L. Brennecke, Revised by Erich Lohmeyer, Wilhelm, Ernst & Sohn, Berlin, 1927）

此公式分述如下：當用於打樁時，則，

$$安全荷重=W\tan^2(45^0+\frac{\phi}{2})\,Ah$$
$$+\frac{1}{2}mW(1+\tan^2\phi)\,S.\,h^2$$

此中W爲地層 (Strata) 之單位重 (lbs. per cu. ft.)

φ爲樁 打入處地之休角 (Angle of Repose)

A爲樁之斷面積(Sq. ft.)

m爲樁與地層間之阻力係數 (Coefficient of Friction)

S爲樁之周長 (Perimeter) (ft.)

h爲地層之深度(ft.)

在此公式中可分爲二部，第一部份爲承壓面積 (Bearing Area) 之抗力。第二部份爲樁面阻力（Skin Friction)

26449

若此式用於原位樁則 $1+\tan^2\phi$ 可代為 $\cos^2\phi$，或如該處尚有疑慮時，可以 $\tan^2(45^0-\frac{\phi}{2})$ 代之。

若樁穿入數種地層時，則此公式似為繁複；但實際亦頗簡單，祗須一一加疊即可。

在此情形之下，上列公式可書為：

$$
\begin{aligned}
\text{安全荷重} = & W_a \tan^2(45^0+\tfrac{\phi_a}{2}) Ah_a \\
& +\tfrac{1}{2} m_a W_a (1+\tan^2\phi_a) S.h^2_a \\
& + W_b \tan^2(45^0+\tfrac{\phi_b}{2}) Ah_b \\
& + m_b W_b (1+\tan^2\phi_b) \times \\
& S.(h_a+\tfrac{1}{2}h_b)h_b \\
& + W_c \tan^2(45^0+\tfrac{\phi_c}{2}) Ah_c \\
& + m_c W_c (1+\tan^2\phi_c) S \\
& (h_a+h_b+\tfrac{1}{2}h_c)h_c
\end{aligned}
$$

在此中

a,b,c等為各種不同之地層

ϕ_a, ϕ_b, ϕ_c 等為其相當之休角

W_a, W_b, W_c 等為其相當之地層之單位重。

m_a, m_b, m_c 等為其相當之阻力係數。

h_a, h_b, h_c 等為各地層之厚度。

此公式曾用於德國許米特 (Schmedt) 之橋梁基礎之打樁 (Proberammung uud Probelasting von Holzpfhalen beim Bau der Flutbrucken im Schwedt-Niederkraniger Oderdamn. Von Regierungsbarmeister Georges. Die Bautechnick Feb. 17, 1933).

樁需要之數目，先以白立克公式(Brix Formula)決定，並用安全係數為二

$$\text{安全荷重} = \frac{1}{2}\frac{hW^2P}{S(W+P)^2}$$

用此長度之樁，無論如何不能適合需要之樁數，故必以試驗諸樁而決定之。茲將兩種情形之結果，分列如下：

(i) 白立克(Brix) $\frac{35}{2}$ = 17.5 tons

洛許(Rausch) $\frac{58.5}{3}$ = 19.5 tons

杜爾(Dörr) = 33.7 tons

試驗荷重，無永久下沈 (Permanent Settlement) 為30tons

試驗荷重，達二分之一延點 (Yield Point) = 80 × $\frac{1}{2}$ = 40tons

試驗荷重，達五分之二最大荷重 = 110 × $\frac{2}{5}$ = 44tons.

(ii) 白立克 $\frac{33.2}{2}$ = 16.6 tons

杜爾 = 27.3 tons

試驗荷重，無永久下沈 = 30 tons

五分之二之最大荷重 = $\frac{2}{5}$ × 70 = 28tons

延點者乃永久之下沈度不能與荷重之增加同為比例，而且開始下沈度之增加，較速於荷重之增加。照德國慣例安全荷重定為加重至無下沈現象，或二分之一之延點荷重，或五分之二之最大荷重。

洛許公式為

$$\text{安全荷重} = \frac{1}{3}\frac{W^2 \cdot h}{(\frac{1}{2}C+S)(W+P)}$$

在另一實例，其計算結果如下

白立克 $\frac{62}{2}$ = 31 tons

洛許 $\frac{90}{3}$ = 30 tons

杜爾 = 46 tons

用同樣之紀錄，若 e為0.25則用黑樓公式得91噸或安全荷重為 $\frac{91}{3}$ = 31噸。

註：(1) 其數原文脫漏。

(按此文原為濮可脫(G. w. M. Boydcott) 所著，見 The Surveyor and Municipal and County Engineer Vol. 86, No. 2228)

國立中央大學土木工程研究會二十二年度會務總報告

本會自二十二年十月第四次會員大會決定本會名稱為國立中央大學土木工程研究會後，至今已足一年。幹事會同人，受全體會員之委託，承乏會事，謹就一年來會務情況，摘要列敘如下，幸乞鑒督：

(一)關于新會員加入事項：

本會新會員之加入，須經會員三人之介紹，經幹事會審核通過後，方為正式會員。本會原有會員計51人，本年度審核通過之會

員計26人，合計爲77人。茲將本年度內加入會員之名單列下：

茅榮林，茅國祥，杜鍾俊，陳錫斌，
胡漢昇，鄭厚平，蔣貴元，張厥融，
陳志定，陳忠鑄，劉啓祜，朱克儉，
周延俊，黃玉珊，胡松年，丘　侃，
王師羲，陳興章，郭增望，姜文藻，
程極豫，楊　彬，沈鍾修，高治樞，
楊茂芳，薛淦生。

(二)關于月刊發行事項：

本會在二十二年上半年，曾爲本校報校風副刊主編土木工程週刊一學期。嗣後校方因經濟關係停刊，二十二年十一月，本會自行發行月刊定名土木登載會員研究論著，學校介紹，會務消息，及會員通信等。出版以來，頗受歡迎。外界訂閱及請以刊物互易者甚多，中山文化教育館將本刊論著目錄，按期編入該館出版之期刊索引中。現在月刊出至第十期，至本年底適完成一卷。本刊爲本會精神所寄，深望全體會員，努力襄助，充實內容，使成爲工程界上有意義之刊物。

(三)關于季刊籌備事項：

本會第四次全會時曾有出版季刊之提案，以礙于經費，議決保留，但季刊之發行，對于我國土木工程學術研究方面之意義極關重大。幹事會歷次討論，仍覺有積極進行促其實現之必要。爰推舉人員分別負責進行集稿發行籌劃經費諸事。會員方面認稿，認募廣告，認捐款者俱有之。季刊預計每期爲150頁，約十萬字，每期印500冊，計需款350元。每期雖可有廣告收入，會員捐款以爲補助。但欲冀維持永久，仍不敢言有一定把握，爰爲慎重起見：暫將出版日期不與決定，俾得有充分之時間，繼續進行籌款徵稿諸事。

(四)關于本會經濟事項：

本會經費來源完全取自會員會費及基金捐兩項。但實際動用者僅會費一項。基金捐則非有特殊用途，並經會員大會通過者不得動用也。會員欠費甚多，繳清會費之會員僅十分之一，其餘十分之九或欠一期兩期，或則全未繳過，因之影響本會經濟情況至鉅。本會會務未能充分發展，受經濟牽制之影響蓋甚大。本年內本會收入總數爲260.67元，支出總數爲140.90元，實存119.77元。收支細賬另詳會計幹事收支總報告。本會估計僅以二十三年以後之欠費結算，會員積欠會費總額當在三百元左右，積欠基金捐總額亦當在三百元以上。關于會費不能收齊一層，常使幹事會同人感覺異常棘手。

(五)關于會員通信事項：

本會會員散處各地，消息迴隔，平時雖可藉書信互通消息，但往往散漫而不能集中。爰于本年八月間，由幹事會舉辦連環通信。將會員依地段爲爲七個通信組，每組通信冊一本，會員接到通信冊塡塡寫後轉轉投遞，最後仍寄返本會，由編輯幹事整理後，編入月刊中。實施以來，結果不甚良好，通信册已返回本會者僅一組，其餘各組之消息杳然，其原因大概因會員通信地址不甚明悉，致誤投而遭遺失。此項辦法此後擬廢除，改用由本會印就通信表格個別投遞。

(六)關于幹事會幹事交替事項：

本會第四次大會時選出本屆幹事爲夏行時，王鶴亭，成希顒，汪楚寶，葉曦，王開棣，陳利仁七人。嗣後陳君就職他埠，改由卞鍾麟君遞補。卞君于本年七月赴蘇建廳服務，爰將職務交王開棣君兼代，王君復于八月間赴杭工作，乃由本會聘請陳飛駿君代理。

民國二十三年十月十四日

總務幹事　夏行時

文書幹事　成希顒

事務幹事　卞鍾麟

會計幹事　王開棣

編輯幹事　王鶴亭，葉曦，汪楚寶

同報告

26451

國立中央大學土木工程研究會收支總賬 (廿二年十月十日至廿三年十月十日)

會計幹事 王開棣報告

收入		支出	
上屆結存	33.77	土木月刊印刷費(一卷一期至十期)	96.50
會員補交舊欠會費(22年7月前欠費)	43.00	土木月刊製版費	9.00
二十二年七月至十二月會費	92.00	土木月刊封套	2.50
二十三年一月至六月會費	34.00	本會章程	2.40
基金捐	31.00	會費收據簿	1.00
出售月刊	10.50	基金捐收據簿	1.50
暫收季刊捐款	15.00	會員通信錄	2.40
銀行利息	1.20	會員登記片	1.80
		中大油印室代印通知等	.80
		信紙信封	.90
		本會圖章	1.60
		本會茶點	5.50
		雜支(送信車費，工役賞等)	2.00
		郵票	13.00
		結存	119.77
	260.67		260.67

附註 23年1月至6月會員欠交會費約 $123.00
會員欠交基金捐約 170.00 —$293.00

23年7月至12月會費與基金捐全未徵收

國立中央大學土木工程研究會二十三年年會紀錄

日期： 民國二十三年十月十四日

地點： 南京中央大學新教室114 號

主席： 夏行時 紀錄：: 戚希頤

(一)開會

主席及上屆幹事報告本年度工作狀況(詳總報告)，及對于本會今後之希望。

(二)討論提案。

(1)左雲之，卞鐘麟提議：每次開年會以前一個月應將會員最近通信錄刊登月刊上以爲選舉時之參攷案。

議決：通過，交每屆幹事會依照辦理。

(2)卞鐘麟提議：每次開年會以前一個月應將本會會章刊登月刊上以資參攷案。

決議：不登刊，有需要會章者可向會函索。

(3)左雲之提議：在會章上規定幹事至少應有四分之三在會址所在地案。

議決：不在會章上規定。

(4)左雲之提議：每年年會改在十二月至二月間舉行案。

理由：該時天氣最冷，各項工程大部難于進行，會員可乘機出席。

議決：仍在秋季開學後舉行，因爲年會移在冬季選出幹事將至次年秋季因夏季畢業之影響而發生問題。

(5)虞懋南提議：每期土木月刊上專欄刊

26452

登會員通信新地址案。

議決：通過。

(6)韓伯林，龐懋南，卞鍾麟提議：發行季刊，如經濟能力不足，可暫改爲半年或年刊案。

議決：交幹事會參攷。

(7)韓伯林提議：吸收新會員案。

理由：本會之使命在鼓勵同學前進之信心，發揚中大之精神，對于優秀分子宜加以訓練。

議決：通過。

(8)韓伯林提議：多請工程專家演講案。

理由：專家演講可以使在校同學多得精神上之鼓勵，演講稿亦可登載土木月刊以供畢業會友之觀摩，使學校能與社會有較密切之聯絡。

議決：通過。

(9)陸宗藩提議：籌集會所基金案。

議決：保留。

(10)陸宗藩提議：請教授擬定研究題目，由會員分別選題研究案。

議決：交幹事會參考。

(11)陸宗藩提議：設立學術諮詢處案。

議決：不專設諮詢處，有問題可交幹事會，由幹事會視問題之性質，轉請專家答復。

(12)卞鍾麟提議：基金捐捐率修改案。

議決：原定按月捐薪金百分之一之辦法取消，另訂分級徵收規例如下：

薪額	每年應繳基金捐
60元以下	免繳
61至100元	3元
101至150元	6元
151至200元	10元
201以上	15元

(13)葉彧提議：會員應按月填寄工作及生活報告表案。

議決：通過。表格交幹事會擬定，按月附在月刊中分發。

(14)葉彧提議：土木月刊中添加國內工程論著提要及索引案。

議決：通過。

(15)黃玉珊，胡松年提議：本會應否鑄製會徽案。

議決：製辦。

(16)幹事會提議：由本會用本會名義請學校當局從速遵照部令設水利系案。

議決：通過。交下屆幹事會辦理。

(17)幹事會提議：修改會章案。

議決：修正通過。(新會章全文另詳)

(18)幹事會提議：組織編輯委員會案。

議決：通過。由大會另選十二人組織之，以幹事會編輯幹事二人，為正副總編輯。

(三)選舉

幹事會幹事七人，編輯委員會編輯十二人，合計十九人，候補三人，結果如下：

葉　彧(23)	汪鶴亭(25)	戴志昂(15)
黃玉珊(13)	汪楚寶(17)	王伊復(12)
許志恆(9)	茅榮林(20)	成希顒(22)
夏行時(21)	高治樞(9)	沙玉清(13)
章守恭(11)	韓伯林(12)	楊茂芳(9)
郭增望(9)	茅國祥(7)	李鴻遇(7)
陳昌言(7)	鄭道隆(7)	張書農(6)
陳利仁(6)		

(四)散會

本屆幹事會幹事及編輯委員會編輯，分配職務如下：

1.幹事會

總　務	汪鶴亭
文　書	王伊復
會　計	茅榮林　黃玉珊
事　務	茅國祥
總編輯	許志恆
副編輯	葉　彧
候　補	李鴻遇　張書農　陳利仁

2.編輯委員會

成希顒	陳昌言(結構)	沙玉清	汪楚寶(水利)
楊茂芳	高治樞(市政)	戴志昂	夏行時(建築)
章守恭	郭增望(道路)	韓伯林	鄭道隆(材料)

會員消息

我們因會員間消息杳如，所以曾發起連環通信，但到現在本會接到的僅華中一組，其餘的各組不知落在何處，請趕速寄來，登在本刊，給大家看看，現在先把這組陸續發表(編者)

1.　通信者　　夏行時

最近兩月來，我在此所負責的主要的工作是陵園游泳池的濾池工作，在我國，游泳池有清濾設和殺菌消毒等設備的，除了上海租界裏有二三所外，其他各地，尚不多覯，陵園游泳池就是去年開全國運動大會時舉行游泳比賽的游泳池，是中央體育場的一部份，現歸陵園管理，池身長50公尺，寬20公尺，淺處1公尺，深處4公尺，容水量約500.000介侖水在入池之先，先經沙濾缸，後入池，已入池的水，復繼續不斷的用幫浦抽出打入沙濾缸清濾，復回入池中如此而保池水永久清潔，今年游泳池自六月二十日開放後，每日入池游泳的平均七百餘人，至今已兩月許，水仍異常清潔，迄未換過。此水以前自山間自流井，旋因出水量不敷，今年改用山澗溪水，（築壩蓄水成湖，置抽水機于堤上，抽水入池，）水在經過沙濾缸之先，須先加凝聚物(Coagulaut)，使原水中的雜質得以凝聚結核，阻滯在沙濾缸中，此間所用之凝聚物爲明礬與石灰兩種，此兩種均爲和成溶液後，經細管導入原水中加合分量，隨原水之清濁程度而定，最多時曾加到每介侖水和礬8格蘭(grain)水經沙濾缸後復經加氯(Chlorination)及空氣攪動(Aeration)之兩重處理，使水中之黴菌得以殺害，加氯機全套係英國Candy Filter Co.出品，製造異常精密，氯氣量之多寡，視水中剩餘氯氣之多寡而加以調節，凡此皆有專門之儀器及藥品化驗而決定之，池中之水，經幫浦抽入沙濾缸後，回入池中之程序，亦同上述沙濾缸爲壓力沙濾缸(Pressure Sand Filter)，共三座，並列裝置，惟因幫浦之能率太小，須二日方能使池中之水循環一次，沙濾缸須每日冲洗一次，（有時須兩次），將每日阻積在沙面上之污物，冲洗乾淨，而後方可供第二日清濾之用，何時須冲洗，則視缸上壓力表之數字而定，因沙面污積物一多，濾水之能率及速度減少，缸內之壓力便增加，缸每洗一次約需兩小時，耗水二百介侖，池水每隔一日檢樣送衛生署化驗，以防有大腸菌(B.Coli)等之產生。

除游泳池方面之工作外，兩月內曾完成一所鋼筋混凝士屋之設計，及幾段道路及地形測量等工作本年夏季，氣候炎熱，中央各機關下午停止辦公，惟工程方面之事務，不能「辦公」對付，故雖在百度以上，有時也得勉爲其難。

近來正在學開汽車，並買了幾本汽車學的書踩看看，目下駕使已畧得門徑，在山間寬闊之道路上駛行已可泰然，此亦爲本季中之一樁有益的收穫。

對于會中，我希望會員多多努力替會中做些事，尤其是常通消息，討論討論實際問題，勿將會的重担，擱在幾個人身上。同時我希望本會要有一個永久的會址，季刊也最好能把它實現起來，中大土木方面優秀的份子，更希望隨時多多介紹入會，使會的質及量更能充實起來。

我最近的通信處是『南京陵園』

完了，祝本會諸君康健

（夏行時兄，誰都知係吾會之柱石，勞心勞力，三年如一日，足使人敬而生畏，現暫休息，不理會務，亦情所許，惟伊未婚妻恰於此時來京，最近生活，如食荔枝，中邊皆甜，快樂無量，如此皆休，誠賺些便宜爽他也）（藏叡注）

章儀根君——章君最近被派第六總段第二分段測量，來信談及陳昌言君已提升爲試用工程助理員，楊長茂君及黃龍文君在第五總段，凌士彥君亦到粵漢路工作，在第六總段第一分段任內業。

趙稚鴻君——畢業後卽負責測量南昌飛機場，二個月竣事，卽執教于江西省立工業專校，本年七月，脫離教書生涯改就浙贛鐵路局玉南段工程處橋樑股，現在內部担任設計工作，不久卽將派至橋工所云，（通信處：杭州裏西湖）。

姜國幹君——最近已離杭州，就江蘇省導淮入海工程處，不久卽將派出。（通信處：淮陰河北大街）。

王鶴亭君及成希顒君——王君九一八得弄璋之喜，成君十一五得弄瓦之喜，好一對消息。

啓事一

茅榮林，黃玉珊二君，當選爲本屆會計幹事，會員寄繳會費及基金捐，請逕匯中央大學茅榮林君收，基金捐捐率，請閱本年年會第十二條議決案，載在本期105頁

啓事二

本刊擬自明年一月始，充實內容，增加篇幅門（分門詳本期105頁）請兩位編輯委員集稿校閱，然後交總編輯總其成，序其次，而副編輯專任校對發行等責，本刊爲我會精神所寄，萬祈會員努力賜稿，每年每人至少須寫作五千字，庶不致各編輯難作無米之炊，賜稿寄交各編輯委員或正副編輯均可。

誌　謝

本會收到交換刊物有時事類編，文化建設，交通研究院院刊，中央圖書館之經過及現狀，念二運動等數種，特此誌謝。

第一卷　第十二期

出版者　中央大學土木工程研究會
通信處　南京中央大學

土木

羅家倫

中華民國二十三年十二月一日出版

馬登壩的混凝土配和法

夏行時譯

混凝土的配和規律，在1900年初大多採用須極乾的主張，1910年後又趨向于極濕，至1915年乃回復于須比較的濃稠的主張。目下各家意見雖仍不同，但水份過多，不能得持久的混凝土的原理，則大多同意。在我國工程科學的各項設備，非常幼稚，混凝土的配和，大都仍習用任意固定配合比例的舊方法，對于摻和所用的水量，更無嚴格的規定，這個影響于混凝土的力量方面甚大，實有與以深切注意與改善的必要，本文介紹美國馬登壩(Madden Dam)混凝土工程所採用的配比混和制度，根據水水泥比率和試合法配和，並輔以嚴格但又可納欵的實驗控制，使做成的混凝土有極高的強度，此項新制，運用時尤稱簡便合理，爰為譯出，以供參考，本文原著人 Lrwin E. Burks氏係馬登壩混凝土工程主任專家，原文題名 Concrete for MaddnDam 載于 Ciril Eng. 第四卷第六號。

近卅五年來，關于混凝土混凝料的配合規律，混和的科學設計，原料的試驗等，都是一般土木工程師和營造家們努力研究的目標但。是話雖如此，在1915年以前，差不多百分之九十五的混凝土是由任意固定配合比例(Arbitrary Proportioning)的老方法做成的，這個方法，可說祇有一點可取，就是簡單，事實證明，這樣配做成的混凝土，既不能有均勻的力量，又不能有一定的強度。

約在1905年時，甫勒(W.lliam B. Fuller 和湯生(Sanford E. Thompson)兩氏，鑒于此項配合方法的不當，從事于幾項研究以顯示混凝料顆粒級差的變易，對于混凝土的密度和力量方面的影響，其經過曾文字發表于 Transaction Vol. 59 上，題名：The Law of Proportioning Concrete. 並製出一種理想的級差曲綫(Ideal Gradation Curve)，引示粗細混凝料的正確配比，但當作者于1922年嘗試遵照兩氏的理想曲綫，引用于墨西哥的某項混凝土工程上時，(所用的粗料是卵石)，其結果卻使配成的混凝土粗糙而難于施工。

1915年，水泥協會在芝加哥路易社設立試

本期目錄

驗所，從事研究做混凝土的各項問題，由阿勃侖(Duff A. Abram) 氏主其事，于1918年，在該社第一期報告中發表第一次的研究報告，原文題名The Design of Concrete Mixtures。從此項報告中開始闡明了一個基本原理，就是水與水泥的比率對于混凝土的力量有基本的關係，這個原理，現在通稱爲水水泥比率律，在現時設計方面，佔極重要的地位，它的原理簡單說來，就是：在當地的工作情況下，混凝土的力量和其他性質，將以每袋所用的淨水量爲轉移。

阿氏並爲應用此項原理起見，創制了細率法（Fineness Modulus Method）爲設計時計算的準則，並且還有一個冗長的公式，其中有關于所需要的混凝土力量，混凝料的細率，重量，所需要的粘稠度等等的變數。我們目下姑不置論阿氏的精美工作，我們暫不去疑問他的公式在理論上的準確性，但我們可以說，細率法在實際上從未普遍的用過，大部分的營造人對于這種方法是生疏的，這個方法可用于實驗室里而不能實施于工地上。記得有一個營造人用這個新方法配合後，傷氣的說：『我化在試驗篩和篳上的錢，倒比化在拌和機翼子板上的錢多了』。

這個方法，在實際應用上是困難的，可是不要誤會，阿氏所樹的經論的價值，却並未喪失，工程師們仍抓住了這原理，推尋新的較好的方法。關于這方面有許多的新發展，其中最得普遍應用的是：藉細率法做配和初步設計的根據，若是這樣配合結果的混凝土，不能得到所需要的粘稠度（Consistency）和可作性（Workablity），那末將粗細混凝料的用量更改一下，但並不變動水泥和水的用量。如此則對于阿氏水水泥比率律的的基本原理仍是符合。這個方法，通稱爲試合法（Trial Method），自1920年通用起，至1926年成爲極普遍。在1926年的水泥協會的報告中，有麥美侖（F.R.McMillan）氏的一篇敍述此項方法的文章，題名The Design of Concete Mixtures.

照我個人的經驗，我相信至現在爲止，水水泥比率是混凝土混和設計上最滿意的根據，並且在工地實用時也較其它方法爲容易而簡單。

馬登塲的混凝規範

馬登塲及其附屬工程的規範上規定水泥由政府供給，混凝料須從政府所有的地上開採得來，關于混凝料的質地的規定，包含普通所需的條件，關于顆粒級差的規定，有如下的說明：『卵石顆粒的級差，必須使混凝土不需用過多的沙，水和水泥，而能得到所需要的可作性，密度和力量』，沙必須通過第四號標準篩，它的細率限于最小2.75，最大3.25，卵石依大小分爲四號，如表一：

表一 卵石分類

卵石分號	顆粒大小(圓孔)
1	4 號篩至0.875吋
2	0.875吋至1.75吋
3	1.75吋至3吋
4	3 吋至8吋

規範中不規定材料配合的一定方法，僅規定塲中混凝土的最小承壓力，在 28 天時須有1500磅／平方吋。樑，樓板，和其它鋼筋混凝土部分的最小承壓力須有3500磅／平方吋。此種力量，從6吋對徑12吋高的柱筒樣品中試驗得來，不過加有附則，卽若試驗樣品的大小或所用混凝凝土的性質，不能直接代表工地上的混凝土時，則須在由試筒試出的混凝土力量數上加以相當的校正係數，以資符合，在規範上僅規定混合物必須使混凝土毋需加過量的水泥而能得有適當的可作性，密度，不透水性和力量而巳。

但規範上規定混凝土拌和的用水量必須與以嚴密的控制，並須隨時視混凝料中含濕量的多寡而與以調節，規範上明白說明水量可以變換，使混凝土得適當的粘稠度，這說明似乎與水水泥比率律的原理矛盾，其實不然，我們並不允許大量地變動水量以增進粘稠度，因如此變動顯然地將影響混凝土的力量，在實際工事方面，變換水量僅限于小小限度內，逾此限度，則變易混凝料的用量以適應適當的粘稠度，規範中申言適當粘稠度的重要，並同時禁止用過濕的混和物 ，限制混凝土的塌落（Slump）至3吋，在薄的鋼筋混凝土牆或樓板或難于澆搗的地方則塌落可至6吋。

規範上雖已表明混凝土物各部份所須有的力量，如自1500至3500磅／平方吋，但爲各部分實地工作便利起見，重依力量及料的性質等將混凝土分爲四等級，如表二所列：

表二　混凝土按力分級表

等級	廿八天時均力量 磅　平方吋	水水泥比率 以容積計	水泥因數 桶／立方碼
A	1750——2250	1.05	1.00
B	2250——2750	0.95	1.10——1.20
C	2750——3250	0.85	1.25——1.35
D	3250——3750	0.75	1.40——1.50

上表所列的A，B，C，D，四等的力量，可由用最小號的粗混凝料（卽表一中的1號卵石）中得來，亦可由用四號卵石互相摻和的粗混凝料中得來，此處爲指明石子大小和力量等級起見，暫用符號來做代替的標記，拿英文字母表示混凝土的等級，拿數字表示卵石的大小，例如"A—4"卽表示第一級的混凝土，其中所用的卵石最大有8吋。

在任何樣的混和中，卵石大小的配比，可在相當限度內隨意使用而與混凝土的力量不發生影響，這個是由實驗證明的，我們所以准許隨意使用的目的，是在使能儘量的採用實地開採出石的石，免得遺棄材料，我們從試驗獲得上文所說的卵石大小級差的相當限度應當限于表三所列的範圍以內：

表三　卵石的准許配比

大小分號	各號大小多寡的百分比 N01	N02	N03	N04	細率
2—A	15	85	0	0	6.85
2—B	25	75	0	0	7.00
2—C	35	65	0	0	7.15
2—D	50	50	0	0	7.35
3—A	42	48	10	0	7.55
3—B	37	43	20	0	7.71
3—C	32	38	30	0	7.88
3—D	27	33	40	0	8.13
4—A	37	33	20	10	7.89
4—B	32	28	20	20	8.16
4—C	27	23	20	30	8.43
4—D	22	18	20	40	8.70

拌和混凝土時，表二中所列的水水泥比率應當儘量保持吻合，表二中所列的水泥因數是指得到平均粘稠度（1½至3½吋的塌落）所需的水泥數，若試驗後發覺塌落過大，則當增加水泥用量，以資調節平衡。

如上所述，每級混凝土可由用1,2,3,4四號中任何一號的卵石中獲得，所以四級混凝土就得有十六種不同的配合方法，工程監督人，就可在這十六種配合中，很便利的選定一種最適合當地工事情況的配比，令包工人遵照辦理。

工事進行前的檢樣試驗

檢樣試驗就是在承包人所擬採用的混凝料堆中挖取樣品，試驗其各項性質，此種樣品須檢取能代表其料堆的全部者，每個混凝料堆的顆粒級差都與以分析，同時對于所代表的混凝料堆的平均情況亦與以鑑定，卵石的健全（Soundness）用硫酸鈉（Sodium Sulfate）法決定，沙的拉力亦加以試驗，另外又檢取一部分的樣品，經水洗後與以顆粒大小的分析，而後送進試驗室去研究混和的適當配比，關登場所用的材料，經檢樣試驗後，得其結果與規範上所規定的限度相等或較高。

在試驗室中設計混合配比時，首先用細率法獲得三者的近似配比，而後從阿氏曲線上選取需要強度的水水泥比率。各項混凝的材料量定後，倒入小拌機中拌和，拌和後的混凝土堆在平板上鑑定其可作性和勻密度，以容易搗拌就模爲合格，大概經過兩次或三次試合後，可作性卽得充分校合，僅僅根據細率法的混合物大抵粗糙而難于施工，凡遇此等情形時，可將粗料減少而增加同量的細料，關于此類數量方面的決定，完全是武斷的，趨近于理想的可作性，全由試合的步驟得來，但在試合的過程中，水和水泥的用量仍須保持不變。

一俟適當的配合試出後，收成（Yield），水泥因數，密度等，都由絕對容量法（Method of Absolute Volume）中求出，並與實際所計量的互相校合，爲免除差誤起見，隔天重再檢樣試驗，作爲比較，每級混凝土做有三十個至四十個樣品以試驗壓力，試驗結果畫成曲綫與阿勃侖氏的力量曲綫相比較，此項樣品試驗後經發現在二十八天時所產生的力量，並行的高于阿氏曲綫之上約15%，第三天和第七天所產生的力量，約當于二十八天時的力量百分之三

26457

十九和五十八，試驗室採用的試驗方法都是根據標準習慣進行的。

研究在試驗過程中所產生的各項因數，和十六種不同混合中得來的經驗，似乎可歸納得下列幾個結論。

（1）祇要水水泥比率保持一定，混合物的可作性滿意；則粗混凝料的顆粒級差雖有極不同的變易，但對于混…土的承壓力可不致有多大影響。

（2）同樣的水水泥比率，水泥因數在級差均勻的粗混凝料中較在級差不規則的粗混凝料中小。

（3）普通粘稠度的混合物（塌落3吋至4吋），同樣的水泥比率，水泥因數將因粗料的最大顆粒的增大而減小。

（4）十六種混和的各個的平均力量，都較設計的最小限力高，故在試驗室內試出的配比，在實地工事上應用可以放心滿意。

拌和方面的控制

混和的配比決定後，接着的工作就是注意承包人在中央混拌站上的實際混拌工作，（配比用標準衡量量重計算）監督混拌方面須注意兩事：一，規劃一種系統，使工程監督人能精確的活用和應付試驗室內得到的結果于實地工作上，例如粗料含濕度的變化，粘稠度的必須變更，每拌材料數量的伸縮等；二，使此項工作能在最短的時期內完成，免耽誤影響承包人的工作。

假使混凝料是乾的或含濕度均勻的那末拌和的管理自極簡易，但通常不易遇此情形，如在馬登壩，因缺乏充分的地面堆置洗過的和篩過的混凝料，使沙和卵石的含濕度不能勻一，因之對于量量方面，需要常常的校正，沙中含濕度有百分之一的變易，對于混凝土的粘稠度方面，就有顯著的差別，故每拌的沙和水的用量常須改換。

在改正方面，爲免除每次紙筆計算的麻煩起見，另備了一份全套的圖表，包括自零至百分之十的各種含濕情形，表中混和的配比根據100磅的水泥而言，監工人得此表即可極迅速的判決任何含濕情形下，任何大小的料堆情形下，所應用的各種配比，這種圖表的功效極大，因四級混凝土因濕度的不同，就可有320種可能的混和，有此表後，祇須一檢查之勞，即可將適合的配比找出。

另有一事值得一提的是，因堆地的缺乏，有時或有某種大小的卵石剛剛短少，此時監工人有兩個可能的處置：一，修改卵石的配比，二，停止工作以待缺貨補充，根據以前的實驗，石子級差的變易，對于混凝土力量的影響甚微，故監工人此時應有權更改卵石的差比，祇要在表三所列的範圍以內，便無妨礙，免得耽誤工作。

混凝土拌和工程總監工的辦公室在混拌機的附近，對于各種材料的計量，工作的疏慎，都可得一目了然，辦公室中設置測驗含濕度需用的各項儀器，並有電話可直通工地監工人和試驗室等，此外另裝有燈號和鈴號，在廣大的工地上，可對各段的工作羣衆指示消息。

各監工人除在初步訓練已受有口頭的指導外，每人另備有一本手册，內載各種混和設計表，混凝料級差表，工程規範，各段工程所用混凝土級別，和其他職務上應有的知識等。

在混凝土澆做的時期中，工程人員的主要工作程序如下：得到開始工作的報告後，監工人審視所要澆做混凝土的部分，並從手册上翻出應用那一級的混凝土，而後取混凝料樣作一試驗，決定含濕度，又從設計表上查得適當的材料配比，待材料備齊後，即準備開始澆拌，監工員和工頭同時視當地工作情形商定運輸的速度，而後電話通知拌機處的監工，以便校正出品的快慢。

塌落試驗在混凝土澆倒處執行，並將結果電話報告拌機處的監工，以備隨時調節粘稠度，每隔一定時期舉行一次混凝料含凝度的測驗，此項測驗在混凝土已得極均勻的粘稠度後仍繼續舉行，直至工作告一段落，移動拌機時爲止，在移動拌時，監工人須作一詳細報告，填述工作成績，混凝土等級和產量，所用各項材料的數量等。

每二十四小時，檢取各號卵石的樣品各一種，考驗級差情形和清潔程度，沙在同時間內至少應檢擇三個樣品以供考驗，若考驗結果發覺與所需條件不符，則包工人須在拌和時加以適當的改正，在混凝土工程進行時，每八小時一班的工作中，須檢取各級混凝土樣品各一件，做成6吋經12吋高的試驗筒，樣品大多取自中央混拌機處，間或在澆倒處檢取一二，以爲校核，所成的圓筒，經過不同的儲藏時期後，執行試驗，時期自三天至三年不等。

做試驗筒所用的混凝料，須經過2吋孔的篩篩過，大于2吋的卵石都棄去勿用，關于試驗樣品所呈的力量與實際做成混凝土建築物的力量的關係，在博而特壩 (Boulder Dam) 工程方面，曾有精密的研究，該項研究報告宣示：小樣品中混凝土的力量，較大混凝土(3呎徑6壩高)所生的力量高百分之十二至十五，(大混凝土中大于2吋的卵石並不棄去)表四示馬登壩試驗3150個試驗筒後所得的平均結果，其中A級混凝土因試筒內大號卵石已棄去的關係，應與以百分之二十的校正係數，B級應與以百分之十八的校正係數，C，D則無須另加校正。

表四　6吋×12吋試筒試驗承壓力的結果

時期	每平方吋的磅力數			
	A級	B級	C級	D級
3天	1,236	929	1,237	1,980
7天	1,837	1,952	2,266	2,962
28天	2,885	3,095	3,550	4,110
3月	3,457	3,910	4,160	4,289
6月	3,800	4,576	4,186	……
9月	3,945	4,433	4,715	……
1年	3,980	4,560	4,847	……

試驗證實，馬登壩所做成的混凝土的力量，都符合政府規範所規定的，並較設計時所根據的畧高，此項用水水泥比率法來做膠漿，和用試合法來配合粗料的方法，已證明對于混凝土性質的控制上，既簡單，又易做，故實可認爲混和設計方面一種健全優美的依據。

浙江省義長公路歌山大橋

虞　懋　南

1·地位，——

義長公路起於義烏縣城，經東陽而至嵊縣之長樂，共長七十一公里，歌山橋者，橫跨於大溪之上，爲嵊東間之交通孔道，兩端及橋上，房舍林立，人烟綢密，是卽歌山鎭也，大溪寬約二百至三百公尺，上通金華蘭溪，下達東陽義烏，沿岸崇山墢巖，在在皆是，茂林修竹，蒼翠欲滴，是以該鎭旣以風景之優美，復執水陸之樞杻，而是橋之重要想亦槪見矣，下圖係該橋之竣工攝影。

浙江省義長路歌山大橋竣工攝影

2.老橋概況，——

是橋原有老橋長約一百九十餘公尺，寬約四公尺，共計橋台二，橋墩十二，均係大條石建造，墩之大小，長約八公尺，高約六公尺，寬自二公尺至四公尺不等，砌縫旣密，底脚亦固，徑間自十二公尺至十四公尺，原有橋面均用圓木松及木板構成，其築造之法，頗堪究討，如下圖所示：

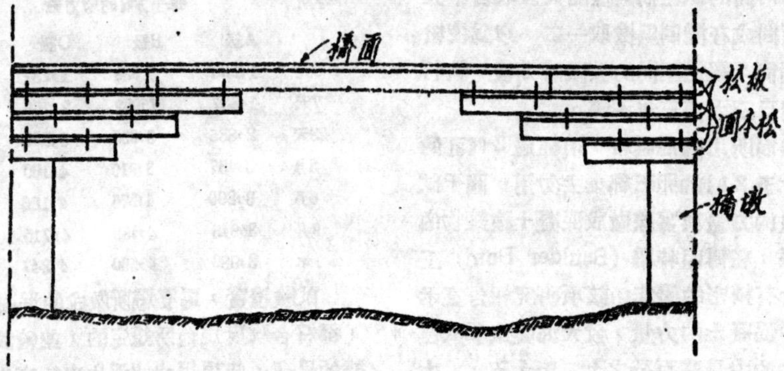

此種造法顯係利用肱挑作用(Cantalever Action)可見關於肱橋 (Cantalever Bridge 之建造，早現於我國古代，惜僅知利用而不深究其理，加以改良，一旦發明，固守舊法，是卽吾民族之劣根性也，下圖係示原有老橋之概況··

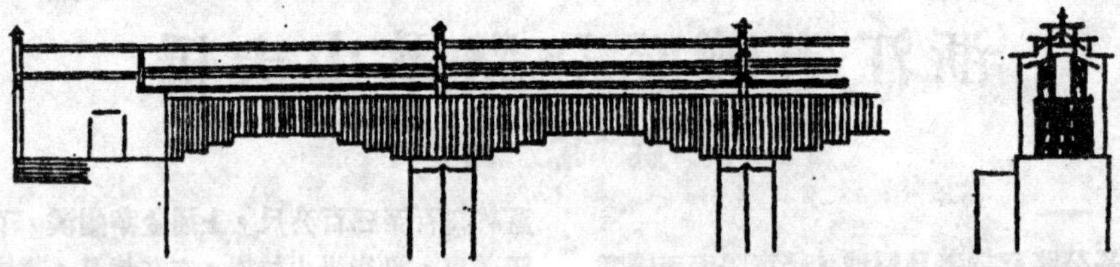

3.設計方面，——

橋墩橋台旣屬鞏固，當可利用，惟橋面木料，因年久致腐，不勝所載，是以決意利用橋墩橋台，改建橋面。

橋面之設計係根據十二噸之載重，所擬採之式樣及材料，以洋松桁梁，鋼混土丁桁梁(T-beambridge)，工字鋼梁 (I-beam)，上行鋼架(Deck Warren Trusses)以及下行低鋼架(Pony Warren Truss)五種互相比較：木梁以孔徑過長，頗不易採，况壽命短促，殊不經濟，鋼混土橋面對於行車最爲舒適，惟當山水暴發，易被冲毁，如一孔有損，勢必牽及其他，故亦非善良之策，工字梁較爲合宜，當一孔受損，不致影響他孔，同時亦易於修理，惟因孔數過多，所需枝數極衆，一時難於採集，况十二公尺以上之工字梁，非定購國外不可，而價値亦隨昂，是法遂亦放棄，上行鋼架係用小號三角鋼釘成，材料旣易採辦，亦復便於修理，最可採用，最後之下行低鋼架，價値旣昂，修理亦難，故亦非所宜也，以價値論，下行鋼架最貴，上行鋼架次之，鋼混土與工字梁相仿，木料最廉，綜以上之利弊，似以上行鋼架木橋面較爲適用，卽今所造就之式樣也。

孔徑之大小，略有出入，每孔以四鋼架擱於兩橋墩之間，架間以角鉄連之，横梁用渠形鋼 (Channel) 釘於四架之直柱，上擱木樑，再加以橋面板，(參所附照片)

4.施工情形

本橋於今春三月中旬開始動工，先將原有木面木梁拆除，橋台橋墩因上層參差不齊，並砌縫間之膠質材料亦已風化，故於頂上拆去數層，用1：3水泥漿重砌，加以修飾，然後以儀器定鋼架之底脚地位，一經定就，卽立洋灰底脚之木殼，每條底脚留方孔二個，預備二鋼架之脚伸入，然後以1：2：4混凝土澆入木殼，築成鋼架之底脚，如下圖者然：

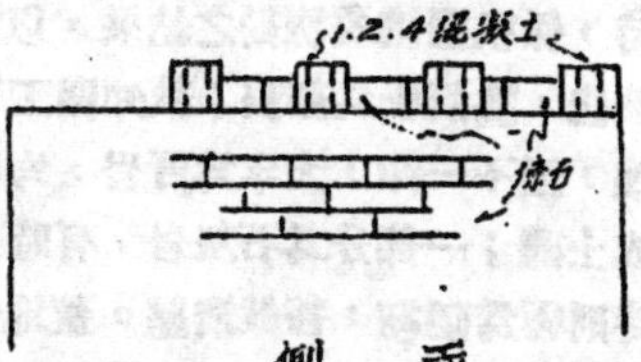

側面

平面

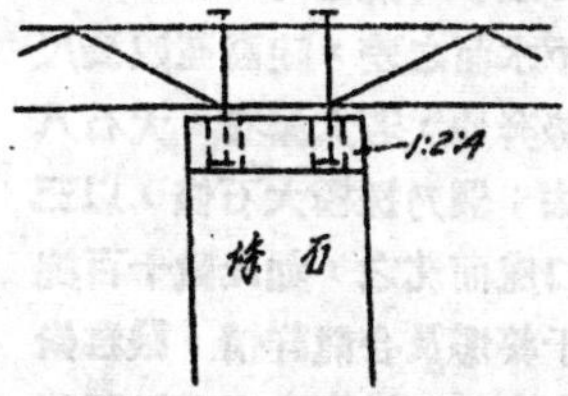

正面

每二條底脚間加砌條石以資加固因橋墩高而極間長又無精確之儀器，放樣甚難，施工亦感不易，惟有將方孔畧大俾鋼架可畧前後伸縮，以補放樣時之微誤。搭架拆砌以及運料，均利用滑車，全部橋墩橋台之整理工程，於四月初旬即告完竣。當即自第一孔起裝釘鋼架因重量較大，兩端以二滑車同時搖上，將二脚各伸入兩墩之方孔中，使之直立，關於鋼架本身底撑，以及橫梁等之臨時鉚釘 (Field rivets)，先用螺絲聯接，成一具，大約每天可裝一孔，一方面以此法逐孔前進，一方面將接就者螺絲鬆下，鎔釘鉚釘，俟全部鉚釘工完成後，以1：2：4混凝土填入鋼架脚伸入之方孔，而鋼架上部之木大梁以及橋面板等所繼而舖設。五月廿日全部落成屈指計算，自始訖終，僅二月耳，共計十三孔全長一百九十五公尺。建築費貳萬八千餘元，爲本路最大之工程也。

金水建閘工程近況

夢九

金水源出湖北咸寧縣，匯咸甯蒲圻嘉魚，武昌四縣之水，北流至金口而入揚子江，其流域計2480平方公里。每值揚子江在金口之水位漲至二〇公尺之時，則江水開始倒灌。據三十年來紀錄，無歲不在二三公尺以上，而水位在二六公尺左右者有十五年之多（以光緒二十七年至民國十七年），人民流離蕩析，歲無安居之日。

民國十四年，金水流域開始測量，至十七年底，測量完竣，十八年由揚子江水道整理委員會，經幾度之研討，成『湖北金水整理計劃草案』。以下列三問題爲整理設計之前提：

(1)如何拒絕江水倒灌，

(2)於拒絕倒灌後，將何以通航無阻，

(3)於拒絕倒灌後，將何以洩流域內過量之雨水，而入于江。

設計結果，(1)築土壩一於禹觀山築堅固土壩 EarthDam一道，橫斷金水之流，堵截由金口倒灌之江水。(2)修堤一沿江大堤，修理鞏固，以資捍衛，以防江水決堤而入。(3)建船閘一於赤磯山建築船閘 Lock，內通引河，外達金口。(4)濬河一金水淤淺之處，加以疏濬，以暢航運之利。(5)開引河一就土壩上游，開挖引河，直達赤磯山，引金水之流，至洩水門與船閘。(6)建洩水門一於赤磯山建築洩水門 Sluice滙流域內過量雨水，由引河引至洩水門，洩于金口入江。（參金水計劃草案附圖第七）

民國二十一年，金水建閘工程正式開工，因基礎關係，決將原有計劃，加以修改。

築壩地點，未有更動，僅將壩底加寬至150公尺(原106公尺)。此遂全爲湖北省最強大之攔水壩矣(試思母校大操場，其長不過百米有餘，百米賽跑時可知之)。築壩時，金水與揚子之通流旣斷，上下水面之差，陡高至四公尺餘，堵口之時，水勢奔洩，若大瀑布，大石八人舉之者，隨水而去；嗣乃採極大石條，以三十餘人拽一石至決口處而沈之，如此數十百塊，始獲合龍。(關于築壩及合龍詳情，嚴君崇敎，將另草一文述之)次則繕修赤磯禹觀間諸堤，俱于今年八月中完工。

原定在赤磯山建築洩水十道每道寬六公尺，各附調節小門，藉水力自動啓閉。今則改在禹觀山建築山洞三座，洞之兩端，各建石墩四座，洞頂近進口處築三圓窜(Caisson)，窜中設置 Stoney Gate，以司啓閉。

至于船閘，則尙未着手設計，需俟明春洞工完畢，再議地址及建築物之一切耳。

★　★　★　★　★

山洞工程，困難叢生。一因更改原定計劃時，係根据地質測勘之結果，以爲禹觀山石質甚佳，鑿洞極爲經濟；孰知開工以後，石質好壞，至不一律，大半爲頁岩，均已腐朽，或竟成土礫；一部分爲石灰岩，有時亦經風化，有時則極爲硬韌，甚難鑽鑿。蓋地質研究時，僅用 Wash Boring，甚不可靠也。因此遂將Concrete Lining 從十五生的，改至六十生的。次則因包工太無經驗，隨掘隨場，屢遭崩陷。

其後，聘奥人 Denk 爲工程司，隨挖隨撑，用 German Method 先掘頭洞Heading 次及兩邊，漸從兩邊下掘，掘至深度，卽從邊牆底脚起，向上節節灌倒洋灰，(1:2:4)至拱頂而合，最後始掘去中心 Bench，倒海底洋灰(見下圖A 掘石程序圖，B倒洋灰程序圖)洋灰倒至拱頂時，每隔尺許，置一鐵管，以備將來用 Grouting Machine 噴射灰漿于其中，使拱頂與石層密合無間，不致漏水。

B

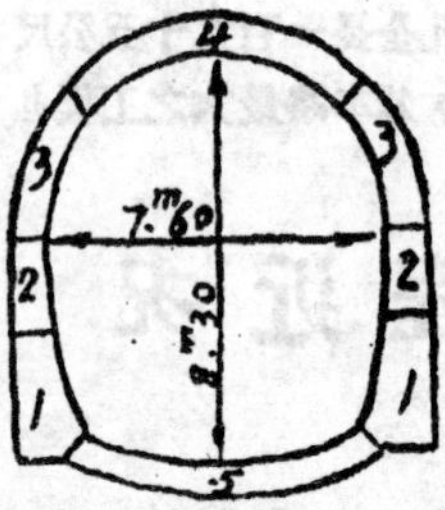

A

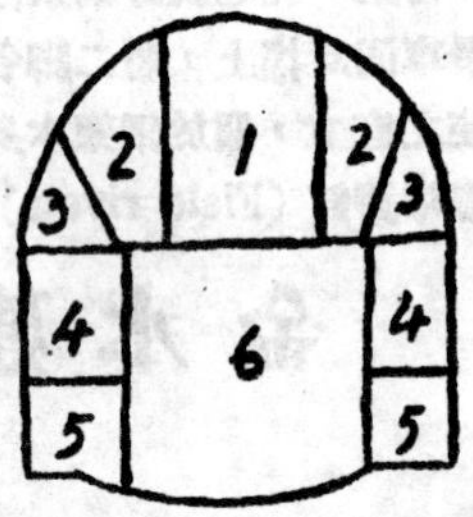

洞之尺寸，嚴君崇敎已述及，玆不再敘；但可以一比喻之：此洞可設雙軌，火車一往一來于其中而無礙，其高則逾兩層樓，卽此可知其大矣。

洞口石墩，高約十二三公尺(40英尺)，進口與出口有一公尺之差，係用凉亭(地名距禹觀山不足一里)開採之石灰岩，以1:4灰漿砌成，外面以1:2灰漿作縫，成虎皮牆狀。墩旁做閘槽兩道，備置臨時閘門(Flashboprd)，以便 Stoney Gate 損壞時修理之用。洞之兩翼，有護岸石坡，亦用灰漿砌石，厚0.45公尺，惟進口，從 Elev. 23.00-25.00 高度處，僅用乾石，不用漿砌。

4.圓窜，本擬挖掘方形天井，俟掘至底脚，再倒洋灰後以地質太壞，遂改用圓窜 Caisson，厚至二公尺，節節倒洋灰，以舊鐵軌壓之下沈，沈至地面，再倒上節洋灰，共高二十公尺許，計重有2,000噸；三號圓窜之Cutting Edge 曾切入堅韌之石灰岩中至二公尺之多，其重力爲如何也。Stoney Gate 爲鋼製，其門之端，置于一組滾輪(Roller)上，以 Counterweight 及滑車助其啓閉，門之重約十七噸，四人可以自由上下之(可參看Amer.C.E.HandbookPp.1553-1554，1556)。

全部工程定明年一月底完成，恐裝置鋼門，或來不及，大抵二月底，可竣工矣。

26462

本會呈校長書

志希校長先生鈞鑒敬肅者竊維教育事業以生產建設爲目標鈞座來長吾校亦以發展實用學科爲職志觀于兩年來對于理工等學院設備之積極充實及工學院學額之力圖增加敝會固深佩鈞座之能碻實力行貫澈初衷惟對于目下附設于土木工程系之水利組獨立設系問題尙未見有具體之確定敝會認爲有急速使其實現之必要爰就管見所及爲我

鈞座瀝陳之

近年以來水患迭見黃河長江相繼爲虐長此以往若無改進則水患頻仍將彷彿于元代際此二十世紀科學昌明之世界各國靡不紛紛講求水利利用水力而我則顚沛于水災困境之中相形之下慚愧曷極其他如淮沭之應如何疏導涇渭之應如何整治沿海三港之應如何拓內地灌漑之如何實施皆爲目下重大而亟須舉辦者故就目前水利建設之繁劇言本校水利一科實有獨立設系以專造就之必要也

本校水利一科承前河海工科大學之後歷史攸久在目前中國堪稱獨步歷屆人材輩出蔚爲國用故社會對本校水利人材之需要實至深且切每屆畢業全國各水利機關爭相延聘大有供不應求之勢此就社會對本校水利人材之需要言本校水利一科亦有獨立設系以宏造就之必要也

本校水利一科既具如此攸長歷史社會之需要又如是殷切而僅在土木系中附設一組返觀國內各大學如北平之清華天津之北洋原與水利無歷史關係者今亦努力倡辦不遺餘力其水工試場且已先後完成此誠我國學術界之好現象顧彼則迎頭趕上我則固步自封此豈學術競勝求進之道故就本校水利一科之過去光榮歷史言實有獨立設系以謀發展之必要也

水利事業貴乎實驗如德國阿倍爾奈哈之水利工程研究所之技術者特在巴威路之阿爾潑斯山麓建造一黃河模型長十六公里以作種種實驗而研究其泛濫之情狀返觀本校水利方面之設置殊覺瞠乎其後此後允宜延請專家詳爲擘劃對晚近理論書籍之添購新式模型試場之設建方可按步實現此就本校水利方面之設備言更有獨立設系以圖充實之必要也

敝會同人外察世界潮流內審國家情形用敢以芻蕘之見冒昧上陳是否有當理合呈請

鑒核採納施行實爲公便肅此

敬請

鈞安　　國立中央大學土木工程研究會謹啓

十月廿日

會　訊

通過新會員

洪炳棋　李金葬　曹司量　李振華　朱培濤

尹恭發　陸世昌　方爲棟

會員新通信處

凌士彥　湖南衡州粵漢工程局第六總段收轉第一分段大源渡辦事處。

唐季友　漢口江漢工程局

王鶴亭　江蘇淮陰船閘工程處

徵收會費

本會二十三年度會員會費，即將按新會章之規定開始徵收，但會員中欠繳二十二年度下期（卽二十三年一月至六月）會費者尙屬甚多，深望欠費諸君，速將欠費繳足，以淸手續。

關于本刊

本刊將于下卷起將學術論著與會務及會員消息分卷裝訂，本刊除學術論著而外，不將有其他文章，另闢"會訊"專頁，刊登關于本會會務及會員方面之各項消息與意見，"會訊"專贈本會會員，按期收集，亦可裝訂成冊。

本會前寄發之連環通信冊，本月內續收到華北一組，本期因篇幅所限，未能發表，準于下卷起在會訊欄內陸續發表。

本刊第一卷分類總目

26464

土木

第二卷 第一期

二十四年一月十五日

各式橋樑對於各種橋位情形之適宜性

河南新河橋樑工程

河南新河橋

國立中央大學土木工程研究會

各式橋樑對於各種橋位情形之適宜性

J. A. L. Waddell 著

成 希 顒 譯

J.A.L. Waddell 氏，人咸稱爲工程哲學家，非僅係橋梁工程專家，以其經驗宏富，視若矜慤然者也。本文1.先述橋位情形及各種橋梁之普通諸要點，2.繼述橋位之情形如受水深，流速，洪水，冰結，鹹水，淡水等之影響；以及有關係如 (a 橋基一如岩石基，大石基，卵石基，砂基，硬土基，軟土基，淤泥基，腐殖基等之處置方法； (b)打樁法一如圍堰法，木殼中之實以木樁或混凝土法，木殼不用樁法，開掘法，氣箱法等之取舍； (c)以及各種樁如木樁，混凝土樁，鋼樁之適宜性； (d)與各種橋身安置方法一如撐架，懸臂，或半懸臂法，浮法，臨時橋身法等之因地制宜；3.述各式橋梁一鋼筋混凝土板橋或樁架木橋，混凝土排架橋，或木排架橋，鋼筋混凝土拱橋，板梁橋，鋼排架橋，單桁架鋼橋，懸臂橋，鋼拱橋，懸臂拱橋，懸橋，連續桁架橋，旋轉橋，吊橋，直昇橋等之優劣點與適宜條件。4.更述施工前之測量及鑽探之重要。處處以經濟着眼，誠工程界宏論巨著；原文載Journal of Western Society of Engineers Vol. 32, No.9, 1927,重載於中美工程師協會月刊第九卷，第一第二兩號(1928)

凡爲任何河流湖泊，海灣，或道路設計一橋樑，其中必有一種與該地情形較爲適宜。打基的方法亦必有優拙之分。苟窮其究竟，則孔徑 (Span) 與橋墩之設計足符超卓之名者，僅一而已。

假定一切必須遵守之條件，例如橫直淨空 (Horizontal and Verical Clearance) 均已合度，則最能適應交通之需要，且總括橋樑之原價 (First Cost) 修養費，運用費 (Opevating Expanses)及壽命而核計之，其結果爲最經濟者，方爲最優良之計畫。但美術上之要求異常重要時，應爲例外。

然而橋樑設計之曾經詳細研究者，究有幾何？其數甚少，因橋樑工程欲求盡美盡善，甚難；卽求其能強快人意，亦僅畢生致力於此道之人方可做到。且須有素養之能手爲之幫助。現今除大鐵路公司及少數之大市政機關設有橋樑設計部，聘有專家主持其事外，餘僅遇建築大橋時，方請專家負計劃之責；然而尙多棘手之處。此余所以一再以橋樑專家。爲可貴也。

在設計上求其有合理之完善，在經濟上求其十分合算，必須將橋樑之一尺一寸於計劃時詳加審察而後可。凡孔徑及細款 (Details) 愈複雜者，如何設法減少主要構肢 (Main Members) 及結節 (Joints) 之原價，愈形重要；但非僅指鋼鐵之重量及他種用料之數量應減少至最低限度而已，因廠內工作 (Shop-work) 與躬地工作 (Field-work) 宜並酌兼顧。且也，完工期限亦甚重要，有時浪費材料少許，結果反較爲經濟。

在未述及正文之前，畧將橋位情形與各式橋樑之普通要點加以敘說，俾與下文能互相銜接，不爲無益。

高位橋 (High-level Bridge) 與低位橋 (Low-level Bridge)

在任何橋樑設計中工程司第一應決定者，爲橋位之高低。在若干例中此問題已由自身解

26466

決；亦但有不少情形，倘含有一個經濟問題，須待研究者。

若兩岸均為高堤，且緊臨川流，則高位橋勢所必需。僅存一高堤靠近河岸者，亦常用之。設兩岸均低平，事實上又能建造一活動橋孔以供航運者，則以用低位橋為宜。但軍部（指美國）因航運之故有雖為低岸河流，亦限定非建高位橋不可。

當二者可以自由選擇時，須加以精詳之經濟研究，比較二者之詳細估價，始可定奪。產業之損害及交通之擁擠，均須計及。此二項在高位橋中比在低位橋中易形嚴重。計算低位橋之原價應得運用及修養活動橋孔及其機件所需各費之基金化原價 (Capi talized First Cost) 與調換容易損壞之保護工程所需各費之基金化原價列入。二種橋位中車輛運輸之比較費用，尤須細加研究。低位橋對於橋上運輸及船隻往來頗有阻礙；而高位橋則否。欲將此種阻礙以金錢之價值表示之，固不可能，但工程司對於此問題之輕重，應有合理之權衡。苟高位橋之造價較低位橋超出不多，以採用高位橋為宜。

尚有一種橋樑介乎高位橋與低位橋之間，在某種場合頗為適宜。但須在事先細加審察。凡通常有多艘之低桅船隻，間有一二隻高桅船形來其下者，即屬此例。將活動橋孔置於最低位置時，有充分之淨空以供低桅船往來；置於最高位置時，任何船隻均可通過，則橋上下二種交通之阻礙，皆減至最小限度矣。但通常引橋 (Approach) 之原價因此增大，有時曳力 (Traction) 所須之費用亦增。

著者於橋工之經濟之第七章曾將現問題予以詳細之經濟研究。在該書中已證明低位橋比高低橋在鐵路上較在公路上利益為大；在公路橋樑中，經濟情形甚至相反，但是活動橋孔對於各種交通不無阻礙，因之低位橋因車輛上昇較低得來之利益為之減小。

高堤與高水位河岸線 (High-water Shore-lines) 接近與否，對於高位橋與低位橋之選擇大有影響；靠近時，超出高水位之高度究有若干，亦極有關係。

托式 (Deck Spans) 與提式 (Through Spans)

若某橋位或橋位之一部份，其情形可由吾人自由選取托式橋或提式橋，則托式橋常較為經濟，蓋有二因存焉：第一，托式之橋墩較低較短較小；第二，橋身 (Super structure) 之原價常——但非一定——較省。

建築一高位橋跨渡一通航之河川，有時能採用一個提式橋孔以便航行，其他各孔則建托式。但在河水甚深之處（橋墩建築費鉅）即採用極淺之托式橋身，孔徑之長亦恐失於過短，致橋墩 (Sub-Structure) 之原價過鉅，或發生水道阻滯之弊。若自橋之兩端至中孔為上昇坡度，托式各橋身之長度與高度勢將隨之改變，苟係鋼橋，在此種情形中萬不宜忘記五金工匠之磅價 (Pound Price) 較用平行緣骨 (Parallel Chords)時為高，因為橋形複雜，緣骨不平行，廠中工作所費較大；同時托式橋之安放磅價(Pound Price of Erection)亦較大，因鋼鐵之總重量較小也。但應用撐架 (Falsework) 時，安放之總價或可減省若干。

遇托式之公路橋或鐵路其車道須寬大時，一部份車道可於桁架 (Truss) 之兩邊向外臂懸 (Canti levered)，於是橋墩之費用大爲減少，橋身亦稍爲經濟。如爲提式之鐵路橋，則可於每個桁架之外，附一懸臂托架 (Cantilever Bracket) 上鋪單軌。但此法不適用於現代之公路橋，因爲欲求汽車駛行無阻，除以白綫劃分車道而外，不宜採用其他方法，設有寬四十呎之車道，以綫條分爲四車道，各寬十呎，當某時一個方向之車輛多於其相對方向之車輛，即可以車道之三供迅急之車使用，其餘一道留以爲相對方向之車輛駛行。支加哥有一橋可爲濫用橋心沿石 (Curb) 者戒，因於晨時南向之車道異常擁擠，北向之車道等於虛設；至傍晚擁擠情形適與晨時相反。

橋上之坡度

主橋與引橋之坡度不但影響橋樑之總價，且常影響橋樑之經濟設計。鐵路橋之最大坡度通常規定爲百分之一，公路橋規定爲百分之五，但有時亦有將前者增至百分之二後者增至百分之六七之例。

通常高位橋之中部無坡度，兩端向下低斜；但有時亦有全橋均在一斜坡之上者。Maine, (Bath 之 Kennebec River 上著者所計劃之鐵道及公路兩用橋全橋 ， 連中間之直昇橋孔 Vertical-lift Span)，鐵路坡度均爲百分之一。在 Bath 一方之公路以百分之五之坡度爬升引橋及第一個主橋孔 (Main Spans)。二者之坡度均向 Woolwich 一方之山坡上昇。

鋼筋混凝土橋與鋼橋

決定某橋位宜用鋼筋混凝土橋或鋼橋，頗易發生嚴重之錯誤，何者較爲價廉與材料運至當地後之單價大有關係。設兩種橋樑在適用上各方面皆等，鋼筋混凝土橋之造價又大出鋼橋無幾，則通常採用前種，因其修養費省也。一般人常以鋼筋混凝土之修養費爲零，實則不然，凡稍存經驗者必知我言不虛。若水氣不與鋼筋接觸，修養費確極小；但遲早間水氣總可穿過混凝土觸及鋼筋，致生鐵銹，因銹而漲大，卒使周圍之混凝土剝落，此種弊害在鹹水中尤易發生。

選擇此二種橋樑時，除原價爲修養費以外尙有其他因子，例如美觀，建築之遲速及交通之維持等等，應予攷慮；且均能爲最後決定之主因。孔徑過長，混凝土橋已不適用，與鋼鐵比較顯不經濟。

合金鋼與碳鋼

大多數鋼橋係用碳鋼造成；但長徑橋及直昇橋孔以用合金鋼較爲經濟，尤以硅鋼 (Silicon Steel) 最佳，現中等徑長之橋亦漸採用，二十餘年前著者曾作種種精確而靡費之試驗，證明鎳鋼 (Nickel Steel) 應用於橋樑上之經濟，詳述於橋用鎳鋼一書中，嘗向美國土木工程司學會提出。因此研究之結果，有數大橋已用鎳鋼造成，但因大戰爆發，需鎳甚多，鎳價飛漲，就不復用，戰後市價尚繼續而不跌落，最近用以建築橋樑始漸有經濟可言。Piladelphia-Cerudeu 間之懸橋 (Suspension Bridge) 卽用鎳鋼建成。苟日後不被其他合金鋼，例如鉬鋼 (Molybdelum Steel) 所排除，鎳鋼之致用必廣。建築紐約 (Hudsou River) 上之一橋，規範書中規定加固桁架 (Stiffening Truss) 必用鎳鋼。

上述通論包括前已提過之正文前應畧加說明之概要。但正文頗不易下筆，因內中有二主題須加研究，卽各式橋樑與橋位情形。二者雖可同時論列，但對於日後之讀者參攷上諸多不便，故不如先討論橋位之情形及與之有連帶關係之打基法和橋身安放法，然後以橋樑之種類結束之，指示其對於各種橋位情形之適宜性。惜此種論述法不免有重複之處，然而可將著者所欲着重之點特別闡明，亦爲快事。

橋位情形

水的各個問題

水深

水之深度連同河底之性質及水流之緩急對於所計劃之橋樑，影響其孔徑之經濟長度甚大。通常若河底之性質及流速相同，凡河水深者，孔徑必長，因建築橋墩之費甚大也。

流速

苟流速甚強，足以增大橋墩之造價，以採用較大之孔徑減少橋墩之數目爲經濟。至於河水湍急異常，足使打基工程發生危險，勢必改用懸臂法或半懸臂法，則橋樑之設計已根本改變矣。惟有多年經驗之工程司方能決定橋樑之計畫如何而後可以與水流之情形恰相適合，彼必須根據長期之雨量記載及水標紀錄，洞察氣候之變化，方能料定承包人在實地建築時能遭遇何種最不幸而又可能之河流狀況。

洪水

對於潦洪予以適當之預防，有時亦影響橋樑之設計甚大，蓋巨洪以極大之流速冲過橋下，必須橋墩之阻力減量最小限度而後可。故在未設計之前，應將該地之洪水情形細加研究；既當規畫孔徑與橋墩之時，此種重要事項亦必特爲計入。

航運

凡可供航運之河流，關於橋底淨空陸軍部(指美國)有管轄之權，亦足以影響孔徑與橋墩之規劃者也。橋樑之總價較諸可以自由採用最經濟之計時，有時超出不少。故有經驗之橋樑工程司應明悉軍部所將要求之條件為何。偶或工程師隊(U.S. Engineer Corps)能給予設計者若干暗示，有時在未將各項圖表文件呈送至該隊之總工程司以前，彼等嚴拒漏露任何消息。

冰之情形

間或工程司亦可遇見一種特殊情形，即橋墩之計劃為冰之情形所限制也，目的在免除冰之擠壓。通常此種預防，增大孔徑之長度，加多橋墩與橋身之建築費。

鹹水抑淡水

橋位之水為鹹水抑為淡水，在橋樑設計上亦能成為重大問題，因鹹水侵蝕鋼筋較清潔之淡水迅速而效大也。此外鹹水或黑水中之 Teredo Navalis 及其他無數之小 Denizens 對于無保護之構木皆有若干破壞力。幸喜此種生物在泥面之下即不能為害；然橋下之泥面，並非歷久不變，故泥土之保護不足常恃。外露之木料可以甘油浸之 (Creosoting) 以延長其壽命。但此法亦不過畧勝一籌耳，因甘油日後逐漸溶散，結果原初之毒木已毫無損於 Teredo 之侵入矣，雖加甘油處治之木樁，可將最高水位與泥面下數尺間一段用瓦管圍護之，樁與樁之中間則以灌漿 (Grouting) 或砂石不大之混凝土填實之。

過於不潔之淡水亦足以侵害橋墩之鋼鐵。當計劃一橋樑以跨過一積川或污湖時，此點不宜忘記。

橋基情形

岩石基

橋基如遇岩石，橋墩之底面積可減至最小限度，苟無政府或其他阻難，孔徑長度自可達到最經濟之規劃。當然，岩石在水位下多深，岩石上之覆蓋物為何將決定橋墩之造價亦即經濟孔徑之長等於若干。經濟孔徑與所用之打基方法 —— 氣箱法 (Pneumatic proeess)開掘法 (Open-dredging Process) 抑為圍堰法 (Coffer-Damming)用混凝土殼 (Conercted Cribs) 中含打入岩床之樁 —— 亦有關係。橋基之建築費隨上述各法依次遞減，經濟孔徑之長短增減亦同。

大石基 (Boulder Foundation)

凡大石基之空隙已由砂，卵石，及硬土所填實者，情形與岩石基大致相同。但底脚面積大多稍較用於岩石基者為大。

卵石基 (Gravel Foundation)

卵石基可別為二類，一凝結卵石，二疏鬆卵石，疏鬆卵石之空隙中常含有若干砂質。凝結極緊之卵石，荷重力甚大，幾與岩石相等。苟河底不致有冲刷之虞，沉箱 (Caisson) 沉下時又能妥當，使底面之荷重可以平均分佈，則疏鬆卵石基亦為良好之橋基。疏鬆卵石之單位允許荷重力較大石基爲低，但凝結卵石並不弱於大石。

砂基

砂若能範於一地，不致被水冲動，亦爲一種良好之基礎也。欲避免被水冲洗，須於橋墩周圍以柴排(Mattress work)掩蓋之，且用鐵絲縛紮以樹幹於上，使之加強；上再加亂石，卽可不致被河底水流之力所掀起矣。

純砂之單位允許荷重力當然較卵石爲弱，大小隨河底之最有害之冲流作用所能達到之深度而異。 Ill.,Cairo 地方著者所計劃之 Mississippi River Bridge 河床下八十呎卽最低水位下一百呎深之純砂，荷重量達每平方呎17,(00磅，作用於墩之下浮力不計算在內。如計入，則約爲每平方呎11,000磅。

各種深度下各種材料之單位允許荷重力詳於著者橋樑工程學之第三十八章或其他橋工專著中。

在各種深度之岩石基與砂基，及樁基 (Pile Foundation) 所應有之經濟孔徑備詳於橋工之經濟之第十八章。

片岩或硬土基(Shale or Hard-Clay Foundation)

片岩或不易被河水所軟化之硬土係一種良好之基礎。單位允許荷重力隨硬度而變。此種基礎常須築鋼筋混凝土之擴大底脚(Spread Base)。因片岩或硬土軟化而生之危患，僅基礎甚淺時方有預防之必要。

軟土基

軟土及黃土(Loam) 通常非加樁不能用作橋基。在木料終年可以侵於水中之地，可用木樁；否則須用鋼筋混凝土樁，有時亦有用曾經甘油處治之木樁者，但經若干年以後，因杉木料之時乾時濕及空氣經過土壤侵入木中，終不免腐敗。是以在此種情形之下木樁不能用於永久式之橋樑。

凡基礎常在乾燥狀況或決不致被水冲洗之處，可用淨混凝土或鋼筋混凝土之擴大底脚，不另加樁。但單位壓力應酌爲減低。

淤泥基

淤泥不能作橋基，非打樁不可。能用木樁之處，如前節所述之情形，卽用木樁；否則用鋼筋混凝土樁。

26471

腐圾基

腐圾最不能用作橋基，須極力避免，或將墩基建於腐圾層，且下面較爲合用之基礎層；或用極長而足數之樁以承載全部荷重，樁間泥土之荷重阻力全勿計入。

橋基之總論

因橋基爲橋樑承載橋身及活重之部份，必十分堅實而後可，故萬不能因節省費用，致橋樑發生危險，此任何工程司所不能否認者也；然而事實上假定基土之荷重能力時常失之過大，結果自不堪聞問矣。是以每座設橋樑無論大小如何，均應有適宜之基礎，因不待侈言也。設計時，無論重要與否，必須鑽探土質，驗定岩層之地位（設有岩層）及上下各層之物質爲何，分佈情形如何。

打基法

普通之圍堰法

基深不過二十呎，滲漏之水不致爲害者，用普通之土圍堰，頗爲經濟。基礎較深，則可用好木料築成 Wakefieled 板樁 (Sheet-piles) 但三十呎以上至四十五呎或五十呎僅鋼板樁能得到滿意而經濟之結果。著者主張與其用 Wakefield 板樁，不如用鋼樁，因鋼樁拔出後尙能使用，Wakefield 樁則於打樁時已被損毀。在某種情形之下，鋼樁尙須留置地下，以爲防止沖刷之用。遇此種情形時，橋墩築成之後，應將鋼樁打下，至頭部與最低水位並齊。

包工用鋼板樁時，偶有發生不幸者，但大多數由於彼等之慳吝與愚蠢；蓋彼等圖節省成本，採用長度過短斷面過輕之樁也。樁長應能入土五呎至十呎左右（視打入之土質之硬度而定），上面露上之長應使圍堰之頂足以防止洪水之氾入。若所用鋼樁之斷面大厚度足，則不甚堅硬之大石基或片岩層，均可打入。再於抽水時，添加橫料（Waling pieces) 並在適當之上下加釘夾條(Bracing)，足以防止樁脚向內灣屈。設不幸而發生弊病，爲包工者最好之辦法，只有將廢樁拔去，改用長厚合度之樁，另築一圍堰。除過深之橋基不能採用鋼板樁外，著者自認對於此法有所偏好。

木殼中以樁及混凝土實之

孔徑不大之橋，苟爲事實所許，最經濟之橋基爲一混凝之土墩腰，建於木殼之上。木殼埋入相當之深度，在殼中打入足數之樁，然後將擁起之鬆土掘去，用 Tremie 灌入混凝土，高至抽水時不致發生危險爲度。以是再將殼內之水抽乾，以混凝土填至殼頂。如爲事實所許，填注工作應連續進行；苟不可能，則在開始新工之前，應將浮集於已注混凝土面上之浮漿剷去。

Tremie 若使用不得法，混凝土易自管中直瀉而出，致河水滲入混凝土中，將水泥洗去。且非偶發卽止，待後 Tremie 再裝入混凝土時，仍有發生之可能，是以許多工程司根本不贊成用 Tremie 灌注混凝土；但著者頗不以爲然。五十餘年來著者屢次應用Tremie ，未嘗或爽。有數次，灌注之混凝土經若干時日後，暴露於外，其良好與强硬不亞於凝結於空氣中之混凝土。

如不用木殼，可用鋼板樁打入地中，待後拔出。通常能節省經濟不少。工程愈大，鋼板樁之較爲經濟愈顯。

樁基橋墩可用於岩層距河底甚深及冲刷不致爲害之處。柴排護基工事，雖有所費，但較之用氣箱法或開掘法，經濟多矣。

木殼不用樁

在基底爲堅良之片岩，粘土，大石，卵石或砂，而不致受水流之冲刷者，可用一木殼埋沉於適當之深度，至木殼無滑動之危險而止。殼中用乾法以混凝土塡實之。未抽水之前，可用 Tremie 混凝土堵塞所有漏口。與樁基橋墩同，亦可以鋼板樁代之。用木殼者宜於橋墩四周堆集亂石，以防發生意外之冲刷作用。

開 掘 法

約四十年前自著者第一次應用開掘法建造大沉箱以來屢試皆成，幾無一次可以提及之失敗。此法之所以優於氣箱法，在建築費每立方碼可省三五元也。設基下有無數樹枝之類則用氣箱法易於移去，而開掘法非另用一撈取者不可，因此費用亦增。撈取之快慢，與壓氣中之 Sand-hogs 比較，尤未免有遲鈍之感。

基底爲砂，卵石，硬土或大石塊者，開掘法最爲適宜。但基脚適在傾斜之硬岩上時，此法不能用。若基脚打入岩石甚深，則可用炸藥將底脚及周圍之岩床炸鬆，再將沉箱沉下。苟爆炸得宜，炸去面之承重力尙均於灌漿時，底脚碎石間之裂縫，可以塡滿，故載重可以均勻。著者曾用過此法，但不願推薦於人，因所費甚巨，非至萬不得已不宜用。

約二十年前著者曾設計數座深基之橋墩，準備參用開掘法及氣箱法將沉箱沉下。惜結果未見諸事實。自後曾經試用頗見功效——其著者爲作者所計劃之Kennebec River Bridge 橋基深達水位下 123呎。每個沉箱均以開掘法沉下大半深度，再以氣箱法沉至終點。

著者應用開掘法，恐較其他工程司爲多，積經驗所得，深覺此法甚爲適用，並願介紹於各橋樑工程司，於經濟上可用時則用之。特別是拉丁美洲各國可以採用，因在諸國設置壓氣中機廠，所費不貲也。二十五年前著者在墨西哥建造各大鐵路橋屢用是法。

氣 箱 法

將沉箱送至岩床之上並妥爲安置，最可靠最安全之方法爲氣箱法。但求下沉時，容易妥當，倘有不少之額外開支。不過著者亦曾於岩床深不下於高水位120呎之處用之，蓋求岩石削面能荷重平均也。若基底非岩石，則著者認爲此法只能偶或用之耳。

鋼筒樁 (Steel Cylinder Piles) 打入極深之岩床

雖然著者從不曾用過極深之之鋼筒墩基，但曾想到，不過此法所費甚巨，非絕無他法可用時，不宜採用。鋼筒之直徑大自三呎至四呎。筒中掘空，達岩床，然後以混凝土塡滿之，上端最好能伸入橋墩下部五呎至十呎，使整個橋墩合爲一體。但河水不深，水流對於橋墩之冲力不大時，可於諸筒頂澆鋼筋混凝土或淨混凝土板 (Slab) 一厚層，以承托墩身。

混凝土樁與木樁

前已提過混凝土樁之所以有地位者，因其抵抗潮燥變化之力强於木樁也。木樁卽加甘油處治，亦非其比。但以打好後之價格而論比木樁每呎長約大二倍至四倍，故非必需時，不宜濫用。不過混凝土樁承重力大於普通木樁一倍有半，因其膚面較大也。

柴排護基

設橋墩周圍有被冲刷之可能，應用連接編成並經加强力壓住之柴排以得護之。此種排柴每平方呎不及二角五分，假定大小爲 1000′×140′，總面積等於14,000平方呎，値價約3,500元，故與費款甚巨之橋墩及橋身發生任何危險時之損失比較，不可同日語也。

橋身安放方法

一座橋樑最妥當之橋身安放方法爲何，對於孔徑及橋墩之規劃，影響甚大。桁架橋最簡單而通用者爲架設撐架 (Falsework)次之爲懸臂法或半懸臂法，再次爲浮法，最後一種爲高位橋之採用臨時托橋，排架橋(Viaducts)及板梁引橋以用懸臂活動吊機(Cantilevered Traveler) 逐步安放，最爲穩當經濟。

撐架(Falsework)

苟河水不過深，河床不過於鬆軟，不須用極長之樁，則撐架實爲最容易最經濟之安放法。但撐架在水流之方向，應有堅固之夾板 (Bracing)，與橋心平行之方面，亦應有橫夾板。均須釘於水面上適宜之高度，以免與一切浮飄相衝突。若用此法安放橋身，則最良之設計，爲孔徑與橋墩之平均値，以每一呎長計，最小；理詳見橋工之經濟一書中。

懸臂法及半懸臂法 (Cantilevering and Semi-cantilevering)

設用懸臂法安放橋身，則孔徑與橋墩之規劃，與用撐架法時，大不相同。苟河水不深，流速不大，橋位不高，懸臂法實無利益可言；但當河水深，流速急，或因航運故須有闊大之淨空時，懸臂法或半懸臂法，常較經濟。所謂半懸臂法者，係在橋墩上已安好之單桁架之一端，裝設 Toggles 以便安放相鄰之桁架；安好後再將 Toggles 取去。就著者所知，此法在著者若干年前爲日本所設計之一鐵路橋上最先試用。

浮 法 (Flotation)

設水流甚深垂直淨空不大，浮法頗爲經濟，特別是橋身相同之長桁架橋用之最當。過去二十五年中著者屢次採用，每次皆省下金錢不少。有時因爲調換橋身，同時須維持交通，或架搭撑架爲事實所不許或太貴，此法爲惟一之方法。但橋位甚高時，浮法非危險性過大，即所需費用過鉅，殊不適用。

臨時橋身 (Temporary Spans)

設河水異常深，孔徑異常長，淨高又異常大，用浮法安置橋身於最後之地位，既危險，又昂貴，此時可用一對比較輕的桁架，用橫連條 (Horizontal Bracing) 連結之，先於岸上釘好，再浮至當地，上昇至恰當之高度使臨時橋之上緣骨在正式橋身之下緣骨以下少許。著者即用此法安放 New Orleans 附近 Mississippi 河上一大高橋。據後調查此法以前已經採用過，至於用一臨時之三鉸鋼拱橋 (Three-hinged Steel arch) 以安放混凝土拱橋，則數見不鮮。

各 式 橋 樑

鋼筋混凝土板橋或樁架木橋

(Reinforced Concrete slab or Timber Deck on Piles)

公路上跨過沼澤地或淺湖之橋，橋面高出高水位不過數呎者，混凝土板橋或木橋，頗爲適宜。最好之一種爲鋼筋混凝土板橋，鋪於鋼筋混凝土樁排(Bents) 之上能加中心距離爲十五呎之連樑 (Caps) 更好，不加亦可。在永久式橋樑中，此爲最廉價之一種。

另有與此同類木橋，用木板側立 (On Edge) 排到，成堅實之路面，架於樁排頂木連樑之上。上鋪瀝靑混凝土路面 (Bitulithic Pavement)，所用木料及樁均須用甘油處治。在淡水中若不被火燬，此種橋樑大約可用二十五年，但在鹹水中，除非用污水管或其他有效方法，妨止害蟲之侵蝕，壽命不能至二十五年之久。因有被火焚燬之危險，甘油處治亦貴，此種臨時式橋樑以少用爲妙。如不加甘油處治，則木材不出十年左右，即已損敗，想及調換時之維持交通之困難，在經濟上實嫌壽命過短。

混凝土排架橋或木排架橋

(Reinforced Concrete or Timber Trestles)

與前節所述之情形相似，但水較深樁較長之處，公路及鐵路上有一種常用之橋樑、是爲混凝土排架橋。橋爲（公路用）薄板架於鋼筋混凝土做空縱樑上，縱樑再置於鋼筋混凝土樁排頂上之鋼筋混凝土連樑或橫樑上。如爲鐵路橋，則平板應加厚，並須製一槽，以便安放枕木及鋼軌。此式橋樑與平板橋同等適用，但價較貴。

同樣，類似之公路排架橋，亦可以用甘油處理過之木材及鋼托樑(Stringer)與側放之橫木板構成之，排墩為已處治之樁及已處治之木連樑。其耐久性與上述之臨時橋同，亦有遭火之危險。每呎之價格增加不少，因添用鋼縱托樑也。

鋼筋混凝土拱橋

適合於建造鋼筋混凝土拱橋之條件如下：

1.離水面不深即有堅固之岩石基

2.水面下不十分深處，為片岩硬土或卵石基而不致被沖洗者。

3.中間為較軟之物質，橋墩非用樁不可，但橋台 (Abutment) 處為堅硬而固定之物質，可以承受拱身之超出橫推力 (Unbalanced Horizontal Thrust)。在此種情形中，橋身不能過長，因中間橋墩無抵抗橫推力之能力也。如為長橋，則可於中間酌建橋台式之橋墩，以抗禦上面所說之超出橫推力，不過墩基之深，須使埋入較堅硬之泥土中的一部份，其垂直面積足以抗受推力而不致使周圍之泥土受壓過甚。

換言之， 即樁不能承担垂直於其樁長一個方向之荷重。 其基本工程原則常被不慎之橋樑設計人所破壞；結果我國有不少之橋樑隨時有發生危險之可能——事實上已經有許多已敗壞。因為混凝土拱橋旣壞之後，無法修理，故若干橋樑只得完全毀碎，或任其荒棄，斷絕交通。

目前在橋樑工程中發見一種最嚴重之錯誤，即有人於不適宜於建築混凝土拱橋之地，採用此式橋樑。有多少工程司偏重鋼筋混凝土拱橋，故錯用拱橋之責，此輩應負其咎。甚至有人認為鋼筋混凝土拱橋任何地點都能建築，此說實大謬不然，試思在一個很深很闊之爛泥地亦能建築此式橋乎？誠為一大笑話！

板梁橋 (Plate-Girder Bridge)

若孔徑甚大，板橋樑通常為最經濟之一種，特別用於鐵路托式橋及高架鐵路 (Elevated Railroad) 上為宜。鋼排架橋照例均用板梁除非橋面高出地面太大，因此非用 Opeu Web 不可。此外，在普通之橋位情形用樁作樁基者，亦常採用板樑為橋身，較為經濟。

鋼排架橋 (Steel Trestle)

跨渡深壑或用作引橋，通常鋼排架橋為最經濟之一種。設橋面離地不高，則用鋼筋混凝土排架橋，架於橋座 (Pedestals) 或小橋墩上，稍較經濟，尤其是修養費在經費比較中佔重要地位之時為然。

單桁架鋼橋 (Simple Truss Steel Bridge)

在一般河流及湖（除極淺之湖宜用排架橋外）之渡口，單桁架鋼橋，或爲提式，或爲托式，均爲最經濟之橋。前已提及，在當架橋中橋架之經濟孔徑過長，板樑不能用時，亦宜採用桁架橋。

懸臂橋 (Cantilever Bridge)

應建懸臂橋之處，爲水深，流速大，橋面離地或高水位高，或因航運淨寬應大之時。與一聯的長單桁架(例如長四百呎以上)比較，用懸臂橋有時可省下多少鋼，不過懸臂橋所用之鋼，磅價較貴。曾經有一時好建 簡短孔徑之懸臂橋，但是工程界卽刻知道爲不經濟之辦法，特別是不及單桁架橋之堅固。懸臂橋之正當用處是在無法搭撐架或太不合算之河川上及跨過極深之谷壑建築橋樑時，方才適宜。

比較單桁架橋與懸臂橋之設計，將發見懸臂橋中橋墩上之荷重較桁架橋爲大；而橋墩上之造價，隨荷重而增大，是以懸臂橋墩之造價必較大。但有一例外，卽當單桁架甚長，桁架間之中心距離大過交通上所必須之寬度時，不然。例如一單軌鐵橋共有三個提式單桁架橋孔，各長 420 呎，則桁架中心面之垂直距離應長21呎；而列車只須 18 呎足矣。18呎寬之橋通常可用一個 486 呎之中部懸臂橋孔，兩邊各用一個 387 呎長之 Anchor arm 。但邊孔長 387 呎時，橋寬應爲 19.3 呎，苟改用 510 呎之中部懸臂孔，將兩邊之 Anchor arm 照數縮短，則桁架中心面間之距離將爲 18.9 呎，適爲 375 呎長之 Anchor Spans 所須之寬度。與桁架橋較，短 2.1 呎。卽路面部份與頂底之連接部份 (Lateral System) 所用鋼鐵之重量減少，每個橋墩亦可縮小 2.1 呎。由此二項所省之費用或可以與懸臂桁架之鋼鐵應加重及製造時磅價較高二種額外開支相抵償。

在長橋中，例如在 1500 呎以上，有時用一種懸臂式之設計卽用一個懸橋孔，一個懸臂孔，一個 Anchor Span ，另接一個懸臂孔和一個懸橋孔，比較用三個孔徑相等之單桁架爲廉。兩種計劃中之橋墩數皆爲四。

約十年前著者曾爲某國計劃一低位橋，參用懸臂橋孔與活動橋孔——或爲直昇式，或爲雙翼吊式——二式。此橋之計劃於橋工之經濟一書中曾述及之。但至今未曾建築，其他各處亦罕有採用此種混合橋者。

在特殊情形中，因縮短工作時間起見，全國懸臂橋不妨用撐架安放，採取懸臂式之用意，不過預防萬一流速甚劇時，主要橋孔之撐孔無法架搭也。

懸臂式優於拱橋及懸橋，主要處在橋墩上之荷重是垂直的。單桁架橋亦有同一優點，自不待言。

鋼拱橋 (Steel Arches)

美國工程司過去對於鋼拱橋似未加以合理之注意，因不明其經濟所在，而應力計算較爲辦公室中，工廠中及建築地所需之時間較多，製造之磅價較巨故也。此式橋樑之主要點優

26477

爲:

1. 比其他鋼橋美觀,

2. 鋼之總量較輕;

3. 橋墩費或可減少。

其主要之缺點爲:

4. 計算及給圖之費用大;

5. 製造之磅價高;

6. 在通航之河川上,拱腰部分(Haunch)之頂空或不足;

7. 安橋費或——但少有——大;

8. 因計算之繁複,所須圖樣之衆多,在廠中製成拱形之麻煩,與夫安放之不易等等,無論在辦公室中工廠中或建築地進行未免較緩;

9. 只有橋台有堅固之基礎時方可採用。

適宜於鋼拱橋之情形爲

10. 深而狹之山壑,兩岸爲岩石,能以一個橋孔跨過者;

11. 任何深而無水之谷壑,須建一個或一個以上之孔徑者;

12. 任何不通航之小川,兩岸爲堅實之岩石者;

13. 城鄉中任何特殊地點,其基礎並非過於不能用者。

拱橋不能適用之地點爲

14. 基礎過弱,不足以抵抗推力之水平分力者;

15. 橋面不高,致拱橋在經濟上及外觀上過厭低矮者;

16. 全河面均須有最大之航行淨空者。

美國有若干桁架橋在經濟上及外觀上可改用拱橋。須知民衆對於橋樑之美觀亦願給付相當之代價。

鋼拱橋橋台如有在垂直方向或水平方向發生移動之可能,即不宜用,因爲設法糾正,雖非不可能之事,但異常靡費,且不能防其不再發生。

懸臂拱橋(Cantilever Arches)

在某種情形,例如中間需要一個拱橋孔,兩邊需要一個比較長的單桁架橋,則可改用懸臂橋。將兩邊之桁架以半個拱形代替之,最好與主孔在相接處與主孔彼此對稱,半拱之末端再懸住一個短的桁架。用此法可省下材料不少。若所懸之桁架製成拱式,於是主孔之兩側陪襯住一個相似之半拱,異常悅目,雖所用材料稍多。

懸橋(Suspension Bridge)

雖然有幾個橋樑工程司不以為然，但著者深覺懸橋無論在經濟上或效用上均不宜，用作蒸汽列車之鐵路橋。在橋工之經濟一書中，著者已經證明在實用範圍之內，懸臂橋比懸橋均較經濟——且比較堅固。但用作公路上或電車上，則孔徑大過1000呎時，懸橋常較低廉。

建築懸橋之主要條件為每個Anchorage均須有堅强之基礎，足以抵抗懸索(Cables)中拉力之水平分力。例如橋位為冲積土，懸橋自不能用。直立樁雖可用作Anchorage之基礎，但不能藉以抵禦任何水平力，斜樁為一種補救辦法，但不可靠。在Anchorage前面之土，應十分堅實，具有抵抗懸索中全部應力之水平分力之阻力（安全係數至少應等於2），雖然底脚之摩擦力能為一臂之助。

連續桁架橋(Continnous--Truss Bridges)

在某種情形，採用連續桁架橋，可減省用費不少，其條件如下：

1. 絕對堅穩之基礎，因為橋墩發生任何移動，異常不利；
2. 極長之孔徑——600呎以上；
3. 減少用料至最小限度成為必要之要求。

在橋工之經濟一書中，已證明連續桁架橋用Divided Triaugular式比用Petit式或Pratt或為經濟。

連續桁架橋宜於用懸臂法安放，因其構肢之應力本可以正負對變，故不必另為加强以抵抗安放應力矣。

旋轉橋(Swing Spans)

雖然在幾種地方，用旋轉橋可以用數字表示他的經濟，但因他種關係，著者認為旋轉橋實為一種舊式橋，絕不適合現代交通之需要，此式橋樑為一種笨拙之建築物，轉動時需要很大的水平面積，防禦經過船隻，需要很費錢的防護工程。河中之橋墩對於航行徒為一種障礙。而且與直昇式或弔橋式比較，動作上異常遲緩。

比較此三式活動橋之原價時，應將修養及調換臨時保護工程各費之基金化原價列入。若使用費相差甚巨，亦應將此項開支基金化，加入每式之總價中，以資比較。然而即使旋轉橋顯得經濟，轉動時之不便及停止交通之時間，宜予以充分之考慮。

有許多著名之鐵路工程司關于旋轉橋效率之低小及其古舊，與著者完全同意。

弔橋(Bascule Spans)

在橋孔比較狹，特別是淨高應大之處，弔式比直昇式經濟；但對於內河航運殊不然。弔橋僅在橋孔狹隘同時有高桅船隻往來其間者，始有經濟之優越可言。此問題已詳述於橋工之經濟一書之第三十章。在該書中已指明淨高並不十分大於淨寬時，仍以直昇式為佳。比較弔橋與上昇式時，橋墩為一重要因子。橋墩之主要條件愈劣，直昇式愈見優長。關於使用之方便與費用，此二式活動橋所差無幾。在某種處所雙翼托式弔式（Double—Leap Deck Bascnle），因其美觀，可用作公路橋。

直昇橋(Vertica Lift Spans)

經三十年來之採用，近代直昇式橋孔在各式活動橋中為跨過通航河流最經濟最滿意之一種。在使用時穩妥而迅快，與其他活動橋比較，很少發生障礙。在形式上比頭頂上帶有對重，（Overhead Counterweight）之弔橋，美觀多矣。

設計橋樑時之初步究研

以前各鐵路公司之當事人及橋樑之發起人，極不願在測量上鑽探上設計上及估計上，花費充分之時間與金錢，以決定最良之橋應為何式，故結果有若干橋樑設計不良，有若干企業謀畫不周，自銀行家或理財家投資於徵收通行稅之橋樑（Toll Bridges）以後，形勢為之一變。因為資本家願意知道他所應支付之銀額幾何？所買進之橋能耐用多久？投資之收益究有若干？現在有幾個橋樑公司已特別做運輸研究之工作，鑽探上所花之錢，亦較以前加多。此種情形，理所當然，因為在初步研究時多費一元，將來在建築中可省十倍之多也。

鑽探橋基時，應仔細考察墩下土壤之承重力，特別在土質為片頁及粘土之處，片頁有時雜於粘土中，有時與水平方向成極大之傾斜角，受橋墩或橋台之重壓時，足以發生滑動。

在通航之河川，應詳細研究過去現在及將來之航運情形如何。　　（下畧）

浉河橋樑工程

韓伯林

吾國公路建設，一日千里，公路橋梁之興築，亦與月俱增，豫省浉河橋即其偉績中之一例也。橋凡30孔，計長360公尺，費139,509元始底於成。韓君親主斯工；本文即詳述浉河橋之地理環境，橋位選擇，施工前之調查與測量方法，設計概況，施工經過，並附計算及工作統計兩表，頗可為從事公路橋工者之借鏡，其末述混凝土施工諸要點，更可為施他種混凝土工者之他山之助。

概述 浉河係淮河之支流，承豫鄂間大別山脈(一名桐柏山)之水，河面遼闊，河底淤淺，低水位時，狀若小溪；高水位時，則闊達三百數十公尺，光緒十六年間，洪水暴發一次，四周田地，曾被陷沒，距河六里之五里店鎮，亦遭水災，旁河之山，被水冲其半，迄今遺痕猶在，今信潢段(信陽至潢川)道貫於是，信潢段係全國經濟委員會定為京陝之幹道，關係開發西北甚巨，前為浦信鐵路之路綫，所經區域，俱屬豫省精華，將來之榮，固未可逆料者也。

事前之測量 設計橋樑前，必先有測量之記載，庶設計有所準繩，測量分三種：曰材料調查，即調查附近可資利用之材料與運輸情形；曰水文測量，測量河身斷面在高水位中水位低水位時之變遷，洪水之久暫，流域之形狀及面積；曰地質測量，研究河床岸之地層，河床至岩石層之距離，附近橋基情形等：茲將浉河測量結果歸納如次。

(A.)材料調查 河中多黃砂石子，堅質清潔，頗合於混凝土工事，沿山松樹頗多，直者可利用為樁木，曲者可用為支木及模型板，距平漢鐵路僅六十里，水道有筏，陸道有汽車牛車距漢口亦近，故購料尚稱方便也。

(B.)水文測量 橋位上下游附近處，河岸似成平衡狀態，但每次大水後，河底稍有變遷，即西岸河底積沙增高，而東岸河底則仍如故，最高水位暫定每年雨水時期，每次漲水之大小，視橋位上游數十里處雨量及其時間而異，照現在情形而言，每遇陰雨數日，即漲大水；二三日後，若上游雨止，大水即行退去，仍成涓涓細流，高水位測得為114.605公尺。東岸河底最深處約一公尺，西岸河底則盡係積沙，最低水位即每年雨稀時期，或每次大水過後六七日，現測得為108.53公尺。

(C.)地質測量 東岸均係黃土，中雜石灰質及小卵石，堅硬異常，下半公尺即淡綠色之砂，中亦雜有卵石，再下一公尺，即為堅硬不透水之黃斑土，近東岸之河床情形，大都如是，西岸係積沙，上結荒草，河床多流沙，厚約二公尺，下均為卵石，愈上者其徑愈大。

橋位之選定 橋位須擇河流平直，河面狹小，地質良好，與河流成正交，距彎曲處稍遠者方可，蓋小橋位之決定依路綫，而大橋位則路綫隨橋位，決定時，不僅比較橋樑本身之價格，同時顧慮路綫改道之費用，今信潢綫適交浉河彎曲甚，彎曲徑頗大，雖改道亦不能避免，舊有之臨時木橋，係在兩曲線之拐點 (Point of inflection)上；其弊在高水位時，兩岸橋台受迴旋流，今橋位略向南移，適當曲線之頂點上，如此則僅東岸凹處受迴旋流而西岸凸處毫無影響，而東岸土質復堅硬異常頗足抵抗冲刷也！

設計概要　根據以上種種測量調查之結果，決定採用永久式之鋼筋混凝土丁字樑，定每孔跨度爲十二公尺，全橋分三十孔，計三百六十公尺，載重設計標準爲十二噸壓路機，或每平方公尺七百公斤之平均載重，橋面闊爲五公尺，以備兩汽車平行駛過，橋面厚15公分，每隔15公分置$\frac{1}{2}$"ϕ鋼筋一根，二外樑各高一公尺，寬三公寸鋼筋$\frac{3}{4}$"ϕ八根，三內樑（丁字樑）在橋面下各深八公寸，寬三公寸五，鋼筋1"ϕ九根，橋面高定爲116公尺，高出最高水位約一公尺有半，爲求排水及美觀起見，乃增備千分之一之縱坡度，每墩打五公尺長，梢徑十五公分之小樁二十七根，每根承重九噸，如地土太壞，得另換打八公尺長梢徑二十公分之大樁八根，橋座一律用小樁五十九根，第一層基礎爲一，四，八配合，二層基礎爲一，三，六，橋柱橋台橋面均爲一，二，四；磨擦面爲一，四，八，橋面設計均爲懸擱式 (Simply support)，而非連續式 (Continuous)，兩橋面接頭處以油氈分開，以防將來修理時影響附近另一孔也，樁頂低于河床約二公尺左右，所以防洪水之冲刷，爲求安全起見，每墩前加拋亂石三十公方，每塊重至少爲四十公斤，太輕恐爲水流帶走，毫無所用也，(詳圖從略)。

預算表　設計後即爲預算，其預算表如下：

信潢段溮河鋼筋混凝土丁字橋樑工事預算表

種類	形狀尺寸	單位	數量	單價(元)	總價(元)	備攷
材料費						
洋灰	大冶寶塔牌	桶	3210	12.00	38520.00	以下材料運費在內
石子	¾"→1¾"	公方	1566	3.00	4678.00	
石子	1"→3"	,,	653	2.00	1306.00	
沙			1110	0.50	555.00	
鋼筋	尺寸詳圖	公噸	125	190.00	23750.00	
鉛絲	,,	,,	2.50	300.00	750.00	
角鐵	2½"×2"×¼"	,,	6.40	190.00	1216.00	
水管	1¼"ϕ	公尺	1350.00	0.80	1080.00	
釘子	3"→6"	桶	40.00	20.00	800.00	
油氈		公面方	560.00	0.80	448.00	
地基樁	150ϕ×5000	根	847.00	5.00	4235.00	
模型板	50厚	公面方	2850.00	3.50	9975.00	模型材料爲全橋⅓
方木		公方	14.00	60.00	840.00	
架木桿		根	240.00	5.00	1200.00	
支柱		,,	204.00	3.00	720.00	
架木地樁	150ϕ×5000	,,	240.00	5.00	1020.00	17孔地基在水面下
板樁	70×4000	公面方	500.00	4.00	2000.00	
蔴繩		公斤	640.00	0.50	320.00	
					93433.00	

工費						
挖地基		公方	1500.00	0.30	‘450.00	
打地基樁		根	847.00	4.00	3388.00	
打架木地樁		,,	612.00	2.00	1224.00	
打板樁	70×300×4000	塊	1050.00	2.00	2100.00	
打混凝土	1：2：4	公方	1566.00	3.00	4698.00	
,, ,, ,, ,,	{1：3：6 {1：4：8	公方	653.00	2.00	1306.00	
安裝鋼筋		公噸	125.00	20.00	2500.00	
裝卸模型		公面方	8600.00	0.30	2580.00	
打水工		工	1100.00	0.30	330.00	
木工		工	3600.00	0.50	1800.00	支架模型
工地搬運		公噸哩	2900.00	0.40	1160.00	
橋頭填土		公方	500.00	0.40	200.00	
欄杆		孔	28.00	20.00	560.00	
工費共計					22296.00	
監工養理及雜費					4000.00	
					119729.00	

【註】；其他附加工程如橫撐，大樁，亂石等：預算尚未確定故未列入

施工之經過

1.定標橛　開工之前，須先定橋位之標橛，(A.)定橋之軸線，橋之軸線卽橋位線，橋之地位與方面概選定後，乃用經緯儀於此線上，每隔十二公尺定一橛，此橛位於橋孔之中心，則將來定橋墩位時，以此爲根據，(B.)定水準點，軸綫方定，乃近軸綫旁設立五水平樁，計兩岸各一，河中三，各水平樁四周均以混凝土澆實，俾不得稍有動搖，然後用水平儀測定其高度，以爲各墩施工之準備。

2.施工大要　河水東岸深而西岸淺，故施工乃東岸難而西岸易，且以材料運輸工場管理之便，決先從西岸動工，而逐漸向東進展，開工期適爲夏季，正值洪水高漲之際，進行稍緩，蓋以求水退後，水外工作較便利也，西岸各墩均在水外工作，東岸各較適在水中，但因河水較淺，乃將西岸各墩施工所挖出之沙，逐漸淤塡，使河道成僅七公尺之小流，則東岸各墩仍能如西岸之工作于水外，此法雖笨，但于管理，經濟實較改用夾板樁勝多多矣，橋墩完成後，繼爲橋柱橋面，順序進行，橋面分從兩端進行，中間另塔木架，便利搬運，詳細施工，敍述如次：

26483

(A.)地脚　地脚施工最感困難者，厥唯流沙，以及沙中之流水，地脚第一步工作爲打邊樁，用樁二十根，圍成五公尺寬八公尺長之土坑，邊樁長約五公尺，梢徑十公分，以沙卵石與木之磨擦力頗大，平均每平方呎約一千六百餘磅，故打邊樁時，亦用懸鏈式之打樁架；錘重六百磅，每日可打十三根左右，第二步爲打板樁，打板樁時，卽須挖沙，自此起開始抽水工作，抽水有時賴汽油抽水機，有時賴人力，視水流之速度而異，第三步爲打地丁樁，打丁樁用1200磅之重錘，日夜工作，大樁約須十二小時完成一根，小樁四小時完成一根，全墩打完約須四晝夜，東岸土質實實，均用小樁，入土長度自三公尺全三公尺半，西岸多流沙卵石，入土長度均在五公尺以上，並加大樁八根六根四根不等，每樁之載重平均約十三噸超過設計多多，試樁公式爲。

$$P=\frac{WH}{0.1+5D}$$

"P"安全載重，以公斤計；"W"錘重，以公斤，計；"H"錘距，以公尺計；"D"最後數錘每錘平均入土深度，以公尺計。

第四步爲搗一，四，八混凝土，搗時仍用人力機力抽水機，模型板外四周掘以深溝，較底脚尤低，庶水不致侵入，用乾和之混凝土，待水分巳少，乃致用濕和混凝土，分三層夯打，無漸達堅實爲止，自邊樁起至第一層底脚完成止，約須一千餘工，佔全工數之三分之二。

(B.)橋柱　橋柱包括一，三，六二層底脚，與一，二，四混凝土柱身，因水流施工困難，故底脚完成後，卽開始紮鋼筋，並裝二層基礎模型板，以求減少抽水工，因水頭（Water herad）已減，流速變小，一人力水車巳足應付，二層洋灰施工與頭層同，自紮鋼筋至二層洋灰全成爲止，約須六十餘工，乃繼續裝橋柱模型板，柱之中段，均開小門，以便傾倒混凝土，俟滿達中段小門，乃將門臨時釘起，所有混凝土均自柱頂傾入，施工時，有工人以長鐵條逐段搗實，所有工作一次完成，用臨時，工人輪替工作務希實際與理論符合，自裝模型板立搗完爲止，約一百六十餘工。

(C.)橋面　橋柱工作旣竟，卽爲橋面，施工之初，卽於橋面下打二公尺長徑十公分左右之小樁數列，上舖架木板九排，每排上豎支木五根，共計四十五根，承載橋面模型板及混凝土之重，裝舖模型板及灣紮鋼筋，計共須二百餘工，搗舖橋面時天日曉開盤，薄暮完畢，計晨間搗完二外樑，上午搗完三中樑，下午搗舖橋面搗工約百餘，所有欄杆均活動，以備來日毀壞之修補。

(D.)磨擦面　全橋橋面完畢，乃舖搗一，四，八磨擦面，其橫坡度爲1:50，先做一樣板，施工時卽依之刨光；全橋分三段搗，每段計120 公尺；以混凝土有伸縮性，其結頭處多塞墊柏油油氈，計磨擦面完成，須三百餘工。

26484

3. 混凝土施工之要點。

A. 所有模型板，均須用麻及紙塞緊。

B. 搗混凝土前，模型板須濕以水

C. 搗後須常澆水，以得充分之養，澆水次數愈多，應力愈增夏季宜以麻袋掩蓋加濕，免受陽光直射。

D. 混凝土所用水分之多少尚成工程家聚訟之點，不宜過多，亦不宜過少，普通施工時有 Slump test ，驗其是否與設計符合，但經驗上均以捏于手中不漏漿爲度。

E. 卸模型板之遲速，視受重，氣候，溫度，而異，受重小者可速，氣侯溫較氣候冷爲速，南風較北風爲速。

F. 冬間宜防水分結冰，宜加鹹或碱，蓋草，沙石子炒熱。

G. 木面塗石灰漿或肥皂漿或油，以便撤卸。

H. 混凝土混和均勻與否，可由顏色及混和時重量是否均勻決定。

I. 混凝土搬運時宜快，不應有遺漏，沙灰漿與石子最忌分析，故倒時宜低宜重。

J. 搗時宜逐層有規則，不宜高堆，而防空隙。

K. 所有沙石子水，均須清潔。

L. 模型板須堅實易撤卸。

M. 重要部分最好一次搗成，如不得已中間結頭處應加富配合之沙灰一層。

統計與結論 濉河橋進行，前後將及一載，工程艱難，費用浩大，在近日中國公路橋樑中，尚不多覯，玆特將可資參攷之統計彙列如下二表。

表一 工之統計

類別 / 工別	全橋 20×12^m	每孔 12^m	每公方混凝土	每公尺樁	備攷
木工	9408	313.6	4.87		1. 挖土打樁用五匹馬力抽水機一，故實際上數字較大
挖土工	4230	141.0	2.20		
撈石工	1962	65.4	1.01		
鐵工	1480	49.3	0.76		
洋灰工	5400	180	2.80		
雜工	4330	144.3	2.25		
打樁工	8374	279.1		2.09	
抽水工	9544	318.1		2.65	
總計	44728	1490.8	13.89	4.74	

26485

表二，　一立方公尺混凝土所需材料之數量

容積比	水泥(桶)	砂(立公方)	石子(立公方)
1:2:4	1.96	0.45	0.90
1:3:6	1.35	0.46	0.92
1:4:8	1.00	0.46	0.92

混凝土工程，實爲近代工業之象徵，充分表現分工制度之效率，設全橋不用水泥，而用石料，則時間與經濟二者，相差誠不可以道里計，而在吾生產落後之中國，事事物物依靠外人，而唯混凝土工事，所用國產材料最多，維持費在各種橋樑中亦最省，誠最合理最理想之工事也。

林以去歲九月間奉令主持橋工，深慮隕越，今幸落成，特將該橋經過情形草成是篇求正於工程專家。先後參與橋工者，有全國經濟委員會工程師呂君季方滕君奺，建設廳技正羅君世棻築路處工程師趙君懷樞龔君晉田，監工員徐君嵩齡李君先梅，承包者江西南昌合興成公司。

二三，十二於工次。

國粹之各式橋樑

葉　彧

梁橋　古無橋之稱，僅曰梁，成徒杠，說文梁水橋也；徒杠，橫木也。蓋原始因行走之需要，橫木於水之上，以代越涉，其雛形今不難於陋鄉敝邑中見之；然同時因地方性之不同，宜於此者，不必盡適於彼，如小溪細澗，產石特多，『聚石水中，以爲步渡』者，必較徒杠之梁爲夥，此狀今何獨不然？而此等橋皆最初步之橋樑也。惟橫木爲杠或梁，聚石爲橋或彴，（見爾雅石杠謂之徛。及廣雅彴：步橋也）遇河寬如何？遇水深如何？必也於中增加間數，或造梁於舟，以濟其短，因承梁之柱之不同材料，有木柱橋，石柱橋及木石混合橋，鐵柱橋之別；而浮橋另一類焉。唐六典謂『天下…木柱之梁三；皆渭水，便橋中渭橋東渭橋』舊唐書新唐書李昭德傳『利涉橋啟爲洛水衝注。常勞治葺，昭德創意。累石代柱』此木橋與石橋之先例也。至於木石混合橋，則有關中記載：『渭橋廣六丈，南北二百八十步，六十八間，七百五十柱，一百二十二梁，南北有堤激，立石柱，柱南京兆立之，柱北馮翊立之，橋之北首，壘石水中，謂石柱橋，董卓入關焚此橋』雖云石柱橋，然柱之石壘者僅北首耳，否則董卓何以能焚？其餘如木柱與石墩混合，今四川灌縣竹索橋，尚留其例；惟橋上建木構房屋者，今亦數見不鮮，但以浙閩爲多，惟橋屋之建，非僅爲美觀，事或出非得已，閩部疏謂：『閩中橋梁甲天下，雖山坳細澗，皆以石柱梁之，上施榱棟，都極壯麗，初謂山間木石易辦，已乃知非得已，蓋閩水怒而善奔，故以數十重重木壓之』，至顯明也鐵柱橋則僅見江西；浮梁縣志謂；『浮梁東五十里臧灣，宋時里人臧洪範鐵柱十二，架木爲橋，至宋末毀於兵燹』其餘則不得見矣。至於造梁於舟之浮橋，其制亦甚早，詩經大雅：『親迎於渭，造梁於舟』；但記述較詳者則如唐仲友修中津橋記；「爲橋二十五節，旁翼以欄，載以五十舟，舟置一碇，橋不及岸十五尋，爲六桄維以柱二十，固以楗筏，隨潮與橋岸低昂，續以版四，鍛鐵爲四鎖以回橋，糾竹爲纜凡四十有二，其四以維舟，其八以挾橋，其四以爲水備，其二十有六以繫筏，繫鎖以石囷四，繫纜以石獅十有一，石浮圖二；』固知今謂鐵牛用以鎭水者，皆與石囷，石獅石浮圖同一作用耳。後世易浮舟爲石墩，墩之銳前殺後，似亦脫胎於舟。今閩省之橋。尙穰琢如舟式者，仍未忘舊情也。

惟柱也，舟也，常爲航行之阻，欲免此礙，遂有飛橋之創，飛橋不用舟與柱或墩，自兩岸挑梁，層叠相次，至中以橫梁及板聯爲一體；宋史陳希亮傳：『希亮知宿州，州跨汴爲梁，水與橋爭，常壞舟，希亮始作飛橋無柱，以便往來，詔賜縑以褒之，仍下其法，自畿邑至於泗州，皆爲飛橋』飛橋今西北一帶仍常見之。

栱橋式　最近洛陽發見周末韓君墓，墓門係石券，而拱券之創，亦不在近；或曰：拱橋爲米索不達未亞人發明，當漢武功及黑海，中國始有拱橋；或曰：佛教入中國，拱券之法；播之俱來，而拱梁卽因之建立以樹功德；但文獻與實物，均無佐證，是否如此，當有待來日之考據家。惟水經注穀水條：『其水又東，左合七里澗，澗有石橋，卽旅人橋，橋去洛陽宮六七里，悉用大石，下圓通水，題太康三年十一月初就功』，殆「拱橋」之最初紀載歟？拱橋構材，用石爲多，磚甓次之，拱橋形狀，則有圓拱，瓣拱，平拱，尖拱，橢圓拱，拋物線拱，以圓式拱爲最普遍，蘇州寶帶橋四川萬縣拱橋，皆其著也。瓣拱則有圓明園之湧金橋，平拱則有趙縣之永濟橋，拋物線拱則見於江西，尖拱則見於北方，橢圓拱則僅見於蘇州，此外間亦有兩拱之間，爲節省材料與減輕橋荷重，另闢小栱，帶使美觀輕巧，兩得其宜，如浙之餘杭苕溪橋。及趙縣安濟橋，外人謂中國古代橋樑，最感興趣者，厥爲栱橋，良有以也。

吊橋　洛陽伽藍記載：『宋雲惠生使西域，從鉢盧國內烏場國，鐵鎖爲橋，懸虛爲渡』。及水經注河水條：『……郭義公曰；烏秅之西，有懸渡之國，山谿不通，引繩以渡』；西域乃今之川康，此等吊橋，今猶見之，其著者如四川灌縣之竹索橋，長七百呎，闊九呎，立木架四座於溪間，大者達二百呎，結巨索（約六吋半）數行於架，再設索欄，舖板其上，其堅固不遜於鐵索橋，偉哉！吊橋之索以鐵製成者，則於四川貴州境內可見，但頗笨重。

中國之橋樑，數量上定足以自豪，當馬可博羅遊杭州時，已記有一千二百座，於此可見一班，但於質量，今恐望塵不能及耳！

定刊處：南京中央大學土木工程研究會

零　售：每　册　實　洋　壹　角

預　定：全年十二期連郵費壹元

土木

第二卷 第二期

二十四年二月十五日

國立中央大學土木工程研究會

鋼筋混凝土煙囪

楊長茂

煙囪爲蒸汽機，鼓風爐，窰等所不可少之設備，其建築材可別爲鋼、磚、及混凝土，鋼囪易銹而不經久，磚囪可達五六十年，鋼筋混凝烟囪則尤過之，以其建築無縫，體輕，佔地小，而高度超出百呎以上者較磚囪尤爲經濟，故世多用之，雖因過度之變化而龜裂，設加入適度之鋼筋以防之，則不爲害，本篇專論鋼筋混凝土烟囪而僅屬蒸汽機者，餘因篇幅所限，姑弗論。

引言

烟囪之計劃，必定其高度及橫斷面積，高度通風之所由生；適宜之斷面，燃餘殘烟之所由出也。

影響於斷面之因子甚多，如囪之高度，殘氣之溫度，囪位超出海平面之高度，燃料之性質，鍋爐之式樣，及囪與火爐間烟道設計及裝置狀況乃決通風之強弱，燃料種類，煤爐之燃量，囪之通風強弱及囪筒內壁摩擦損耗等，皆囪之斷面積乃賴之而定也。

囪所受之影響既多，欲以單易方程式，包括如許事項，誠非易事，下論諸式，概爲近似式也。

通風原理

通風(Draft)者，乃囪之內外部壓力之差，藉之以流通殘烟之力也。囪內氣體灼熱，體積膨脹而密度減，故囪內熱氣壓力，故較外部冷氣爲低，兩者之差，遂逐熱氣上流，外界空氣之入爐也，首經火爐灼熱，是故燃燒時，囪內恆保持其高溫，氣流遂繼續不絕。

今取烟囪一方呎之斷面論之，通風之強度，則爲

$$F=H(W^0-W^1)$$

式中F爲理想之最大通風強度，磅/方呎；H爲爐柵以上之囪高，呎；W^0爲囪外每立方呎空氣之重，磅；W^1爲囪內每立方呎殘烟之重量，磅；若通風強度之單位，以若干吋水柱表之，則上式變爲

$$F^1=0.192H(W^0-W^1)$$

0.192乃$12\div62.4$之商也，是故果囪內外氣體之密度已知，則該囪之最大理論通風強度，立可求得，然影響於二者密度之因甚多，故上式不宜於商業上之設計，茲據道爾登氏定律(Daltons Law)，火氣壓力P乃囪內乾燥空氣壓力P_a及蒸氣壓力P_v之和；

$$P=P_a+P_v$$

而低溫度氣體內之蒸氣壓力P_v常等於hP_A，h爲該氣體之比較溼度，而P_v爲相當於該氣體溫度之飽和蒸氣壓力，又空氣之體積，壓力及其溫度苟合于理想氣體(Idea Gas)之要件者，則

$$P_a V_a / T_a = \text{常數} = 0.754.$$

式中　P_a =溫度為32°F時之乾燥空氣壓力，吋汞柱；

V_a =一磅重乾燥空氣之容積，立方呎；

T_a =乾燥空氣之絕對溫度，°F.

由上式得

$$V_a = 0.754 \times \frac{T_a}{P - P_v} = 0.754 \times \frac{T_a}{P - hP_v}$$

是故天空之密度當為

$$W_o = \frac{1}{V_a} + hW_v = \frac{P - hP_v}{0.754\ T_a} + hw_v.$$

式中　P　=溫度32°F時，觀察所得大氣壓力，吋汞柱；

H　=大氣之比較溫度；

P_v =溫度T_a時之飽和蒸氣壓力，吋汞柱；

T_a =大氣絕對溫度，°F；

W_v =T_a及P_v時之溫和蒸氣密度，磅/立方呎。

同理，烟囱殘烟之密度可以下式表之

$$W^1 = KW_o \frac{T_a}{T_c}$$

式中　K=在同壓力同溫度情況之下，烟囱殘烟與空氣，兩者密度之比值；

T_c =烟囱內殘烟之平均溫度，°F.

積上數式所得之理論通風，則其所受之影響，捨囱頂之氣流而外，卽無風時所之因子包羅殆盡，而理想中各因子之極端變化，分述于下：

大氣壓力，P_1每升出地面1,000'約減一吋汞柱高，而一地之氣候變化約2吋以內。

hP_v 變化範圍，於極寒，乾之氣候約0.03汞柱，熱溼之尺，約1.0吋。

T_a 囱外溫度，自—10°F以下至110°F以上。

hW_v 其變化之範圍自極冷燥天氣之0.000,032磅/立方呎至極熱溼氣候之0.0015磅/立方呎。

K自含炭素乾燃料之1.07至燃燒生高溫度燃料之0.94。

T_c，烟囱殘烟之平均溫度，自200°F至800°F以上，然除用節溫器(Economizer)者外，罕有低於350°F者。

自上者觀之，各因子變化範圍大小各異，且變化無定，是故通常捨數重要之因子如溫度壓力外，他如hP_v及hW_v因素而不顧，更設K=1.於是烟囱之通風強度為

$$F^1 = 0.192H(W^0 - W^1) = 0.192W^0H\left(1 - \frac{T^0}{T^1}\right) = 0.192W^1H\left(\frac{T^1}{T^0} - 1\right)$$

26491

式中　F^1＝烟囱之理論最大靜照通風強度，吋水柱；

H＝爐柵以上之囱高，呎；

T^0＝囱外空氣之絕對溫度，°F；

T^1＝囱內殘烟之絕對溫度，°F；

W_0＝T^0時空氣之密度，磅/立方呎；

W^1＝溫度T_1而壓力與W^0相同時之空氣密度，磅/立方呎。

通風損耗

蒸汽機通風之損耗，蓋由於漏氣及烟經火爐(Furnace)，汽鍋(boler)，烟道(Flue)，及囱筒內壁所遇之阻力及摩擦也，而汽鍋周圍及烟道之接縫，有時損耗亦鉅。

爐中之通風損耗，蓋隨煤之燃燒速率，及煤之種類與形態而定，下節將詳論之。

汽鍋之設計及其載重程度，影響汽鍋單位受熱面積之損耗甚大，完美之Babcock & Wilcox汽鍋於工作量 (Rated Capacity) 時約0.”25高水柱，50%過載時約0.”40,而於100%過載重時，則達至0.”65.良好之平迴管汽鍋，爐柵與氣閘門 (Damper) 間之損耗約0.”.5水柱，Stiling汽鍋約0.”50，重直管汽鍋約0.”40.若汽鍋附用節溫器(Economizer) 者烟道中溫度常減低75°F以上，通風損耗約當水柱0.”30，是故樹節溫器者常備風扇以助通風。

圓形直筒之烟道，其通風損耗可由下列囱筒內壁通風損耗式得之，方形及長方形更加大12%.陡轉宜免除之，蓋短距離之轉 90° 者通風損耗約當0.”05水柱，是故設計時，烟道宜大，長100呎鋼管之通風損耗約0 ”10 ，而汽鍋與烟道，烟道與烟囱間，每轉一直角其損耗須以0.”05水柱計算之，上論諸值，均指鋼料而言，設混凝或磚之建物，其損耗當倍之。

囱筒內壁之通風損耗，可由下式得之

$$d=\frac{fW^2CH}{A^2}$$

式中d爲相當若干吋水高之通風損耗；W爲煙囱每秒出氣之重量，磅；C,囱之周長，呎；H，烟囱之高，呎；A,囱之橫斷面積，方呎；f之值隨囱之材料，囱內溫度而定，見Hool and Kinne: Steel and timber structure pp 441.

烟囱之有效通風，F_1，乃其理論通風F_1去其內壁損耗，d,其值乃火爐、汽鍋、烟道損耗及洩氣速度効力之和也，故得式如下

$$F_1=F'-d=KH-\frac{fW^2CH}{A^2} \quad (1)$$

燃煤與通風

燃煤之速度，即每平方公呎爐柵（Grate）上每小時之燃煤量，乃視煤之種類及其有效通風（Available Draft）而定，若汽鍋與爐柵之比例相稱，則各種燃煤速度（理論範圍以

內者）時，其效率之變化甚微，通風愈強，則燃燒愈速，歷長期之試驗，乃知各煤於不同速度燃燒於空氣中之烟炭 (Bituminous coal) 固定炭素多而揮發物質少者，則通風須強，故小粒之無煙煤則所須之通風更強，他如含灰率，爐櫃之空隙率，及火焰厚薄，在在影響通風強度之須求也。Babcock & Wilcox公司經多次之試驗，曾得各煤于不同速度燃燒時所須之通風，列爲一表(見Hool and Kiune : Steel and timber structures)，可供計劃烟囪時之參攷焉。

囪高及斷面積

烟囪之巨細，顧煤之種類，燃煤量，及囪之有效通風等而定，前已言之矣。若單位時間內之洩氣量而定，則其高及橫斷面積可以公式求得之。

若洩氣所須之熱氣源 (Head of Hot Gas) 爲 h而h；高之熱氣柱重 hw^1.則

$$hW^1 = HW^\circ - HW^1 = HW\frac{T^1}{T^\circ} - HW^1.$$

$$\therefore \quad h = H\left(\frac{T^1}{T^\circ} - 1\right).$$

則囪口之氣流速度 u^1, 爲

$$U^1 = \sqrt{2gh} = \sqrt{2gH\left(\frac{T^1}{T^\circ} - 1\right)}.$$

故烟囪每秒之洩氣量 W○爲

$$W_\circ = W^\circ u^\circ A = W^1 u^1 A = W^1 A\sqrt{2gH\left(\frac{T^1}{T^\circ} - 1\right)} = W^\circ A\frac{T^\circ}{T^1}\sqrt{2gH\left(\frac{T^1}{T^\circ} - 1\right)}$$

即 $$W^\circ = W^\circ A\sqrt{2gH\left[\frac{T^\circ}{T^1} - \left(\frac{T^\circ}{T^1}\right)^2\right]}.$$

上式所表者乃效率等於 1 之理想烟囪，普通之效率僅約及 35%. 故橫斷面公式常書爲

$$A = \frac{W^\circ}{0.35W^\circ\sqrt{2gH\left[\frac{T^\circ}{T^1} - \left(\frac{T^\circ}{T^1}\right)^2\right]}}$$

設囪內溫度 500°F, 囪外 70°F, $W^\circ = 0.075$ 磅/方立呎，則 $T^\circ = 530^\circ$, $T^1 = 960^\circ$ 及每小時囪之總洩氣量 W_1代入上式得

$$A = \frac{W_1}{0.35\times0.075\times3,600\sqrt{32.2+2\left[\frac{530}{960} - \left(\frac{530}{960}\right)^2\right]}} = \frac{W_\circ}{378\sqrt{H}}$$

若燃煤一磅須空氣24磅，而每鍋爐馬力 (Boiler Horse Power) 須燃炭 5 磅。故又得

$$A = \frac{24\times5\times H.P.}{378\sqrt{H}} = \frac{H.P.}{3.15\sqrt{H}}. \qquad (2)$$

蓋 T° 常限於 60°,70° 之間，T^1 於 500° 與 700° 之間，而建築之情形互異。故上式常數項，

計劃時常取 3.0—3.5 之間。

烟囱高與其直徑之比不宜太小，否則囱之洩氣量亦減，故100呎之囱，其直徑未有過6.5呎者。要之囱之內直徑不得超于其高之 8% 乃可。

(2) 式僅就燃煤之烟囱而言，但燃油者汽鍋損耗微，而氣體入囱之容積及其溫度俱較燃煤者為小，蓋其洩氣，僅約及燃煤者60%，故囱之斷面減。而所須之通風低，故囱之高，亦較燃煤者短矣。計劃燃油囱者通風不可太強，蓋進氣太多，則影響燃燒之效力殊甚，然可加節制鏡以調劑之。若通風太低而不足排洩其殘烟，爐內溫度因之增加，則砌爐之磚，損壞甚烈。故燃油之烟囱計劃較燃煤者為難也。

地基影響

地基超出海平面愈高，空氣愈稀薄，則供給每鍋爐馬力所須定量煤燃燒時空氣之體積亦隨之而增。若爐柵及烟道無異於在海平面時，則高地之烟囱須通過大容量之空氣，如是空氣經爐柵及烟道之速度必增。欲達此目的，厥為增加囱高而強其通風。以固定之斷面，欲達原定之馬力，卽洩氣之重量不變，則氣流之平均速度與大氣壓力成正比，而速度之壓力(Velocity Pressure)，若以外部氣柱量之，則與大氣壓力之平方成反比矣。故高地之囱高等於海平之高乘以海平面大氣壓力比高地壓力之值之平方。若以式表之，則高地所須之囱高，H_1,為

$$H_1 = H\left(\frac{\text{海平面氣壓表讀數}}{\text{高地氣壓表讀數}}\right)^2.$$

烟囱之高度旣增，則囱之摩擦損耗亦加大。於是更須增大其直徑以彌補之。欲維持其固有之有效通風，則直徑之增大乃於大氣壓力之叁躉成比例。是故高地之烟囱直徑乃等於地面所須之直徑乘以海平面上壓力對高地壓力比值之叁次方。則高地上之烟囱直徑，D_1，以式表之為

$$D_1 = D\left(\frac{\text{海平面上氣壓表讀數}}{\text{高地氣壓表讀數}}\right)^{\frac{2}{5}}.$$

外力之作用

烟囱之立於地面，乃卽基底固定之翅樑 (Cantilever Beam) 也。所受之主要外力，厥為囱筒之靜載重，風力及基底之抵抗力。而風力之強弱由試驗知其與風速度之平方成正比例。以式表之，則每方呎平面上之風力為 KV^2, V 之單位為每時哩。K之值約為0.003.但作用於圓柱面僅約及其三分之二，卽每方呎投射面上所受之風力為 $0.002V^2$磅。則出烟囱所受之風力，Fw 為

$$Fw = (0.002V_2)\left(\frac{D}{12}H\right) = \frac{1}{6000}DHV^2.$$

26494

D爲囱之直徑，單位爲吋。汽力對囱底所生之勢當爲

$$Mw = \frac{1}{6000} DHV^2 y.$$

y 爲自囱筒重心至囱底之距離，吋；Mw 乃風力對底所生之勢也，吋磅。

沿火山帶之地，時有地震。地震常使烟囱基底作急速之水平移動。囱之破毁，則由於加速度運動之作用，愈強則毁壞於烈。因地球震動之週期，與烟囱震動之週期，不克一致，故囱之最大應力不在底而在上下三分之一高處。若烟囱譬之例置之擺，則該處猶衝擊心 (Center of Percussion) 也。其作用於烟囱底部之力所可由下式得之。

$$Fe = \frac{Ae}{32.2} W.$$

Fe = 地震所生之力，磅； 32.2 爲地心吸力之加速度每秒每秒呎；W爲烟囱之重，磅；Ae乃因地震所生之加速度，每秒每秒呎也。則該力對囱底所生之勢當爲

$$Me = Fey = \frac{Ae}{32.2} Wy.$$

式中 Me 卽地震時，囱底所生之勢也，其單位爲吋一磅。

橫 斷 面 公 式

混凝土烟囱之設計，方法與方樑迥似，但其爲中空之圓樑，故較後者棻繁。解析之基本假設，除數者已應用於方樑者外；更以囱厚，較其直徑，數量懸殊，若以其所有物質均集中於大筒之平均圓周，其淆錯殆無關緊要矣。

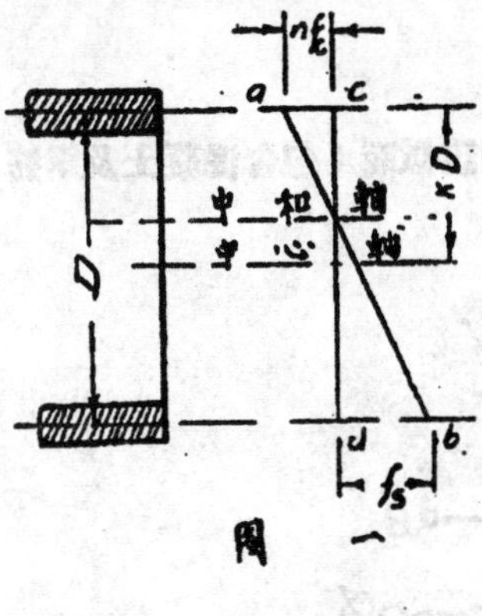

圖 一

圖1.內，壓 f_c 爲壓力部混凝土內之最大單位應壓力；若 n 鋼與混凝土彈性係數 (Modulsu of Elasticity) 之比值，則該點鋼之應壓力爲 nf_c. 又 f_s 爲張力部鋼在平均圓周上之最大應力。則橫斷面cd內，鋼之應力變化如 ab，交 cd 於 e 而得中和軸(Neutral axis)卽應力爲零之線也。設混凝土之壓縮彈性係數爲常數，則該斷面內任一點混凝土或鋼筋內之應力，均與自該點至中和軸之距離成正比例。

若D爲烟囱之直徑，吋；KD爲囱中和軸至壓力部平均圓周之距離。由圖1,依相似三角形定理，故得

$$\frac{KD}{D} = \frac{nf_c}{f_s + nf_c}$$

$$K = \frac{1}{1 + \frac{f_s}{nf_c}} \qquad (3)$$

由上式可知中和軸之位置，乃由 f_c, f_s 及 n 組合得之。而本式之值與方樑求得無異。

圖2中，設α為張壓力部之半角，則

$$\mathrm{Cos}\alpha = \frac{\frac{D}{2} - KD}{\frac{D}{2}} = 1-2K$$

由是知K之值可得 $\mathrm{Cos}\alpha$，更得α及 $\mathrm{Sin}\alpha$. 故任一組之 f_c, f_s, 及 n 乃定一種和軸，而任一點之應力，則與其至中和軸之距離成正比。由是壓力部之總壓力，張力部之總張力可據斯得之矣。而壓力心(Center of Compression)及張力心(Center of Tension)亦可定之矣。

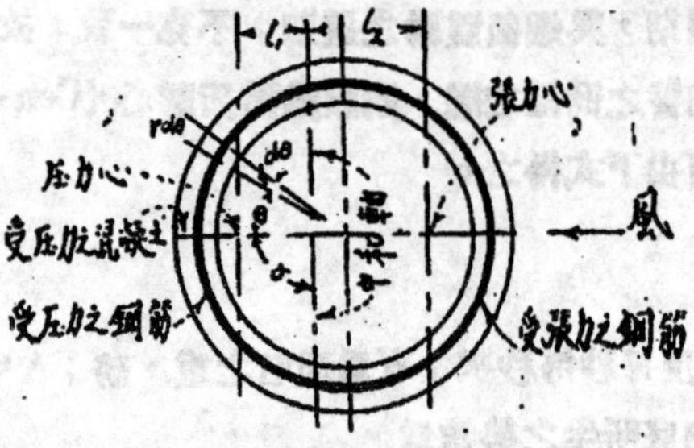

圖　二

今以 $d\theta$ 所張之扇形微面 (Radial Element) 論之。若 t_c 為混凝土之厚，吋；t_s 為假設所有鋼筋集中於平均圓周時所成鋼筋之厚，吋；而弧之長乃半徑，r，之長乘其所對之角度。故得

$$\text{混凝面積} = t_c\, r d\theta.$$

$$\text{鋼筋面積} = t_s\, r d\theta.$$

而該微面至中和軸之距離為$r(\mathrm{Cos}\theta - \mathrm{Cos}\alpha)$，自中和軸至最大單位壓力，$f_c$，之距離為$r(1-\mathrm{Cos}\alpha)$. 故微面上之單位應力，其在混凝土者則為

$$f_c \frac{r(\mathrm{Cos}\theta - \mathrm{Cos}\alpha)}{r(1-\mathrm{Cos}\alpha)}.$$

其在鋼筋內者，則為

$$nf_c \frac{r(\mathrm{Cos}\theta - \mathrm{Cos}\alpha)}{r(1-\mathrm{Cos}\alpha)}.$$

設二者平均圓周之單位應力，即該微面之平均單位應力，則該微面（包含混凝土及鋼筋二者）上之總應力為

$$dP = (t_c + nt_s) r d\theta \frac{f_c r.(\mathrm{Cos}\theta - \mathrm{Cos}\alpha)}{r(1-\mathrm{Cos}\alpha)}.$$

積上式，故得壓力部內之總壓力

$$P = (t_c + nt_s)\, 2\int_0^{\alpha} \frac{f_c\, r(\mathrm{Cos}\theta - \mathrm{Cos}\alpha)}{1-\mathrm{Cos}\alpha} d\theta$$

$$= f_c\, r(t_c + nt_s) \frac{2}{1-\mathrm{Cos}\alpha}[\mathrm{Sin}\theta - \theta\,\mathrm{Cos}\alpha]_0^{\alpha}$$

$$= f_c r(t_c + nt_s) \frac{2}{1-\mathrm{Cos}\alpha}(\mathrm{Sin}\alpha - \alpha\,\mathrm{Cos}\alpha)$$

若 $C_p = \frac{2}{1-\mathrm{Cos}\alpha}(\mathrm{Sin}\alpha - \alpha\,\mathrm{Cos}\alpha)$ 則上式可書為

$$P = c_p\, f_c\, r(t_c + nt_s). \qquad (4)$$

既得P之量，則自壓力心至中和軸之距離，乃以各微面壓應力對於中和軸之勢除以P卽得矣，卽圖2中之C_1也。

求微面上之總壓應力為

$$dP=(t_c+nt_s)rd\theta\frac{f_c\,r(\cos\theta-\cos\alpha)}{r(1-\cos\alpha)}$$

又該微面至中和軸之距離為$r(\cos\theta-\cos\alpha)$. 故該微面內應力對中和軸之勢為

$$dM_c=(t_c+nt_s)rd\theta\;\frac{f_c^2 r(\cos\theta-\cos\alpha)^2}{r(1-\cos\alpha)}$$

積上式乃得總壓力P對於中和軸之勢為

$$M_c=(t_c+nt_s)\,2\int_0^{\alpha}\frac{f_c\,r^2(\cos\theta-\cos\alpha)^2}{r(1-\cos\alpha)}d\theta$$

$$=(t_c+nt_s)\frac{2f_c\,r^2}{1-\cos\alpha}\left[\int_0^{\alpha}\cos^2\theta\,d\theta-2\cos\alpha\int_0^{\alpha}\cos\theta\,d\theta+\cos^2\alpha\int_0^{\alpha}d\theta\right]$$

$$=(t_c+nt_s)\frac{2f_c\,r^2}{1-\cos\alpha}\left(\alpha\cos^2\alpha-\frac{1}{3}\sin\alpha\cos\alpha+\frac{\alpha}{2}\right)$$

$$C_1=\frac{M_c}{P}=\frac{(t_c+nt_s)\frac{2f_c\,r^2}{1-\cos\alpha}\left(\alpha\cos^2\alpha-\frac{3}{2}\sin\alpha\cos\alpha+\frac{\alpha}{2}\right)}{(t_c+nt_s)\frac{2f_c\,r}{1-\cos\alpha}(\sin\alpha-\alpha\cos\alpha)}$$

$$=\frac{\alpha\cos^2\alpha-\frac{3}{2}\sin\alpha\cos\alpha+\frac{\alpha}{2}}{\sin\alpha-\alpha\cos\alpha}\,r \qquad (5)$$

依法則總張力及張力心。亦可逐步求得之。

據基本假設，混凝土不負任何張力，則一斷面之張應力概由鋼筋負載之。今取張力部之扇形微面論之。其面積為 $t_s\,rd\theta$. 而微面上之單位應力與其至中和軸之距離成正比例，卽

$$f_s\frac{r(\cos\theta+\cos\alpha)}{r(1+\cos\alpha)}$$

則該微面上之總張力為

$$dT=t_s\,rd\theta f_s\frac{\cos\theta+\cos\alpha}{1+\cos\alpha}$$

積之故得張力部之總張應力為

$$T=2\int_0^{(\pi-\alpha)}t_s r f_s\frac{\cos\theta+\cos\alpha}{1+\cos\alpha}d\theta.$$

$$=f_s\,rt_s\frac{2}{1+\cos\alpha}\int_0^{(\pi-\alpha)}(\cos\theta+\cos\alpha)d\theta$$

$$= f_s\, r t_s\, \frac{2}{1+\text{Cos}\alpha}\left[\text{Sin}\alpha + (\pi-\alpha)\text{Cos}\alpha\right].$$

若 $C_T = \frac{2}{1+\text{Cos}\alpha}\left[\text{Sin}\alpha + (\pi-\alpha)\text{Cos}\alpha\right]$ 則上式可書爲

$$T = C_T f_s\, r f_s. \qquad (6)$$

該微面應力對中和軸之勢爲

$$dM_T = t_s\, r\, d\theta\, f_s \frac{r(\text{Cos}\theta + \text{Cos}\alpha)^2}{1+\text{Cos}\alpha}.$$

積上式故得總張力，T，對中和軸之勢

$$M_T = 2\int_0^{(\pi-\alpha)} t_s\, r\, f_s \frac{r(\text{Cos}\theta + \text{Cos}\alpha)^2}{1+\text{Cos}\alpha} d\theta$$

$$= t_s r^2 f_s \frac{2}{1+\text{Cos}\alpha}\left[(\pi-\alpha)\text{cos}^2\alpha + \tfrac{3}{2}\text{Sin}\alpha\text{Cos}\alpha + \tfrac{1}{2}(\pi-\alpha)\right].$$

以T除M_T，乃得張力心至中和軸之距離

$$C_2 = \frac{M_T}{T} = \frac{t_s r^2 f_s \frac{2}{1+\text{Cos}\alpha}\left[(\pi-\alpha)\text{Cos}^2\alpha + \frac{3}{2}\text{Sin}\alpha\text{Cos}\alpha + \frac{1}{2}(\pi-\alpha)\right]}{f_s\, r\, t_s \frac{2}{1+\text{Cos}\alpha}\left[\text{Sin}\alpha + (\pi-\alpha)\text{Cos}\alpha\right]}.$$

$$= \frac{(\pi-\alpha)\text{Cos}^2\alpha + \frac{3}{2}\text{Sin}\alpha\text{Cos}\alpha + \frac{1}{2}(\pi-\alpha)}{\text{Sin}\alpha + (\pi-\alpha)\text{Cos}\alpha}\, r \qquad (7)$$

公式(5)及(7)之和乃得內力心之距離，jD (圖3)。

$$jD = L_1 + L_2$$

$$= \frac{\alpha\text{Cos}^2\alpha - \frac{3}{2}\text{Sin}\alpha\text{Cos}\alpha + \frac{1}{2}\alpha}{\text{Sin}\alpha - \alpha\text{Cos}\alpha}\, r + \frac{(\pi-\alpha)\text{Cos}^2\alpha + \frac{3}{2}\text{Sin}\alpha\text{Cos}\alpha + \frac{1}{2}(\pi-\alpha)}{\text{Sin}\alpha + (\pi-\alpha)\text{Cos}\alpha}\, r$$

$$= r\, \frac{(\alpha\text{Cos}^2\alpha - \frac{3}{2}\text{Sin}\alpha\text{Cos}\alpha + \frac{1}{2}\alpha)\left[\text{Sin}\alpha + (\pi-\alpha)\text{Cos}\alpha\right] + \left[(\pi-\alpha)\text{Cos}^2\alpha + \frac{3}{2}\text{Sin}\alpha\text{Cos}\alpha + \frac{1}{2}(\pi-\alpha)\right](\text{Sin}\alpha - \alpha\text{Cos}\alpha)}{(\text{Sin}\alpha - \alpha\text{Cos}\alpha)\left[\text{Sin}\alpha + (\pi-\alpha)\text{Cos}\alpha\right]}$$

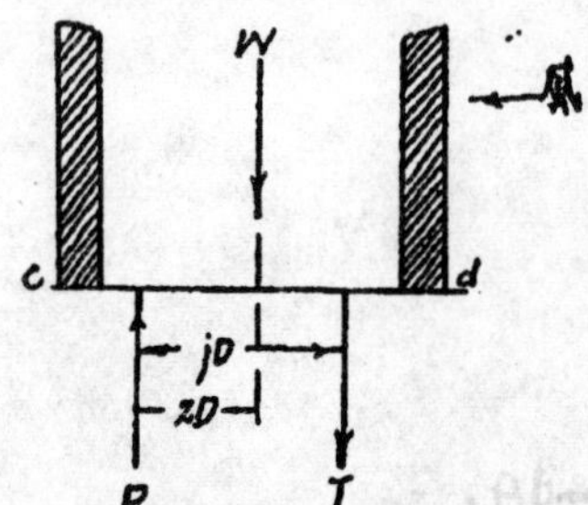

圖三

$$= \frac{5\pi\,\text{Sin}\alpha\text{Cos}^2\alpha + \pi\,\text{Sin}\alpha}{2(\text{Sin}\alpha - \alpha\text{Cos}\alpha)\left[\text{Sin}\alpha + (\pi-\alpha)\text{Cos}\alpha\right]}\, r$$

各以D=2r除之，乃得

$$j = \frac{5\pi\,\text{Sin}\alpha\text{Cos}^2\alpha + \pi\,\text{Sin}\alpha}{4(\text{Sin}\alpha - \alpha\text{Cos}\alpha)\left[\text{Sin}\alpha + (\pi-\alpha)\text{Cos}\alpha\right]}. \qquad (8)$$

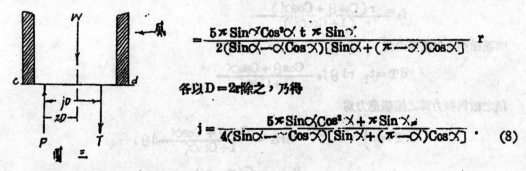

又壓力心至囱筒中心之距離，zD，(見圖3)。爲

$$zD = C_1 + r\cos\alpha$$

$$= \frac{\alpha\cos^2 - \frac{3}{2}\sin\alpha\cos\alpha + \frac{1}{2}\alpha}{\sin\alpha - \alpha\cos\alpha} r + r\cos\alpha$$

$$= \frac{\alpha - \sin\ \cos\alpha}{2(\sin\alpha - \alpha\cos\alpha)} r.$$

以 D=2r 除上式之兩旁，乃得

$$z = \frac{\alpha - \sin\alpha\cos\alpha}{4(\sin\ - \alpha\cos\alpha)} \tag{9}$$

烟囱內應力，若吾僅就因風力及其重量所生者論之。如圖3，該橫斷面上所受外力之作用，乃水平之風力對該斷面之彎曲勢 (Bending Moment)，M，及超出所論斷面囱筒之重，W，該二力處平衡狀態之下者乃混凝土及鋼筋內之應力以支持之也。

苟囱筒直立不動，則圖3中數力。必互處于平衡狀況之下，於是取各力對P力之勢，乃得

$$TjD = M - WzD.$$

若 $T = C_T f_s rt_s$.

代入得 $C_T f_s rt_s jD = M - WzD.$

$$rt_s = \frac{M - WzD}{C_T f_s jD}$$

而鋼筋總面積為 $A_s = 2\pi rt_s.$

$$A_s = \frac{2\pi(M - WzD)}{C_1 t_s jD} \tag{10}$$

中和軸之變位，影響常數之值甚微。以其平均約數 0.785 代之，則 $\frac{2\pi}{j} = 8$. 故上式可書為

$$A_s = \frac{8(M - W2D)}{C_T f_s D} \tag{10}\times$$

由(10)×之值雖為近似數。然於實際應用，差誤甚微。而計劃時以其簡便而代(10)焉。

今由 $\Sigma F_V = 0$，故得

$$P - T = W.$$

將所得P及T之值代入上式，即

$$C_p f_{cr}(t_c + nt_s) - C_T f_s rt_s = W.$$

解之，乃得

$$t_c = \frac{W + (C_T f_s - C_p f_c n)rt_s}{C_p f_c\ rt}$$

囱筒之全厚乃

26499

$$t = t_c + t_s,$$

$$\therefore \quad t = \frac{W + (C_T f_s - C_p f_c n) r t_s}{C_p f_c r} + t_s$$

A_s 之值由 (10)[1]求得矣，爲便於運算計，以 $t_s = \frac{A_s}{\pi D}$ 及 r $\frac{D}{2}$

代入上式，故更得

$$t = \frac{2W + (C_T f_s - C_p f_c n) \frac{A_s}{\pi}}{C_p f_c r} + \frac{A_s}{\pi D} \qquad (11)$$

公式(10)及(11)之常數，乃 z, j, C_T, 及C_P 而此數者均賴中和軸之位置求得之。中和軸之位置，則更定之於 f_c ,f_s 及 n. 故已定一組 f_a ,f_c 及n 之値，則囱筒之厚及鋼筋之斷面積乃風之勢，囱之重及平均直徑，D得之。

今以 f_s ,f_c 及 n 各組之値，代入公式(3)求K之値；更以K求 C_P,C_T,z 及，分列爲第一表及第二表，則設計時，稱便多矣。

第一表　　從 f_c, f_s 及 n 値勘定中和軸之位置

f_s	K														
	n=10					n=12					n=15				
	f_c					f_c					f_c				
	300	400	500	600	700	300	400	500	600	700	300	400	500	600	700
8000	.272	.334	.384	.428	.466	.310	.375	.428	.474	.512	.36[illegible]	.428	.4[illegible]4	.530	.568
9000	.250	.308	.357	.400	.438	.285	.348	.40[illegible]	.444	.483	.334	.400	.454	.500	.538
10000	.231	.286	.334	.375	.422	.264	.324	.37[illegible]	.418	.456	.310	.375	.428	.474	.512
11000	.214	.266	.312	.353	.389	.246	.304	.353	.395	.433	.290	.353	.405	.450	.488
12000	.200	.250	.294	.334	.368	.231	.285	.334	.375	.412	.272	.334	.384	.423	.466
13000	.188	.236	.278	.316	.350	.217	.270	.316	.356	.392	.257	.316	.366	.409	.447
14000	.176	.222	.263	.300	.334	.204	.255	.300	.340	.375	.243	.300	.349	.391	.428
15000	.16[illegible]	210	.250	.285	.318	.19	.242	.286	324	.360	.231	.286	.334	.375	.412
16000	.158	.200	.238	.272	.304	.184	.231	.272	.310	.344	.220	.272	.319	.360	.396
17000	.150	.190	.228	.261	.291	.175	.220	.261	.298	.330	.210	.261	.306	.346	.382
18000	.143	.182	.218	.250	.280	.166	.210	.250	.285	.318	.200	.250	.294	.334	.368
19000	.136	.174	.208	.240	.270	.160	.201	.240	.275	.306	.192	.240	.283	.322	.356
20000	.130	.1[illegible]6	.200	.231	.260	.152	.194	.231	.264	.296	.188	.231	.272	.310	.344

第二表　異位中和軸之C_P，C_T，z 及 j 之値

K	C_P	C_T	Z	j
0.050	0.600	3.008	0.490	0.760
0.100	0.852	2.887	0.480	0.766
0.150	1.049	2.772	0.469	0.771
0.200	1.218	2.661	0.459	0.776
0.250	1.370	2.551	0.448	0.779
0.300	1.510	2.442	0.438	0.781
0.350	1.640	2.338	0.427	0.783
0.400	1.765	2.224	0.416	0.384
0.450	1.884	2.113	0.404	0.785
0.500	2.000	2.000	0.393	0.786
0.250	2.113	1.884	0.381	0.785
0.600	2.224	1.765	0.369	0.784

溫度剪力及對角張力

囪內外氣體溫度之不同，而混凝土傳熱難而放熱易，是故烟囪內外壁溫度之差異，雖不若前者之巨，然能持久不易，囪之內壁溫度高而膨脹大，外壁因之而生張應力，若不加鋼筋以制之，則龜裂現於外壁，通常囪內另加火磚一層，中間空隙，以減低其外殼兩壁溫度之差，更加適量之鋼環以防制之，故龜裂不現，依理論言，加鋼筋過多，則混凝土生高度之應壓力；反之，則混凝土將生有害之龜裂。然混凝土於彼時之實際狀況，吾人未能完全了解，是故防溫度之鋼筋，蓋據經驗推定之。

外力所成之剪力(Shear)及對角張力 (Diagonal tension)，解析之與方樑內者同。而防制垂直張力所生之對角張力所須之鋼筋，亦可逐步求得之，然此類鋼筋不若分佈溫度應力所須者之鉅，但非求之，不克知其確量，溫度之變化也，使囪壁生垂直裂紋，則混凝土之不能負任何之張力及垂直剪力也明矣，於是加鋼筋以彌斯弊，垂直剪力之在任一截高 1" 之囪筒內者乃總水平剪除以jD之商也，據此而得任一橫斷面內所須之水平鋼環面積如下：

設 h_L 爲超出所論橫斷面之囪高，呎；f_W 爲每方呎所受之風力，磅；P_o 爲鋼環斷面積對混凝斷面之比値，於是乃得囪之任一横斷面上所受外剪力，V，爲

26501

$$V=\frac{D}{12}h_L f_W$$

據方樑公式(Beam formula)而得每吋高囱筒內之最大縱剪力，V,爲

$$V_b=\frac{V}{jd}$$

$$V\times 2t=\frac{D}{12}\ \frac{h_L f_W}{jD}=\frac{1}{12}\ \frac{h_L f_W}{j}$$

j之值變化甚微，茲取其平均値約爲0.783，則上式當爲

$$V\times 2t=0.106h_L f_W$$

則1'高囱筒內之剪力或對角張力爲

鋼環所負之應力$=12\times 0.106h_L f_W$.

一呎高之囱管內鋼環橫斷面爲$12tp'_o$。而一環可負兩縱斷面內之應力，即

鋼環之效用強度$=2\times 12tp'_o f_s$.

其有效強度與其所支持之應力必須相等，故得

$$12\times 0\cdot 106h_L f_W=2\times 12tp'_o f_s.$$

$$\therefore\quad p'_o=\frac{h_L f_W}{18.8f_s t}$$

上式之鋼比値僅就防御剪力及對角張力而言，於溫度之應力，欲防其局部裂縫，則須更加水平鋼筋，通常除防剪力者外，更加約0.0025以備溫度之應力，故更得鋼比式如下。

$$p'_o=\frac{h_L f_W}{18.8f_s t}+0.0025\qquad(12)$$

鋼環之距離除至囱頂外，宜排6"—10"之距離，而最近爲安全計有全囱筒皆8"或9"之距離者。

鋼筋工作應力之替減

計劃烟囱之各橫斷面也，以適常混凝土及鋼筋之允許工作應力而定中和軸之位置，即以工作應力而定該橫斷面之壓力面積也，高囱之下部受巨量之壓應力，設擇鋼之工作應力每方吋1.400或1,600磅與尋常混凝土之工作之應力，每方吋500磅；則中和軸距該斷面之壓力部甚近，鮮能得適常之壓力面積支持其壓應力，而不使混凝土超出單位允許應力也。

是以計劃囱筒由(11)所得厚較預定者大，則減低鋼筋之工作應力，以遷移其中和軸，則該橫斷面得較大之面積以承應壓力。如斯反覆試算必使算得之結果與預定者密合而後已，直徑小之高囱，運用之鋼筋工作應力鮮能超過每方吋8,000或1,000磅者。

烟囱底基

囱之基底必備適量之面積以抗接壓力(Bearing)，而不使超出泥土或基底之堪勝任者，

26502

但以風之勢及其他外力之作用，足增底基邊緣之壓力，故囪底面積約須僅足支持囪重之2.5倍，其形成或形或爲八角，方形者常有巨量之壓力生於角端，且放置鋼筋時亦較近於圓形爲難也。

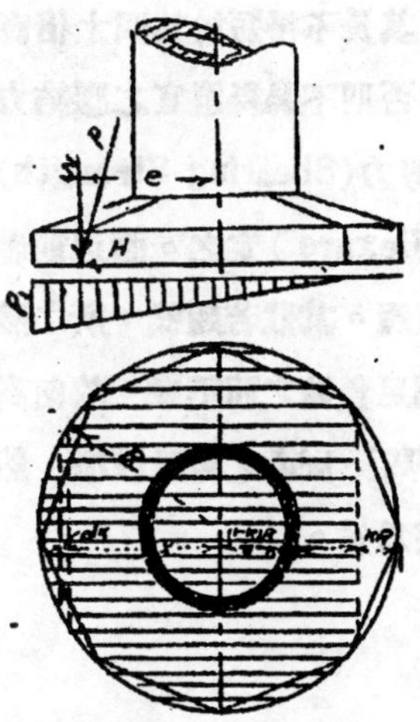

圖　四

合力之落於底之中部三分之一 (Kern of bose) 者，則邊緣上最大壓爲

$$p=W/A+MC/I$$

W爲烟囪之重，磅；A囪之底面積，方吋M乃風及其他外力作用于囪筒時對底部之勢，吋一磅；I爲底面積之惰性率（ Moment of ineitia)，(吋)^4.

風及其他外力之作用，合力常出底基中部三分之一，如圖4，即P_1爲圓底邊緣之最大單位壓力，則距中心X之點之單位壓力當爲 $P_1\frac{R(1-k)+X}{R(2-K)}$，則該微面上之抵抗力爲

$$dP=2p_1\frac{R(1-K)+X}{R(2-K)}\sqrt{R^2-X^2}\,dX$$

積分之而囪重

$$W=\frac{2P_1}{R(2-K)}\int_{-R(1-K)}^{R}[R(1-K)+X]\sqrt{R^2-X^2}\,dx.$$

又該微面內抵抗力對於中和軸之勢爲

$$dM=2P_1\frac{[R(1-K)+X]^2}{R(2-K)}\sqrt{R^2-X^2}\,dx.$$

積之得總合力對於中和軸之勢

$$\therefore\quad M=\frac{2P_1}{R(2-K)}\int_{-R(1-K)}^{R}[R(1-K)+X]^2\sqrt{R^2-X^2}\,dX.$$

而直接由合力求得者爲

$$M=W[e+R(1-K)]$$

$$\therefore\quad W[e+R(1-K)]+\frac{2P_1}{R(2-K)}\int_{-R(1-K)}^{R}[R(1-K)+X]^2\sqrt{R^2-X^2}\,dx.$$

欲代上式爲簡易之應用公式，弗能也。但圓底之邊緣最大壓力可以下式表之。

$$P_1=mW/A \qquad (13)$$

W爲烟囪重，磅；A爲底面積，方吋；m可由第五圖之圖解得之，方形之底基，其最大壓力

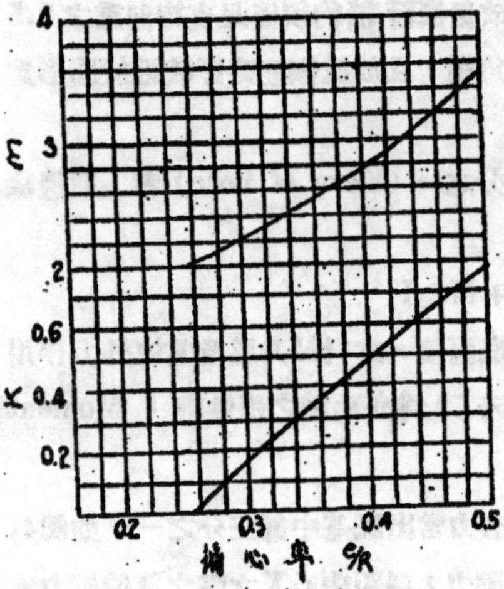

圖五

乃

$$P_1 = \frac{2W}{3(\frac{s}{2}-e)} \quad (14)$$

建築須用鈎頭之竹節鋼，其長不得短於其四十倍直徑，以連囪筒於其底基，否則不易得適宜之膠結力(Bond)基底之厚乃由抗剪力(Shearing Strength)及抗曲力 (Strengtr of Flexure)定之。而以前者爲甚。蓋基凸出囪之邊甚短。其狀若翅樑，所之勢小而剪力大。而底之厚須足負擔之而不毀。故囪高100'者底約3',300'者約厚7'. 底心之勢雖較微，然過大徑之囪筒，則宜審核爲妥。

施工及材料之選擇

混凝土烟囪之高出地面，且爲中空之圓筒，故建築時較他種混凝工程爲難。苟非良有經驗者不克勝任。建築材料之選擇尤宜審愼。若沙則須經膠泥(Mortar)之實際張力試驗；石子須最大不過½"之綠泥石 (Trap-Rock). 混合比例以1：2：3爲佳。混合時若用乾合法則混凝土含孔隙而不能完全與鋼筋密接。故須用濕合法，其稠度可稍流動，罨打緊卽現膠糊之物體以圍包鋼筋。外加石膏易成破紋與剝落，宜避免之。鋼筋須上等之圓棒及竹節鋼。但表面光滑之鋼筋，如丁字棒，膠結力弱，且有角突出，混凝土放置爲艱，宜避免之。細竹節鋼條，以之傳佈溫度之應力，效果特著，若以上等之高炭素鋼條作水平鋼筋者亦佳。

計劃步驟

鋼筋混凝問題，可別爲二，計劃及覆驗是也。前者與以蒸汽機之鍋爐馬力及所須通力求囪高及其橫斷面積；囪筒之壁厚及各橫斷面內之鋼筋；及囪基之大小厚薄及所須之鋼筋以支持全囪。後者依已與之烟囪於特種情形之下而求其通風，洩氣量及各部混凝土及鋼筋內之諸應力。囪之覆驗易而計劃難，今特將計劃步驟，分述於下：

I. 囪高及其橫斷面積。a. 由蒸汽機之鍋爐馬力，預擬囪高，代入(2)式，$A = \frac{H.P.}{C\sqrt{H}}$ (C=3.0—3.5) 而得其橫斷面積。(但其直徑不得過囪高8%)

b. 依燃煤速度，煤類，及鍋爐，烟道之設計與裝置，求其所須通風。及殘烟溫度代入(1)式，覆驗囪高。若所得之值較預擬者大，則增加H，代入(2)式再算之。

燃油烟囪依其洩氣量及必倘之通風另定之。

II. 囪筒。a. 預擬囪筒之縱斷面，兩壁均直線，內垂直而外斜，底厚而頂薄，(但不得薄於5.")。求囱筒重及其底所受外力之勢，更擬鋼筋之工作應力。代入 (10')及(11)得囱底之筒壁厚及其橫斷面內之縱鋼筋。若得之t,較原擬者大，則減低f_s,再試之。筒壁內之縱鋼筋，便延40d或50d而端成鈎形，深入塞囱基，以固持之。

b.由風之單位壓力代入(12)式，則得底斷面內之水平鋼筋。若更有其他外力時，當變易(12)式之形代入之。

c.視囱筒之高，分為若干等分。分別擬鋼之工作應力。(不得超過16,0 0#/□")。求超出該斷面之筋筒重及其所受之外力勢代入 (10')及(11) 而得其縱鋼筋及覆驗筒壁之厚。若得之t,與原擬者異，則變更f_s 再試之。一部之縱鋼筋可止於該斷面者，須延長40d 或 500d，以求強固之膠結力。該斷面內之水平鋼筋，亦由(12)式得之。

Ⅲ.囱基。a.擬囱基之底面積為囱重除以土之抗壓強度之2.5倍。更擬囱基之厚，求囱筒及其基重，合風力及其他外，力得e.若圓底代入(13)，方底代入(14)式，得其邊緣上之最大單位壓力。若其值超過土之允許抗壓強度，則增其底面積再試之。

b.計劃囱基與翅樑者類似，但其沿囪筒 b 弧所受之彎曲勢及剪力乃由頂角或圓心角張b弧之三角形或扇形上抵抗力及其重量所生者也。以彎曲勢之值，代入公式 $d=\sqrt{\frac{M}{Kb}}$ 得基厚，d.更以該處剪力代入公式 $d=\frac{V}{vjd}$ 復得d.擇其大者用之。底部所受之剪力特大，基厚多半由之決定。所須鋼筋之斷面則為 $A_s=\frac{M}{f_s jd}$ 既選鋼筋之大小及根數。再以公式 $u=\frac{V}{\sum o jd}$ 以驗核其膠結力，爲經濟計，依囱基各部剪力之巨細，厚薄亦隨之而變。而囱筒之直徑大者，則底心之彎曲勢，亦須審核焉。

鋼筋混凝土計劃

計算鋼筋混凝土板，梁及T形梁（其中和軸離板底面四分之一板厚以內）之簡單曲線

郭增望譯

此文原著爲 H.F. Wilmot，見英國 Civil Engineering Vol. 29, No. 339. 對於學理方面，雖無特殊貢．，但能將普通混凝土之計算，彙於一圖，以便於計算時之查閱，是其特點。故譯之供同好者之參考。再者該文對於中和軸在板下四分之一板厚以內之T形梁，仍認爲與矩形梁相同，雖於原理不相符合。但此項假定乃在安全範圍之內，同時可免去用T形梁公式之繁複也！

以往計算普通鋼筋混凝土板與梁之圖表，類皆繁複不若本篇曲線之簡單而能包括一切。此數曲線（假定鋼筋與混凝土間彈性係數比例爲十五）乃經作者數年之研究，得此鋼筋混凝土中各種變數間最簡單之代表。而使學者易於了解與應用。普通常於斷面之大小或鋼筋之百分率不達其最大可用應力（Maximum Working Stress）時，每感覺不能鑒別其控制應力（Controlling Stress）. 本曲線於此點有清晰之指示，而能立刻予以解決。今爲讀者便利起見，故先述此曲線之原理，藉明其來源，而於用法亦得有以明瞭也！

今將本篇應用符號（並註明於圖中）解釋如下：

b 爲梁之寬度，

br爲梁腹 (Rib) 之寬度，

d 爲自頂面至鋼筋中心之高度，

xd爲自中和軸之深度，

jd 爲抗彎旋量臂，即壓力與拉力之合力間之垂直距離，在此假定之下，如不計其微細錯誤，則

$j=\left(1-\frac{X}{3}\right)$ 即壓合力可假定施於三角形之壓力中心。

C 爲混凝土中壓力之合力，

T 爲鋼筋中拉力之合力，

B M爲彎曲旋量 (Bending Moment)

M_R 爲抗彎旋量，

a 爲斷面積。

c ,t,s 爲應力"f"之角號，在下角則表示壓力，拉力或剪力，

c ,s 爲混凝土及鋼筋之表號。

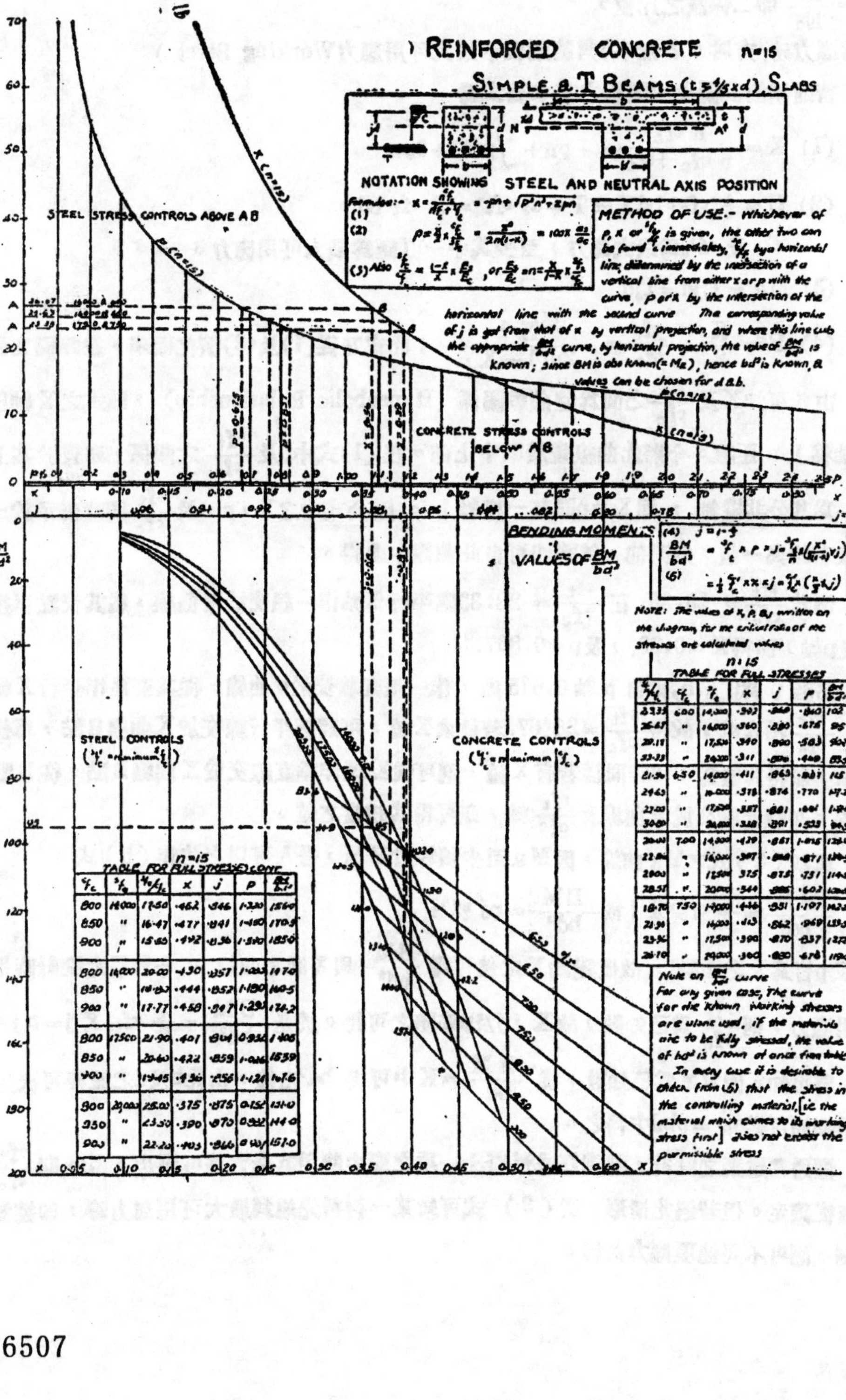

Formulae:- (1) $x = \frac{n f_c}{n f_c + f_s} = -pn + \sqrt{p^2 n^2 + 2pn}$

(2) $p = \frac{x}{2} \times \frac{f_c}{f_s} = \frac{x^2}{2n(1-x)} = 100 \times \frac{a_s}{a_c}$

(3) Also $\frac{f_s}{f_c} = \frac{1-x}{x} \times \frac{E_s}{E_c}$, or $\frac{E_s}{E_c} = n = \frac{x}{1-x} \times \frac{f_s}{f_c}$

(4) $j = 1 - \frac{x}{3}$

(5) $\frac{BM}{bd^2} = f_s \times p \times j = \frac{f_c}{n}\left(\frac{x^2}{2(1-x)} \times j\right)$

(6) $= \frac{1}{2} f_c \times x \times j = f_c\left(\frac{x}{2} \times j\right)$

METHOD OF USE.- Whichever of p, x or fs/fc is given, the other two can be found immediately, fs/fc by a horizontal line, determined by the intersection of a vertical line from either x or p with the curve, p or x by the intersection of the horizontal line with the second curve. The corresponding value of j is got from that of x by vertical projection, and where this line cuts the appropriate BM/bd² curve, by horizontal projection, the value of BM/bd² is known; since BM is also known (= Me), hence bd² is known, & values can be chosen for d & b.

NOTE: The values of x, p, & j written on the diagram for the critical ratio of the stresses are calculated values

n = 15
TABLE FOR FULL STRESSES

fs/fc	c/fc	s/fs	x	j	p	BM/bd²
23.33	600	14,000	.392	.869	.840	102
26.67	"	16,000	.360	.880	.676	95
29.17	"	17,500	.340	.890	.583	90.7
33.33	"	20,000	.311	.896	.440	83.5
21.54	650	14,000	.411	.863	.891	115
24.63	"	16,000	.378	.874	.770	107.3
27.00	"	17,500	.357	.881	.661	[illegible]
30.80	"	20,000	.328	.891	.533	94.5
20.00	700	14,000	.429	.857	1.075	128.4
22.86	"	16,000	.397	.868	.871	120.5
25.00	"	17,500	.375	.875	.751	114.5
28.57	"	20,000	.344	.885	.602	[illegible]
18.70	750	14,000	.446	.851	1.197	142.5
21.30	"	16,000	.413	.862	.969	133.5
23.30	"	17,500	.390	.870	.837	[illegible]
26.70	"	20,000	.360	.880	.678	[illegible]

Note on BM/bd² curve
For any given case, the curve for the known working stresses are alone used. If the materials are to be fully stressed, the value of bd² is known at once from table. In every case it is desirable to check from (5) that the stress in the controlling material [i.e. the material which comes to its working stress first] does not exceed the permissible stress.

n = 15
TABLE FOR FULL STRESSES (CONT.)

c/fc	s/fs	fs/fc	x	j	p	BM/bd²
800	14000	17.50	.462	.846	1.320	156.0
850	"	16.47	.477	.841	1.450	170.5
900	"	15.55	.492	.836	1.580	185.0
800	16000	20.00	.430	.857	1.075	147.0
850	"	18.82	.444	.852	1.180	160.5
900	"	17.77	.458	.847	1.29	174.2
800	17500	21.90	.401	.866	0.916	140.6
850	"	20.60	.422	.859	1.026	153.9
900	"	19.45	.436	.856	1.121	167.6
800	20000	25.00	.375	.875	0.750	131.0
850	"	23.50	.390	.870	0.832	144.0
900	"	22.20	.403	.866	0.907	151.0

p 爲鋼筋與混凝土斷面之百分比$=\frac{100a_s}{a_c}=\frac{100a_s}{bd}$

E爲彈性係數(Young's Modulus)

$n=\frac{E_s}{E_c}$ 即二係數之比值,

f'爲應力磅/方吋(若無(,)角號則表示最大可用應力Working Stress)

普通鋼筋混凝土梁與板之基本公式爲

(1) $X=\frac{n\,{}^cf_c}{n\,{}^cf_c+{}^sf_t}=-pn+\sqrt{p^2n^2+2pn}$

(2) $C=\frac{1}{2}\,{}^cf_c'\,bdX=T=a_s\,{}^sf_t'=P\,{}^sf_t'bd$

${}^cf'_c$ 及 ${}^sf'_t$爲最大應力,至少其中一項應爲最大可用應力。

(3) $M_R=Cjd=Tjd$

(4) $P=\frac{X}{2}\cdot\frac{{}^cf_c}{{}^sf_t}=\frac{X^2}{2n(1-X)}$;此式乃從(1)及(2)演化而來,並非獨立公式。

由此可知X及$\frac{{}^sf_t}{{}^cf_c}$之間爲雙曲線關係(Hyperbolic Relationship),該式之X軸已自其主軸移上n距離。今將此曲線畫於圖中上部。在(1)式中p及$\frac{{}^cf_t}{{}^cf_c}$之關係,亦畫於其上,用$\frac{{}^sf_t}{{}^cf_c}$爲其公共縱軸,而X及p同在一橫軸上。因公式中之X,p,及$\frac{{}^sf_t}{{}^cf_c}$同時表示於一圖中,故若給與一值,則其他一值隨即可自此曲線中求得。

例若$\frac{{}^sf_t}{{}^cf_c}=23.33$,在$\frac{{}^sf_t}{{}^cf_c}=23.33$處平行X軸作一線交於兩曲線,從其交點再投影於X及p軸,即得X=0.39,,及p=0.837.

另若p爲0.675,則自p軸0.675處,作一垂直線交於p曲線,從其交點作平行X軸之線交於$\frac{{}^sf_t}{{}^cf_c}$軸A處,故得$\frac{{}^sf_t}{{}^cf_c}=26.67$.若欲求X值,可將該平行線交於X曲線B點,再投影於X軸,即得其值爲0.36.同樣若有X值,則可從X軸作垂直線交於X曲線B點,從B點再作一線,平行此軸交於P曲線及$\frac{{}^sf_t}{{}^cf_c}$軸,亦可得其相當之值。

再觀(3)式之M_R曲線,因M_R至少須等於BM,吾人可以之化作(5)式

$\frac{BM}{bd^2}=\frac{1}{2}\,{}^cf_c'Xj$ 或 $\frac{BM}{bd^2}=pj\,{}^sf'_t$

因j與p皆爲X之函數,故僅變動X之值可得$\frac{BM}{bd^2}$與X間之曲線,今若假定設計時用最大可用應力,則$\frac{{}^sf_t}{{}^cf_c}$爲已知數,故X,j及p亦隨之可得。於是$\frac{BM}{bd^2}=\frac{1}{2}\,{}^cf_c\,Xj=pj\,{}^sf_t=K$亦屬可知。因BM爲已知數,從$\frac{BM}{bd}=K$中可得$bd^2$之值,由此b及d之值亦可決定;而需用鋼筋可從$a_s=pbd$中得之。

惟通常建築之設計,祗鋼筋或混凝土一項之應力能用其最大許可限度,由此則$\frac{{}^sf_t}{{}^cf_c}$之值亦無從確定。但若遇此情形,從(3)式可知某一材料先達到最大可用應力時,即控制全部計劃,而可不問他項應力如何。

26508

雖 $\frac{BM}{bd^2}=\frac{1}{2}cf'_c Xj=pj\,sf'_t$ 之關係，當能存在；但 $\frac{1}{2}cf_c Xj=pj\,sf_t$ 時，則鋼筋與混凝土應用時達到其最大可用應力。一若鋼筋先至其最大可用應力，則可用 $\frac{BM}{bd^2}=pj\,sf_t$ 而設計，因從 $\frac{BM}{bd^2}=\frac{1}{2}cf_c Xj$ 所得之值，已屬過大。

總之，$\frac{sf_t'}{cf_c'}$ 之變動爲 $\frac{sf_t\ (\text{不變})}{cf_c'\ (\text{變})}$ 或 $\frac{sf_t'\ (\text{變})}{cf_c\ (\text{不變})}$ 每一情形視乎鋼筋或混凝土孰能控制設計而定，吾人可將X之不同各值，及 $\frac{BM}{bd^2}$ 之值，作(5)式之曲線，由此每一式可得二條不同之曲線，其交點卽爲二者最大可用應力同時存在之處。圖中左方曲線乃根據鋼筋達其最大可用應力，而在右方曲線，則爲混凝土達其最大可用應力。

此數曲線能與X及P曲線相連，卽自X坐標直接投影於X曲線或自X曲線向下投影與之相交。

圖中另列以參攷表，其中各值皆基於各種不同最大可用應力之配合；當設計無限制時，則不須用曲線，亦能直接從表中求其數值。

今再舉數例，以明曲線之應用。

例一：設可用應力 $cf_c=750$磅/方吋，$sf_t=16{,}000$磅/方吋。試設計一梁能承受56,000呎一磅之彎曲旋量。

參閱圖表得 $X=0.413, j=0.862, P=0.969\%$

$$\frac{BM}{bd^2}=133.5$$

則 $133.5bd^2=560000\times12$ 吋一磅

$\therefore bd^2=5035$

設 $b=15$ 吋，$d^2=336$

$\therefore d=18.3$ 或 18.5 吋

$$a_s=pbd=\frac{0.969}{100}\times15\times18.3=2.66\text{方吋。}$$

用 1$\frac{1}{16}$" ф鋼筋三根，梁之總深可用20吋。

例二：設一梁寬爲16吋有效深度爲24吋；鋼筋爲1.1%，試求能承受之安全彎曲旋量及其最大應用，假定可用應力 $cf_c=650$磅/方吋及 $sf_t=17{,}500$磅/方吋。

參照上部曲線，$p=1.1\%$，則 $\frac{sf_t}{cf_c}=19.5, X=0.437, j=0.854.$

再投影X或j之值於下部曲線，則 $\frac{BM}{bd^2}=121.5$ 可知混凝土控制此計劃。

於是 $BM=121.5\times16\times24^2=1{,}120{,}000$ 吋一磅。

最大應力 $cf_c=650$磅/方吋。

$sf_t=650\times19.5=12{,}650$磅/方吋。

並 $a_s=0.011\times16\times24=4.22$方吋。

例三：試修改前題梁之深度，及鋼筋數量使能在同樣 M_R 之下，用其最大可用應力。

從 $\frac{BM}{bd^2}$ 之圖或表中，在650磅/方吋及17,500磅/方吋之時，$X=0.357, j=0.881, p=0.661$.，於是 $\frac{BM}{bd^2}=102.1$.

$$\frac{1,120,000}{16\times d^2}=102.1.$$

$\therefore d^2=688$ 方吋。

$\therefore d_s=26.2$ 吋。

$\therefore as=\frac{0.661}{1000}\times16\times26.2=2.77$ 方吋。

如此鋼筋減少為 $\frac{1.45}{4.22}\times100=34\%$

但混凝土則僅增加 $\frac{2.2}{24}\times100=9\%$

例四：設有半支持板(Partially Supported Slab)，其有效厚度為6吋，承受平均載重為560磅/方呎，跨長為8呎。求鋼筋之數量及最大應力。假定材料 $cf_c=700$ 磅/方吋及 $sf_t=17500$ 磅/方吋。

$$BM=\frac{560\times8^2}{10}\times12=43,000 \text{ 吋一磅。}$$

$$\frac{BM}{bd^2}=\frac{43000}{12\times6^2}=100$$

以此數投影於圖中，遇於鋼筋部份，是為鋼筋所控制。故得 $X=0.354, P=0.64\%$ 及 $\frac{sf_t}{cf_c}=27$.

則每呎板寬需要之鋼筋 $=0.0064\times6\times12=0.4600$ 方吋，

用$\frac{1}{2}$"Φ鋼筋，$4\frac{1}{2}$ 吋中到中。

因 $\frac{sf_t}{cf_c}=27$ 並為鋼筋所控制，

故 $cf_c=\frac{17500}{27}=650$ 磅/方吋。

例五：設有T形梁不知其板厚，梁腹寬10吋，梁最大寬度為50吋，梁深為20吋，$cf_c=600$ 磅/方吋，$sf_t=16000$ 磅/方吋。求最經濟板之厚度，及本曲線所許可之最小厚度，並求抗轉旋量。

從圖或表中，$X=0.36$, $j=0.88$, $p=0.675$, $\frac{BM}{bd^2}=95$.

則最經濟厚度，$=(20-2)\times0.36=6\frac{1}{2}$ 吋

曲線許可之最小厚度 $=\frac{4}{5}\times6\frac{1}{2}=5.2$ 吋。

26510

$$M_R=95\times bd^2=\frac{95\times 50\times 18^2}{12}=128,000\text{呎一磅。}$$

例六：一T形梁，板厚10吋，梁寬4呎6吋，梁腹寬18吋，有效深度為36吋。用八根 $1\frac{1}{2}$" ϕ 之鋼筋求最大應力及最大M_R。假定 ^cf_c =800磅/方吋，及 ^sf_t =20,000磅/方吋。

$$p=\frac{a_s}{a_c}=\frac{9.817}{54\times 36}=0.00505$$

由曲線得 $\frac{^sf_t}{^cf_c}=31.9$, $x=0.32$, $j=0.893$ 及 $\frac{BM}{bd^2}=90$.

故知是乃鋼筋所控制。

因$Xd=0.32\times 36=11.5$，故板之底面稍在中和軸上，該曲線仍得應用。

$^sf_t=20,000$ 磅/方吋。 $\therefore\ ^cf_c=\frac{20000}{31.9}=627$磅/方吋。

$M_R=90bd^2=9\times 54\times 36^2=525,000$呎一磅

由此例可知混凝土強度無須規定過高，若減至650磅/方吋，則鋼筋仍能控制，上列結果仍屬準確。

在此數例，已能明示圖表之應用。在作者之經驗，學鋼筋混凝土者，每不易認清變數間相互之關係，故將此圖表供之於世，亦可有助於初學之人。且作者已常用此以為計算而無誤，想其他設計者，當亦能證余言之不謬也！

26511

混凝土在高水頭壓力下之滲透性

夏行時

一九一九年時，古巴有一水電廠之設計，水頭高500 呎，當地情形，適合築一道4,820 呎長之引水隧道，所經過者，一部爲雲花岩，一部爲石灰岩，惟石灰岩中有一小段之石質不足抵抗水道之內壓力，須加多量鋼條之鋼筋混凝土境補之，隧道之內徑爲8尺6吋，壁間所受之壓力有爲每平方吋200 磅者，爲避免閉水門時壓力突增起見，在近機處加裝一安全閥 (Reliet Valve)，如此則可使增加之壓力僅較通常高出50磅左右，惟混凝土在此種壓力下是否安全？有無與水連續自混凝土中滲洩，卒致全部崩裂之慮，是則不得不先期由精詳之實驗以解疑慮，當時主持此實驗者爲Cornelius C. Vermeule君，君於去歲爲美國土木工程雜誌(Civil Engineering Vol.3. No. 11.) 撰文，敍述實驗之經過，對于混凝土在高水頭壓力之下滲透性，頗多闡明，爰將其經過與結果介紹于下。

試驗品之製成

試驗方法，乃用各種不同成分之水泥，沙，石子做成圓筒，筒心空，施高壓之水于其中，以驗測水在混凝土中之滲透性，筒之設計，以能抵抗每平方吋200 磅之壓力不致破裂爲先決條件，因定筒之直徑爲30吋，高42吋，筒心空室之直徑爲4 吋，高9 吋，卽筒之周壁厚13吋，上下底厚16.5吋，混凝土中並加鋼條以增抗力，混凝土之成份分1: 1.5:3，1:2:4及1:2.5:5三種，共做十個試驗筒，鋼條皆用半吋冷彎方桿，繞作螺旋狀，外周加四根直桿拉紮之，高壓之水由一 1.5吋鑄鐵管通過圓筒之一端而入中心空室，此項試驗筒必須整塊澆擣，以免水由弱縫洩出，空室四周又爲水與混凝土直接接觸之面，不容有殼子板之存留，故製造時，中心空室之底面及周壁(厚2吋)先行擣成，待空室內壁之木壳拆卸後再封上另行做就之頂蓋，而後再澆擣包套外層之厚壁，筒之一端接輸水之鑄鐵管通入空室，此管輸送高壓之水入空室，爲防免水沿管外邊洩出， 混凝土筒計， 在混凝土內之一節管上加裝三道法蘭夾板(Flange)以爲鋋折，管在鹹水中煮半小時，去其油膩，外周並用粗錐磨光，務使管與混凝土得嚴密附着，在高壓力下水不致沿管擠出。

試驗筒所用之水泥于三星期前由廠中取來，並製成標準尺度之圓坯(Pat) 四個，經試驗證明初凝與終凝之時間各個均相同，水泥有80%通過200 孔篩，僅3.2% 留于100 孔篩上，沙粒甚尖銳，大小級及差亦甚均勻，含1.6%以重量計之黏土(Loam)，每立方呎之重量爲96磅，孔隙佔42%，石子爲花岡石，級差均勻，顆粒潔淨，大小自$\frac{1}{4}$至$\frac{3}{4}$吋，細屑均摒棄勿用，每立方呎重95.6磅，含孔隙44%，沙石俱于二星期前堆置試驗室中，室內溫度保持自華氏50^0至70^0 間，混和用水取自自流井，並熱至溫度62^0至70^0 間。

鋼筋爲半吋方桿，離混凝土外皮3 吋，用鐵絲勾紮，其一端繫攀于木壳上，使澆擣時不致走動，鑄鐵管及筒心空室俱支架懸拼，並鉗住地位，混凝土用手拌並用鐵棍搗實，每筒計用混凝土17.1立方呎，水115磅。

筒之尺寸及成份配合參第一表二三兩項，其中第5,6,9,10號四筒中和有水泥容量之10%之石灰水。

第一表

飽和所需之水量及施壓力後因吸收及滲漏所需保持該壓力之增添水量

筒號	尺寸 單位英寸	成分	執行試驗時之年齡	飽和 歷時 時-分	飽和 用水 磅	100磅壓力 歷時 時-分	100磅壓力 用水 磅	100磅壓力 用水 每小時之磅數	150磅壓力 歷時 時-分	150磅壓力 用水 磅	150磅壓力 用水 每小時之磅數	200磅壓力 歷時 時-分	200磅壓力 用水 磅	200磅壓力 用水 每小時之磅數	註
1	$30\times41\frac{1}{2}$	$1:1\frac{1}{2}:3$	09天	24-0	14.0	1-15	0.75	0.60	0-30	0.31	0.62	1-30	0.56	0.37	200磅壓力30分鐘後現濕斑但無滲漏
2	$30\times41\frac{1}{2}$	$1:1\frac{1}{2}:3$	24天	46-30	$7\frac{1}{8}$	10-50	0.13	0.007	2-30	0.25	0.10	1-25	0.31	0.22	無濕斑，無滲漏
3	$30\times42\frac{1}{2}$	1:2:4	27天	20-0	7.0	2-0	2.25	1.12	2-0	2.12	1.06	3-10	4.25	1.35	100磅壓力10分鐘後現濕斑
4	$30\times42\frac{3}{8}$	1:2:4	29天	18-0	$7\frac{1}{4}$	2-0	1.50	0.75	3-0	3.75	1.26	4-0	4.75	1.19	150磅壓力30分鐘後現濕斑
4*	$30\times42\frac{3}{8}$	1:2:4*	45天	41-30	$\frac{1}{4}$	1-30	0 97	0.65	1-30	0.97	0.65	2-0	1.30	0.65	100磅壓力30分鐘後現濕斑
5	30×43	1:2:4 +10%石灰	31天	45-20	$4\frac{1}{2}$	1-0	0	0	0-50	0	0	24-0	5.91	0.25	200磅1小時後現濕斑
5*	30×43	1:2:4 +10%石灰	47天	20-0	$\frac{3}{8}$	0-30	0	0	0-30	0	0	24-0	4.25	0.18	無濕斑無滲漏
6	$30\times41\frac{1}{2}$	1:2:4 +%石灰	28天	18-30	$10\frac{3}{4}$	1-0	0	0	1-0	0	0	25-10	8.63	0.34	200磅1時20分後現濕斑但無滲漏
7	$30\times42\frac{3}{8}$	$1:2\frac{1}{2}:5$	20天	18-45	$6\frac{3}{4}$	2-0	1.84	0.92	20-30	18.81	0.92	3-0	5.50	1.83	100磅1小時後現濕斑
8	30×41	$1:2\frac{1}{2}:5$	32天	43-30	10.0	3-0	0.31	0.10	19-20	7.25	0.38	4-30	5.75	1.33	100磅2小時後現濕斑
9	30×43	$1:2\frac{1}{2}:5$ +10%石灰	35天	18-0	1.0	2-0	2.25	1.12	19-10	22.25	1.16	5-0	7 25	1.45	50磅半小時後現濕斑
						75磅壓力			100磅壓力			125磅壓力			
10	$30\times42\frac{1}{2}$	$1:2\frac{1}{2}:5$ +10%石灰	37天	18-0	$5\frac{1}{4}$	21-30	12.0	0.56	3-0	2.70	0.90	1-0	0.90	0.90	50磅3小時後現濕斑
10*	$30\times43\frac{1}{2}$	$1:2\frac{1}{2}:5$ +10%石灰	43天	......	......	19-50	4.75	0.24	3-0	1.50	0.50	2-30	1.75	0.70	100磅30分鐘後留過夜乃現濕斑

*示該號試驗筒之第二次試驗

26513

第二表

各筒對于水之吸收與裂漏

筒號	成分	試驗歷時		吸收水		裂漏	
		時	分	總數磅	每小時磅	總數磅	每小時磅
		自每平方吋50磅至125磅之各種壓力				僅在每平吋200磅之壓力	
1	1:1½:3	23	45	2.40	0.101	0.00	0.000
2	1:1½:3	23	15	6.81	0.035	0.00	0.000
3	1:2:4	26	5	8.00	0.307	0.75	0.237
4	1:2:4	27	20	8.94	0.327	1.00	0.250
4*	1:2:4	5	30	3.25	0.591	0.06	0.036
5	1:2:4L	26	40	5.88	0.220	0.03	0.009
5*	1:2:4L	25	30	4.25	0.167	0.00	0.000
6	1:2:4L	28	0	8.63	0.308	0.00	0.000
7	1:2½:5	26	30	22.00	0.830	2.00	0.667
8	1:2½:5	27	50	9.50	0.342	1.50	0.333
9	1:2½:5L	28	40	24.25	0.846	2.75	0.550
						僅在每平方吋125磅之壓力	
10	1:2½:5L	28	30	14.75	0.517	0.188	0.188
10*	1:2½:5L	25	20	8.00	0.316	0.00	0.000

執行試驗

試驗筒製成後，賢置三星期，而後橫倒擱起，將鑄鐵管之端接于壓水機之輸水管頭上，壓水機上裝有氣壓表及水表，空氣壓力及用水數量均可由表上計出。

試驗之初，先用5 呎水頭，將水輸入試驗筒之空室中，經過18至46小時之時間，使混凝土儘量吸水，以達飽和，所吸之水，可由水表上計算出之。

經過飽和試驗後，再施以50磅，100磅，150磅及200磅之壓力試驗。

一般現象

觀測結果，約自18至20小時已充分足令混凝土之吸水達於飽滿，逾此則吸水之量已微至不能計量，在吸水之過程中，每小時之吸水量依時間之長久而逐漸減少，第一表第五行飽和項下臚列各號試驗筒所經過飽和試驗之總時間，各筒達到飽和所需之水量即列在『用水』項下。

第二表示各類混凝土在各種壓力下之吸水總量及在200 磅壓力下之裂漏程度。

參第一表：第2,5,6 三筒在50,100，乃至150 磅之壓力下幾至全不透水。

第7,8,9,10四筒爲1:2½:5 之配合，受壓力後有漏孔及土斑出現于筒之上端，此項斑點大抵由于繫住鋼筋之鐵絲所致，因鐵絲之一端連于売子板上，當売子板拆卸時，將鐵絲鉗斷，于是混凝土中之鐵絲即成泄水之路線，另一原因爲擣混凝土時，上部之混凝土因重心作用，致其密度較下部爲小，（惟7,9 兩筒在底面上亦有斑點出現，該處無鐵絲）

在1:2:4及1:1½:3之六個筒中，斑點之現于圓周面上者僅一個，此點亦爲鐵絲通過之點，在筒之頂面則斑點較多，其原因大概爲水沿螺狀鋼筋傳入繫紮之鐵絲而出于面上。

結　論

在1:2½:5 四個混凝土筒中，有兩個在50磅之壓力下現出漏點，此兩個皆含有石灰水，故凡蓄水池之牆，其厚度小于2 呎者，欲求不透水，則混凝土至少必須有1:2:4 之成分，在每平方吋200 磅壓力以內之情形，亦無需更豐富之配合成分。

試驗結果，加用石灰者結果良好，1:1½:3 之混凝土未加石灰得不透水，適與1:2:4 之混凝土加10%石灰水者之效果相彷，蓋石灰使沙石潤滑，易于塡實，故得較堅密之結果，此與磚瓦匠喜在水泥中踏和石灰以利工作之理同，（加和石灰時切忌用過多之水，否則將使難于調和）

第4,5,10號混凝土筒，曾做第二次試驗，第二次之試驗對于抗水力量有顯著之增進，第二次試驗在第一次試驗後十六天舉行，第10號筒則在第一次試驗六天以後，其配合雖爲 1:2½:5，但抗水之力量亦有進步，並似與石灰水無甚關係，第二次試驗混凝土在5 呎水形下之吸水力甚少，加高壓後仍然，故可推論得當引水隧道承受高水壓力經過48小時後，應與以休息，俾隧道禦水之力藉以增進。

鑒于鐵絲引水通過混凝土致生斑點之影響，因不規定鋼筋離外皮不得少于4 吋，鋼筋，釘，管，鐵絲等不得通出表面，除非經審愼之洗滌，除去油膩等之特別處理。

定刊處：南京中央大學土木工程研究會

零　售：每　冊　實　洋　壹　角

預　定：全年十二期連郵費壹元

土木

第二卷　第三期

二 十 四 年 三 月 十 五 日

國 立 中 央 大 學 土 木 工 程 研 究 會

汽車特別路

韓伯林

1926年第五屆國際道路會議中所提出的理想的汽車特別路，到今已成了事實，我國在目前固然尙談不到，但這種認識是必要的，本篇對於汽車特別路的性能，各國對於需要道路交通的解決方法，和我國是否適用汽車特別路等，都有精詳的敍論。

汽車特別路(Autostrade)這個名詞的正式發現，是在1926年(民十五年)的五屆國際道路會議，離現在不到十年，那時在會場中並不引起多少人的注意。英美兩國都未參加意見，認爲建築專供汽車行駛的路是理想，並且違背交通自由的本旨。可是到現在，却覺得問題的嚴重。意大利工程師 Piero Puricelli 氏，在歐戰後就有汽車特別路的計劃。到1924年世界上第一條汽車特別路 Milan 至 Varese 開始通車。現在德國也準備五千萬金馬克，計劃初期路網六千餘公里。大概因爲過度繁榮，運輸上種種的不便，而感覺到須要「更上一層」吧！

汽車特別路的由來

汽車特別路的由來有三：

1. 鐵路的觀念　汽車特別路似乎是把鐵路運輸的觀念，轉移于汽車的運輸。鐵路運輸有鐵軌和機車，汽車運輸有汽車特別路和汽車，完全對立的。
2. 汽車的普遍　美國在1911年有汽車497,000輛，到1926年增爲20,234,000輛，佔全世界汽車總數之80%；德國有589,830輛，英國有1,474,573輛，意大利有184,700輛。因爲汽車逐漸的改良，所以能夠普遍于一般平民。據國際運輸會議的報告：在 Connecticut 州汽車運貨的事，司空見慣，運費且較火車爲省。鄉村的農產品運到都市，兒童上學，差不多全賴汽車。所以適應繁密交通的汽車特別路，也就是應時而起了！
3. 運輸器械的混雜　在少量汽車運輸的時候，這個問題並不嚴重。但在現在很感到痛苦：在管理方面，也感到棘手。在市鎭區行人的擁擠，牛馬車行駛的遲緩，沿途貨物的裝卸，都爲汽車行駛之阻。更何處去求交通的安全和快捷？是否也和鐵路上感覺『交車』『脫班』同樣的痛苦？汽車又如何能盡量發揮其經濟的動能?!

汽車特別路設計的要點

汽車特別路旣專爲供給汽車行駛，那就要使牠能充分發揮汽車的效能，足以支持繁雜交通的磨損力，增加車的載重和速度，所以對于牠有「更堅硬」「更易流」的要求！

道路所受的力有三種：1. 直立動力，就是車輛及載重的總重。影響道路爲最大，最能壓碎及破裂路面的材料。但因彈簧的安置，和輪圈的形式而別，視不懸掛的重量多寡而定。

2.平行動力，即推進車輛向前的動力。初發生于汽缸內汽油的爆炸；經開合器 (Clutch) 變速齒輪箱 (Gear Box) 推動軸 (Propeller Shaft) 差速器 (Differential) 後輪軸 (Rear Axle) 而達後輪 (Rear Wheel).

3.橫斜動力在灣道處影響最大。全由于離心力的原故。速率愈大，牠也愈大。

道路材料的選擇，尤須加意注意。當注意于氣候的地層的影響。有適宜的陰溝，便利洩水。有抵抗空氣水寒熱的材料，以求永久。它的設計要點如下：

1.選綫應避開城市與人口集中之區。可由其鄰近經過，再用普通路為之連結。

2.綫以平直為主。弧綫半徑至少五百公尺，坡度最大不得超過3%.

3.路的橫斷面坡度為1：50.

4.路基須特別注意，如有不良地質，如泥炭等，當挖出填以石塊。且必須高出高水位。

5.闊自十一公尺至十四公尺。中間或隔以三公尺之草地，或畫綫分界，庶來往車輛不至互撞。兩旁各留一公尺五之路肩。

6.路面底層為十三公分之碎石基，中為厚二十二、五公分三合土質之石塊，再上為柏油一層，以便流水。

7.路綫應極力避免鐵路或其他道路的平地交叉徑，萬不得已時，用高過或低過的方法，以防危險。

8.兩旁各植三公尺高之樹，且須與四周風景調和。

9.車輛應備大燈小燈各二個，可射達百公尺遠。與他汽車相遇時，熄大燈而留小燈。

10沿途多設籬笆，以便夜行反光。

11由私人組織司公經營，國家監督。私人公司徵收汽車通行稅；而沿途附屬機關，如汽車停留處、賣車油處、汽車用具店、餐館、茶室等，亦有被徵的義務。

12行駛者須依直綫走，沿途不得停車。

世界各國「重要道路交通」的解決方法

世界各國情形不同，感覺不同，所以「重要道路交通」的解決方法也大有差別，有的經建築汽車特別路，有的正在修築，還有的認為根本無須建築。所以各國解決「重要道路交通」的方法，殊有檢討之必要，好做我們反省的資料。

1.美國 美國因為汽車太多了，所感覺的問題和人家不同。並不是覺感到牛馬車的阻遏，是認為重載汽車和輕載汽車的速度不能一致，而同樣有分開的必要。所須要的不是汽車特別路，而是重載汽車路。

美國的農產品，大都是賴汽車運輸，平均每家有汽車一輛。據公路觀察處每天牲畜車經過的調查：在1919年是50輛，1922年是31輛。馬車在1919年佔交通總數 8.2%,1922年祇2%. 又1924年調查：美國共有汽車17,591,981輛，其中15,460,649輛是運客車，2,13 ,332

輛是運貨車，比例上佔13.8%.在這前四年，每年客車的增加率是16.6%,貨車的增加率26.%；在這以後，貨車增加率爲37.2%.由此可見，牛馬牲畜車日見減少，而貨運汽車却正才增加哩！

那末美國如何解決「重載交通」與「輕載交通」呢？他們曾經設計了三個辦法：

1.廢除超過載重二噸的貨車

2.在客車來往緊密的時候，禁止貨車的運輸。

3.特別建築貨車路或擴大現有的道路，以應須要。

其中(1)(2)兩辦法都有背交通自由的經濟原則，所以正在進行第三辦法。

現在 Los-Angels 到 San Francisco 這條路，兩端都是大都市，沿綫平均每三人有汽車一輛，所以拓闊爲一百英尺。以中間三十英尺爲直達快車之用，速率定爲每小時五十哩；兩旁二路各十五公尺，專供重載汽車用；外邊兩傍各二十英尺，供鄰近運輸（Loca Traffic) 用。路綫矢直，經過城市處，中間快車道均用籬與外界分隔。

「重要道路交通」的路面採用混凝土建築。現在築有很多試驗路，如 Arlington, Pittsburg, Bato, Rates 等處，用各種不同配合的混凝土面，各種路基，互相配合，各成一段路。下備有隧道，用三噸半五噸七噸十五噸的汽車，來往行駛，度量混凝土受重後的損形量 (Deformation), 以定取舍。

2.英國　英國解決重要道路交通是採用汽車特別路，是把汽車路作爲一種商業的性質，由私人公司承造經營，訂定若干年後，由國家無條件收回。

最著名的是「東北汽車路」計劃，是把倫敦與東北的工業區連接，經過伯明罕 Salford 達利物浦，共長三三一公里。

第二計劃是 Sir Leshie Scott 氏提出，使倫敦與海邊聯絡，發達汽車旅行。這兩個計劃，雖都經議會的通過；但因內閣更迭，加以鐵路公司的反對，未能實現。而英人傳統觀念，認爲維持道路交通，是公共的責任。歷來經費皆由地方政府負擔，對于徵收汽車通行稅，根本反對。

3.法國　歐戰前法國政府爲了要想繁榮，乃發展全國的旅行交通。將全國汽車來往緊密的綫，別行分開，名爲旅行道路，由國家擔負建築費。後來覺得汽車運輸在歐戰時效力之大，汽車數量增加之速，且爲發展國民經濟必要的行政，所以就有全國「重要道路交通」計劃。

1922年下議院道路建築委員會通過法規意見書，規定「重要道路交通」的路綱。將原有國道省道邑道，依新設計綫，而分別予以指定公布。凡指定爲「重要道路交通」者，則一切改造費養路費均由國家負責。若有城邑具有天賦溫泉風景古蹟而未列入路綱者，則建築費養路費得由該地方負擔，而徵各種消費稅，以資供給。

改善經費的來源，是由國庫撥付，另由車輛車油中籌集。最低限度重要道路交通，應普遍「石塊路」與「特別路蓋」其餘最大部分的碎石路，應加路蓋一層。1927年至1932年五年間，却完成五百公里的石塊路，三百公里特別路蓋，九千公里的碎石路蓋了。

4.德國　歐戰後德國經濟恐慌，專注意于已有道路的改良，而逐漸適合現在的須要。自1926年國際道路會議以後就對于意大利的汽車特別路，非常注意；但對于經營方式，認欠合理。另由與道路有關係之科學代表與工業代表組織「研究會」加以探討；並開始建築自漢堡至米蘭的汽車特別路。最近準備大規模的進行，初期擬築6100公里，二期擬築6000公里。沙爾勞頓卜爾格工業大學道路建築研究所，以窰工廠地一段作試驗路，用各種輪帶之運貨汽車，載數十萬噸重，川流不息，達四閱月，相當普通十年。研究的中心問題是：

1.何種速度適宜于各種形式之道路？

2.車閘在各種道路路身之制動力。

3.路身受各項氣候之影響。

4.附近建築受汽車行駛震動之影響。

5.何種汽車胎最爲適用？

5.意大利　意大利是汽車特別路的策源地，現在有很優美的成績。下面是汽車在汽車特別路與普通道路上的消費比較：

(一)汽車在普通道路上的消費：　　(十馬力至十五馬力之汽車)

(甲)車油　　一公里須車油十五公斤，每公斤以3.2厘計算，一公里共費48厘。(「厘」意幣名)

(乙)橡皮輪的消耗　每六千公里須橡皮輪1600厘，故每一公里須費27厘。

以上合計75厘。

(二)汽車在汽車特別路上的消費

(甲)車油　較普通道路節省40%，所以每公里僅須車油九公斤，約須費28.8厘。

(乙)橡皮輪的消耗　每1600厘的橡皮輪可用一萬公里，故每百公里須16厘。

以上合計44.8厘，兩者比較汽車特別路每百公里可省30.2厘，約省去三分之一。

汽車特別路是否適用于中國？

汽車特別路是由于汽車發達到相當階段而發生的，並不是偶然的事實，現在差不多成爲各國解決重要道路交通唯一方法了！在中國現在汽車祇有44,462輛，公路71,756公里。當然談不到汽車特別路。不能採用的理由有四：

1.交通量沒有達到相當限度。

2.汽車工業不能自立。就是說，在汽車工業還沒有發達以後，汽車決不能普遍，決不能發生這種須求。

3.路線因爲求直求平，所以大的橋樑大的隧道比較增多，建築費加大。

4.大都市大工業區大游覽區在中國太少。

美國因爲汽車太多，他所感覺的是「重載汽車」與「輕載汽車」的分開；其他各國因爲汽車較少，他們所感覺的就是「汽車交通」與「雜車交通」的分開；因之，我們可以得有一個觀念！怎樣選擇路線，依照分層建築法，去適應將來「汽車專用」和「重載汽車」「輕載汽車」的分隔？

參攷書　歐美現代最要交通道路術究
道路全書
Eng—News—Record.

坎拿大之鐵道交車引橋

馮天覺

引橋均重要，誰也曉得，在經濟上，效能上着眼，還甚有加拿大鐵道當局的十數年經驗的設計，原文載在美國工程新聞113卷3號

鐵道經過交通繁盛之地，往往須跨越街市或公路，尤其在站口附近，此種情形，更易碰到，故優良交車引橋之設計，在晚近鐵道經濟上實佔重要位置。坎拿大鐵道當局在過去十年中對於交車引橋研究之結果，決定了六種不同的設計，此六種引橋實施的結果，證明其對於經濟上效用上均有極大之收穫。

此六種洋灰引橋大要如下：

1.簡單臨時灌做洋灰板橋 (Simple poured-in-place Concrete slab)，最大跨度60呎，置於重力橋基(Gravity Abutments)上，鋼軌直接釘於洋灰板上，不需道碴 (Ballast)。

2.簡單預先翻做洋灰板橋 (Sinple precast concrete slab)，此種橋除洋灰板係預先做好者與第一種不同外，其餘各項均與第一種同。

3.連續性臨時灌做洋灰板橋 (Continuous Poured-in-place slab)，每孔最大跨度50呎，橋之總長不得過110呎，橋身並不與中央橋礅相連。有洋灰軌枕而無道碴。

4.連續性預先翻做洋灰板橋 (Continuous Precast slab)，每孔最大跨度45呎，橋之總長不得過96呎，橋身並不與中央橋礅相連，無軌枕或道碴。

5.連續性臨時灌注框架橋(Continuous Poured-in-place Rigid Frame)，每空跨度由50呎至100呎，橋身多不與中央橋礅相連，但跨度超過65呎時橋身則須與中央橋礅連接，有洋灰軌枕而無道碴。

6.簡單臨時灌做框架橋 (Simple Span Poured-in-place Rigid Frame)，淨跨度100呎，無軌枕及道碴。

此外尚有第七種引橋，係聯合半下行鋼板樑及無道碴上行洋灰樑而成，鋼軌下承以T形洋灰樑，而不用軌枕。

所有以上各橋之活載重均依古柏氏E—60計劃。

此七種引橋，因各有其特殊之性質，故能適合於各種情況下之需要，其共同之優點則在均能不用道碴。

設計3及5（附圖2）均利用預先做為之洋灰軌枕，釘鋼軌之附件，亦係預先做爲。此種軌枕長$10\frac{1}{2}$呎置於洋灰板橋之面上。將鋼軌裝好後，即將軌枕與軌枕間之空隙，填以洋灰，使其表面平坦。在切線上之軌枕寬15吋厚5吋，在灣道上之軌枕，由內向外，漸增其高度以應外軌超高 (Superelevation)之需要。洋灰軌枕之鐵筋為五根六分方鐵，箍 (Stirrup) 用七

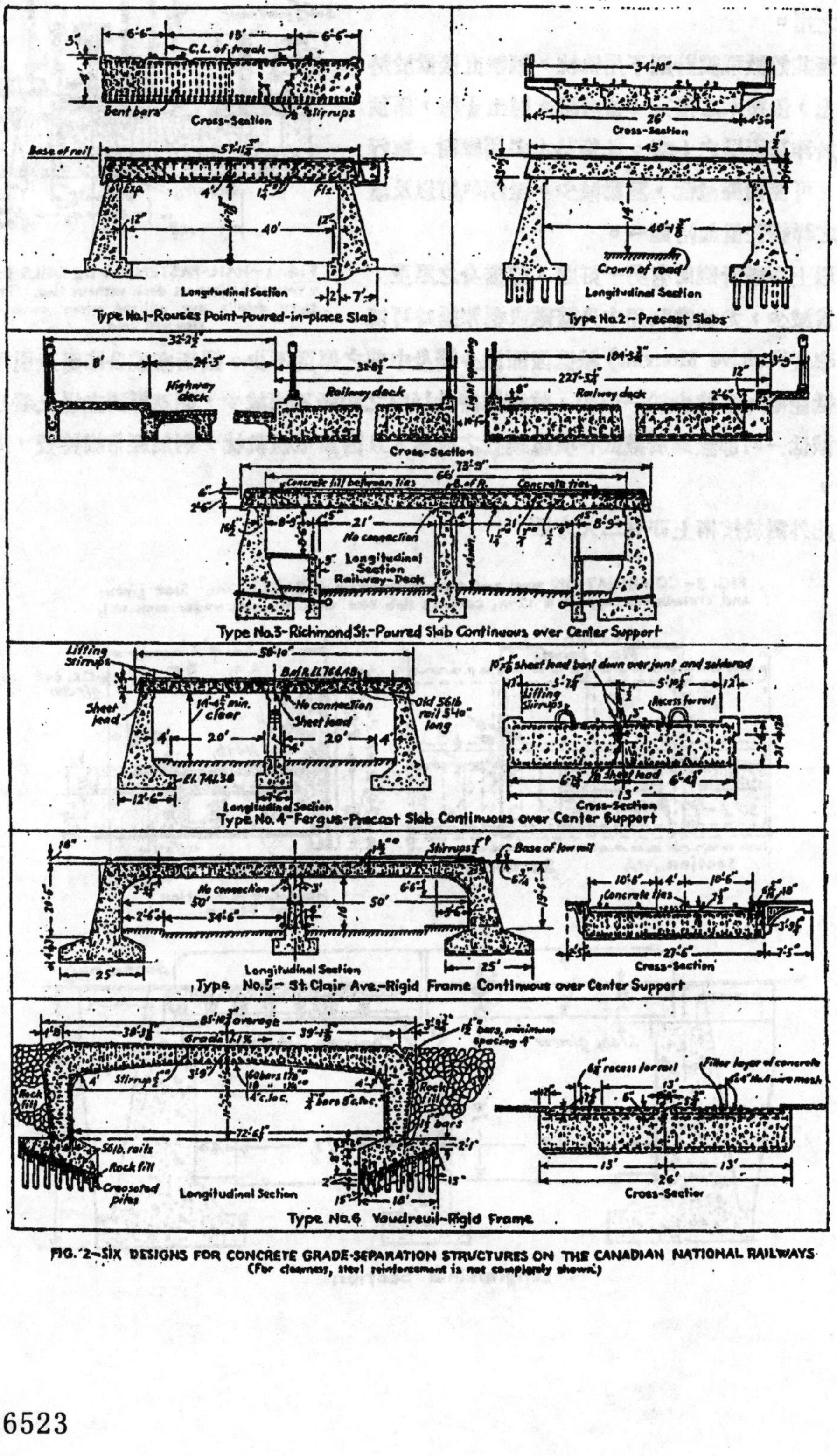

FIG. 2—SIX DESIGNS FOR CONCRETE GRADE-SEPARATION STRUCTURES ON THE CANADIAN NATIONAL RAILWAYS
(For clearness, steel reinforcement is not completely shown)

根二分圓鐵。在置鋼軌處之下，預做一槽以爲放置墊木之用。

至其餘數種設計則不用軌枕，鋼軌直接置於墊木之上，置墊木之槽寬 $5\frac{3}{8}$ 吋深 $\frac{1}{2}$ 吋至 $\frac{5}{8}$ 吋，係預爲做於洋灰板橫之上者。此種墊木多用橡樹，車行其上，可使響聲減低，震動減少。至鋼軌釘以及護軌等之詳細裝置如附圖一。

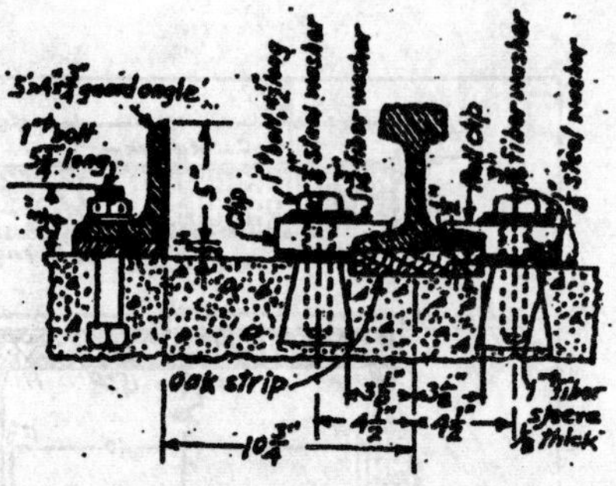

FIG. 1—RAIL-FASTENING DETAILS for a typical ballastless deck without ties. The same details are utilized when concrete ties are used.

以上各種計劃尙有另一好處，即橋身之厚度，均相當減少，尤其當利用中央橋礅或框架橋時可使正力率 (Positive Moment) 減低因而減少橋身中部之厚度不少。因街市或公路面至引橋底部之最低距離，不能少於一千呎，故欲保持此14呎之距離不使減少，而就經濟立場上看來，則橋身減低一吋卽無異於減低各項建築費之成本。且因無道碴軌枕，對於經常維持費，亦大爲減少。

此外對於技術上亦有二大方便：

FIG. 3—COMBINATION steel and concrete structure at Breslau, Ont. Steel girders and cross-beams support a 12-in. concrete slab cast with T-beams under each rail.

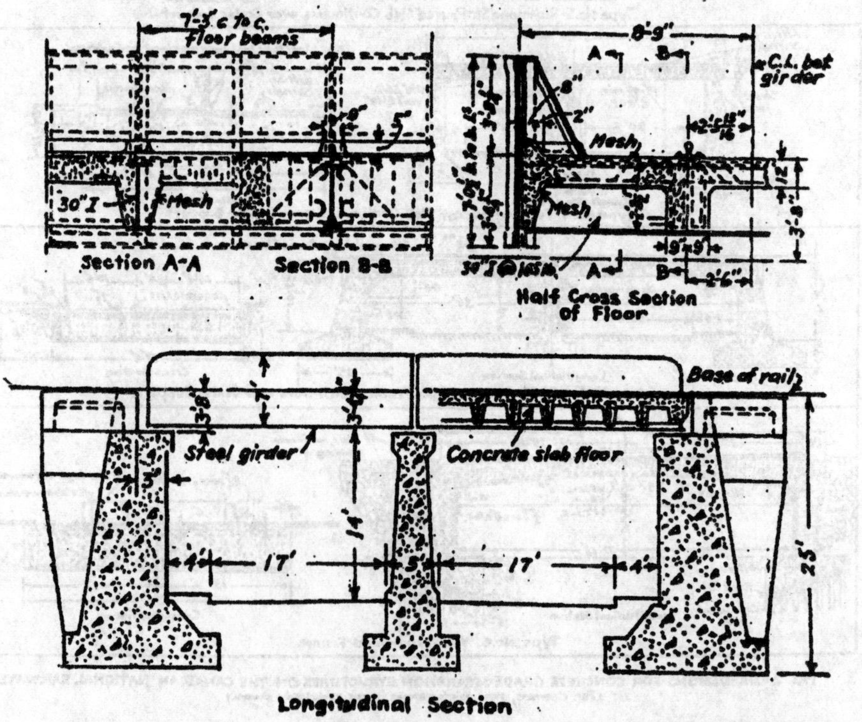

26524

1.各種鋼骨可預於廠中分段扎好，不似鋼架或其他種種材料之笨重難運，於工場上實地工作，較爲方便，可以減低一件工程之工作時間。

2.此種設計，所有洋灰板或預爲做好，或分段工作，並不妨礙車輛之進行。

玆將各種計劃之實例，擇坎拿大數處已經引用而着有成效之七種交車引橋各分示於附圖二及附圖三中，以示其設計之大概。附圖二之二與三之設計，大概相同。

嘗在濟南見膠濟路越過街道之交車引橋爲一完全之桁樑下行架橋，既不美觀，又不經濟，每值車過其上，轟轟之聲，震耳欲鳴，煤灰火烟，時墮街上，不如上述方法遠甚，甚望我國鐵道當局，能採用此種方法也。

全國公路里程統計表

省別	路綫總長度(公里)	可通車路綫長度(公里)	已興工路綫長度(公里)	未興工路綫長度(公里)
江蘇	7.581	3.769	3,048	764
浙江	4.746	3.121	342	1.283
安徽	6,326	4,208	185	1,933
江西	9,916	4,652	1,181	4,083
湖北	5.776	3 240	1,028	1.508
湖南	8.114	2.076	422	5.616
河南	5,491	3,064	646	1.781
福建	6,044	3.263	553	2.228
四川	3.399	2.611		788
雲南	3.972	1,233	1,459	1,280
貴州	5.816	1,185	1,753	2.878
廣東	17.587	11,244	144	6.199
廣西	5,184	3,828	485	871
山東	5.520	5,520		
河北	3.243	1,793	328	1,122
山西	3.410	2,056		1,354
陝西	3.469	1.509	570	1 390
遼甯	5,060	3.191	1 011	858
吉林	3.818	2 852	748	218
黑龍江	3,699	2.514		1,185
熱河	2.966	2,330	257	379
察哈爾	2.167	2 167		
綏遠	2.569	1.353	692	524
甯夏	2,839	2,839		
甘肅	7.094	1.353		5,741
青海	2,362	906	120	1,336
新疆	1,758	1.528		230
西康	903	575		328
外蒙古	5.032	3,779		1.253
西藏	4.798	1,050		3,748
總計	150 659	84.209	14.972	50.878

說明：
1.本表所列可通車路綫長度包括土路及軍用臨時路在內
民國二十三年十二月份
2.路綫長度未經測量者槪係約數實測後再行更正

露台面樁式木架之最新設計法

茅榮林

火車跨過街道及公路則有上篇之設計各種方法，本文則詳述一露面樁式木架（Open-Deck Pile Trestel）之最新設計法，爲火車跨過河流或低沃而設置者，此設計曾在美國試用，經費及效能上均有極大收獲，如本文結論所述之諸點。

緒　言

露台面樁式木架之設置，爲鐵道跨過河流或低沃土地時，較經濟之方法，其適合性與詳細之設計法，均需由地方情形（Local Condition）而決定。木材之性質，數量，地位，運輸價格，耐用年齡，以及所需跨度，載重等，固屬重要因子，但大半均限於木材本身之經濟效能，其有助於整個鐵道組織，甚爲微小，蓋因木材常受物理性及化學性之損害，又易着火，故吾人在全部工程之經濟目的上，不得不借助其他材料之優點，及管理上之節省，以獲得最經濟之設計。晚近美國工程師拔留史氏(R. W. Barneo)及南太平洋鐵路線(Southern Pacific Line)路易西安南（Louisiana）及德古士(Texas）段之鐵道管理工程師(Engineer Maintenance of Way）克拉夫脫氏（E. A. Craft）之最新標準設計，較昔日常用之設計，既耐用又經濟，且避火能力亦較大。茲將其詳細設計法，述之如下。

最新設計法

（1）概況——樁式架之最普通者爲五柱樁式架及六柱樁式架，六柱樁式架，除尺吋稍異外，其設計方法，均與五柱樁式架同，茲舉五柱樁式架以說明之。

五柱樁式架，用五根 12"×12" 估方之木樁，上覆 14"×14"×12'—0" 之帽木（Cap），帽木之間隔爲 15 呎（中點至中點），上跨有四根 8"×17"×30'—0" 木材所組合之枕木樑(Stringers or Packed Chord)，其組合法係用白脫式連接法(Butt Joints)。枕木樑之上，則每隔15吋（中到中），用 6"×8"×8'—0" 之枕木（Tie）平鋪之。枕木上，則爲標準大小之鋼軌，軌內有小號之鋼質內護軌(Inside Guard Rail)。至於枕木與枕木間，枕木樑之曝露面，均用混凝土覆蓋之，而樁頂及帽木頂，則用金屬板覆蓋之，故此木架除枕木面曝露外，其他水平面之木料，均不曝露。

（2）細欵(Details)——細件之設計，可分八部：

（a）帽木與木樁之接合

帽木與木樁之接合法，爲免去直向插釘孔（Vertical Draft-pin Holes）之弊病，用

$2\frac{1}{2}$"×$\frac{3}{8}$"×30" 之金屬板條(Metal Strips)連接之，其法，則於接帽木之一端，用⅝吋之螺釘(Bolt)，緊填已鑽成之孔眼；於接木樁之一端，則用⅝吋之直穿螺釘(Through Bolt)及兩個 ⅝"×7" 之留格螺旋釘(Lag Screws)。其位置，可於圖一見之。

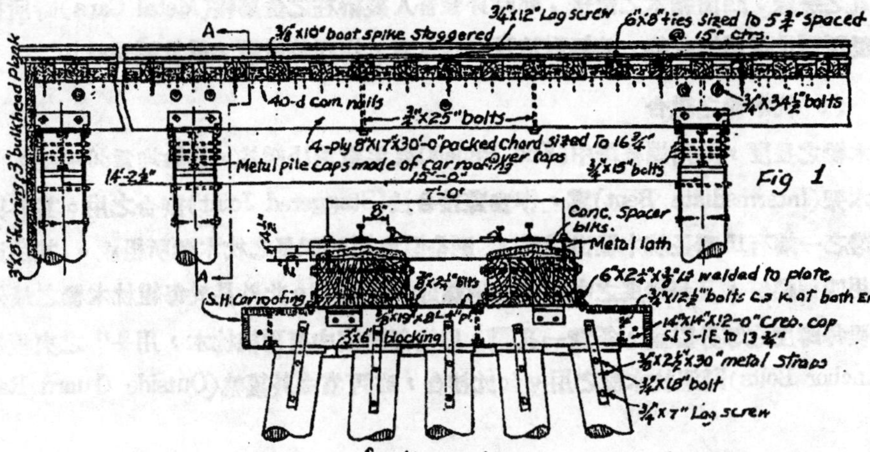

Section on line A-A　Fig 2

(b)帽木上金屬板覆面之作用及情狀

帽木之上，有 19"$\frac{3}{8}$"×8'—4" 大小之金屬板覆面。金屬板覆面之間於兩枕木樑之間者，本無若何功效，但以整個金屬板而論，則有以下二種作用：(一)使枕木樑在帽木上有穩固之按置面(Bearing)，(二)使每束枕木樑之性質，能如帽木中之大樑(Chords to the Caps)，至於金屬板寬度伸出帽木($13\frac{3}{4}$" 寬)兩邊之部份，則一方面為增加按置面，一方面為連接金屬板與帽木之 Ls 6"×$2\frac{1}{4}$"×$\frac{3}{8}$"×1'—0" 鐵角所應用，鐵角之長邊，靠帽木下垂，且用兩¾"螺釘緊接之。

(c)枕木樑與金屬板之接合

枕木樑與金屬板之接合，則用四個 Ls 6"×4"×$\frac{3}{8}$"×19"之鐵角，置於兩組枕木樑之內外面，夾枕木樑之6"邊用¾"之螺釘連接之，依金屬板之4"邊，則用⅞"之螺釘連接之，螺釘孔位於枕木樑之外邊。以備外接(Outside Connection)之用者，需較螺釘之直徑大 1/16"(即孔之直徑為 15/16")，而位枕木樑之內邊以備內接(Inside Connection)之用者，則取較長之橢圓形(Oval Shape)，如此可適合組合枕木樑寬度稍有差異時之需求。此類橢圓形，於帽木之水平面上(Hoizontal Surface)，總計有十一個，能使木材欲裂縫時有極大之阻力。此外更有三個平頭直向螺釘(Counter-Sunk Type Vertical Bolts)置於帽木之中點及兩端，以求得木材生少程度之裂縫云(Minimize Checking)

(d)帽木之保護

帽木之保護，除用 19" $\times\frac{3}{8}$" $\times$8'—4" 之金屬板外，未被遮蓋之兩端，則用舊金屬片之車頂(Second hand Metal Car-roofing Sheets)包裹之，並用電鍍之舊枕木記時釘 (Obsolate Galvanized Tie-dating Nails)釘於帽木上。此種金屬包片，無論在帽木頂部或兩端，均須摺成二時寬之邊緣，凸出帽木之兩邊；同時亦被吾人製樁柱之金屬帽(Metal Caps)時所採用。一切金屬覆面及退屬接合物，其無需常實地接合者，均在裝置廠，置放要妥就。

(e)枕木樑之組合

枕木樑之長度，除兩端橋跨中(End Panels)有半數爲15呎外，其餘均爲30呎長，此全備於中部木架(Intermediate Bent)處，作參差接合法(Staggered Joint)接合之用。其外觀，除單數橋跨之一端有15呎長枕木樑出現外，則全似均用30呎長之枕木樑所組成。其法則在每木柴處用四個螺釘，及每跨度之中點用一個螺釘，緊結之。此外易於每組枕木樑之最外部之一枕木樑每跨度之等分點處，各鑽一孔眼，以備每跨度中有兩根枕木，用$\frac{3}{4}$" 之夾板螺釘 (Deck Anchor Bolts)緊連枕木樑之用。如此接合，亦可省去外護軌(Outside Guard Rail) 之設置

(f)枕木與枕木樑之接合

每跨度中之枕木，除兩根用 $\frac{3}{4}$"之夾架螺釘，三根用 $\frac{3}{4}$"×12" 之留格螺旋釘外，其餘均用 $\frac{3}{8}$"×10" 之船頭道釘(Boat Spike) 緊接每組枕木樑之最外枕木樑上。釘上位置均成參差狀。(Staggered Position)

(g)枕木樑間於枕木中之曝露面之處置

枕木樑間於枕木中之曝露面，則用塊紋混凝土(Concrete Packing Blocks)於枕木置放後覆蓋之。其成分爲 1：$2\frac{1}{2}$：$3\frac{1}{2}$之 之高速硬化水泥(Highearly-strength Cement) ，砂，及豆形碎石(Pea Gravel)，其形狀爲中心厚 $4\frac{1}{2}$" 邊厚2"，頂面成由中心向兩邊傾斜之尖角狀。(見圖二)近頂面處用 6" $\times\frac{3}{8}$" ×30" 之銅板(Copper Bearing Metal Lath)，代替鋼骨，並用40-d大小之夾縫釘(Dowel) ，半伸入枕木樑，半伸入混凝土。夾縫釘之置放時期，須在塊紋混凝土未澆入枕木樑曝露面之前，釘入枕木樑。

(h)螺釘孔之處置

一切螺釘孔之處置，除樁柱及帽木上之實地鑽孔(Field-bored Holes) 餘，餘均須在裝製前，完全鑽成。至於實地鑽孔，因欲減少木材能力之損失或保護起見，標準設計，規定須用壓力鑽孔法 (Pressure Device) ，並於裝置完成後， 帽木頂部之鑽孔部份， 須塗大量黑油 (Coal-tar Pitch)，前後再置金屬板於其上。即其他枕木樑與「枕木及混凝土覆面」之接合面，及混凝土覆面之頂面，亦須塗黑油一層，以防腐壞。

結 論

此種最新設計，在美之南太平鐵路線之德古士與路易西安南段，已築有 4000 呎左右之多，經研究結果，均認爲材料與人工皆較通常設計法 (Conventional Design) 爲經濟，且具有以下各種之利益：

(一)木材受氣候影響之曝露面最少。

(二)木材易着火之曝露面爲最少。

(三)因一切孔眼，除在帽木及傾斜支柱 (Braces)上，均於裝置(treatment)前完全組成(Framing And Boring)，故可減少木材能力之損害。

(四)因枕木樑及帽木上，無直向插釘(Vertical Draft Pins)之孔眼，可減少供給腐壞之機會。

(五)可用較短之枕木，並無需外護軌之設置，因此節省木材。

(六)因用若干可增加抵抗損壞之新方法，得加長耐用年齡。

(七)不易着火。

參考書：—1. Webb. Rail-Road Construction

2. Railway Engineering And Maintenance 1934, Sep. Vol 30 No. 9.

混凝土斜架橋簡易設計法

楊茂芳

本篇乃 E.FGifford 引用 Rathbun 之原理，設計斜橋之簡易法，與他種詳細繁雜之算法，結果相差無幾，氏之原著，可參考美國工程新聞雜誌112卷18號

交通之安全，行車之速率，爲改進道路建設唯一之目標，路綫多灣曲，行車多危險，行速亦減，然路綫過河，每因設計斜橋之繁瑣，甯于河之前後，將路綫引成曲綫，以架直橋，故斜橋設計方法之簡易化，實爲改進路綫之先決問題，近來公路橋樑橋，多用混凝土硬架橋，以求美觀經濟，故本篇專就混凝土斜橋討論之。

本法爲葛福特氏，(E.F. Gifford)引用勒朋氏(Rothbun)之學理，作爲設計斜橋初步方法所得結果，與應用他種詳細法所得者相差無幾。葛福特氏曾于數年前，用鋼筋混凝土斜架橋模形，試驗此種橋樑，在各種載重下之崩裂情形，在鈍角橋面處，首先發生裂縫，漸向垂直于橋縱軸方向引長，足證此種橋樑之主筋，須紮與橋縱軸並行，垂直于橋面所生之裂縫，以得其最大効率，溫納氏(Weiner)曾于討論混凝土連續斜拱時，論及主筋方向，如與橋縱軸並行，則無需另紮橫筋，但葛福特氏爲避免局部的過分載重，使載重的佈于全橋起見，仍主加用橫筋。

爲求斜橋橋架各種硬性便利起見，常假定以垂直于橋座之單位寬度部分，作爲依據，但上述主筋方向，須並行于橋縱軸，並不垂直于橋座，故不得不以在AB切面（見附圖）所算得之撓幾M及應力T，推算AC切面者，爲設計斜橋宜接應用。

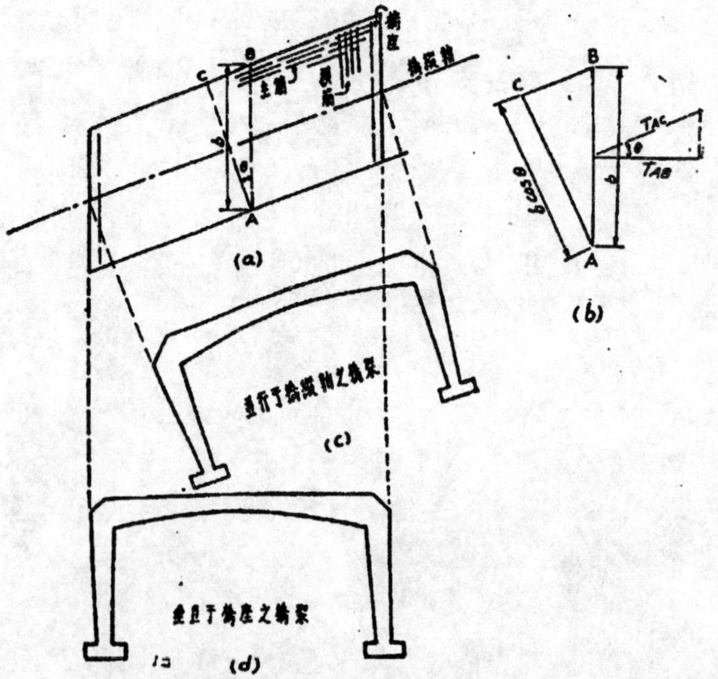

由斜橋垂直于橋座及並行于橋縱軸之跨徑關係，得以垂直于橋座之單位寬度部分上各點之撓幾M及應力T乘以

26530

$Sec\theta$，再照普通計算鋼筋方法，計算鋼筋。

附圖表示以上推算方法之數學的根據，設T_{AB}爲在A點並行于橋座之切面ＡＢ上所受之總應力，Ｂ爲並行于橋座之寬度，則 T_{AB}/爲在ＡＢ切面單位寬度上所受之應力，設T_{AC}爲在同一Ａ點，垂直于橋縱軸之切面ＡＣ上所受之總應力，則$T_{AC}/b\cos\theta$爲在切面ＡＣ單位寬度上所受之應力，因$T_{AC}=T_{AB}Sec\theta$

$$T_{AC}/b\cos\theta=\frac{T_{AB}sec\theta}{b\cos\theta}=\frac{T_{AB}Sec^2\theta}{b}$$

同理，

$$\frac{M_{AC}}{b\cos\theta}=\frac{M_{AB}Sec^2\theta}{b}$$

由已建之斜橋，推得下列數種混凝架橋簡易設計法。

（１）斜度在15°以下之斜橋，可按並行于橋縱軸之跨徑並取用此方向之切面，照普通方法設計，另加橫筋。

（２）斜度在15°—35°度之斜橋，須應用上項推算公式，照普通法設計，另加六吩徑間距一呎之橫筋。

（３）斜度存35°—50°度之斜橋，應用赫奇氏(Hodges)設計斜橋方法。

（４）斜度在50° 度以上之斜橋，根本以不用混凝土橋，改用板樑橋爲宜。

定刊處：南京中央大學土木工程研究會

零　售：每　冊　實　洋　壹　角

預　定：全年十二期連郵費壹元

土木

第二卷 第四期

二十四年四月十五日

國立中央大學土木工程研究會

冲積土層安定渠槽之設計法

沙玉清

冲積土層河渠之渠槽卽爲所挾之泥沙造成，安定渠槽之設計，卽對於某一定之流量與沙質，預定其斷面，使與自然之安定斷面相合，本文所述，以推算一安定河槽之水力要素，精確與否，常以所謂沙質係數而定，沙質係數，雖未細詳研究，但本文之公式，可爲現時設計一安定渠槽之最合理之法則。

1 引　言

冲積土層之河渠，挾沙特富；且其所挾之泥沙，卽爲造成該渠槽之物質；故流量之大小，沙量之增減，可直接影響河槽之演變。設此種河槽，一任自然，不加人工之治導或約束，則彼自身對於一定之流量，與一定之沙質，亦能調整應合，或冲或刷，形成一安定不變之斷面。安定渠槽之設計，其意義：卽對於某一定之流量與沙質，能預定其斷面形，使與自然之安定斷面相合，而成一無冲刷，無淤積，永久安定之渠槽。

2 Kennedy 公式

凡安定之渠槽，其流水之挾沙力，必適足使槽內所有泥沙，（無論懸浮水中，或推移於床底者）均輸送而下；無停滯淤積之弊。此流水必須之流速，曰「臨界流速」，其值可由 Kennedy 式得之：

$$V_0 = CD^m$$

式中 V_0 爲臨界流速，D 爲水深，（見第一圖），m 爲 D 之冪，c 爲係數，視河沙之性質而異。對於印度 Punjab 之沙質泥土，Kennedy 曾定爲 $V_0=0.84D^{0.64}$。

第一圖

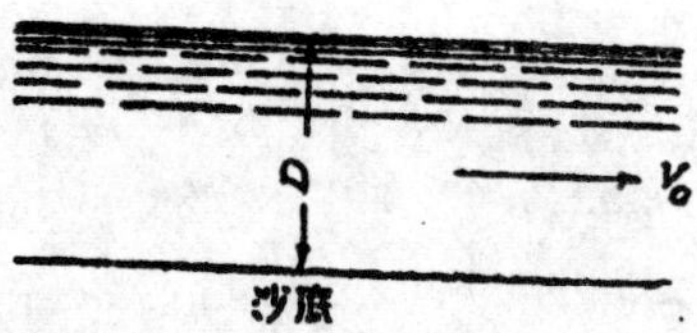

3 Kennedy 式之沙質問題

Kennedy研究 Punjab安定灌溉渠之臨界流速，而定出Kennedy式，但彼於該渠之沙質，未加確切說明，後 Parker 謂：Kennedy 式中之係數 0.84，其所指之泥沙，應有粒子之40%，在靜水中降下，其速率大於0.10（呎/秒）者。據此，則其他泥沙之係數C，應於該項泥沙，在靜水中落下時，速率大於0.10（呎/秒）者之百分數 P 爲正比例。卽 $C=0.48P/40$

Lacey 曾採得該渠支流上游之沙樣，加以篩析，得沙粒之平均直徑爲 0.4 公厘。彼謂：此種沙粒，較 Kennedy 渠中者稍大。

Bellassis 謂：印度之泥沙，約可分爲五類：

極 細 沙	有25%留於100號篩
細 沙	,, 80
中 沙	,, 60
粗 沙	,, 40
極 粗 沙	,, 16

上表之分類法，可用係數0.84者，應屬於中沙。

Griffith 對於 Kennedy 式之C值，曾擬定下列各值：其中以屬於自然河道者較多。

公式 $V_o=CD^{0.64}$之C值

沙 質	C 值
細沙，輕泥	0.62
中沙	1.00
重沙	1.20
細礫與沙	2.00
中礫與沙	2.3—2.8
粗礫與沙	4.0

4 Lacey 式與安定渠槽之斷面形

Lacey 將 Kennedy 在 Punjab 之 Bari Doab 渠中，所測得之結果，加以綜合的分析研究；發見一極重要之事實，即$R^{1/2}/D^{0.64}$之比，約為一常數，等於0.718 。式中R為渠槽之徑深，D為水深(呎)故Kennedy式，可改為 $V_o=0.84R^{1/2}/0.718=1.17R^{1/2}$。Lacey 並進而擬定一公式如下：

$$V=1.17(fR)^{1/2} \qquad (1)式$$

$$Af^2=3.8V^5 \qquad (2)式$$

將(2)式兩端，均乘以V，則

$$Qf^2=3.8V^6 \qquad (3)式$$

按P=A/R，今以(2)式之值代A，(1)式之值代R，(3)式之值代V，則得：

$$P=2.668Q^{1/2} \qquad (4)式$$

上式中 V=在安定渠槽內，挾沙所需之臨界流速(呎/秒)。

R=徑深。

P＝濕周(呎)。

Q＝流量(立呎/秒)。

F＝沙質係數，即對於某種沙質（欲定其係數者），在某種水深，所需之臨界流速，與 Kennedy 式中 Punjab 沙質，在同一水深時，臨界流速相比之平方值。例如：設某種沙質之臨界流速為$V=0.93D^{0.64}$，今與 Kennedy 標準沙質之臨界流速$V_0=0.84D^{0.64}$相比，則其沙質係數，應為$(0.93/0.84)^2$，或1.34。故 Lacey 式(見(1)式)可變為$V=1.17(1.34R)^{1/2}$。

此種沙質係數之定義，Lacey 僅限於較小之河渠，其流量小於2,000(立呎/秒)者。至於自然之大河，其沙質係數，應改用下式定之

$$f=8\sqrt{d}$$

式中 d 為該河最佔多數之沙粒之直徑。

由(4)式，可見安定渠槽之濕周，與沙粒之性質無關。且不論任何形式之冲積土層河槽，對於某一定之流量其濕周之長度相同。至於沙粒之性質，僅能影響渠槽之形狀，即改變斷面積與徑深也。(見第二圖)

5 安定渠槽之設計法

今欲在冲積土層，就一定之流量與沙質，（即其沙質係數為已知者）設計一梯形人工渠道，使能永安不變，其應有之步驟如下：

1.用$P=2.67Q^{1/2}$式，求出濕周。

2.用$V=\left(\frac{Qf^2}{3.8}\right)^{1/6}=0.8(Qf^2)^{1/6}$式，求出流速。

3.用$A=\frac{Q}{V}$式，求出斷面積。

4.用$R=\frac{0.73V^2}{f}$式$R=0.47\left(\frac{Q}{f}\right)^{1/3}$式，求出徑深。

5.根據已得之流速，徑深，並選擇適當之糙率係數 n；用 Chezy—Kutter 式，或 Manning式，求出必須之比降。(按渠道之比降，設大於此值時，則起冲刷；反之，則生淤積)。

設渠槽之側坡已定，則對於某一定之面積，或徑深，其應有之底寬及水深，均可用普通之公式或圖表求得之。

6 安定河槽之設計

冲積土層之安定河槽，據 Lacey之研究，常呈一半橢形狀；其寬度與深度之比，應視泱

質之性質而定，由上列公式，可見對於任何某一種之沙質，僅有一種之橢圓形狀，沙質愈粗，其半橢圓形亦漸呈平坦。（見第二圖）

第 二 圖

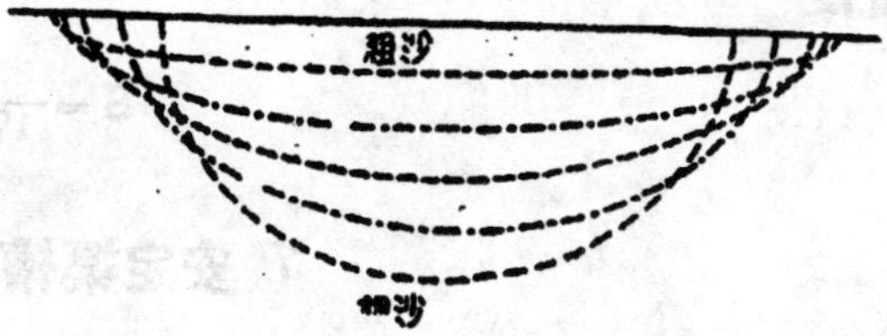

凡該河之濕周，流速，斷面，徑深等值，均可如前法求得之。濕周與徑深既得，其水面寬與最大水深，亦因之決定。

按：半橢圓形之最大水深 Dm，應等於徑深之1.273倍。設將(1)式中之R，代以V，則

$$D_m = 1.273R = 0.93\left(\frac{V}{f}\right)^2$$

再將(3)式之V，以Q代之，則

$$D_m = 0.60\left(\frac{Q}{f}\right)^{1/3}$$

上列河槽之最大水深，係指河槽之直段，或其斷面，呈近似的半橢圓者言。至於在河灣之處，河槽之最大水深，增加極大，且逼於凹岸。Lacey 曾擬定最大水深 Dm，與徑深R之關係，以及與Q，f之關係，如下表：

河槽斷面之形狀		$D_m = CR$ 之C值	Dm與Q，f之公式
受約束斷面		1.00	$D_m = 0.47\left(\frac{Q}{f}\right)^{1/3}$
自然斷面	A.直段	1.27	$D_m = 0.60\left(\frac{Q}{f}\right)^{1/3}$
（見第三圖）	B 微彎段	1.50	$D_m = 0.70\left(\frac{Q}{f}\right)^{1/3}$
	C.較彎段	1.75	$D_m = 0.83\left(\frac{Q}{f}\right)^{1/3}$
	D.直角彎段	2.00	$D_m = 0.94\left(\frac{Q}{f}\right)^{1/3}$

第 三 圖

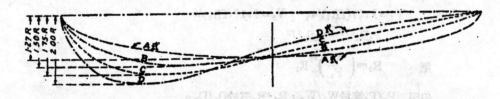

上表中之受約束斷面，乃指河槽之兩岸，有堅實隄防，或其他束水工程者言。其河底，往往略呈水平。

Lacey 對於河槽之比降S，以流量Q及小沙質係數f代之，則按Manning之流速公式，$\left(V=\frac{1.346}{n}R^{2/3}S^{1/2}\right)$ 其中糙率係數n與沙質係數f之關係：爲 $n=0.225f^{0.25}$ 故得渠道之比降

$$S=\frac{f^{5/3}}{1788Q^{1/6}}$$

7 安定渠槽之水力要素

有一安定渠槽，設其流量及沙質係數爲已知者，則其他各水力要素，均可由下列各式求得之：

$$P=2.668Q^{1/2}$$

$$V=0.8(Qf^2)^{1/6}$$

$$R=0.47\left(\frac{Q}{f}\right)^{1/3}$$

設該河之沙質係數不知，但已知其比降S，則將前式中之f，代以S及Q，卽得下列各式：

$$V=3.58Q^{0.20}S^{0.20}$$

$$R=0.104\frac{Q^{0.30}}{S^{0.20}}$$

$$D_m=0.1133\frac{Q^{0.30}}{S^{0.20}}\qquad（直段）$$

$$D_m=0.208\frac{Q^{0.30}}{S^{0.20}}\qquad（直角彎段）$$

8 受約束河槽設計

設某河之流量爲Q，其槽寬爲W_1，平均水深爲D_1，或平均徑深爲R_1。今欲將槽寬約束至W_2，仍洩瀉原有之流量，則其所增之徑深R_2，或平均深D_2，算法如下：

因　$Q=P_1R_1V_1=P_2R_2V_2$

$V_1=1.17(fR_1)^{1/2},\quad V_2=1.17(fR_2)^{1/2}$

$P_1R_1^{3/2}=P_2R_2^{3/2}$

則　$R_2=\left(\frac{P_1}{P_2}\right)^{2/3}R_1$

但因　P_1/P_2等於W_1/W_2，R_1/R_2等於D_1/D_2。

故　$R_2=\left(\frac{W_1}{W_2}\right)^{2/3}R_1$

或　　$D_2=\left(\frac{W_1}{W_2}\right)^{2/3}D_1$

可見：凡受約束之河槽，其徑深，流量，以及約束水寬之關係，可將上式中之 W_1及R_1，代以$W_1=2.67Q^{1/2}$及$R_1=0.47\left(\frac{Q}{f}\right)^{1/3}$，求得之。

$$R_2=0.90\left(\frac{Q}{W_2}\right)^{2/3}\frac{1}{f^{1/3}}$$

同此，對於受約束或兩岸築隄之河槽，欲洩瀉一定之流量Q，設此河槽有充份之寬度；其水面寬W，等於濕周P；其平均水深D，等於徑深R者，則此河槽應有之平均水深，可用下式求之：

$$D=0.90\left(\frac{Q}{W}\right)^{2/3}\frac{1}{f^{1/3}}$$

式中之沙質係數 f，可用Q及S代之，則得

$$D=\frac{0.20}{S^{0.20}}\;\frac{Q^{0.633}}{W^{0.667}}$$

注意：上式之關係，殊非十分準確者。蓋此種沙質係數之關係，僅能適應於安定之自然河槽，對於受約束之河槽，其槽寬不能依自然之法則演進，故 Lacey 謂：以改用下式較妥。

$$D=\frac{0.19}{S^{0.20}}\left(\frac{Q}{W}\right)^{0.60}$$

9 沙質係數之決定法

凡流量小於2,000（立呎/秒）之河渠，其沙質係數，可用下列各法決定之：

（1）根據沙質係數之定義：對於某種沙質（欲定其係數者）在一定之水深中，所需之臨界流速；將此流速，與用同一水深，自 Kennedy式中算出之臨界流速相比。沙質係數，即此二流速比之平方值。

（2）以沙質在靜水中落下之速率爲標準；則可用 Parker 式定出Kennedy 式中之係數C。C與0.84比之平方值，即沙質係數。

（3）以 Griffith 對於各種河床質之係數爲標準；則此係數與0.84比之平方值，即爲該床質之沙質係數。

（4）以沙粒之直徑爲標準；則可由 Lacey 式算出之：

$$d=\frac{f^2}{64}\qquad 或\qquad f=8\sqrt{d}$$

式中　d＝沙粒之直徑（吋）。

茲將Lacey 所擬定之沙質係數，列表如下

沙　質	沙質係數 f	算出之糙率係數 n	Griffith 算出之 Kennedy 式中之 C 值
礬　石(徑25吋)	40	0.056	
大礫與重沙	21	0.048	4.0
石礫與卵石	15	0.044	
中礫與沙	10	0.040	2.3~2.8
小礫與沙	6	0.035	2.0
大石子與粗沙	4.7	0.033	
重　沙	2.7	0.029	1.20
粗　沙	1.5	0.025	
中　沙	1.3	0.024	1.00
標準Kennedy 沙 (徑 0.4 公厘)	1.0	0.0225	.0.84
細沙或輕泥	0.5	1.019	0.62

注意：上表對於沙粒大小，有確切之規定者，僅礬石（徑25吋）與Kennedy之標準沙（徑 0.4 公厘）二種。且後者之沙樣，Lacey 謂：採自 Bari Doab 之上游，較Kennedy渠中者稍大。至於其他沙粒之直徑，固可由前述之 $d=\frac{f^2}{64}$ 式算出，但要知：此公式之來源，卽根據此二種已知直徑之沙粒，演化而得者。

10 結　論

應用本文之公式，推算一安定河槽之水力要素，結果之精確與否？當視所選之沙質係數而定。但現時對於沙質係數之研究，尙爲缺乏可靠之資料所限，僅能知其最近似的概値也。上列公式中，雖有捨沙質係數，而改用流量及比降者。然亦仍缺基本之記錄，以確定出沙質係數與流量及比降之關係。故上列各式，僅可作爲現時設計一安定渠槽，最合理之法則；將來苟能有更多之資料時，本式當亦隨之改進也。

參　考　書

1. Kennedy, R.G., and T. Higham: Prevention of Silting in Irrigation Canals, Punjab Irrigation Branch, Paper 7, 1896.
2. Jeffery, T.J.P., and R.G. Kennedy: Report on the Deposit and Scour of Silt in the Main Line, Sirhind Canal, and on Silt Experiments 1893 to 1898. Punjab Irrigation Bra-

nch, Paper 9, 1905.

3. Kennedy, R. G.,: Hydraulic Diagrams for Channels in Earth, Public Works Depart Ment, India, 1907.

4. Parker, P. M.: "The Control of Water," D. Van Nostrand Co., New York, 19'5.

5. Etcheverry, B. A.: "Irrigation Practice and Engineering," Vols. 2, 3, Mc Graw Hill-Book Coupany, Inc, New York, 1915,

6. Buckley, R. B.: "Irrigation Pocker Book," Spon & Chamberlain, New York, 1920.

7. Bellassio, E. S.: "River & Canal Engineering," Spon & Chamberlain, New York, 1924,

8. Griffith, W. M.: A Theory of Silt and Scour, Paper 4515, Proc Inst, Civil Eng, vol. 22 3, 1927.

9. Lacey, Gerad: Stable Channels in Alluvium, 1930, Paper 4736, Proc. Inst. Civil Eng., Sessio , 1929—1930.

河渠流速與糙率

(一個分別計算底與側之糙率公式)

葉彧

河渠之底與側，恆屬不同性質，即河渠糙率，恆為變值，其依深度而變，而計算河流與流量時，必依深度而選擇糙率，本文先討論現時通行流速公式，以比較優劣，就為最適宜，更展開之，以求其不同性質之底與側糙率間關係。

引　言

西哲Galilio有言：『研究瞭望無際之星體運動，實不甚難，欲明瞭觸目皆然之點滴細流，誠為不易』。迄至今日，凡百科學，皆極度發達，而水力學仍在暗中摸索，回憶先言，更信有徵！

流速現象，在1628年Galilio之弟子Castelli 首先注意，氏並證諸實驗，得知流速因水頭(Head)而變，及1645年，Galilio之另一弟子 Toricelli，發明水力之基本定律；『如水流間阻力，疎畧不計，則流之速度，與水頭之平方成正比，換言之，水之墮降，與萬物之從高處墜降，並無二致』。十七世紀末葉，Cuglielmini即依此理，倡水流之拋物線理論(Parabolic Theory)，流速在河之底為最大，在水面為最小，或幾等於零，但今日以科學方法測量證明，則大不相符，流速之最小者不在水面，而在河底，流速之最大者不在河底，而在垂直面之上部。

1738年 Bernoulli 細心研究，發現重力(Gravity)與流速及水頭間關係，知流速與重力與水頭乘積之平方根成正比，1753年 Brahms 更益之，流速不僅以重心引力有關，阻力更依斷面及水半徑間之比例而變，並謂阻力約等於流速之加速，及阻力正比於水半徑。Brahms之理論，迄1775年，Chezy列成代數公式，$V=C\sqrt{RS}$ 即最負威權之水力學上公式也，自茲而還，研究流速間關係，代不乏人，而流速公式，亦如雨後春筍，但大都發揚 Chezy公之式，Chezy 之公式，即成流速公式之基礎矣！

流速公式

關於流速著述，汗牛充棟，而流速公式，亦不勝數，茲擇其尤者，負有威權者，分為四類如下：(1)

(1)　流速公式不含有糙率之因子者，德國普通所用之諸公式，如Siedek, Gröger, Hessle, Christen, Hagen & Gaukler, Hermanek, Matakiewicz, Lindboe, Teubert,及Harder等。

(2) 流速公式，例成指數形式者；

$$V = c' R^x S^y$$

X, Y乃以實驗測得之定値，c′爲係數，與Chezy 公式c相當，但不同値，c′之值依糙率及比降而變，此類公式如 Williams, William & Hazen, Ellis, Barnes, Lea, Johnsten & Goodrick, Lamb, Flament及Mavitz等。

(3) 展伸Chezy氏公式，求流速係數c者，($V = C\sqrt{RS}$)而。流速係數有糙率(n)之因子者，如Ganguittet, Kutter及Bazin等。

(4) 雜類——如Biel 流速公式更含有溫度之因子等，及 Manning 公式 ($V = C_2 R^{2/3} S^{1/2}$) 雖亦爲指數形式，但指數恆爲定値，不如第二類之以實驗測得者，c_2 之值，即Kutter公式糙率n值之倒數。

流速公式之討論

(1) Ivan E. Houk用上述之第一類公式，彼皆不含有糙率之因子者，比較其結果如第一圖，在某處河渠之糙率(n)大者，此等公式所計算流速之値較實際測得之値爲大；在某處糙率小者，此等公式所計算流速之値較實際測得之値爲小，故知任何流速公式，必有糙率之係數，即河渠率，影響於流速之計算甚大也。

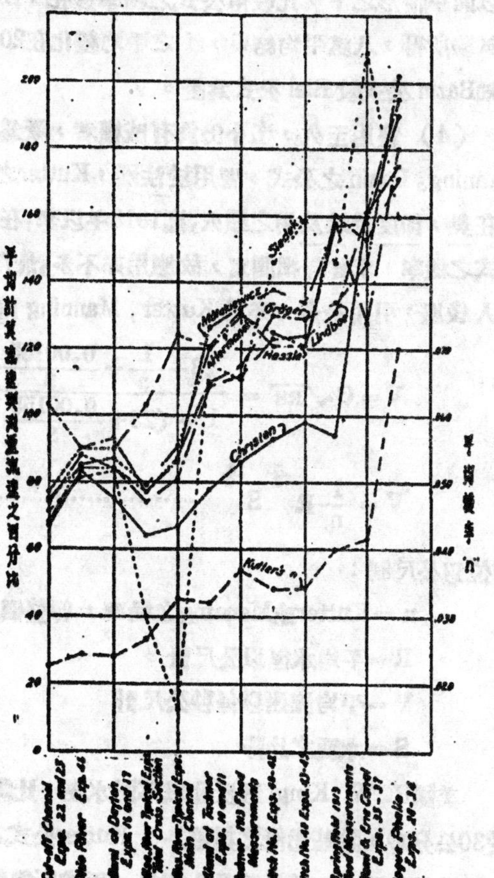

第一圖：不含糙率之諸流速公式之比較

(2) 指數流速公式，缺乏普遍性，不同類之河渠，即有不相同之公式，非僅糙率因地而變，其指數之值，亦隨之而異，計算者不勝其繁，且又不盡必較其他者公式爲正確，時倍功半，焉足爲取！

(3) 溫度之影響於流速甚少，據Miami 河水利局在83處不同河渠試驗結果，用有溫度因子之Biel 流速公式所計得之流速，比普通不含溫度因子流速公式，如Kutter，或Bazin 等公式所得平均流速，未超過普通公式所計得之数，其微小可知；如消去Biel 公式中之溫度因子，Biel 公式得變如Bazin 公式之形。

$$V=\sqrt{\frac{3281}{0.12+\frac{1.811f}{\sqrt{R}}}}\sqrt{RS}\ \cdots\cdots\cdots\cdots\text{Biel}$$

$$V=\frac{157.6}{1+\frac{m}{\sqrt{R}}}\sqrt{RS}\ \cdots\cdots\cdots\cdots\text{Bazin}$$

以普通形式，同化成Chezy公式之流速係數C，

$$C=\sqrt{\frac{y^1}{1+\frac{x^1}{\sqrt{R}}}}\ \cdots\cdots\cdots\cdots\text{Biel}$$

$$C=\frac{y}{1+\frac{x}{\sqrt{R}}}\ \cdots\cdots\cdots\cdots\text{Bazin}$$

試以同一情形之下，比較兩公式之糙率變化，Biel之f之變化，比 Bazin 之m爲劇，據Miam河試驗所得，八處平均結果，f 之平均變化在20.48% ，m之平均變化爲17.77% ，由此，亦知Bazin 公式較 Biel 公式爲優。

（4） 襲用至久，迄今仍負有威權者，厥爲下之三氏之公式：(1) Bazin, (2)Kutter,(3) Manning。Bazin 之公式，習用於法國，Kutter之公式，習用於歐美各國， Manning 之公式，在奧，印度及埃及用之頗久，迄1918年以來，在美國亦有起代爲Kutter公式之勢，但Bazini公式之糙率，未曾詳細測定，故應用亦不多，最常見則爲 Kutter或Manning 兩公式，我國誠然步人後塵，引用最多，亦爲 Kutter, Manning 兩氏之公式，玆專論此兩公式之優劣：

$$V=C\sqrt{RS}=\frac{23+\frac{1}{n}+\frac{0.00155}{S}}{1+\left(23+\frac{0.00155}{S}\right)\frac{n}{\sqrt{R}}}\sqrt{RS}\ \cdots\cdots\cdots\cdots\text{Kutter}$$

$$V=\frac{1}{n}R^{\frac{2}{3}}S^{\frac{1}{2}}\ \cdots\cdots\cdots\cdots\cdots\cdots\text{Manning}$$

單位以公尺制：

n =Kutter或Manning之糙率，即整個斷面之相當糙率

R =平均水徑以公尺計

V =平均流速以每秒公尺計

S =水面之比降

美國H. W. King 教授曾以不同水徑，比降及流速係數，例表比較，謂「渠道之水徑小於30公分時，除甚光滑之渠道外， Kutter公式之糙率較Manning之糙率爲大，水徑在30公分與 3 公尺之間者，除比降最小者外，兩式所得糙率極爲吻合，水徑在 3 公尺以上者則Manning 之糙率較Kutter之糙率爲大。

Scobey試驗269 種渠道，比較兩氏之糙率n，均甚吻合……且Kutter公式之$\frac{0.00155}{S}$，致使流速係數與水面比降成反比例，若水面比降大於0.001 者，則此項有若無，不甚影響，在普通工作情形，水面比降不常少於0.001 ，即去消Kutler公式之$\frac{0.00155}{s}$之一項，於普通情形應用無傷也。

且Kutter之有一項，全由Humphreys & Abbot之Mississippi 河之流量測量報告導演湊成，二氏流量用雙浮標法、其流速未免過巨，且二氏之測水面比降，乃用一普通水平儀，而能測得每哩0.02呎之比降（即比降0.0000034），其差誤亦可想見，二氏之測量報告，原不足據，而依此湊成之$\frac{0.00155}{S}$一項，亦失其價值矣！

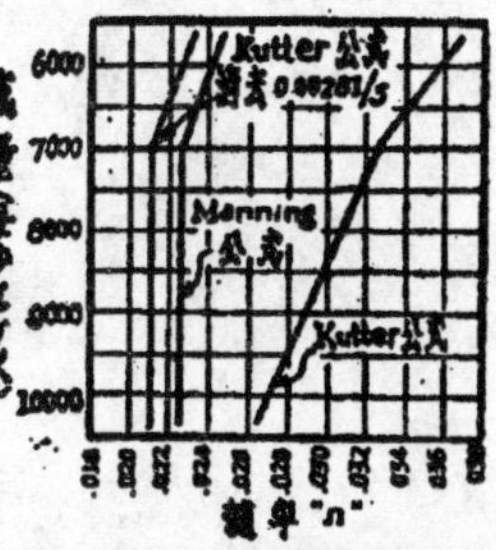

第二圖：糙率與流量之關係與兩公式之比較

1914年至1917年 Blanchard 在 Chicago 運河，測量流量，用以計算糙率n如第二圖，Kutter之糙率n變化甚大，Manning之糙率恆定為0.0225不變，若去消 Kutter 公式中之$\frac{0.00155}{S}$一項，則亦恆定不變，惟較Manning 所得之值較小耳，Kutter公式之有$\frac{0.00155}{S}$，非但無補於準確，或反有傷於準確。

因糙率影響於流速係數C，在最小比降S為最劇，普通無極平坦之地，故 Kutter 公式仍能通行，無甚差誤，舍簡就繁，忽視Manning公式，第徒泥於習慣耳！

Manning公式非但簡潔明白，及不論比降大小均得準確，即其糙率，因其與 Kutter之糙率同值，前人已測量甚精，不必再事規定，更足取也。

糙率之變化

流速與糙率成反比例，相互影響甚大，如流速公式舍糙率之因子而不計，決不能算得準確，前已言之，然普通之河底或渠道，其底與側，恆為不同糙度，糙率(n)即隨深度而變，天然河道，其底恆凹凸不平，在低水位時，影響於流速甚巨，往往滯停不進，在高水位則影響較少，由實驗結果，天然河道之糙率往往因水位之增加而低，R. E. Hovton(2) 在河流測得平糙均率為0.040 者，在河水平岸時糙率為0.035 ，低水時則增至為0.006，我國揚子江(3)亦有同樣結果，糙率與深度成反比例。至於人工渠道，其底無狂流之沖刷，及上游傳送遺留之堆積，恆呈平滑面，其側或以水草及樹枝所掩，水位愈增，沉入水中亦愈多，故糙率則隨水而增，C. E. Ramser試驗結果，在此種情形，糙率隨水位而增者，在夏季因枝葉茂盛，較冬季百草凋零為甚，如草木柔軟者，則變化不劇，及高大樹木，流水未能湮沒者，則影響亦甚微。否則人工渠道，其底如凹凸不平，其側光滑平整，亦當如天然河道，糙率則反以深度增加而降低，是故計算流速或流量，須知其時之河渠深度，而選擇其整個斷面之相當糙率，因河渠之底與側必為不同之糙度，相當糙率即依深度而變異也。

上之所述公式，藉以測求河渠糙率，則為在某深度時之相當糙率，欲知底與側之分別糙率，則不可能。故河渠某一深度之相當糙率，如已測定，以求側與底糙率之分別數值，或探求底與側之性質。及已知底與側之糙率以推算任何深度之相當糙率，均為計流速流量所應解決問題，玆即以具有諸優點之Manning流速公式，演釋其底，側與相當糙率間之關係如下

一個分別計算底與側之糙率公式

設　A＝河渠橫斷面，以平方公尺計

D＝深度以公尺計

B＝底之闊度以公尺計

L＝側之長度以公尺計

n_s＝側之粗率

n_b＝底之粗率

由　Manning公式

$$V=\frac{1}{n}R^{\frac{2}{3}}S^{\frac{1}{2}}$$

$$n=\frac{1}{V}R^{\frac{2}{3}}S^{\frac{1}{2}}$$

因n_s與n_b為不相等，但『相當粗率』n由實測為已知，而求其n_s與n_b者如下

$$V=\frac{1}{n}R^{\frac{2}{3}}S^{\frac{1}{2}}=\frac{1}{n}\left(\frac{A}{B+2L}\right)^{\frac{2}{3}}S^{\frac{1}{2}}$$

$$\frac{1}{V}S^{\frac{1}{2}}=n\left(\frac{B+2L}{A}\right)^{\frac{2}{3}}$$

$$\left(\frac{S^{\frac{1}{2}}}{V}\right)^{\frac{3}{2}}=n^{\frac{3}{2}}\left(\frac{B+2L}{A}\right)=n^{\frac{3}{2}}\frac{B}{A}+n^{\frac{3}{2}}\frac{2L}{A}$$

因用某深度之相當粗率n以求流速或流量，與用分別不相等之底與側粗率n_b及n_s，以求某深度之流速流量能得同一結果，故：

$$n^{\frac{3}{2}}\left(\frac{B+2L}{A}\right)=n^{\frac{3}{2}}\frac{B}{A}+n^{\frac{3}{2}}\frac{2L}{A}=n_b^{3/2}\frac{B}{A}+n_s^{3/2}\frac{2L}{A}\quad\cdots\cdots(1)$$

以同底之不同深度，得聯立方程式：

$$n_1^{\frac{3}{2}}\left(\frac{B+2L_1}{A_1}\right)=n_b^{\frac{3}{2}}\frac{B}{A_1}+n_s^{\frac{3}{2}}\frac{2L_1}{A_1}$$

$$\left.\begin{array}{ll}\text{或} & n_1^{\frac{3}{2}}(B+2L_1)=n_b^{\frac{3}{2}}B+n_s^{\frac{3}{2}}2L_1 \\ \text{及} & n_2^{\frac{3}{2}}(B+2L_2)=n_b^{\frac{3}{2}}B+n_s^{\frac{3}{2}}2L_2\end{array}\right\}\cdots\cdots(2)$$

故

$$n_b^{\frac{3}{2}}=\frac{\begin{vmatrix} n_1^{\frac{3}{2}}(B+2L_1) & 2L_1 \\ n_2^{\frac{3}{2}}(B+2L_2) & 2L_2 \end{vmatrix}}{\begin{vmatrix} B & 2L_1 \\ B & 2L_2 \end{vmatrix}}=\frac{\begin{vmatrix} n_1^{\frac{3}{2}}(B+2L_1) & L_1 \\ n_2^{\frac{3}{2}}(B+2L_2) & L_2 \end{vmatrix}}{\begin{vmatrix} B & L_1 \\ B & L_2 \end{vmatrix}} \quad \cdots\cdots\cdots\cdots(3)$$

$$n_s^{\frac{3}{2}}=\frac{\begin{vmatrix} B & n_1^{\frac{3}{2}}(B+2L_1) \\ B & c_2^{\frac{3}{2}}(B+2L_2) \end{vmatrix}}{\begin{vmatrix} B & 2L_1 \\ B & 2L_2 \end{vmatrix}} \quad \cdots\cdots\cdots\cdots(4)$$

但在計劃灌漑或排水之渠道，側與底之粗率或爲已知，所求者爲相當粗率n之值，由(1)式得

$$n^{\frac{3}{2}}=\frac{n_b^{\frac{3}{2}}\frac{B}{A}+n_s^{\frac{3}{2}}\frac{2L}{A}}{\frac{B+2L}{A}}=\frac{n_b^{\frac{3}{2}}B+n_s^{\frac{3}{2}}2L}{B+2L}$$

或 $$n=\left[\frac{n_b^{\frac{3}{2}}B+n_s'^{\frac{3}{2}}2L}{B+2L}\right]^{\frac{2}{3}}$$

在河渠之一段，其側之斜度恆爲不變之值，故深度D之增減，卽可視乎L之增減也。

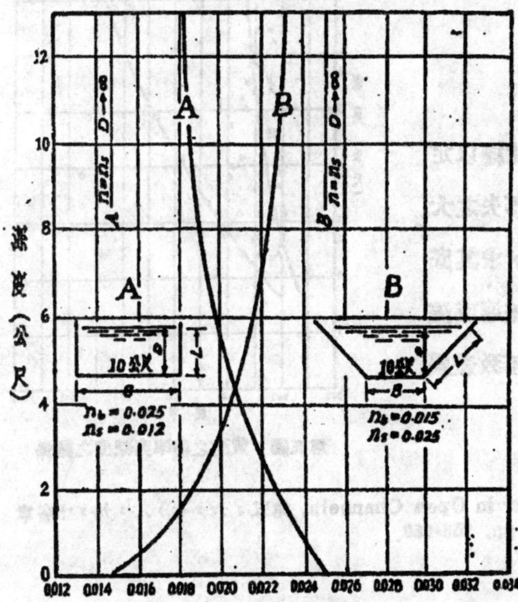

第三圖：深度與糙率之關係

$n=n_b$ 時 $L=O$

$n=n_s$ 時 $L=\infty$

試以碎石爲側，水泥爲底之渠道爲例；則

$n_b=0.025$ $n_s=0.012$

若 $B=10$公尺 $D=3.33=L$公尺

$$n=\left[\frac{(0.025)^{\frac{3}{2}}(10)+(0.012)^{\frac{3}{2}}(2)(3.33)}{10+2(3.33)}\right]^{\frac{2}{3}}$$

$$=(0.002944)^{\frac{2}{3}}=0.0206$$

n_b與n_s如第三圖A所示$n=n_b=0.025$則其時$L=O=D$深度爲零；$n=n_s=0.012$則深度D趨於無窮遠；換言之糙率n之值與深度D成反比也，此爲底糙率大於側糙率之情形耳。如以側粗率大於底粗率時，則粗率與深度D恰成正比，如第一圖B。底爲磚砌，卽$n_b=0.015$；側爲碎石，$n_s=0.025$；若$n=n_b=0.015$時，$D=L=O$卽深度

為零；若 $n=n_s=0.025$ 時，深度 D 趨於無窮遠，故知如以 n 為常數，施諸任何深度，以計算流速或流量者，均有其乖誤。

吾國揚子江之糙率，與深度成反比例，如普通天然河道之現象，試以城陵磯及鎮江為例，如第四圖，（據揚子江水道整理委員會，水道月刊第一卷第六期）

城陵磯之側糙率 $n_s \doteqdot 0.010$，$n_b \doteqdot 0.070$

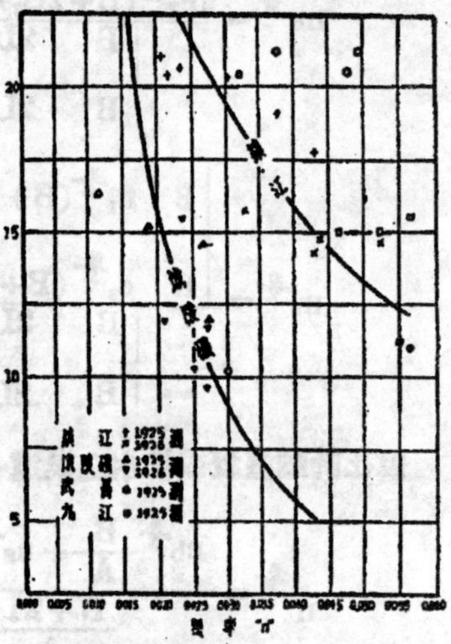

第四圖：揚子江糙率與深度之關係

黃河之糙率則與深度成正比例，如以濼口為例（據水利月刊第四卷第三四合期 123 頁黃河之糙率）如第五圖，蓋黃河底則為滾沙，甚平滑，險工之處，且建有稭料埽壩，壩為碎石砌成，間有拋授磚石，此其糙率與深度成正比之原因，至於黃河糙率特小，則如 Franzius 所謂黃水多沙，其性與油相類，磨擦係數小於淨水，而含沙量之最高紀錄，則有民國十八年陝縣含沙量，以重量計至百分 22.62 影響當非淺鮮。(4)

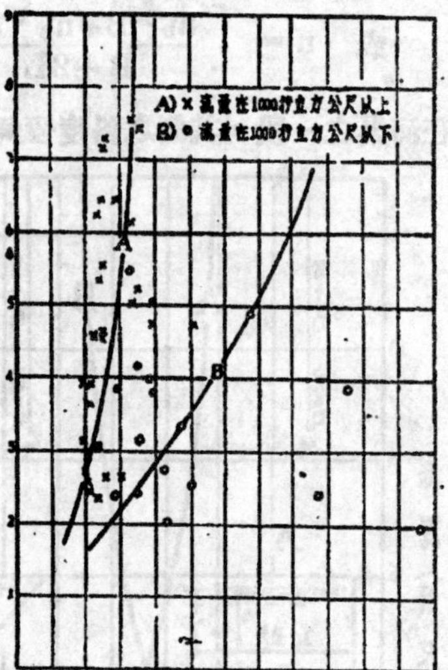

第五圖：黃河之糙率與深度之關係

結　論

由此知河流糙率，恆依深度而變化，不能繩以定值。Manning 公式雖非理想流速公式，但尚不失之大謬，而其明潔簡單，尤為可取，今更演譯之，求其底與側糙率間之關係，而能計算得其數值，求流速或流量時，亦依深度，選擇或計算其相當糙率，不致差誤過甚。

1. 欲知各公式之祥請參攷：
   a. I. E. Houk: Calculation of Flow in Open Channels, 第五，六，七，八，九，十各章
   b. King: Handbook of Hydraulics pp. 253-259.
   c. Gibscn or Lea: Hydraulics
   d. 鄭肇經：河工學
2. 見 Eng. News-Record Feb. 24, 1916
3. 見 揚子江水道月刊一卷六期 Stroeb: Discussion on Hydraulics Phases of some of The Data Collected By The Yangtze River Commission & Other Rirer Commissions in China
4. 渠道之糙率與深度之關係可參攷
   C. E. Ramser: Flow of Water in Drainage Channels

淮陰船閘建築工程概略

王鶴亭自淮陰寄

導淮工程計劃，以防洪，航運，灌溉，發電爲目的；航運工程，則於主要航道，建築船閘及活動壩，以節制水量，淮陰船閘，位於淮陰縣城西南，運河截直段中，短少航程十二公里，且可避免舊閘之困難，將來運河交通，四通八達，人民生計，亦不難日裕，船閘長100公尺，閘門寬10公尺，閘身造以鋼筋混凝土建，閘門爲鋼製之雙扇對開式，開關機械以人工爲主。

一、淮陰閘之功用

中運裏運兩河爲江北航運之要道，蘇魯交通之樞紐，惜以年久失修，上游則閘壩傾圮，水量不足，下游則淤墊過甚，舟楫膠阻，導淮委員會爲整理運河航運工程，特於劉老澗淮陰邵伯三地首先各建船閘一座，淮陰船閘位於淮陰縣城西南，運河截直段中，蓋該處運河曲折殊甚，（見地形圖）截直後，可縮短航綫十二公里，且可避免舊有惠濟通濟福興三閘之困難，將來船閘落成，再將上下游渠槽加以整理，西由張福河通洪澤湖可直達淮河上游，北由中運河通山東，且與津浦隴海等路相接，東由鹽河出鹽灌各海口，南由裏運經邵伯船閘而通揚子江，將來萬商雲集，檣帆林立，可以預料，交通既便，文化日進，路綫所及，人民之生計，當不難日臻充裕矣。

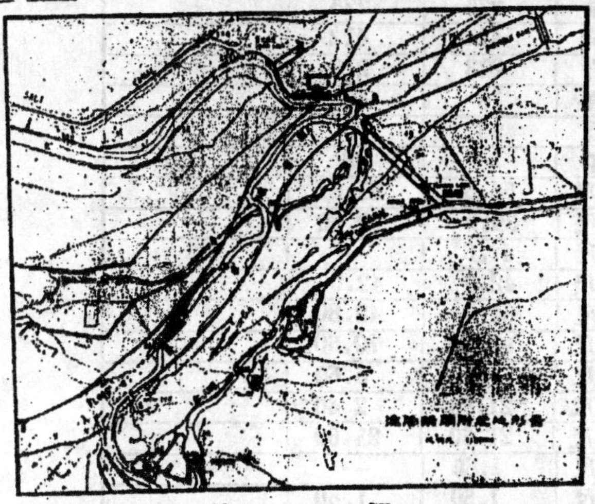

第一圖

淮陰閘進行狀況

淮陰船閘工程局於二十三年二月間，組織成立，首先舉辦引河土方工程，迨三月中旬，測量招工，各項籌備就緒，遂於三月二十一日開工，歷時三月餘，於七月十日全部引河工程辦理完竣，工作緊張之時，工人最多達四千三百餘人，總計實做工數爲二十三萬五千八百餘工，完成挖河工程四十三萬五千一百七十五公方，築堤工程二十二萬一千九百二十二公方，堆築船閘管理事務所基地一萬四千五百六十三公方，引河工程完成後，閘工卽相繼實施，承包者係上海陶馥記營造廠，材料中除鋼板橋鋼筋及閘門機件等，係由本會用庚款在英國購辦外，其餘一切材料工具人工，均由包工人供給；如黃砂採由宿遷縣，距淮陰約一百八十華里，石料採自淮陰之老子山，距淮陰約一百四十華里，均用民船裝運，水泥則用國產唐山啓新馬牌之巴特蘭水泥 Port'and Cement)，樁木因國產者尺寸長度均嫌不足，且價値特昂，故採取松木，購自美國，此類材料均由上海用輪船轉運來淮，各項材料抵埠後，均經局內派員詳加檢驗，認爲合乎規定者，方許運入工場應用，開工後，因受美國工潮影響，樁木未能如期到滬，因而遲延約三月之久，截至本年三月底止，各項材料已大部運齊，基樁已全部完成，除下游之鋼板樁與木板樁仍在進行外，上游已籌備澆製混凝土工程，預計五月底上下游洋灰工程，即可告竣，玆將三月底止已成工程列表如下：

二十四年三月三十一日止已成工程統計表

工程類別	單位	預定數量	已成數量	附註
挖土	公方	3166.21	2601	
圓木基樁（20m長）	顆	356	356	
圓木基樁（15m長）	顆	275	275	
圓木基樁（12m長）	顆	412	412	
圓木基樁（10m長）	顆	213	213	
圓木基樁（17m長）	顆	10	10	
12吋方樁（12m長）	顆	98	90	
12吋方樁（11m長）	顆	98	98	
木板樁（12m長）	公尺	54.5	31.61	
木板樁（11m長）	公尺	39.0	12.60	
木板樁（10.36m長）	公尺	42.0	—	
木板樁（9.20m長）	公尺	42.0	42.0	
鋼板樁（3號20m長）	公尺	64.0	48.80	
鋼板樁 1GB號20m長）	公尺	91.20	79.60	
鋼板樁(1GB號7.1m長)	公尺	5.60	5.60	
鋼板樁(1GB號5.4m長)	公尺	21.60	2 40	
鋼板樁(1GB號10.1m長)	公尺	21.60	21.60	
鋼板樁(角樁5.4m長)	公尺	1.60	—	
鋼板樁 角樁10.1m長	公尺	1.60	1.60	
鋼板樁(3號10.0m長)	公尺	16.00	—	

二、淮陰閘佈置概況

淮陰閘佈置與邵伯劉莊二船閘相同，上下游各有一鋼筋混凝土建築物，以安置閘門，閘室淨長100公尺，以1比1.5岸坡砌石，作爲閘壁，以開挖之河牀鋪設亂石塊，作爲閘底，上下游引河離船閘30公尺以內，岸坡及河牀，亦鋪砌石塊，以資保護。

安置閘門之混凝土建築物，包括牆及底脚二部分，其縱長爲16.6公尺，各部與船閘中心線相對稱，牆之淨距爲10公尺，牆背均用背撐，底脚下部及牆背以二道鋼板樁圍裹，緊靠每建築物上游部分之河牀及岸坡，皆用膠泥鋪底。

閘室進水及放水，乃由二道平行船閘中心線之涵洞，於上下游二端，設置閘門井穴，以

26550

操縱放閉，涵洞分鋼管及混凝土管二部，前者用於填土部分，後者用於顯露部分。

下游鋼筋混凝土牆上，通過一活動橋，橋身可於鋼軌上自由活動。

上下游二對鋼門，皆由鐵鏈及絞盤運用人工啓閉，其機件均裝設門頂，鐵鏈有二種，一司開門，一司關門，前種鐵鏈，下端固定於混凝土牆中，後種鐵鏈，下端固定於混凝土檻中。

爲保護混凝土工程不致受來往船隻之衝撞損傷起見，於顯露部分概添設護木。

詳細佈置情形，可參閱下圖本閘之模型。

第　二　圖

三、淮陰閘設計概要

(一) 上下游水位差及檻牆頂面與高：

根據導淮委員會整理運河航道二年計劃，淮陰閘承受之最高水位差爲9.2公尺，最低水位差爲0.25公尺，見下表：

上游水位與高	16.00m	洪水位
下游水位與高	6.80	低水位
最高水位差	9.20	
上游水位與高	11.00	低水位
下游水位與高	10.75	灘水位
最低水位差	0.25	

檻頂與高，規定爲最低水位2.5公尺下，因現在通行之最大船隻，吃水約爲2.0公尺，故水深至少應有2.5公尺也，牆頂高出最高水位一公尺，與堤頂相齊。

(二) 基礎

淮陰閘址之土質，經鑽驗結果，皆爲混有細砂之淤泥層，載力頗弱，乃採用木樁基礎，安全樁載，經過歷次試驗，決定土質對樁面抗力每平方英尺爲 300 磅，即每平方公尺 1.470 公噸，於基樁工程進行時，隨時注意每樁之安全載重力，是否與設計所定相符，如發現不足時，採取下列二種補救方法；一、加樁，二、接樁，

（三） 單位重量及安全應力：

設計時採用之單位重量，

（1）水重＝1000瓩/立方公尺＝62.5磅/立方英尺，

（2）土重＝1700瓩/立方公尺＝106 磅/立方英尺，

（3）鋼筋混凝土重＝2500瓩/立方公尺＝156 磅/立方英尺，

設計時採用之安全應力如下：——

1：2：4混凝土

（1）鋼筋拉力＝16000磅/平方英吋，

（2）混凝土壓力＝650磅/平方英吋，

（3）純混凝土剪力＝40磅/平方英吋，

（4）有Web Rinforcenent之混凝土剪力＝120磅/平方英吋，

（5）光鋼之黏結力＝80磅/平方英吋，

（6）竹節鋼之黏結力＝100磅/平方英吋，

（四） 上下游鋼筋混凝土建築物上所受之外力

建築物上所受之外力有下列幾種：

a 牆上所受之水壓力，

b 牆上所受之土壓力，

c 牆上所受之閘門推力（Gate Thrust），

d 牆之自身重量，

e 閘門之自身重量，

f 水重，

g 土重（包括地面上之載重），

h 底脚之自身重量，

i 地下水上托力，及基礎反應力，

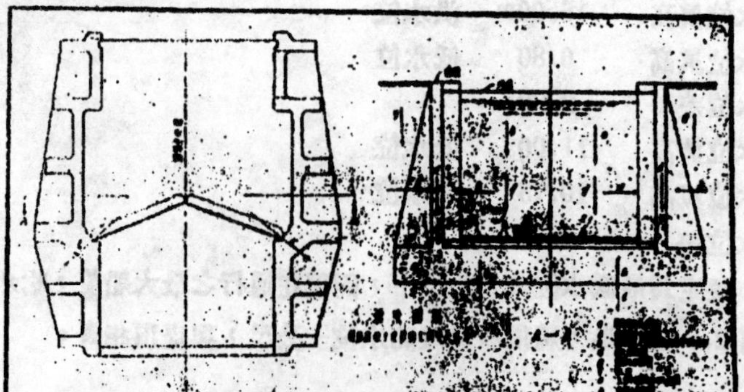

第　三　圖

四、船閘之容量及開放之時間

依照導淮委員會整理運河航道計劃，第一期建築之船閘，不必過求偉大，俟將來水運發展，大船逐見加多至數百艘以上，再謀增設較大之船閘，現定船閘閘室之長為100公尺，閘寬為10公尺，檻上最小之水深度2.5公尺，即最大之船每次可通過一艘，寬5公尺，長32公尺，吃水2公尺，載重225公噸者，同時可通過四艘，寬3公尺，長20公尺，吃水1,5公尺，載重60公噸者，同時可通過六艘，至普通小民船則同時可通過十艘以上，將來增建較大之船閘後，此項船閘仍可專充載客汽輪及公事船之用，因為耗水較少，而開閉極便，故可以歷久而不廢。

開放船閘，每次所需之時間，可以分析如下：

甲、向南單航：

關下閘門	2.5分
船閘進水	10.5分
開上閘門	2.5分
進船	15.0分
關上閘門	2.5分
船閘放水	8.0分
開下閘門	2.0分
退船	7.0分
	總數50.5分

乙、雙航

進船	15.0分
關下閘門或上閘門	2.5分
進水或放水(平均)	9.0分
開上閘門或下閘門	2.5分
退船	7.0分
	總數36.00分

上項進水及放水所需之時間，與涵洞之大小，閘室之容量及閘室水深有關，涵洞之直徑確定為2.5公尺，即斷面積為9.80平方公尺。

26553

定刊處：南京中央大學土木工程研究會

零　售：每　冊　實　洋　壹　角

預　定：全年十二期連郵費壹元